全国周培源大学生力学竞赛赛题详解及点评

2023 版

中国力学学会　编

全国周培源大学生力学竞赛已经举办了十三届。从竞赛风格来看，前五届力学竞赛都只有笔试环节，而从第六届力学竞赛开始，增加了团体赛的环节，强调了实验、研究和动手制作的重要性，以考查学生处理实际问题的能力。

为了更好地开展这项赛事，也为了使参赛的学生能更好地了解竞赛内容及其变化，本书汇集了历届全国周培源大学生力学竞赛的试题和答案，并从教师和出题者的角度对试卷的难易程度和特点进行了点评。同时，为了适应力学竞赛从单纯的笔试发展到动手实践的趋势，书中还介绍了大量的学生动手实践活动。这些实践活动体现了力学教学的理念：理论联系实际，灵活运用所学知识处理实际问题。

书中所介绍的一系列实践活动，如“纸桥过车”“弹簧秤称大象”“纸船载人”“大师挑战赛”“手机吊冰箱”“逆行风车”等，是清华大学高云峰教授与中央电视台《异想天开》栏目合作，亲自组织策划和开展的大型趣味实践活动。书中介绍了这些活动的背景、各队比赛的方案以及高云峰教授对这些活动的点评。

图书在版编目（CIP）数据

全国周培源大学生力学竞赛赛题详解及点评：2023 版/中国力学学会编. —北京：机械工业出版社，2023. 2（2023. 4 重印）

ISBN 978-7-111-72531-2

Ⅰ. ①全… Ⅱ. ①中… Ⅲ. ①力学-高等学校-竞赛题-解题 Ⅳ. ①O3-44

中国国家版本馆 CIP 数据核字（2023）第 010652 号

机械工业出版社（北京市百万庄大街 22 号 邮政编码 100037）
策划编辑：薛颖莹 责任编辑：张金奎
责任校对：张晓蓉 王明欣 封面设计：马若濛
责任印制：单爱军
河北宝昌佳彩印刷有限公司印刷
2023 年 4 月第 1 版第 2 次印刷
184mm×260mm · 20. 25 印张 · 652 千字
标准书号：ISBN 978-7-111-72531-2
定价：79. 00 元

电话服务
客服电话：010-88361066
010-88379833
010-68326294

网络服务
机 工 官 网：www. cmpbook. com
机 工 官 博：weibo. com/cmp1952
金 书 网：www. golden-book. com
机工教育服务网：www. cmpedu. com

序

世界上最早在学生中组织的文化知识竞赛，是从数学学科开始的。其中最著名的，要算是1894年匈牙利数学竞赛了，迄今已经经历了一百多年。罗马尼亚的中学生数学竞赛开始于1902年，苏联的中学生数学竞赛开始于1934年，被命名为数学奥林匹克，美国开始于1938年，保加利亚开始于1949年，我国开始于1956年。1959年，国际中学生数学竞赛即国际数学奥林匹克竞赛开始举办。

著名数学家陈省身教授在《怎样把中国建为数学大国》的讲演中说："数学竞赛大约是百年前在匈牙利开始的，匈牙利产生了同它的人口不成比例的许多大数学家！"（《数学进展》20卷2期）数学竞赛为匈牙利造就了一大批世界著名学者，著名的力学家冯·卡门就是当年匈牙利数学竞赛的优胜者。陈省身教授在《航空航天时代的科学奇才》一书中说："根据我所知，目前在国外的匈牙利著名科学家当中，有一半以上都是数学竞赛的优胜者，在美国的匈牙利科学家，如爱德华、泰勒、列夫·西拉得、G. 波利亚、冯·诺依曼等几乎都是数学竞赛的优胜者。我衷心希望美国和其他国家都能倡导这种数学竞赛。"这些话充分说明，举行中学生的数学竞赛，不仅能对一个国家的数学学科的发展起到巨大的推动作用，而且由于数学是许多学科的基础，它对推动这个国家的整个科学技术的发展也起着重要的作用。

在各国学者逐渐领略到数学竞赛的好处后，20世纪，在中学生以至大学生群体中进行的各种比赛犹如雨后春笋，蓬勃发展起来。1967年，国际物理学奥林匹克竞赛开始举办；1968年，国际化学奥林匹克竞赛开始举办。在大学生中，美国数学会主持的从1938年开始举办的普特南（Putnam）数学竞赛，其竞赛优胜者得到的不仅是奖金，更重要的是荣誉。国际著名的物理学家、诺贝尔奖获得者费曼就获得过普特南数学竞赛第一名。美国国际大学生数学建模竞赛开始于1985年，国际大学生程序设计竞赛开始于1977年，国际大学生建筑设计竞赛开始于1976年，等等。

在各门学科中，力学和数学是最为基础和影响范围最大的两门学科，也是关系最为密切的两门学科。

明朝末年，由西方传教士邓玉函（瑞士人）口授、王徵笔录，于1627年出版的《远西奇器图说》中讲到数学和力学的关系时说："造物主之生物，有数、有度、有重，物物皆然。数即算学，度乃测量学，重则此力艺之重学（注：我国早期将力学翻译为重学）也。重有重之性。以此重较彼重之多寡，则资算学；以此重之形体较彼重之形体之大小，则资测量学。故数学、度学、重学之必须，盖三学皆从性理而生，为兄弟内亲，不可相离者也。"这里数学是计算的意思，和现今数学的含义不同；度学是指测量学，更宽一点，指的是几何学。

我国著名力学家谈镐生先生在1977年向中国科学院写信说："按照近代观点，物理、化学、天体物理、地球物理、生物物理可以全部归纳为物理科学。力学是物理科学的基础，数学又是所有学科的共同工具，力学和数学原是科学发展史上的孪生子，因此，可以形象地认为，物理科学是一根梁，力学和数学是它的两根支柱。"他曾更为简练地说："数、理、化、天、地、生中的五大科学可以统一归纳为'物理科学'。力学当然就是物理科学的共同基础。而数学则是物理科学和所有科学的共同工具。"

基于对力学在各门科学中的重要性的认识，要推动我国科学技术的现代化发展，在青少年中鼓励他们打好力学的基础和打好数学基础具有同等重要的意义。因此，中国力学学会决定从1988年开始在大学生中举行力学竞赛是十分重要的举措，它对于推动作为基础课的力学学科的教学，增加学生对力学学科学习的兴趣，活跃教学与学习环境，发现人才，吸引全社会对力学学科的关注与投入，都是非常重要的。

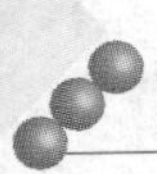

事实证明，全国周培源大学生力学竞赛开始以来，愈来愈受到各界的重视，一届比一届规模大，一届比一届受到更多的支持。1988 年，第一届比赛称为青年力学竞赛，原定是每四年举行一次。1988 年第一届参赛者只有 62 人，而 2007 年第六届的参赛者有近万名。后来受到周培源基金会的支持，竞赛改名为周培源大学生力学竞赛，还受到教育部高教司的支持，并且从原来的每四年举行一次改为每两年举行一次。这些都说明，周培源大学生力学竞赛是一项适合我国科学技术和教育发展潮流的重要赛事。办好周培源大学生力学竞赛，不仅是中国力学学会的责任，也是我国各级教育主管行政部门、各高等院校、广大力学学科的教师乃至全社会的责任。

从第一届大学生力学竞赛以来，已经过去三十多个年头了。三十多年是一个不短的历史阶段。为了使大学生力学竞赛的赛事办得更好，我们需要认真总结一下比赛的收获和经验，尤其是对于各届比赛的命题、比赛内容和方式加以总结和检讨，是很必要的。无疑，本书的出版对推动周培源大学生力学竞赛的总结与提高是有帮助的。

本书的主要特点：一是作者并不仅是简单地把原来的赛题归纳结集（历次力学竞赛的赛题和解答都在赛后由《力学与实践》杂志刊登），而且还在第三至八届的赛题后面给出了点评，评议这些题目的难易，是否超出现行力学教学大纲。在附录中，还对赛题（理论力学）根据难易进行了分级。二是加强了动手和联系实际的内容。作为附录，作者还就中央电视台播出过的有关力学联系实际问题和动手能力的比赛进行了纪实介绍。由于高云峰教授是这些比赛的实际指导者，所以他写来更为生动、透彻深入。

我想，这本书不仅对今后比赛的组织者、命题者有很好的参考价值，对于力学比赛的指导教师、力学竞赛的参加者也具有很好的参考意义。总体来说，为了教好、学好力学课，对于教师和学生，这是一本难得的参考书。

北京大学退休教授

武际可

前 言

中国开展周培源大学生力学竞赛已经三十多年了。让时光回溯到 1986 年 8 月，在呼和浩特市召开的《力学与实践》编委会会议上，北京大学武际可教授建议组织大学程度的力学竞赛，获一致赞同。时任中国力学学会理事长的郑哲敏院士听取了汇报，安排《力学与实践》编委会（竞赛组织委员会）筹办。1988 年首届“全国青年力学竞赛”成功举办，至 2021 年竞赛已举办了十三届。竞赛从第三届开始改名为“全国周培源大学生力学竞赛”，以纪念已故著名力学家周培源院士。

从一开始，力学竞赛的宗旨就很明确：推动作为基础课的力学教学，增加学生对力学学科的兴趣，活跃教学与学习氛围，发现人才，吸引全社会对力学学科的关注与投入。用武际可教授的话说，全国周培源大学生力学竞赛是“种子的事业”。为发现、选拔和培育优秀力学人才，力学与工程界倾注了极大的热情。在国内外享有盛誉的张维院士、郑哲敏院士、王仁院士、庄逢甘院士、黄克智院士、张涵信院士、李家春院士、程耿东院士、胡海岩院士、刘人怀院士、陈佳洱院士、杨卫院士等著名科学家，中国科协和多所高校的领导出席了各届颁奖典礼，并为获奖选手做了系列精彩的学术报告，有关高校、出版社等单位和钱令希院士个人出资赞助。在北京赛区历届竞赛中，中国力学学会当届理事长郑哲敏院士、王仁院士、庄逢甘院士、白以龙院士、崔尔杰院士、李家春院士都带队看望参赛选手。在其他各省（市）赛区，也是由有声誉的学者带队看望参赛选手，如 2007 年举办的第六届全国周培源大学生力学竞赛，中国力学学会副理事长程耿东院士、郑晓静教授、戴世强教授、教育部高等学校力学基础课程教学指导分委员会主任洪嘉振教授分别在当地带队看望了参赛选手。

苏东坡词云“入淮清洛渐漫漫”，流经三十多个春秋，全国周培源大学生力学竞赛已经从涓涓细流发展成为奏鸣着大学生的青春旋律、飞溅着年轻学子知识创新浪花的河流。从第一届 12 个单位的 62 人参赛，第二届 1389 人报名参赛，第三届 1711 人报名参赛，第四届 25 个省（自治区、直辖市）81 所高校的 2752 人报名参赛，第五届 30 个省（自治区、直辖市）164 所高校的 7617 人报名参赛，第六届 29 个省（自治区、直辖市）197 所高校的 9736 人报名参赛，第七届 29 个省（自治区、直辖市）214 所高校的 12089 人报名参赛，第八届 29 个省（自治区、直辖市）280 所高校的 17026 人报名参赛，到第九届 30 个省（自治区、直辖市）280 余所高校共 17338 人报名参赛，以后各届的报名和参赛规模不断扩大。

朱熹有诗：“问渠那得清如许，为有源头活水来。”全国周培源大学生力学竞赛为我国高校力学教学改革注入了一股不息的清泉。它创造了高校、中国力学学会和《力学与实践》刊物合作办竞赛的新形式：既铺设了年轻学生通向高水平研究的桥梁，又为国家重大科研和工程项目的人才输送提供了通道；既为刊物相关栏目提供了生动活泼的稿源，又为竞赛和高校力学教学经验交流提供了交流的平台。《力学与实践》相关栏目刊登的竞赛成果已经大量为高校基础力学教材、教学参考书和课堂教学所引用，成为教学创新的亮点。同时，全国大学生科技竞赛活动也丰富了校园文化，为年轻一代科学素质的提升做出了贡献。

2004 年第五届竞赛成功举办后，根据我国高等教育形势发生的深刻变化，以及党和政府提出建设创新型国家、把高等教育的重点放在提高教育质量上的战略决策，中国力学学会决定对竞赛进行重大改革，将全国周培源大学生力学竞赛申请成为教育部高教司主办的大学生科技竞赛活动。2006 年，教育部高教司批准了这项申请，并决定由教育部高教司委托教育部高等学校力学基础课程教学指导分委员会、中国力学学会和周培源基金会共同举办。

2006年12月29日，第五、六届竞赛组委会负责人梅凤翔教授和蒋持平教授、组委会秘书长刘俊丽副编审在北京理工大学参加了由教育部高教司主办的全国6个大学生科技竞赛活动工作研讨会。经向竞赛领导小组汇报请示后，组委会研究决定：

（1）竞赛分为个人赛与团体赛。个人赛内容限制在教学计划为中等学时的理论力学和材料力学范围之内，但不再是分科考题，而是综合与灵活应用的赛题。团体赛为团队合作的动手制作与操作的竞赛，努力打造高学术含金量的大学生科技竞赛活动。

（2）竞赛周期由四年改为两年，让所有大学生都有机会参赛。竞赛年与“中国力学学会学术大会”年同步，并在中国力学学会学术大会上颁奖。

（3）团体赛冠军队学校组织下届竞赛，负责赛题命题且不参赛。这不仅是为了公正，也是为了推动教学交流，促进优质教学资源的共享和融合。

清华大学主动承担了第六届全国周培源大学生力学竞赛新竞赛形式的命题工作。竞赛非常成功，中央电视台《异想天开》栏目组为团体赛录制了一小时的专题节目，播放后引起了很大的反响。

为了办好全国周培源大学生力学竞赛，教育部高教司的领导做了重要指示，教育部高等学校力学基础课程教学指导分委员会对竞赛内容做了具体规划。历届竞赛组委会负责人有武际可、贾书惠、孙学伟、梅凤翔、蒋持平、隋永康等教授。历届命题组成员有朱照宣、武际可、徐秉业、殷金生、贾书惠、张行、王敏中、梅凤翔、孙学伟、黄文彬、李万琼、吴鹤华、蒋持平、高云峰等教授。从力学科学泰斗到普通力学教师，数不清的人为竞赛做出了贡献。中国力学学会常务理事会和学会办公室人员，《力学与实践》编委会，各省（自治区、直辖市）力学学会竞赛组委会和各高校指导教师都为竞赛的开展做了大量的工作，我们谨以本书致以深深的敬意。我们感谢所有参加和关心这项竞赛的大学生，他们将托起力学科学光辉灿烂的明天。

感谢竞赛组委会的支持，承蒙机械工业出版社的诚邀和帮助，我们有机会出版此书，将历届命题教师的劳动成果整理奉献给大家，以方便众多关心此项赛事的教师、学生和热心的读者阅读参考。

蒋持平教授从第二届参加竞赛工作，第三届至今任竞赛组委会成员，其中第四、六、七届竞赛任组委会负责人，负责本书第三至五届、第七届材料力学赛题和第八届材料力学赛题点评的编写。高云峰教授从第四届至今任竞赛组委会成员，承担了第四、八届理论力学竞赛和第六届全部赛题的命题工作，负责本书第三至五届、第七和第八届理论力学赛题、第六届全部赛题的编写。第九届的赛题及解答由四川大学负责。第十届的赛题及解答由山东科技大学负责。第十一届赛题及解答由湖南大学负责。第十二届赛题及解答由清华大学负责。第十三届赛题及解答由南京航空航天大学负责。附录中的力学实践活动均由高云峰教授与中央电视台合作策划。

武际可教授对全书进行了仔细审阅，提出了宝贵的修改意见，谨致感谢。

对于书中的缺点和错误，恳请读者批评指正。

中国力学学会

目 录

第1章 2021年第十三届全国周培源大学生力学竞赛

2021年第十三届全国周培源大学生力学竞赛（个人赛和团体赛）的出题学校为南京航空航天大学。下面介绍这次竞赛的题目、答案和试题点评。

1.1 个人赛试题

本试卷分为基础题和提高题两部分，满分120分，时间3h30min。个人赛奖项分为全国特、一、二、三等奖和优秀奖。全国特、一、二等奖评选标准是：提高题得分进入全国前5%，并且总得分排在全国前列，根据总得分名次最终确定获奖人。全国三等奖和优秀奖直接按赛区内总得分排名确定获奖人。

注意： 试题请全部在答题纸上作答，否则作答无效。各题所得结果用分数或小数表示均可。

第一部分　基础题部分（共60分）

第1题（18分）

铅垂面内的机构如图1-1所示，由直角杆 ABC、A_1BC_1、CDE、C_1DE_1 铰接而成，销钉 A_1 可沿固定水平滑槽运动，$AB=BC=A_1B=BC_1=CD=C_1D=a$，$DE=DE_1=2a$。

（1）已知图示瞬时 AB 与水平线 AA_1 的夹角为 φ，ABC 的角速度为 ω，求 CDE 和 C_1DE_1 的角速度 ω_{CDE}、$\omega_{C_1DE_1}$。（5分）

（2）已知 ABC 上作用力偶 M，E 和 E_1 点通过刚度为 k、原长为 $2a$ 的弹簧连接，均质杆 DE 和 DE_1 的质量均为 m，忽略其他杆的质量和各处摩擦。为使系统在 $\varphi=45°$ 的位置平衡，求销钉 A_1 上的水平力 $\boldsymbol{F}$。（5分）

（3）若在上述平衡位置突然撤去力 $\boldsymbol{F}$，求该瞬时 ABC 的角加速度 α_{ABC}。（8分）

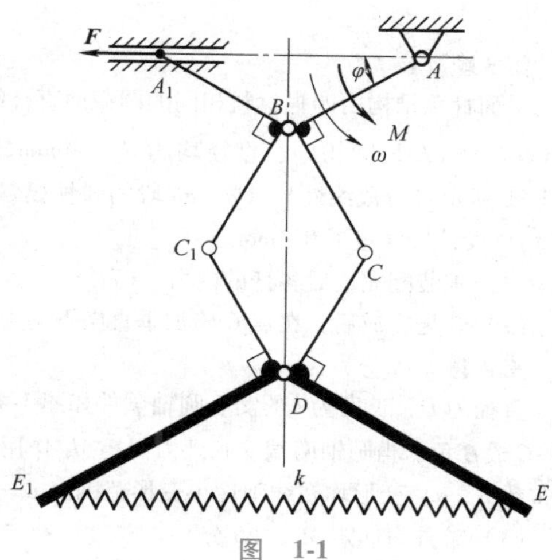

图　1-1

第 2 题（12 分）

图 1-2a 为可在火星上滚动的无轮缘车轮，由 n 根直杆在中点固结而成。假设 $n=3$，各杆质量均为 $2m$、长度均为 $2R$，相邻杆间的夹角均为 60°，如图 1-2b 所示。车轮在铅垂面内向右滚动，杆件各端点依次与路面发生完全塑性碰撞，且不发生相对滑动。端点 A 与路面碰撞前、后瞬时车轮的角速度分别记为 ω_{A0}、ω_{A1}，端点 B 与路面碰撞前、后瞬时车轮的角速度分别记为 ω_{B0}、ω_{B1}。已知重力加速度为 g。

（1）求 ω_{B1} 与 ω_{B0} 的比值。（3 分）

（2）如图 1-2b 所示，假设路面上与端点 A、B、C 碰撞的三个点位于同一高度，求车轮能够由图中实线位置滚动到虚线位置的 ω_{A1} 的最小值。（4 分）

（3）车轮沿倾角为 $\theta(\theta<30°)$ 的斜面向下滚动，如图 1-2c 所示，为使 $\omega_{B1}=\omega_{A1}$，求 θ 应满足的关系式。（5 分）

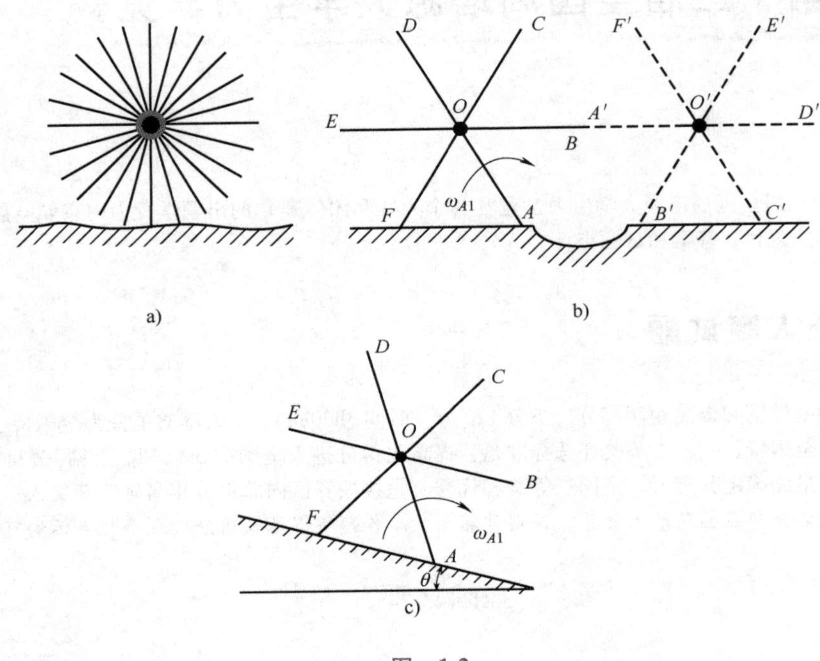

图 1-2

第 3 题（15 分）

平面杆系结构由四根材料相同的圆截面直杆组成，其中杆 AC 与杆 BC 长度相同、直径均为 $d_1=20\text{mm}$，杆 CD 与杆 CE 长度相同、直径均为 $d_2=40\text{mm}$，设计尺寸如图 1-3a 所示。各杆材料的应力应变曲线如图 1-3b 所示（分段线性），Oa、ab 段的弹性模量分别为 $E_a=200\text{GPa}$，$E_b=50\text{GPa}$。装配时发现杆 AC 和杆 BC 均比设计尺寸短了 0. 3mm。

（1）求装配完成后各杆的内力。（7 分）

（2）装配完成后，在点 C 施加垂直向下的力 $F=90\text{kN}$，如图 1-3c 所示，求各杆的内力。（8 分）

第 4 题（15 分）

直径为 D、长度为 l 的实心圆轴试件如图 1-4a 所示。现在圆周表面画一微线段 AB，其初始位置与水平线 AC 成 β 角。当圆轴两端受到外力偶矩 M_e 作用后，实验测得微线段 AB 顺时针偏转了 $\Delta\beta_1$。已知圆轴的材料常数 E、μ，变形均在线弹性小变形范围内。

（1）求外力偶矩 M_e。（5 分）

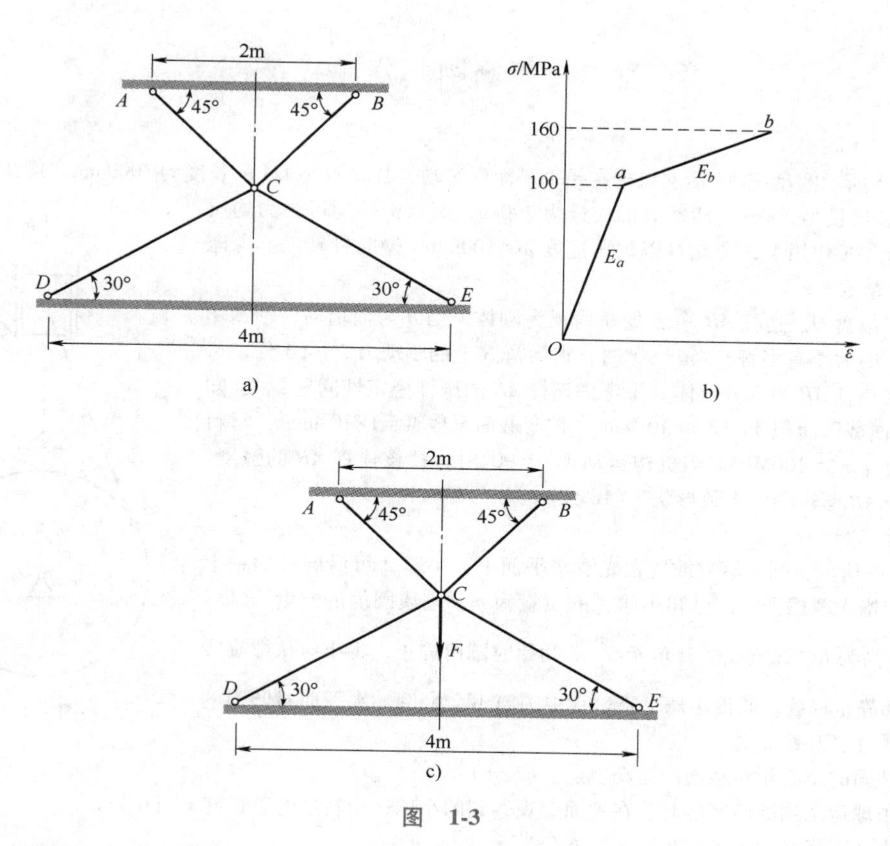

图　1-3

（2）在外力偶矩 M_e 作用下再施加轴向拉力 F，如图 1-4b 所示。实验测得微线段 AB 偏转角又增大了 $\Delta\beta_2$，求拉力 F。（5 分）

（3）为提高实验测试灵敏度，$\Delta\beta$ 越大越好。当外力偶矩 M_e 和轴向拉力 F 同时作用且 $F=\dfrac{8M_e}{D}$，β 为何值时 $\Delta\beta$ 最大？（5 分）

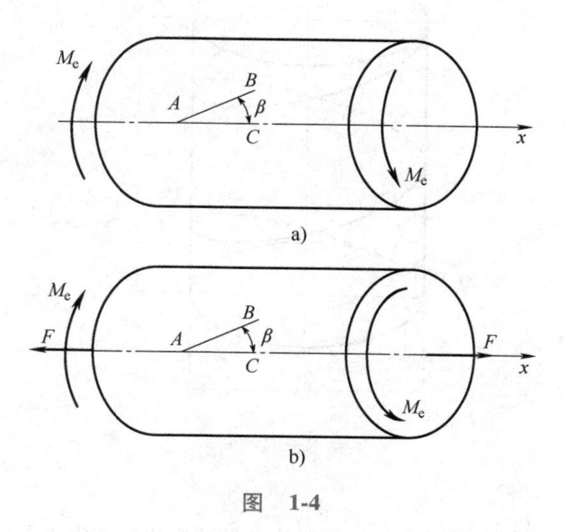

图　1-4

第二部分　提高题部分（共60分）

第5题（15分）

如图1-5所示圆盘-连杆-活塞机构在铅垂平面内运动，圆盘O上OA的长度为1000mm，连杆AB的长度为2000mm、质量为200kg，活塞B的质量为200kg，所有构件均可视为均质体。在驱动力$\boldsymbol{F}$作用下，圆盘O以匀角速度$\omega=100\text{rad/s}$逆时针转动。考虑重力，不计摩擦。

（1）将圆盘O、连杆AB和活塞B均视为刚体。当θ为何值时，活塞B上驱动力$\boldsymbol{F}$的大小有多解？当$\theta=90°$时，求活塞B上的驱动力$\boldsymbol{F}$。（5分）

（2）将连杆AB视为变形体（不考虑连杆AB的压杆稳定性问题）。已知连杆AB的横截面面积$A=12.8\times10^3\text{mm}^2$，抗弯截面系数$W=1\times10^6\text{mm}^3$，材料的许用应力$[\sigma]=180\text{MPa}$。当机构运动到$\theta=90°$时，校核连杆$AB$的强度，并画出连杆$AB$弯矩图的大致形状。（10分）

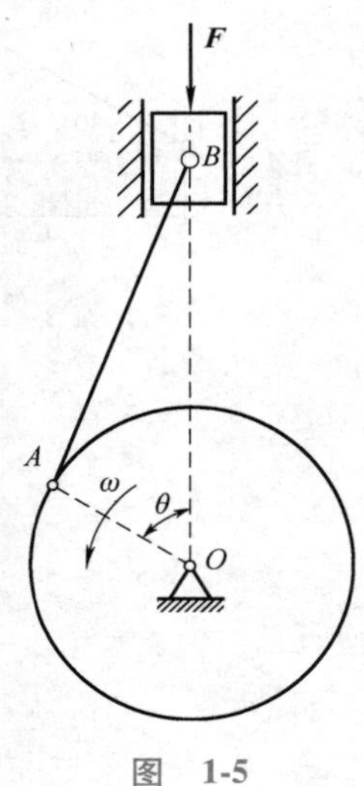

图　1-5

第6题（25分）

如图1-6所示，圆筒直立放置在光滑水平面上，小球A可沿圆筒内壁上的螺旋线沟槽无摩擦下滑。已知小球A的质量为m，均质圆筒的质量为$2m$、半径为R、高为h，螺旋线的升角$\theta=\dfrac{\pi}{6}$。初始时圆筒静止，将小球从螺旋线沟槽的顶部静止释放。假设小球下降过程中圆筒不会翻倒，水平面对圆筒的支承力的合力记为$\boldsymbol{F}_{\text{N}}$。求：

（1）圆筒的质心相对地面的运动轨迹。（3分）

（2）小球运动到圆筒底部时，在地面上观察到的小球运动轨迹的总长度s。（6分）

（3）小球下降过程中$\boldsymbol{F}_{\text{N}}$的大小。（6分）

（4）小球下降过程中$\boldsymbol{F}_{\text{N}}$的作用线与圆筒轴线间的距离$d$（表示为小球下降的垂直距离$z_A$的函数）。（10分）

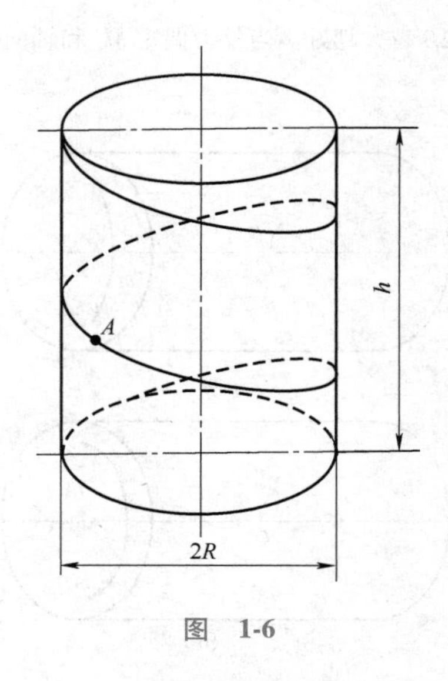

图　1-6

第7题（20分）

“小口尖底彩陶瓶”是距今约5000年新石器时代（仰韶文化）的汲水器或酒礼器，如图1-7a所示。

现将其简化为如图 1-7b 所示的充满液体的圆锥形薄壁容器，处于铅垂直立位置，上沿周边支承，圆锥角为 2α，其体积按薄壁结构计算。容器的密度为 ρ_c，容器各处壁厚均为 δ，液体的密度为 ρ_w，液面高度为 h。

（1）求容器内沿母线方向的正应力 σ_m。（6 分）

（2）求容器内与母线垂直且与表面相切方向的正应力 σ_t。（6 分）

（3）设 $\rho_c=3\rho_w$，$\delta=\dfrac{h}{90}$，$\alpha=30°$，根据第三强度理论求容器内的最大相当应力。（8 分）

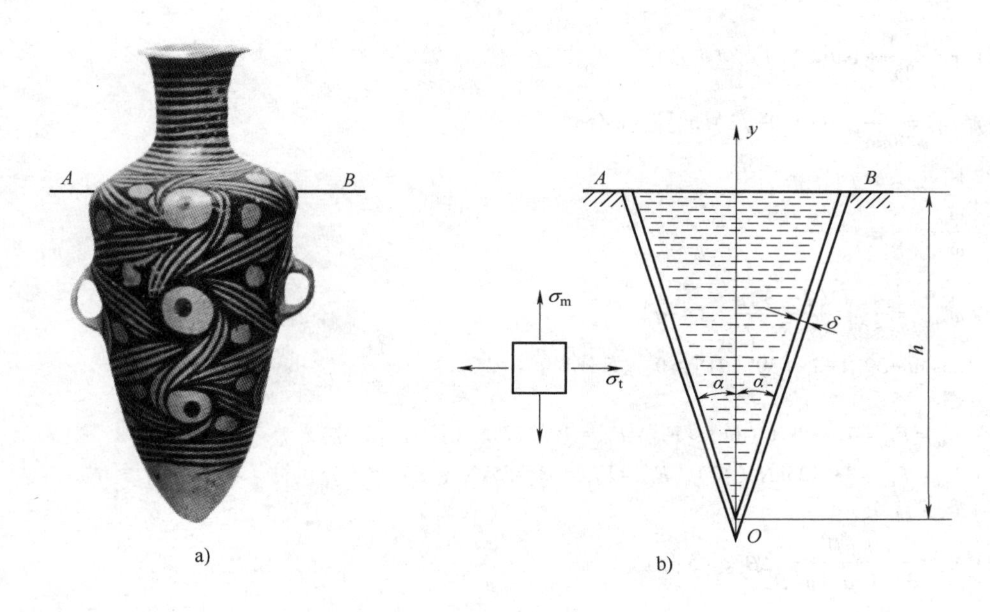

图　1-7

1.2　个人赛试题参考答案及详细解答

1.2.1　评分总体原则

采用扣分制或加分制。采用扣分制时，建议最终所扣分数总和不超过题目（或问题）总分的一半。采用加分制时，建议最终所给分数总和不超过题目（或问题）总分的一半。如果学生的解题方法和参考答案不同，则按以下几种情况分别处理：

1. 如果学生给出的最终结果和参考答案相同，建议采用扣分制：侧重检查学生的解题过程有无不严谨的地方或小的概念错误（未影响结果），如果有的话，建议每一处错误可酌情扣 1~2 分。

2. 如果学生给出的最终结果和参考答案不同：

（1）如果学生解答的总体思路合理、清晰，建议采用扣分制：在检查学生的解题过程时侧重区分某错误是概念错误还是计算错误。建议对于每一处概念错误扣 5 分或以上，对每一处计算错误酌情扣 1~2 分。对于由一处计算错误所引起的后续计算结果错误，只按一次错误扣分，计算错误不累计扣分。

（2）如果学生解答的总体思路不清晰，建议采用加分制：在检查学生的解题过程时侧重寻找其局部正确、合理的部分，酌情给分。

1.2.2 参考答案

第一部分 基础题部分参考答案（共60分）

第1题（18分）

（1）$\omega_{CDE}=-\omega$，$\omega_{C_1DE_1}=\omega$。（5分）

（2）$F=\dfrac{\sqrt{2}M}{2a}+4ka(\sqrt{2}-1)$。（5分）

（3）$\alpha_{ABC}=\dfrac{3}{8ma^2}[M+4(2-\sqrt{2})ka^2]$。（8分）

第2题（12分）

（1）$\dfrac{\omega_{B1}}{\omega_{B0}}=\dfrac{5}{8}$。（3分）

（2）$\omega_{A1\min}=\dfrac{4}{5}\sqrt{\dfrac{3(2-\sqrt{3})g}{R}}$。（4分）

（3）$25\sin\theta-39[1-\cos(30°-\theta)]\geqslant 0$。（5分）

第3题（15分）

（1）$F_{AC}=F_{BC}=7.338\text{kN}$（拉），$F_{CD}=F_{CE}=10.377\text{kN}$（拉）。（7分）

（2）$F_{AC}=F_{BC}=33.125\text{kN}$（拉），$F_{CD}=F_{CE}=43.155\text{kN}$（压）。（8分）

第4题（15分）

（1）$M_e=\dfrac{E\pi D^3}{32(1+\mu)\cos^2\beta}\Delta\beta_1$。（5分）

（2）$F=\dfrac{E\pi D^2}{2(1+\mu)\sin2\beta}\Delta\beta_2$。（5分）

（3）$\beta=22.5°$。（5分）

第二部分 提高题部分参考答案（共60分）

第5题（15分）

（1）当$\theta=0°$或$\theta=180°$时，解不唯一，因为这是一个奇异位置。（2分）

当$\theta=90°$时，$F=1735.96\text{kN}(\uparrow)$。（3分）

（2）连杆AB最大组合应力为最大弯曲拉应力与轴力引起的拉应力叠加：

$\sigma(x_1)_{\max}=166.6\text{MPa}\leqslant[\sigma]=180\text{MPa}$。（7.5分）

弯矩图大致形状如图1-8所示：

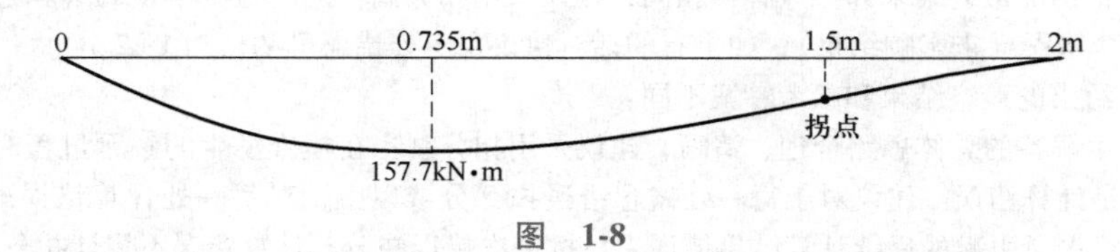

图 1-8

其中，$x_1=0.735\text{m}$，$M_{\max}=-157.7\text{kN}\cdot\text{m}$；$x=1.5\text{m}$时，产生拐点。（2.5分）

第 6 题（25 分）

（1）以过系统质心 C 的铅垂线与距离地面 $\frac{1}{2}h$ 的水平面的交点为圆心、$\frac{1}{3}R$ 为半径的水平面内的圆周。（3 分）

（2）$s=\frac{\sqrt{7}}{2}h$。（6 分）

（3）$F_N=\frac{13}{5}mg$。（6 分）

（4）$d=\frac{1}{13}\sqrt{9\left[R+\frac{3z_A}{2R}\left(\frac{h}{2}-z_A\right)\right]^2+3\left(z_A-\frac{h}{2}\right)^2}$。（10 分）

第 7 题（20 分）

（1）$\sigma_m=\frac{\rho_w g\tan\alpha}{2\delta\cos\alpha}\left(h-\frac{2}{3}y\right)y+\frac{\rho_c g}{3\cos\alpha}y$。（6 分）

（2）$\sigma_t=\frac{\rho_w g\tan\alpha(h-y)y}{\delta\cos\alpha}+y\rho_c g\tan^2\alpha$。（6 分）

（3）内壁：$\sigma_{r3}=\sigma_1-\sigma_3=16\rho_w gh$（或外壁：$\sigma_{r3}=\sigma_1-\sigma_3=15.5\rho_w gh$）。（8 分）

1.2.3　详细解答及评分标准

第一部分　基础题部分详细解答及评分标准（共 60 分）

第 1 题（18 分）

解法一

（1）（本小题 5 分）解法 A：平面运动刚体的角速度与基点选择无关，由图 1-9 中的几何关系可得

$$\omega_{CDE}=\frac{\mathrm{d}\angle GDE}{\mathrm{d}t}=\frac{\mathrm{d}(90°-\varphi)}{\mathrm{d}t}=-\frac{\mathrm{d}\varphi}{\mathrm{d}t}=-\omega\text{（2.5 分）}$$

$$\omega_{C_1DE_1}=\frac{\mathrm{d}\angle HDC_1}{\mathrm{d}t}=\frac{\mathrm{d}\varphi}{\mathrm{d}t}=\omega\text{（2.5 分）}$$

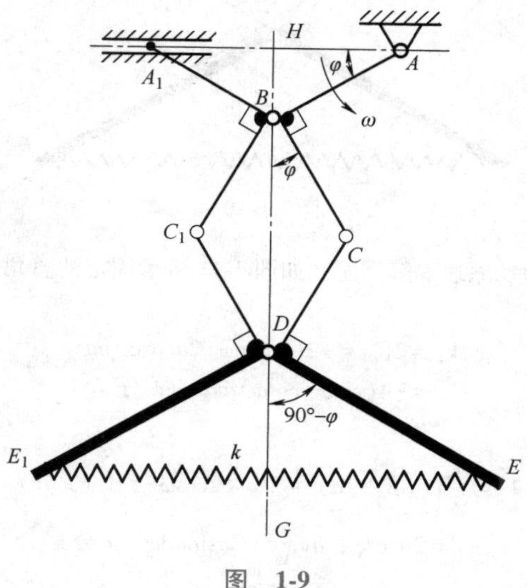

图　1-9

解法 B：应用平面运动速度分析的基点法。

$$\boldsymbol{v}_{A_1}=\boldsymbol{v}_B+\boldsymbol{v}_{A_1B}$$

如图 1-10 所示，上式向铅垂方向投影得

$$\omega a\cos\varphi+\omega_{A_1BC_1}a\cos\varphi=0$$

$$\omega_{A_1BC_1}=-\omega \text{（1 分）}$$

对直角弯杆 CDE，有

$$\boldsymbol{v}_D=\boldsymbol{v}_C+\boldsymbol{v}_{DC} \tag{1-1}$$

对直角弯杆 C_1DE_1，有

$$\boldsymbol{v}_D=\boldsymbol{v}_{C_1}+\boldsymbol{v}_{DC_1}=\boldsymbol{v}_B+\boldsymbol{v}_{C_1B}+\boldsymbol{v}_{DC_1} \tag{1-2}$$

由式（1-1）和（1-2）得

$$\boldsymbol{v}_C+\boldsymbol{v}_{DC}=\boldsymbol{v}_B+\boldsymbol{v}_{C_1B}+\boldsymbol{v}_{DC_1} \text{（2 分）} \tag{1-3}$$

式（1-3）向 C_1D 方向投影得

$$v_C\cos45°+v_{DC}\cos(90°-2\varphi)=v_B+v_{C_1B}\cos(90°-2\varphi)$$

$$\omega\cdot 2a\cos45°\cdot\cos45°+\omega_{CDE}\cdot a\cos(90°-2\varphi)=\omega a+\omega_{A_1BC_1}a\cos(90°-2\varphi)$$

$$\omega_{CDE}=\omega_{A_1BC_1}=-\omega \text{（1 分）}$$

式（1-3）向 CD 方向投影得

$$v_C\cos(45°+2\varphi)=v_B\cos2\varphi-v_{DC_1}\cos(90°-2\varphi)$$

$$\omega\cdot 2a\cos45°\cdot\cos(45°+2\varphi)=\omega a\cos2\varphi-\omega_{C_1DE_1}a\cos(90°-2\varphi)$$

$$\omega_{C_1DE_1}=\omega \text{（1 分）}$$

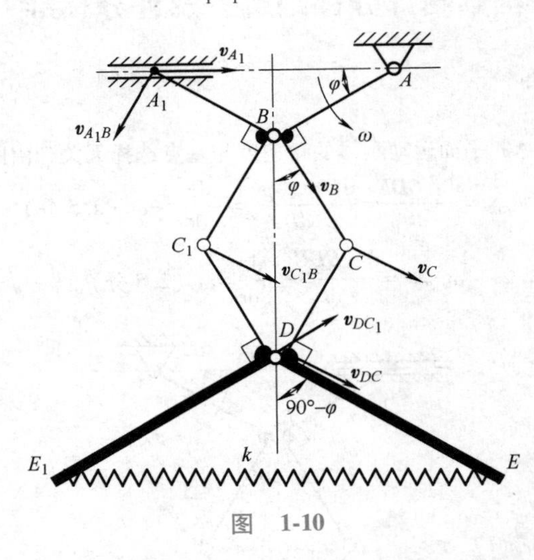

图 1-10

（2）（本小题 5 分）应用虚功原理求解。建立如图 1-11 所示固定的直角坐标系 Axy，则系统的重力势能为

$$\begin{aligned}V_1&=2V_{DE}=-2(2a\sin\varphi+2a\cos\varphi)mg\\&=-4(\sin\varphi+\cos\varphi)amg \text{（1 分）}\end{aligned} \tag{1-4}$$

弹簧的弹性势能为

$$V_2=\frac{1}{2}k(EE_1-2a)^2=2ka^2(2\cos\varphi-1)^2 \text{（1 分）} \tag{1-5}$$

$$x_{A_1}=2a\cos\varphi,\ \delta x_{A_1}=-2a\sin\varphi\delta\varphi \text{（1 分）}$$

由虚功原理

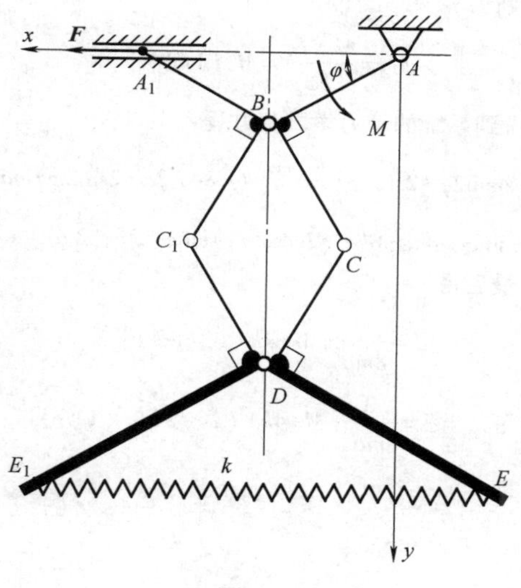

图　1-11

$$M\delta\varphi+F\delta x_{A_1}-\delta(V_1+V_2)=0 \text{（1 分）}$$

得

$$M\delta\varphi-F\cdot 2a\sin\varphi\delta\varphi-[-4(\cos\varphi-\sin\varphi)amg-8ka^2(2\cos\varphi-1)\sin\varphi]\delta\varphi=0$$

将 $\varphi=45°$ 代入，解得

$$F=\frac{\sqrt{2}M}{2a}+4ka(\sqrt{2}-1) \text{（1 分）}$$

说明：这里也可以不写重力势能和弹性势能，直接计算重力和弹簧力的虚功，共 2 分。

（3）（本小题 8 分）应用第二类拉格朗日方程求解，选 φ 作为广义坐标。在如图 1-11 所示的固定的直角坐标系 xAy 中，杆 DE 质心的速度为

$$v_{DEx}=\frac{dx_{DE}}{dt}=0$$

$$v_{DEy}=\frac{dy_{DE}}{dt}=\frac{d(2a\sin\varphi+2a\cos\varphi)}{dt}=2a\dot{\varphi}(\cos\varphi-\sin\varphi)$$

杆 DE_1 质心的速度为

$$v_{DE_1x}=\frac{dx_{DE_1}}{dt}=\frac{d(2a\cos\varphi)}{dt}=-2a\dot{\varphi}\sin\varphi$$

$$v_{DE_1y}=v_{DEy}=2a\dot{\varphi}(\cos\varphi-\sin\varphi)$$

系统的动能

$$\begin{aligned}T&=T_{DE}+T_{DE_1}\\&=\frac{1}{2}m(v_{DEx}^2+v_{DEy}^2)+\frac{1}{2}\cdot\frac{1}{3}ma^2\dot{\varphi}^2+\frac{1}{2}m(v_{DE_1x}^2+v_{DE_1y}^2)+\frac{1}{2}\cdot\frac{1}{3}ma^2\dot{\varphi}^2\\&=\left(\frac{13}{3}-4\sin2\varphi+2\sin^2\varphi\right)ma^2\dot{\varphi}^2 \text{（3 分）}\end{aligned} \quad (1\text{-}6)$$

注意到式（1-4）、式（1-5），系统的拉格朗日函数

$$\begin{aligned}L&=T-V\\&=\left(\frac{13}{3}-4\sin2\varphi+2\sin^2\varphi\right)ma^2\dot{\varphi}^2+4(\sin\varphi+\cos\varphi)amg-2ka^2(2\cos\varphi-1)^2 \text{（1 分）}\end{aligned}$$

对应于主动力偶 M 的广义主动力为

$$M_{\varphi}=\frac{M\cdot\delta\varphi}{\delta\varphi}=M\ (1分)$$

代入第二类拉格朗日方程，得到系统的动力学微分方程

$$2\left(\frac{13}{3}-4\sin2\varphi+2\sin^2\varphi\right)ma^2\ddot{\varphi}-(-8\cos2\varphi+2\sin2\varphi)ma^2\dot{\varphi}^2-$$
$$4(\cos\varphi-\sin\varphi)amg-8ka^2(2\cos\varphi-1)\sin\varphi=M\ (2分)$$

将 $\varphi=45°$，$\dot{\varphi}=0$ 代入上式，最后得

$$\ddot{\varphi}=\frac{3}{8ma^2}[M+4ka^2(2-\sqrt{2})]$$

$$\alpha_{ABC}=\ddot{\varphi}=\frac{3}{8ma^2}[M+4ka^2(2-\sqrt{2})]\ (1分)$$

说明：此处重力势能和弹性势能在（2）小题中给分了，这里不重复给分。

解法二

（1）（本小题 5 分）见解法一。

（2）（本小题 5 分）应用矢量静力学方法求解。

如图 1-12 所示，取整体为研究对象，由 $\sum M_A=0$ 得

$$M+mg\cdot 2a\cos45°-F_{A_1y}\cdot 2a\cos45°=0$$

$$F_{A_1y}=\frac{\sqrt{2}M}{2a}+mg\ (1分) \tag{1-7}$$

如图 1-13 所示，取直角弯杆 CDE、C_1DE_1 连同弹簧为研究对象，由 $\sum M_C=0$ 得

$$mg\cdot 2a\cos45°-F_{C_1y}\cdot 2a\cos45°=0$$

$$F_{C_1y}=mg\ (1分) \tag{1-8}$$

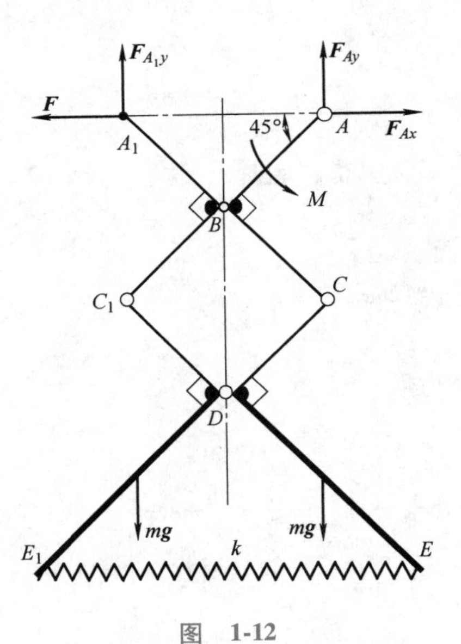

图 1-12

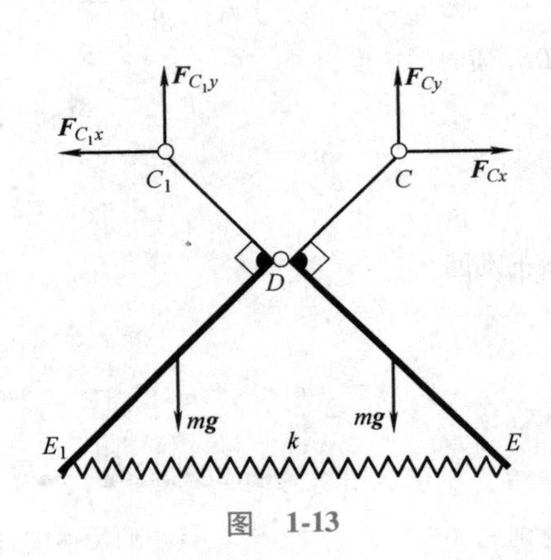

图 1-13

如图 1-14 所示，取直角弯杆 C_1DE_1 为研究对象，其中

$$F_k=k\cdot(4a\cos45°-2a)=2(\sqrt{2}-1)ka\ (1分)$$

由 $\sum M_D=0$ 得

$$F_k \cdot 2a\sin45°+mg \cdot a\cos45°+F_{C_1x} \cdot a\sin45°-F_{C_1y} \cdot a\cos45°=0$$

$$F_{C_1x}=-4(\sqrt{2}-1)ka \text{（1 分）} \tag{1-9}$$

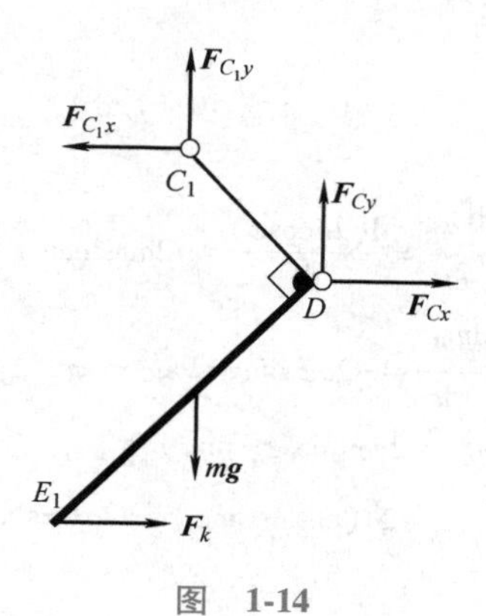

图　1-14

如图 1-15 所示，取直角弯杆 A_1BC_1 为研究对象，由 $\sum M_B=0$ 得

$$F'_{C_1x} \cdot a\sin45°+F'_{C_1y} \cdot a\cos45°+F \cdot a\sin45°-F_{A_1y} \cdot a\cos45°=0$$

将式（1-7）~式（1-9）代入上式得

$$F=\frac{\sqrt{2}M}{2a}+4(\sqrt{2}-1)ka \text{（1 分）} \tag{1-10}$$

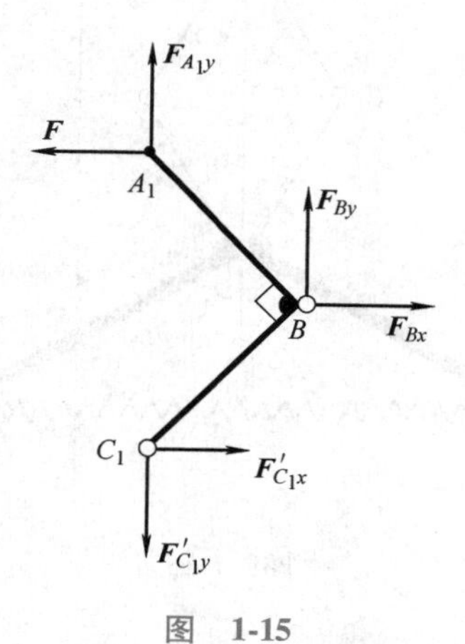

图　1-15

说明：这里可以写出不同的平衡方程，只要能求出 F，即可得 5 分。

（3）（本小题 8 分）

由第（1）小题得

$$\alpha_{CDE}=\frac{d\omega_{CDE}}{dt}=-\alpha_{ABC},\ \alpha_{C_1DE_1}=\frac{d\omega_{C_1DE_1}}{dt}=\alpha_{ABC} \text{（1 分）} \tag{1-11}$$

在如图 1-16 所示固定的直角坐标系 Axy 中，杆 DE 质心的加速度为

$$v_{DEx}=\frac{dx_{DE}}{dt}=0,\ a_{DEx}=\frac{dv_{DEx}}{dt}=0$$

$$v_{DEy}=\frac{\mathrm{d}y_{DE}}{\mathrm{d}t}=\frac{\mathrm{d}(2a\sin\varphi+2a\cos\varphi)}{\mathrm{d}t}=2a\dot{\varphi}(\cos\varphi-\sin\varphi)$$

$$a_{DEy}=\frac{\mathrm{d}v_{DEy}}{\mathrm{d}t}=2a(\cos\varphi-\sin\varphi)\ddot{\varphi}+2a(-\sin\varphi-\cos\varphi)\dot{\varphi}^2$$

代入 $\varphi=45°$，$\dot{\varphi}=0$ 得

$$a_{DEx}=0,\ a_{DEy}=0\ (1分) \tag{1-12}$$

杆 DE_1 质心的加速度为

$$v_{DE_1x}=\frac{\mathrm{d}x_{DE_1}}{\mathrm{d}t}=\frac{\mathrm{d}(2a\cos\varphi)}{\mathrm{d}t}=-2a\dot{\varphi}\sin\varphi$$

$$a_{DE_1x}=\frac{\mathrm{d}v_{DE_1x}}{\mathrm{d}t}=-2a\ddot{\varphi}\sin\varphi-2a\dot{\varphi}^2\cos\varphi$$

$$v_{DE_1y}=v_{DEy}=2a\dot{\varphi}(\cos\varphi-\sin\varphi)$$

$$a_{DE_1y}=a_{DEy}=2a(\cos\varphi-\sin\varphi)\ddot{\varphi}+2a(-\sin\varphi-\cos\varphi)\dot{\varphi}^2$$

代入 $\varphi=45°$，$\dot{\varphi}=0$ 得

$$a_{DE_1x}=-\sqrt{2}a\ddot{\varphi}=-\sqrt{2}a\alpha_{ABC},\ a_{DE_1y}=0\ (1分) \tag{1-13}$$

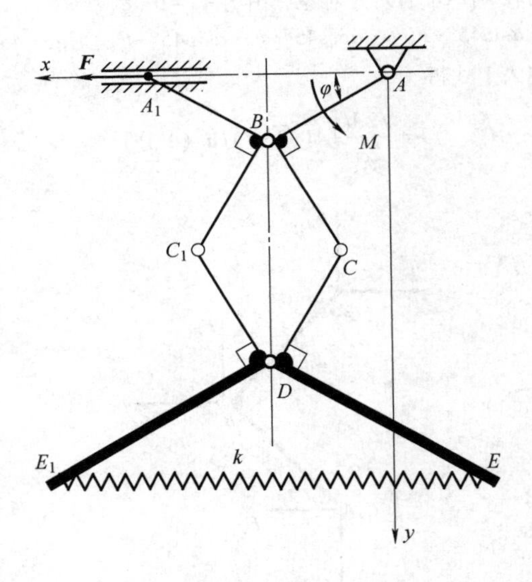

图 1-16

说明：这里也可以应用刚体平面运动加速度分析的基点法求直角弯杆 CDE、C_1DE_1 的角加速度，杆 DE 质心的加速度和杆 DE_1 质心的加速度，共得3分。

应用达朗贝尔原理，虚加杆 DE、杆 DE_1 的惯性力系，如图 1-17 所示，

$$F_{IDE}=0,\ M_{IDE}=-\frac{1}{3}ma^2\alpha_{CDE}=\frac{1}{3}ma^2\alpha_{ABC}$$

$$F_{IDE_1}=-ma_{DE_1x}=\sqrt{2}ma\alpha_{ABC},\ M_{IDE_1}=-\frac{1}{3}ma^2\alpha_{C_1DE_1}=-\frac{1}{3}ma^2\alpha_{ABC}\ (1分)$$

取整体为研究对象，由 $\sum M_A=0$ 得

$$M+mg\cdot 2a\cos45°-F_{A_1y}\cdot 2a\cos45°+M_{IDE}+M_{IDE_1}-F_{IDE_1}\cdot 4a\sin45°=0$$

$$F_{A_1y}=\frac{\sqrt{2}M}{2a}+mg-2\sqrt{2}ma\alpha_{ABC}\text{（1 分）} \tag{1-14}$$

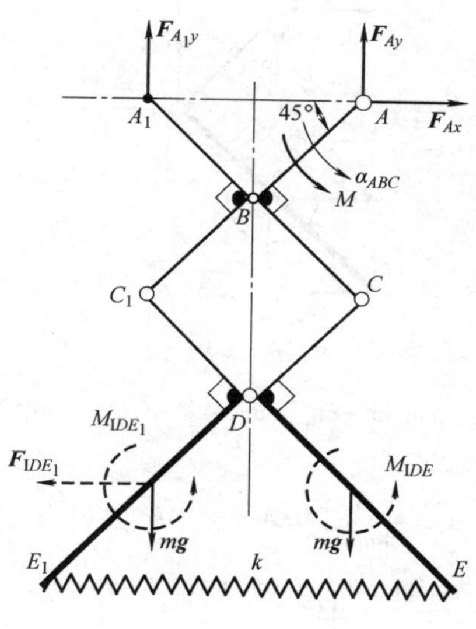

图　1-17

取直角弯杆 CDE、C_1DE_1 连同弹簧为研究对象，如图 1-18 所示，由 $\sum M_C=0$ 得

$$mg\cdot 2a\cos45°-F_{C_1y}\cdot 2a\cos45°+M_{IDE}+M_{IDE_1}-F_{IDE_1}\cdot 2a\sin45°=0$$

$$F_{C_1y}=mg-\sqrt{2}ma\alpha_{ABC}\text{（1 分）} \tag{1-15}$$

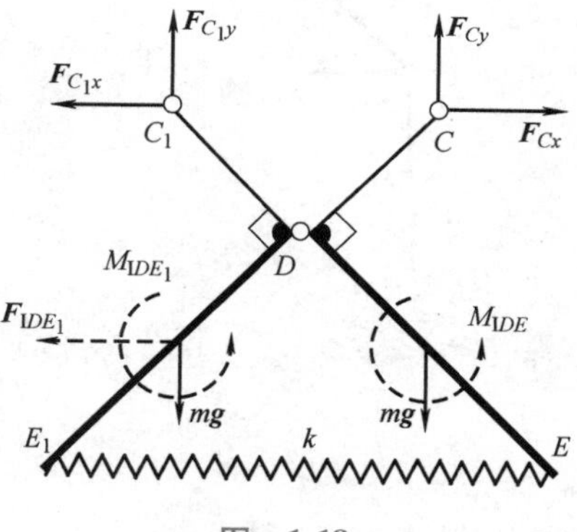

图　1-18

取直角弯杆 C_1DE_1 为研究对象，如图 1-19 所示，其中

$$F_k=k\cdot(4a\cos45°-2a)=2(\sqrt{2}-1)ka$$

由 $\sum M_D=0$ 得

$$F_k\cdot 2a\sin45°+mg\cdot a\cos45°+F_{C_1x}\cdot a\sin45°-F_{C_1y}\cdot a\cos45°+$$
$$M_{IDE_1}-F_{IDE_1}\cdot a\sin45°=0$$

$$F_{C_1x}=-4(\sqrt{2}-1)ka+\frac{\sqrt{2}}{3}ma\alpha_{ABC}\text{（1 分）} \tag{1-16}$$

取直角弯杆 A_1BC_1 为研究对象，如图 1-20 所示，由 $\sum M_B=0$ 得

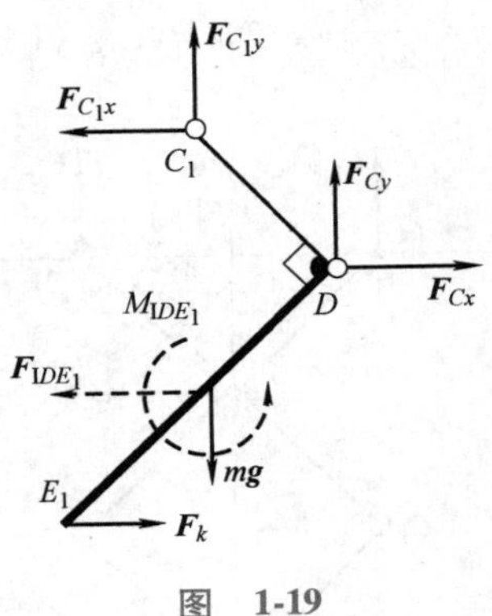

图 1-19

$$F'_{C_1x}\cdot a\sin45°+F'_{C_1y}\cdot a\cos45°-F_{A_1y}\cdot a\cos45°=0$$

将式（1-14）~式（1-16）代入上式解得

$$\alpha_{ABC}=\frac{3}{8ma^2}[M+4(2-\sqrt{2})ka^2]\text{（1 分）} \tag{1-17}$$

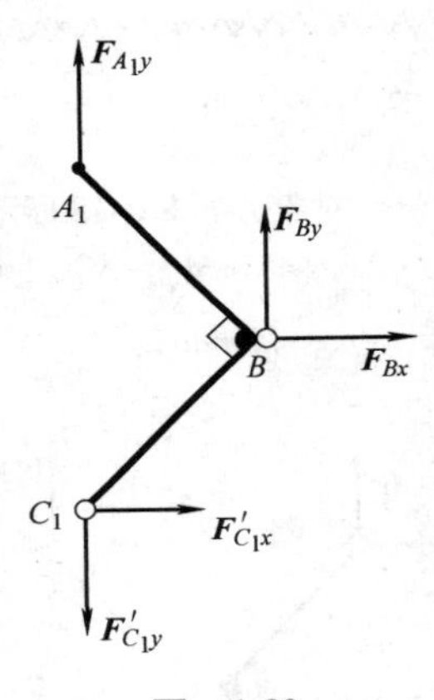

图 1-20

说明：这里虚加惯性力系后，可以写出不同的平衡方程，只要能求出 αABC，即可得 4 分。

第 2 题（12 分）

（1）（本小题 3 分）

如图 1-21 所示，根据对 B 点碰撞的动量矩定理，得

$$6mv_{O0}\cdot R\sin30°+J_{Oz}\omega_{B0}-J_{Bz}\omega_{B1}=0\text{（2 分）}$$

$$v_{O0}=\omega_{B0}R$$

注意到
$$J_{Oz}=6\cdot\frac{1}{3}mR^2=2mR^2,\ J_{Bz}=8mR^2$$

$$\frac{\omega_{B1}}{\omega_{B0}}=\frac{5}{8}\text{（1 分）} \tag{1-18}$$

（2）（本小题 4 分）

分析车轮轮心从最低点 O 到最高点的运动过程，由动能定理得

$$\frac{1}{2}J_{Az}\omega_A^2-\frac{1}{2}J_{Az}\omega_{A1}^2=-6mg(R-R\cos30°)$$

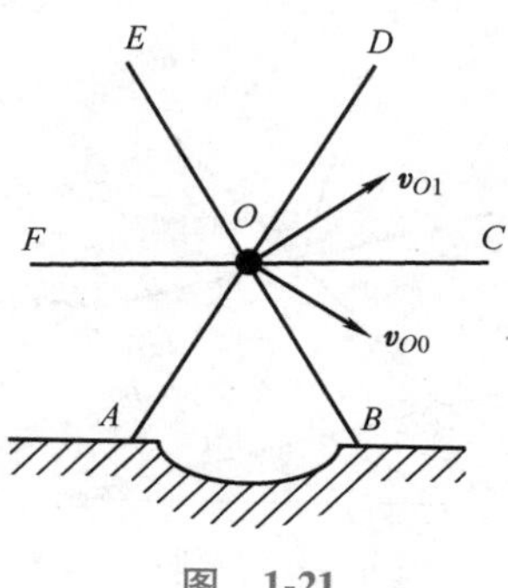

图　1-21

$$\omega_A^2=\omega_{A1}^2-\frac{12}{J_{Az}}mg(R-R\cos30°)=\omega_{A1}^2-\frac{3(2-\sqrt{3})g}{4R}$$

由 $\omega_A\geqslant0$ 得

$$\omega_{A1}\geqslant\sqrt{\frac{3(2-\sqrt{3})g}{4R}}\quad（1 分）\tag{1-19}$$

同理，分析车轮轮心从最低点 O_1 到最高点的运动过程，可得

$$\omega_{B1}\geqslant\sqrt{\frac{3(2-\sqrt{3})g}{4R}}\quad（1 分）$$

再由车轮轮心从 O 点到 O_1 点运动过程中车轮机械能守恒可得 $\omega_{B0}=\omega_{A1}$，代入式（1-18）得

$$\frac{\omega_{B1}}{\omega_{A1}}=\frac{\omega_{B1}}{\omega_{B0}}=\frac{5}{8}$$

$$\omega_{A1}=\frac{8}{5}\omega_{B1}\geqslant\frac{8}{5}\sqrt{\frac{3(2-\sqrt{3})g}{4R}}\quad（1 分）\tag{1-20}$$

比较式（1-19）和（1-20），即得车轮由图 1-22 中实线位置连续向前运动到虚线位置的 ω_{A1} 的最小值为

$$\omega_{A1\min}=\frac{8}{5}\sqrt{\frac{3(2-\sqrt{3})g}{4R}}=\frac{4}{5}\sqrt{\frac{3(2-\sqrt{3})g}{R}}\quad（1 分）$$

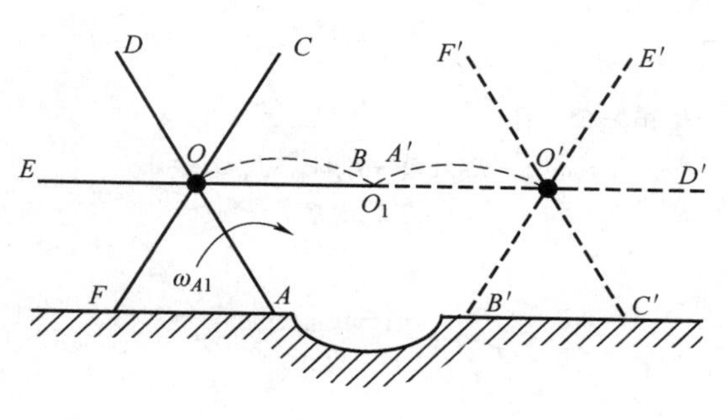

图　1-22

（3）（本小题 5 分）

当 $\theta<30°$ 时，如图 1-23 所示，分析车轮轮心从图示位置到 OA 运动到铅垂位置的过程，由动能定理得

$$\frac{1}{2}J_{Az}\omega_A^2-\frac{1}{2}J_{Az}\omega_{A1}^2=-6mg[R-R\cos(30°-\theta)]$$

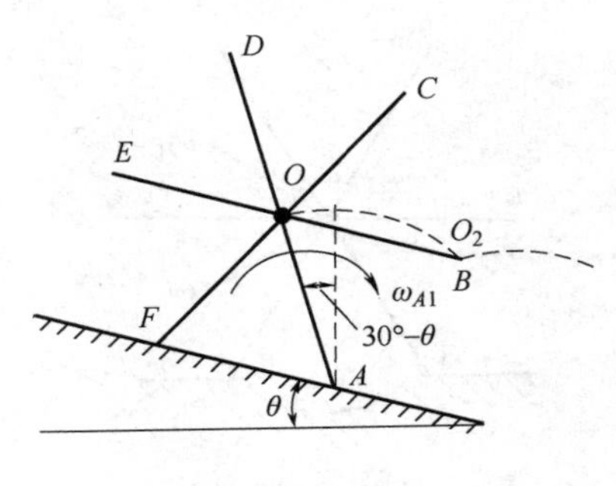

图 1-23

解得

$$\omega_{A1}^2=\omega_A^2+\frac{3[1-\cos(30°-\theta)]g}{2R}$$

为使车轮能沿斜面向下连续运动，要求 $\omega_A \geqslant 0$，得

$$\omega_{A1}^2 \geqslant \frac{3[1-\cos(30°-\theta)]g}{2R}\text{（2 分）} \tag{1-21}$$

另一方面，车轮轮心由 O 点到 O_2 点的运动过程中（见图 1-24），根据车轮的动能定理得

$$\frac{1}{2}J_{Az}\omega_{B0}^2-\frac{1}{2}J_{Az}\omega_{A1}^2=6mgR\sin\theta \tag{1-22}$$

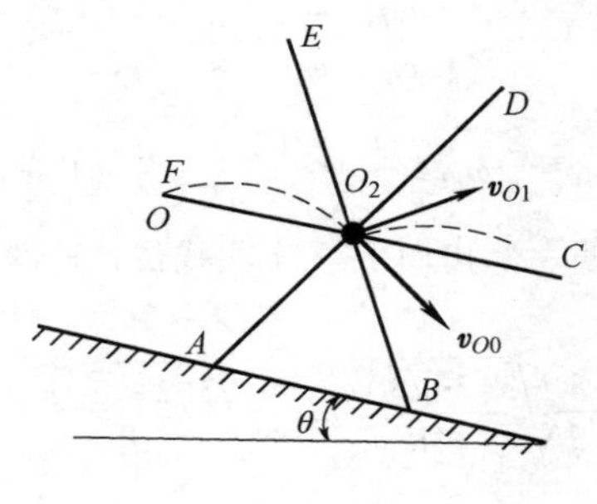

图 1-24

根据车轮对 B 点碰撞的动量矩定理，得

$$6mv_{O0}\cdot R\sin 30°+J_{Oz}\omega_{B0}-J_{Bz}\omega_{B1}=0 \tag{1-23}$$

$$v_{O0}=\omega_{B0}R \tag{1-24}$$

再注意到

$$\omega_{B1}=\omega_{A1} \tag{1-25}$$

由式（1-22）~式（1-25）解得

$$\omega_{A1}^2=\frac{25g}{26R}\sin\theta\text{（2 分）} \tag{1-26}$$

将式（1-26）代入式（1-21），得

$$\frac{25g}{26R}\sin\theta \geqslant \frac{3[1-\cos(30°-\theta)]g}{2R}$$

得到车轮沿斜面向下滚动，为使 $\omega_{B1}=\omega_{A1}$，θ 应满足的关系式为

$$25\sin\theta-39[1-\cos(30°-\theta)] \geqslant 0\text{（1 分）}$$

第 3 题（15 分）

（1）（本小题 7 分）

如图 1-25a 所示，根据小变形条件和“以切代弧”的思想，由装配杆 BC 和杆 AC 的尺寸误差 Δ_1 和 Δ_2 所引起的点 C 垂直方向的总装配误差 $\delta=CC''$ 为

$$\delta=\frac{\Delta_1}{\sin 45^\circ}(\Delta_1=\Delta_2)\text{（1 分）} \tag{1-27}$$

根据对称性，取结点 C 为研究对象，建立平衡方程（见图 1-25b）如下

$$\left.\begin{array}{l} F_{N1}^*=F_{N2}^*,\ F_{N3}^*=F_{N4}^* \\ \sum F_y=0,\ 2F_{N1}^*\sin 45^\circ-2F_{N3}^*\sin 30^\circ=0 \end{array}\right\}\text{（1 分）}$$

即

$$\sqrt{2}F_{N1}^*=F_{N3}^* \tag{1-28}$$

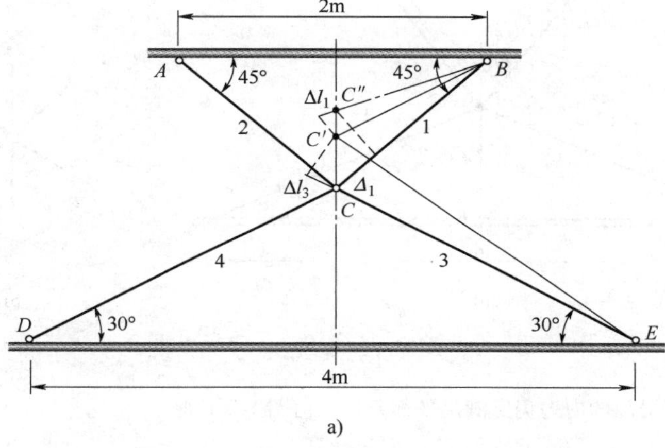

a)

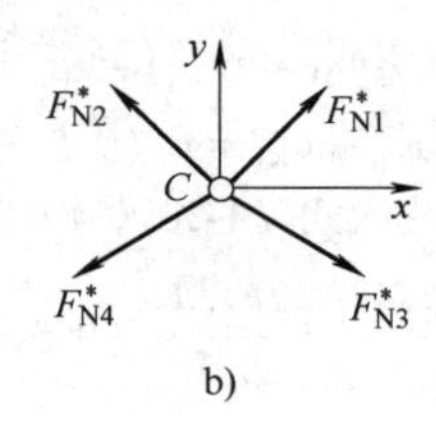

b)

图　1-25

垂直方向的总装配误差 δ 由两部分组成：①杆 BC（杆 1）和杆 AC（杆 2）的伸长 $\Delta l_1=\Delta l_2$ 所对应的部分 $\delta_1=C'C''$；②杆 CE（杆 3）和杆 CD（杆 4）的伸长 $\Delta l_3=\Delta l_4$ 所对应的部分 $\delta_2=CC'$。

由变形协调关系，得

$$\delta_1+\delta_2=\delta$$

$$\frac{\Delta l_1}{\sin 45^\circ}+\frac{\Delta l_3}{\sin 30^\circ}=\frac{\Delta_1}{\sin 45^\circ}\text{（2 分）}$$

假设此时杆件均处于线弹性阶段，代入式（1-27），应用物理方程，得

$$\frac{\sqrt{2}F_{N1}^*l_1}{E_aA_1}+\frac{2F_{N3}^*l_3}{E_aA_3}=\sqrt{2}\Delta_1\text{（1 分）} \tag{1-29}$$

联立式（1-28）和式（1-29），得

$$F_{N1}^*=F_{N2}^*=\frac{\Delta_1}{\dfrac{2l_3}{E_aA_3}+\dfrac{l_1}{E_aA_1}}=\frac{E_aA_1\Delta_1}{2l_3\dfrac{A_1}{A_3}+l_1}=\frac{200\times10^9\times0.3\times10^{-3}}{2\times\dfrac{4\sqrt{3}}{3}\times\dfrac{1}{4}+\sqrt{2}}\times\frac{\pi}{4}\times20^2\times10^{-6}\text{N}$$

$$=7.338\times 10^3\text{N}=7.338\text{kN}\text{（拉）（1 分）}$$

$$F_{\text{N3}}^{*}=F_{\text{N4}}^{*}=\sqrt{2}F_{\text{N1}}^{*}=10.377\text{kN}\text{（拉）（1 分）}$$

（2）（本小题 8 分）

当四根杆在点 C 装配好之后，再施加向下的力 F，则杆 BC（杆 1）和杆 AC（杆 2）将会继续伸长，杆 CE（杆 3）和杆 CD（杆 4）则会受到压缩，根据变形协调关系（见图 1-26a），得

$$\frac{\Delta l_1^*}{\sin 45°}=\frac{\Delta l_3^*}{\sin 30°}\text{（0.5 分）} \tag{1-30}$$

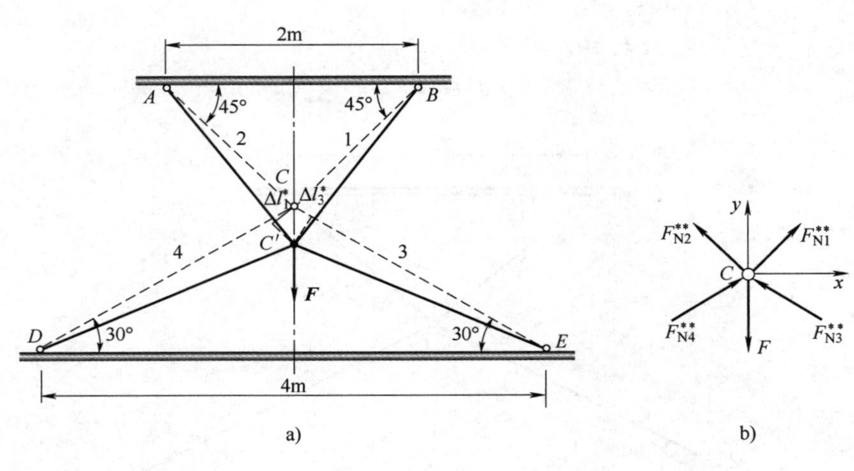

图　1-26

施加力 F 后，各杆增加的内力仍然满足平衡条件，由图 1-26b 得

$$F_{\text{N1}}^{**}=F_{\text{N2}}^{**},\quad F_{\text{N3}}^{**}=F_{\text{N4}}^{**}$$

$$\sum F_y=0,\quad 2F_{\text{N1}}^{**}\sin 45°+2F_{\text{N3}}^{**}\sin 30°=F$$

即

$$\sqrt{2}F_{\text{N1}}^{**}+F_{\text{N3}}^{**}=F\text{（0.5 分）} \tag{1-31}$$

假设此时杆件均处于 Oa 线弹性阶段，代入式（1-30），应用物理方程，得

$$\frac{\sqrt{2}F_{\text{N1}}^{**}l_1}{E_aA_1}=\frac{2F_{\text{N3}}^{**}l_3}{E_aA_3}\text{（0.5 分）} \tag{1-32}$$

联立式（1-31）和式（1-32），得

$$F_{\text{N1}}^{**}=\frac{1}{\sqrt{2}\left(\dfrac{l_1A_3}{2l_3A_1}+1\right)}F=\frac{90}{(\sqrt{3}+\sqrt{2})}=28.605\text{kN(拉)（0.5 分）}$$

$$F_{\text{N3}}^{**}=\frac{1}{\left(\dfrac{2l_3A_1}{l_1A_3}+1\right)}F=\frac{90\sqrt{3}}{(\sqrt{2}+\sqrt{3})}=49.546\text{kN(压)（0.5 分）}$$

此时各杆的总轴力为

$$F_{\text{N2}}=F_{\text{N1}}=F_{\text{N1}}^{*}+F_{\text{N1}}^{**}=35.943\text{kN}\text{（拉）（0.5 分）}$$

$$F_{\text{N4}}=F_{\text{N3}}=F_{\text{N3}}^{**}-F_{\text{N3}}^{*}=39.169\text{kN}\text{（压）（0.5 分）}$$

当应力等于 100MPa 时，对应的各杆轴力为

$$F_{\text{N1}}^{\text{a}}=F_{\text{N2}}^{\text{a}}=\sigma A=100\times 10^6\times\frac{\pi\times 20^2}{4}\times 10^{-6}=31.416\text{kN}\text{（0.5 分）}$$

$$F_{\text{N3}}^{\text{a}}=F_{\text{N4}}^{\text{a}}=\sigma A=100\times 10^6\times\frac{\pi\times 40^2}{4}\times 10^{-6}=125.664\text{kN}\text{（0.5 分）}$$

由于 $F_{N1}=F_{N2}>F^a_{N1}=F^a_{N2}$，故受拉的杆 1 和杆 2 的应力均已超过 100MPa，处于 ab 线弹性阶段；而 $F_{N3}=F_{N4}<F^a_{N3}=F^a_{N4}$，受压的杆 3、杆 4 均处于 Oa 线弹性阶段，因此需要重新计算上部二拉杆的变形，建立新的变形协调方程。

重复上述步骤。代入式（1-30），应用物理方程，得

$$\frac{(31.416-7.338)l_1}{E_aA_1}\cdot\frac{1}{\sin45^\circ}+\frac{[F^{**}_{N1}-(31.416-7.338)]l_1}{E_bA_1}\cdot\frac{1}{\sin45^\circ}=\frac{F^{**}_{N3}l_3}{E_aA_3}\frac{1}{\sin30^\circ}$$

$$4F^{**}_{N1}-24.078\times3=\frac{F^{**}_{N3}}{\sqrt{3}}=\frac{\sqrt{3}F^{**}_{N3}}{3}\quad(0.5\text{ 分})\tag{1-33}$$

联立式（1-31）和式（1-33），得

$$F^{**}_{N1}=25.787\text{kN（拉）（0.5 分）}$$
$$F^{**}_{N3}=53.532\text{kN（压）（0.5 分）}$$

此时各杆的总轴力为

$$F_{N2}=F_{N1}=F^{*}_{N1}+F^{**}_{N1}=33.125\text{kN（拉）（0.5 分）}$$
$$F_{N4}=F_{N3}=F^{**}_{N3}-F^{*}_{N3}=43.155\text{kN（压）（0.5 分）}$$

稳定性校核

杆 CE（杆 3）和杆 CD（杆 4）的临界力

$$F_{cr}=\frac{\pi^2EI}{l^2}=46.509\text{kN（0.5 分）}$$

由于

$$F_{N3}=43.155\text{kN}\leqslant F_{cr}=46.509\text{kN（0.5 分）}$$

满足稳定性要求。

第 4 题（15 分）

（1）（本小题 5 分）

圆轴受纯扭转，圆周表面 A 点为纯剪切应力状态，线段 AB 的变形如图 1-27a 所示。

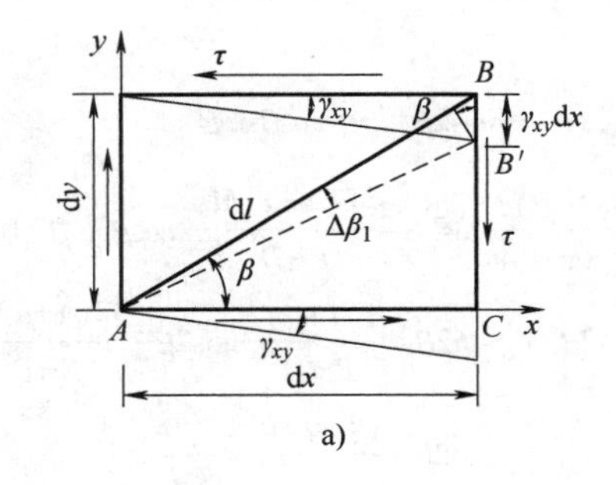

a)

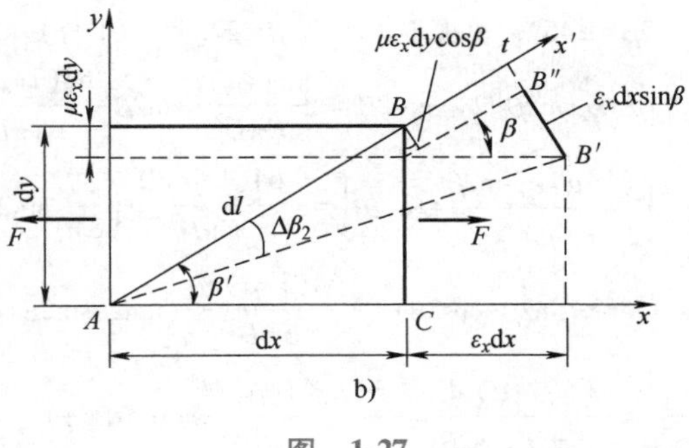

b)

图　1-27

因此有

$$\Delta\beta_1=\frac{\gamma_{xy}\mathrm{d}x\cdot\cos\beta}{\mathrm{d}l-\gamma_{xy}\mathrm{d}x\cdot\sin\beta}=\frac{\gamma_{xy}\mathrm{d}x\cdot\cos\beta}{\mathrm{d}l}\text{ （2 分）}$$

根据 $\mathrm{d}x=\mathrm{d}l\cdot\cos\beta$，$\mathrm{d}y=\mathrm{d}l\cdot\sin\beta$，则有

$$\Delta\beta_1=\frac{\gamma_{xy}\mathrm{d}x\cdot\cos\beta}{\mathrm{d}x/\cos\beta}=\gamma_{xy}\cos^2\beta=\frac{M_e}{GW_t}\cos^2\beta\text{ （2 分）}$$

即

$$M_e=\frac{GW_t}{\cos^2\beta}\Delta\beta_1=\frac{E\pi D^3}{32(1+\mu)\cos^2\beta}\Delta\beta_1\text{ （1 分）}$$

（2）（本小题 5 分）

在 F 作用下，圆轴为单向拉伸，圆周表面 A 点为单向应力状态，线段 AB 的变形如图 1-27b 所示。在外力偶矩 M_e 作用的同时又施加拉力 F 时，线段 AB 与线段 AC 的夹角为

$$\beta'=\beta-\Delta\beta_1\approx\beta\text{ （1 分）}$$

根据 $\mathrm{d}x=\mathrm{d}l\cdot\cos\beta$，$\mathrm{d}y=\mathrm{d}l\cdot\sin\beta$，则有

$$\begin{aligned}\Delta\beta_2&=\frac{\varepsilon_x\mathrm{d}x\cdot\sin\beta+\mu\varepsilon_x\mathrm{d}y\cdot\cos\beta}{\mathrm{d}l+\varepsilon_x\mathrm{d}x\cdot\cos\beta-\mu\varepsilon_x\mathrm{d}y\cdot\sin\beta}=\frac{\varepsilon_x\mathrm{d}x\cdot\sin\beta+\mu\varepsilon_x\mathrm{d}y\cdot\cos\beta}{\mathrm{d}l}\\&=\varepsilon_x\cos\beta\sin\beta+\mu\varepsilon_x\sin\beta\cos\beta=\frac{(1+\mu)\varepsilon_x}{2}\sin2\beta=\frac{(1+\mu)F}{2EA}\sin2\beta\end{aligned}\text{ （3 分）}$$

即

$$F=\frac{2EA}{(1+\mu)\sin2\beta}\Delta\beta_2=\frac{E\pi D^2}{2(1+\mu)\sin2\beta}\Delta\beta_2\text{ （1 分）}$$

（3）（本小题 5 分）

当外力偶矩 M_e 和轴向拉力 F 同时作用时，线段 AB 的偏转角为

$$\begin{aligned}\Delta\beta&=\Delta\beta_1+\Delta\beta_2=\gamma_{xy}\cos^2\beta+\frac{(1+\mu)\varepsilon_x}{2}\sin2\beta\\&=\frac{32(1+\mu)M_e}{E\pi D^3}\cos^2\beta+\frac{2(1+\mu)F}{E\pi D^2}\sin2\beta\end{aligned}\text{ （2 分）}$$

求极值

$$\begin{aligned}\frac{\mathrm{d}\Delta\beta}{\mathrm{d}\beta}&=(1+\mu)\varepsilon_x\cos2\beta-2\gamma_{xy}\cos\beta\sin\beta\\&=\frac{4(1+\mu)F}{E\pi D^2}\cos2\beta-\frac{32(1+\mu)M_e}{E\pi D^3}2\cos\beta\sin\beta=0\end{aligned}\text{ （1 分）}$$

$$(1+\mu)\varepsilon_x\cos2\beta-\gamma_{xy}\sin2\beta=\frac{4(1+\mu)F}{E\pi D^2}\cos2\beta-\frac{32(1+\mu)M_e}{E\pi D^3}\sin2\beta=0$$

$$\tan2\beta=\frac{(1+\mu)\varepsilon_x}{\gamma_{xy}}=\frac{FD}{8M_e}=1$$

$2\beta=\pm45°$，舍去“$-$”，得 $\beta=22.5°$。（1 分）

$$\begin{aligned}\frac{\mathrm{d}^2\Delta\beta}{\mathrm{d}\beta^2}&=-2(1+\mu)\varepsilon_x\sin2\beta-2\gamma_{xy}\cos2\beta=-\frac{8(1+\mu)F}{E\pi D^2}\sin2\beta-\frac{64(1+\mu)M_e}{E\pi D^3}\cos2\beta\\&=-2\gamma_{xy}\left[\frac{(1+\mu)\varepsilon_x\sin2\beta}{\gamma_{xy}}+\cos2\beta\right]=-\frac{64(1+\mu)M_e}{E\pi D^3}\left(\frac{FD}{8M_e}\sin2\beta+\cos2\beta\right)\\&=-2\gamma_{xy}(\tan2\beta\sin2\beta+\cos2\beta)=-\frac{64(1+\mu)M_e}{E\pi D^3}(\tan2\beta\sin2\beta+\cos2\beta)\\&=-\frac{2\gamma_{xy}}{\cos2\beta}=-\frac{64(1+\mu)M_e}{E\pi D^3\cos2\beta}=-\frac{32\sqrt{2}(1+\mu)M_e}{E\pi D^3}<0\end{aligned}\text{ （1 分）}$$

故得，在 M_e 和 F 的作用下，圆轴产生拉扭组合变形。当线段 AB 与水平线 AC 的夹角 $\beta=22.5°$时，线段 AB 的偏转角变化达最大，此时测试灵敏度最高。

第二部分　提高题部分详细解答及评分标准（共 60 分）

第 5 题（15 分）

（1）（本小题 5 分）

当 $\theta=0°$ 或 $\theta=180°$ 时（见图 1-28a），解不唯一，因为这是一个奇异位置。（2 分）

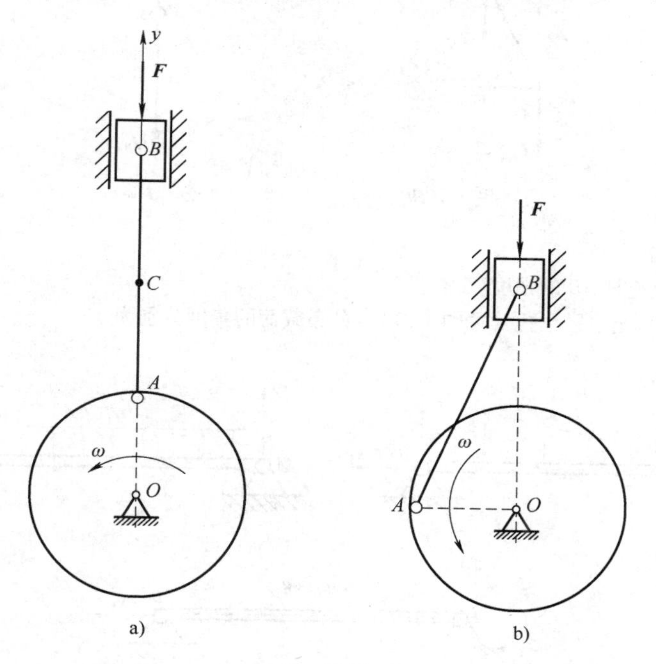

图　1-28

当 $\theta=90°$ 时，机构运动到如图 1-28b 所示位置。

此时连杆 AB 做瞬时平移，$\omega_{AB}=0$。

由 $\boldsymbol{a}_B=\boldsymbol{a}_A+\boldsymbol{a}_{BA}^{t}+\boldsymbol{a}_{BA}^{n}$，得

$$\alpha_{AB}=(a_A/\cos30°)/2=5773.5\text{rad/s}^2\ （逆时针）$$

$$a_B=a_A\tan30°=5773.5\text{m/s}^2\ (\uparrow)$$

由 $\boldsymbol{a}_C=\boldsymbol{a}_A+\boldsymbol{a}_{CA}^{t}+\boldsymbol{a}_{CA}^{n}$ 得

$$a_{Cx}=a_A-\alpha_{AB}\cdot1\cdot\cos30°=5000\text{m/s}^2\ (\rightarrow)$$

$$a_{Cy}=\alpha_{AB}\cdot1\cdot\sin30°=2886.75\text{m/s}^2\ (\uparrow)\ （1 分）$$

取圆盘 O 为研究对象，由刚体定轴转动微分方程，解得 $F_{Ay}=0$。

再取连杆 AB 为研究对象，如图 1-29 所示，应用刚体平面运动微分方程有

$$m_{AB}a_{Cx}=F_{Ax}+F_{Bx}$$

$$m_{AB}a_{Cy}=F_{By}-m_{AB}g$$

$$J_{Cz}\alpha_{AB}=(F_{Ax}-F_{Bx})\cdot1\text{m}\cdot\cos30°+F_{By}\cdot1\text{m}\cdot\sin30°$$

解得 $F_{Ax}=555\text{kN}\ (\rightarrow)$，$F_{Bx}=445\text{kN}\ (\rightarrow)$，$F_{By}=579.31\text{kN}\ (\uparrow)$（1 分）

最后取滑块 B 为研究对象，如图 1-30 所示，应用刚体质心运动定理有

$$-m_Ba_B=F+F'_{By}+m_Bg$$

解得

$$F=1735.96\text{kN}\ (\uparrow)\ （1 分）$$

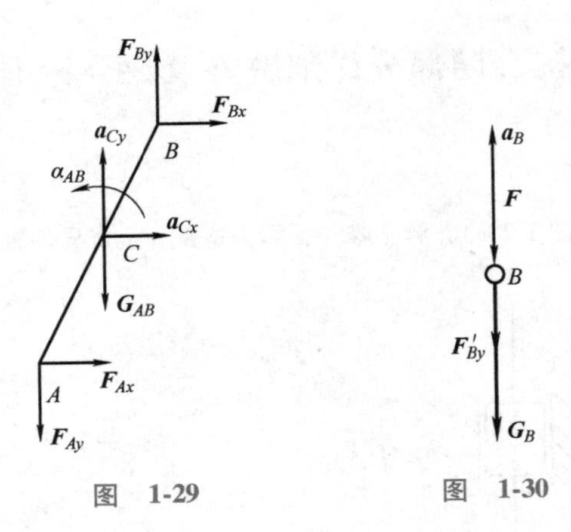

图 1-29 图 1-30

（2）（本小题 10 分）

当 $\theta=90°$ 时，校核连杆 AB 的强度。

1）将连杆顺时针转至水平位置（见图 1-31），分布载荷的集度分别为

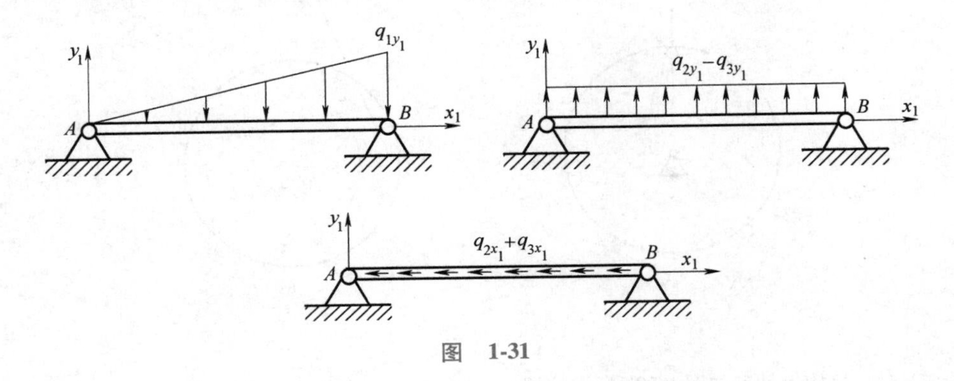

图 1-31

$$q_{1y_1}=\frac{m_{AB}}{2rA}Ar\alpha=\alpha m_{AB}=1155\times10^3\,\text{N/m}=1155\,\text{kN/m}\ (\downarrow)\ (0.5\text{ 分})$$

$$q_{2y_1}=\frac{m_{AB}}{2rA}Ar\omega^2\cos30°=\frac{\sqrt{3}}{4}m_{AB}\omega^2=866\times10^3\,\text{N/m}=866\,\text{kN/m}\ (\uparrow)\ (0.5\text{ 分})$$

$$q_{3y_1}=\frac{m_{AB}}{2rA}Ag\sin30°=\frac{M_2}{2r}g\cdot\frac{1}{2}=490\,\text{N/m}=0.49\,\text{kN/m}\ (\downarrow)\ (0.5\text{ 分})$$

则

$$q_{2y_1}-q_{3y_1}=865.5\,\text{kN/m}\ (\downarrow)$$

$$q_{2x_1}=\frac{m_{AB}}{2rA}Ar\omega^2\sin30°=\frac{1}{4}m_{AB}\omega^2=500\times10^3\,\text{N/m}=500\,\text{kN/m}\ (\leftarrow)\ (0.5\text{ 分})$$

$$q_{3x_1}=\frac{m_{AB}}{2rA}Ag\cos30°=\frac{m_{AB}}{2r}g\cdot\frac{\sqrt{3}}{2}=849\,\text{N/m}=0.849\,\text{kN/m}\ (\leftarrow)\ (0.5\text{ 分})$$

则

$$q_{2x_1}+q_{3x_1}=500.8\,\text{kN/m}\ (\leftarrow)$$

2）求连杆 AB 上任意横截面上的内力函数。

$$M(x_1)=-\frac{1}{2}q_{1y_1}\frac{x_1}{2r}x_1\ \frac{x_1}{3}+\frac{1}{2}q_{2y_1}x_1^2-\frac{1}{2}q_{3y_1}x_1^2-F_{Ax}x_1\cos30°$$

$$=-\frac{q_{1y_1}}{12r}x_1^3+\frac{q_{2y_1}-q_{3y_1}}{2}x_1^2-\frac{\sqrt{3}}{2}F_{Ax}x_1\ (1\text{ 分})$$

$$F_N(x_1)=(q_{2x_1}+q_{3x_1})x_1-F_{Ax}\sin30°=500.8x_1-277.5 \text{（1 分）}$$

3）连杆 AB 的危险截面、危险点的应力及强度校核。

解法一

求弯矩的一阶导数并令其等于零：

$$\frac{dM(x_1)}{dx_1}=-\frac{q_{1y_1}}{4r}x_1^2+(q_{2y_1}-q_{3y_1})x_1-\frac{\sqrt{3}}{2}F_{Ax}=0$$

即

$$-288.8x_1^2+865.5x_1-480.6=0$$

$$x_1^2-3x_1+1.66=0 \quad 取 \quad x_1=\frac{1}{2}(3-\sqrt{9-4\times1.66})\text{m}=0.735\text{m}$$

$$\left.\frac{d^2M(x_1)}{dx^2}\right|_{x_1=0.735\text{m}}=-577.6x_1+865.5=-577.6\times0.735+865.5=441>0$$

由于弯矩极值发生在 $x_1=0.735\text{m}$ 处的截面，在此位置附近，连杆 AB 的危险截面是拉弯组合，危险点（在连杆 AB 的上表面）的应力由弯曲拉应力与轴力引起的拉应力叠加，即

$$\sigma(x_1)=-\frac{M}{W}+\frac{F_N}{A}=\frac{1}{W}\left(\frac{q_{1y_1}}{12r}x_1^3-\frac{q_{2y_1}-q_{3y_1}}{2}x_1^2+\frac{\sqrt{3}}{2}F_{Ax}x_1\right)+\frac{1}{A}[(q_{2x_1}+q_{3x_1})x_1-F_{Ax}\sin30°] \text{（1 分）}$$

危险截面的位置在：

$$\frac{d\sigma(x_1)}{dx}=\frac{1}{W}\left[\frac{q_{1y_1}}{4r}x_1^2-(q_{2y_1}-q_{3y_1})x_1+\frac{\sqrt{3}}{2}F_{Ax}\right]+\frac{1}{A}(q_{2x_1}+q_{3x_1})=0$$

$$x_1^2-3x_1+1.8=0 \quad 取 \quad x_1=\frac{1}{2}(3-\sqrt{9-4\times1.8})\text{m}=0.83\text{m} \text{（1 分）}$$

强度校核：

$$\sigma(x_1)_{\max}=166.6\text{MPa}\leqslant[\sigma]=180\text{MPa} \text{（1 分）}$$

解法二

由于判断危险截面及危险点的位置比较困难，故针对两种可能性进行分析：

（a）连杆 AB 危险点的应力可能为最大弯曲压应力与轴力引起的压应力叠加，即

$$\sigma(x_1)=\frac{M}{W}+\frac{F_N}{A}=\frac{1}{W}\left(-\frac{q_{1y_1}}{12r}x_1^3+\frac{q_{2y_1}-q_{3y_1}}{2}x_1^2-\frac{\sqrt{3}}{2}F_{Ax}x_1\right)+\frac{1}{A}[(q_{2x_1}+q_{3x_1})x_1-F_{Ax}\sin30°] \text{（0.5 分）}$$

危险截面的位置在：

$$\frac{d\sigma(x_1)}{dx}=-\frac{1}{W}\left[\frac{q_{1y_1}}{4r}x_1^2-(q_{2y_1}-q_{3y_1})x_1+\frac{\sqrt{3}}{2}F_{Ax}\right]+\frac{1}{A}(q_{2x_1}+q_{3x_1})=0$$

$$288.8x_1^2-865.5x_1+441.5=0$$

$$x_1^2-3x_1+1.53=0,取\ x_1=\frac{1}{2}(3-\sqrt{9-4\times1.53})\text{m}=0.65\text{m} \text{（0.5 分）}$$

强度校核：

$$|\sigma(x_1)|_{\max}=|-152.3|\text{MPa}\leqslant[\sigma]=180\text{MPa} \text{（0.5 分）}$$

（b）连杆 AB 危险点的应力也可能为最大弯曲拉应力与轴力引起的拉应力叠加，即

$$\sigma(x_1)=-\frac{M}{W}+\frac{F_N}{A}$$

$$=\frac{1}{W}\left(\frac{q_{1y_1}}{12r}x_1^3-\frac{q_{2y_1}-q_{3y_1}}{2}x_1^2+\frac{\sqrt{3}}{2}F_{Ax}x_1\right)+\frac{1}{A}[(q_{2x_1}+q_{3x_1})x_1-F_{Ax}\sin30°] \text{（0.5 分）}$$

危险截面的位置在：

$$\frac{d\sigma(x_1)}{dx}=\frac{1}{W}\left[\frac{q_{1y_1}}{4r}x_1^2-(q_{2y_1}-q_{3y_1})x_1+\frac{\sqrt{3}}{2}F_{Ax}\right]+\frac{1}{A}(q_{2x_1}+q_{3x_1})=0$$

$$x_1^2-3x_1+1.8=0，取\ x_1=\frac{1}{2}(3-\sqrt{9-4\times1.8})\mathrm{m}=0.83\mathrm{m}\ (0.5分)$$

强度校核：

$$\sigma(x_1)_{\max}=166.6\mathrm{MPa}\leqslant[\sigma]=180\mathrm{MPa}\ (0.5分)$$

4）画出弯矩图的大致形状。

求弯矩的一阶导数并令其等于零：

$$\frac{\mathrm{d}M(x_1)}{\mathrm{d}x_1}=-\frac{q_{1y_1}}{4r}x_1^2+(q_{2y_1}-q_{3y_1})x_1-\frac{\sqrt{3}}{2}F_{Ax}=0$$

$$-288.8x_1^2+865.5x_1-480.6=0$$

$$x_1^2-3x_1+1.66=0，取\ x_1=\frac{1}{2}(3-\sqrt{9-4\times1.66})\mathrm{m}=0.735\mathrm{m}$$

$$\left.\frac{\mathrm{d}^2M(x_1)}{\mathrm{d}x^2}\right|_{x_1=0.735\mathrm{m}}=-577.6x_1+865.5=-577.6\times0.735+865.5=441>0$$

弯矩 M 在 $x_1=0.735\mathrm{m}$ 处达最小值。

最小弯矩的大小为

$$M_{\max}=\left(-\frac{1155}{12}\times0.735^3+\frac{865.5}{2}\times0.735^2-480.6\times0.735\right)\mathrm{kN\cdot m}=-157.7\mathrm{kN\cdot m}\ (1分)$$

求弯矩的二阶导数并令其等于零：

$$\left.\frac{\mathrm{d}^2M(x_1)}{\mathrm{d}x_1^2}\right|=-577.6x_1+865.5=0$$

解得

$$x_1=1.5\mathrm{m}$$

即当 $x_1=1.5\mathrm{m}$ 时，弯矩图产生了拐点。（0.5 分）

弯矩图如图 1-32 所示，其中，$x_1=0.735\mathrm{m}$，$M_{\max}=-157.7\mathrm{kN\cdot m}$；在 $x_1=1.5\mathrm{m}$ 时产生拐点。（1 分）

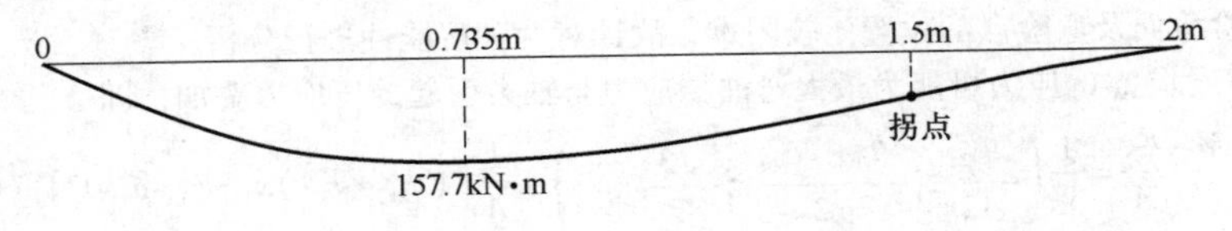

图 1-32

第 6 题（25 分）

解法一

(1)（本小题 3 分）

整个系统在水平面内质心运动守恒。系统在任意时刻的俯视图如图 1-33 所示。（1 分）

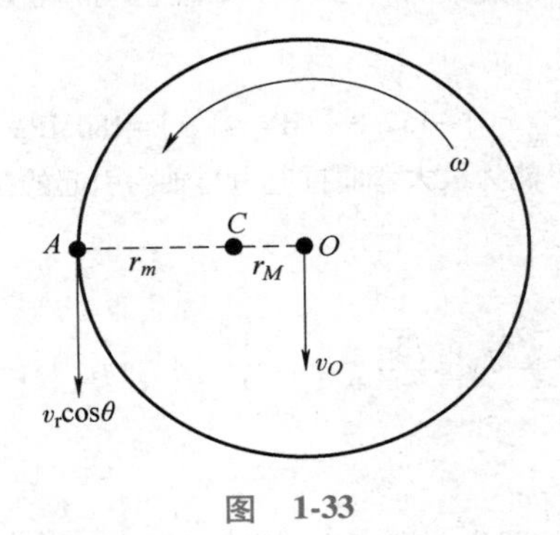

图 1-33

$$r_M=\frac{m}{M+m}R=\frac{1}{3}R,\ r_m=\frac{M}{M+m}R=\frac{2}{3}R$$

由于 $r_M=\text{const.}$，且圆筒的质心 O 的高度不变，故圆筒的质心相对地面运动的轨迹为：以过系统质心 C 的铅垂线与距离地面 $\frac{1}{2}h$ 的水平面的交点为圆心、$\frac{1}{3}R$ 为半径的水平面内的圆周。(2 分)

说明：此处如果描述为“以系统质心 C 为圆心、$\frac{1}{3}R$ 为半径的圆周”不扣分。

(2)（本小题 6 分）

圆筒做平面运动，假设圆筒的角速度为 ω，质心的速度为 $\boldsymbol{v}_O$。以小球为动点，圆筒为动系，小球相对圆筒的速度为 $\boldsymbol{v}_r$。则小球的绝对速度

$$\boldsymbol{v}_a=\boldsymbol{v}_e+\boldsymbol{v}_r=\boldsymbol{v}_O+\boldsymbol{v}_{AO}+\boldsymbol{v}_r$$

$$v_{at}=v_O+\omega R+v_r\cos\theta \tag{1-34}$$

$$v_{az}=v_r\sin\theta\text{（2 分）} \tag{1-35}$$

整个系统在水平面内动量守恒，有

$$m(v_O+\omega R+v_r\cos\theta)+2mv_O=0 \tag{1-36}$$

整个系统在水平面内对质心 C 的动量矩守恒，有

$$m(v_O+\omega R+v_r\cos\theta)r_m-2mv_Or_M+2mR^2\omega=0 \tag{1-37}$$

由式（1-36）和（1-37）解得

$$v_O=-\frac{1}{4}v_r\cos\theta \tag{1-38}$$

$$\omega R=-\frac{1}{4}v_r\cos\theta \tag{1-39}$$

将上两式代入式（1-34）得

$$v_{at}=\frac{1}{2}v_r\cos\theta\text{（2 分）} \tag{1-40}$$

解法 A

由于

$$\frac{v_{az}}{v_{at}}=\frac{v_r\sin\theta}{v_O+\omega R+v_r\cos\theta}=\frac{2\sin\theta}{\cos\theta}=\frac{2}{\sqrt{3}}=\text{const.}$$

因此小球相对地面的轨迹为螺旋线，其升角为 $\varphi=\arctan\frac{2}{\sqrt{3}}$，则小球运动至圆筒底部时相对地面通过的路程为

$$s=\frac{h}{\sin\varphi}=h\sqrt{1+\frac{1}{(\tan\varphi)^2}}=\frac{\sqrt{7}}{2}h\text{（2 分）}$$

解法 B

$$v_a=\sqrt{v_{az}^2+v_{at}^2}=v_r\sqrt{\sin^2\theta+\frac{1}{4}\cos^2\theta}=\frac{\sqrt{7}}{4}v_r$$

小球运动至圆筒底部时相对地面通过的路程为

$$s=\int v_a\mathrm{d}t=\frac{\sqrt{7}}{4}\int v_r\mathrm{d}t$$

注意到 $\int v_r\mathrm{d}t$ 为小球相对于圆筒通过的路程，故小球运动至圆筒底部时

$$\int v_r\mathrm{d}t=\frac{h}{\sin\theta}=2h$$

所以

$$s=\frac{\sqrt{7}}{4}\cdot 2h=\frac{\sqrt{7}}{2}h\ （2分）$$

(3)（本小题6分）

当小球下降高度 z_A 时，对整个系统应用动能定理得

$$mgz_A=\frac{1}{2}\cdot 2mR^2\omega^2+\frac{1}{2}\cdot 2mv_O^2+\frac{1}{2}m(v_{at}^2+v_{az}^2) \tag{1-41}$$

代入式（1-35）、式（1-38）、式（1-39）和式（1-40）解得

$$v_r=4\sqrt{\frac{gz_A}{5}} \tag{1-42}$$

将上式代入式（1-35），得到小球在铅垂方向的速度

$$v_{az}=v_r\sin\theta=2\sqrt{\frac{gz_A}{5}}\ （3分） \tag{1-43}$$

式（1-43）对 t 求导，得小球在铅垂方向的加速度

$$a_{az}=\frac{dv_{az}}{dt}=\sqrt{\frac{g}{5z_A}}\cdot\frac{dz_A}{dt}=\sqrt{\frac{g}{5z}}\cdot v_{az}=\frac{2}{5}g\ （1分） \tag{1-44}$$

再由整个系统达朗贝尔原理在铅垂方向的投影，有

$$F_N-mg-2mg+ma_{az}+2m\cdot 0=0$$

$$F_N=\frac{13}{5}mg\ （2分）$$

说明： 求出 a_{az} 后也可以应用质心运动定理在铅垂方向的投影求 $\boldsymbol{F}_N$。

(4)（本小题10分）

当小球下降高度 z 时，将式（1-42）代入式（1-38）、式（1-39）得到圆筒质心 O 的速度和圆筒的角速度为

$$v_O=-\frac{1}{2}\sqrt{\frac{3gz_A}{5}} \tag{1-45}$$

$$\omega=-\frac{1}{2R}\sqrt{\frac{3gz_A}{5}} \tag{1-46}$$

由于圆筒质心 O 以 C 为圆心、r_M 为半径相对地面做圆周运动，由上面两式并注意到式（1-43）得

$$a_O^t=\frac{dv_O}{dt}=-\frac{1}{4}\sqrt{\frac{3g}{5z_A}}\cdot\frac{dz_A}{dt}=-\frac{1}{4}\sqrt{\frac{3g}{5z_A}}\cdot v_{az}=-\frac{\sqrt{3}}{10}g \tag{1-47}$$

$$a_O^n=\frac{v_O^2}{r_M}=\frac{9z_A}{20R}g \tag{1-48}$$

$$\alpha=\frac{d\omega}{dt}=-\frac{\sqrt{3}}{10R}g\ （3分） \tag{1-49}$$

将式（1-42）代入式（1-40）得

$$v_{at}=\sqrt{\frac{3gz_A}{5}} \tag{1-50}$$

将式（1-50）对 t 求导，并注意到式（1-43），得小球的在水平面内的加速度为

$$a_a^t=\frac{dv_{at}}{dt}=\frac{1}{2}\sqrt{\frac{3g}{5z_A}}\cdot\frac{dz_A}{dt}=\frac{1}{2}\sqrt{\frac{3g}{5z_A}}\cdot v_{az}=\frac{\sqrt{3}}{5}g \tag{1-51}$$

$$a_a^n=\frac{v_{at}^2}{r_m}=\frac{9z_A}{10R}g\ （2分） \tag{1-52}$$

对圆筒和小球分别虚加惯性力和惯性力矩，如图 1-34 所示，对整个系统应用达朗贝尔原理

$$F_{\mathrm{I}Ax}=ma_{\mathrm{a}}^{\mathrm{t}}=\frac{\sqrt{3}}{5}mg$$

$$F_{\mathrm{I}Ay}=ma_{\mathrm{a}}^{\mathrm{n}}=\frac{9z_A}{10R}mg$$

$$F_{\mathrm{I}Az}=ma_{\mathrm{az}}=\frac{2}{5}mg$$

$$F_{\mathrm{I}Ox}=2ma_O^{\mathrm{t}}=\frac{\sqrt{3}}{5}mg$$

$$F_{\mathrm{I}Oy}=2ma_O^{\mathrm{n}}=\frac{9z_A}{10R}mg \qquad (2\text{ 分})$$

$$M_{\mathrm{I}Oz}=2mR^2\alpha=\frac{\sqrt{3}}{5}mgR$$

$$\sum M_x=0,\ mgR-F_{\mathrm{I}Az}R-F_{\mathrm{I}Ay}z_A+F_{\mathrm{I}Oy}\cdot\frac{h}{2}-F_{\mathrm{N}}y=0$$

$$\sum M_y=0,\ -F_{\mathrm{I}Ax}z_A+F_{\mathrm{I}Ox}\cdot\frac{h}{2}+F_{\mathrm{N}}x=0$$

由以上两式解得

$$y=\frac{3}{13}\left[R+\frac{3z_A}{2R}\left(\frac{h}{2}-z_A\right)\right]$$

$$x=-\frac{\sqrt{3}}{13}\left(\frac{h}{2}-z_A\right)$$

小球下降过程中水平面对圆筒的铅垂力合力作用线与圆筒轴线间的距离

$$d=\frac{1}{13}\sqrt{9\left[R+\frac{3z_A}{2R}\left(\frac{h}{2}-z_A\right)\right]^2+3\left(z_A-\frac{h}{2}\right)^2} \qquad (3\text{ 分})$$

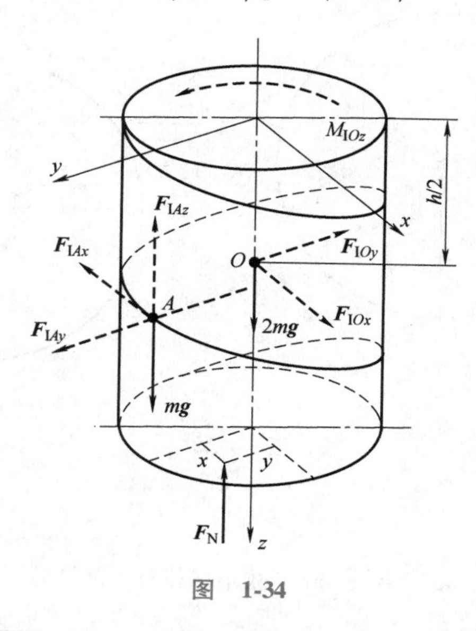

图　1-34

说明：这里也可以先求出圆筒质心的加速度和圆筒的角加速度，得 3 分，然后应用达朗贝尔原理求出小球的惯性力，得 4 分，再求水平面对圆筒的铅垂力合力作用线与圆筒轴线间的距离，得 3 分。

解法二

应用拉格朗日第二类方程求解。系统有 4 个自由度。（1 分）

建立如图 1-35 所示的固定直角坐标系 O_1xyz，其中原点 O_1 为初始时刻圆筒顶面的圆心，O_1y 轴通过小球 A 的初始位置，O_1z 轴沿初始时刻圆筒的轴线向下，坐标系 O_1xyz 为右手系。选择广义坐标：x_O，y_O，θ，z_A。其中 x_O、y_O 是圆筒质心 O 的 x 坐标和 y 坐标，θ 是圆筒的转角，z_A 是小球的 z 坐标。

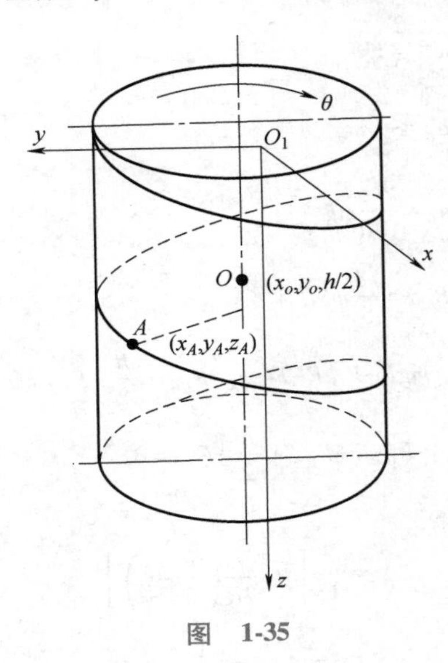

图 1-35

如图 1-36a 所示，初始时刻：$t=0$，

$$x_O(0)=0,\ y_O(0)=0,\ z_A(0)=0,\ \theta(0)=0$$

$$\dot{x}_O(0)=0,\ \dot{y}_O(0)=0,\ \dot{z}_A(0)=0,\ \dot{\theta}(0)=0$$

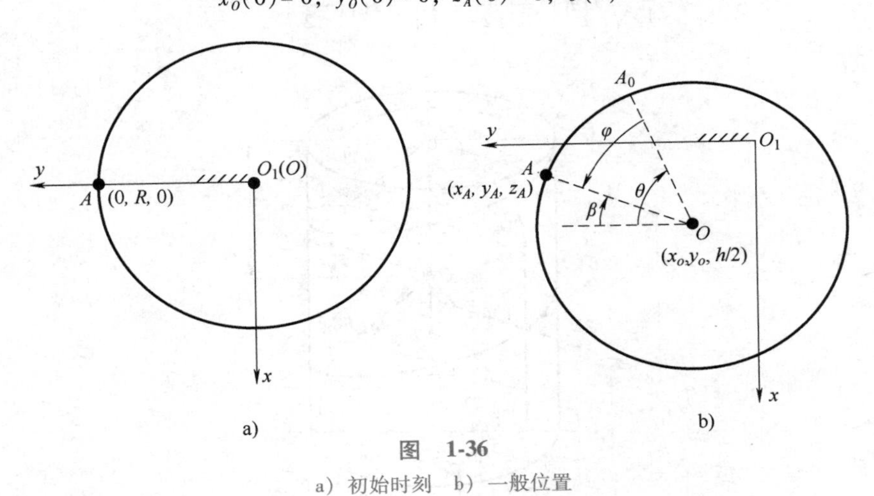

图 1-36

a）初始时刻 b）一般位置

圆筒螺旋线的螺距 $l=2\pi R\cdot\tan\dfrac{\pi}{6}=\dfrac{2\sqrt{3}}{3}\pi R$，故小球相对于圆筒的转角 $\varphi=2\pi\cdot\dfrac{z_A}{l}=\sqrt{3}\dfrac{z_A}{R}$，小球相对于固定坐标系 O_1xyz 的转角 $\beta=\theta-\varphi=\theta-\sqrt{3}\dfrac{z_A}{R}$，则在固定坐标系 O_1xyz 中，如图 1-36b 所示，小球的坐标为

$$\begin{cases} x_A = x_O - R\sin\beta = x_O - R\sin\left(\theta - \sqrt{3}\dfrac{z_A}{R}\right) \\ y_A = y_O + R\cos\beta = y_O + R\cos\left(\theta - \sqrt{3}\dfrac{z_A}{R}\right) \\ z_A = z_A \end{cases} \tag{1-53}$$

小球的动能为

$$T_A = \frac{1}{2}m\ (\dot{x}_A^2 + \dot{y}_A^2 + \dot{z}_A^2)$$

$$= \frac{1}{2}m\left\{\left[\dot{x}_O - R\left(\dot{\theta} - \frac{\sqrt{3}}{R}\dot{z}_A\right)\cos\left(\theta - \sqrt{3}\frac{z_A}{R}\right)\right]^2 + \left[\dot{y}_O - R\left(\dot{\theta} - \frac{\sqrt{3}}{R}\dot{z}_A\right)\sin\left(\theta - \sqrt{3}\frac{z_A}{R}\right)\right]^2 + \dot{z}_A^2\right\}\ (2\text{ 分})$$

圆筒的动能为

$$T_O = \frac{1}{2}\cdot 2m(\dot{x}_O^2 + \dot{y}_O^2) + \frac{1}{2}\cdot 2mR^2\dot{\theta}^2 = m(\dot{x}_O^2 + \dot{y}_O^2) + mR^2\dot{\theta}^2\ (2\text{ 分})$$

小球的势能

$$V_A = -mgz_A\ (2\text{ 分})$$

系统的拉格朗日函数为

$$L = T_A + T_O - V_A$$

根据第二类拉格朗日方程，由$\dfrac{\mathrm{d}}{\mathrm{d}t}\left(\dfrac{\partial L}{\partial \dot{x}_O}\right) - \dfrac{\partial L}{\partial x_O} = 0$，得

$$3\ddot{x}_O - (R\ddot{\theta} - \sqrt{3}\ddot{z}_A)\cos\left(\theta - \sqrt{3}\frac{z_A}{R}\right) + R\left(\dot{\theta} - \sqrt{3}\frac{\dot{z}_A}{R}\right)^2\sin\left(\theta - \sqrt{3}\frac{z_A}{R}\right) = 0\ (2\text{ 分}) \tag{1-54}$$

由$\dfrac{\mathrm{d}}{\mathrm{d}t}\left(\dfrac{\partial L}{\partial \dot{y}_O}\right) - \dfrac{\partial L}{\partial y_O} = 0$，得

$$3\ddot{y}_O - (R\ddot{\theta} - \sqrt{3}\ddot{z}_A)\sin\left(\theta - \sqrt{3}\frac{z_A}{R}\right) - R\left(\dot{\theta} - \sqrt{3}\frac{\dot{z}_A}{R}\right)^2\cos\left(\theta - \sqrt{3}\frac{z_A}{R}\right) = 0\ (2\text{ 分}) \tag{1-55}$$

由$\dfrac{\mathrm{d}}{\mathrm{d}t}\left(\dfrac{\partial L}{\partial \dot{\theta}}\right) - \dfrac{\partial L}{\partial \theta} = 0$，得

$$3R\ddot{\theta} - \sqrt{3}\ddot{z}_A - \ddot{x}_O\cos\left(\theta - \sqrt{3}\frac{z_A}{R}\right) - \ddot{y}_O\sin\left(\theta - \sqrt{3}\frac{z_A}{R}\right) = 0\ (2\text{ 分}) \tag{1-56}$$

由$\dfrac{\mathrm{d}}{\mathrm{d}t}\left(\dfrac{\partial L}{\partial \dot{z}_A}\right) - \dfrac{\partial L}{\partial z_A} = 0$，得

$$-\sqrt{3}R\ddot{\theta} + 4\ddot{z}_A + \sqrt{3}\ddot{x}_O\cos\left(\theta - \sqrt{3}\frac{z_A}{R}\right) + \sqrt{3}\ddot{y}_O\sin\left(\theta - \sqrt{3}\frac{z_A}{R}\right) - g = 0\ (2\text{ 分}) \tag{1-57}$$

说明：应用拉格朗日第二类方程得到系统的动力学微分方程共得 15 分。如果采用 4 个独立坐标，写出动量守恒 2 个方程、动量矩守恒 1 个方程、机械能守恒 1 个方程，同样给 15 分。

（1）联立式（1-54）~式（1-57），解得

$$\ddot{x}_O = \frac{1}{30}\left[-3\sqrt{3}g\cos\left(\theta - \sqrt{3}\frac{z_A}{R}\right) - 10R\left(\dot{\theta} - \sqrt{3}\frac{\dot{z}_A}{R}\right)^2\sin\left(\theta - \sqrt{3}\frac{z_A}{R}\right)\right] \tag{1-58}$$

$$\ddot{y}_O = \frac{1}{30}\left[-3\sqrt{3}g\sin\left(\theta - \sqrt{3}\frac{z_A}{R}\right) + 10R\left(\dot{\theta} - \sqrt{3}\frac{\dot{z}_A}{R}\right)^2\cos\left(\theta - \sqrt{3}\frac{z_A}{R}\right)\right] \tag{1-59}$$

$$\ddot{\theta} = \frac{\sqrt{3}}{10}\frac{g}{R} \tag{1-60}$$

$$\ddot{z}_A = \frac{2}{5}g \tag{1-61}$$

积分式（1-60），并代入初始条件得

$$\dot{\theta}=\frac{\sqrt{3}}{10}\frac{g}{R}t,\quad \theta=\frac{\sqrt{3}}{20}\frac{g}{R}t^2 \tag{1-62}$$

积分式（1-61），并代入初始条件得

$$\dot{z}_A=\frac{2}{5}gt,\quad z_A=\frac{1}{5}gt^2 \tag{1-63}$$

将式（1-62）、式（1-63）代入式（1-58）、式（1-59）得

$$\ddot{x}_O=\frac{1}{10R}\left(\frac{9g^2t^2}{10}\sin\frac{3\sqrt{3}gt^2}{20R}-\sqrt{3}Rg\cos\frac{3\sqrt{3}gt^2}{20R}\right) \tag{1-64}$$

$$\ddot{y}_O=\frac{1}{10R}\left(\frac{9g^2t^2}{10}\cos\frac{3\sqrt{3}gt^2}{20R}+\sqrt{3}Rg\sin\frac{3\sqrt{3}gt^2}{20R}\right) \tag{1-65}$$

积分式（1-64）、式（1-65），并代入初始条件得

$$x_O=-\frac{R}{3}\sin\frac{3\sqrt{3}gt^2}{20R} \tag{1-66}$$

$$y_O=-\frac{R}{3}\cos\frac{3\sqrt{3}gt^2}{20R}+\frac{R}{3} \tag{1-67}$$

由式（1-66）、式（1-67）消去 t 得圆筒质心 O 的轨迹方程为

$$x_O^2+\left(y_O-\frac{R}{3}\right)^2=\left(\frac{R}{3}\right)^2 \quad (2\text{分}) \tag{1-68}$$

圆筒质心 O 的 z 坐标为 $z_O=\frac{1}{2}h$。

说明：应用拉格朗日第二类方程得到系统的动力学微分方程后，根据广义动量积分和广义能量积分将动力学微分方程降阶，或者直接根据动量守恒、动量矩守恒、机械能守恒的 4 个方程，积分求得 x_O、y_O，从而得到圆筒质心 O 的轨迹方程，同样给 2 分。

（2）将式（1-62）~式（1-65）代入式（1-53）得小球的运动方程为

$$x_A=\frac{2R}{3}\sin\frac{3\sqrt{3}gt^2}{20R} \tag{1-69}$$

$$y_A=\frac{2R}{3}\cos\frac{3\sqrt{3}gt^2}{20R}+\frac{R}{3} \tag{1-70}$$

$$z_A=\frac{1}{5}gt^2 \tag{1-71}$$

由式（1-71）得小球运动至圆筒底部所经历的时间为

$$t_1=\sqrt{\frac{5h}{g}} \tag{1-72}$$

小球运动至圆筒底部时，所经历的路程

$$s=\int_0^{t_1}\sqrt{\dot{x}_A^2+\dot{y}_A^2+\dot{z}_A^2}\,\mathrm{d}t=\int_0^{t_1}\frac{\sqrt{7}gt}{5}\mathrm{d}t=\frac{\sqrt{7}}{2}h \quad (2\text{分}) \tag{1-73}$$

（3）以整个系统为研究对象，应用质心运动定理在铅垂方向的投影，并注意到式（1-61），得

$$m\ddot{z}_A+2m\cdot 0=-F_N+mg+2mg$$

$$F_N=\frac{13}{5}mg \quad (2\text{分}) \tag{1-74}$$

说明：这里也可以应用达朗贝尔原理在铅垂方向的投影求 F_N。

（4）对整个系统应用达朗贝尔原理，对圆筒和小球分别虚加惯性力和惯性力矩如图 1-37 所示。

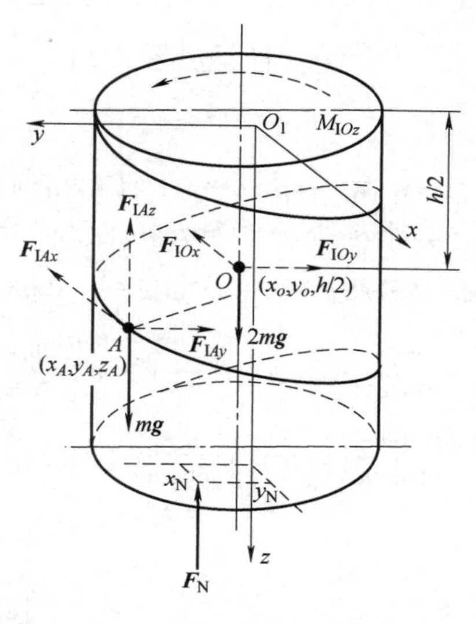

图　1-37

$$F_{IAx}=m\ddot{x}_A=\frac{m}{5R}\left(\sqrt{3}Rg\cos\frac{3\sqrt{3}gt^2}{20R}-\frac{9g^2t^2}{10}\sin\frac{3\sqrt{3}gt^2}{20R}\right)$$

$$F_{IAy}=m\ddot{y}_A=-\frac{m}{5R}\left(\frac{9g^2t^2}{10}\cos\frac{3\sqrt{3}gt^2}{20R}+\sqrt{3}Rg\sin\frac{3\sqrt{3}gt^2}{20R}\right)$$

$$F_{IAz}=m\ddot{z}_A=\frac{2}{5}mg$$

$$F_{IOx}=2m\ddot{x}_O=\frac{m}{5R}\left(\frac{9g^2t^2}{10}\sin\frac{3\sqrt{3}gt^2}{20R}-\sqrt{3}Rg\cos\frac{3\sqrt{3}gt^2}{20R}\right)$$

$$F_{IOy}=2m\ddot{y}_O=\frac{m}{5R}\left(\frac{9g^2t^2}{10}\cos\frac{3\sqrt{3}gt^2}{20R}+\sqrt{3}Rg\sin\frac{3\sqrt{3}gt^2}{20R}\right)$$

$$M_{IOz}=2mR^2\ddot{\theta}=\frac{\sqrt{3}}{5}mgR$$

$$\sum M_x=0\quad mgy_A+2mgy_O-F_{IAz}y_A+F_{IAy}z_A+F_{IOy}\cdot\frac{h}{2}-F_Ny_N=0 \tag{1-75}$$

$$\sum M_y=0\quad -F_{IAx}z_A+F_{IAz}x_A-mgx_A-2mgx_O-F_{IOx}\cdot\frac{h}{2}+F_Nx_N=0\ (2\text{分}) \tag{1-76}$$

由式（1-75）和式（1-76），并注意到式（1-66）、式（1-67）、式（1-69）~式（1-71）、式（1-74），解得

$$\begin{aligned}x_N&=\frac{1}{3900R}\left[(-54g^2t^4+135ght^2-400R^2)\sin\left(\frac{3\sqrt{3}gt^2}{20R}\right)+60\sqrt{3}R\left(t^2g-\frac{5h}{2}\right)\cos\left(\frac{3\sqrt{3}gt^2}{20R}\right)\right]\\&=\frac{1}{156R}\left\{\left[54z_A\left(\frac{h}{2}-z_A\right)-16R^2\right]\sin\frac{3\sqrt{3}z_A}{4R}-12\sqrt{3}R\left(\frac{h}{2}-z_A\right)\cos\frac{3\sqrt{3}z_A}{4R}\right\}\end{aligned} \tag{1-77}$$

$$\begin{aligned}y_N&=\frac{1}{3900R}\left\{(-54g^2t^4+135ght^2-400R^2)\cos\left(\frac{3\sqrt{3}gt^2}{20R}\right)+\left[1300R-60\sqrt{3}\left(t^2g-\frac{5h}{2}\right)\sin\left(\frac{3\sqrt{3}gt^2}{20R}\right)\right]R\right\}\\&=\frac{1}{156R}\left\{\left[54z_A\left(\frac{h}{2}-z_A\right)-16R^2\right]\cos\frac{3\sqrt{3}z_A}{4R}+12\sqrt{3}R\left(\frac{h}{2}-z_A\right)\sin\frac{3\sqrt{3}z_A}{4R}+52R^2\right\}\end{aligned} \tag{1-78}$$

小球下降过程中 F_N 的作用线与圆筒轴线间的距离为

$$d=\sqrt{(x_N-x_O)^2+(y_N-y_O)^2}=\frac{1}{13}\sqrt{9\left[R+\frac{3z_A}{2R}\left(\frac{h}{2}-z_A\right)\right]^2+3\left(z_A-\frac{h}{2}\right)^2}\ (2\text{分}) \tag{1-79}$$

第 7 题（20 分）

（1）（本小题 6 分）

取分离体如图 1-38a 所示，其中 $r=y\tan\alpha$，$q=\rho_w g(h-y)$，容器内沿母线方向的正应力

$$\sigma_m\cdot 2\pi r\delta\cos\alpha=\rho_w g\pi r^2(h-y)+G_w+G_c\ (2\text{分})$$

$$\sigma_m\cdot 2\pi r\delta\cos\alpha=\rho_w g\pi r^2(h-y)+\frac{1}{3}\pi r^2 y\rho_w g+\frac{1}{3}\cdot 2\pi r\delta y\rho_c g\ (2\text{分})$$

即

$$\sigma_m=\frac{\rho_w g}{2\delta\cos\alpha}\left[\tan\alpha(h-y)y+\frac{1}{3}y^2\tan\alpha\right]+\frac{\rho_c g}{3\cos\alpha}y$$

$$=\frac{\rho_w g\tan\alpha}{2\delta\cos\alpha}\left(h-\frac{2}{3}y\right)y+\frac{\rho_c g}{3\cos\alpha}y\ (2\text{分})$$

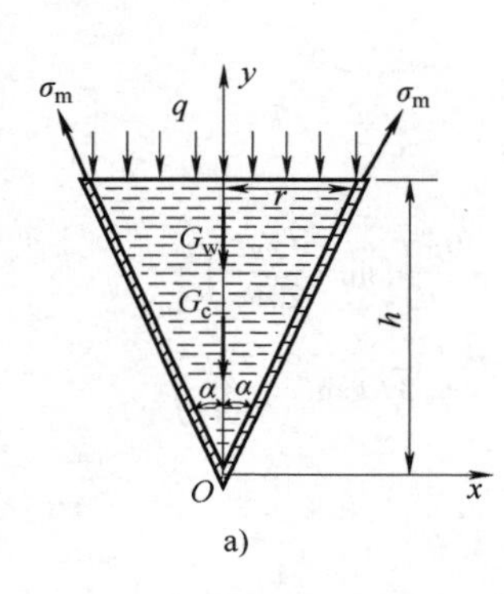

a)

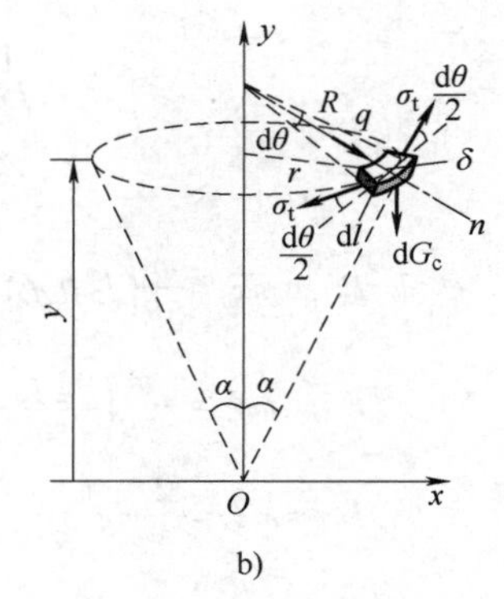

b)

图 1-38

说明：在计算圆锥薄壳的体积时，亦可以按照内外两个圆锥的体积差进行计算。

（2）（本小题 6 分）

取分离体如图 1-38b 所示，其中 $R=\frac{r}{\cos\alpha}=\frac{y\tan\alpha}{\cos\alpha}$，$q=\rho_w g(h-y)$，且 $\sin\theta\approx\theta$，则容器内沿与母线垂直且与表面相切方向的正应力为

$$qR\mathrm{d}\theta\mathrm{d}l=2\sigma_t\sin\frac{\mathrm{d}\theta}{2}\delta\mathrm{d}l-\rho_c g(\delta R\mathrm{d}\theta\mathrm{d}l)\sin\alpha=\sigma_t\mathrm{d}\theta\delta\mathrm{d}l-\rho_c g(\delta R\mathrm{d}\theta\mathrm{d}l)\sin\alpha\ (5\text{分})$$

即

$$\sigma_t=\frac{qR}{\delta}+\rho_c gR\sin\alpha=\frac{\rho_w g\tan\alpha(h-y)y}{\delta\cos\alpha}+y\rho_c g\tan^2\alpha\ (1\text{分})$$

（3）（本小题 8 分）

首先需要确定圆锥体上的危险点，即最大正应力的位置与大小，也就是要确定 σ_m 和 σ_t 的最大值和位置。

1）先分析 σ_m。

$$\frac{\mathrm{d}\sigma_m}{\mathrm{d}y}=\frac{\rho_w g\tan\alpha}{2\delta\cos\alpha}\left(h-\frac{4}{3}y\right)+\frac{\rho_c g}{3\cos\alpha}=0\ (1\text{分})$$

$$\frac{\tan\alpha}{2\delta}\left(h-\frac{4}{3}y\right)+\frac{\rho_c}{3\rho_w}=\frac{\tan\alpha}{2\delta}\left(h-\frac{4}{3}y\right)+1=0$$

$$y=\frac{3}{4}h\left(1+\frac{2\delta}{h\tan\alpha}\right)=\frac{3}{4}h\left(1+\frac{1}{45\tan30^\circ}\right)=\frac{3}{4}h(1+0.0385)=0.779h\approx\frac{3}{4}h\ （0.5\ 分）$$

$$\frac{d^2\sigma_m}{dy^2}=-\frac{2\rho_w g\tan\alpha}{3\delta\cos\alpha}<0\ （0.5\ 分）$$

解法 A　沿母线方向的正应力 σ_m 在 $y=0.779h$ 处达最大，其最大值为

$$\begin{aligned}\sigma_m&=\frac{\rho_w g\tan\alpha}{2\delta\cos\alpha}\left(h-\frac{2}{3}\times0.779h\right)\times0.779h+\frac{\rho_c g}{3\cos\alpha}\times0.779h\\&=\rho_w gh\left(\frac{0.187\times h\tan\alpha}{\delta\cos\alpha}+\frac{0.26\times\rho_c}{\rho_w\cos\alpha}\right)\\&=\rho_w gh\left(\frac{0.187\times90}{\sqrt{3}}\times\frac{2}{\sqrt{3}}+0.26\times3\times\frac{2}{\sqrt{3}}\right)=12.121\rho_w gh\ （1\ 分）\end{aligned}\tag{1-80}$$

解法 B　或近似计算，沿母线方向的正应力 σ_m 在 $y=3h/4$ 处达最大，其最大值

$$\begin{aligned}\sigma_m&=\frac{3\rho_w gh^2\tan\alpha}{16\delta\cos\alpha}+\frac{h\rho_c g}{4\cos\alpha}=\rho_w gh\left(\frac{3h\tan\alpha}{16\delta\cos\alpha}+\frac{\rho_c}{4\rho_w\cos\alpha}\right)\\&=\rho_w gh\left(\frac{3\times90}{16\times\sqrt{3}}\times\frac{2}{\sqrt{3}}+\frac{3}{4}\times\frac{2}{\sqrt{3}}\right)=\rho_w gh\left(\frac{90}{8}+\frac{\sqrt{3}}{2}\right)=12.116\rho_w gh\ （1\ 分）\end{aligned}\tag{1-81}$$

说明： 由于（1-80）、（1-81）两式的结果差别不大，均为正确。

2）再分析 σ_t。

$$\frac{d\sigma_t}{dy}=\frac{\rho_w g\tan\alpha(h-2y)}{\delta\cos\alpha}+\rho_c g\tan^2\alpha=0\ （1\ 分）$$

$$h-2y+\frac{\delta\rho_c}{\rho_w}\sin\alpha=0$$

$$y=\frac{h}{2}+\frac{\delta\rho_c}{2\rho_w}\sin\alpha=\frac{h}{2}\left(1+\frac{\delta\rho_c}{h\rho_w}\sin\alpha\right)=\frac{h}{2}\left(1+\frac{\sin30^\circ}{30}\right)=0.508h\approx\frac{h}{2}\ （0.5\ 分）$$

$$\frac{d^2\sigma_t}{dy^2}=-\frac{2\rho_w g\tan\alpha}{\delta\cos\alpha}<0\ （0.5\ 分）$$

解法 A　沿与母线垂直且与表面相切方向的正应力 σ_t 在 $y=0.508h$ 处达最大，其最大值为

$$\begin{aligned}\sigma_t&=\frac{\rho_w g\tan\alpha(h-0.508h)\times0.508h}{\delta\cos\alpha}+0.508h\times\rho_c g\tan^2\alpha\\&=\rho_w gh\left(\frac{0.25\times h\tan\alpha}{\delta\cos\alpha}+0.508\times\frac{\rho_c\tan^2\alpha}{\rho_w}\right)=15.508\rho_w gh\ （1\ 分）\end{aligned}\tag{1-82}$$

解法 B　或近似计算，沿与母线垂直且与表面相切方向的正应力 σ_t 在 $y=h/2$ 处达最大，其最大值为

$$\begin{aligned}\sigma_t&=\frac{\rho_w gh^2\tan\alpha}{4\delta\cos\alpha}+\frac{h\rho_c g\tan^2\alpha}{2}=\rho_w gh\left(\frac{h\tan\alpha}{4\delta\cos\alpha}+\frac{\rho_c\tan^2\alpha}{2\rho_w}\right)\\&=\rho_w gh\left(\frac{90}{4\sqrt{3}}\times\frac{2}{\sqrt{3}}+\frac{3}{2\times3}\right)=15.5\rho_w gh\ （1\ 分）\end{aligned}\tag{1-83}$$

说明： 由于（1-82）、（1-83）两式的结果差别不大，均为正确。

3）求危险点上的相当应力。

显然，在 $y=h/2$ 处的正应力 σ_t 是圆锥体上的最大正应力。

解法 A

在该处内壁上的任一点为三向应力状态，主应力分别为

$$\sigma_1=\sigma_t>0 \quad \sigma_2=\sigma_m>0 \quad \sigma_3=-\rho_w g\frac{h}{2}<0\ （1分）$$

则第三强度理论的相当应力为

$$\begin{aligned}\sigma_{r3}=\sigma_1-\sigma_3&=\frac{\rho_w gh^2\tan\alpha}{4\delta\cos\alpha}+\frac{h\rho_c g\tan^2\alpha}{2}+\frac{h\rho_w g}{2}\\&=\rho_w gh\left(15.5+\frac{1}{2}\right)=16\rho_w gh\ （1分）\end{aligned} \tag{1-84}$$

解法 B

在该处外壁上的任一点为二向应力状态，主应力分别为

$$\sigma_1=\sigma_t>0 \quad \sigma_2=\sigma_m>0 \quad \sigma_3=0\ （1分）$$

则第三强度理论的相当应力为

$$\sigma_{r3}=\sigma_1-\sigma_3=\frac{\rho_w gh^2\tan\alpha}{4\delta\cos\alpha}+\frac{h\rho_c g\tan^2\alpha}{2}=15.5\rho_w gh\ （1分） \tag{1-85}$$

说明：由于水压的影响较小，(1-84)、(1-85) 两式的结果差别不大，均为正确。

1.3 团体赛试题

1.3.1 团体竞赛一般规则

第十三届全国周培源大学生力学竞赛“理论设计与操作”团体赛包含四个竞赛项目。第一个项目安排在开幕式之后进行，竞赛时间为 7 月 30 日 9:30—12:00，第二个项目竞赛时间为 7 月 30 日 14:00—18:00，第三个项目竞赛时间为 7 月 31 日 8:00—12:00，第四个项目竞赛时间为 7 月 31 日 14:00—17:00，所有竞赛时间均包含 30min 测试。整个团体赛，连同开幕式和闭幕式，共两天时间。

竞赛采用积分制，第一个项目和第四个项目满分均为 100 分，第二个项目和第三个项目满分均为 150 分。四个项目结束后，由仲裁委员会按累积总分从高到低确定名次及奖项。若两个参赛队总分相同，则第二个项目得分高者排名在前。若第二个项目得分也相同，则第三个项目得分高者排名在前。若第三个项目得分仍然相同，则第四个项目得分高者排名在前。

为保证公平，竞赛成绩均由客观数据确定。为减少争议，测试结果都将由参赛队自行确定的选手代表签字确认。要求赛前确定选手代表。

每个竞赛项目（包括题目、内容、要求、测试规则与评分标准、器材清单、测试记录和本题得分）均已印刷为纸质文本。每场竞赛开始时将赛题文本发给选手，由选手自行阅读并按赛题要求进行竞赛。组织者不做任何解释。选手有重大疑问的、并经在场值班教师认定确实会影响竞赛正常进行的事项，报请竞赛组委会统一处理。各参赛队必须把最终结果写在赛题文本上，并由选手代表、助理裁判签字确认。赛题文本是评分依据，不得污损。

各参赛队选手在拿到赛题文本后，要根据器材清单及时检查材料和物品。清单中规定不可加工的物品只能使用，不得对其进行任何形式的加工。对于允许加工的物品，可以对其进行锯、钻、切割、粘接及其他形式的加工。

除组委会所提供的材料和物品外，要求各参赛队自带计算器、电子秤（精度 0.1g，量程 3kg）、以充电电池为电源的小型手电钻（建议配备直径在 1mm 至 6mm 之间的各种规格麻花钻头）、便携式工具箱（其中至少包含钳子、手工木锯、手工钢锯、锉刀、线锯、羊角锤、改锥、剪刀、美工刀、三角尺、卷尺、量角器、记号笔等常用工具）。组委会不再提供上述工具。选手可将参考书（包括理论力学和材料力学教材）和计算机（不允许连接无线网）带进赛场，但通信工具不允许带进赛场。每个项目结束后，各种物品不得

带出赛场。

所有竞赛项目均不设时间分，均以最终测试结果作为得分依据。竞赛过程中若本队已制作完成，但未到规定时间，如果本队明确表示不再做进一步改进，可以提前测试，但不会因为提前结束而加分。

竞赛过程中，各校带队教师不得进入赛场，参赛选手和带队教师之间不得有任何联系。

每项竞赛结束后，组委会将尽快统计各队测试结果并进行分数计算，各队分数计算完毕将立即报告仲裁委员会，在获得仲裁委员会批准后，将及时予以公布。

注意事项：在加工制作过程中，务必注意人身安全，尤其使用手电钻、手工锯和美工刀时需要更加小心，违规使用后果自负。

在加工制作过程中，注意保护赛场设施，尤其注意保护桌椅和地面，如有损坏照价赔偿。

签字确认

如已阅读并知悉上述竞赛规则和注意事项，参赛选手在横线处签字：

（1）________________　（2）________________　（3）________________

1.3.2　第一题　垂直同变

本题满分 100 分，设计制作 120min，测试 30min。

一、内容

利用组委会提供的材料，基于力学理论和计算方法，设计制作一个二维机构。

二、要求

1. 图 1-39a 为组委会提供的层合板，尺寸为 450mm×450mm×3mm，允许加工。图 1-39b 为参赛队需要设计制作的二维机构示意图，其中 A、B、C 和 D 四点由参赛队自行标记，AB 垂直 CD。图 1-39c 为图 1-39b 运动后的示意图，其中 A'、B'、C'和 D'四点分别表示 A、B、C 和 D 四点运动后的位置。

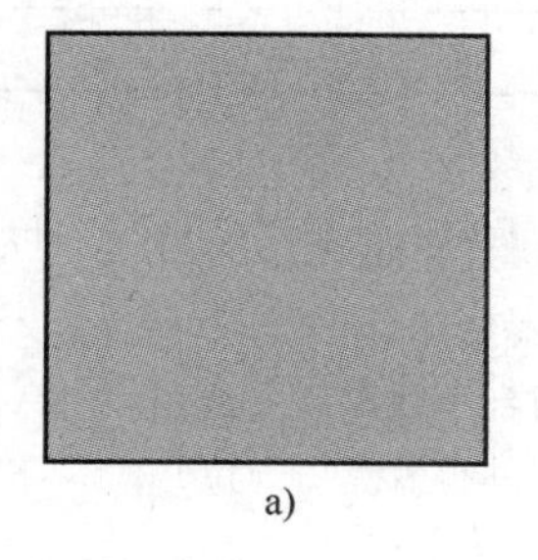

a)

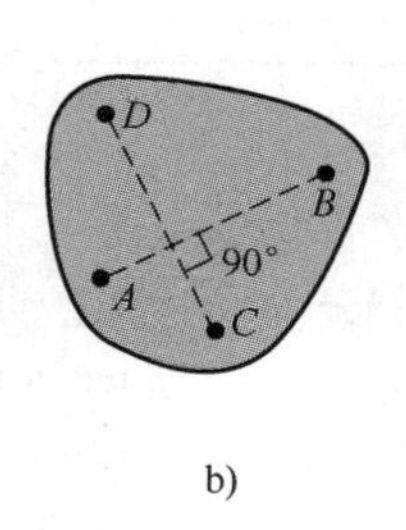

b)

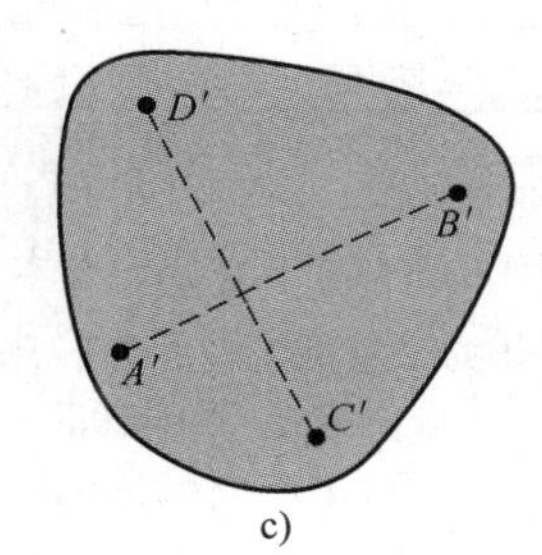

c)

图　1-39

2. 设计制作完成的二维机构需要满足如下要求：

（1）基本要求：A 和 B 两点沿 AB 连线向外拉时，C 和 D 两点将沿 CD 连线自动向外移动（即 C 和 D 两点之间距离必须增大）。

（2）除需满足上述基本要求外，还需满足 $C'D'-CD\equiv A'B'-AB$（即机构在运动过程中 C 和 D 两点之间距离增量始终等于 A 和 B 两点之间距离增量）。

3. 本题必须在 120min 内设计制作完成。

三、测试规则与评分标准

1. 设计制作的二维机构未满足基本要求，本题得分 $y=0$ 分，终止测试。

2. 设计制作的二维机构满足基本要求，得分 $y_0=60$ 分。继续测试：

（1）当 $A'B'-AB=20\text{mm}$ 时，设 $C'D'-CD$ 值为 x_1（单位 mm，保留到小数点后一位），得分

$$y_1=\text{floor}\left\{\frac{30}{1+(\text{floor}\{\,|x_1-20|\cdot 0.2\})^4}+0.5\right\}\text{分} \tag{1-86}$$

式中，floor{⋯} 表示向下取整，|⋯| 表示取绝对值，$y_{1\max}=30$ 分，$y_{1\min}=0$ 分。

（2）当 $A'B'-AB=50\text{mm}$，设 $C'D'-CD$ 值为 x_2（单位 mm，保留到小数点后一位），得分

$$y_2=\text{floor}\left\{\frac{10}{1+(\text{floor}\{\ |x_2-50|\ \cdot 0.2\})^4}+0.5\right\}\text{分} \tag{1-87}$$

式中，$y_{2\max}=10$ 分，$y_{2\min}=0$ 分。

（3）本题得分 $y=y_0+y_1+y_2$ 分。本题满分 $y_{\max}=100$ 分。

四、器材清单

除参赛队自带的器具外，组委会另外提供如下器材：

序号	名称	规格	单位	数量	备注
1	赛题文本	A4	册	1	不得污损
2	桌虎钳	60	件	3	不可加工
3	磅秤砣	250g×2，500g×2，1kg×2，2kg×5	只	11	不可加工
4	钩码	50g	只	10	不可加工
5	直尺	量程 500mm，刻度 1mm	根	1	不可加工
6	双面胶		卷	2	允许加工
7	白纸	A4	张	5	允许加工
8	蓝色泡沫垫板	600mm×500mm×40mm	块	1	保护桌椅地面
9	白手套	棉纱×3，尼龙×3	双	6	保护身体安全
10	工具袋	400mm×450mm	只	1	不可加工
11	坐标纸	A1	张	1	不可加工
12	层合板	450mm×450mm×3mm	块	2	允许加工

五、测试记录

1. 设计制作的二维机构未满足基本要求，得分 $y_0=$________分。终止测试。

2. 设计制作的二维机构满足基本要求，得分 $y_0=$________分。继续测试：

当 $A'B'-AB=20\text{mm}$ 时，$x_1=$________ mm（保留到小数点后一位）；

当 $A'B'-AB=50\text{mm}$ 时，$x_2=$________ mm（保留到小数点后一位）。

赛场编号：____________ 选手代表签字：____________ 助理裁判签字：____________

六、本题得分

1. 设计制作的二维机构未满足基本要求，本题得分 $y=y_0=$________分。

2. 设计制作的二维机构满足基本要求，由式（1-86）和式（1-87）可得 $y_1=$________分，$y_2=$________分。

本题得分 $y=y_0+y_1+y_2=$________分。

1.3.3 第二题 试测双参

本题满分 150 分，设计制作 210min，测试 30min。

一、内容

利用组委会提供的材料，基于力学理论和计算方法，设计制作两个测量装置，一个用于弯曲中心测量，另一个用于弹性模量测量。

二、要求

1. 图 1-40 所示为组委会提供的槽形试件，不允许加工。设计制作两个测量装置分别用于测量槽形试件的弯曲中心和弹性模量。

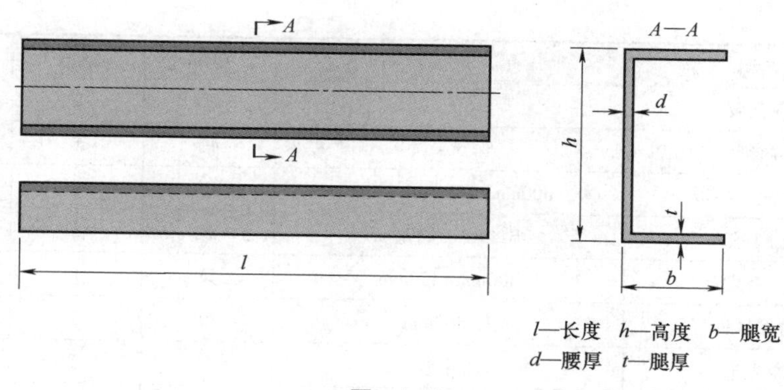

图　1-40

2. 设计制作完成的两个测量装置需要分别提交实验报告。每份实验报告主要包含测试方案与装置、测试原理与结果。

3. 本题必须在210min内设计制作完成。

三、测试规则与评分标准

（一）弯曲中心测量

1. 未提交实验报告或测试方案不合理，弯曲中心测量得分 $y=0$ 分。

2. 提交实验报告，且测试方案合理，得分 $y_0=30$ 分。设弯曲中心标准值（即弯曲中心到截面形心的距离）为 $\bar{a}$（单位mm），测量值为 a（单位mm，保留到小数点后一位），则得分 y_1 由下式计算：

$$y_1=\text{floor}\left\{\frac{45}{1+(\text{floor}\{\mid a-\bar{a}\mid \cdot 0.5\})^5}+0.5\right\}\text{分} \tag{1-88}$$

式中，floor{…}表示向下取整，|…|表示取绝对值，$y_{1\max}=45$ 分，$y_{1\min}=0$ 分。

弯曲中心测量得分 $y=y_0+y_1$ 分。弯曲中心测量满分 $y_{\max}=75$ 分。

（二）弹性模量测量

1. 未提交实验报告或测试方案不合理，弹性模量测量得分 $z=0$ 分。

2. 提交实验报告，且测试方案合理，得分 $z_0=30$ 分。设弹性模量标准值为 $\bar{E}$（单位GPa，保留到小数点后一位，由组委会事先测定），测量值为 E（单位GPa，保留到小数点后二位），则得分 z_1 由下式计算：

$$z_1=\text{floor}\left\{\frac{45}{1+(\text{floor}\{\mid E-\bar{E}\mid \cdot 5\})^5}+0.5\right\}\text{分} \tag{1-89}$$

式中，$z_{1\max}=45$ 分，$z_{1\min}=0$ 分。

弹性模量测量得分 $z=z_0+z_1$ 分。弹性模量测量满分 $z_{\max}=75$ 分。

（三）本题得分

本题得分 $y+z$ 分。本题满分150分。

四、器材清单

除参赛队自带的器具外，组委会另外提供如下器材：

序号	名称	规格	单位	数量	备注
1	赛题文本	A4	册	1	不得污损
2	桌虎钳	60	件	3	不可加工
3	磅秤砣	250g×2，500g×2，1kg×2，2kg×5	只	11	不可加工
4	钩码	50g	只	10	不可加工
5	直尺	量程500mm，刻度1mm	根	1	不可加工

（续）

序号	名称	规格	单位	数量	备注
6	双面胶		卷	2	允许加工
7	白纸	A4	张	5	允许加工
8	蓝色泡沫垫板	600mm×500mm×40mm	块	1	保护桌椅地面
9	白手套	棉纱×3，尼龙×3	双	6	保护身体安全
10	工具袋	400mm×450mm	只	1	不可加工
11	槽形试件	长 800mm	根	3	不可加工
12	激光笔	十字线	支	2	不可加工
13	圆截面杆	低碳钢	根	2	不可加工
14	纤维板	200mm×200mm×3mm	块	4	允许加工
15	电线	1.8m	根	2	允许加工
16	蓝色泡沫板	150mm×100mm×50mm	块	1	允许加工
17	木杆	1000mm×30mm×10mm	根	1	允许加工

五、测试记录

1. a=________ mm（保留到小数点后一位）；

2. E=________ GPa（保留到小数点后二位）。

赛场编号：____________ 选手代表签字：____________ 助理裁判签字：____________

六、本题得分

1. 若未提交实验报告或测试方案不合理，则 y=________分；若提交实验报告且测试方案合理，则由式（1-88）得 y_1=________分，$y=y_0+y_1$=________分。

2. 若未提交实验报告或测试方案不合理，则 z=________分；若提交实验报告且测试方案合理，则由式（1-89）得 z_1=________分，$z=z_0+z_1$=________分。

3. 本题得分 $y+z$=________分。

实验报告

（弯曲中心测量）

赛场编号：____________ 选手代表签字：____________ 助理裁判签字：____________

测试方案与装置	

（续）

测试原理与结果	

成绩（满分 30 分）		评阅专家签名	

实 验 报 告

（弹性模量测量）

赛场编号：＿＿＿＿＿＿　选手代表签字：＿＿＿＿＿＿　助理裁判签字：＿＿＿＿＿＿

测试方案与装置	
测试原理与结果	

成绩（满分 30 分）		评阅专家签名	

1.3.4　第三题　姿轨优化

本题满分 150 分，设计制作 210min，测试 30min。

一、内容

利用组委会提供的材料，基于力学理论和计算方法，设计制作发射机构，发射的“飞行物”穿越板孔，精准投送至预定区域，并以合适姿态安全着陆。

二、要求

1. 图 1-41 为姿轨优化运动示意图。参赛队需要设计制作：（1）发射器；（2）飞行物（主要由羽毛球和鹌鹑蛋组成，加工制作飞行物时不得破损羽毛球）。

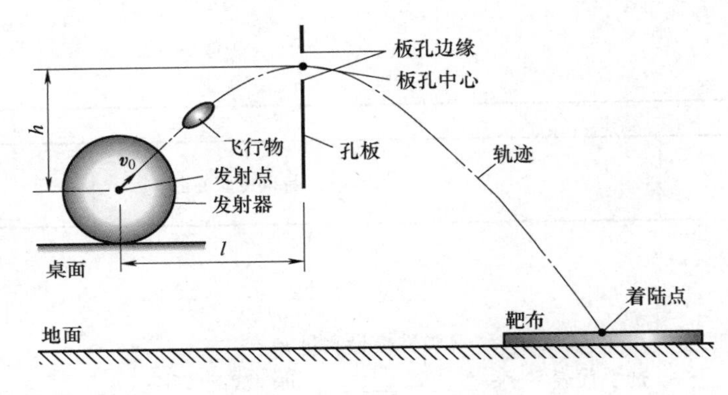

图　1-41

2. 设计制作的运动装置需要满足如下设计制作要求：

（1）桌面安装发射器，板孔中心到发射点的水平距离 l = 1400mm（允许偏差±50mm）、垂直距离 h = 460mm（允许偏差±50mm）。

（2）飞行物（携带鹌鹑蛋）最大高度不小于 90mm，飞行物在垂直于高度方向的最大尺寸不大于 65mm。

3. 本题必须在 210min 内设计制作完成。

三、测试规则与评分标准

1. 发射器或飞行物不满足设计制作要求，终止测试。本题得分 $y=0$ 分。

2. 发射器和飞行物同时满足设计制作要求，得分构成如下：

（1）飞行物未成功发射得分 $y_1=0$ 分，成功发射得分 $y_1=10$ 分。

（2）飞行物未安全着陆（蛋液流出）得分 $y_2=0$ 分，安全着陆（蛋液未流出）得分 $y_2=30$ 分。

（3）飞行物未穿越板孔得分 $y_3=0$ 分，穿越板孔得分 $y_3=30$ 分。

（4）飞行物未“站立”（即最大高度未大于水平方向最大尺寸）得分 $y_4=0$ 分，飞行物“站立”（即最大高度大于水平方向最大尺寸）得分 $y_4=40$ 分。

（5）与靶布接触的离靶心最近的飞行物上的点对应的靶布读数 n 为得分，即 $y_5=n$ 分。$y_{5\max}=40$ 分，$y_{5\min}=0$ 分。

发射器和飞行物同时满足设计制作要求，得分可表示为 $y=y_1+y_2+y_3+y_4+y_5$。本题允许测试 3 次，本题得分为 3 次测试的最高得分。本题满分 $y_{\max}=150$ 分。

四、器材清单

除参赛队自带的器具外，组委会另外提供如下器材：

序号	名称	规格	单位	数量	备注
1	赛题文本	A4	册	1	不得污损
2	桌虎钳	60	件	3	不可加工
3	磅秤砣	250g×2，500g×2，1kg×2，2kg×5	只	11	不可加工
4	钩码	50g	只	10	不可加工
5	直尺	量程 500mm，刻度 1mm	根	1	不可加工
6	双面胶		卷	2	允许加工
7	白纸	A4	张	5	允许加工
8	蓝色泡沫垫板	600mm×500mm×40mm	块	1	保护桌椅地面
9	白手套	棉纱×3，尼龙×3	双	6	保护身体安全
10	工具袋	400mm×450mm	只	1	不可加工
11	亚克力筒	长度 500mm，内径 71mm	根	1	不可加工
12	孔板		块	1	不可加工
13	靶布	1000mm×1000mm	块	1	不可加工
14	亚克力板	直径 60mm，厚度 5mm	个	2	不可加工
15	鹌鹑蛋		个	5	不可加工
16	羽毛球		个	3	不可破坏
17	橡皮筋		根	7	允许加工
18	白色泡沫板	200mm×200mm×50mm	块	1	允许加工
19	电线	1. 8m	根	2	允许加工
20	纤维板	200mm×200mm×3mm	块	1	允许加工
21	木杆	1000mm×30mm×10mm	根	1	允许加工
22	扭蛋壳	32、35、38、45、50mm	只	9	允许加工

五、测试记录

1. 发射器或飞行物不满足设计制作要求，终止测试。本题得分 $y=$________分。

2. 发射器和飞行物同时满足设计制作要求，继续测试。得分构成如下：

第 1 次测试：$y_1=$________分，$y_2=$________分，$y_3=$________分，$y_4=$________分，$y_5=n=$________分，得 $y=y_1+y_2+y_3+y_4+y_5=$________分；

第 2 次测试：$y_1=$________分，$y_2=$________分，$y_3=$________分，$y_4=$________分，$y_5=n=$________分，得 $y=y_1+y_2+y_3+y_4+y_5=$________分；

第 3 次测试：$y_1=$________分，$y_2=$________分，$y_3=$________分，$y_4=$________分，$y_5=n=$________分，得 $y=y_1+y_2+y_3+y_4+y_5=$________分。

赛场编号：__________　选手代表签字：__________　助理裁判签字：__________

六、本题得分

本题得分 $y=$________分。

1.3.5　第四题　力挽千钧

满分 100 分，设计制作 150min，测试 30min。

一、内容

利用组委会提供的材料，基于力学理论和计算方法，设计制作一个稳定结构。该结构由压杆构成，结构顶端水平加载面除承重外还受到水平力作用。通过压杆数量、截面形状和约束条件的优化设计，提高结构承载能力。

二、要求

1. 图 1-42 所示为组委会提供的压杆，$l=210\text{mm}$，$A—A$ 近似为矩形截面，尺寸约为 3.14mm×1mm，$B—B$ 为圆形截面，直径 2mm。矩形截面段不允许加工，圆形截面段可加工。

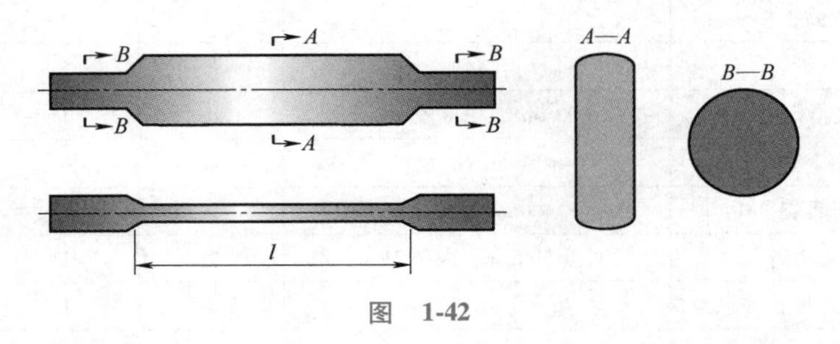

图 1-42

2. 设计制作的稳定结构需要满足如下要求：

（1）基本要求：结构顶端加载面必须水平放置（水平仪气泡位于面板中心），最多由 4 根压杆支撑。每根压杆除两端外不得再有任何约束，每根压杆无约束长度不得小于 210mm。结构顶端水平加载面受 200g 砝码水平作用时，设计制作的结构在承重（重量由参赛队自行确定）时不会发生失稳。

（2）设计制作的结构若满足上述基本要求，则结构顶端水平加载面受 1.8kg 砝码水平作用时以单杆承重评分，承重大得分高。

3. 本题必须在 150min 内设计制作完成。

三、测试规则与评分标准

1. 设计制作的结构未满足基本要求，终止测试。本题得分 $y=0$ 分。

2. 设计制作的结构若满足基本要求，继续测试。设结构承重为 W，压杆数量为 n，则单杆承重为 $w=W/n$。

设满足基本要求的所有参赛队的单杆最大承重为 $w_{\max}$，最小承重为 $w_{\min}$，则本题得分：

$$y=60+\text{floor}\left\{40\cdot\frac{w-w_{\min}}{w_{\max}-w_{\min}}+0.5\right\}\text{分} \tag{1-90}$$

式中，floor{…} 表示向下取整，$y_{\max}=100$ 分，$y_{\min}=60$ 分。

四、器材清单

除参赛队自带的器具外，组委会另外提供如下器材：

序号	名称	规格	单位	数量	备注
1	赛题文本	A4	册	1	不得污损
2	桌虎钳	60	件	3	不可加工
3	磅秤砣	250g×2，500g×2，1kg×2，2kg×5	只	11	不可加工
4	钩码	50g	只	10	不可加工
5	直尺	量程 500mm，刻度 1mm	根	1	不可加工
6	双面胶		卷	2	允许加工
7	白纸	A4	张	5	允许加工
8	蓝色泡沫垫板	600mm×500mm×40mm	块	1	保护桌椅地面

（续）

序号	名称	规格	单位	数量	备注
9	白手套	棉纱×3，尼龙×3	双	6	保护身体安全
10	工具袋	400mm×450mm	只	1	不可加工
11	水平仪		个	1	不可加工
12	螺栓	M8	根	1	不可加工
13	螺母	M8	个	3	不可加工
14	滑轮	400mm×400mm×3mm	个	1	不可加工
15	压杆	长度 280mm	根	6	两端允许加工
16	亚克力板	80mm×60mm×10mm	块	6	允许加工
17	电线	1. 8m	根	2	允许加工
18	木杆	1000mm×30mm×10mm	根	1	允许加工

五、测试记录

1. 是否满足基本要求：________（是，否）。
2. 不满足基本要求，终止测试；满足基本要求，继续测试：

结构承重 W=________kg，压杆数量 n=________根。

赛场编号：____________　选手代表签字：____________　助理裁判签字：____________

六、本题得分

1. 不满足基本要求，本题得分 y=________分。
2. 满足基本要求，单杆承重 $w=W/n$=________kg，w_{max}=________kg，w_{min}=________kg。
   根据式（1-90），本题得分 y=________分。

2019 年第十二届全国周培源大学生力学竞赛

2019 年第十二届全国周培源大学生力学竞赛（个人赛和团体赛）的出题学校为清华大学。下面介绍这次竞赛的试题、参考答案及详细解答。

2.1 个人赛试题

本试卷分为基础题和提高题两部分，满分 120 分，时间 3h30min。个人赛奖项分为全国特、一、二、三等奖和优秀奖。全国特、一、二等奖的评选标准是：提高题得分进入全国前 5%，并且总得分排在全国前列，根据总得分名次最终确定获奖人。全国三等奖和优秀奖直接按赛区内总得分排名确定获奖人。

注意： *试题请全部在答题纸上作答，否则作答无效。各题所得结果用分数或小数表示均可。*

第一部分　基础题部分（共 60 分）

第 1 题（30 分）

如图 2-1 所示铅垂平面内的系统，T 形杆质量为 m_1，对质心 C 的转动惯量为 J_1；圆盘半径为 R，质量

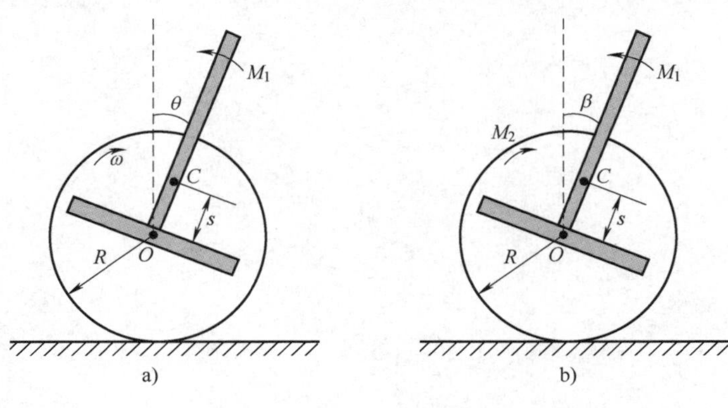

图　2-1

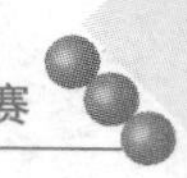

为 m_2，对质心 O 的转动惯量为 J_2；杆和盘光滑铰接于点 O，$\overline{CO}=s$。设重力加速度为 g、地面和盘间的静摩擦因数为 μ_0、动摩擦因数为 μ，不计滚动摩阻。

（1）如图 2-1a 所示，盘以匀角速度 ω 沿水平地面向右做纯滚动。为使杆保持与铅垂方向夹角 $\theta(0\leqslant\theta<\pi/2)$ 不变，需在杆上施加多大的力偶矩 M_1？并求此时地面作用于盘的摩擦力 F。（5 分）

（2）如图 2-1b 所示，当盘上施加顺时针的常力偶矩 M_2，同时 $M_1=0$，杆做平移，分析圆盘的可能运动，并求杆与铅垂方向夹角 β、盘的角加速度 ε 及地面对盘的摩擦力 F。（25 分）

第 2 题（30 分）

如图 2-2 所示，宽为 b 的矩形截面三层复合梁，各层固结为一体；已知各层材料弹性模量分别为 E_1、E_2 和 E_3，相应的厚度分别为 h_1、h_2 和 h_3，其中 $E_1=E_3=E_2/5=E$，$h_1=h_2=h_3/50=h$。对其进行四点弯曲试验。

（1）试求中性层的位置；（15 分）

（2）设弯曲后 BC 段中性层曲率半径为 ρ，试写出该段横截面上的正应力与 ρ 的关系，画出正应力的分布图；（9 分）

（3）当层 2 断裂时，层 1 和层 3 仍为线弹性变形，BC 段梁上缘的曲率半径为 R，由此计算层 2 材料的强度极限 σ_b。（6 分）

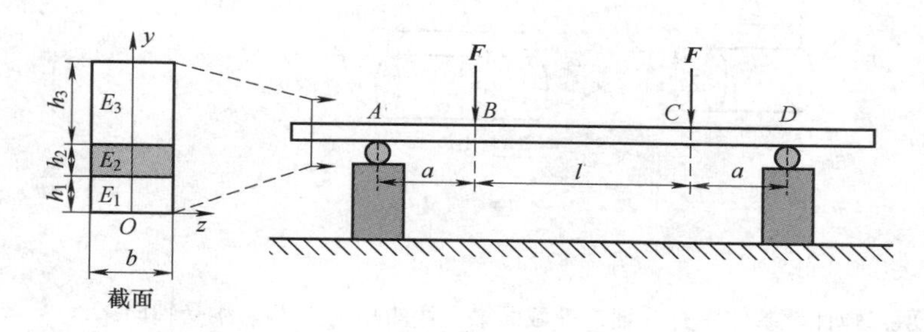

图　2-2

第二部分　提高题部分（共 60 分）

第 3 题（30 分）

在真空中处于失重状态的均质球形刚体，其半径 $r=1\text{m}$，质量 $M=2.5\text{kg}$，对直径的转动惯量 $J=1\text{kg}\cdot\text{m}^2$，球体固连坐标系 $Oxyz$ 如图 2-3 所示。另有质量 $m=1\text{kg}$ 的质点 A 在内力驱动下沿球体大圆上的光滑无质量管道（位于 Oxy 平面内）以相对速度 $v_r=1\text{m/s}$ 运动。初始时，系统质心速度为零，质点 A 在 x 轴上。

（1）试判断系统自由度；（3 分）

（2）当球体初始角速度 $\omega_{x0}=0$，$\omega_{y0}=0$，$\omega_{z0}=1/\text{s}$ 时，求球心 O 的绝对速度 $\boldsymbol{v}_O$，球体的角速度沿 z 轴分量 ω_z，质点 A 的绝对速度 $\boldsymbol{v}_A$ 和绝对加速度 $\boldsymbol{a}_A$；（17 分）

（3）当球体初始角速度 $\omega_{x0}=1\ /\text{s}$，$\omega_{y0}=0$，$\omega_{z0}=0.4\ /\text{s}$ 时，求球体的角速度 ω 和角加速度 ε。

提示： 建立另一个动系 $Ox'y'z'$，使质点 A 始终在 x' 轴上。（10 分）

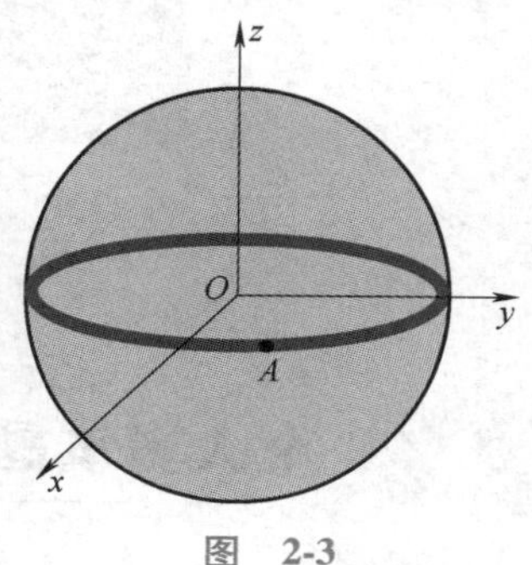

图　2-3

第 4 题（20 分）

如图 2-4a 所示，截面初始半径为 R、密度为 ρ 的圆柱体 AB（材料不可压缩）竖直悬挂，在重力作用下（重力加速度为 g）变形。

（1）截面 C 变形前距 A 端为 x，试求悬挂后该截面轴力；（3 分）

（2）设变形后轴力与变形的关系为 $F=\pi r^2 G(\lambda^2-\lambda_r^2)$，其中 G 为剪切模量，λ 和 λ_r 为轴向和径向的伸长比（伸长比定义如图 2-4b 所示），试根据题设推导 λ 和 λ_r 之间的关系，并建立变形后截面半径 r 随初始截面位置 x 的变化关系；（10 分）

（3）若将变形后 $A'C'$ 段（测得其长度为 x'）近似为圆台，试求材料的剪切模量 G。（7 分）

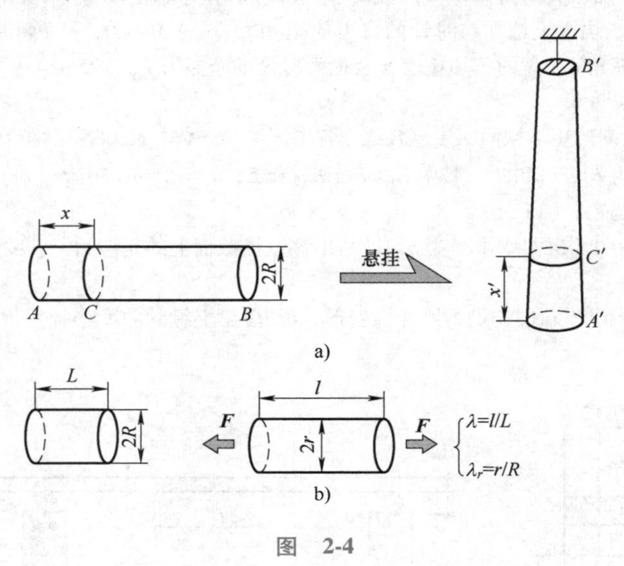

图 2-4

第 5 题（10 分）

如图 2-5a 所示，弹性软基体中有一细长等截面梁，弯曲刚度为 EI。梁受轴向压缩。

（1）若将弹性基体等效为分布弹簧，其刚度为 K（弹性基体对梁单位长度上产生单位挠度时的约束力），试根据图 2-5b 建立分析该长梁失稳的平衡微分方程；（3 分）

（2）假设失稳模式为 $w=A\sin\dfrac{2\pi}{\lambda}x$，试求梁发生失稳时的临界载荷 F_{cr} 和临界失稳波长 λ_{cr}。（7 分）

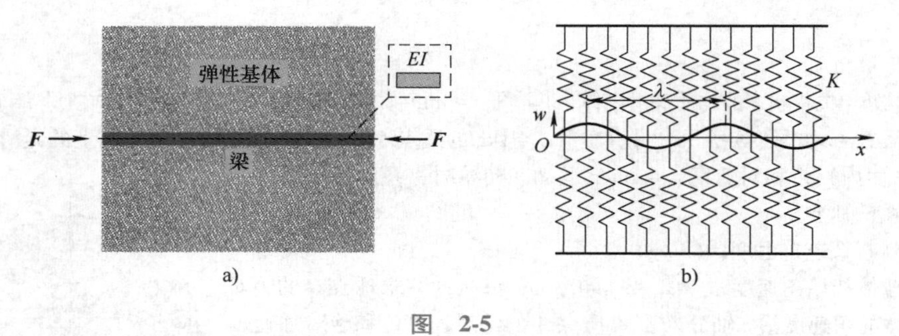

图 2-5

2.2 个人赛试题参考答案及详细解答

2.2.1 评分总体原则

采用扣分制或加分制。采用扣分制时，建议最终所扣分数总和不超过题目（或问题）总分的一半。采用加分制时，建议最终所给分数总和不超过题目（或问题）总分的一半。如果学生的解题方法和参考答案

不同，则按以下几种情况分别处理：

1. 如果学生给出的最终结果和参考答案相同，建议采用扣分制：侧重检查学生的解题过程有无不严谨的地方或小的概念错误（未影响结果），如果有的话，建议每一处错误可酌情扣 1~2 分。

2. 如果学生给出的最终结果和参考答案不同：

（1）如果学生解答的总体思路合理、清晰，建议采用扣分制：在检查学生的解题过程时侧重区分某错误是概念错误还是计算错误。建议对于每一处概念错误扣 5 分或以上，对每一处计算错误酌情扣 1~2 分。对于由一处计算错误所引起的后续计算结果错误，只按一次错误扣分，计算错误不累计扣分。

（2）如果学生解答的总体思路不清晰，建议采用加分制：在检查学生的解题过程时侧重寻找其局部正确、合理的部分，酌情给分。

2.2.2　参考答案

第一部分　基础题部分参考答案（共 60 分）

第 1 题（30 分）

（1）$M_1=m_1gs\sin\theta$，$F=0$。（5 分）

（2）圆盘不打滑（纯滚动）时，$\mu_0\geqslant\dfrac{RM_2}{[J_2+(m_1+m_2)R^2]g}$，$\beta=\arctan\left(\dfrac{RM_2}{[J_2+(m_1+m_2)R^2]g}\right)$，$\varepsilon=\dfrac{M_2}{J_2+(m_1+m_2)R^2}$，$F=\dfrac{(m_1+m_2)RM_2}{J_2+(m_1+m_2)R^2}$；圆盘打滑（又滚又滑）时，$\mu_0<\dfrac{RM_2}{[J_2+(m_1+m_2)R^2]g}$，$\beta=\arctan\mu$，$\varepsilon=\dfrac{M_2-\mu(m_1+m_2)gR}{J_2}$，$F=\mu(m_1+m_2)g$。（25 分）

第 2 题（30 分）

（1）建立 Oyz 坐标系如图 2-6 所示：

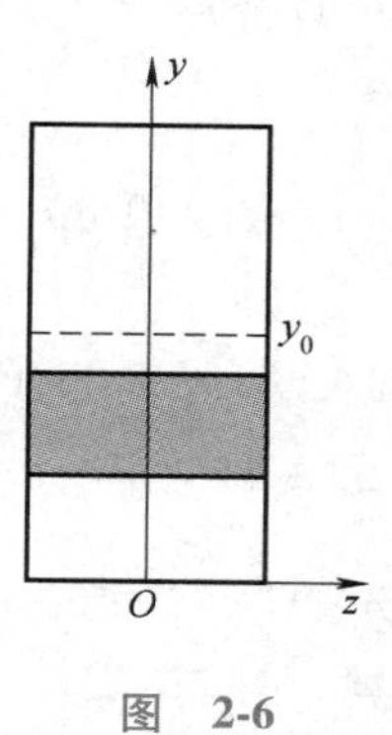

图　2-6

中心轴位置 $y_0=24.25h$。（15 分）

（2）BC 段正应力表达式如下：

$$\begin{cases}\sigma_1=-E\dfrac{y-24.25h}{\rho}, & y\in[0,\ h)\\ \sigma_2=-5E\dfrac{y-24.25h}{\rho}, & y\in(h,\ 2h)\\ \sigma_3=-E\dfrac{y-24.25h}{\rho}, & y\in(2h,\ 52h]\end{cases}\qquad(5\text{ 分})$$

正应力分布如图 2-7 所示。

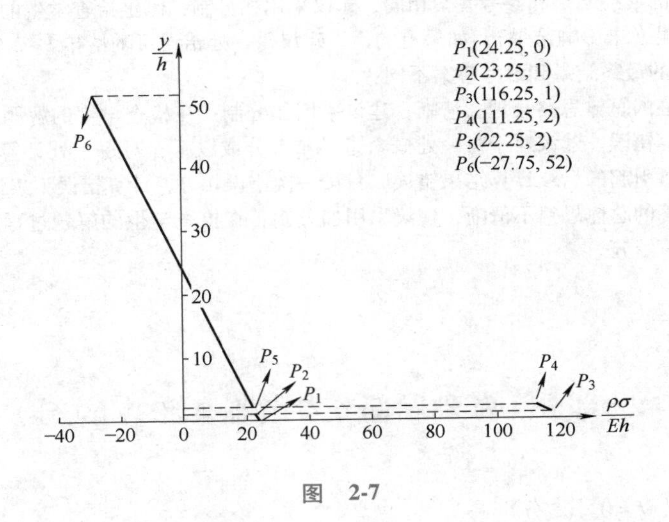

图 2-7

(3) 2 层开裂时，材料强度极限：$\sigma_b=E\dfrac{116.25h}{R+27.75h}$。(6 分)

第二部分 提高题部分参考答案 (共 60 分)

第 3 题 (30 分)

(1) 系统自由度为 6。(3 分)

(2) $v_O=\dfrac{4}{7}$，$\omega_z=1$，$v_A=\dfrac{10}{7}$，$\boldsymbol{a}_A=-\dfrac{20}{7}\boldsymbol{n}$。(17 分)

(3) $\boldsymbol{\omega}=\omega_1\boldsymbol{e}_1+\omega_2\boldsymbol{e}_2+\omega_3\boldsymbol{e}_3$，其中$\begin{cases}\omega_1=1\\ \omega_2=0\\ \omega_3=0.4\end{cases}$；$\boldsymbol{\varepsilon}=\boldsymbol{e}_2$。(10 分)

其中，$\boldsymbol{e}_1$，$\boldsymbol{e}_2$，$\boldsymbol{e}_3$为动系 $O\,x'y'z'$三个轴的单位矢量，动系 $O\,x'y'z'$的 x'轴总是在质点 A 上，z'轴与固连系的 z 轴一致。

第 4 题 (20 分)

(1) 截面 C'处的轴力：$F=\rho\pi R^2xg$。(3 分)

(2) λ 和 λ_r之间的关系：$\lambda\cdot\lambda_r^2=1$。(5 分)

r 随 x 的变化关系：$\left(\dfrac{r}{R}\right)^6+\dfrac{\rho xg}{G}\left(\dfrac{r}{R}\right)^2-1=0$。(5 分)

(3) 材料剪切模量：$G=x\rho g(\lambda_r^{-2}-\lambda_r^4)^{-1}$，其中 $\lambda_r=\sqrt{\dfrac{3x}{x'}-\dfrac{3}{4}}-\dfrac{1}{2}$。(7 分)

第 5 题 (10 分)

(1) 梁的平衡微分方程：$EI\dfrac{d^4w}{dx^4}+F\dfrac{d^2w}{dx^2}+2Kw=0$。(3 分)

(2) 临界载荷 $F_{cr}=\sqrt{8EIK}$，临界失稳波长 $\lambda_{cr}=2\pi\left(\dfrac{EI}{2K}\right)^{\frac{1}{4}}$。(7 分)

2.2.3　详细解答及评分标准

第一部分　基础题部分详细解答及评分标准（共 60 分）

第 1 题（30 分）

（1）（本小题 5 分）本问可以在相对地面匀速平动的惯性参考系下应用力系平衡求解，也可以在地面固定参考系下应用质心运动定理和对质心的动量矩定理求解或者应用对动点 O 的动量矩定理求解。

① 求力矩 M_1（3 分）

如图 2-8 所示，分别以 T 形杆和系统整体为对象进行受力分析。

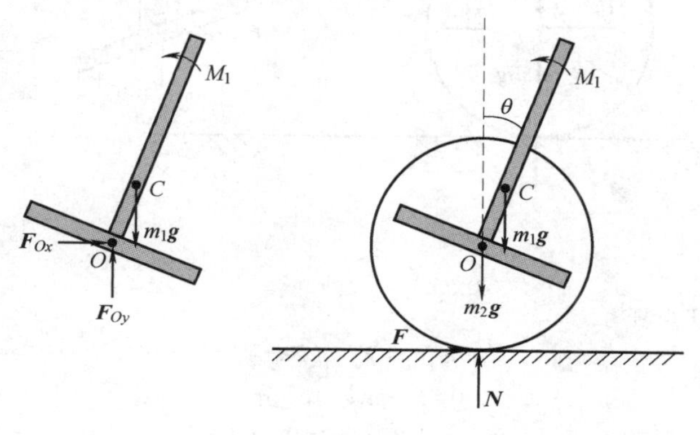

图　2-8

解法一　建立匀速平动的惯性参考系。

T 形杆做水平匀速平移，建立原点在盘心 O、随盘心一起运动的水平平移参考系（惯性参考系），以 T 形杆为研究对象，T 形杆在该惯性系下保持相对静止，由对 O 点的力矩平衡方程得力偶矩 M_1 大小：

$$M_1 = m_1 g s\sin\theta \quad (3\text{分}) \tag{2-1}$$

解法二　在地面固定参考系下，应用对动点的动量矩定理。

在地面固定参考系下，以 T 形杆为研究对象，对动点 O 应用动量矩定理：$\dfrac{\mathrm{d}\boldsymbol{L}_O}{\mathrm{d}t} - m\boldsymbol{v}_C \times \boldsymbol{v}_O = \boldsymbol{M}_O^{(\mathrm{e})}$ 或其他形式（动静法）：

$$J_O\varepsilon - \overrightarrow{OC} \times (-m\boldsymbol{a}_O) = \boldsymbol{M}_O^{(\mathrm{e})} \tag{2-2}$$

由于 T 形杆水平匀速平动，所以式（2-2）左端项为零，得力偶矩 M_1 大小：

$$M_1 = m_1 g s\sin\theta \quad (3\text{分}) \tag{2-3}$$

② 求摩擦力（2 分）

对圆盘和 T 形杆构成的系统整体沿水平方向应用动量定理，因系统水平动量为常数，所以地面摩擦力为

$$\frac{\mathrm{d}P_x}{\mathrm{d}t} = F = 0 \quad (2\text{分}) \tag{2-4}$$

（2）（本小题 25 分）本问可以应用动量定理（质心运动定理）和动量矩定理求解；也可以应用达朗贝尔原理（动静法）求解。

说明： 列写系统方程 12 分，分情况讨论和求解部分 13 分；其中第一种情况（盘不打滑）讨论和求解占 7 分，第二种情况（盘打滑）讨论和求解占 6 分。

设圆盘角加速度为 ε，盘心加速度为 a_O。T 形杆做水平平动，加速度 $a_C = a_O$，角加速度为零。首先列写系统方程。

解法一　应用动量和动量矩定理列写系统方程。

解法 A　系统方程列写（12 分）（分别对圆盘和 T 形杆列平面运动微分方程）

如图 2-9 所示对 T 形杆和盘分别进行受力分析和运动分析，建立平面运动微分方程。

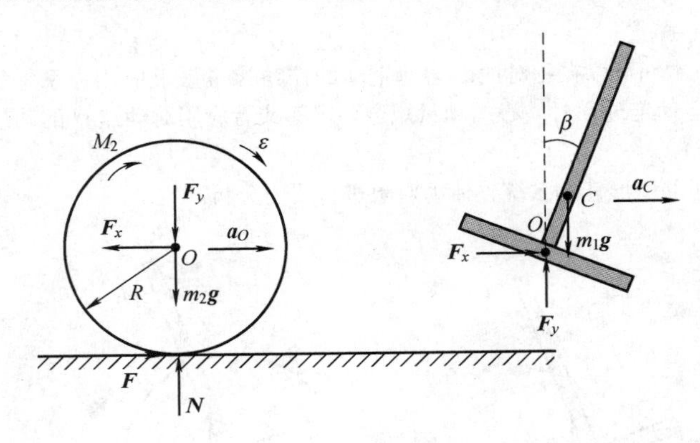

图　2-9

注意到 $a_C = a_O$，对 T 形杆有

$$m_1 a_O = F_x \quad (2\text{分}) \tag{2-5}$$

$$0 = F_y - m_1 g \quad (2\text{分}) \tag{2-6}$$

$$-F_x s\cos\beta + F_y s\sin\beta = 0 \quad (2\text{分}) \tag{2-7}$$

对轮有

$$m_2 a_O = F - F_x \quad (2\text{分}) \tag{2-8}$$

$$0 = N - F_y - m_2 g \quad (2\text{分}) \tag{2-9}$$

$$J_2 \varepsilon = M_2 - FR \quad (2\text{分}) \tag{2-10}$$

解法 B　系统方程列写（12 分）（对系统整体应用质心运动定理和动量矩定理，再配合对圆盘或 T 形杆列写一个动量矩定理）

注意到 $a_C = a_O$，对系统整体，由质心运动定理：

$$m_1 a_O + m_2 a_O = F \quad (2\text{分}) \tag{2-11}$$

$$m_1 g + m_2 g = N \quad (2\text{分}) \tag{2-12}$$

对动点 O（圆盘中心）列写动量矩定理：

$$\frac{\mathrm{d}\boldsymbol{L}_O}{\mathrm{d}t} - m\boldsymbol{v}_{C'} \times \boldsymbol{v}_O = \boldsymbol{M}_O^{(e)}$$

上式中 $\boldsymbol{v}_{C'}$ 为系统质心速度，不难发现 $\boldsymbol{v}_{C'} = \boldsymbol{v}_O$，所以上式中等式左端第二项为零。因此有

$$J_2 \varepsilon + m_1 a_O s\cos\beta = M_2 - FR + m_1 g s\sin\beta \quad (6\text{分}) \tag{2-13}$$

注：上式中等式左端第二项为 T 形杆对 O 点的动量矩的时间导数，漏此项扣 3 分。

另外再对圆盘应用对质心 O 的动量矩定理，可得第 4 个补充方程：

$$J_2 \varepsilon = M_2 - FR \quad (2\text{分}) \tag{2-14}$$

或者以 T 形杆为对象，对动点 O 应用动量矩定理，可得第 4 个补充方程：

$$m_1 g s\sin\beta = m_1 a_O s\cos\beta \tag{2-15}$$

由以上四个方程［式（2-11）~式（2-14），或式（2-11）~式（2-13），式（2-15）］同样可解出轮角加速度、地面摩擦力和支持力、T 形杆的倾角这四个未知量。

解法二　应用达朗贝尔原理（动静法）列写系统方程

说明：达朗贝尔原理的方程与动量、动量矩的方程一一对应，对应方程采用与上面完全相同的公式编号，以便求解和讨论过程中叙述的统一。

解法 A　系统方程列写（12 分）（分别对圆盘和 T 形杆列受力平衡方程）

如图 2-10 所示，使用达朗贝尔原理添加惯性力和惯性力矩后，对 T 形杆和盘分别进行受力平衡分析，建立平面受力平衡方程。

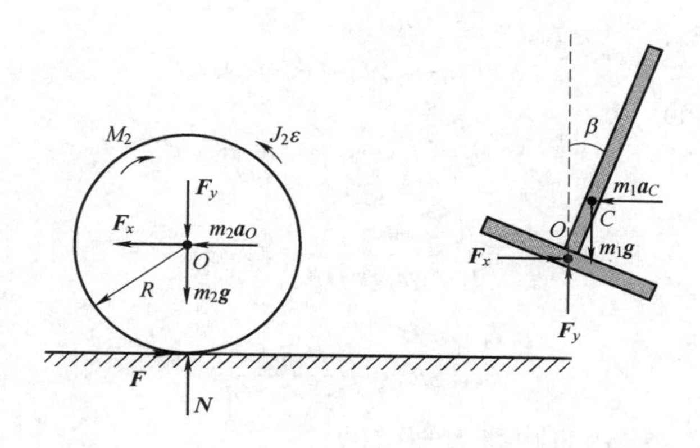

图　2-10

注意到 $a_C=a_O$，对 T 形杆有

$$F_x-m_1a_O=0 \quad (2\text{分}) \tag{2-5}$$

$$F_y-m_1g=0 \quad (2\text{分}) \tag{2-6}$$

$$-F_xs\cos\beta+F_ys\sin\beta=0 \quad (2\text{分}) \tag{2-7}$$

对轮有

$$F-F_x-m_2a_O=0 \quad (2\text{分}) \tag{2-8}$$

$$N-F_y-m_2g=0 \quad (2\text{分}) \tag{2-9}$$

$$M_2-FR-J_2\varepsilon=0 \quad (2\text{分}) \tag{2-10}$$

解法 B　系统方程列写（12 分）（对系统整体列受力平衡方程，再配合对圆盘或 T 形杆列写一个受力平衡方程）

注意到 $a_C=a_O$，对系统整体，水平和竖直方向受力平衡：

$$F-m_1a_O-m_2a_O=0 \quad (2\text{分}) \tag{2-11}$$

$$N-m_1g-m_2g=0 \quad (2\text{分}) \tag{2-12}$$

对系统整体，考虑对 O 点的力矩平衡：

$$-M_2+FR-m_1gs\sin\beta+m_1a_Os\cos\beta+J_2\varepsilon=0 \quad (6\text{分}) \tag{2-13}$$

注： 上式中等式漏写 $m_1a_Os\cos\beta$ 项扣 3 分。此处也可以以圆盘与地面接触点为矩心，建立力矩平衡方程，列写正确同样得 6 分。

另外再以圆盘为对象，对质心 O 建立力矩平衡方程，可得第 4 个补充方程：

$$-M_2+FR+J_2\varepsilon=0 \quad (2\text{分}) \tag{2-14}$$

或者以 T 形杆为对象，对点 O 建立力矩平衡方程，可得第 4 个补充方程：

$$-m_1gs\sin\beta+m_1a_Os\cos\beta=0 \tag{2-15}$$

由以上四个方程［式（2-11）~式（2-14），或式（2-11）~式（2-13），式（2-15）］同样可解出轮角加速度、地面摩擦力和支持力、T 形杆的倾角这四个未知量。

以下为具体求解和讨论过程（以解法一为例）。下面分情况讨论圆盘的可能运动：不打滑（即纯滚动）或打滑（即又滚又滑）。

情况一：如果圆盘不打滑（纯滚动）（7 分）：

$$F\leqslant\mu_0 N$$

系统为单自由度系统，有

$$a_O=\varepsilon R \tag{2-16}$$

由式（2-9）和式（2-6）得地面对盘的支持力

$$N=(m_1+m_2)g \tag{2-17}$$

将式（2-5）代入式（2-8），并考虑式（2-16），有

$$F=(m_1+m_2)a_O=(m_1+m_2)\varepsilon R \tag{2-18}$$

将式（2-18）代入式（2-10）得

$$M_2=[J_2+(m_1+m_2)R^2]\varepsilon \tag{2-19}$$

圆盘角加速度

$$\varepsilon=\frac{M_2}{J_2+(m_1+m_2)R^2}\quad（2\text{ 分}） \tag{2-20}$$

圆盘盘心加速度：

$$a_O=\varepsilon R=\frac{M_2R}{J_2+(m_1+m_2)R^2} \tag{2-21}$$

将式（2-20）代入式（2-18）得地面对盘的摩擦力

$$F=\frac{(m_1+m_2)RM_2}{J_2+(m_1+m_2)R^2}\quad（2\text{ 分}） \tag{2-22}$$

将式（2-5）和式（2-6）代入式（2-7）有

$$-m_1\varepsilon R\cos\beta+m_1g\sin\beta=0 \tag{2-23}$$

T 形杆倾角：

$$\tan\beta=\frac{\varepsilon R}{g}=\frac{RM_2}{[J_2+(m_1+m_2)R^2]g} \tag{2-24}$$

即

$$\beta=\arctan\left(\frac{RM_2}{[J_2+(m_1+m_2)R^2]g}\right)\quad（2\text{ 分}） \tag{2-25}$$

由圆盘纯滚动（不打滑）条件：

$$F\leqslant\mu_0 N \tag{2-26}$$

把式（2-17）和式（2-22）代入式（2-26）即

$$\mu_0\geqslant\frac{RM_2}{[J_2+(m_1+m_2)R^2]g}\quad（1\text{ 分}） \tag{2-27}$$

如果上述条件式（2-27）不满足，即当$\mu_0<\dfrac{RM_2}{[J_2+(m_1+m_2)R^2]g}$或者$F>\mu_0 N$时，圆盘无法做纯滚动，而是又滚又滑，此时按下述情况二分析。

情况二：圆盘打滑（又滚又滑）$\left(\mu_0<\dfrac{RM_2}{[J_2+(m_1+m_2)R^2]g}\right)$　（6 分）

此时系统为双自由度系统，地面摩擦力和正压力关系为

$$F=\mu N \tag{2-28}$$

由式（2-9）和式（2-6）得地面对盘的支持力

$$N=(m_1+m_2)g \tag{2-29}$$

将式（2-28）代入式（2-29）得地面对盘的摩擦力

$$F=\mu(m_1+m_2)g\quad（2\text{ 分}） \tag{2-30}$$

将式（2-30）代入式（2-10）得圆盘角加速度

$$\varepsilon=\frac{M_2-\mu(m_1+m_2)gR}{J_2}\quad（2 分）\tag{2-31}$$

将式（2-5）代入式（2-8），并考虑式（2-30）得圆盘盘心加速度

$$a_O=\mu g\tag{2-32}$$

将式（2-5）和式（2-6）代入式（2-7），并考虑式（2-32），有

$$-\mu m_1 gs\cos\beta+m_1 gs\sin\beta=0\tag{2-33}$$

得 T 形杆倾角：

$$\tan\beta=\mu\tag{2-34}$$

即

$$\beta=\arctan\mu\quad（2 分）\tag{2-35}$$

第 2 题（30 分）

（1）（本小题 15 分）

解法一　根据题意，选取底边中点为原点，建立 Oyz 坐标系如图 2-11 所示。

设中性轴在 $y=y_0$ 处，根据平面假定，BC 段横截面上正应变 ε 满足如下关系：

$$\varepsilon=-\frac{y-y_0}{\rho}\quad（3 分）\tag{2-36}$$

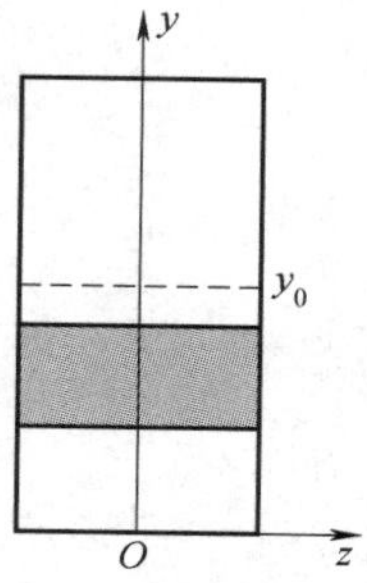

横截面相应的正应力沿 y 坐标的分布为

$$\begin{cases}\sigma_1=E_1\varepsilon=-E_1\dfrac{y-y_0}{\rho}, & y\in[0,\ h_1)\\ \sigma_2=E_2\varepsilon=-E_2\dfrac{y-y_0}{\rho}, & y\in(h_1,\ h_1+h_2)\\ \sigma_3=E_3\varepsilon=-E_3\dfrac{y-y_0}{\rho}, & y\in(h_1+h_2,\ h_1+h_2+h_3]\end{cases}\quad（3 分）\tag{2-37}$$

图　2-11

由于纯弯段梁轴力为 0，故正应力沿 y 方向积分为 0，于是

$$\int_0^{h_1}\sigma_1\mathrm{d}y+\int_{h_1}^{h_1+h_2}\sigma_2\mathrm{d}y+\int_{h_1+h_2}^{h_1+h_2+h_3}\sigma_3\mathrm{d}y=0\quad（5 分）\tag{2-38}$$

根据 $E_1=E_3=E$、$E_2=5E$，以及 $h_1=h_2=h$、$h_3=50h$，代入式（2-38）后可得

$$y_0=24.25h\quad（4 分）\tag{2-39}$$

解法二　根据题意，选取底边中点为原点，建立 Oyz 坐标系；同时采用等效截面法，把 2 层材料的界面宽度放大 5 倍，如图 2-12 所示。

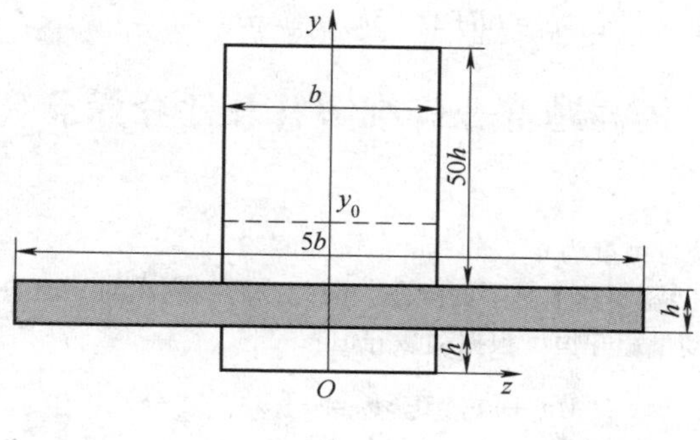

图　2-12

中性层的位置即为组合图形形心的 y 坐标

$$y_0=\frac{S_z}{A}=\frac{\sum_{i=1}^{3}A_iy_{Ci}}{\sum_{i=1}^{3}A_i}=\frac{\frac{1}{2}h^2b+\frac{15}{2}h^2b+1350h^2b}{hb+5hb+50hb}=24.25h \quad (10\text{分}) \tag{2-40}$$

(2)（本小题 15 分）

横截面上正应力的分布为

$$\begin{cases}\sigma_1=-E\dfrac{y-24.25h}{\rho}, & y\in[0,\ h)\\ \sigma_2=-5E\dfrac{y-24.25h}{\rho}, & y\in(h,\ 2h)\\ \sigma_3=-E\dfrac{y-24.25h}{\rho}, & y\in(2h,\ 52h]\end{cases} \quad (5\text{分}) \tag{2-41}$$

根据式（2-41）正应力分布如图 2-13 所示：

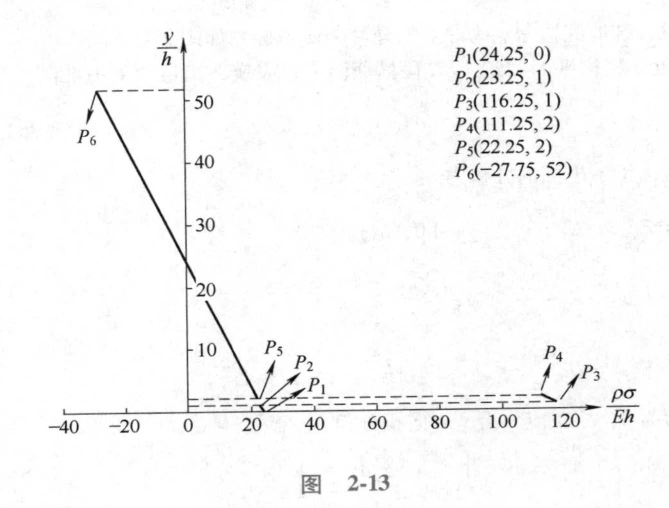

图　2-13

(3)（本小题 6 分）

根据横截面应力分布，2 层下部应力最大，最先发生开裂；开裂时此处的应力即材料强度极限：

$$\sigma_b=E\frac{116.25h}{\rho_b} \quad (4\text{分}) \tag{2-42}$$

式中，ρ_b为此时中性轴处的曲率半径，$\rho_b=(R+27.75h)$。(2 分)

第二部分　提高题部分详细解答及评分标准（共 60 分）

第 3 题（30 分）

(1)（本小题 3 分）系统自由度为 6。

(2)（本小题 17 分）该问题实际上是平面问题。因此，需要列出对 z 轴的动量矩。无外力和外力矩作用在系统上，系统的动量和动量矩守恒。根据动量守恒：

$$M\boldsymbol{v}_O+m\boldsymbol{v}_A=0\Rightarrow\boldsymbol{v}_O=-\frac{2}{5}\boldsymbol{v}_A \quad (1\text{分}) \tag{2-43}$$

式中，$\boldsymbol{v}_O$为球心 O 的绝对速度；$\boldsymbol{v}_A$为质点 A 的绝对速度。

因此，根据质点 A 的速度合成，

$$\boldsymbol{v}_A=\boldsymbol{v}_e+\boldsymbol{v}_r=\boldsymbol{v}_O+\boldsymbol{\omega}\times\boldsymbol{r}+\boldsymbol{v}_r\Rightarrow\boldsymbol{v}_A=\frac{5}{7}(\boldsymbol{\omega}\times\boldsymbol{r}+\boldsymbol{v}_r) \quad (2\text{分}) \tag{2-44}$$

质点 A 的速度合成关系如图 2-14a 所示，记由 O 指向 A 为 $\boldsymbol{n}$ 方向，沿管道的切向为 $\boldsymbol{\tau}$ 方向。

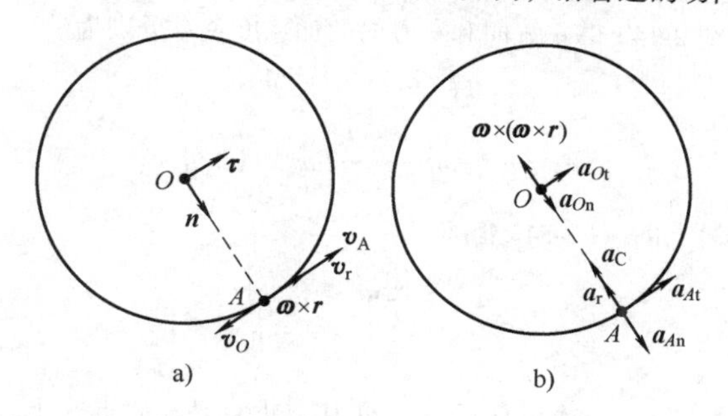

图　2-14

则质点 A 的速度方向为 τ 方向，其大小为

$$v_A=\frac{5}{7}(\omega_z r+v_r)\quad（1 分）\tag{2-45}$$

代入对平面动点的动量矩，可得对球心 O 的动量矩

$$H_z=J\omega_z+mv_A r=\left(J+\frac{5}{7}mr^2\right)\omega_z+\frac{5}{7}mv_r r\quad（2 分）\tag{2-46}$$

则，由对球心 O 的动量矩定理得（外力矩为 0）

$$\frac{\mathrm{d}\boldsymbol{H}}{\mathrm{d}t}=0+(M+m)\boldsymbol{v}_C\times\boldsymbol{v}_O=0\quad（1 分）\tag{2-47}$$

式中，$\boldsymbol{v}_C$ 为系统质心的绝对速度；$\boldsymbol{v}_O$ 为球心 O 的绝对速度。

考察 z 轴分量，并将式（2-46）代入式（2-47）得

$$\frac{\mathrm{d}H_z}{\mathrm{d}t}=0\ \Rightarrow\ \dot{\omega}_z=0\ \Rightarrow\ \omega_z=1\quad（1 分）\tag{2-48}$$

式（2-46）~式（2-48）可以有不同的表达，考虑系统对质心的动量矩在 z 轴的投影：

$$H_{Cz}=J\omega_z+Mv_O r_{OC}+mv_A r_{AC}=\left(J+\frac{5}{7}mr^2\right)\omega_z+\frac{5}{7}mv_r r\quad（2 分）\tag{2-46′}$$

由对质心的动量矩定理得

$$\frac{\mathrm{d}\boldsymbol{H}_C}{\mathrm{d}t}=0\quad 或\quad \frac{\mathrm{d}H_{Cz}}{\mathrm{d}t}=0\quad（1 分）\tag{2-47′}$$

将式（2-46′）代入式（2-47′）得

$$\dot{\omega}_z=0\quad 即\quad \omega_z=1\quad（1 分）\tag{2-48′}$$

将式（2-48）代入式（2-44）和式（2-43）得

$$v_A=\frac{10}{7},\quad v_O=\frac{4}{7}\quad（2 分）\tag{2-49}$$

其中质点 A 的速度方向为 $\boldsymbol{\tau}$ 方向，球心 O 与质点 A 的速度方向相反。

根据复合运动加速度合成，质点 A 的绝对加速度为

$$\boldsymbol{a}_A=\boldsymbol{a}_e+\boldsymbol{a}_r+\boldsymbol{a}_k\quad（1 分）\tag{2-50}$$

从前面分析可知

$$\varepsilon=\frac{\mathrm{d}\omega}{\mathrm{d}t}=0\quad（1 分）\tag{2-51}$$

从系统动量守恒可得

$$\frac{\mathrm{d}\boldsymbol{p}}{\mathrm{d}t}=\frac{\mathrm{d}}{\mathrm{d}t}(M\boldsymbol{v}_O+m\boldsymbol{v}_A)=0\ \Rightarrow\ \boldsymbol{a}_O=-\frac{2}{5}\boldsymbol{a}_A\quad（1 分）\tag{2-52}$$

式中，$\boldsymbol{v}_O$为球心O的绝对速度；$\boldsymbol{a}_O$为球心O的绝对加速度；$\boldsymbol{a}_A$为质点A的绝对加速度。设质点A的绝对加速度为$\boldsymbol{a}_A=a_{An}\boldsymbol{n}+a_{At}\boldsymbol{\tau}$。则由图2-14b得$\boldsymbol{n}$方向和$\boldsymbol{\tau}$方向的加速度关系分别为

$$a_{At}=a_{Ot}\quad（1分）\tag{2-53}$$

$$a_{An}=a_{On}-\omega^2 r-\frac{v_r^2}{r}-2\omega v_r\quad（2分）\tag{2-54}$$

由式（2-52）、式（2-53）和式（2-54）解得

$$\boldsymbol{a}_A=-\frac{20}{7}\boldsymbol{n}\quad（1分）\tag{2-55}$$

注： 没指出方向不得分。

（3）（本小题10分）建立另一个动系$O\,x'y'z'$，使其x'轴总是在质点A上，z'轴与固连系的z轴一致。设$Ox'y'z'$三个轴的单位矢量分别为$\boldsymbol{e}_1$、$\boldsymbol{e}_2$、$\boldsymbol{e}_3$。

则系统对球心O的动量矩为

$$\begin{aligned}\boldsymbol{H}&=\mathrm{diag}(J,\ J,\ J)\boldsymbol{\omega}+\boldsymbol{r}\times m\boldsymbol{v}_A\\&=J\boldsymbol{\omega}+\boldsymbol{r}\times m(\boldsymbol{v}_O+\boldsymbol{\omega}\times\boldsymbol{r}+v_r\boldsymbol{e}_2)\\&=J\boldsymbol{\omega}+\boldsymbol{r}\times\frac{5}{7}m(\boldsymbol{\omega}\times\boldsymbol{r}+v_r\boldsymbol{e}_2)\quad（2分）\end{aligned}\tag{2-56}$$

设球体角速度为$\boldsymbol{\omega}=\omega_1\boldsymbol{e}_1+\omega_2\boldsymbol{e}_2+\omega_3\boldsymbol{e}_3$，质点$A$的位置矢量$\boldsymbol{r}=r\boldsymbol{e}_1$，则系统对球心$O$的动量矩可化简为

$$\begin{aligned}\boldsymbol{H}&=J\boldsymbol{\omega}+r\boldsymbol{e}_1\times\frac{5}{7}m(\boldsymbol{\omega}\times r\boldsymbol{e}_1+v_r\boldsymbol{e}_2)\\&=J\omega_1\boldsymbol{e}_1+\left(J+\frac{5}{7}mr^2\right)\omega_2\boldsymbol{e}_2+\left[\left(J+\frac{5}{7}mr^2\right)\omega_3+\frac{5}{7}mv_r r\right]\boldsymbol{e}_3\quad（1分）\end{aligned}\tag{2-57}$$

由对球心O的动量矩定理：

$$\frac{\mathrm{d}\boldsymbol{H}}{\mathrm{d}t}=0+(M+m)\boldsymbol{v}_C\times\boldsymbol{v}_O=0\quad（1分）\tag{2-58}$$

其中系统质心绝对速度$\boldsymbol{v}_C=0$。

记相对导数$\frac{\tilde{\mathrm{d}}\boldsymbol{\omega}}{\mathrm{d}t}=\dot{\omega}_1\boldsymbol{e}_1+\dot{\omega}_2\boldsymbol{e}_2+\dot{\omega}_3\boldsymbol{e}_3$，由角速度合成可知，动系$O\,x'y'z'$的角速度为$\boldsymbol{\omega}+\frac{v_r}{r}\boldsymbol{e}_3$。于是有

$$\frac{\mathrm{d}\boldsymbol{H}}{\mathrm{d}t}=\frac{\tilde{\mathrm{d}}\boldsymbol{H}}{\mathrm{d}t}+\left(\boldsymbol{\omega}+\frac{v_r}{r}\boldsymbol{e}_3\right)\times\boldsymbol{H}\quad（1分）\tag{2-59}$$

将式（2-57）代入式（2-59），并代入数值$J=1$，$m=1$，$r=1$，$v_r=1$，可得

$$\frac{\mathrm{d}\boldsymbol{H}}{\mathrm{d}t}=\frac{1}{7}\{7\dot{\omega}_1\boldsymbol{e}_1+12\dot{\omega}_2\boldsymbol{e}_2+12\dot{\omega}_3\boldsymbol{e}_3+[-7\omega_2\boldsymbol{e}_1-(5\omega_1\omega_3-2\omega_1)\boldsymbol{e}_2+5\omega_1\omega_2\boldsymbol{e}_3]\}\quad（1分）\tag{2-60}$$

根据式（2-58）和式（2-60）可得角速度满足的微分方程：

$$\begin{cases}\dot{\omega}_1=\omega_2\\\dot{\omega}_2=\frac{1}{12}(5\omega_1\omega_3-2\omega_1)\\\dot{\omega}_3=-\frac{5}{12}\omega_1\omega_2\end{cases}\quad（1分）\tag{2-61}$$

考虑到初始条件，可得微分方程的解为

$$\begin{cases}\omega_1=1\\\omega_2=0\\\omega_3=0.4\end{cases}\quad（1分）\tag{2-62}$$

由此得到了球体的角速度。

根据角加速度定义及绝对导数和相对导数关系，有

$$\boldsymbol{\varepsilon}=\frac{d\boldsymbol{\omega}}{dt}=\frac{\tilde{d}\boldsymbol{\omega}}{dt}+\left(\boldsymbol{\omega}+\frac{v_r}{r}\boldsymbol{e}_3\right)\times\boldsymbol{\omega}(1\text{ 分}) \tag{2-63}$$

将式（2-62）代入式（2-63）得

$$\boldsymbol{\varepsilon}=(\dot{\omega}_1-\omega_2)\boldsymbol{e}_1+(\dot{\omega}_2+\omega_1)\boldsymbol{e}_2+\dot{\omega}_3\boldsymbol{e}_3=\boldsymbol{e}_2\quad(1\text{ 分}) \tag{2-64}$$

由此得到了球体的角加速度。

第 4 题（20 分）

（1）（本小题 3 分）

考虑变形后截面 C'处的受力情况，此时轴力与 $A'C'$ 段的重力相平衡，故

$$F=\rho\pi R^2xg\quad(3\text{ 分}) \tag{2-65}$$

（2）（本小题 10 分）

根据材料不可压缩假设可知，变形前后的体积不变，即：$\pi r^2l=\pi R^2L$，由此可得

$$\frac{r^2l}{R^2L}=1\quad(3\text{ 分}) \tag{2-66}$$

再由 $\lambda_r=\frac{r}{R}$，$\lambda=\frac{l}{L}$，可得

$$\lambda\cdot\lambda_r^2=1\quad(2\text{ 分}) \tag{2-67}$$

根据轴力和变形关系 $F=\pi r^2G(\lambda^2-\lambda_r^2)$，其中 $\lambda_r=\frac{r}{R}$，可得

$$F=\pi r^2G\left[\left(\frac{R}{r}\right)^4-\left(\frac{r}{R}\right)^2\right]\quad(3\text{ 分}) \tag{2-68}$$

结合式（2-65）和式（2-68）可得到 r 随 x 的变化关系

$$\left(\frac{r}{R}\right)^6+\frac{\rho xg}{G}\left(\frac{r}{R}\right)^2-1=0\quad(2\text{ 分}) \tag{2-69}$$

（3）（本小题 7 分）

由材料不可压缩性可知，变形前后体积不变。注意到由于悬挂后底部 A' 面不受力，因此该截面的半径仍为 R，根据变形后 $A'C'$ 段圆台与变形前 AC 段圆柱体积相等，可得

$$\pi R^2x=\frac{1}{3}\pi x'(R^2+r^2+Rr)\quad(2\text{ 分}) \tag{2-70}$$

由 $\lambda_r=r/R$，式（2-70）可改写为

$$x=\frac{1}{3}x'(1+\lambda_r^2+\lambda_r) \tag{2-71}$$

由式（2-71）可求得

$$\lambda_r=\sqrt{\frac{3x}{x'}-\frac{3}{4}}-\frac{1}{2}\quad(2\text{ 分}) \tag{2-72}$$

由于 x 和 x'已知，将式（2-72）代入式（2-69）式（注意到 $\lambda_r=r/R$），即可求得 G：

$$G=x\rho g(\lambda_r^{-2}-\lambda_r^4)^{-1}\quad(3\text{ 分}) \tag{2-73}$$

第 5 题（10 分）

（1）（本小题 3 分）

设梁的挠度为 w，截面上有弯矩 M、轴力 F_N、剪力 F_Q 和分布力 q（见 2-15）；考察梁上微元的受力：

根据平衡条件，我们有

轴向力平衡：　$F_N-(F_N+dF_N)=0$

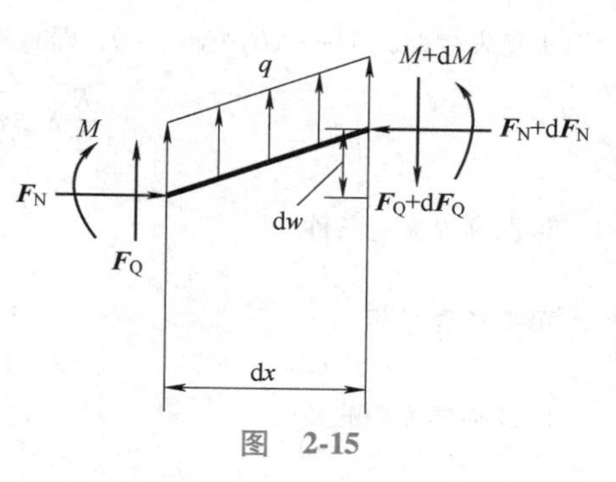

图　2-15

切向力平衡：
$$F_Q+q\mathrm{d}x=F_Q+\mathrm{d}F_Q$$

弯矩平衡：
$$M+\mathrm{d}M+(F_N+\mathrm{d}F_N)\mathrm{d}w+\frac{1}{2}q(\mathrm{d}x)^2-(F_Q+\mathrm{d}F_Q)\mathrm{d}x-M=0$$

简化得到

$$\begin{cases}\mathrm{d}F_N=0\\ \mathrm{d}F_Q=q\mathrm{d}x\\ \mathrm{d}M+F_N\mathrm{d}w=F_Q\mathrm{d}x\end{cases}\Rightarrow\begin{cases}F_N=F\\ \dfrac{\mathrm{d}F_Q}{\mathrm{d}x}=q\\ \dfrac{\mathrm{d}M}{\mathrm{d}x}+F_N\dfrac{\mathrm{d}w}{\mathrm{d}x}=F_Q\end{cases}\quad (1分) \tag{2-74}$$

由于分布力是由地基等效弹簧的变形引起的，根据题意有

$$q=-2Kw\quad (1分) \tag{2-75}$$

将式（2-75）代入式（2-74），同时根据梁的小挠度微分方程 $M=EI\dfrac{\mathrm{d}^2w}{\mathrm{d}x^2}$，得到平衡微分方程：

$$EI\frac{\mathrm{d}^4w}{\mathrm{d}x^4}+F\frac{\mathrm{d}^2w}{\mathrm{d}x^2}+2Kw=0\quad (1分) \tag{2-76}$$

（2）（本小题 7 分）

解法一　将位移模式 $w=A\sin\dfrac{2\pi}{\lambda}x$ 代入式（2-76）平衡微分方程得到

$$EI\left(\frac{2\pi}{\lambda}\right)^4-F\left(\frac{2\pi}{\lambda}\right)^2+2K=0\quad (4分) \tag{2-77}$$

临界失稳条件为
$$\frac{\partial F}{\partial\lambda}=0\quad (1分) \tag{2-78}$$

据此求得临界载荷
$$F_{cr}=\sqrt{8EIK}\quad (1分) \tag{2-79}$$

及临界失稳波长
$$\lambda_{cr}=2\pi\left(\frac{EI}{2K}\right)^{\frac{1}{4}}\quad (1分) \tag{2-80}$$

解法二　考虑失稳模式下一个波长 λ 内的能量增量，其中梁弯曲应变能增量

$$\Delta U_1=\int_0^\lambda\frac{M^2}{2EI}\mathrm{d}x=\frac{EI}{2}\int_0^\lambda\left(\frac{\mathrm{d}^2w}{\mathrm{d}x^2}\right)^2\mathrm{d}x=\frac{4\pi^4A^2EI}{\lambda^3}\quad (1分) \tag{2-81}$$

地基弹簧势能增量
$$\Delta U_2=2\cdot\frac{K}{2}\int_0^\lambda w^2\mathrm{d}x=\frac{\lambda KA^2}{2}\quad (1分) \tag{2-82}$$

外力势能增量
$$\Delta U_{外}=-F\cdot\frac{1}{2}\int_0^\lambda\left(\frac{\mathrm{d}w}{\mathrm{d}x}\right)^2\mathrm{d}x=-\frac{\pi^2A^2F}{\lambda}\quad (1分) \tag{2-83}$$

失稳发生时：$\Delta U_1+\Delta U_2+\Delta U_{外}=0$，即

$$\frac{K}{2}\lambda^4-\pi^2F\lambda^2+4\pi^4EI=0\quad (1分) \tag{2-84}$$

根据临界失稳条件
$$\frac{\partial F}{\partial\lambda}=0\quad (1分) \tag{2-85}$$

可得临界载荷
$$F_{cr}=\sqrt{8EIK}\quad (1分) \tag{2-86}$$

以及临界失稳波长
$$\lambda_{cr}=2\pi\left(\frac{EI}{2K}\right)^{\frac{1}{4}}\quad (1分) \tag{2-87}$$

2.3 团体赛试题

2.3.1 团体竞赛一般规则

第十二届全国周培源大学生力学竞赛“理论设计与操作”团体赛包含三个竞赛项目。第一项比赛安排在开幕式之后进行，时间为 8 月 7 日上午 9:30—12:00，第二项比赛时间为 8 月 7 日下午 14:30—18:00，第三项比赛时间为 8 月 8 日全天 8:00—17:30，所有时间均包括测试时间 30min。整个团体赛，连同开幕式和闭幕式，共花费两天时间。

竞赛采用积分制，半天竞赛项目的测试满分为 100 分，一天竞赛项目的测试满分为 200 分，三个项目测试总分为 400 分。每个项目结束时，将对各参赛队的项目测试得分进行标准化映射（以半天竞赛项目为例，第一名成绩映射到 100 分，由此得到映射的比例系数，其余各队按相同比例进行映射）。另外，针对每个项目分别设立了创意分，针对设计上独具特色并提交相关设计报告（限 1 页）的作品，经仲裁委员会一致同意后，在映射后的分数基础上可另外增加创意分，其中第一个项目的创意分为 4 分，第二个项目的创意分为 6 分，第三个项目的创意分为 10 分，三个项目的创意分总和为 20 分（占测试总分的 5%）。三个项目结束后，将各参赛队映射后的三个项目成绩及相应的创意得分相加作为该参赛队的总成绩，由竞赛仲裁委员会按总成绩从高到低确定竞赛的名次及各个奖项的获得者。若两个队总成绩相同，则第三题得分高者排名在前。若仍有两个队分数相同，则第二题得分高者排名在前。

为保证竞赛公平合理，每项竞赛成绩均由客观数据确定。为减少争议，每项竞赛的结果数据都将由各队自行确定的选手代表签字确认。要求各队事先确定选手代表人选。

我们已将每项竞赛的题目、规则及评分标准、发放器材清单、计算记录用纸，以及最后结果记载和签字页印刷为纸质文本，装订成册。在每项竞赛开始时，将本项竞赛的赛题文本发给选手，由选手自行阅读并按题目要求进行竞赛。组织者不再作解释。选手有重大疑问的、并经在场值班教师认定确实会影响竞赛正常进行的事项，报请竞赛组委会统一处理。竞赛时，各参赛队须把最后结果写在赛题文本上，并由各队选手代表、裁判签字确认。因此，赛题文本是评分的重要依据，不得将其损毁，不要拆开。

各队选手在拿到赛题文本后，要根据材料清单及时检查本队的材料和物品。清单中规定不得加工的物品只能使用，不得对其进行各种形式的加工。对于未指定不允许加工的物品，可以对其进行锯、钻、切割、粘接等形式的加工。

除组委会所提供的材料和物品外，要求每个参赛队自带计算器、以充电电池为电源的小型手持电钻、电子秤，以及便携式工具箱，其中至少包含钳子、手工锯、螺丝刀、剪刀、美工刀等常用工具。组委会不再提供上述工具。选手可将教材、参考书、计算机（不能上网）带进赛场，但手机等通信工具则不允许带进赛场。每个项目竞赛结束后，各种物品原则上不带出赛场。

所有题目均不设置时间分，均以最终测试成绩作为得分依据，竞赛过程中若本队已完成结果测试，经裁判确认后可提前结束本项目，但不会因为提前结束而加分。

竞赛过程中，各校带队教师不得进入赛场，选手和带队教师之间不得有任何联系。

每项赛事结束后，组委会将尽快统计各队结果并进行分数计算，各队分数计算完毕将立即报告仲裁委员会，在获得仲裁委员会批准后，将及时予以公布。

2.3.2 第一题

本题满分 100 分，设计制作时间 120min，测试时间 30min。

1. 内容

利用组委会提供的材料，设计并制作一个圆筒的内部结构，使其沿悬臂梁上表面自由运动，并自动停止在尽量靠近悬臂梁远端的位置。

2. 要求

（1）组委会提供直径为12cm、10cm的备选圆筒各2个，其轴向长度均为10cm；圆筒的外壁不允许一切加工，圆筒内部可自行设计，但在任何方向上均不能超出圆筒范围。

（2）悬臂梁A端事先固定在桌面上，伸出长度为80cm，梁宽度为20cm。悬臂梁不可移动且不允许一切加工，悬臂梁的表面不允许参赛队员进行任何涂写。

（3）当圆筒水平放置静止在悬臂梁上时（此时圆筒及其任何部分不得超出悬臂梁边界），如图2-16所示，悬臂梁的B端由于圆筒自重额外增加的挠度须大于等于25mm。

（4）令圆筒的轴线方向与悬臂梁的宽度方向基本平行，如图2-17所示；将圆筒的所有部分放置于启动线以后、从悬臂梁的A端释放后自由运动，要求圆筒最终能自动停留在悬臂梁上，且停留时圆筒与悬臂梁接触的位置尽量接近悬臂梁的B端。

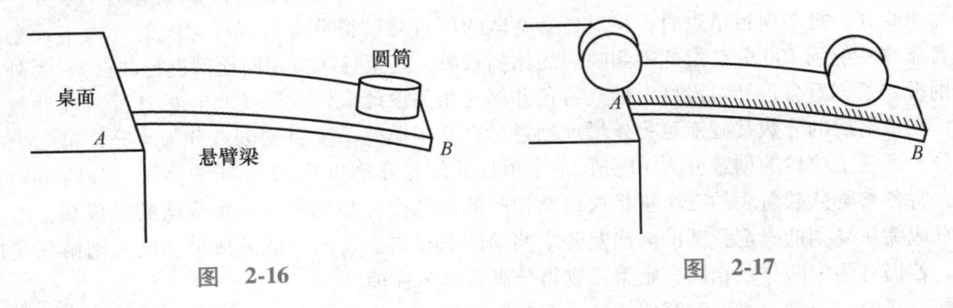

图 2-16　　　　图 2-17

3. 测试规则和评分标准

（1）制作和测试过程中，悬臂梁不能损坏；测试中，圆筒的内部结构不得进行任何修改；违规记0分；

（2）悬臂梁变形测试：

1）在悬臂梁独立静止时，测量悬臂梁B端中点的高度H_B（四舍五入精确至1mm）；

2）将圆筒水平放置静止在悬臂梁上（此时圆筒及其任何部分不得超出悬臂梁边界），再次测量悬臂梁B端中点的高度H，记$\delta=H_B-H$。δ小于25mm的参赛队不得参加本项目后续的测试，δ的取值范围与得分加权系数N的关系如下表所示：

δ取值范围/mm	得分加权系数N
[25，30)	0.90
[30，35)	0.95
[35，40)	1.00
[40，45)	1.05
≥45	1.10

（3）圆筒运动测试：

1）将圆筒静止放置在启动线以后，圆筒的轴线方向与悬臂梁的宽度方向基本平行，圆筒的任何部分不可超过启动线，释放圆筒使其沿悬臂梁上表面开始自由运动；圆筒运动后，参赛队员不得接触或干扰被测系统；

2）圆筒停在悬臂梁上，记录圆筒与悬臂梁接触线，取接触线与悬臂梁自由端的最远距离为D（四舍五入精确至1mm），该次运动测试得分为：

$$S=\max(0,\ N\times(90-D/4))$$（四舍五入精确到小数点后2位）

提示：由于圆筒和悬臂梁在测试开始后均不可修改，应小心跌落时可能造成的损坏。

3）如果出现以下情形，当次圆筒运动测试得分为0：

① 圆筒从悬臂梁落下；

② 圆筒运动中，其内部装置运动到圆筒之外；

③ 出现规则中所禁止的行为。

4）各参赛队提供 1 个装置进行测试，最多测试 3 次，取最好的一次测试结果得分为有效测试得分 S。

5）各参赛队在该项目的标准化映射后的成绩为：$S\times100/S_{max}$（四舍五入精确到小数点后 2 位），S 为本参赛队测试得分，S_{max} 为所有参赛队测试得分的最大值。

（4）创意加分（4 分）：设计上独具特色并提交相关设计报告（限 1 页），经仲裁委员会一致同意后，在标准化映射后的成绩上加 4 分。

4. 发放器材清单

序号	名称	规格	单位	数量	备注
1	亚克力圆筒	120mm	个	2	外表面不允许加工
2	亚克力圆筒	100mm	个	2	外表面不允许加工
3	悬臂梁	1m	根	1	不允许加工
4	C 形夹		个	2	只能用来固定悬臂梁
5	密度板	300mm×400mm×3mm	块	2	
6	橡皮泥	500g	袋	1	
7	螺母	M16	个	3	
8	乒乓球	40mm	个	3	
9	透明胶带	60mm	卷	1	
10	橡皮筋		盒	1	
11	铁砂		斤	1	
12	钢珠	20mm	个	2	
13	桦木棒	ϕ10mm×500mm	根	2	
14	亚克力管	35mm	根	2	
15	亚克力板	200mm×300mm×3mm	块	2	
16	502 胶水		瓶	1	
17	直角高度尺	100cm	把	1	测量用，不允许加工
18	软尺	150cm	把	1	测量用，不允许加工
19	赛题文本		本	1	阅读用，不允许加工

5. 测试结果

（1）参赛高校：________________。

（2）制作是否按时完成：________。

（3）悬臂梁高度测试：悬臂梁高度 H_B =________ mm（四舍五入精确到 1mm）；

放上圆筒后 B 端高度 H=________ mm（测点同 H_B，四舍五入精确到 1mm）。

附加挠度 $\delta=H_B-H$=________ mm，系数 N=________。

（4）三次运动测试结果：（如某次测试未取得有效成绩，则记录“未成功”）

第一次：D_1 =________ mm；

第二次：D_2 =________ mm；

第三次：D_3 =________ mm；

（运动测试结果四舍五入精确到 1mm）

最小值（有效结果）D=________ mm；

测试得分 $S=\max(0, N\times(90-D/4))=$ ________（四舍五入精确到小数点后 2 位）。

（5）违规行为：________。

参赛队代表签字：________　助理裁判签字：________

附录一　设计报告

设计上独具特色并提交相关设计报告（篇幅限 1 页），经仲裁委员会一致同意后，可获得创意加分（具体分值参见各题评分标准）。设计报告格式不限，内容不限。

参赛队代表签字：________

创意加分：________；仲裁委员会代表签字：________

2.3.3　第二题

本题满分 100 分，设计制作时间 180min，测试时间 30min。

1. 内容

利用组委会提供的材料，设计并制作一种具有特殊属性的弹性结构，使其上表面在承受外界竖直压缩载荷时产生水平面内的旋转。

2. 要求

（1）选手制作结构的所有材料都来源于组委会提供的材料（清单见后），不得另外添加材料。

（2）材料加工限制：所提供材料中仅短木条、长木条与碳纤维杆可加工。

（3）制作完成后的最终结构应包含其上表面粘接完好的大致处于水平状态的加载盘（组委会提供）。

（4）几何要求：制作完成后的最终结构在加载前可无接触地放入组委会提供的圆柱管内，且结构高度不超出圆管高度（圆管外径~30cm、高度~30cm）。

（5）结构上表面旋转角的门槛值要求：在承受外界竖直压缩载荷为 200g 时，该结构上表面加载盘的水平面内旋转角度应大于或等于 8°。

（6）结构的承载要求：该结构可重复加载，测试过程中结构整体或局部不发生垮塌、翻倒等失效现象。

3. 测试规则和评分标准

（1）正式测试开始后，所制作的结构不得进行任何修改，违规记 0 分；

（2）利用圆柱管对结构几何尺寸进行检测，若结构尺寸不满足 2（4）中的几何要求，本项目成绩记录为 0 分；

（3）对结构进行竖直方向加载，测量不同载荷下加载盘的水平面内旋转角度及压缩位移。具体包括：

1）初始测量：使用固定于三脚架上的摄像装备（组委会提供）拍摄加载前结构上表面加载盘的俯视照片；同时使用直角高度尺测量加载前加载盘上三个指定位置点的初始高度，计算平均初始高度 H_0（四舍五入精确至 1mm）；

2）第一轮加载和测量：利用标准砝码（200g）放置于加载盘中心对结构进行加载，保持载荷并使用上述摄像系统拍摄加载后加载盘的俯视照片；照片拍摄完毕后，将加载前后两张俯视照片进行对比分析，计算该加载盘水平面内旋转角度 θ_0（四舍五入精确至 1°）；此时旋转角度 θ_0 应大于或等于 8°；如若不满足此旋转角门槛值要求，本项目成绩记录为 0 分；

3）第二轮加载和测量：第一轮加载测试后，释放载荷，拍摄第二轮加载前加载盘的俯视照片；再次利用标准砝码进行加载（500g），重复步骤 2），经测量并计算该结构加载盘水平面内的旋转角度 θ_1（四舍五入精确至 1°）；测量该旋转角度的同时，保持载荷并使用直角高度尺测量加载后（500g）加载盘上三个指定位置点的高度，计算加载后的平均高度 H_1（四舍五入精确至 1mm）；将加载后高度与初始高度相减 $d_1=H_0-H_1$，得到该结构压缩位移 d_1；

4）第三轮加载和测量：第二轮加载测试后，释放载荷，再次利用标准砝码进行加载（500g），重复步骤 3），经测量并计算该结构加载盘水平面内的旋转角度 θ_2（四舍五入精确至 1°）及压缩位移 $d_2=H_0-H_2$。

（4）结构重量的测量：采用公共区域的天平测量结构的重量 w（四舍五入精确至 0.1g）；

（5）评分标准

1）所制作的结构首先需要满足初始几何要求与旋转角门槛值的要求，否则本项目成绩记录为 0 分；

2）计算两次测量得到的平均旋转角度 $\theta=(\theta_1+\theta_2)/2$ 与平均压缩位移 $d=(d_1+d_2)/2$，再考虑结构的重量 w，计算指标 $A=(\pi\theta H_0)/(180d)$（四舍五入精确到小数点后 2 位）和指标 $B=H_0/(wd)$（四舍五入精确到小数点后 2 位）；

3）计算指标综合得分：$S=A^4B^{1/2}$（四舍五入精确到小数点后 2 位）；

4）该队在该项目的标准化映射后的成绩为：$S\times100/S_{max}$（四舍五入精确到小数点后 2 位），S 为本参赛队测试指标综合得分，S_{max} 为所有参赛队测试指标综合得分的最大值；

5）创意加分：设计上独具特色并提交相关设计报告（限 1 页），经仲裁委员会一致同意后，在标准化映射后的成绩上加 6 分。

4. 发放器材清单

序号	名称	规格	单位	数量	备注
1	短木条	~9.3cm×1.0cm	根	50	允许加工
2	长木条	~16cm×1.0cm	根	50	允许加工
3	碳纤维杆	~100cm	根	5	允许加工
4	AB 胶水		套	1	仅供粘贴用
5	502 胶水		瓶	2	仅供粘贴用
6	亚克力圆筒	外径~30cm 高度~30cm	个	1	仅供测量用
7	直角高度尺	~100cm	把	1	仅供测量用
8	三脚架		个	1	仅供测量用
9	砝码		克	若干	仅供测量用
10	加载盘		个	1	仅供加载用
11	赛题文本		本	1	仅供阅读用

5. 测试结果

（1）参赛高校：____________________。

（2）制作是否按时完成：_________。

（3）所制作的结构的初始平均高度为 $H_0=$_________ mm；该结构的重量 $w=$_________ g。

（4）使所制作的结构承受 200g 质量，该结构加载盘产生的水平面内的旋转角度 $\theta_0=$_________°。

（5）使所制作的结构承受 500g 质量，该结构加载盘产生的水平面内的旋转角度 $\theta_1=$_________°；该结构加载后的平均竖直高度 $H_1=$_________ mm；该结构产生的平均压缩变形 $d_1=$_________ mm。

（6）在外界载荷释放后，再次使所制作的结构承受 500g 质量，该结构加载盘产生的水平面内的旋转角度 $\theta_2=$_________°；该结构加载后的平均竖直高度 $H_2=$_________ mm；该结构产生的平均压缩变形 $d_2=$

________ mm。

（7）两次 500g 加载后该结构加载盘产生的水平面内的平均旋转角度 $\theta=$________°；该结构产生的平均压缩变形 $d=$________ mm。

（8）计算指标 $A=(\pi\theta H_0)/(180d)=$________，指标 $B=H_0/(wd)$________。

（9）计算本参赛队指标综合得分：$S=A^4B^{1/2}=$________（四舍五入精确到小数点后 2 位）。

参赛队代表签字：________　　　　助理裁判签字：________

附录一　设计报告

设计上独具特色并提交相关设计报告（篇幅限 1 页），经仲裁委员会一致同意后，可获得创意加分（具体分值参见各题评分标准）。设计报告格式不限，内容不限。

参赛队代表签字：________

创意加分：________；仲裁委员会代表签字：________

2.3.4　第三题

本题满分 200 分，考试时间为 2019 年 8 月 8 日全天 8:00—17:30，设计制作时间 9h（含午餐时间），测试时间 30min。

1. 内容

据传中国古代有指南车（见图 2-18）和记里鼓车（见图 2-19）。指南车在直行或拐弯时，车上有木人始终手指南方；记里鼓车每走一里路，车上有木人击鼓一次。选手观看组委会统一提供的相关参考视频，利用且只能利用组委会提供的材料，设计并制作具有指南功能和记录里程功能的两轮小车。

图 2-18　指南车

图 2-19　记里鼓车

2. 要求

（1）选手可选择制作两个小车，分别具有指南和记录里程功能；也可仅制作一个小车同时具有指南和记录里程功能；若指南和记录里程集成在一辆车上，有加分。

（2）对指南功能，要求车辆在测试台上直行和拐弯时，两车轮着地滚动，车上部的指向部件水平指向不变。

（3）对记录里程功能，要求车辆在测试台上直行时，两车轮着地滚动，车上击打部件从第 1 次击打到第 4 次击打的距离应为 3m。

3. 测试规则和评分标准

（1）动力来源：测试过程中，各队选派一位选手，单手以绳牵引小车沿指定轨迹前行，车轮不离地。违规记 0 分。

（2）基础测试（20 分）：小车运动时，内部有齿轮系传动。

（3）指南测试（90 分）：测两种不同的轨迹，每种轨迹重复两次，取两次中最好成绩，该项成绩取两种轨迹测试的最差成绩。对单次测量，将小车放在起点，记录指向部件的初始指向，然后拉小车沿指定测试轨迹前行，在轨迹上有几个测量位置，车辆运动到测量位置时，暂停、测量指向相对于前一位置的变化量作为误差，几个位置的误差之和为本次测量总误差，总误差（四舍五入精确到 1°）每 4°扣 1 分，最多扣 90 分。

（4）记录里程测试（70 分）：重复测量两次，取最好成绩。对单次测量，拉小车沿直线走，记录里程装置要有明显的“抬起-落下”的击打动作，并根据击打动作而不是轮上的标记来定里程。在比赛区域，第 1 次击打后车子暂停，记录轮子和地面接触点的位置，第 4 次击打后记录接触点的位置，间隔 3 次击鼓的距离应为 3m，误差每 2cm 扣 1 分，最多扣 70 分。

（5）集成加分：指南功能和记录里程功能集成在同一车辆上，且两项成绩均超过 30 分，加 20 分。

（6）各参赛队在该项目的标准化映射后的成绩为：$S\times200/S_{max}$（四舍五入精确到小数点后 2 位），S 为本参赛队测试得分，S_{max} 为所有参赛队测试得分的最大值。

（7）创意加分（10 分）：设计上独具特色并提交相关设计报告（限 1 页），经仲裁委员会一致同意后，在标准化映射后的成绩上加 10 分。

4. 发放器材清单

序号	名称	规格	单位	数量	备注
可加工器材					
1	木板	~120cm×80cm	张	1	
2	塑料锥齿轮		个	16	
3	小齿轮	~5mm 厚	个	6	
4	大齿轮	~3mm 厚	个	6	
5	圆片	~3mm 厚	个	10	
6	8 孔辐条齿轮	~3mm 厚	个	10	
7	塑料轴套	~ϕ2mm	包	1	~80 个
8	塑料直条	~15cm	根	6	
9	塑料直条	~4cm	根	10	
10	L 形塑料条		个	8	
11	塑料三通		包	1	~50 个
12	铁轴	~ϕ2mm×140mm	包	1	~20 根
13	铁轴	~ϕ2mm×40mm	包	1	~10 根
14	502 快干胶		瓶	2	
15	钢珠		个	1	
16	角度盘		个	1	用作指向装置，固定于指南车上部，用于测量指南误差
17	细绳		根	1	用作牵引绳，固定于车前方一点
不可加工器材					
18	齿轮安装调节套件	两件，黄色	套	1	辅助工具
19	赛题文本		本	1	仅供阅读用

5. 测试结果

参赛高校：______________。

测试项目	测量结果			测试得分
基础测试20分	□ 有齿轮系传动　□ 无齿轮系传动			
指南功能90分（两种轨迹得分的最低分）		角度误差 $\delta/(^\circ)$		得分
	序号	总误差1（δ_1）	总误差2（δ_2）	max(0，90-min（δ_1，δ_2）/4)
	轨迹1			
	轨迹2			
	本项得分：			
记录里程功能70分（两次得分的最高分）	序号	距离误差 d/cm		得分 max（0，70-d/2）
	1			
	2			
	本项得分：			
集成加分20分	□ 集成，且两项成绩均超过30分　□ 未集成			
违规行为				
测试成绩				

参赛队代表签字：________　　监考员签字：__________　　助理裁判签字：__________

附录一　设计报告

设计上独具特色并提交相关设计报告（篇幅限1页），经仲裁委员会一致同意后，可获得创意加分（具体分值参见各题评分标准）。设计报告格式不限，内容不限。

参赛队代表签字：________

创意加分：________；仲裁委员会代表签字：________

第 3 章

2017 年第十一届全国周培源大学生力学竞赛

2017 年第十一届全国周培源大学生力学竞赛（个人赛和团体赛）的出题学校为湖南大学。下面介绍这次竞赛的试题、参考答案及详细解答。

3.1 个人赛试题

本试卷分为基础题和提高题两部分，满分 120 分，时间 3h30min。个人赛奖项分为全国特、一、二、三等奖和优秀奖。全国特、一、二等奖的评选标准是：提高题得分进入全国前 5%，并且总得分排在全国前列，根据总得分名次最终确定获奖人。全国三等奖和优秀奖直接按赛区内总得分排名确定获奖人。

注意：试题请全部在答题纸上作答，否则作答无效。各题所得结果用分数或小数表示均可。

第一部分　基础题部分（填空题，共 60 分）

第 1 题（6 分）

图 3-1 所示正方体边长为 c，其上作用四个力 $\boldsymbol{F}_1$、$\boldsymbol{F}_2$、$\boldsymbol{F}_3$、$\boldsymbol{F}_4$，其中各力大小之间的关系为 $F_1=F_2=F_a$，$F_3=F_4=F_b$。

（1）此力系对 OA 轴之矩的大小为________（2 分）；

（2）若此力系可简化为一个力，则 F_a 与 F_b 的关系为________（2 分）；

（3）若 $F_a=F_b=F$，此力系简化为一力螺旋，则其中的力偶矩大小为________（2 分）。

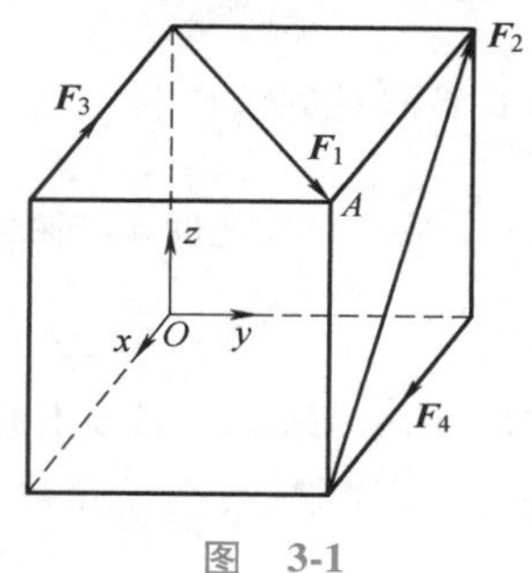

图　3-1

第 2 题（6 分）

两匀质圆轮 A 和 B 的质量同为 m，半径同为 r。如图 3-2 所示，轮 A 沿着水平面运动，绕于轮 B 的细绳通过定滑轮 C 后与轮 A 的中心相连，其中 CA 段绳水平，CB 段绳铅直。不计定滑轮 C 与细绳的质量，且细绳不可伸长。系统处于铅垂平面内，自静止释放。

（1）若轮 A 既滚又滑，则系统的自由度为________（2 分）；

（2）若轮 A 与水平支承面光滑接触，则轮 B 下落的高度与时间的关系为________（4 分）。

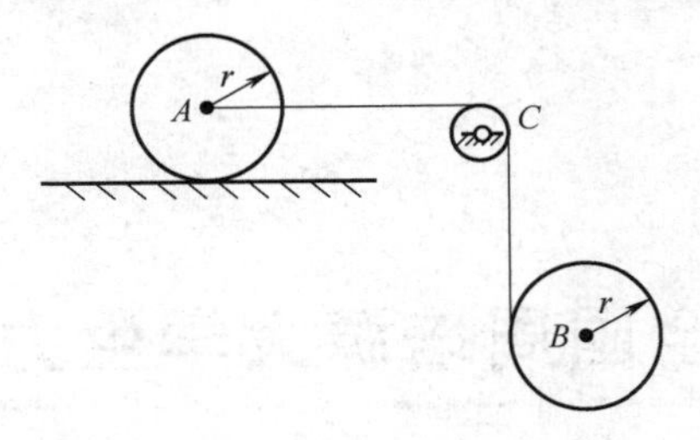

图 3-2

第 3 题（6 分）

桁架的杆件内力可以应用节点法、截面法以及虚位移原理进行求解。图 3-3 所示静定桁架由水平杆、竖直杆和 45°斜杆组成。在 B 处受固定铰支座约束，A、C 两处由可水平运动的铰支座支承。桁架上作用了三个大小同为 F 的载荷。则

（1）杆 DH 的内力为________（2 分）；

（2）杆 BE 的内力为________（4 分）。

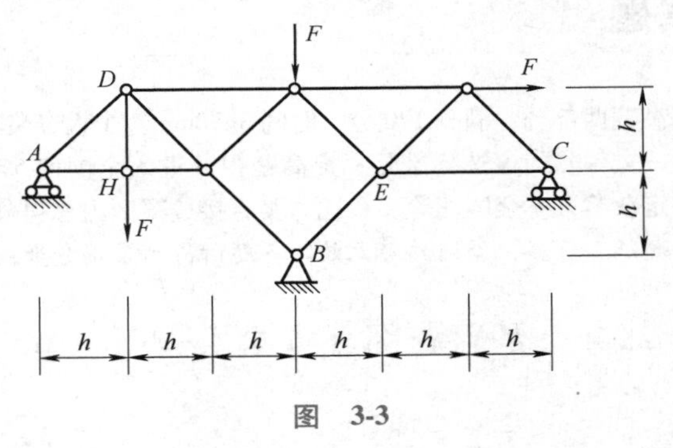

图 3-3

第 4 题（6 分）

如图 3-4 所示，小车上斜靠了长为 L、质量为 m 的均质杆 AB，倾角以 θ 表示。杆处于铅垂平面内，其 B 端与小车壁光滑接触，A 端与小车底板的摩擦角为 $\varphi_m = 30°$。小车由动力装置驱动（图中未画出），沿水平直线向左运动，且其运动可以被控制。小车运动过程中，杆 AB 相对于小车始终保持静止。

（1）若小车做匀速运动，则倾角 θ 要满足的条件为________（3 分）；

（2）若小车做加速度向右的减速运动，则小车加速度 a 与倾角 θ 应满足的关系为________（3 分）。

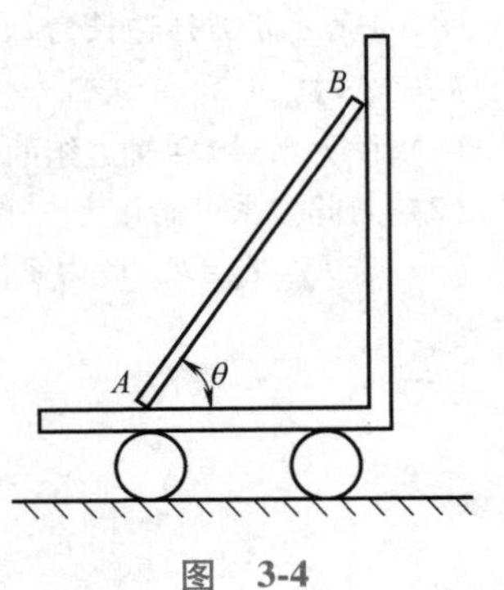

图 3-4

第 5 题（6 分）

如图 3-5 所示，细圆环管在相连部件（图中未画出）带动下沿水平直线轨道纯滚动，管内有一小壁虎，相对于环管爬行，壁虎可被视为一点，在图中以小球 B 代替。图示

瞬时，壁虎与环管的中心处于同一水平线上，壁虎相对环管的速率为 u，相对速度的方向朝下，相对速度大小的改变率等于 0，环管中心 O 点的速度向右，速度大小也为 u，加速度为 0。环管的中心半径等于 R。则在此瞬时

（1）壁虎相对地面的速度大小为________（2 分）；

（2）壁虎相对地面的加速度大小为________（2 分）；

（3）壁虎在相对地面的运动轨迹上所处位置点的曲率半径为________（2 分）。

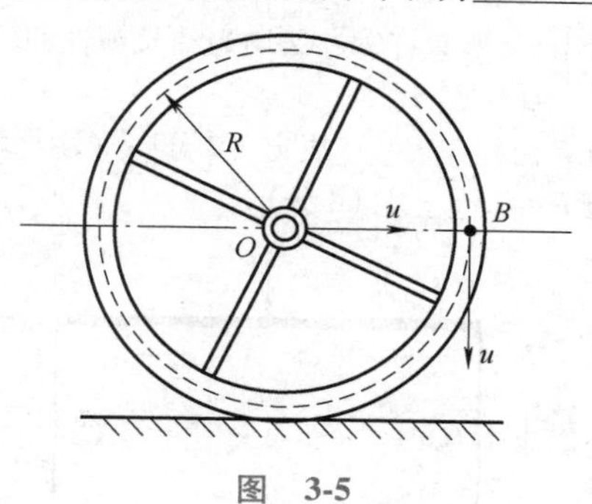

图　3-5

第 6 题（5 分）

图 3-6 所示结构中，铅垂杆①和斜杆②均为弹性杆，斜杆②与水平线之间的夹角为 θ，直角 $\triangle ABC_2$ 为刚体，边 BC_2 处于水平位置。已知 a、δ 和 θ，现将 C_1 和 C_2 连接在一起，求该两杆轴力用到的平衡方程和变形协调方程：

（1）平衡方程（杆①、杆②的轴力分别用 F_{N1} 和 F_{N2} 表示）为________（2 分）；

（2）变形协调方程（杆①、杆②的变形分别用 Δl_1 和 Δl_2 表示）为________（3 分）。

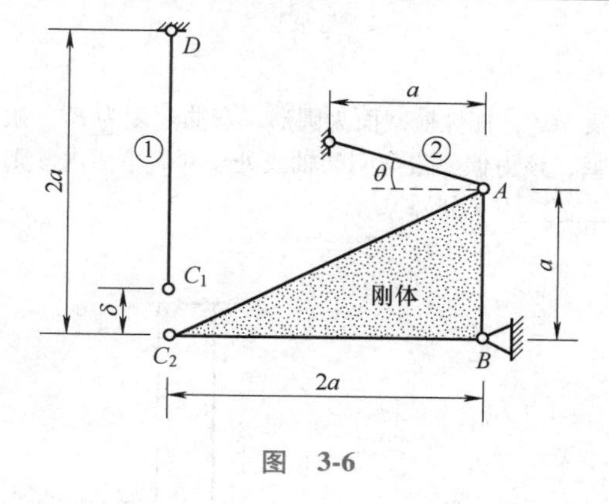

图　3-6

第 7 题（5 分）

一种能量收集装置，可简化为如图 3-7 所示的悬臂梁模型。梁 AB 长 l，弯曲刚度为 $2EI$；梁 BC、BD 长均为 l，弯曲刚度均为 EI。梁 AB 与梁 BC、BD 通过刚节点 B 连接，三梁均处于水平位置。梁和刚节点 B 的重量均不计。梁 BC、BD 端部均固定有重量为 W 的物块，该两梁之间有小间隙。则梁端 D 的挠度与物块重量之比 $f_D/W=$________。

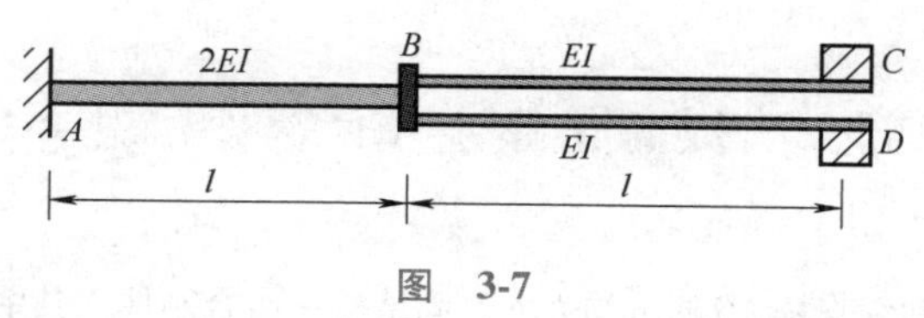

图　3-7

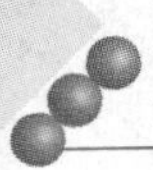

第 8 题（6 分）

已知一危险点的单元体处于平面应力状态，最大切应变 $\gamma_{max}=5\times10^{-4}$，通过该点相互垂直的微截面上正应力之和为 28MPa。若材料的弹性模量 $E=200\text{GPa}$，泊松比 $v=0.25$，则

（1）该点主应力分别为 $\sigma_1=$________ MPa，$\sigma_2=$________ MPa，$\sigma_3=$________ MPa（3 分）；

（2）用最大切应力强度理论校核时的相当应力为 $\sigma_{r3}=$________ MPa（3 分）。

第 9 题（6 分）

图 3-8 所示刚架中，水平梁为刚杆，竖直杆①、②均为细长弹性杆，只考虑与纸面平行的平面内的失稳。则

（1）刚架失稳时载荷的最小值 F 由杆________决定（2 分）；（注：填入①或②）

（2）刚架失稳时载荷的最小值 $F=$________（4 分）。

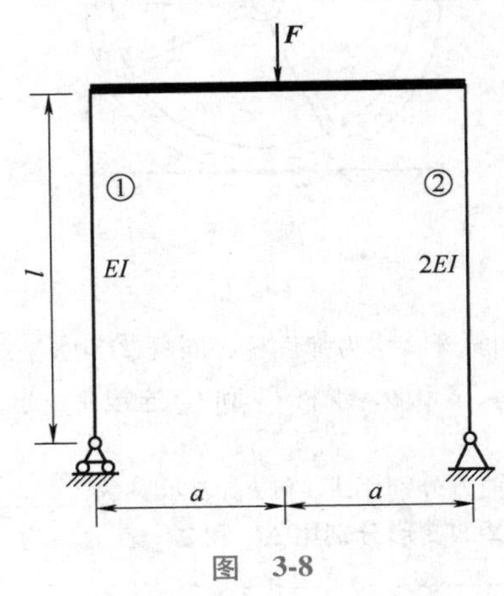

图 3-8

第 10 题（8 分）

图 3-9 所示等截面直角刚架 ACB，杆件横截面为圆形，弯曲刚度为 EI，扭转刚度为 $0.8EI$。C 处承受大小为 m、方向如图所示的外力偶，该力偶矢量与刚架轴线处于同一平面内。则

（1）截面 A 的弯矩 $M=$________（4 分）；

（2）截面 B 的扭矩 $T=$________（4 分）。

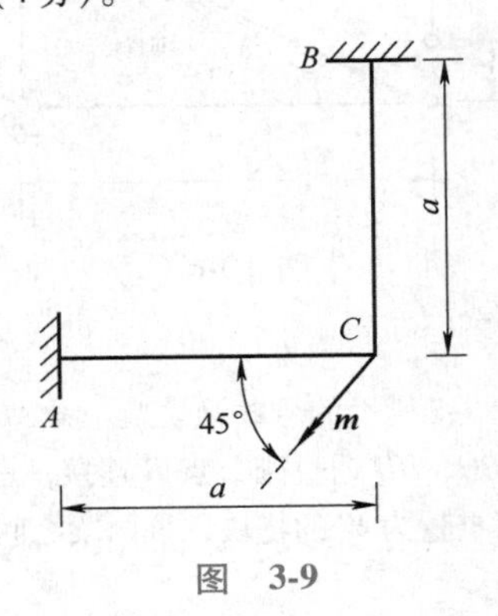

图 3-9

第二部分　提高题部分（计算题，共 60 分）

第 11 题（共 15 分）

如图 3-10a 所示，圆轮和细直杆 AC 质量均为 m，固结成一组合刚体，其中，杆 AC 沿圆轮径向，O 为

圆轮轮心，C 点为轮与杆的固结点，也是组合刚体的质心。初始时刻，组合刚体静止于水平地面，左边紧靠高度为 r 的水平台阶，然后，受微小扰动后向右倾倒，以 φ 表示组合刚体在杆端 A 与地面接触之前的转动角度（见图 3-10b）。圆轮均质，半径为 r，组合刚体关于过轮心 O 并垂直于圆轮的轴之转动惯量为 J_O。略去各处摩擦，试分析组合刚体由初始位置至 A 端与地面接触之前的动力学过程，并求

（1）圆轮与台阶 B 点开始分离时的角度 φ 的大小（5 分）；

（2）组合刚体的角速度与角度 φ 的关系（6 分）；

（3）圆轮右移的距离 s 与角度 φ 的关系（4 分）。

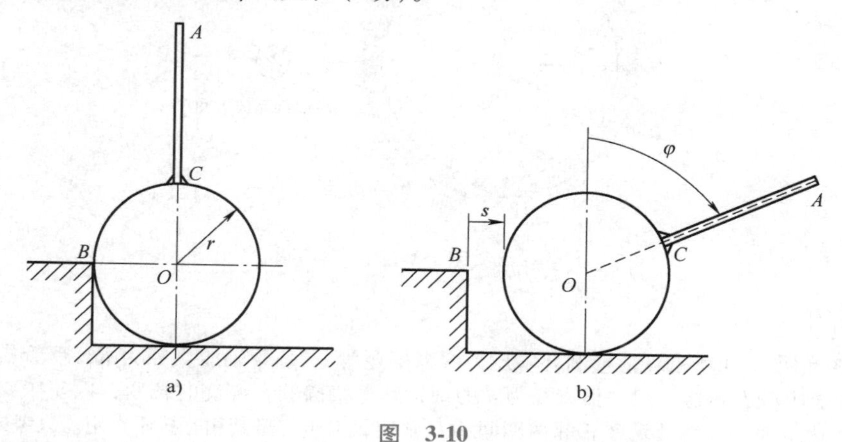

图　3-10

第 12 题（共 15 分）

如图 3-11 所示，边长为 h、质量为 m 的均质正方形刚性平板静置于水平面上，且仅在角点 A、C 和棱边中点 B 处与水平面保持三点接触。位于水平面上的小球以平行于 AC 棱边的水平速度 $\boldsymbol{v}_b$ 与平板发生完全弹性碰撞，碰撞点至角点 A 的距离以 b 表示。已知平板关于过其中心的铅直轴的转动惯量为 $J=mh^2/6$，在 A、B 和 C 三点处与水平支承面的静摩擦因数和动摩擦因数均为 μ。略去碰撞过程中的摩擦力冲量。

（1）试求碰撞结束瞬时平板的速度瞬心位置（3 分）；

（2）若 $b=5h/6$，试求碰撞结束瞬时平板的角加速度（3 分）；

（3）设小球的质量为 $m/21$。碰撞后，平板在水平面内绕 B 点转动，试求碰撞点的位置 b 和碰撞前小球的速度大小 v_b 应满足的条件（9 分）。

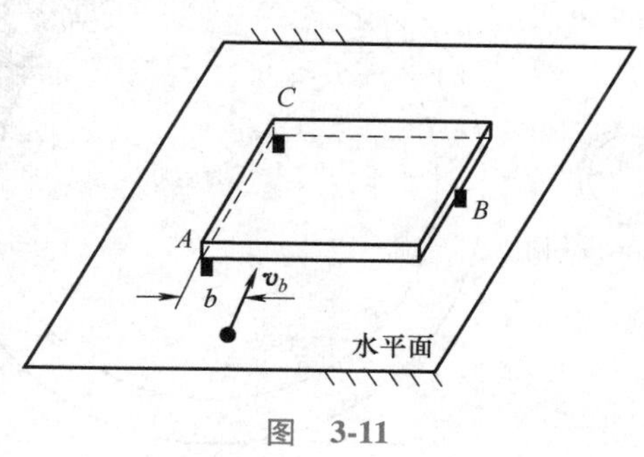

图　3-11

第 13 题（共 15 分）

图 3-12 所示的圆环杆，材料的弹性模量为 E，受集度为 m、矢量方向与环杆轴线相切的均布力偶载荷，变形时杆件始终保持弹性状态，且横截面符合平面假设。圆环杆轴线半径为 R，横截面（如图中 A—A 截面）为圆，其直径为 $2r$，且 $r/R \ll 1$。试求

（1）横截面上的内力（3 分）；

（2）横截面的转角 φ（10 分）；

（3）横截面上内力的最大值（2 分）。

提示： 当 $X/Y \ll 1$ 时可做简化：$Y+X \approx Y$。

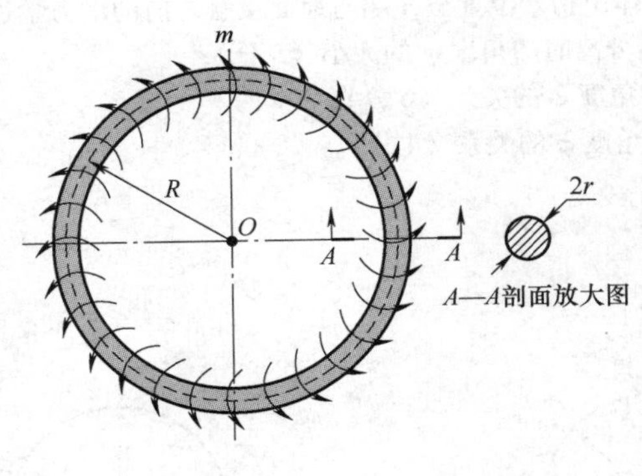

图 3-12

第 14 题（共 15 分）

如图 3-13 和图 3-14 所示，薄壁圆环管压力容器壁厚为 t，环管轴线半径为 R，环管横截面平均直径为 D。为了加固压力容器，用一根直径为 d 的细钢丝缠绕圆管，缠绕时拉紧，以至于钢丝与压力容器间的摩擦力达最大。缠绕的钢丝相邻两圈间相互紧挨，但可忽略其相互挤压作用。只考虑钢丝因长度方向拉伸引起的变形，即忽略钢丝的弯曲、扭转等变形。设 $t/D \ll 1$，$D/R \ll 1$，且 $d/D \ll 1$。钢丝材料的弹性模量为 E_s，压力容器材料的弹性模量和泊松比分别为 E 和 ν，钢丝与压力容器间的摩擦因数为 μ。

（1）已知：钢丝缠绕圈数的最大值 n 为偶数，当环管外表面缠满钢丝但两端尚未连接时，钢丝最大拉力为 P。环管外表面缠满钢丝后将钢丝两端互相连接（参见图 3-14），并让钢丝缓慢松弛。求此时：

① 钢丝的伸长量 Δl_0（3 分）；

② 钢丝的张力 F_0（2 分）；

③ 环管横截面上的应力 σ_l 及环管柱面形纵截面（参考图 3-15）上的应力 σ_v（5 分）。

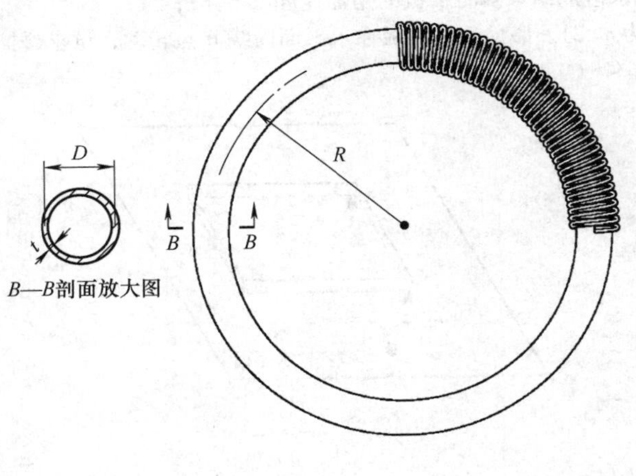

图 3-13

（2）在（1）状态的基础上，压力容器施加内压，压强为 p。试写出关于钢丝张力增量 ΔF、环管柱面形纵截面上应力增量 $\Delta\sigma_v$ 的联立方程组（5 分）。

提示： 做简化处理：$\cos(\pi/n) \approx 1$；若 $X/Y \ll 1$，则 $Y+X \approx Y$。

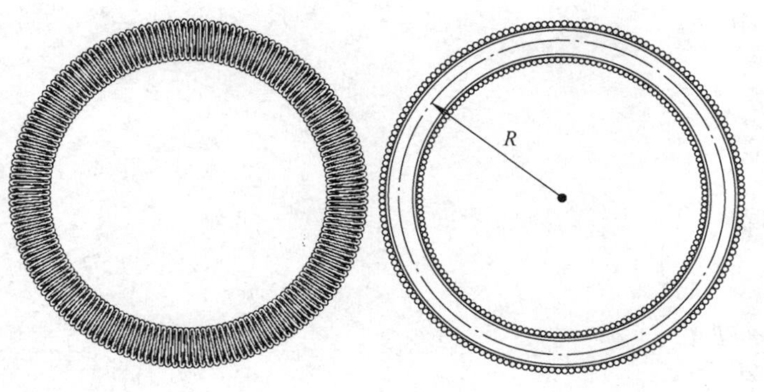

图　3-14

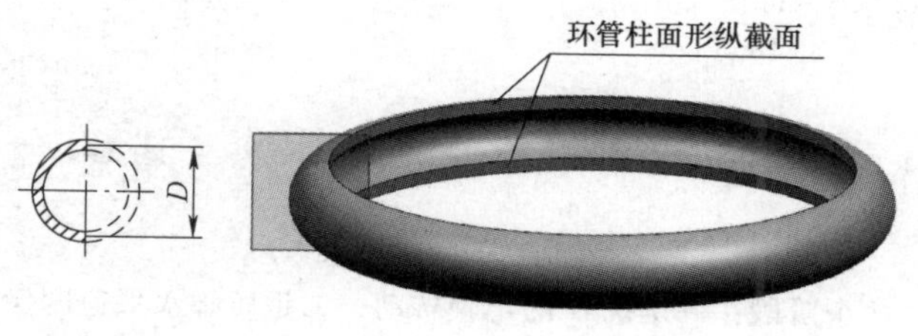

图　3-15

3.2 个人赛试题参考答案及详细解答

第一部分　基础题部分（填空题，共 60 分）

第 1 题（6 分）

（1）$\frac{\sqrt{6}}{6}F_a c-\frac{2\sqrt{3}}{3}F_b c$；（2）$F_b=\frac{\sqrt{2}}{4}F_a$；（3）$\left(\frac{1-2\sqrt{2}}{2}\right)Fc$。

第 2 题（6 分）

（1）3；（2）$\frac{3}{8}gt^2$。

第 3 题（6 分）

（1）F（受拉）或 F；（2）$\frac{3\sqrt{2}}{2}F$（受压）或$-\frac{3\sqrt{2}}{2}F$。

第 4 题（6 分）

（1）$\arctan(\sqrt{3}/2)\leqslant\theta<90°$；

（2）若 $\arctan\left(\frac{\sqrt{3}}{2}\right)\leqslant\theta<60°$，则 $a\leqslant g\left(\frac{2\sqrt{3}}{3}-\cot\theta\right)$；若 $60°\leqslant\theta<90°$，则 $a\leqslant g\cot\theta$。

第 5 题（6 分）

（1）$\sqrt{5}u$；（2）$4\frac{u^2}{R}$；（3）$\frac{5\sqrt{5}}{8}R$。

第 6 题（5 分）

（1）$2F_{N1}-F_{N2}\cos\theta=0$；

（2）$\Delta l_1+2\Delta l_2/\cos\theta=\delta$。

第 7 题（5 分）

$\dfrac{8l^3}{3EI}$。

第 8 题（6 分）

（1）54，0，-26；

（2）80。

第 9 题（6 分）

（1）①；（2）$\dfrac{\pi^2 EI}{2l^2}$。

第 10 题（8 分）

（1）$\dfrac{2\sqrt{2}}{9}m$；（2）$\dfrac{5\sqrt{2}}{18}m$ 或 $-\dfrac{5\sqrt{2}}{18}m$。

第二部分　提高题部分（计算题，共 60 分）

第 11 题（共 15 分）

组合刚体的运动存在两个阶段：一是绕 O 的定轴转动；二是质心水平速度保持不变的平面运动，如图 3-16 所示。首先确定由定轴转动到平面运动的临界转角。

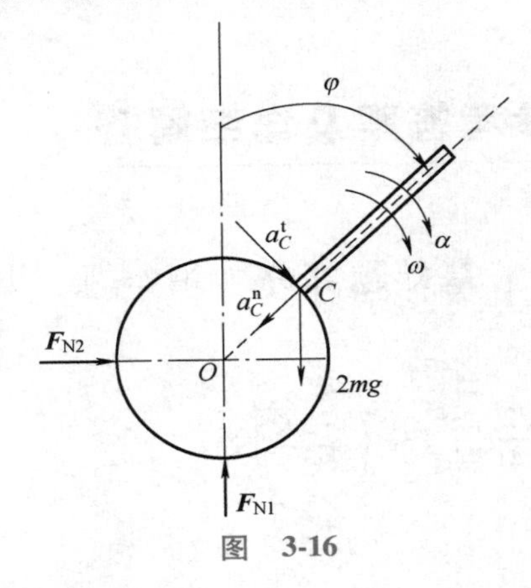

图　3-16

（1）刚体绕 O 做定轴转动。依动能定理可得

$$\frac{1}{2}J_O\omega^2=2mgr(1-\cos\varphi)\quad（1\text{ 分}）\tag{3-1}$$

$$\omega^2=\frac{4mgr}{J_O}(1-\cos\varphi)$$

式（3-1）两边对时间求导可得

$$\alpha=\frac{2mgr}{J_O}\sin\varphi\quad（1\text{ 分}）\tag{3-2}$$

式（3-2）也可由对点 O 的动量矩定理得到。

由质心运动定理

$$F_{N2}=2m(-a_C^n\sin\varphi+a_C^t\cos\varphi)\tag{3-3}$$

其中，$a_C^n=r\omega^2$，$a_C^t=r\alpha$。

式（3-3）也可由动静法得到。式（3-3）中代入加速度，可得

$$F_{N2}=\frac{4mgr^2}{J_O}\sin\varphi(3\cos\varphi-2)\quad（2 分）$$

球与凸台分离的角度由 $F_{N2}=0$ 确定。

$$\varphi_0=\arccos\frac{2}{3}\quad（1 分）\tag{3-4}$$

对应角速度 $\omega_0=2\sqrt{\frac{mgr}{3J_O}}$。

（2）当 $\varphi\leqslant\varphi_0$ 时，

$$\omega=2\sqrt{\frac{mgr}{J_O}(1-\cos\varphi)}\quad（1 分）$$

当 $\varphi>\varphi_0$ 时，组合刚体与台阶脱离接触，做平面运动，如图 3-17 所示，水平方向动量守恒，质心 C 的水平速度不变，为

$$v_{Cx0}=r\omega_0\cos\varphi_0=\frac{4r}{3}\sqrt{\frac{mgr}{3J_O}}\tag{3-5}$$

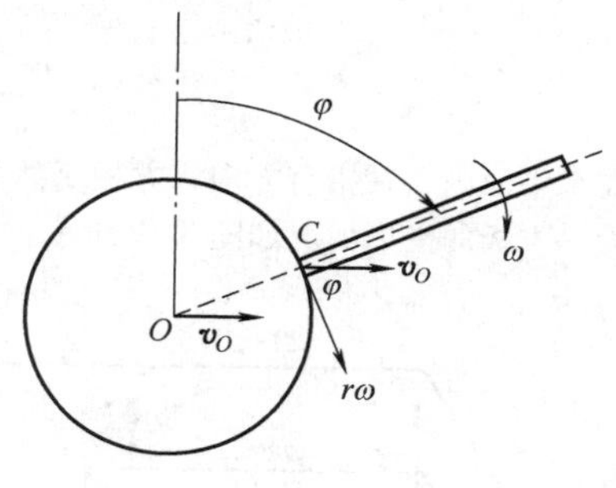

图　3-17

O 点速度 $\boldsymbol{v}_O$ 水平，由基点法得质心 C 的速度

$$\boldsymbol{v}_C=\boldsymbol{v}_O+\boldsymbol{v}_{CO}\quad（1 分）\tag{3-6}$$

质心 C 的水平速度为

$$v_{Cx}=v_O+r\omega\cos\varphi=r\omega_0\cos\varphi_0\quad（1 分）\tag{3-7}$$

依动能定理，有

$$\frac{1}{2}J_C\omega^2+\frac{1}{2}\times2m\times[(v_{Cx0})^2+(r\omega\sin\varphi)^2]=2mgr(1-\cos\varphi)\quad（2 分）\tag{3-8}$$

其中，$J_C=J_O-2mr^2$。

由式（3-8）解出

$$\omega=\sqrt{\frac{4mgr(1-\cos\varphi)-2mr^2\omega_0^2\cos^2\varphi_0}{J_O-2mr^2\cos^2\varphi}}=\frac{2}{3}\sqrt{\frac{9mgr(1-\cos\varphi)-2mr^2\omega_0^2}{J_O-2mr^2\cos^2\varphi}}\quad（当 \varphi>\varphi_0 时）\quad（1 分）\tag{3-9}$$

（3）当 $\varphi\leqslant\varphi_0$ 时

$$s=0\quad（1 分）$$

当 $\varphi>\varphi_0$ 时，如图 3-18 所示，圆盘向右发生水平移动和转动，注意到

$$v_O=\frac{ds}{dt}=\frac{ds}{d\theta}\frac{d\theta}{dt}=\omega\frac{ds}{d\theta}\quad（1 分）$$

由式（3-7）有

$$\frac{ds}{d\theta}=\frac{r\omega_0\cos\varphi_0}{\omega(\theta)}-r\cos\theta\quad（1 分）$$

积分上式，并注意到 $\sin\varphi_0=\frac{\sqrt{5}}{3}$，得

$$s = r\omega_0\int_{\varphi_0}^{\varphi}\sqrt{\frac{J_O - 2mr^2\cos^2\theta}{9mgr(1-\cos\theta) - 2mr^2\omega_0^2}}\mathrm{d}\theta - r\left(\sin\varphi - \frac{\sqrt{5}}{3}\right) \quad (\varphi > \varphi_0) \quad (1分)$$

其中，$\omega_0 = 2\sqrt{\dfrac{mgr}{3J_O}}$，$\varphi_0 = \arccos\dfrac{2}{3}$。

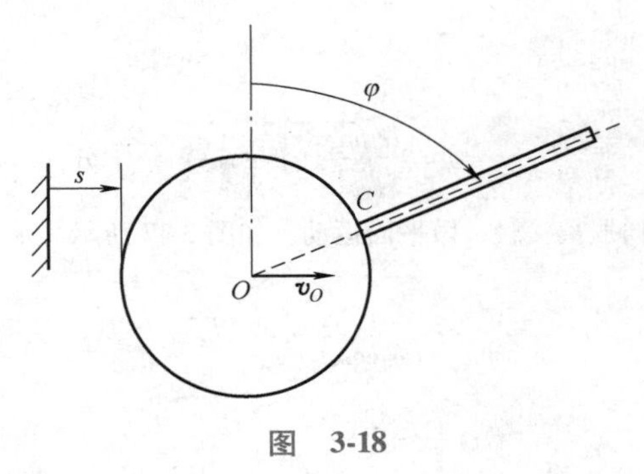

图 3-18

第 12 题（共 15 分）

两物体碰撞及速度突变都发生在水平面内，在铅直方向，方板仍然处于平衡状态。由空间平行力系的平衡知三个支撑点的铅直方向约束力，方板的受力情况如图 3-19 所示。

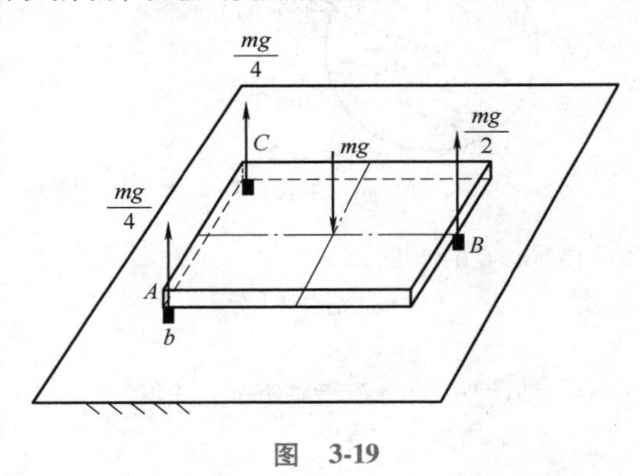

图 3-19

支承面对方板的水平约束力就是动摩擦力或静摩擦力，由摩擦定律知摩擦力与铅直约束力成比例。因此，在碰撞阶段，水平摩擦力的冲量略去不计。

（1）碰撞情况如图 3-20 所示。

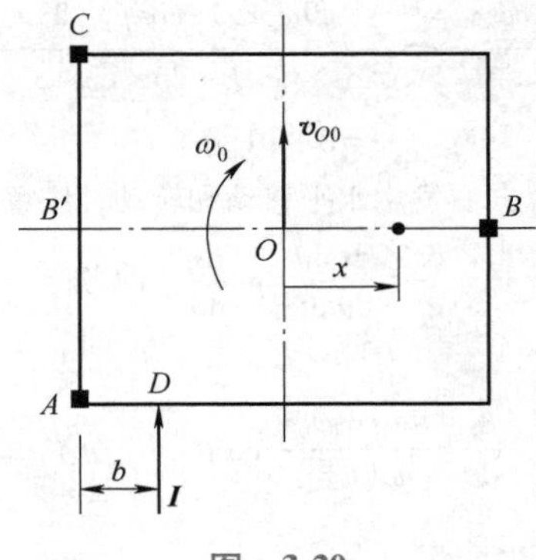

图 3-20

记碰撞冲量为 I，考察板

$$\begin{cases} mv_{O0}=I \\ J_O\omega_0=I\left(\dfrac{h}{2}-b\right) \end{cases} \quad (1\text{分}) \tag{3-10}$$

其中，$J_O=\dfrac{1}{6}mh^2$。由式（3-10）解出

$$v_{O0}=\frac{I}{m},\qquad \omega_0=\frac{6I}{mh^2}\left(\frac{h}{2}-b\right)$$

碰撞结束瞬时，板做平面运动的速度瞬心位于通过点 B' 和点 B 的直线上。

由

$$v_{O0}-x\omega_0=0 \quad (1\text{分})$$

得

$$x=\frac{h}{6(1/2-b/h)}\quad\left(b\neq\frac{h}{2}\right)\quad (1\text{分}) \tag{3-11}$$

当 $b=h/2$ 时，板做平移，速度瞬心在无穷远处。式中，x 坐标的原点在点 O，向右为正，向左为负。

（2）将 $b=5h/6$ 代入式（3-11），有 $x=-h/2$，板逆时针转动。此时，板的速度瞬心在 AC 棱边中点。碰撞结束瞬时，板的角加速度由相对于质心的动量矩定理确定。

$$J_O\alpha=M_O \quad (1\text{分}) \tag{3-12}$$

板在水平面内受三个滑动摩擦力作用，如图 3-21 所示。

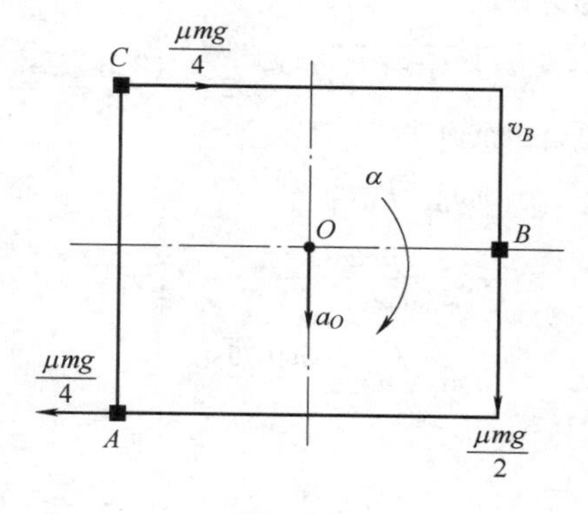

图　3-21

$$M_O=\frac{\mu mgh}{2} \quad (1\text{分})$$

代入式（3-12），有 $\alpha=\dfrac{3\mu g}{h}$　（顺时针）（1 分）。

（3）B 点速度 $v_B=0$，由式（3-11）知

$$b=\frac{h}{6} \quad (1\text{分})$$

由对 B 点的动量矩守恒得到

$$\frac{m}{21}v_b\cdot\frac{5}{6}h=J_B\omega_0-\frac{m}{21}v'_b\cdot\frac{5}{6}h \quad (1\text{分}) \tag{3-13}$$

其中，v'_b 为小球的反弹速度。

$$J_B=J_O+\frac{m}{4}h^2=\frac{5}{12}mh^2$$

如图 3-22 所示，碰撞点 D 的法向速度为

$$[\boldsymbol{v}_D]_n = \overline{BD} \cdot \omega_0 \cdot \cos\theta = \frac{5}{6} h\omega_0$$

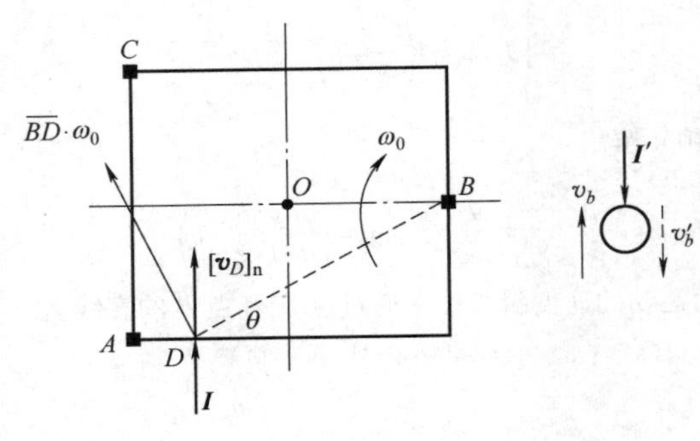

图 3-22

完全弹性碰撞条件为

$$v_b' + [\boldsymbol{v}_D]_n = v_b \quad (1\text{分}) \tag{3-14}$$

结合式（3-13）与式（3-14），解出

$$\omega_0 = \frac{3v_b}{17h} \quad (1\text{分})$$

如图 3-23 所示，B 点的静摩擦力满足

$$\sqrt{(F_{B0}^n)^2 + (F_{B0}^t)^2} \leqslant \frac{\mu mg}{2} \quad (2\text{分}) \tag{3-15}$$

由质心运动定理和对 B 点的动量矩定理

$$\begin{cases} ma_{O0}^n = F_{B0}^n \\ ma_{O0}^t = \dfrac{\mu mg\sqrt{5}}{5} + F_{B0}^t \\ J_B\alpha_0 = M_B = \dfrac{\mu mgh\sqrt{5}}{4} \end{cases} \quad (1\text{分}) \tag{3-16}$$

其中，$a_{O0}^n = \dfrac{h}{2}\omega_0^2$，$a_{O0}^t = \dfrac{h}{2}\alpha_0$。

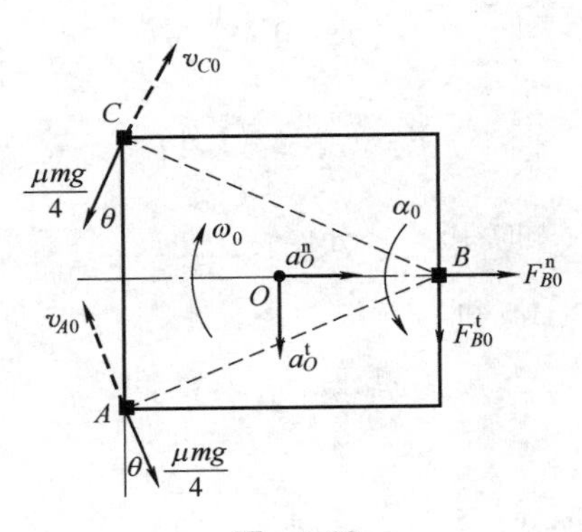

图 3-23

由式（3-16）解出 $\alpha_0 = \dfrac{3\sqrt{5}\mu g}{5h}$，$a_{O0}^t = \dfrac{3\sqrt{5}\mu g}{10}$，$F_{B0}^t = \dfrac{\sqrt{5}\mu mg}{10}$，$F_{B0}^n = \dfrac{1}{2}mh\omega_0^2$。

再由式（3-15），得到 $v_b \leqslant \dfrac{34}{3}\sqrt{\dfrac{\sqrt{5}\mu gh}{10}}$ （1 分）。

此后，板做减速转动，$\omega<\omega_0$，$a_O^n<\frac{h}{2}\omega_0^2$，故 $F_B^n<F_{B0}^n$。

可见，板在停止转动之前，其 B 端能保持静止不动。（1 分）

第 13 题（共 15 分）

（1）横截面上的内力如图 3-24 所示。

弯矩：

$$M=mR \quad (3\text{ 分})$$

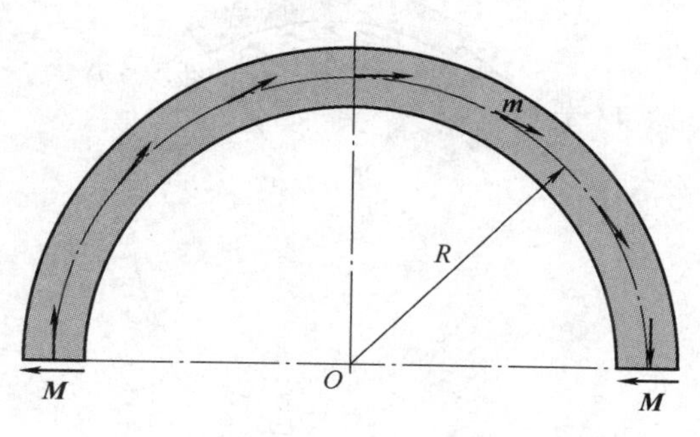

图　3-24

（2）横截面的转角 φ 如图 3-25 所示。

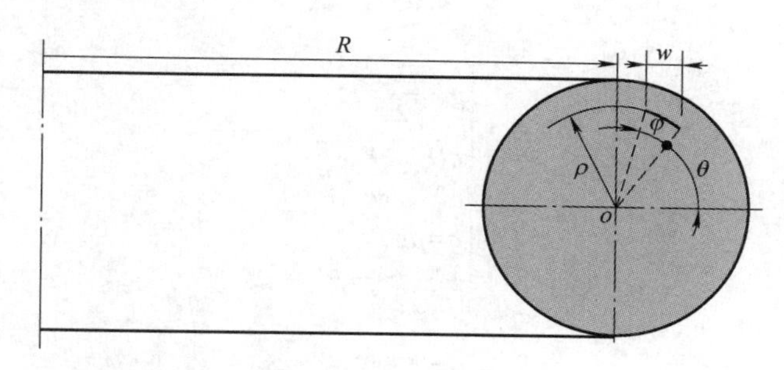

图　3-25

通过（ρ，θ）点的圆周线正应变 ε（这里，正应变以缩短为正）为

$$\varepsilon=\frac{w}{R+\rho\cos\theta}=\frac{\rho[\cos\theta-\cos(\theta+\varphi)]}{R+\rho\cos\theta} \quad (5\text{ 分})$$

$$\varepsilon\approx\frac{\rho}{R}[\cos\theta-\cos(\theta+\varphi)] \quad (1\text{ 分})$$

$$\sigma=E\varepsilon=E\frac{\rho}{R}[\cos\theta-\cos(\theta+\varphi)] \quad (1\text{ 分})$$

$$M=\int_A\rho\sin(\theta+\varphi)\sigma\mathrm{d}A \quad (1\text{ 分})$$

计算出积分，可得

$$M=\frac{Er^4}{4R}\pi\sin\varphi \quad (1\text{ 分})$$

于是转角为

$$\varphi=\arcsin\left(\frac{4RM}{E\pi r^4}\right)=\arcsin\left(\frac{4mR^2}{E\pi r^4}\right) \quad (1\text{ 分})$$

（3）当 $\varphi=\pi/2$ 时，　　$M=M_{\max}$。　（1 分）

$$M_{\max}=\frac{\pi Er^4}{4R}\quad(1分)$$

第 14 题（共 15 分）

（1）如图 3-26 所示，记

$$D'=D+t$$

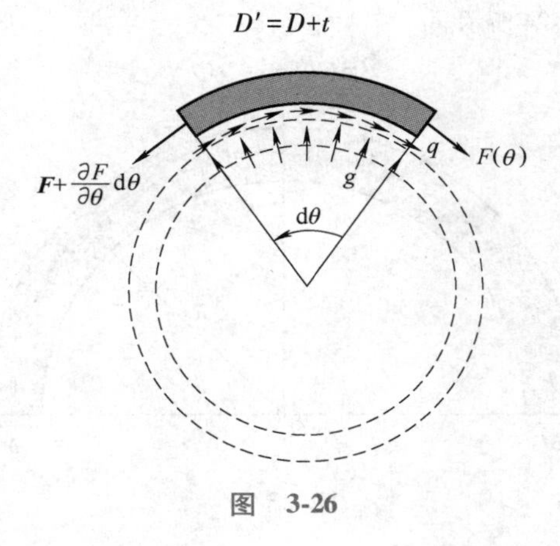

图 3-26

① 钢丝的伸长量

由力的平衡可得

$$\begin{cases}\boldsymbol{g}\cdot\dfrac{D'}{2}=\boldsymbol{F}\\ \dfrac{\boldsymbol{q}D'}{2}=\dfrac{\partial\boldsymbol{F}}{\partial\theta}\\ \boldsymbol{q}=\mu\boldsymbol{g}\\ \boldsymbol{F}\big|_{\theta=2n\pi}=\boldsymbol{P}\end{cases}\tag{3-17}$$

解此方程，得

$$F(\theta)=P\mathrm{e}^{\mu(\theta-2n\pi)}\quad(2分)\tag{3-18}$$

钢丝绕满环管表面后，两端即将连接时，钢丝伸长量

$$\Delta l_0=\frac{1}{E_sA}\int_0^{2n\pi}F(\theta)\,\frac{D'}{2}\mathrm{d}\theta$$

即

$$\Delta l_0=\frac{DP}{2E_sA\mu}(1-\mathrm{e}^{-2n\pi\mu})\quad(1分)$$

② 钢丝的张力

两端连接的钢丝松弛后，

$$\Delta l_0=\frac{F_0n\pi D'}{E_sA}\quad(1分)$$

由此得钢丝的张力

$$F_0=\frac{P}{2\mu n\pi}(1-\mathrm{e}^{-2n\pi\mu})\quad(1分)$$

③ 环管的应力

求管道横截面上的应力 σ_l：

$$\sigma_l=0\quad(1分)\tag{3-19}$$

求环管柱面形纵截面上的应力 σ_v：如图 3-27 所示，先用一个竖直平面沿管道环线的直径切开，再用过管道轴线的竖直圆柱面将管道切成两半，可知

$$\sum_{j=1}^{n/2} F_0 \sin\theta_j - \sigma_v \cdot 2R \cdot 2t + 2\frac{\pi D}{2} t\sigma_l = 0 \quad (2\text{分}) \tag{3-20}$$

其中，$\theta_j = (j-1/2)\alpha$，$\alpha = 2\pi/n$。计算出和式，得

$$2\frac{F_0}{d'}R - 4\sigma_v Rt + \pi Dt\sigma_l = 0 \quad (1\text{分}) \tag{3-21}$$

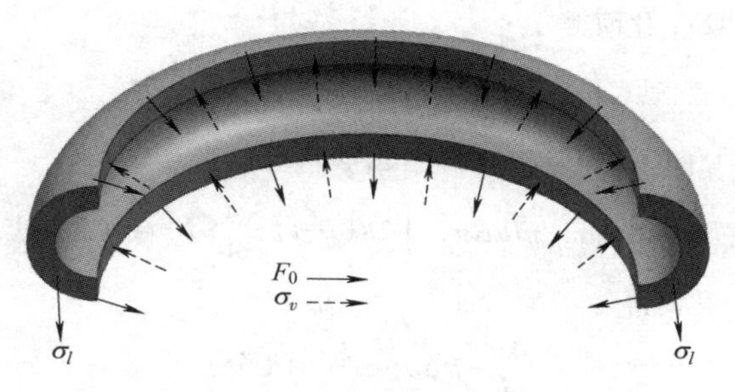

图 3-27

式中，d'计算如下

$$d' = \frac{d}{1 - \dfrac{D+t+d}{2R}} \approx \frac{d}{1 - \dfrac{D}{2R}}$$

于是

$$\sigma_v = \frac{F_0}{2td'}$$

即

$$\sigma_v = \frac{P}{4n\pi\mu td}(1 - e^{-2n\pi\mu}) \quad (1\text{分})$$

（2）当有内压 p 时，记由于施加 p 而引起的竖直纵截面上的应力增量为 $\Delta\sigma_v$（压为正），钢丝与管外表面间的挤压引起管外表面上压应力增量为 $\Delta\sigma_g$（压为正），钢丝拉力增量为 ΔF（拉为正），管横截面应力增量为 $\Delta\sigma_l$（拉为正）。

求环管道横截面上的应力增量 $\Delta\sigma_l$：如图 3-28 所示，用一个竖直平面沿管道环线的直径将压力容器切开成相等的两半，可知代替方程（3-19）的是

$$\Delta\sigma_l = \frac{Dp}{4t} \tag{3-19'}$$

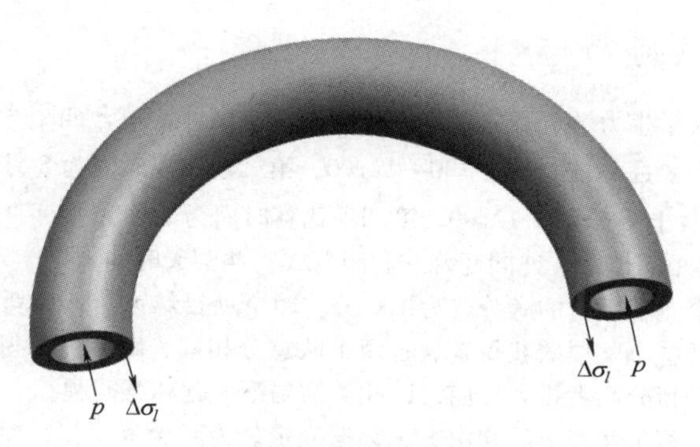

图 3-28

求环管柱面形纵截面上的应力 σ_v（见图 3-29）：由变形协调方程得

$$d\cdot\frac{4\Delta F}{E_s\pi d^2}=\frac{1}{E}\left[-d\cdot\Delta\sigma_v-v(d\cdot\Delta\sigma_l-\Delta g)\right]\quad(2\text{分})\tag{3-22}$$

参考式（3-17）的第一式，有

$$\Delta g\cdot\frac{D'}{2}=\Delta F\quad(1\text{分})$$

将上述结果代入式（3-22），化简得

$$\left(\frac{4}{E_s\pi d^2}-\frac{2v}{ED'd}\right)\Delta F+\frac{1}{E}\Delta\sigma_v=-\frac{vD}{4Et}p\tag{3-22'}$$

在有 p 存在的情况下（见图 3-30），仿照式（3-21）可写出

$$2\frac{R}{d'}\Delta F-4Rt\Delta\sigma_v+\pi Dt\Delta\sigma_l=\left[2R(D-t)+\frac{\pi}{4}(D-t)^2\right]p\quad(1\text{分})$$

式（3-19′）代入上式，化简得

$$\frac{\Delta F}{d}-2t\Delta\sigma_v=Dp\quad(1\text{分})\tag{3-21'}$$

式（3-22′）、（3-21′）联立可解得 ΔF、$\Delta\sigma_v$。

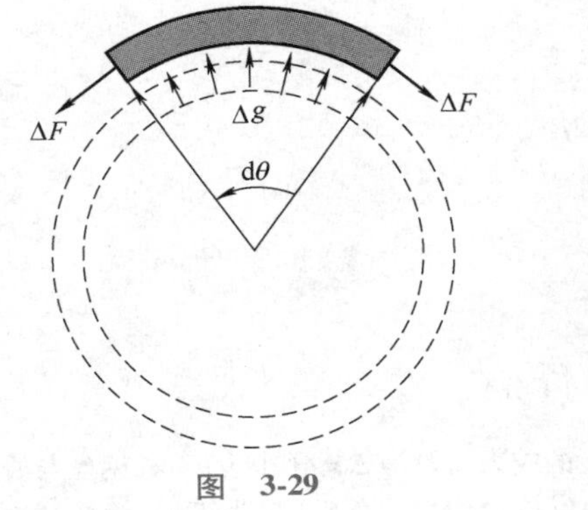

图 3-29

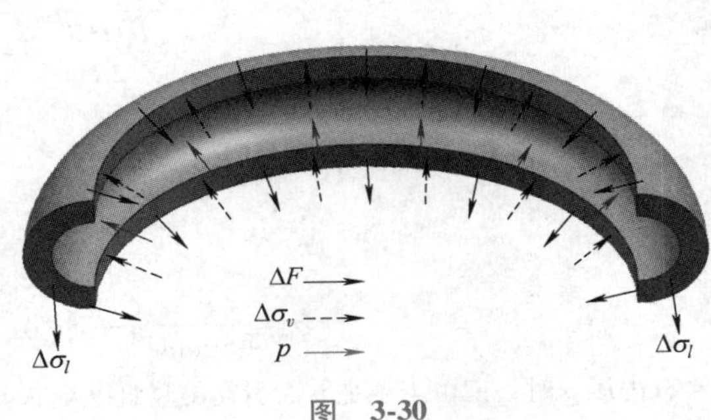

图 3-30

3.3 团体赛试题

3.3.1 竞赛的一般规则

第十一届全国周培源大学生力学竞赛“理论设计与操作”团体赛包含四个竞赛项目。第一项比赛安排在开幕式之后进行，时间为 8 月 11 日上午 9:30—12:00，第二项比赛时间为 8 月 11 日下午 14:00—18:00，第三项比赛时间为 8 月 12 日上午 8:00—12:00，第四项比赛时间为 8 月 12 日下午 14:00—16:30，所有时间均包括测试时间 30min。整个团体赛，连同开幕式和闭幕式，共两天时间。

竞赛采用积分制，每个竞赛项目的满分均为 100 分。四个项目结束后，由竞赛仲裁委员会按累计总分从高到低确定竞赛的名次及各个奖项的获得者。若两个队总分相同，则第三题得分高者排名在前。若仍有两个队分数相同，则第二题得分高者排名在前，以此类推到第一题和第四题。

为保证竞赛公平合理，每项竞赛成绩均由客观数据确定。为减少争议，每项竞赛的结果数据都将由各队自行确定的选手代表签字确认。要求各队事先确定选手代表人选。

组委会赛前将每项竞赛的题目、规则及评分标准、发放器材清单、计算记录用纸，以及最后结果记载和签字页印刷为纸质文本，装订成册。在每项竞赛开始时，将本项竞赛的赛题文本发给选手，由选手自行阅读并按题目要求进行竞赛。组织者不再作解释。选手有重大疑问的、并经在场值班教师认定确实会影响竞赛正常进行的事项，报请竞赛组委会统一处理。竞赛开始后，各参赛队须把最后的结果写在赛题文本上，并由各队选手代表、裁判签字确认。因此，赛题文本是评分的重要依据，不得将其损毁，不要拆开。

各队选手在拿到赛题文本后，要根据材料清单及时检查本队的材料和物品。清单中规定不得加工的物品只能使用，不得对其进行各种形式的加工。对于未指定不允许加工的物品，可以对其进行锯、钻、切割、粘接及其他形式的机械加工。

除组委会所提供的材料和物品外，要求每个参赛队自带计算器、以充电电池为电源的小型手电钻、电子秤以及便携式工具箱，其中至少包含钳子、手工锯、螺丝刀、剪刀、美工刀等常用工具。组委会不再提供上述工具。选手可将教材、参考书带进赛场，但计算机和通信工具则不允许带进赛场。在进行某个赛题时，某些物品不允许使用，届时将在题目中说明，同时助理裁判员会进行检查并代为保管，希望各参赛队予以协助。每个项目竞赛结束后，各种物品原则上不带出赛场。少数可以带出的物品，助理裁判员届时会告知选手。

所有题目均不设置时间分，均以最终测试成绩作为得分依据，竞赛过程中若本队已制作完成，但未达到规定的时间，同时本队明确表示不再做进一步的改进，可以将后继测试提前，但不会因为提前结束而加分。

各校带队教师不得进入赛场。竞赛过程中，选手和带队教师之间不得有任何联系。组委会将在所有题目结束后组织带队教师参观竞赛的场地。

每项赛事结束后，组委会将尽快统计各队结果并进行分数计算，各队分数计算完毕将立即报告仲裁委员会，在获得仲裁委员会批准后，将及时予以公布。

3.3.2 看谁强度高

1. 题目

利用组委会提供的工具和材料，设计并制作一个连接木棍的结构，使得整个结构承受最大的拉伸载荷。

2. 要求

（1）只能用 A4 纸制作连接结构，不得采用其他任何材料，该连接结构用来连接木棍，并且不得对木棍进行加工；

（2）连接结构示意图如图 3-31 所示，上下两侧木棍（两侧木棍的数量不限）处于平行位置，中间是由 A4 纸制作的连接结构；

（3）如图 3-31 所示，上下两侧木棍内侧间距 H 不小于 300mm；

（4）连接结构从两侧木棍分别向内侧的 0mm 到 H_1（$H_1 \geqslant 40$mm）范围内的结构形式不限，可以对该范围内的 A4 纸进行任意加工，但该范围内的连接结构必须满足宽度 $L_1 = 210$mm（即为 A4 纸的宽度）；

（5）连接结构从两侧木棍分别向内侧 H_1 到（H_1+H_2）（其中 $H_2 = 60\text{mm} \pm 1\text{mm}$）、宽度 $L_2 = 210$mm（即为 A4 纸的宽度）范围内，结构形式不限，不得在该范围内的 A4 纸上挖孔；

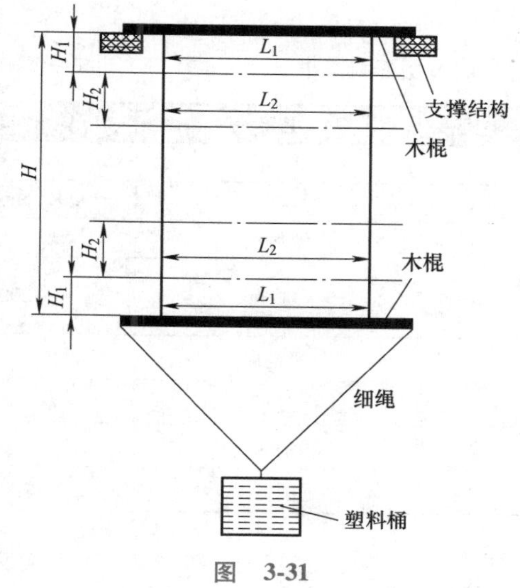

图 3-31

（6）连接结构的其余部分尺寸不限、厚度不限、具体结构形式不限；

（7）连接结构（不包括木棍、细绳和重物质量）总质量不得超过 16g（约 3 张 A4 纸质量）；

（8）测试时，要求一侧木棍两端能够放置于支撑结构上，另一侧木棍和细绳相连，通过细绳挂起一个塑料桶，在塑料桶内放重物加载，并且细绳不得与连接结构有接触。

3. 规则及评分标准

（1）从组委会宣布本项竞赛正式测试开始，选手设计、制作及调试的时间不得超过 120min。在此

120min 内，允许选手对自制的连接结构进行反复测试与改装。若 120min 内未能制作完成连接结构，则本项竞赛分数为零。

（2）制作前，由助理裁判员测量各队木棍和塑料桶质量（精确到 0.1g），并在木棍上标记，助理裁判员记录，测量后不得通过任何方式减轻木棍和塑料桶质量，否则该项目为零分；

（3）测试开始后，由助理裁判员检查连接结构是否违规，主要包括材料、尺寸和质量。首先检查是否违规使用材料，然后测量连接结构和所使用木棍的总质量（精确到 0.1g），连接结构质量为总质量减去所使用木棍的质量，最后测量连接结构的尺寸，由助理裁判进行记录。材料、质量和尺寸均满足要求的获得 20 分，否则为零分，不允许进行后续的测试。

（4）助理裁判员检查连接结构并确认其满足要求后，由各队通过细绳将木棍与重物连接起来。可以将图钉钉在木棍上，以防止加载过程中细绳在木棍上滑动，但图钉不得与纸有任何接触。各队最多可以加载 5 次。所有比赛队伍必须在制作的 120min 内确定五次加载质量及顺序（质量精确到 g，四舍五入），并填写在竞赛文本上交给监督员，填写后不得以任何理由修改。

由各队自行准备重物，重物可以是砝码或者由塑料袋装载的钢珠，由助理裁判记录。测试过程中上端固定在支撑结构上，下端通过细绳固定一个塑料桶，由参赛队员依次往塑料桶内增加重物，每一次加载需要征得裁判同意，每一次加载成功后才能往塑料桶内继续增加下一个重物。每加一次需要等待 10s，10s 后结构未失效才算承载成功，才能进行下一次的加载操作（加载次数小于或等于 5 次）。以最后一次成功的承载质量（包括塑料桶质量、重物质量和下部木棍质量）作为最终承载质量 m，由助理裁判员记录。若加载过程中，连接结构、木棍、细绳等发生断裂，或者细绳滑动导致加载失败等，均视为结构失效。

最终成绩按照承载质量 m 由高到低进行排序（不包括第一次加载就失败的参赛队伍），若两队承载质量相同，则按照连接结构质量排序（质量轻的在前）。若测试成功队伍数量为 A，本队排名为 n，则该队最终得分 F 采用如下计算公式：

$$F=\frac{(100-20)(A-n+1)}{A}+20$$

4. 发放器材清单

序号	名称	规格	单位	数量	备注
1	A4 纸	80g	包	1	
2	木棍	ϕ12.5mm×305mm	双	4	不允许加工
3	塑料桶		个	1	只能用作容器放重物
4	细绳	2000mm	根	1	只能用来连接 木棍与塑料桶
5	塑料袋		个	5	只能用于装重物
6	砝码	25N	个	1	
7	钢珠		包	1	
8	图钉		个	4	不能使用在连接结构中
9	铅笔	HB	支	1	不能使用在连接结构中
10	赛题文本		本	1	

5. 预案

（1）竞赛承认所有未违反竞赛规则的各种设计和制作方案均为有效。

（2）若正式测试过程中，某些部件损坏或由其他原因导致测试无法继续进行，原则上不得对结构进行修复。

（3）对上述预案未涉及的事项，由现场组委会人员根据题目要求相机处理。涉及更改规则的问题由专家组共同商定，并报请仲裁委员会裁决。本项规定也适用于以下各题，不再重述。

6. 竞赛结果

（1）参赛高校：____________。

（2）制作是否按时完成：________。

（3）木棍 1 质量：________g；木棍 2 质量：________g；木棍 3 质量：________g；木棍 4 质量：________g。

（4）检查材料、质量和尺寸：

连接结构和木棍总质量：________g；

所使用木棍的编号及其质量：____________；

连接结构质量：________g；

是否超重：________；

材料、尺寸和结构是否符合要求：________。

（5）五次加载的质量：第一次：________g；第二次：________g；第三次：________g；第四次：________g；第五次：________g。

塑料桶质量：________g；下部木棍编号及其质量________；最终成功承载的总质量：________g；

成功加载到第几次：________（如果第一次加载就失效，则填写“0”）。

参赛队代表签字：________

助理裁判员签字：________

3.3.3　看谁跳得高

1. 题目

利用组委会所提供的材料加工一个轮子。在其沿支承斜面向下运动过程中，能够跳过两端由竖直支架支撑的水平横杆。比赛时，将轮子置于斜面上无初速度释放，跳过的横杆高度越高，获得的分数就越高（见图 3-32）。

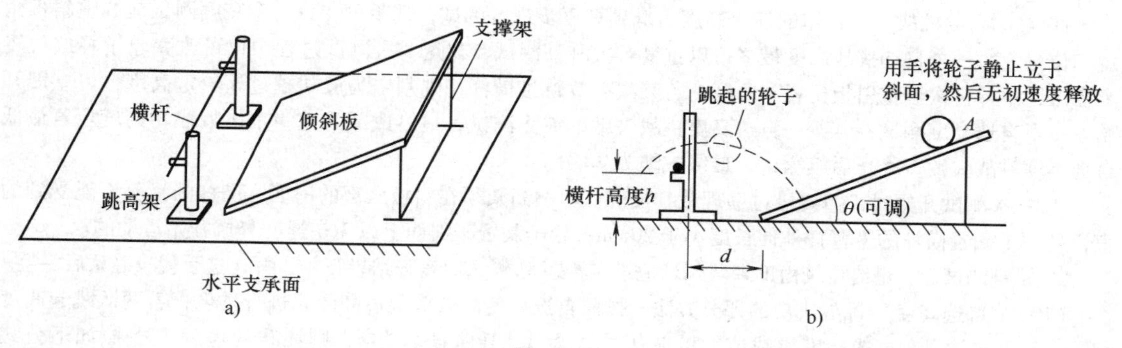

图　3-32

2. 规则及评分标准

（1）完成此竞赛题的规定时间为 240min，整个过程分为两个阶段，前 210min 为第一阶段，即轮子的制作和选手的自行试验阶段，该阶段测试结果不用于最终成绩判定；后 30min 为第二阶段，是正式测试阶段，第二阶段得到的正式测试结果为此题的竞赛成绩。

（2）选手所制作轮子的材料都来源于组委会所提供的物品，不得另外添加材料。对于组委会所提供的物品，可以全部采用，也可以只采用其中一部分。制作轮子和自行试验以及正式测试（即包含一和二阶段的整个过程）均在指定的房间中独立进行，建议选手将非正式测试过程中总结出的斜板坡度、轮子释放位置与姿态等参数记录下来，供正式测试参考。

（3）轮子的形式不限，轮廓可以是任意形状，内部可做任意加工，但轮廓最大尺寸不得超过 150mm。

（4）每个参赛队分配一套跳高架、一套相同几何尺寸和相近表面状态的矩形平板及其支撑架。平板一端放置在支撑架上，另一端放置在地面上，形成斜面。只允许用砂纸打磨斜面改变摩擦因数，不允许对斜面进行其他任何改变。可通过调整支撑架的高度与位置从而改变斜面与地面的角度 θ，但最大角度不允许超过 60°。

（5）跳高高度可调，但不得以任何形式固定跳高横杆，用于搁置横杆的悬臂杆外伸长度须小于 20mm；横杆必须在跳高架立柱的前方（沿轮子前进的方向看过去），如图 3-32b 所示，跳高架横杆与底部边线的水平距离用 d 表示，跳高架必须置于斜板底部的前方，即 d 应大于零。跳高架中间用长尾夹固定拦网。

（6）轮子运动的启动方式：初始时刻必须保证轮子与斜面接触，并且无初速度释放。具体操作方式为：选手用手将轮子静止放置在斜面上（手的作用仅是阻止轮子下滑），然后松手使其沿斜面发生无初速的运动，轮子的释放位置由选手根据分析自行确定。

（7）跳高成绩的有效性判定：轮子在越过横杆前的起跳位置必须发生于斜面上，若轮子未发生跳动，则成绩无效；若轮子越过跳高架横杆，没有触碰横杆，成绩有效；若轮子虽然与横杆发生接触，但仍然越过横杆，且横杆没有掉下，成绩仍判定为有效；高度测量以横杆上缘距地面高度为准，精确到 mm。

（8）组委会宣布本项竞赛开始，则此项竞赛进入第一阶段，规定的时间为 210min。若在此 210min 内未能完成轮子制作，则本项竞赛终止，成绩计零分。各参赛队应根据第一阶段的试测情况，在第一阶段结束前确定三个不同自选挑战高度（h_1、h_2、h_3），高度应大于 40mm，并将高度报给比赛监督员，记录在赛题文本“5. 竞赛结果”中。

（9）正式测试及评分方法

① 组委会宣布正式测试开始（以铃声为准），此项竞赛进入第二阶段，即正式测试。在正式测试期间不得修改、重调或重组轮子，不得修改自选高度。

② 最低高度测试：将跳高横杆调至 40mm 高进行测试，在测试开始之前选手可调整斜板角度和位置，最多可以重复 8 次跳高测试，在测试过程中仅可改变轮子释放位置和姿态，不得再次调整斜板位置和角度；若某次有效跳过横杆，则该队获得 20 分，并进入下一测试项目；若挑战最低高度失败，终止后续测试，最终成绩为零分。

③ 自选高度挑战：对选定的三个高度由低到高逐步进行测试，选手可在每一个高度测试前调整斜板角度和位置。每一个自选挑战高度最多可以重复 8 次跳高测试，在这 8 次测试过程中仅可改变轮子释放位置和姿态，不得再次调整斜板位置和角度；若某次有效跳过横杆，则判定为成功越过该给定高度，可立即开始下一个自选高度测试；若某一自选高度挑战失败，终止测试，最终成绩为上一个挑战成功高度。若最低自选高度挑战失败，终止后续测试，最终成绩为 20 分。

④ 每次测试开始时，需要经过助理裁判员确认：跳高架须在斜板底部的前面；横杆的滑落不能受到约束，且用于搁置横杆的悬臂杆外伸长度小于 20mm；轮子是置于斜面上以无初速度释放开始运动的。

⑤ 跳高测试后，最终成绩由助理裁判员记录在赛题文本“5. 竞赛结果”中，并让选手代表确认后签字。

（10）“自选高度”挑战成功的评分方法：按照自选高度的有效跳过高度 h 进行排名，若两队跳起高度相同，则名次并列。自选高度挑战成功的队伍总数为 A，某队排名为 n，则该队的得分 F 按照如下公式计算：

$$F=\frac{(100-20)(A-n+1)}{A}+20$$

3. 发放器材清单

序号	名称	规格	单位	数量	备注
1	圆轮		个	3	
2	弹力圈		个	3	
3	泡沫轴	直径 15cm，长 30cm	根	1	
4	PVC 管		根	3	
5	木板		块	1	用作斜面

（续）

序号	名称	规格	单位	数量	备注
6	木板支撑架		组	1	用于支撑斜面
7	横杆	长 80cm	根	1	跳高横杆
8	跳高架支架		组	1	跳高架
9	橡皮泥		盒	5	
10	502 胶		支	3	
11	钢珠		颗	100	
12	砂纸	粗粒和细粒	张	2	
13	螺母/螺栓	多规格	盒	1	
14	透明胶		卷	1	
15	双面胶		卷	2	
16	文具	含大头针、回形针、图钉、长尾夹、圆规、笔	套	1	
17	拦网		张	1	
18	毛巾		块	1	用于擦拭斜面
19	赛题文本		本	1	

4. 预案

（1）竞赛承认所有未违反竞赛规则的各种设计和制作方案均为有效。

（2）最高高度只能依正式测试结果确定。可能制作测试的过程中，轮子跳跃的高度比在正式测试中所跳的高度高，但制作阶段的测试高度不能作为评分依据。

5. 竞赛结果

（1）参赛高校：______________。

（2）制作是否按时完成：________。

（3）轮廓最大尺寸是否超过 150mm：________。

（4）是否对斜面进行任何改变（砂纸打磨除外）：________。

（5）测试记录

项目	规则检查（填是或否）	是否成功
最低高度 40mm	跳高架是否置于斜板底部的前方：________ 轮子在斜面上是否以无初速度释放开始运动：________ 斜面最大角度是否低于 60°：________ 轮子越过横杆前的起跳位置是否在斜面上：________	1 ___ 2 ___ 3 ___ 4 ___ 5 ___ 6 ___ 7 ___ 8 ___
自选高度 h_1____ mm （要求 h_1>40mm）	跳高架是否置于斜板底部的前方：________ 轮子在斜面上是否以无初速度释放开始运动：________ 斜面最大角度是否低于 60°：________ 轮子越过横杆前的起跳位置是否在斜面上：________	1 ___ 2 ___ 3 ___ 4 ___ 5 ___ 6 ___ 7 ___ 8 ___
自选高度 h_2____ mm （要求 h_2>h_1>40mm）	跳高架是否置于斜板底部的前方：________ 轮子在斜面上是否以无初速度释放开始运动：________ 斜面最大角度是否低于 60°：________ 轮子越过横杆前的起跳位置是否在斜面上：________	1 ___ 2 ___ 3 ___ 4 ___ 5 ___ 6 ___ 7 ___ 8 ___

（续）

项目	规则检查（填是或否）	是否成功
自选高度 h_3____ mm （要求 $h_3>h_2>40$mm）	跳高架是否置于斜板底部的前方：________ 轮子在斜面上是否以无初速度释放开始运动：________ 斜面最大角度是否低于 60°：________ 轮子越过横杆前的起跳位置是否在斜面上：________	1 ___ 2 ___ 3 ___ 4 ___ 5 ___ 6 ___ 7 ___ 8 ___

最终判定挑战成功的最高高度：___ mm

参赛队代表签字：________　　　　助理裁判员签字：________

附录一　跳高记录表示例（仅用于测试阶段记录，不用于评定最终成绩）

跳高架高度	斜板高度	轮子释放位置	轮子释放姿态	是否成功

3.3.4 看谁承载效率高

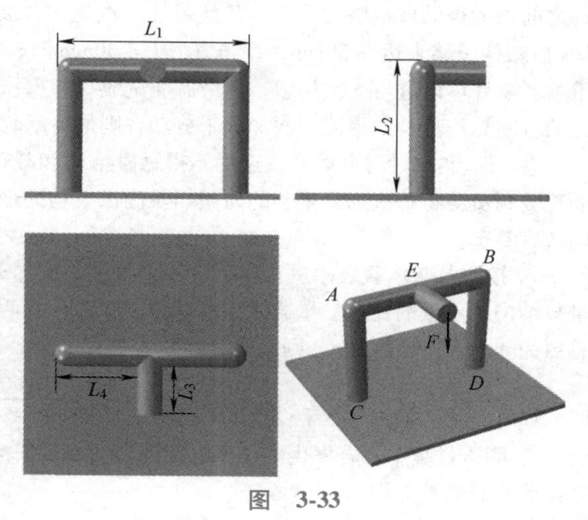

图　3-33

1. 题目

利用组委会提供的工具和材料，设计并制作一个结构，使得整个结构具有最大的承载效率。

2. 要求

（1）如图 3-33 所示（该图仅为示意图，不包括对各段结构具体形式的限制），结构有且只能包含 AC、AB、BD 和 EF 四段，其中 AC 和 BD 为垂直的立柱，梁 AB 和 EF 为水平梁，E 为水平梁中点，水平梁 EF 通过 E 点与水平梁 AB 相连，各段之间相互垂直；

（2）结构固定在组委会提供的木板上，结构 C、D 两端与木板相连，其余部位不得与木板或者周围物体有任何接触；

（3）立柱 AC 和 BD 的高度 L_2 均不小于 200mm（木板上表面到立柱顶端距离），立柱 AC 和 BD 外侧间距L_1（外侧之间的距离）不小于 300mm，水平梁 EF 长度 L_3 不小于 100mm（EF 与 AB 连接的角点处至 EF 端部细绳悬挂点的距离），立柱 AC 和 BD 的顶部外侧到 EF 与 AB 连接角点的水平距离 L_4 均不得小于 120mm，所有横截面和连接处的最大尺寸不得大于 50mm。各段结构形式不限，但不得添加图示以外的任何其他结构。

3. 规则及评分标准

（1）选手制作结构所用的全部材料都由组委会提供，不得另外添加材料。对于组委会所提供的物品，可以全部采用，也可以只采用其中一部分。

（2）测试过程中，纸杯的悬挂点必须固定于结构上，不得发生滑动。所悬挂的重物不得与地面有接触，该结构不得与任何其他物体产生新的接触。

（3）从组委会宣布本项竞赛开始到宣布正式测试开始的时间为 210min。在此 210min 内，允许选手对自制的结构进行反复测试与改装。若 210min 内未能制作成可以进行测试的结构，则本项竞赛分数为零。

（4）测试方法

测试开始后，不允许参赛队再对结构进行修改。参赛队员将结构安装调试好，即可向助理裁判员申请测试，测试分为如下几步：

① 制作前，由助理裁判员测量各队木板质量（精确到 0.1g），助理裁判员记录，各队队长签字，测量后不得通过任何方式减轻木板质量，否则该项目为零分。

② 结构制作完成后，由助理裁判员测量结构各处的尺寸，检查结构的材料、质量（精确到 0.1g），结构质量为总质量减去第一步测量的木板质量（最终结构质量精确到 0.1g），由助理裁判员进行记录，各队队长签字，尺寸、质量和材料均满足要求即可获得 20 分；否则该项目为零分，不允许进行后续测试。

③ 测试过程中允许对结构加载 5 次（每次加载质量精确到 0.1g），所有比赛队伍必须在制作的 210min 内确定加载质量及顺序，并填写在赛题文本上交给监督员，填写后不得以任何理由修改。

正式测试前，由各队自行根据赛题文本上填写的质量准备重物（精确到 0.1g），重物可以为砝码或者用塑料袋装载的钢珠。每次加载的质量以及加载顺序由各队自行确定，并报助理裁判记录。测试过程中为了防止结构和木板整体结构侧翻，允许采用重物压住木板，但不得触碰结构。

④ 测量开始前，首先由参赛队员自行在结构 F 端悬挂细绳，然后通过细绳连接纸杯（纸杯数量和连接方式不限），并经助理裁判员确认。助理裁判员采用高度尺记录测试 EF 梁 F 端参考点（F 端下部细绳某处标记参考点）的高度 H_1（单位为 mm，精确到个位）。由各队队员自行向纸杯内依次增加重物，每次加重

物之前须征得助理裁判员同意，并且每加一次重物需要等待 10s，助理裁判员记录 F 端参考点的高度 H_2，10s 后结构位移未达到 30mm，即当 $H_2-H_1 \leqslant 30\text{mm}$ 时，则测试成功，测试成功后可以往纸杯内增加下一个重物。累计可以进行 5 次加载，以最后测试成功的重物总质量作为最终成绩，由助理裁判员记录此时纸杯内的重物总质量。如果第一次加载未成功，则最终承载质量为零，最终得分为 20 分。

⑤ 每次测试计时开始后，选手不得触碰结构和载荷。测试开始后，选手不得修改、调整或重组结构。助理裁判员应将每次加载重物的质量以及测试成功的最终承载质量记录在赛题文本的末页，并让选手代表确认后签字。

⑥ 按照各队承载效率进行排名（不包括第一次加载就失败的队伍），承载效率定义为：最终承载总质量与结构总质量的比值。承载效率高的排名在前，若两队承载效率相同，则名次并列。若测试成功的队伍总数为 A，某队排名为 n，则该队的得分 F 按照如下公式计算：

$$F=\frac{(100-20)(A-n+1)}{A}+20$$

⑦ 测试过程中，若发生绳子断、细绳滑动或者任何其他原因导致纸杯子接触木板或者位移超过 30mm，则按照承载失败处理。

4. 发放器材清单

序号	名称	规格	单位	数量	备注
1	A4 纸	300g	包	1	
2	502 胶		支	10	
3	纸杯		个	5	只能用作容器放重物
4	图钉		盒	1	
5	木板	400mm×200mm×17mm	个	1	只能用来固定结构
6	双面胶		个	10	
7	大头针		盒	1	
8	塑料袋		个	5	只能用来装重物
9	钢珠		包	1	
10	细绳	2000mm	根	1	只能用来悬挂纸杯
11	签字笔	黑色	支	1	不能使用到结构中
12	铅笔	HB	支	1	不能使用到结构中
13	赛题文本		本	1	

5. 预案

（1）竞赛承认所有未违反竞赛规则的各种设计和制作方案均为有效。

（2）若正式测试过程中，某些部件损坏或因其他原因导致测试无法继续进行，原则上不得对结构进行修复。

（3）对上述预案未涉及的事项，由现场组委会人员根据题目要求相机处理。涉及更改规则的问题由专家组共同商定，并报请仲裁委员会裁决。

6. 竞赛结果

（1）参赛高校：________________。

（2）制作是否按时完成：________。

（3）木板质量：________ g。

（4）检查材料、质量和尺寸。

材料和尺寸是否符合要求：________；

木板与结构的总质量：________g；

结构质量：________g。

（5）五次加载的质量：第一次：________g；第二次：________g；

第三次：________g；第四次：________g；第五次：________g。

最终成功承载的总质量：________g；成功加载到第几次：________。（若第一次加载就失败，则记录“0”）。

参赛队代表签字：________

助理裁判员签字：________

3.3.5　看谁撞得远

1. 内容

利用组委会提供的工具和材料，为碰撞目标（555mL满装矿泉水瓶）设计并制作一个防护结构，使得该防护结构和碰撞目标组成的系统在小车撞击下，碰撞目标运动得尽可能地远，并且碰撞目标最终不发生倾斜或倾倒。

2. 要求

（1）防护结构只能利用A4纸、502胶和双面胶加工制作，总质量不得超过30g（约为6张A4纸质量）；

（2）防护结构和碰撞目标组成的系统最大尺寸不得超过图3-34所示的设计区域（边长$L=800$mm的正方形区域）；

（3）防护结构可与碰撞目标外表面粘结，但沿高度方向禁止超出和覆盖碰撞目标上表面（即瓶盖）；

（4）初始状态时，需保证碰撞目标与地面保持垂直；

（5）斜面和赛道区域仅可采用组委会提供的滑石粉（用于铺撒）和毛巾（用于擦拭）来修改摩擦因数；

（6）禁止对小车结构进行修改，仅允许在指定区域（如图3-34所示的车厢内）利用提供的钢珠和橡皮泥对小车进行增重，要求小车质量超过300g，同时要求在碰撞初始时刻，除车头外小车其余部位不得与防护结构或者碰撞目标发生接触；

（7）为了使小车能对准碰撞目标不跑偏，可利用提供的塑料线槽和双面胶、502胶水或海绵胶在斜面上制作沟槽跑道；

（8）可在斜面底端贴海绵胶防止斜面滑动，可调节斜面倾角；

（9）要求采用细绳将小车尾部和胶粘在斜面上的挂钩连接，使小车初始时刻保持静止状态，并通过剪断细绳的方式触发小车的运动；

（10）禁止改变碰撞目标的质量和形状；

（11）位置0距离设计区域上边线为固定值300mm，初始时刻斜面底部边线必须位于位置0的水平线处；

（12）碰撞目标被小车碰撞后，允许越过图3-34所示赛道的边线。

3. 规则及评分标准

（1）由助理裁判员检查防护结构是否违规，主要包括防护结构材料、尺寸和质量。首先检查是否违规使用材料，然后对整体防护结构系统进行称重，同时对选手制作并选定用于测试的小车进行称重，由助理裁判员进行记录，最后由选手将整体防护结构放入设计区域内，助理裁判员检查整体防护结构放置后是否超出设计区域，并进行记录。材料、质量和尺寸均满足要求后方可进入后续的测试。

（2）测试前由参赛队通过挂钩和细绳将小车固定于斜面上，防护结构和碰撞目标组成的系统放置在设计区域内。测试时由参赛队剪断细绳，无初速度释放小车。

（3）从组委会宣布竞赛开始到正式测试的时间为120min。其间，允许选手对自制的防护结构进行反复测试与改装，每组选手可以制作三组防护结构、设计三个不同重量的小车，每组防护结构在最终测试时可

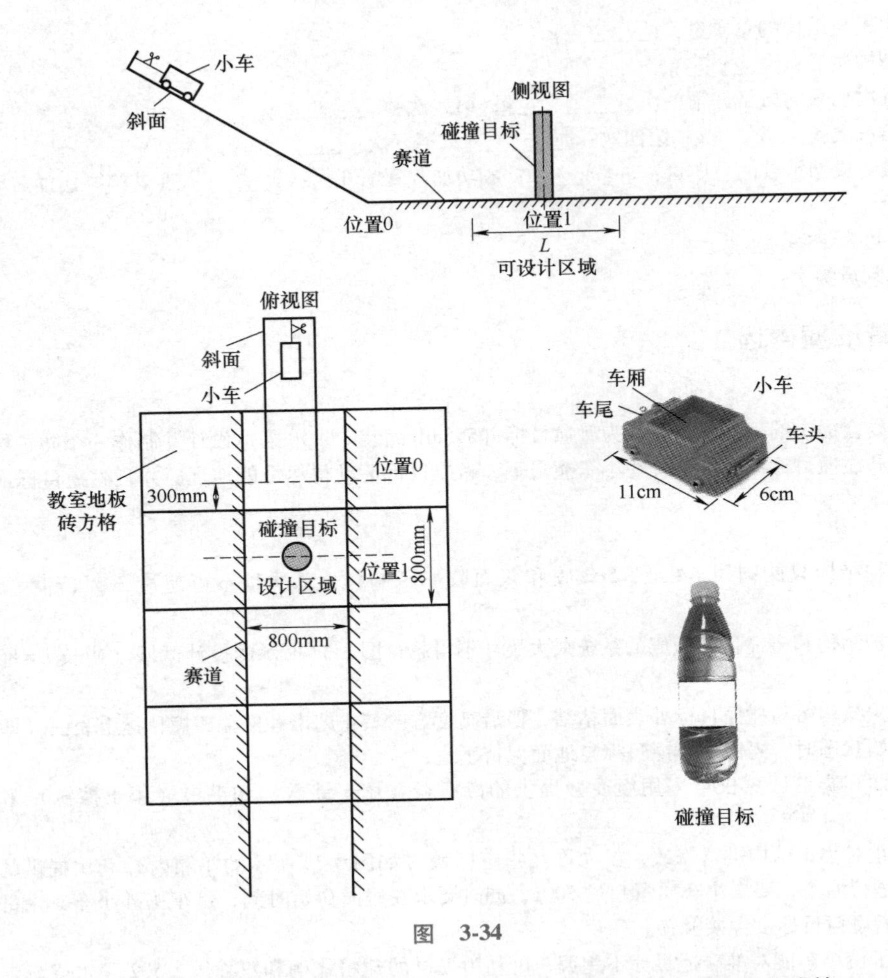

图 3-34

以进行两次测试，取6次测试中碰撞目标沿着赛道方向的最远有效运动距离作为最终成绩。

（4）测试方法

参赛队员将防护结构放置好之后，即可向助理裁判员申请测试，测试开始后，不允许参赛队再对防护结构进行修改。测试分为如下两步：

① 初始放置防护结构和碰撞目标时，助理裁判员采用组委会制作的丈量设备，测量碰撞目标沿赛道方向上的位置，并在赛道侧边上做好记号，同时标明“位置1”，并测量位置1距固定斜面底端位置0的距离 s_1。

② 碰撞结束后，助理裁判员评判碰撞目标是否倾斜或倾倒。如果不倾斜也不倾倒，助理裁判员采用组委会制作的丈量设备，测量碰撞目标沿赛道方向上的位置，并在赛道侧边上做好记号，同时标明“位置2”，并测量位置2距固定斜面底端位置0的距离 s_2。将 s_2-s_1 作为碰撞目标运动距离记录在赛题文本的末页，并让选手代表确认后签字。如果碰撞目标发生倾斜或倾倒，则记录“失败”，并让选手代表确认后签字。6次测试均记录“失败”者，成绩记零分。6次测试只要有一次不倾斜也不倾倒即为成功，即可获得20分。助理裁判员记录各队最终的有效运动距离 s（以6次测试中的最大有效距离为最终成绩，精确到mm）。

最终成绩按照有效运动距离 s 由高到低进行排序（不包括“失败”者），若两队有效运动距离相同，则按照防护结构质量排序（质量精确到1g，质量轻的在前）。若测试成功队伍数量为 A，本队排名为 n，则该队最终得分 F 采用如下计算公式：

$$F=\frac{(100-20)(A-n+1)}{A}+20$$

4. 发放器材清单

序号	名称	规格	单位	数量	备注
1	纸	A4	包	1	
2	斜面赛道		套	1	
3	小车		个	3	
4	双面胶		卷	10	
5	502 胶水		瓶	6	
6	细绳		条	3	不能用到防护结构中
7	钢珠		盒	1	不能用到防护结构中
8	橡皮泥		盒	6	不能用到防护结构中
9	塑料线槽		条	2	不能用到防护结构中
10	挂钩		个	3	不能用到防护结构中
11	海绵胶		卷	1	不能用到防护结构中
12	毛巾		条	1	不能用到防护结构中
13	签字笔	黑色	支	1	不能用到防护结构中
14	铅笔	HB	支	1	不能用到防护结构中
15	滑石粉		包	1	
16	碰撞目标	555mL 满装矿泉水瓶	瓶	3	
17	赛题文本		本	1	

5. 预案

（1）竞赛承认所有未违反竞赛规则的各种设计和制作方案均为有效。

（2）若正式测试过程中，某些部件损坏或因其他原因导致测试无法继续进行，原则上不得对防护结构进行修复。

（3）对上述预案未涉及的事项，由现场组委会人员根据题目要求相机处理。涉及更改规则的问题由专家组共同商定，并报请仲裁委员会裁决。

6. 竞赛结果

（1）参赛高校：____________________。

（2）制作是否按时完成：_________。

（3）测量结果：

① 材料是否满足要求：_________；

防护结构质量：_________g；是否超重：_________；

小车的质量：_________g；是否满足质量要求：_________；

整体防护结构放置后是否未超出设计区域范围：_________；

碰撞目标是否倾斜或倾倒：_________；

s_1：_________；

s_2：_________；

s_2-s_1：_________。

② 材料是否满足要求：_________；

防护结构质量：_________g；是否超重：_________；

小车的质量：________ g；是否满足质量要求：________；
整体防护结构放置后是否未超出设计区域范围：________；
碰撞目标是否倾斜或倾倒：________；
s_1：________；
s_2：________；
s_2-s_1：________。
③ 材料是否满足要求：________；
防护结构质量：________ g；是否超重：________；
小车的质量：________ g；是否满足质量要求：________；
整体防护结构放置后是否未超出设计区域范围：________；
碰撞目标是否倾斜或倾倒：________；
s_1：________；
s_2：________；
s_2-s_1：________。
④ 材料是否满足要求：________；
防护结构质量：________ g；是否超重：________；
小车的质量：________ g；是否满足质量要求：________；
整体防护结构放置后是否未超出设计区域范围：________；
碰撞目标是否倾斜或倾倒：________；
s_1：________；
s_2：________；
s_2-s_1：________。
⑤ 材料是否满足要求：________；
防护结构质量：________ g；是否超重：________；
小车的质量：________ g；是否满足质量要求：________；
整体防护结构放置后是否未超出设计区域范围：________；
碰撞目标是否倾斜或倾倒：________；
s_1：________；
s_2：________；
s_2-s_1：________。
⑥ 材料是否满足要求：________；
防护结构质量：________ g；是否超重：________；
小车的质量：________ g；是否满足质量要求：________；
整体防护结构放置后是否未超出设计区域范围：________；
碰撞目标是否倾斜或倾倒：________；
s_1：________；
s_2：________；
s_2-s_1：________。
最终的有效运动距离 s：________。
参赛队代表签字：________
助理裁判员签字：________

第 4 章

2015 年第十届全国周培源大学生力学竞赛

2015 年第十届全国周培源大学生力学竞赛（个人赛和团体赛）的出题学校为山东科技大学，其中个人赛卷面满分为 120 分，时间为 3h30min。下面介绍这次竞赛的试题、参考答案及详细解答。

4.1 个人赛试题

第 1 题（30 分）

某工厂利用传送带运输边长为 b 的均质正方体货箱。已知货箱质量为 m，绕自身中心轴的转动惯量为 J，并且 $6J=mb^2$，传送带 A 倾角为 $\theta(\theta<45°)$，速度为 $\boldsymbol{v}_0$，传送带 C 水平放置，B 处为刚性支承。考虑货箱与传送带之间的摩擦，设两者之间的静摩擦因数为 f_s，动摩擦因数为 f，并且 $0<f<1$。

（1）若货箱在 O 处由静止轻轻放在传送带 A 上，如图 4-1a 所示，试判断货箱在到达刚性支承 B 之前是否会翻倒，并论证你的结论。

（2）当货箱运动到传送带 A 底部时，其角部恰好与刚性支承 B 的顶端发生撞击，假设撞击过程为完全非弹性碰撞，货箱能顺利翻过刚性支承 B 到达传送带 C，如图 4-1b所示，则释放点 O 到传送带 A 底部的位置 s 应该满足什么条件？（忽略两个传送带之间的距离）

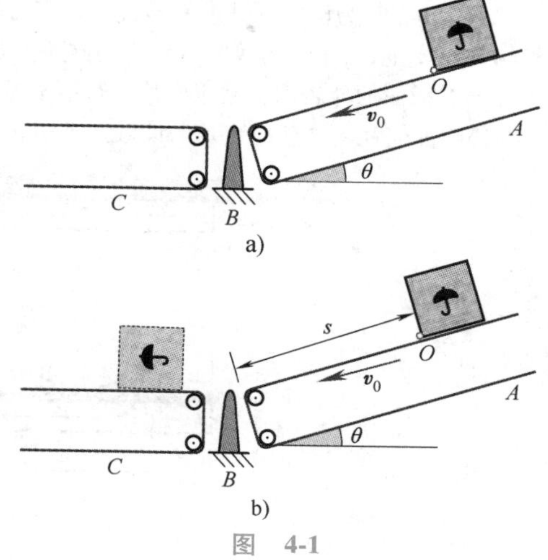

图 4-1

第 2 题（25 分）

动物园要进行猴子杂技表演，训猴师设计了如下装置：在铅垂面内固定一个带有光滑滑槽、半径为 R 的圆环，取一根重为 $\boldsymbol{P}$、长为 $l=\sqrt{3}R$ 的均质刚性杆 AB 放置在圆环滑槽内，以便重为 $\boldsymbol{G}$ 的猴子沿杆行走，已知 $P=2G$。

（1）如图 4-2a 所示，试求猴子处于距杆 AB 端点 A 距离为 d 时，杆的平衡位置。（用杆 AB 与水平线的夹角 θ 表示）

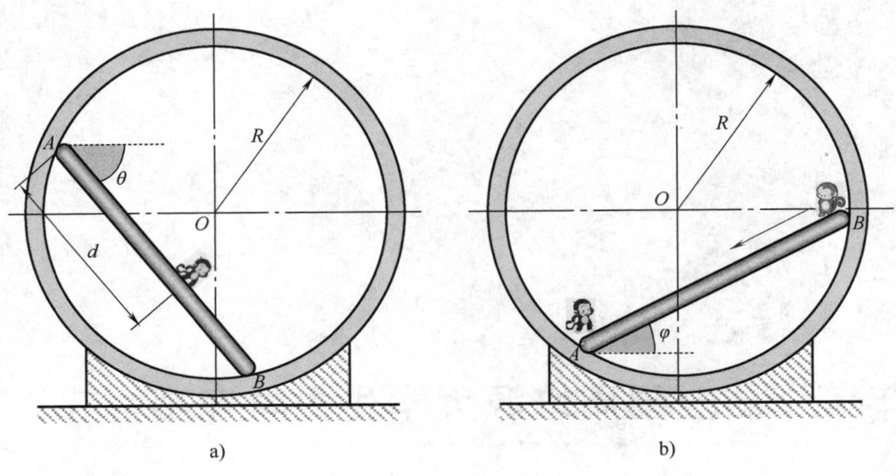

图 4-2

(2) 设两只重量均为 G 的猴子同时进行训练。训猴师首先让猴甲静坐在杆 AB 的 A 端，并且使猴甲-杆系统处于平衡，然后让猴乙从杆的 B 端无初速地沿杆 AB 向猴甲运动，如图 4-2b 所示。试问猴乙应该如何走才能不破坏原猴甲-杆系统的平衡状态？

第 **3** 题（30 分）

如图 4-3 所示的传送装置中，AB 是一段横截面为矩形的梁，A 端自由，B 端固定。截面宽度为 b，高度为 $h(h>2b)$。弹性模量为 E，泊松比为 ν。设传送带连同其上分布均匀的散装物在单位长度上的重量为 q，传送带给予 AB 梁单位长度的切向作用力为 t。建立图示的坐标系，考虑离 A 端为已知长度 $L(L>5h)$ 的 C 截面，假定该截面中水平直线上的切应力均匀分布。

(1) 若 q 和 t 为已知，试确定 C 截面的上边缘 P 点和下边缘 Q 点的应力状态，画出单元体示意图，并写出各应力分量的表达式。

(2) 若 q 和 t 为已知，试求 C 截面上切应力的表达式。

(3) 事实上，q 和 t 的数值不易直接得到。为了用电测法测定 q 和 t 的具体数值，拟在 C 截面所在区域且垂直于 C 截面的外表面上贴应变片。暂不考虑温度补偿片及组桥连接等事宜，先设计一个贴片最少的方案，并说明如何利用这些应变片的读数来求得 q 和 t 的数值。

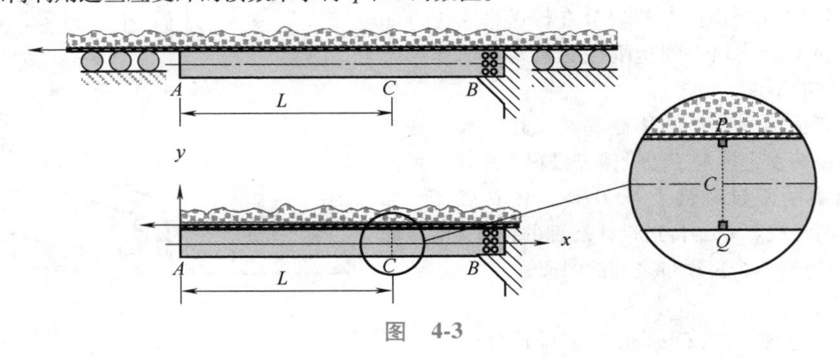

图 4-3

第 **4** 题（35 分）

如图 4-4a 所示横梁的长度为 1600mm，横截面是底边 $b=40$mm、高度 $h=60$mm 的矩形。梁的左端 A 为固支端，右端 B 自由。材料性能常数 $E=95$GPa，屈服极限 σ_s 和比例极限 σ_p 均为 250MPa。今有一批质地均匀、每块重量为 3. 2kN、长度也为 1600mm 的软金属板需要整齐地叠放在梁上，如图 4-4a所示。现拟用一根长度为 1800mm、直径 $d=36$mm、材料与横梁相同的圆杆来提高横梁的承载能力。限于

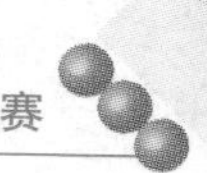

条件，只有梁下方 1000mm 处的地基可以对圆杆提供支撑，而且圆杆两端都只能用球铰与横梁和地基相连接。两个铰支座的水平位置可以根据需要分别随意调整，圆杆的长度也可以随之而任意截取，如图 4-4b 所示。

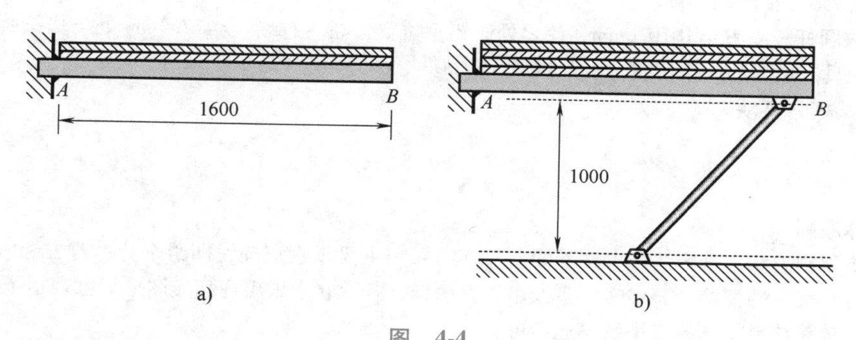

图　4-4

（1）定性分析：如何使用这根圆杆，使之与横梁形成合理的结构，才能尽可能多地放置金属板？

（2）不计横梁和圆杆的重量，根据第（1）小题的要求，设横梁和圆杆的安全因数均为 $[n]=2$，设计和定量地计算这一结构。结果中长度精确到 0.1mm。

（3）根据你的设计，加上支撑后的横梁最多可以堆放多少块金属板？

4.2　个人赛试题参考答案及详细解答

4.2.1　参考答案

第 1 题（30 分）

（1）货箱在传送带 A 上运动时不会翻到。

（2）当 $\theta \leqslant \arctan f_s$时，若 $v_0>v_{1\min}$，则货箱释放点位置应满足 $s_{\min}=\dfrac{v_{1\min}^2}{2a_1}=\dfrac{4\sqrt{2}b[1-\sin(45°+\theta)]}{3(\sin\theta+f\cos\theta)}$；若 $v_0<v_{1\min}$，则 s 不管取何值，均无法满足要求。

当 $\theta>\arctan f_s$时，若 $v_0 \geqslant v_{1\min}$，则货箱释放点位置应满足 $s_{\min}=\dfrac{v_{1\min}^2}{2a_1}=\dfrac{4\sqrt{2}b[1-\sin(45°+\theta)]}{3(\sin\theta+f\cos\theta)}$；若$v_0<v_{1\min}$，则货箱释放点位置应满足 $s_{\min}=\dfrac{4\sqrt{2}b[1-\sin(45°+\theta)]}{3(\sin\theta-f\cos\theta)}-\dfrac{f\cos\theta v_0^2}{g(\sin^2\theta-f^2\cos^2\theta)}$。

第 2 题（25 分）

（1）$\tan\theta=\dfrac{2d-\sqrt{3}R}{3R}$。

（2）猴乙按照 $s=\dfrac{2\sqrt{3}R}{3}\left(1-\cos\sqrt{\dfrac{\sqrt{3}g}{R}}t\right)$ 规律运动时，不会破坏原猴甲-杆系统的平衡状态。

第 3 题（30 分）

（1）上边缘 P 点：$\sigma_x=\dfrac{4htL+3qL^2}{bh^2}$，$\sigma_y=-\dfrac{q}{b}$，$\tau_{xy}=-\dfrac{t}{b}$。下边缘 Q 点：$\sigma_x=-\dfrac{2htL+3qL^2}{bh^2}$，$\sigma_y=0$，$\tau_{xy}=0$。

（2）$\tau=-\left[\dfrac{3qL}{2bh}\left(1-\dfrac{4y^2}{h^2}\right)+\dfrac{t}{4b}\left(1-\dfrac{4y}{h}-\dfrac{12y^2}{h^2}\right)\right]$。

（3）方案见详细解答。

第 4 题（35 分）

（1）圆杆处于铅垂位置，调整左右位置，同时，可将圆杆的长度取得比 1000mm 略长，利用装配应力（即预应力）来提高横梁的强度。

（2）截取圆杆长度 $H^*=1010.6\text{mm}$，使之处于铅垂位置，在离右端 $a=417.9\text{mm}$ 处与横梁强行安装，这样制成的结构具有最大的许用荷载 $[q]=34.35\text{kN/m}$。

（3）最多放置 17 块。

4.2.2 详细解答及评分标准

评分总体原则

各题均不限制方法。若方法与本文不同，只要结果和主要步骤正确，即给全分；若方法不同而结果不正确，各地自行统一酌情给分。本文中多处用图形解释，若试卷中未出现相应图形但已表达了同样的意思，则同样给分。计算结果用分数或小数表达均可。

本文中用底纹标识的公式和文字是给分的关键点，其后括号内的数字仅为本处的所得分值。

第 1 题（30 分）

（1）（本小题 12 分）**首先分析货箱在传送带上的运动**。

由于货箱静止放置在传送带上，而传送带具有速度 $\boldsymbol{v}_0$，所以在初始运动阶段，货箱相对于传送带产生滑动。该阶段货箱受力如图 4-5a 所示，图中 $\boldsymbol{G}$ 为货箱重力，$\boldsymbol{F}$ 为摩擦力，$\boldsymbol{F}_{\text{N}}$ 为传送带给货箱的法向约束力，$\boldsymbol{a}_1$ 为货箱在初始加速阶段的加速度。

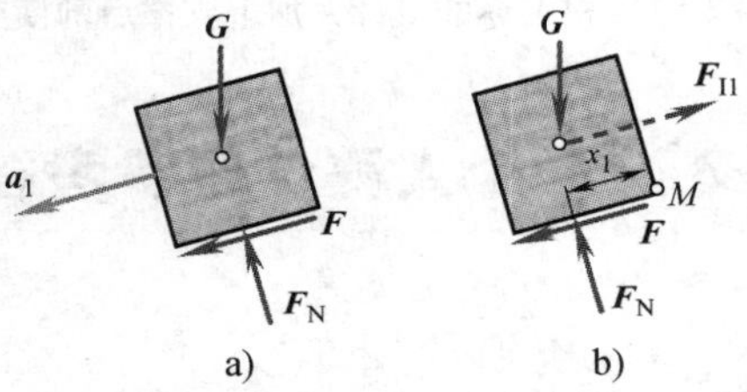

由质心运动定理，

$$ma_1=G\sin\theta+F \tag{4-1a}$$

$$F_{\text{N}}-G\cos\theta=0 \tag{4-1b}$$

式中，$F=fF_{\text{N}}$。由式（4-1）得货箱质心的加速度

$$a_1=g(\sin\theta+f\cos\theta) \quad （1 分） \tag{4-2}$$

图 4-5

当货箱与传送带同速的瞬间，二者相对静止，无滑动摩擦。货箱的最大静摩擦力

$$F_{\max}=f_{\text{s}}F_{\text{N}}=f_{\text{s}}G\cos\theta \tag{4-3}$$

此后，若货箱重力沿斜面向下的分量 $G\sin\theta$ 大于该静摩擦力，货箱还将继续向下做加速运动，并且受力如图 4-6a 所示，此时满足

$$G\sin\theta>f_{\text{s}}G\cos\theta \tag{4-4}$$

由上式解得

$$\theta>\arctan f_{\text{s}} \tag{4-5}$$

按照上述方法求解得该阶段货箱的加速度

$$a_2=g(\sin\theta-f\cos\theta) \quad （2 分） \tag{4-6}$$

当 $\theta\leqslant\arctan f_{\text{s}}$，货箱与传送带同速后将一起以速度 $\boldsymbol{v}_0$ 做匀速运动。

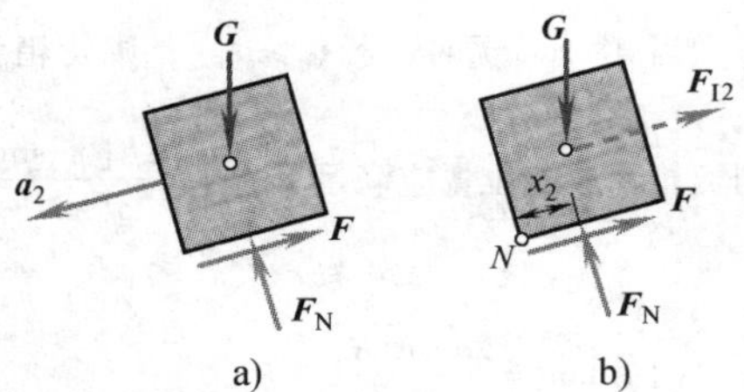

图 4-6

再分析货箱是否会倾倒。货箱相对于传送带滑动过程中，可能存在两种倾倒情况：初始加速阶段绕右下角 M 点倾倒，或同速后在再次加速阶段绕左下角 N 点倾倒（2 分）。在货箱上考虑惯性力，记货箱在上述两种情况下的惯性力分别为 $\boldsymbol{F}_{11}$ 和 $\boldsymbol{F}_{12}$，利用达朗贝尔原理求解。如果考生只考虑了一种货箱可能翻倒的情况，此处只给 1 分。

首先分析货箱绕右下角 M 点倾倒情况。设 F_{N} 距 M 点距离为 x_1，如图 4-5b 所示，根据达朗贝尔原理，有

$$\sum M_M(\boldsymbol{F})=0,\ G\sin\theta\frac{b}{2}+G\cos\theta\frac{b}{2}-F_{11}\frac{b}{2}-F_{\text{N}}x_1=0 \quad （1 分） \tag{4-7a}$$

$$\sum F_y = 0, \quad F_N - G\cos\theta = 0 \tag{4-7b}$$

式中，$F_{I1} = ma_1 = G(\sin\theta + f\cos\theta)$ 。(4-8)

由式（4-7）、式（4-8）得

$$x_1 = (1-f)\frac{b}{2} \quad （1 分） \tag{4-9}$$

再分析货箱绕左下角 N 点倾倒情况。设 F_N 距 N 点距离为 x_2，如图 4-6b 所示，同样有

$$\sum M_N(\boldsymbol{F}) = 0, \ G\sin\theta\frac{b}{2} - G\cos\theta\frac{b}{2} - F_{I2}\frac{b}{2} + F_N x_2 = 0 \quad （2 分） \tag{4-10a}$$

$$\sum F_y = 0, \quad F_N - G\cos\theta = 0 \tag{4-10b}$$

式中，$F_{I2} = ma_2 = G(\sin\theta - f\cos\theta)$ (4-11)

利用式（4-10）、式（4-11）得

$$x_2 = (1-f)\frac{b}{2} \quad （2 分） \tag{4-12}$$

由于 $0<f<1$，所以式（4-9）和式（4-12）满足

$$b>x_1>0, \quad b>x_2>0 \tag{4-13}$$

即货箱在传送带 A 上运动时不会翻倒（1 分）。如果考生只分析了一种货箱可能翻倒的情况，但仍然得出“不会翻倒”这一结论，则此处不给分。

（2）（本小题 18 分）设货箱运动到底部与钢支承 B 撞击之前质心速度为 $\boldsymbol{v}_1$。货箱从 O 点开始运动，直到到达传送带 C 整个运动过程分三个阶段。第一阶段：从 O 点运动到传送带底部并获得速度 $\boldsymbol{v}_1$；第二阶段：撞击刚性支承 B；第三阶段：撞击后货箱运动到传送带 C。

先分析撞击过程。由于货箱和支承 B 碰撞过程为完全非弹性，所以撞击后货箱不会弹起，而是绕着碰撞点 B 作转动（1 分），碰撞前后质心速度方向发生突变。设碰撞后货箱质心速度为 $\boldsymbol{v}_2$，角速度为 ω_2，碰撞前后的速度方向及碰撞冲量如图 4-7 所示。

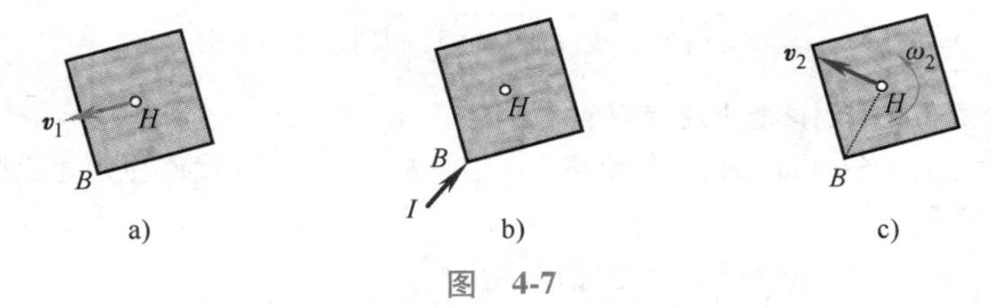

图　4-7

由图 4-7b，碰撞冲量满足

$$\sum M_B(\boldsymbol{I}) = 0 \tag{4-14}$$

所以撞击前后货箱对 B 点的动量矩守恒，即

$$mv_1\frac{b}{2} = mv_2\frac{\sqrt{2}}{2}b + J\omega_2 \quad （2 分） \tag{4-15}$$

式中，碰撞后速度 $v_2 = \frac{\sqrt{2}}{2}b\omega_2$，$J = \frac{1}{6}mb^2$ 为货箱相对于质心的转动惯量。将两式代入式（4-15）可得撞击后货箱的角速度

$$\omega_2 = \frac{3v_1}{4b} \quad （2 分） \tag{4-16}$$

再分析撞击后货箱的运动。由于碰撞结束后货箱运动过程中只有重力做功，故可利用机械能守恒求解。撞击结束瞬间，如图 4-8a 所示，货箱的动能

$$T_2 = \frac{1}{2}mv_2^2 + \frac{1}{2}J\omega_2^2 = \frac{1}{2}m\left(\frac{\sqrt{2}}{2}b\omega_2\right)^2 + \frac{1}{2}\left(\frac{1}{6}mb^2\right)\omega_2^2 = \frac{1}{3}mb^2\omega_2^2 \quad （2 分） \tag{4-17}$$

选取 B 点为零势能点，则在该位置货箱势能

$$V_2=Gh_2 \tag{4-18}$$

只有货箱跨过图 4-8b 位置，才能到达传送带 C，设该位置货箱的动能为 T_3，撞击后，货箱能翻到传送带 C 的条件是 $T_3\geqslant 0$（1 分）。货箱的势能为

$$V_3=Gh_3 \tag{4-19}$$

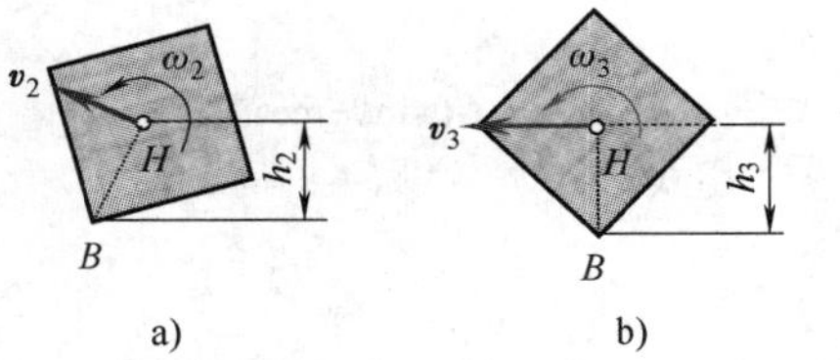

a)　　b)

图　4-8

根据机械能守恒定律

$$T_2+V_2=T_3+V_3 \tag{4-20}$$

将式（4-17）~式（4-19）代入式（4-20）得

$$\frac{1}{3}mb^2\omega_2^2+Gh_2=T_3+Gh_3 \quad （1 分） \tag{4-21}$$

由式（4-21）解得

$$T_3=\frac{1}{3}mb^2\omega_2^2+G(h_2-h_3) \tag{4-22}$$

因此，要满足 $T_3\geqslant 0$，需有

$$\omega_2^2\geqslant\frac{3g}{b^2}(h_3-h_2) \quad （1 分） \tag{4-23}$$

从图 4-8 中易求得 $h_2=\frac{\sqrt{2}}{2}b\sin(45°+\theta)$，$h_3=\frac{\sqrt{2}}{2}b$。将以上各式连同式（4-16）代入式（4-23），得货箱能够达到传送带 C 的条件是

$$v_1^2\geqslant\frac{8\sqrt{2}}{3}gb[1-\sin(45°+\theta)] \tag{4-24}$$

即货箱滑到底部，与刚性支承 B 碰撞前至少具有如下速度

$$v_{1\min}=\frac{2}{3}\sqrt{6\sqrt{2}\,gb[1-\sin(45°+\theta)]} \quad （3 分） \tag{4-25}$$

最后分析撞击前货箱能达到该最小速度的条件。

由第（1）小题可知，当 $\theta\leqslant\arctan f_s$，货箱与传送带同速后，将以速度 $\boldsymbol{v}_0$ 做匀速运动，此时若 $v_0>v_{1\min}$，则货箱释放点位置应满足

$$s_{\min}=\frac{v_{1\min}^2}{2a_1}=\frac{4\sqrt{2}b[1-\sin(45°+\theta)]}{3(\sin\theta+f\cos\theta)} \quad （1 分） \tag{4-26}$$

若 $v_0<v_{1\min}$，则 s 不管取何值，均无法满足要求（1 分）。

当 $\theta>\arctan f_s$，货箱与传送带同速后还将继续向下作加速运动，此时若 $v_0\geqslant v_{1\min}$，则货箱速度未与传送带同步之前已经达到 $v_{1\min}$，s 的表达式同式（4-26）（1 分）；若 $v_0<v_{1\min}$，则货箱与传送带同速之后还需继续向下运动直至速度达到 $v_{1\min}$，并且

$$s=s_1+s_2=\frac{v_0^2}{2a_1}+\frac{v_{1\min}^2-v_0^2}{2a_2} \tag{4-27}$$

将式（4-2）、式（4-6）和式（4-25）代入得

$$s_{\min}=\frac{4\sqrt{2}b[1-\sin(45°+\theta)]}{3(\sin\theta-f\cos\theta)}-\frac{f\cos\theta v_0^2}{g(\sin^2\theta-f^2\cos^2\theta)} \quad （2 分） \tag{4-28}$$

第 2 题（25 分）

（1）（本小题 10 分）解法一：采用分析静力学方法，利用虚位移原理寻求猴-杆系统的平衡位置。建立坐标系如图 4-9 所示，用 K 表示猴子的位置。由于 A、B 处为理想约束，约束力 $\boldsymbol{F}_{NA}$ 和 $\boldsymbol{F}_{NB}$ 在相应的虚位移不做功，系统只有重力做功。设 AB 杆的质心为 C，则圆心 O 到杆 AB 质心 C 的距离

$$\overline{OC}=\sqrt{\overline{OA}^2-\overline{AC}^2}=\sqrt{\overline{OA}^2-\overline{AC}^2}=\sqrt{R^2-\left(\frac{\sqrt{3}}{2}R\right)^2}=\frac{1}{2}R$$

显然，在△OAC 中，∠OAC=30°，所以质心 C 坐标

$$y_C=R-R\sin(\theta-30°)+\frac{\sqrt{3}}{2}R\sin\theta \qquad (1分) \qquad (4\text{-}29)$$

猴 K 的坐标

$$y_K=R-R\sin(\theta-30°)+d\sin\theta \qquad (1分) \qquad (4\text{-}30)$$

将式（4-29）和式（4-30）分别取变分得

$$\delta y_C=\left[-R\cos(\theta-30°)+\frac{\sqrt{3}}{2}R\cos\theta\right]\delta\theta \qquad (2分) \qquad (4\text{-}31a)$$

$$\delta y_K=[-R\cos(\theta-30°)+d\cos\theta]\delta\theta \qquad (2分) \qquad (4\text{-}31b)$$

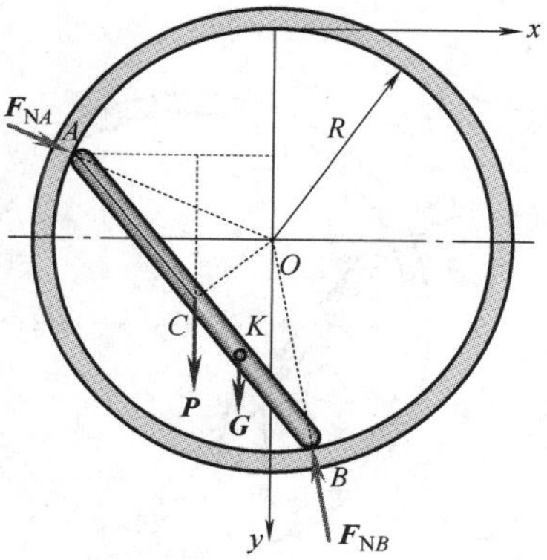

根据虚位移原理，猴-杆系统平衡时有

$$P\delta y_C+G\delta y_K=0 \qquad (1分) \qquad (4\text{-}32)$$

图　4-9

将式（4-31）代入式（4-32）得

$$\frac{\cos\theta}{\cos(\theta-30°)}=\frac{3R}{\sqrt{3}R+d} \qquad (3分) \qquad (4\text{-}33)$$

或

$$\tan\theta=\frac{2d-\sqrt{3}R}{3R}$$

解法二：采用刚体静力学方法，直接列平衡方程求解。系统受力如图 4-10 所示，建立图示坐标系，垂直于杆方向为 x 轴，沿 AB 轴方向为 y 轴。用 K 表示猴子的位置。对系统列平衡方程得

$$\sum F_x=0,\quad (F_{NA}+F_{NB})\cos60°-(P+G)\cos\theta=0$$

$$\sum F_y=0,\quad (F_{NA}-F_{NB})\cos30°+(P+G)\sin\theta=0$$

$$\sum M_A(\boldsymbol{F})=0,\quad F_{NB}l\cos60°-P\cdot\frac{l}{2}\cos\theta-Gd\cos\theta=0$$

由上面第一式和第二式得

$$F_{NB}=3G\left(\cos\theta+\frac{\sin\theta}{\sqrt{3}}\right)$$

代入第三式得

$$\tan\theta=\frac{2d-\sqrt{3}R}{3R}$$

（2）（本小题 15 分）根据第（1）小题的结论，当猴甲静坐在杆 A 端时，$d=0$，代入式（4-33）可得猴甲-杆系统平衡时杆的初始位置角 $\varphi_0=30°$。取 B 点为原点，s 轴沿 BA 方向，设猴乙的加速度为 $\ddot{s}$，则作用在猴乙上的惯性力大小为

$$F_I=\frac{G}{g}\ddot{s} \qquad (1分) \qquad (4\text{-}34)$$

当猴乙运动到杆上任意位置时其惯性力方向及系统受力如图 4-11 所示。对猴-杆系统运用达朗贝尔原理得

$$\sum M_O(\boldsymbol{F})=0,\quad F_Is\cos\varphi_0\sin\varphi_0+F_I\sin\varphi_0(R-s\cos\varphi_0)-$$

$$G(R-s\cos\varphi_0)+GR\sin(60°-\varphi_0)-P\frac{R}{2}\sin\varphi_0=0 \qquad (5分) \qquad (4\text{-}35)$$

将式（4-34）代入整理得

$$\ddot{s}+\frac{\sqrt{3}g}{R}s=2g \qquad (3分) \qquad (4\text{-}36)$$

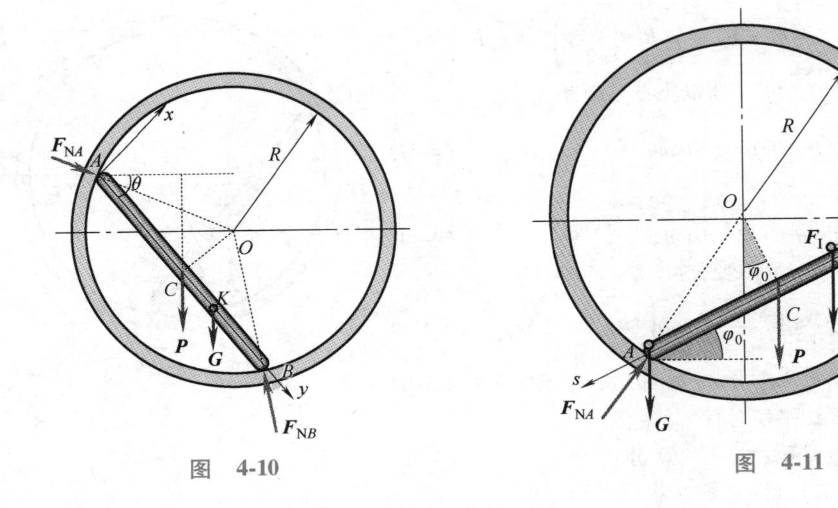

图 4-10　　　　图 4-11

式（4-36）即为保持原猴甲-杆系统平衡状态不变的情况下，猴乙运动应满足的微分方程。式（4-36）对应的齐次方程的通解为

$$s_1=A\cos\sqrt{\frac{\sqrt{3}g}{R}}t+B\sin\sqrt{\frac{\sqrt{3}g}{R}}t \tag{4-37}$$

易知微分方程（4-36）的一个特解可取为 $s_2=C$，代入式（4-36）可得

$$s_2=C=\frac{2\sqrt{3}R}{3} \tag{4-38}$$

故微分方程（4-36）的通解为

$$s=s_1+s_2=A\cos\sqrt{\frac{\sqrt{3}g}{R}}t+B\sin\sqrt{\frac{\sqrt{3}g}{R}}t+\frac{2\sqrt{3}R}{3}\quad（3 分） \tag{4-39}$$

式中，A 和 B 为积分常数，可由初始条件确定。当 $t=0$ 时，猴乙在杆的 B 端，而且初速度为 0，所以初始条件为：当 $t=0$ 时，有

$$s=0,\quad \dot{s}=0 \tag{4-40}$$

利用上述条件，可求得积分常数

$$A=-\frac{2\sqrt{3}R}{3},\quad B=0 \tag{4-41}$$

将式（4-41）代入式（4-39）可得猴 B 的行走规律

$$s=\frac{2\sqrt{3}R}{3}\left(1-\cos\sqrt{\frac{\sqrt{3}g}{R}}t\right)\quad（3 分） \tag{4-42}$$

即猴乙按照上述规律运动时，不会破坏原猴甲-杆系统的平衡状态。

第 3 题（30 分）

（1）（本小题 6 分）AB 部分可简化为上表面承受均布的竖向荷载 q 和切向荷载 t 的悬臂梁，如图 4-12a 所示。在梁中截取坐标为 x 的截面，如图 4-12b 所示。由平衡条件可导出，该截面上各内力分量为（注意，所有已知量按实际方向画出，所有待求量按正向画出）

$$F_N=tx,\quad F_S=-qx,\quad M=-\frac{1}{2}qx^2-\frac{ht}{2}x \tag{4-43}$$

截面上的正应力由拉伸应力 σ_N 和弯曲应力 σ_M 构成。对于坐标为 x 的截面上坐标为 y 的点，

$$\sigma_N=\frac{F_N}{A}=\frac{tx}{bh},\qquad \sigma_M=-\frac{My}{I}=\frac{6(qx^2+htx)y}{bh^3}$$

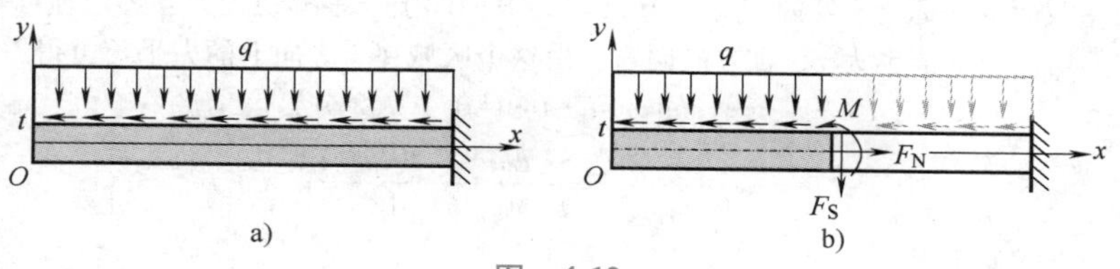

图　4-12

$$\sigma_x=\sigma_N+\sigma_M=\frac{tx}{bh}+\frac{6(qx^2+htx)y}{bh^3} \tag{4-44}$$

特别地，在 C 截面，$x=L$。其上边沿 P 点处，$y=\frac{h}{2}$，故

$$\sigma_x=\frac{tL}{bh}+\frac{3(qL^2+htL)}{bh^2}=\frac{4htL+3qL^2}{bh^2} \quad (1\text{分}) \tag{4-45}$$

此外，易由平衡条件得

$\sigma_y=-\frac{q}{b}$（1 分），$\tau_{xy}=-\frac{t}{b}$（1 分）（此处的第二式若无负号，但单元体图正确，也给 1 分）

P 点处于双向应力状态，其单元体示意图如图 4-13a 所示。

在 C 截面下边沿 Q 点，$y=-\frac{h}{2}$，故

$$\sigma_x=\frac{tL}{bh}-\frac{3(qL^2+htL)}{bh^2}=-\frac{2htL+3qL^2}{bh^2} \quad (1\text{分}) \tag{4-46}$$

由于梁的下表面是自由表面，故 $\sigma_y=0$，$\tau_{xy}=0$。Q 点处于单向应力状态，其单元体示意图如图 4-13b 所示。

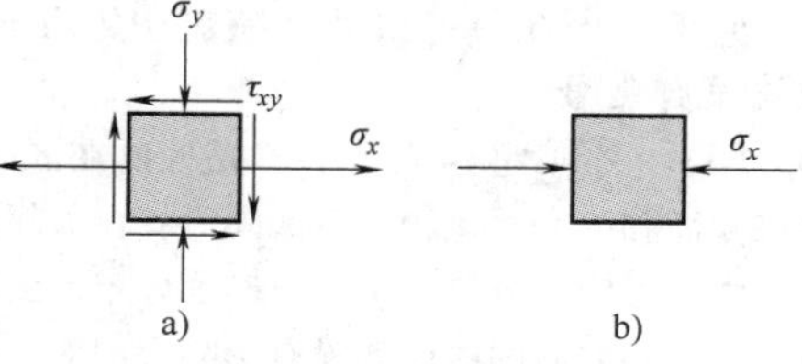

图　4-13

a)（1 分）　b)（1 分）

（2）（本小题 10 分）为了导出截面上任意处的切应力 τ 的一般表达式，在 C 截面附近截取梁中的一个微段 dx，再截取其坐标为 y 的水平面以上直到上边沿的部分，如图 4-14 所示。左截面（图中灰色区域）正应力的合力按照实际的方向（即图中所标识的方向）应为

$$F=\int_{A^*}\sigma\,\mathrm{d}A=-\int_{A^*}\frac{M}{I}y\mathrm{d}A+\int_{A^*}\frac{F_N}{A}\mathrm{d}A$$

故有

$$F=-\frac{M}{I}S^*+\frac{F_N}{A}A^* \quad (2\text{分}) \tag{4-47}$$

式中，S^* 是图中灰色区域关于截面形心轴的静矩，A^* 是该区域的面积，即

$$S^*=\frac{b}{2}\left(\frac{h^2}{4}-y^2\right),\quad A^*=b\left(\frac{h}{2}-y\right) \quad (2\text{分}) \tag{4-48}$$

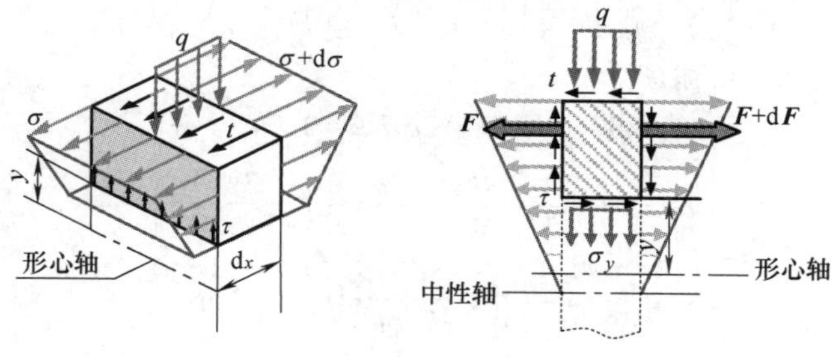

图　4-14

图 4-14 中右截面上的正应力的合力可记为 F+dF。

记微元区段左截面上坐标为 y 处的切应力为 $\tau(y)$，方向向上。根据切应力互等定理可知图 4-14 所示区域中，下截面上的切应力数值也为 τ，且方向向右。由这个区域在 x 方向上的力平衡可得

$$-F-t\mathrm{d}x+\tau b\mathrm{d}x+(F+\mathrm{d}F)=0 \quad (2\text{分})$$

故有

$$\tau=-\frac{1}{b}\frac{\mathrm{d}F}{\mathrm{d}x}+\frac{t}{b}=\frac{S^*}{bI}\frac{\mathrm{d}M}{\mathrm{d}x}-\frac{A^*}{bA}\frac{\mathrm{d}F_\mathrm{N}}{\mathrm{d}x}+\frac{t}{b}$$

将式（4-43）代入上式便可得

$$\tau=-\frac{S^*}{bI}\left(qx+\frac{ht}{2}\right)+\frac{t}{b}\left(1-\frac{A^*}{A}\right)$$

将式（4-48）代入上式便可整理得

$$\tau(x,y)=-\left[\frac{3qx}{2bh}\left(1-\frac{4y^2}{h^2}\right)+\frac{t}{4b}\left(1-\frac{4y}{h}-\frac{12y^2}{h^2}\right)\right] \tag{4-49a}$$

特别地，在 C 截面上，有

$$\tau=-\left[\frac{3qL}{2bh}\left(1-\frac{4y^2}{h^2}\right)+\frac{t}{4b}\left(1-\frac{4y}{h}-\frac{12y^2}{h^2}\right)\right] \quad (4\text{分}) \tag{4-49b}$$

这就是所求的切应力的表达式。负号说明切应力的实际方向与图 4-14 所示方向相反。例如，形心轴处（$y=0$），单元体的切应力方向如图 4-15 所示（图中未标出正应力）。

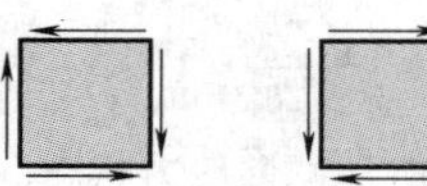

图 4-15

如果考生在图 4-14 中，假设切应力 τ 的方向是向左的，那么式（4-48）中就没有负号。

（3）（本小题 14 分）在 C 截面所在区域的各外表面中，上表面有传送带覆盖，贴应变片不大现实，故只有侧面和下表面比较合适。同时，在太靠近棱边的区域贴片，可能导致数据不够真实，也是应该避免的。

由于各应力分量沿 y 方向连续分布，因此可以预料，在截面上存在着应力分量 σ_x、σ_y 和 τ_{xy}。其中 τ_{xy} 对沿坐标轴方向的线应变没有影响，但对其他方向的线应变有影响，因此，如果所贴应变片是沿坐标轴方向的，一枚沿轴向，记为 $\varepsilon_{(1)}=\varepsilon_x$，另一枚垂直于轴向，记为 $\varepsilon_{(2)}=\varepsilon_y$，那么，由平面问题的广义胡克定律，有

$$\varepsilon_x=\frac{1}{E}(\sigma_x-\nu\sigma_y),\qquad \varepsilon_y=\frac{1}{E}(\sigma_y-\nu\sigma_x)$$

可得

$$\sigma_x=\frac{E}{1-\nu^2}(\varepsilon_x+\nu\varepsilon_y),\qquad \sigma_y=\frac{E}{1-\nu^2}(\varepsilon_y+\nu\varepsilon_x) \quad (2\text{分}) \tag{4-50}$$

上式涉及正应力分量 σ_y，这个分量可按下述方法进行分析。

在图 4-14 中，根据式（4-49a），微段左截面上坐标为 y 的水平线以上的部分切应力的合力为

$$F_\mathrm{S}=\int_y^{h/2}\tau\cdot b\mathrm{d}y=-\int_y^{h/2}\left[\frac{3qx}{2h}\left(1-\frac{4y^2}{h^2}\right)+\frac{t}{4}\left(1-\frac{4y}{h}-\frac{12y^2}{h^2}\right)\right]\mathrm{d}y$$

$$=-\frac{qx}{2}\left(1-\frac{3y}{h}+\frac{4y^3}{h^3}\right)+\frac{ht}{8}\left(1+\frac{2y}{h}-\frac{4y^2}{h^2}-\frac{8y^3}{h^3}\right) \quad (5\text{分})$$

由 y 方向上的力平衡，如图 4-14 所示，有

$$F_\mathrm{S}-q\mathrm{d}x-(F_\mathrm{S}+\mathrm{d}F_\mathrm{S})-\sigma_y b\mathrm{d}x=0 \quad (1\text{分})$$

即得

$$\sigma_y=-\frac{q}{b}-\frac{1}{b}\cdot\frac{\mathrm{d}F_\mathrm{S}}{\mathrm{d}x}=-\frac{q}{b}+\frac{q}{2b}\left(1-\frac{3y}{h}+\frac{4y^3}{h^3}\right)$$

即

$$\sigma_y(y)=-\frac{q}{2b}\left(1+\frac{3y}{h}-\frac{4y^3}{h^3}\right) \quad (2\text{分}) \tag{4-51}$$

这样，σ_x 和 σ_y 的一般表达式分别由式（4-44）和式（4-51）给出。

可在 C 截面区域侧面的不同位置粘贴应变片，从而构成不同的贴片方案。

第一种方案：可选择在侧面中线的 K 处贴片，如图 4-16 所示。在该处，有

$$\sigma_x=\frac{tL}{bh},\quad \sigma_y=-\frac{q}{2b}\qquad (2\text{分})$$

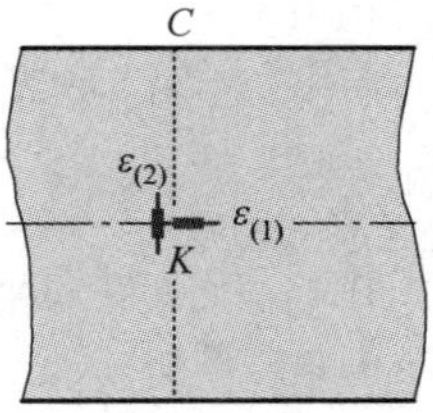

由式（4-50）可知

$$\frac{tL}{bh}=\frac{E}{1-\nu^2}(\varepsilon_{(1)}+\nu\varepsilon_{(2)})$$

$$-\frac{q}{2b}=\frac{E}{1-\nu^2}(\varepsilon_{(2)}+\nu\varepsilon_{(1)})$$

故有

$$t=\frac{Ebh}{L(1-\nu^2)}(\varepsilon_{(1)}+\nu\varepsilon_{(2)})\qquad (1\text{分})\qquad (4\text{-}52\text{a})$$

$$q=-\frac{2Eb}{1-\nu^2}(\varepsilon_{(2)}+\nu\varepsilon_{(1)})\qquad (1\text{分})\qquad (4\text{-}52\text{b})$$

图　4-16

第二种方案：可选择在侧面中线上方的 S 处贴片，S 处距中线$\frac{h}{4}$，如图 4-17 所示。在该处，有

$$\sigma_x=\frac{5htL+3qL^2}{2bh^2},\quad \sigma_y=-\frac{27q}{32b}\qquad (2\text{分})$$

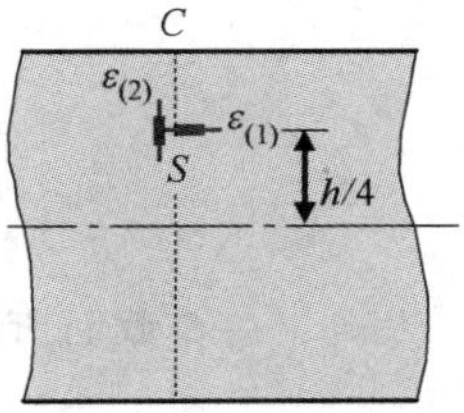

由式（4-50）可知

$$\frac{5htL+3qL^2}{2bh^2}=\frac{E}{1-\nu^2}(\varepsilon_{(1)}+\nu\varepsilon_{(2)})$$

$$-\frac{27q}{32b}=\frac{E}{1-\nu^2}(\varepsilon_{(2)}+\nu\varepsilon_{(1)})$$

故有

$$q=-\frac{32Eb}{27(1-\nu^2)}(\varepsilon_{(2)}+\nu\varepsilon_{(1)})\qquad (1\text{分})\qquad (4\text{-}53\text{a})$$

$$t=\frac{2bE}{5hL(1-\nu^2)}\left[\left(h^2+\frac{16\nu}{9}L^2\right)\varepsilon_{(1)}+\left(h^2\nu+\frac{16}{9}L^2\right)\varepsilon_{(2)}\right]\qquad (1\text{分})\qquad (4\text{-}53\text{b})$$

图　4-17

在第二种方案中，贴片处与中线的距离可以不是$\frac{h}{4}$。原则上，到中线的距离远一些为好，但应避免取$\frac{h}{2}$。若考生所取距离不是$\frac{h}{4}$，只要算式正确，均算全对。

注意：如果考生没有求出σ_y的表达式，直接考虑贴片，那么，应变片可用 3 片。以下的三种方案，若算式都正确，则本小题统一给 6 分。

第三种方案：可选择在侧面中线的 K 处贴片，并贴成如图 4-18 所示的直角应变花。由于在中线上，与式（4-52a）相同，则

$$t=\frac{Ebh}{L(1-\nu^2)}(\varepsilon_{(1)}+\nu\varepsilon_{(2)})$$

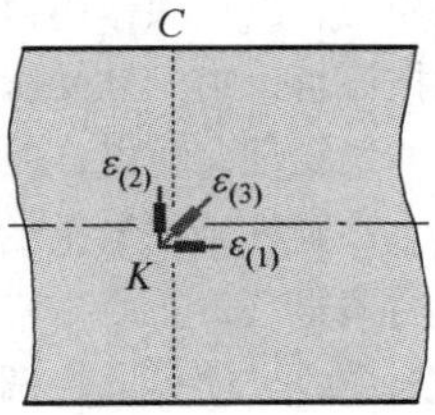

由式（4-49）可知，在 K 处的切应力按照其实际方向，可写为

$$\tau_{xy}=\frac{6qL+ht}{4bh},$$

故有

$$\gamma_{xy}=\frac{\tau_{xy}}{G}=\frac{(1+\nu)(6qL+ht)}{2Ebh}$$

图　4-18

在 K 处沿 45°方向上的线应变

$$\varepsilon_{(3)}=\frac{1}{2}(\varepsilon_{(1)}+\varepsilon_{(2)})+\frac{1}{2}\gamma_{xy}=\frac{1}{2}(\varepsilon_{(1)}+\varepsilon_{(2)})+\frac{(1+\nu)(6qL+ht)}{4Ebh}$$

故有

$$q=-\frac{Ebh}{3L(1+\nu)}\left[\varepsilon_{(1)}+\varepsilon_{(2)}-2\varepsilon_{(3)}+\frac{h}{2L(1-\nu)}(\varepsilon_{(1)}+\nu\varepsilon_{(2)})\right]$$

第四种方案：除了在中线 K 处沿坐标轴方向贴片之外，再在底面沿轴向贴片，如图 4-19 所示。应变片

共计仍用 3 片。

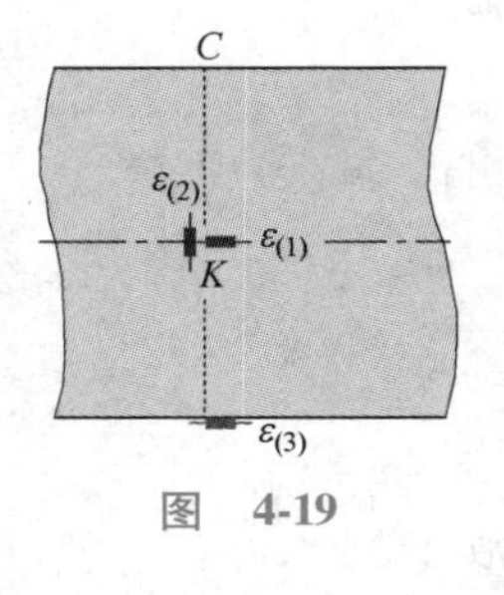

图 4-19

与第一、第二种方案类似，由 $\varepsilon_{(1)}$ 和 $\varepsilon_{(2)}$ 可得式（4-52a）：

$$t=\frac{Ebh}{L(1-\nu^2)}(\varepsilon_{(1)}+\nu\varepsilon_{(2)})$$

在 C 截面所在底面处沿轴向贴一枚应变片 $\varepsilon_{(3)}$，该处处于单向应力状态，由式（4-46）可知

$$E\varepsilon_{(3)}=-\frac{2htL+3qL^2}{bh^2}$$

将式（4-52a）代入上式即可得

$$q=-\frac{Ebh^2}{3L^2}\left[\varepsilon_{(3)}+\frac{2(\varepsilon_{(1)}+\nu\varepsilon_{(2)})}{1-\nu^2}\right]$$

第五种方案：在第四种方案中，应变片 $\varepsilon_{(1)}$ 和 $\varepsilon_{(2)}$ 不一定要选择在侧面的中线 K 处，也可选择在侧面的 S 处贴片，该处的纵坐标为 y_0，如图 4-20 所示。由式（4-44）可知

$$\sigma_x=\frac{tL}{bh}+\frac{6(qL^2+htL)y_0}{bh^3}$$

即

$$\frac{tL}{bh}+\frac{6(qL^2+htL)y_0}{bh^3}=\frac{E}{1-\nu^2}(\varepsilon_{(1)}+\nu\varepsilon_{(2)})$$

图 4-20

另外，在 C 截面所在底面处沿轴向贴一枚应变片 $\varepsilon_{(3)}$，与第四种方案相同，则

$$E\varepsilon_{(3)}=-\frac{2htL+3qL^2}{bh^2}$$

由上两式构成关于 t 和 q 的线性方程组，联立求解可得

$$t=\frac{Ebh}{L}\left(\frac{\varepsilon_{(1)}+\nu\varepsilon_{(2)}}{1-\nu^2}+\frac{2y_0\varepsilon_{(3)}}{h}\right)\left(1+\frac{2y_0}{h}\right)^{-1}$$

$$q=-\frac{2Ebh^2}{3L^2}\left[\frac{\varepsilon_{(1)}+\nu\varepsilon_{(2)}}{1-\nu^2}+\left(\frac{1}{2}+\frac{3y_0}{h}\right)\varepsilon_{(3)}\right]\left(1+\frac{2y_0}{h}\right)^{-1}$$

显然，侧面的两枚应变片也可以贴在中线的下方。

第 4 题（35 分）

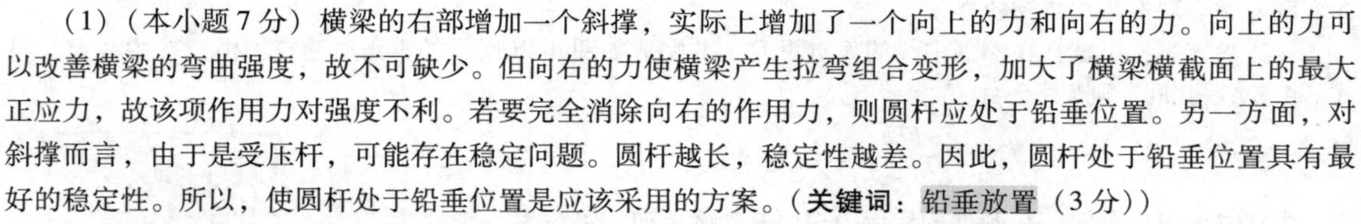

（1）（本小题 7 分）横梁的右部增加一个斜撑，实际上增加了一个向上的力和向右的力。向上的力可以改善横梁的弯曲强度，故不可缺少。但向右的力使横梁产生拉弯组合变形，加大了横梁横截面上的最大正应力，故该项作用力对强度不利。若要完全消除向右的作用力，则圆杆应处于铅垂位置。另一方面，对斜撑而言，由于是受压杆，可能存在稳定问题。圆杆越长，稳定性越差。因此，圆杆处于铅垂位置具有最好的稳定性。所以，使圆杆处于铅垂位置是应该采用的方案。(**关键词：**铅垂放置（3 分）)

在圆杆处于铅垂的情况下，圆杆的左右位置的调整也是一个可以提高横梁强度的措施。(**关键词：**左右调整（2 分）)

同时，还可以将圆杆的长度取得比 1000mm 略长，利用装配应力（即预应力）来提高横梁的强度。(**关键词：**装配应力（2 分）)

（2）（本小题 26 分）金属板的重量可简化为作用在悬臂梁上的均布荷载 q。记竖杆安置在距右端 B 为 a 的 C 处，把竖杆的支撑简化为向上的作用力 F_C，其力学模型和弯矩图如图 4-21 所示。在这种情况下，弯矩存在三个峰值，即位于 AC 之间的 M_K，A 截面的 M_A，以及 C 截面的 M_C。要使横梁的强度得到充分利用，应有

$$M_K=-M_A=-M_C \qquad (1\text{ 分}) \tag{4-54}$$

以 B 端为原点，x 坐标向左。C 截面的弯矩

$$M_C=-\frac{1}{2}qa^2 \quad （1 分） \quad (4\text{-}55a)$$

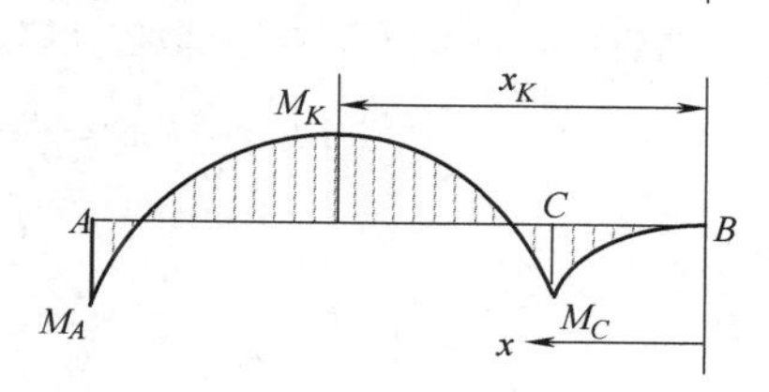

图　4-21

在 C 截面左面，弯矩为

$$M(x)=F_C(x-a)-\frac{1}{2}qx^2 \quad (x\geqslant a)$$

其极值点 $x_K=\frac{F_C}{q}$，该截面的弯矩

$$M_K=\frac{F_C^2}{2q}-F_Ca \quad （1 分） \quad (4\text{-}55b)$$

固定端 A 处的弯矩

$$M_A=F_C(L-a)-\frac{1}{2}qL^2 \quad （1 分） \quad (4\text{-}55c)$$

式（4-55）的三式联立，即可解得

$$a=\frac{1}{7}(2\sqrt{2}-1)L=417.926\text{mm} \quad （2 分） \quad (4\text{-}56a)$$

和

$$F_C=\frac{1}{2}q(L+a)=\frac{1}{7}(3+\sqrt{2})qL \quad （2 分） \quad (4\text{-}56b)$$

故有

$$M_{\max}=\frac{1}{2}qa^2=\frac{1}{98}(9-4\sqrt{2})qL^2$$

由于横梁的抗弯截面系数 $W=\frac{1}{6}bh^2$，故强度条件是

$$\sigma_{\max}=\frac{M_{\max}}{W}=\frac{3qL^2}{49bh^2}(9-4\sqrt{2})\leqslant\frac{\sigma_s}{[n]}$$

由此可得许用荷载

$$[q]=\frac{49bh^2\sigma_s}{3(9-4\sqrt{2})[n]L^2}=\frac{49\times40\times60^2\times250}{3\times(9-4\sqrt{2})\times2\times1600^2}\text{N/mm}=34.35\text{N/mm} \quad （2 分） \quad (4\text{-}57)$$

相应地，C 处的支承约束力

$$F_C=34659.90\text{N} \quad (4\text{-}58)$$

记横梁横截面惯性矩为 I_1，下面用不同的方法计算在 F_C 和 q 的共同作用下 C 处的挠度 w_C。

解法一（叠加法）：C 处的挠度 w_C 可按图 4-22 所示的简化模型计算，即（向上为正）

$$w_C=\frac{(F_C-qa)(L-a)^3}{3EI_1}-\frac{q(L-a)^4}{8EI_1}-\left(\frac{1}{2}qa^2\right)\frac{(L-a)^2}{2EI_1}$$

$$=\frac{q}{24EI_1}(L^2-2La-5a^2)(L-a)^2$$

$$=\frac{q}{2Ebh^3}(L^2-2La-5a^2)(L-a)^2 \quad （6 分） \quad (4\text{-}59a)$$

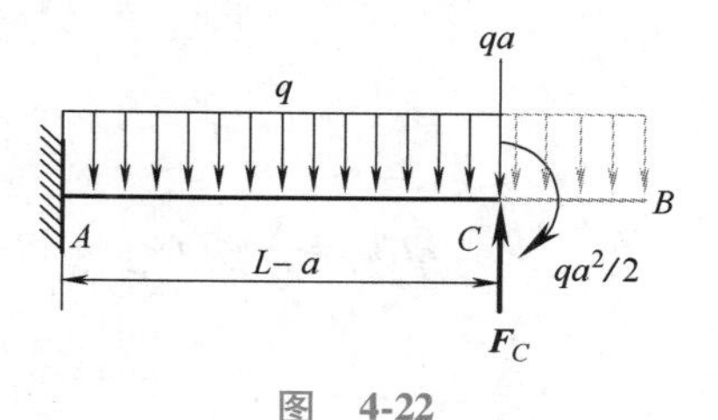

图　4-22

上式中代入 $a=417.926\text{mm}$，$q=[q]=34.35\text{N/mm}$ 等数据，可得

$$w_C=10.214\text{mm} \quad （1 分） \quad (4\text{-}59b)$$

或者：w_C 可以直接用 q 来表达，即

$$w_C=\frac{(F_C-qa)(L-a)^3}{3EI_1}-\frac{q(L-a)^4}{8EI_1}-\left(\frac{1}{2}qa^2\right)\frac{(L-a)^2}{2EI_1}$$

$$=\frac{2(113-72\sqrt{2})qL^4}{7203EI_1}=\frac{24(113-72\sqrt{2})qL^4}{7203Ebh^3}$$

$$=3.1033\times10^{-3}\frac{qL^4}{EI_1}=3.7240\times10^{-2}\frac{qL^4}{Ebh^3}$$

在上式中代入 $q=[q]=34.35\text{N/mm}$ 等数据，即

$$w_C=\frac{0.03724\times34.35\times1600^4}{95\times10^3\times40\times60^3}\text{mm}=10.214\text{mm}$$

或者：w_C还可以直接代入数值计算。

$$EI_1=\frac{1}{12}Ebh^3=\frac{1}{12}\times95\times10^3\times40\times60^3\text{N}\cdot\text{mm}^2=6.84\times10^{10}\text{N}\cdot\text{mm}^2$$

$$\frac{(F_C-qa)(L-a)^3}{3EI_1}=163.4267\text{mm}$$

$$\frac{q(L-a)^4}{8EI_1}=122.5700\text{mm}$$

$$\left(\frac{1}{2}qa^2\right)\frac{(L-a)^2}{2EI_1}=30.6425\text{mm}$$

$$w_C=(163.4267-122.5700-30.6425)\text{mm}=10.214\text{mm}$$

解法二（图乘法）：将原有荷载分解为如图 4-23 左方所示的三种荷载，画出相应的弯矩图。同时，在 C 处加上向上的单位力，画出其弯矩图。各弯矩图如图 4-23 右方所示。故有

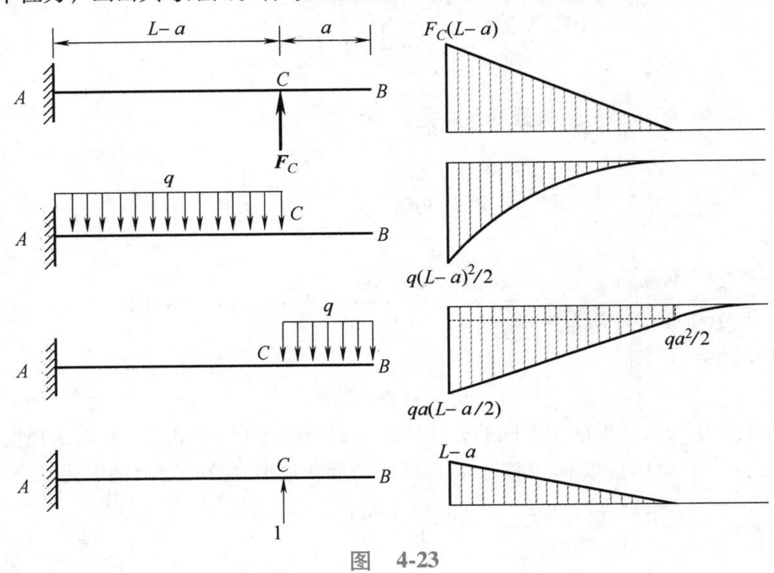

图 4-23

$$EI_1w_C=\frac{1}{2}F_C(L-a)\cdot(L-a)\cdot\frac{2}{3}(L-a)-\frac{1}{3}\cdot\frac{q}{2}(L-a)^2\cdot(L-a)\cdot\frac{3}{4}(L-a)-$$
$$\frac{qa^2}{2}\cdot(L-a)\cdot\frac{1}{2}(L-a)-\frac{1}{2}\left[qa\left(L-\frac{a}{2}\right)-\frac{qa^2}{2}\right]\cdot(L-a)\cdot\frac{2}{3}(L-a)$$

故有
$$w_C=\frac{(L-a)^2}{24EI_1}[8F_C(L-a)-q(3L^2+2La+a^2)]$$

将 $F_C=\frac{1}{2}q(L+a)$ 代入上式，即可得

$$w_C=\frac{q}{24EI_1}(L^2-2La-5a^2)(L-a)^2=\frac{q}{2Ebh^3}(L^2-2La-5a^2)(L-a)^2=10.214\text{mm}$$

w_C为正，说明竖杆的长度应比基本长度 H 更长。记竖杆的长度为 $H^*=H+\Delta$，竖杆的横截面积为 A_2，

由于竖杆为压杆，故有协调条件：

$$\frac{F_C(H+\Delta)}{EA_2}+w_C=\Delta \qquad (2分)$$

故有

$$\Delta=\left(\frac{F_CH}{EA_2}+w_C\right)\left(1-\frac{F_C}{EA_2}\right)^{-1}=\left(\frac{F_CH}{EA_2}+w_C\right)\left(1+\frac{F_C}{EA_2}+\cdots\right)\approx\frac{F_CH}{EA_2}+w_C \qquad (1分)$$

$$=\frac{4F_CH}{E\pi d^2}+w_C=\left(\frac{4\times34659.9\times1000}{95\times10^3\times\pi\times36^2}+10.214\right)\text{mm}=10.572\text{mm}$$

所以，应取立柱高度

$$H^*=H+\Delta=1010.57\text{mm} \qquad (1分) \qquad (4\text{-}60)$$

下面校核立柱的安全性。由于立柱承受压力，故考虑其柔度。由已知，$\sigma_p=\sigma_s$，故

$$\lambda_p=\pi\sqrt{\frac{E}{\sigma_p}}=\pi\times\sqrt{\frac{95\times10^3}{250}}=61.2 \qquad (1分)$$

$$\lambda=\frac{\mu H^*}{i}=\frac{4H^*}{d}=\frac{4\times1010.57}{36}=112.3 \qquad (1分)$$

故撑杆是大柔度杆，应该考虑其稳定性。记 I_2 为撑杆横截面惯性矩，由于轴力 $F_{N2}=F_C$，故有

$$n=\frac{F_{cr}}{F_C}=\frac{EI_2\pi^2}{H^{*2}F_C}=\frac{Ed^4\pi^3}{64H^{*2}F_C}=\frac{95\times10^3\times36^4\times\pi^3}{64\times1010.57^2\times34659.9}=2.18>[n]=2 \qquad (3分) \qquad (4\text{-}61)$$

所以撑杆安全。由此看来，选定 $H^*=1010.57\text{mm}$ 是合适的。

结论：截取圆杆长度 $H^*=1010.6\text{mm}$，使之处于铅垂位置，在离右端 $a=417.9\text{mm}$ 处与横梁强行安装。这样制成的结构具有最大的许用荷载 $[q]=34.35\text{kN/m}$。

（3）（本小题 2 分）每块金属板的分布荷载

$$[q_0]=\frac{3200}{1600}=2\text{N/mm} \qquad (1分)$$

$$\frac{[q]}{[q_0]}=\frac{34.35}{2}=17.18 \qquad (4\text{-}62)$$

即加上支撑后结构最多可以放置 17 块金属板（1 分）。

注意：求解本题考生可能会采取以下不够完备的方案。可参考如下评分标准：

方案一　（本方案 6 分）在 B 端加高度 $H=1000\text{mm}$ 的竖直撑杆，如图 4-24 所示。

这种情况下，协调条件为

$$w_B=w_{Bq}+w_{BR}=-\frac{qL^4}{8EI_1}+\frac{F_BL^3}{3EI_1}=-\frac{F_BH}{EA_2} \qquad (2分)$$

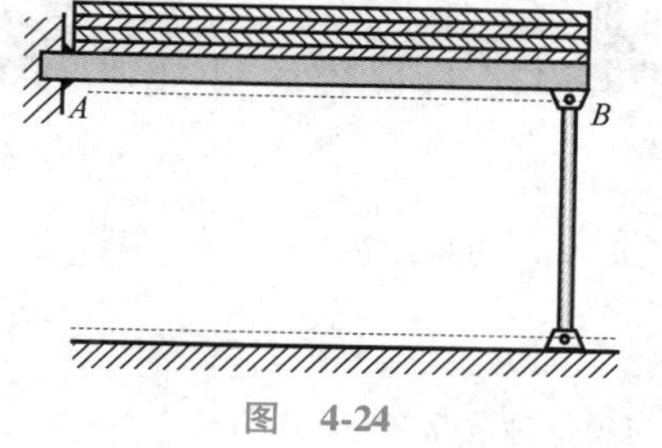

图　4-24

由此可得解为

$$F_B=\frac{3qL}{8}(1+\xi)^{-1} \qquad (1分)$$

式中，$$\xi=\frac{3HI_1}{A_2L^3}=\frac{Hbh^3}{\pi d^2L^3}=\frac{1000\times40\times60^3}{\pi\times36^2\times1600^3}=5.1808\times10^{-4}$$

弯矩最大值出现在固定端，

$$|M|_{max}=\frac{1}{8}qL^2\left(\frac{1+4\xi}{1+\xi}\right) \qquad (1分)$$

式中，$\frac{1+4\xi}{1+\xi}=1.0016$。

容易看出，ξ 体现的是竖杆弹性的影响。上述计算表明，这个影响是非常微小的，忽略它所引起的误差小于 0.2%。这样，强度条件可简单地写为

$$\sigma_{max}=\frac{M_{max}}{W}=\frac{3qL^2}{4bh^2}\leqslant\frac{\sigma_s}{[n]}$$

由此可得许用荷载

$$[q]=\frac{4\sigma_s bh^2}{3[n]L^2}=\frac{4\times250\times40\times60^2}{3\times2\times1600^2}\text{N/mm}=9.38\text{N/mm}\qquad(1分)$$

因此，在这种情况下，最多可以放置 4 块金属板　　（1 分）。

方案二　（本方案 10 分）在 B 端加上高度大于 $H=1000\text{mm}$ 的竖直撑杆，利用装配应力的方案，如图 4-25 所示。

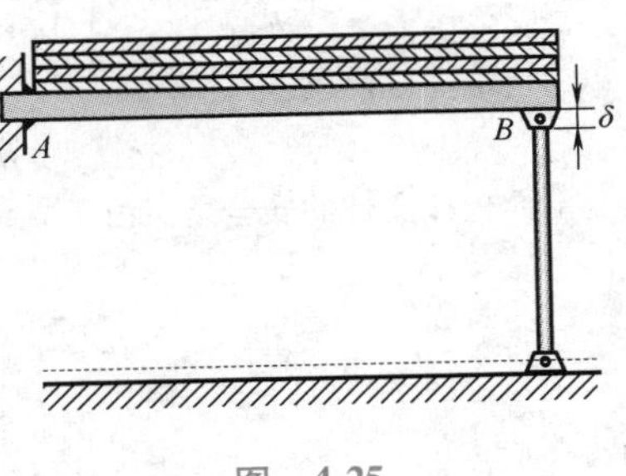

图　4-25

由于竖杆变形对强度的影响很小，故忽略。设右端支座的支承约束力为 F_B，撑杆比 $H=1000\text{mm}$ 多出 δ，根据右端 B 处的协调条件可得：

$$-\frac{qL^4}{8EI}+\frac{F_BL^3}{3EI}=\delta\qquad(2分)$$

故有
$$F_B=\frac{3}{8}qL+\frac{3EI}{L^3}\delta$$

由此可得左端支承约束力及支承约束力偶矩

$$F^-=qL-F_B,M^-=\frac{1}{2}qL^2-F_BL$$

由此可知，弯矩峰值出现在 A、K 两个截面上，如图 4-26 所示。由

$$\frac{F^-}{L-s}=\frac{F_B}{s}\quad 即\quad\frac{qL-F_B}{L-s}=\frac{F_B}{s}$$

可得
$$s=\frac{F_B}{q}$$

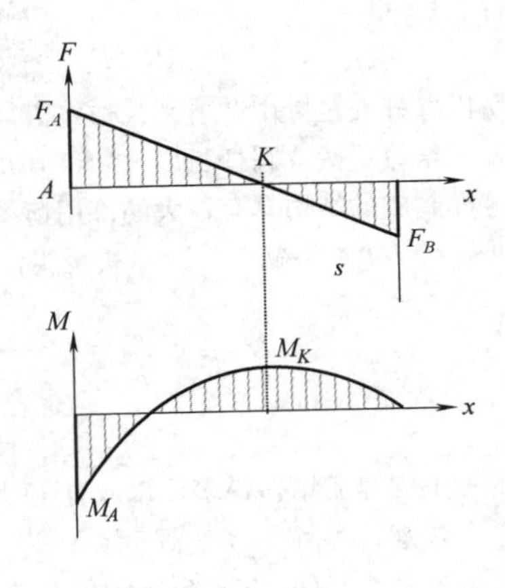

图　4-26

故有　$M_A=-\frac{1}{2}qL^2+F_BL$（1 分），$M_K=F_Bs-\frac{1}{2}qs^2=\frac{F_B^{\ 2}}{2q}$（1 分）

最佳的 δ 值，应使 $|M_A|=M_K$，即

$$\frac{1}{2}qL^2-F_BL=\frac{F_B^{\ 2}}{2q},$$

即
$$F_B^{\ 2}+2qLF_B-(qL)^2=0$$

可得
$$F_B=(\sqrt{2}-1)qL$$

将上式代入 F_B 的表达式即可得最佳的 δ 值：

$$\delta=\frac{(8\sqrt{2}-11)qL^4}{24EI}=\frac{(8\sqrt{2}-11)qL^4}{2Ebh^3}$$

相应的最大弯矩

$$M_{max}=M_K=\frac{F_B^{\ 2}}{2q}=\left(\frac{3}{2}-\sqrt{2}\right)qL^2\qquad(1分)$$

可得这种情况下的许用荷载

$$[q]=\frac{\sigma_s bh^2}{3(3-2\sqrt{2})[n]L^2}=\frac{250\times40\times60^2}{3\times(3-2\sqrt{2})\times2\times1600^2}\text{N/mm}=13.66\text{N/mm}\qquad(2分)$$

因此在这种情况下，最多可以放置 6 块金属板　（1 分）。

同时，竖杆在 $H=1000\text{mm}$ 的基础上应该增加的长度为

$$\delta=\frac{(8\sqrt{2}-11)\times13.66\times1600^4}{2\times95\times10^3\times40\times60^3}\text{mm}=17.1\text{mm}\qquad(2分)$$

方案三　（本方案 12 分）未考虑预应力，但考虑了竖杆左右平移的方案。

若不考虑预应力，如图 4-27 所示，也不考虑立柱的变形，那么 C 处就相当于增加一个铰。显然 C 处支座的支承约束力 F_C 随着 a 的位置的变动而变化；或者说，这种情况下，可以调整的因素只剩下 a。根据 C 处的协调条件可得：

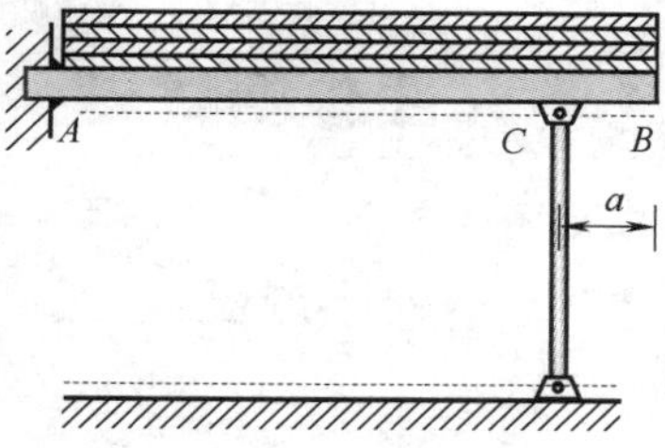

$$-\frac{q(L-a)^4}{8EI}-\frac{(qa)(L-a)^3}{3EI}-\left(\frac{qa^2}{2}\right)\frac{(L-a)^2}{2EI}+\frac{F_C(L-a)^3}{3EI}=0 \quad (2\text{分})$$

图　4-27

由此可得

$$F_C=\frac{q}{8(L-a)}(3L^2+2La+a^2) \qquad (1\text{分})$$

弯矩峰值仍出现在 A、K、C 三个截面上。并可得 A 处弯矩

$$M_A=-\frac{1}{2}qL^2+F_C(L-a)=-\frac{1}{8}q(L^2-2La-a^2) \qquad (1\text{分})$$

C 处弯矩

$$M_C=-\frac{1}{2}qa^2 \qquad (1\text{分})$$

K 处的弯矩

$$M_K=\frac{F_C^2}{2q}-F_Ca \qquad (1\text{分})$$

由于可调因素只有 a，故不可能取 $M_K=-M_A=-M_C$。最佳的 a 值，应使 $M_A=M_C$ （1 分），即

$$\frac{1}{8}q(L^2-2La-a^2)=\frac{1}{2}qa^2$$

即

$$5a^2+2La-L^2=0$$

故有

$$a=\frac{1}{5}(\sqrt{6}-1)L=0.2899L=463.8\text{mm} \qquad (2\text{分})$$

注意上式与式（4-56a）中的 $a=417.9$mm 相比，向中部靠近了约 46mm。

$$|M_A|=|M_C|=\frac{1}{2}qa^2=\frac{1}{50}(7-2\sqrt{6})qL^2=0.0420qL^2 \qquad (1\text{分})$$

根据上述结果可以算出，当 $M_A=M_C$ 时，

$$M_K=\frac{1}{100}(7-2\sqrt{6})qL^2<|M_A|$$

由此可知，$|M_A|=|M_C|=\frac{1}{50}(7-2\sqrt{6})qL^2$是这种情况下的最大弯矩。

可以看出，在 B 处铰处于 $a=\frac{1}{5}(\sqrt{6}-1)L$ 位置上时，如果铰再往左移，则 $|M_C|$ 将会增加；如果铰再往右移，则 $|M_A|$ 将会增加。因此，$|M_A|=|M_B|=\frac{1}{50}(7-2\sqrt{6})qL^2$ 是 B 处铰移动时所可能产生的最小弯矩。

用弯曲强度条件，有

$$\sigma_{\max}=\frac{M_{\max}}{W}=\frac{3(7-2\sqrt{6})qL^2}{25bh^2}\leqslant\frac{\sigma_s}{[n]}$$

便有

$$[q]=\frac{25\sigma_s bh^2}{3(7-2\sqrt{6})[n]L^2}=\frac{25\times250\times40\times60^2}{3\times(7-2\sqrt{6})\times2\times1600^2}\text{N/mm}=27.89\text{N/mm} \qquad (1\text{分})$$

$$\frac{[q]}{[q_0]}=\frac{27.89}{2}=13.94$$

这意味着，放置 14 块金属板有困难。同时还可以看出，若将铰换为立柱，实际上使 C 处的竖向位移的刚性约束变为弹性约束，许用荷载将再次轻微降低，因此最多放置13 块的结论比较合适（1 分）。

4.3 团体赛试题

4.3.1 谁的刚度最大

1. 题目

利用组委会提供的材料设计制作一个跨度为800mm、具有一定刚度的悬臂结构，如图4-28所示（该图仅为示意图，不包含对悬臂结构具体形式的限制）。要求悬臂结构一端固定在基座指定区域内（100mm×120mm），另一端可悬挂一定重量的螺母。悬挂螺母的所有线绳与立板之间的水平距离不小于800mm。参赛者在规定时间内设计制作结构，并固定在规定区域内，使悬臂结构在铅垂方向上具有尽可能大的刚度。

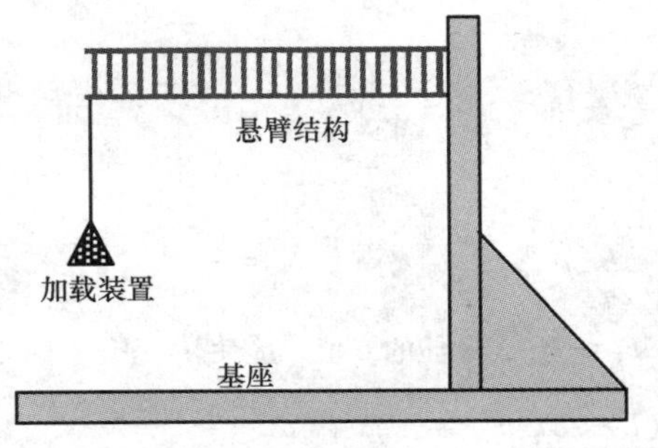

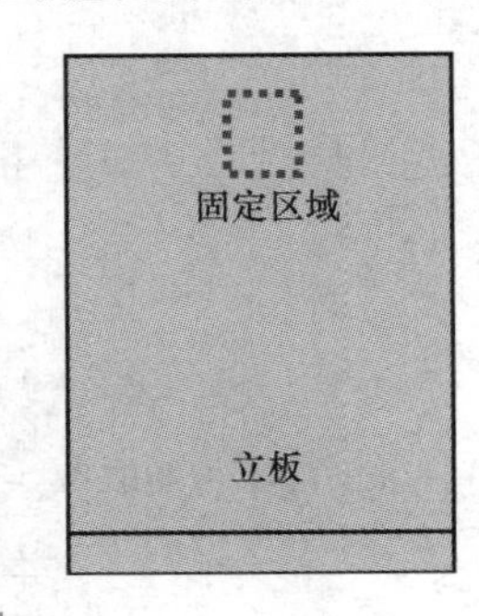

图4-28 结构示意图

2. 规则及评分标准

（1）选手制作结构所用全部材料都由组委会提供，不得另外添加材料。对于组委会提供的物品，可以全部采用，也可以只采用其中一部分。

（2）悬臂结构与T形基座的立板连接部分不得超出划定的区域范围，除此之外，结构的其余部位不得与工作台、T形基座或者周围物体有任何连接。

（3）在刚度测试过程中，所悬挂的重物与立板之间的距离不少于800mm，悬挂点必须固定于结构上，不得发生滑动。所悬挂的重物不得与地面有接触。在刚度测试过程中，悬臂结构不得与任何其他物体产生新的接触。

（4）从组委会宣布竞赛开始到正式测试的时间为120min。在此120min内，允许选手对自制的装置进行反复测试与改装。

（5）测试方法：

组委会宣布测试开始后，不允许参赛队再对结构进行修改。参赛队员将结构安装调试好，即可向助理裁判员申请测试。助理裁判员在测量悬挂螺母的线绳与立板之间的水平距离满足800mm的要求之后，由参赛队员自行在线绳上标记测试基准点并经助理裁判员确认。每个参赛小组的正式测试进行两次，每次测试分两步进行：

① 选手悬挂1个螺母进行预加载，助理裁判员开始计时，1min结束时，助理裁判员采用高度尺记录测试基准点的高度 H_1（单位为mm，精确到个位）。

② 助理裁判员示意选手加载（继续加载2个螺母）。加载结束后，助理裁判员开始计时，1min结束时，助理裁判员采用高度尺记录测试基准点的高度 H_2（单位为mm，精确到个位）。

每次测试计时开始后，选手不得触碰结构和载荷。每次测试结束后，选手不得修改、调整或重组结构。助理裁判员应将两次测试中基准点的测量高度记录在赛题文本的末页，并让选手代表确认后签字。

（命题组：测试次数改为两次，由于高度尺无法读出非静止的数据，所以建议不增加“如果在加载3

个螺母之后结构不断变形，以至于加载 1min 时无法读出静止的数据，本项竞赛分数也为 20 分”文字部分；加载 3 个螺母后，很多不同形式的结构经过一段时间会垮塌，如果增加至 5min，我们担心会出现 95% 以上甚至所有结构遭到破坏的可能。）

（6）评分方法：

两次测量结束后，取单次测量的结构变形量最小值作为最终成绩，结构变形量计算公式为：

$$H=H_1-H_2$$

以全场变形量最小（$H_{\min}$）的参赛队为 100 分，变形量最大（$H_{\max}$）的参赛队为 40 分，则变形量为 H 的某队得分为：

$$P=40+60\times\left(\frac{H_{\max}-H}{H_{\max}-H_{\min}}\right)$$

若 120min 内参赛队未能制作出可以测试的结构，则本项竞赛分数为零。若已制作完成结构，但在测试过程中，悬臂结构除了与 T 形基座的立板固定区域，还与工作台、T 形基座或者周围物体发生触碰，则本项竞赛分数为 20 分。

3. 发放器材清单

序号	名称	规格	单位	数量	备注
1	吸管	塑料	根	70	
2	保鲜袋		个	8	不得卷曲搓捻为绳索使用
3	带立板的 T 形基座		个	1	规定区域外不可加工
4	紧固件	L 形带 6 个通孔	个	4	不允许加工
5	木螺钉（含螺母）		颗	10	不允许加工
6	细绳	2000mm	根	1	可多次剪断
7	六角螺母	标准件 M24	个	3	不允许加工
8	高度尺	量程 500mm	套	1	不允许加工
9	小文具	含若干回形针、图钉	套	1	
10	橡皮筋		根	10	
11	大头针		盒	1	
12	水泥钢钉		颗	6	
13	签字笔	黑色	枝	1	不能使用到结构中
14	铅笔	HB	支	1	
15	赛题文本		本	1	

4. 所需材料价格及场地要求

每组材料价格约 200 元，场地约 4m^2、桌子（或其他可供加工及测试用的平台）。

5. 安全性评估

本题原则上不存在安全性问题，使用大头针等尖锐物品时，若尖锐部位突出，可使用锤子等工具做钝化处理。

6. 预案

（1）承认所有未违反竞赛规则的各种设计和制作方案均为有效。

（2）若正式测试过程中，某些部件损坏或由于其他原因导致测试无法继续进行，原则上不得对结构进行修复。

（3）在预加载及加载两个过程中，若结构完全散架，或者结构与地面及周围物体触碰，或者重物触地，本项目的竞赛分数为基本分（20 分）。

（4）本项竞赛安排在开幕式之后，若开幕式时间拖延，则本项竞赛时间往后顺延，但竞赛时长（150min）不变。

（5）对上述预案未涉及的事项，由现场组委会人员根据题目要求灵活处理。涉及更改规则的问题由专家组共同商定，并报请仲裁委员会裁决。本项规定也适用于以下各题，不再重述。

4.3.2 谁吊起的重物最重

1. 题目

利用组委会所提供的材料设计制作一个起吊装置。该装置首先将重物从测试平台的底部（地面上位置 A）垂直起吊，到达位于测试平台的顶部（位置 B），A、B 两点的垂直距离为 400mm，然后水平运动到达测试平台的位置 C（B、C 两点的水平距离为 600mm），如图 4-29 所示（该图仅为示意图）。可以分三次选择不同重量的重物完成整个运动过程，以成功完成规定动作的最大重量计分。

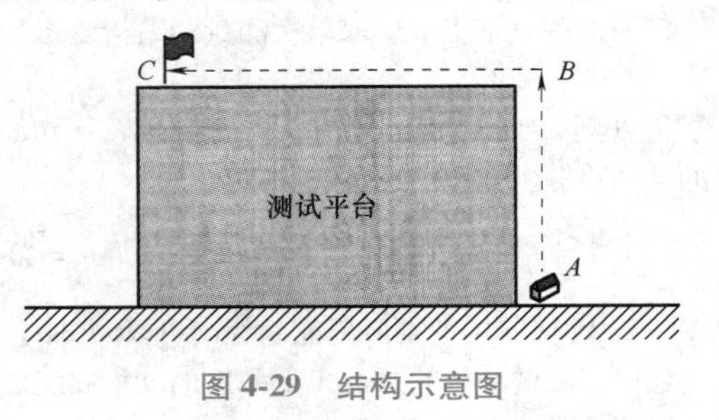

图 4-29 结构示意图

2. 规则及评分标准

（1）选手制作装置的所有材料都来源于组委会提供的物品，不得另外添加材料。对于组委会提供的物品，可以全部采用，也可以只采用其中一部分。

（2）起吊重物为机械标准件六角螺母（M24），并以吊起标准件的数量为计重方式。

（3）选手所制作出的结构应该能完成提起重物从始发位置地面上 A 点到达 B 点，最终到达测试平台 C 点的运动。

（4）电动机是本项目规定的唯一动力来源，应该与结构保持某种形式的可靠连接。重物的垂直起吊和水平运输，以及两者之间的转换，只能通过控制开关对电动机的启停转动进行操作，不得有额外的人力干预。

（5）选手所制作的结构是可以搬动的独立装置。在正式测试时，其底部与地面的接触部分不得超出规定的区域范围（必须在竞赛组委会提供的塑料圈内），同时不得用胶带或其他物品将其与地面固连。除此之外，结构的其余部位不得与测试平台或墙面等进行连接。

（6）重物在升降和移动的过程中，与周围物体不得有任何触碰。

（7）从组委会宣布竞赛开始到正式测试的时间为 210min。在此 210min 内，允许选手对自制的装置进行反复测试与改装。超过 210min 之后，不能再对结构做任何加工。若 210min 内未能完成结构制作，则本项竞赛分数为 0 分。

（8）测试方法：

组委会宣布测试开始后，参赛队员将所制作结构的底部放置在预先划定的区域内，选手自己选择螺母数量并完成与结构连接，且结构各部分均处于静止状态，并经助理裁判员和选手确认。启动时和启动后由选手按控制开关进行操作。

每个参赛小组的正式测试进行三次，每次重物按规定要求到达终点位置后，记下所吊起螺母的个数，计数由本组选手和助理裁判员共同进行。

每次测量结束后，选手应重新选择螺母的数量作为下次吊起的重物，以便再次启动。在此期间，不得修改、调整或重组结构。

三次测量结束后，取其单次吊起的最多螺母个数作为最终成绩，并由助理裁判员记录在赛题文本的末页，并让选手代表确认后签字。

注：所吊起的螺母个数最大值只能在三次正式测试中选取。有可能在制作测试的过程中，结构所吊起的螺母个数比在正式测试中吊起的个数多，但制作过程中的吊起个数不能作为评分依据。

（9）评分标准：

以全场出现的最多螺母个数（$n_{\max}$）的小组为 100 分，最少螺母个数（$n_{\min}$）为 40 分。螺母个数为 n

的某组得分为：

$$P=40+60\times\left(\frac{n-n_{\min}}{n_{\max}-n_{\min}}\right)$$

完成结构制作，并且能实现全部运动，方可计算螺母数量。若在三次测量中，均未能完成“重物由位置 A 点到达 B 点，最终到达 C 点位置”的全过程，无论所吊起的螺母个数为多少，均按下列方法计分：

① 完成结构制作，但无法起吊，则为 0 分。

② 完成结构制作，只能垂直起吊（起吊高度超过 10mm 即可），计 10 分。

③ 完成结构制作，能够起吊 400mm，并能完成从垂直起吊到水平运输的转换（平移距离超过 10mm 即可），但不能完成水平运输 600mm 的要求，计 30 分。

3. 发放器材清单

序号	名称		规格	单位	数量	备注
1	竹筷子		长 240mm，50 双	包	1	
			长 210mm，100 双	包	1	
2	棉线球		4 两	个	1	
3	电动机系统	电动机（带底座）	堵转扭矩 49N · m	个	1	不允许加工
4		联轴器	6mm 转 8mm	个	1	
5		转轴	直径 8mm	根	1	
6		轴承座（含轴承）	直径 8mm	个	2	
7		控制开关		个	1	
8		电动机使用说明书		套	1	
9		变压器	输入 220V，输出 6V	个	1	
10	六角螺母		M24	个	20	不允许加工，若正式测试时数量不够，可申请追加
11	六角螺母		M48	个	2	不允许加工
12	回形针			盒	1	
13	定滑轮			个	10	不允许加工
14	钢轴		直径 3mm	根	6	不允许加工
15	微型深沟轴承			个	6	不允许加工
16	定位轴套		直径 3mm	包	1	
17	铁丝		直径 3mm，长 2m	根	1	
18	方木条		长 400mm，宽 70mm，厚 20mm	根	1	
19	木螺钉（含螺母）		直径 3mm，4mm，各 4 副	副	8	不允许加工
20	测试平台		700mm×400mm×400mm	个	1	不允许加工
21	绝缘胶带		宽 16mm，长 50m	卷	1	
22	塑料圈			个	1	不允许加工
23	一次性塑料杯			个	4	

（续）

序号	名称	规格	单位	数量	备注
24	吸管	塑料	根	20	
25	橡皮筋		根	20	
26	胶带		卷	1	
27	赛题文本		本	1	

4. 所需材料价格及场地要求

每组材料价格约 200 元，场地约 $10m^2$、桌子（或其他可供加工及测试用的平台）。

5. 安全性评估

本题原则上不存在安全性问题，但手工工具的不当使用可能造成选手的皮外伤。同时在使用铁钉、大头针等尖锐物品时，若尖锐部位突出可使用锤子等工具做钝化处理。

6. 预案

（1）竞赛中所有未违反竞赛规则的各种设计和制作方案均为有效。

（2）若在正式测试过程中，由于某些部件损坏或由于其他原因导致无法继续进行，原则上不得对结构进行修复。但出现下列情况，并经现场专家确认，允许进行局部更换和调整，之后继续进行吊装：

① 电机出现故障需要更换。

② 控制开关出现故障需要更换。

（3）若本队已制作完成，但未达到 210min，同时本队明确表示不再做进一步的改进，可以将测试时间提前。但所有规定不变，也不会因为提前结束而加分。

4.3.3 谁穿过隧道的能力最强

1. 题目

利用组委会所提供的材料设计制作一台小车，并使该装置储备一定的机械能。比赛时，将小车（载重为2 个M48 螺母）静止放在一个组委会提供的测试轨道入口处，并使用所提供的细绳将其固定在立板上，剪断细绳后，小车开始进入轨道，通过 3 个限高架后进入减速垫继续在地面上运动（如图 4-30 所示）。利用小车所储备的机械能，小车前进的距离越远，获得的分数越高。

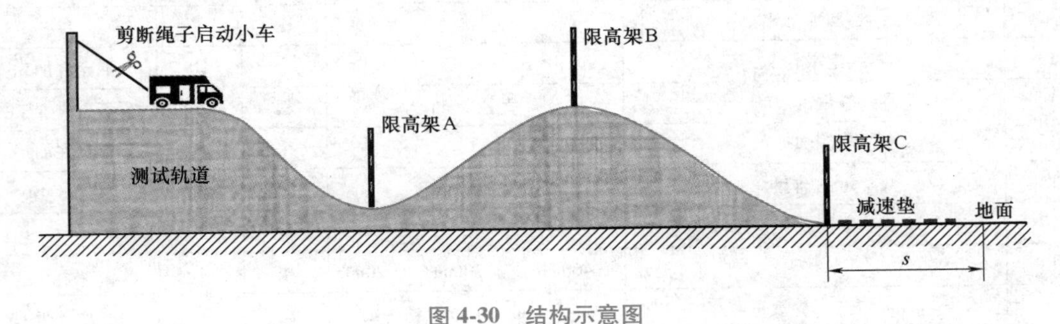

图 4-30 结构示意图

2. 规则及评分标准

（1）选手制作结构的材料都来源于组委会所提供的物品，不得另外添加材料。对于组委会提供的物品，可以全部采用，也可以只采用其中一部分。

（2）选手制作小车及试验的过程均在各自竞赛场地进行，每组分配一个测试轨道，小车制作完成正式测试之前只能在各自分配的轨道上进行试验。

（3）正式测试时，所有参赛队应在组委会设置的 4 个测试区内轨道（与每组分配的轨道相同）上进行统一测试，各参赛队选手代表抽签决定测试区域，各队选手不得直接或间接破坏轨道影响后继比赛的正常进行。抽签在本项竞赛开始后 30min 举行，抽签过程由现场专家组织实施。

（4）从组委会宣布本项竞赛开始到正式测试的时间为 180min。在此 180min 内，允许选手对自制的装置进行反复测试与改装。若 180min 内未能制作完成装置，则本项竞赛分数为 0 分。

（5）测试方法：

组委会宣布测试开始后，参赛队员将自制装置放在轨道立板与预先划定的起始位置线之间，装置与轨道接触的部位不得超过起始线，选手不得与装置触碰，且装置各部分处于静止状态，并经助理裁判员和选手共同确认。启动时由各参赛队选手代表将连接小车和固定点的细绳剪断。启动时和启动后选手不得触碰小车。小车在运动过程中不得有零部件或者载重物体掉落，也不得将其他物体在途中加到小车上。若细绳剪断后小车没有启动，则本次测试成绩为 0 分。

每个参赛小组的正式测试进行三次，每次小车停下后立即测量小车行走的距离，该距离为小车后轮轴线中点到轨道结束位置线的垂直距离。测量由本组选手和助理裁判员共同进行。助理裁判员在赛题文本的末页记录下小车行走的距离，该距离以 mm 计，精确到个位。

每次测量结束后，选手应立即再次准备好相同的能量存储方式，并用细绳固定好小车，以便再次启动。在此期间不得修改、重调或重组结构。

三次测量结束后，取其滑行的最远距离 L 作为最终成绩，并由助理裁判员记录在赛题文本的末页，并让选手代表确认后签字。

（6）评分方法：

以全场出现的最长距离（s_{max}）的小组为 100 分，最短距离（s_{min}）为 40 分。某组小车运动距离为 s，则得分为：

$$P=40+60\times\left(\frac{s-s_{min}}{s_{max}-s_{min}}\right)$$

其他特殊情况的具体评分标准如下：

① 小车可启动，但滑动静止后，两后轮轴线未通过限高架 A，计 20 分。

② 小车启动后，通过了限高架 A 和限高架 B，但滑动静止后，两后轮轴线未通过限高架 C，计 30 分。

③ 小车启动后，两后轮轴线通过限高架 C，方可计算运动距离 s。

3. 发放器材清单

序号	名称	规格	单位	数量	备注
1	车轮		个	4	不允许加工
2	轮轴		根	2	
3	联轴器		个	4	不允许加工
4	单向轴承		个	6	不允许加工
5	不锈钢卡位套		个	4	不允许加工
6	测试轨道		套	1	不允许加工
7	轴承座（含轴承）		个	2	不允许加工
8	紧固件	L 形带 6 个通孔	个	4	不允许加工
9	紧固件	L 形带 5 个通孔	个	4	不允许加工
10	木螺钉	长 30mm	颗	20	不允许加工
11	木螺钉	长 50mm	颗	10	不允许加工
12	方木条	2000mm×40mm×20mm	根	1	

（续）

序号	名称	规格	单位	数量	备注
13	五层板	500mm×500mm	张	1	
14	橡皮管	长 460mm	根	2	
15	弹簧	压簧	个	2	
16	弹簧	拉簧	个	2	
17	发条		根	1	
18	惯性轮		个	1	不允许加工
19	双面齿轮		个	3	不允许加工
20	定位单齿轮		个	2	不允许加工
21	布胶带		卷	1	
22	小文具	含若干大头针、回形针、图钉	套	1	
23	细绳	2000mm	根	1	
24	蓄力齿轮箱		个	1	不允许加工
25	气球		个	10	
26	赛题文本		本	1	

4. 所需材料价格及场地要求

每组材料价格约 400 元，场地约 $12m^2$、桌子（或其他可供加工及测试用的平台）。

5. 安全性评估

本题原则上不存在安全性问题，但手工工具的不当使用可能造成选手的皮外伤。同时在使用铁钉、大头针等尖锐物品时，若尖锐部位突出可使用锤子等工具做钝化处理。

6. 预案

（1）竞赛中所有未违反竞赛规则的各种设计和制作方案均为有效。

（2）小车滑行的最远行程只能在正式测试的三次中选取。有可能制作测试的过程中，小车滑行的距离比在正式测试中所走的距离远，但制作阶段的测试距离不能作为评分依据。

（3）若小车第一次运动通过了限高架 A，但滑回后未通过，则按评分方法中①的规定，计 20 分。（命题组：将这种情况写在预案中。）

4.3.4 谁找得最准

1. 题目

试根据组委会所提供的材料，在如图 4-31 所示的密度分区均匀的矩形板面上确定一条直线，使得矩形板绕该直线转动时，所产生的振动最小，并在图 4-31 所示坐标系下将该直线的位置用其与矩形板边线相交点的坐标表示出来（忽略板的厚度）。

说明：如图 4-31 所示，矩形板尺寸 400mm × 300mm，单位面积的质量为 $\rho_1 = 0.552\times10^{-2}$ g/mm²。非规则图形区域为镂空的。深色所示规则区域单位面积的质量为 $\rho_2 = 1.248\times10^{-2}$ g/mm²。

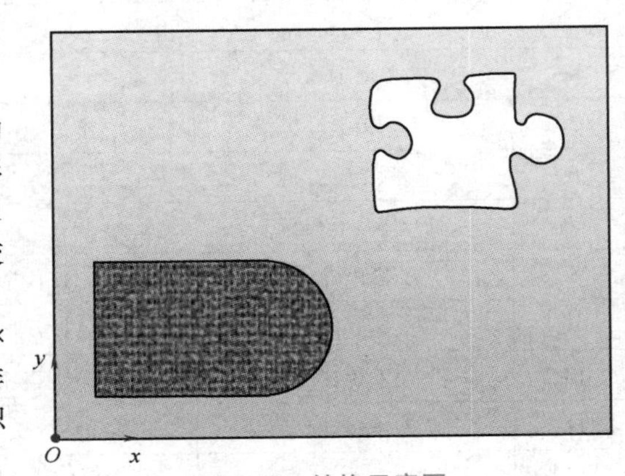

图 4-31 结构示意图

2. 规则及评分标准

（1）所有测量和计算数据必须全部写在赛题文本上。

（2）在得到最后数据（直线与矩形板边线交点）并确认之后，选手应将数据写在文本的末页并将赛题文本交给助理裁判员，助理裁判员立即记录下所用的时间并让选手代表确认并签字。赛题文本交给助理裁判员后选手不得要求更改数据。

（3）从组委会宣布竞赛开始到赛题文本交到助理裁判员处的时间不得超过 150min。超过此时限的小组，本项竞赛为零分。

（4）评分标准分为精度分和时间分两部分：

精度分 P_E：组委会有事先准备好的参考数据（轴线与矩形板边线交点坐标 $A(x_a,y_a)$ 和 $B(x_b,y_b)$），根据选手交付的结果（$A'(x_a',y_a')$ 和 $B(x_b',y_b')$），按下式计算精度分：

$$P_E=\left[1-\frac{\sqrt{(x_a'-x_a)^2+(y_a'-y_a)^2}+\sqrt{(x_b'-x_b)^2+(y_b'-y_b)^2}}{\sqrt{(0.3)^2+(0.4)^2}}\right]\times 100$$

上式需交换 $A'(x_a',y_a')$ 和 $B'(x_b',y_b')$ 的坐标进行计算，选取分数最高值作为精度分。

速度分 P_V 按下式计算：

$$P_V=150-T$$

上式中，T 以 min 计，P_V 高于 100 分按 100 分计算。

总分 P 的计算方式如下：

$$P=0.8P_E+0.2P_V$$

3. 发放器材清单

序号	名称	规格	单位	数量	备注
1	有机玻璃板	400mm×300mm	块	1	
2	不锈钢轴	800mm	根	3	
3	细绳	2000mm	根	1	
4	带立板的 T 形基座		个	1	
5	木板	800mm×400mm	块	1	
6	紧固件	L 形带 6 个通孔	个	4	不允许加工
7	紧固件	L 形带 4 个通孔	个	4	
8	微型深沟轴承		个	4	不允许加工
9	木螺钉	长 30mm	颗	20	不允许加工
10	自攻螺丝	长 40mm	颗	10	不允许加工
11	方木条	1200mm×40mm×20mm	根	1	
12	弹簧	压簧	个	2	不允许加工
13	弹簧	拉簧	个	2	不允许加工
14	小文具	含若干大头针、回形针、图钉	套	1	
15	胶带		卷	1	
16	细绳	2m	根	1	
17	坐标纸		张	1	
18	赛题文本		本	1	

4. 所需材料价格及场地要求

每组材料价格约500元，场地约$4m^2$、桌子（或其他可供加工及测试用的平台）。

5. 安全性评估

本题原则上不存在安全性问题。

6. 预案

（1）允许选手采用任何未违反竞赛规则的方法确定转动轴，承认其测试和计算结果。

（2）最后成绩中的P_E的计算只考虑选手最终提供的数据，对如何计算出这一数据的过程不去考查，即使计算过程存在问题，也不再追究。只有当对本项竞赛的某些结果出现争议时才进行核对和复查。正因为如此，作为评判标准的参考数据必须严格保密，包括助理裁判员也不知道这一对数据，当第一参赛队交出结果时，这一对数据才通知记分员。

（3）本题事实上存在着两个满足题目要求的轴，即构件的两个形心惯性主轴，这两个轴相互垂直。而这两根轴的位置，是事先用较精密的方法通过编程计算出来的，即所谓参考数据。对于选手所得的结果，与参考数据中的哪一个接近，就以哪一个为基准进行分数计算。如果选手提供两根轴，则计算分数较高的轴。

（4）在竞赛中，若选手破坏了矩形板，不得重新补发。

第 5 章

2013 年第九届全国周培源大学生力学竞赛

2013 年第九届全国周培源大学生力学竞赛（个人赛和团体赛）的出题学校为四川大学，其中个人赛卷面满分为 120 分，时间为 3h 30min。下面介绍这次竞赛的试题、参考答案及详细解答。

5.1 个人赛试题

第 1 题（15 分）

图 5-1 所示为某个装在主机上的旋转部件的简图。四个重量为 G，厚度为 b，宽度为 $3b$，长度为 L，弹性模量为 E 的均质金属片按如图所示的方式安装在轴 OO' 上。在 A 处相互铰接的上下两个金属片构成一组，两组金属片关于轴 OO' 对称布置。两组金属片上方均与轴套 O 铰接，且该轴套处有止推装置，以防止其在轴向上产生位移。两组金属片下方均与 O' 处的轴套铰接，该轴套与轴 OO' 光滑套合。当主机上的电动机带动两组金属片旋转时，O' 处的轴套会向上升起。但轴套上升时，会使沿轴安装的弹簧压缩。弹簧的自然长度为 $2L$，其刚度系数 $k=\dfrac{23G}{L}$。O 和 O' 处的轴套、弹簧以及各处铰的重量均可以忽略：

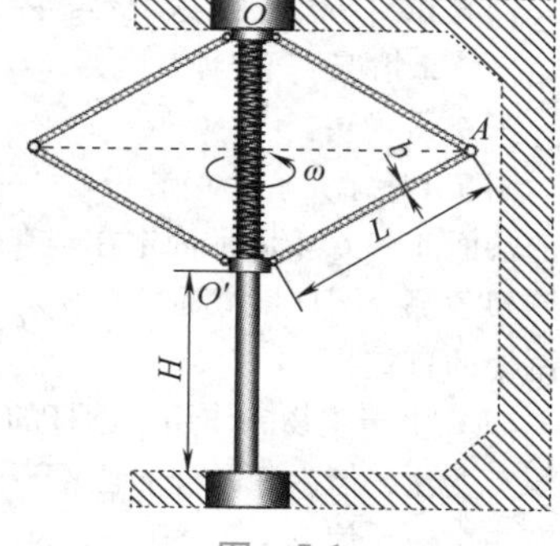

图 5-1

（1）暂不考虑金属片的变形，如果在匀速转动时 O' 处轴套向上升起的高度 $H=L$ 是额定的工作状态，那么相应的转速 ω_0 是多少？

（2）当转速恒定于 ω_0 时，只考虑金属片弯曲变形的影响，试计算图示角度 $\angle OAO'$ 相对于金属片（视为刚体）而言的变化量。

第 2 题（25 分）

在图 5-2 中，杂技演员推动着演出道具在平坦的水平面上缓慢滚动。道具的外环和内芯都是刚性的，$D_1=5D_2$。三根直径为 d、长度相等的实心圆杆布置匀称，其重量可以忽略不计。圆杆两端分别与外环和内芯用球铰联结，且有 $D_2=12.5d$。圆杆材料可视为理想弹塑性，比例极限为 σ_p，弹性模量 E 的数值

图 5-2

是 σ_p 的400倍。内芯有轴承及其他结构，可以保证悬挂在圆心处的重物始终保持着竖直悬垂的状态，而且不会与圆杆相撞。不考虑可能存在的间隙：

（1）若要使每根圆杆都不会失稳，安全因数取 n，重物（包含内芯）的重量 G 最多允许为多大（用 σ_p、d 和 n 表示）？

（2）如果 G 的取值在上小题的许用范围内，内芯的圆心位置会不会因为圆杆变形而在滚动过程中产生微小的波动？试证明你的结论。

（3）在保持原结构和构件的形式不变（例如，不允许将实心圆杆改为空心圆杆），连接方式不变，安全因数不变，不减小外环外径，不增加材料用量，不更换材料的前提下，能否重新设计和制作这一道具，使 G 在第（1）小题所得到的许用值得到提高？如果你认为这个设想可以实现，G 的许用值最多能提高多少？

第3题（25分）

小明和小刚有一个内壁十分光滑的固定容器，他们已经知道这个容器的内壁是一条抛物线绕着其对称轴旋转而得到的曲面。如何确定这条抛物线的方程，是小明和小刚想要解决的问题。他们手里还有一根长度为400mm的同样光滑的均质直杆 AB，能不能借助这根杆件来做这件事呢？数次将这根杆件随意放入容器之中时，他们意外发现，尽管各次放入后杆件滑动和滚动的情况都不一样，但最终静止时与水平面的夹角每次基本上都是45°，如图5-3所示。小明兴奋地认为，由此就可以确定抛物线方程了。小刚对此表示怀疑，他把杆水平地放在容器里，杆照样静止了下来。他认为，说不定杆的平衡状态有很多，利用这根杆件来确定抛物线方程的想法不可靠。小明有些懊丧，一赌气把那根静止的水平杆拨弄了一下，那根杆立刻滑动起来，最终又静止在45°的平衡角度上。小刚再次拨弄这根杆，杆运动一番后，仍然回到45°的平衡角度上。两人就此进行了激烈的争论，反复的讨论和细致的演算；甚至还找了好几根长短不一的均质杆来进行实验验证。

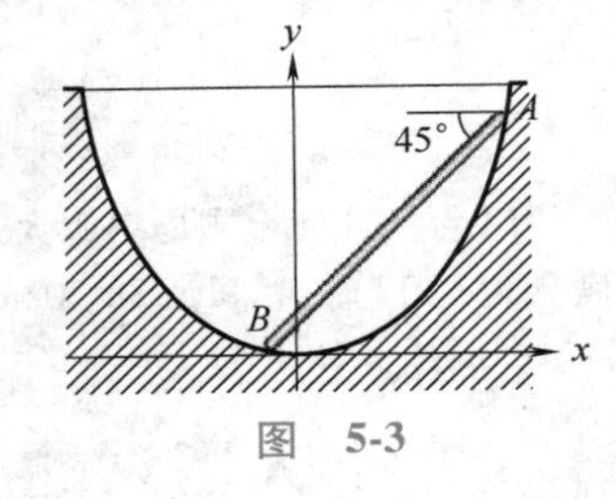

图 5-3

（1）试以杆的轴线与水平面的夹角 α（$0°\leqslant\alpha\leqslant 90°$）为参数，推导出杆件所有可能的平衡位置。

（2）试确定这条抛物线的方程。

（3）试分析静止在这个容器内的各种光滑均质杆，在什么情况下受到扰动之后还能回到初始的平衡角度上，什么情况下不能。

第4题（30分）

图5-4所示是一个吊装设备的示意图。水平平面内的直角刚架由塑性材料的实心圆杆制成，其两个短杆的端面 A 和 G 牢固地固定在竖直的刚性壁上。吊装的重物一直不变，但可以吊挂在刚架的任意部位。已知刚架各部分圆杆横截面的直径均为 d，其他尺寸如图所示。材料的弹性模量为 E，泊松比 $\nu=0.25$。不考虑刚架的自重。

（1）由于重物的作用，圆杆的 A 截面最上点处会产生沿着 AB 杆轴线方向上的线应变。尽管吊装的重物没有变化，但由于吊挂的位置不同，这个应变的数值也是不同的；无须证明，在所有可能的数值中，必定有一个极大值 ε_{max}。试用 ε_{max} 表示出重物及挂钩的总重量 P。

（2）在出现这个极大值 ε_{max} 时，有人直接将 $E\varepsilon_{max}$ 作为在相应吊挂情况下 A 截面上危险点的屈服强度准则的相当应力。这样做行吗？为什么？

（3）在图示 AB 区段的中截面 J 处，如果要利用电测法测算出在各种吊挂情况下该截面的全部内力，同时要求应变片要用得尽可能地少，效果要尽可能地好，在理论上应该贴多少个应变片？应在该截面外圆的何处粘贴？沿着什么方向粘贴？如何利用这些应变片的读数来求得 J 截面上各个内力的数值？

第5题（25分）

在收拾整理第3题中所用的光滑均质杆时，小刚不小心将一根杆件滑落在地上。小明“当心”的话还未说出口，就被杆件撞击地面时的现象所吸引，感觉与自己的想象并不一致。两人找出几根材质不同但长

度均为 $2L$ 的均质杆件，让它们在高度为 $2L$ 处与铅垂线成 θ（$0°\leqslant\theta<90°$）角无初速地竖直落下，并与固定的光滑水平面碰撞，如图 5-5 所示。

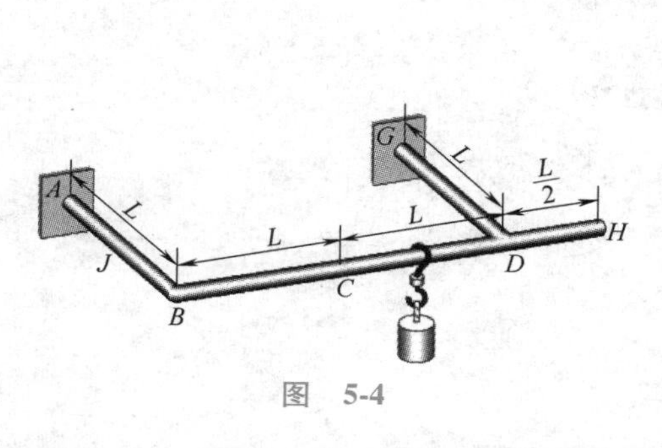

图　5-4

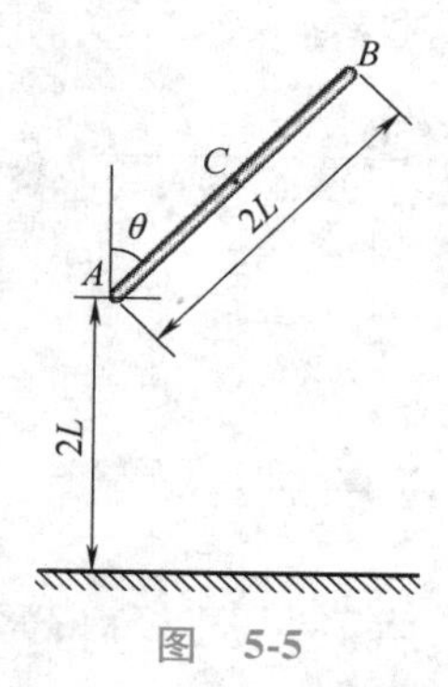

图　5-5

（1）某根杆 AB 自由下落的倾角 $\theta=30°$。若在碰撞刚结束的瞬时，质心 C 的速度恰好为零，那么，碰撞时的恢复因数 e 为多大？

（2）另一根杆（也记其为 AB）自由下落的倾角 $\theta=45°$，A 端与地面发生完全非弹性碰撞。在碰撞后杆 AB 刚达到水平位置的瞬时，质心 C 的速度为多少？

5.2　个人赛试题参考答案及详细解答

5.2.1　参考答案

第 1 题（15 分）

（1）$\omega_0=\sqrt{\dfrac{75g}{L}}$。

（2）$\Delta\angle OAO'=\dfrac{10\sqrt{3}GL^2}{3Eb^4}$。

第 2 题（25 分）

（1）$[G]=\dfrac{3\pi^3\sigma_p d^2}{200n}\approx 0.4651\dfrac{\sigma_p d^2}{n}$。

（2）不会波动，证明见详细解答。

（3）可以，许用载荷最多可提高 76.7%。

第 3 题（25 分）

（1）$\alpha_1=0$，$\alpha_2=\arccos\sqrt{\dfrac{100}{200}}=45°$。

（2）$x^2=200y$。

（3）长度 $2L$ 小于 200mm 的杆水平放置的平衡是稳定的。长度大于 200mm 的杆水平放置的平衡是不稳定的，处于角度 $\alpha=\arccos\sqrt{\dfrac{100}{L}}$ 上的平衡是稳定的。

第 4 题（30 分）

（1）$P=\dfrac{195E\pi d^3\varepsilon_{max}}{5248L}$。

（2）可以，原因见详细解答。

（3）除了温度补偿片，至少还应该贴 3 个应变片。J 截面的上顶点处沿轴向贴一个应变片 $\varepsilon_{(1)}$，另外两个应变片 $\varepsilon_{(2)}$ 和 $\varepsilon_{(3)}$ 应该贴在 J 截面水平直径的两端处，并沿着与轴线成 45°夹角的方向上粘贴。$M_J=\frac{1}{32}E\pi d^3\varepsilon_{(1)}$，$T_J=\frac{E\pi d^3\left(\varepsilon_{(2)}+\varepsilon_{(3)}\right)}{32\left(1+\nu\right)}$，$F_{SJ}=\frac{3E\pi d^2\left(\varepsilon_{(2)}-\varepsilon_{(3)}\right)}{32\left(1+\nu\right)}$。

第 5 题（25 分）

（1）$e=\frac{3}{4}$。

（2）$v_C=\left(\frac{6}{5}+\frac{5\sqrt{2}\pi}{48}\right)\sqrt{gL}$。

5.2.2 详细解答及评分标准

评分总体原则

各题均不限制方法。若方法与本文不同，只要结果和主要步骤正确，即给全分；若方法不同而结果不正确，各地自行统一酌情给分。本文中多处用图形解释，若试卷中未出现相应图形但已表达了同样的意思，则同样给分。计算结果用分数或小数表达均可。

本文中用底纹标识的公式和文字是给分的关键点，其后括号内的数字仅为本处的所得分值。

第 1 题（15 分）

（1）（本小题 6 分）显然，在转速 ω_0 下，各金属片均与竖直线成 60°角。先分析下片的受力，如图 5-6a所示。建立如图所示的局部坐标系。重力为均布载荷，合力为 G，作用点在 $x=\frac{1}{2}L$ 处。离心力为线性分布载荷，在坐标为 x 的截面处，集度为$\frac{G}{Lg}r\omega_0^2=\frac{\sqrt{3}G}{2Lg}\omega_0^2x$，其合力为$\frac{\sqrt{3}G}{4g}\omega_0^2L$，作用点在 $x=\frac{2}{3}L$ 处。左端 O'处的竖向杆端力仅来自于弹簧。由于弹簧的压缩量为 L，故总压缩力为 $Lk=23G$，一个下片所受的向下压缩力为$\frac{23}{2}G$。这样，根据铅垂方向上的力平衡，右端 A 处的竖向杆端力

$$F_y=\frac{25}{2}G \qquad (1分) \tag{5-1}$$

对 O'取矩，则可求出右端 A 处水平方向杆端力 F_x：

$$-G\frac{\sqrt{3}}{4}L-\frac{\sqrt{3}G}{4g}\omega_0^2L\cdot\frac{L}{3}+F_x\cdot\frac{L}{2}+F_y\cdot\frac{\sqrt{3}}{2}L=0$$

故有

$$F_x=\frac{\sqrt{3}}{2}G\left(\frac{\omega_0^2L}{3g}-24\right) \qquad (2分) \tag{5-2}$$

再考虑上片。如图 5-6b 所示，与下片类似，对 O 取矩，可得

$$-G\cdot\frac{\sqrt{3}}{4}L+\frac{\sqrt{3}G}{4g}\omega_0^2L\cdot\frac{L}{3}+F_x\cdot\frac{L}{2}-F_y\cdot\frac{\sqrt{3}}{2}L=0$$

故有

$$F_x=\frac{\sqrt{3}}{2}G\left(-\frac{\omega_0^2L}{3g}+26\right) \qquad (2分) \tag{5-3}$$

式（5-2）和式（5-3）中的 F_x 在数值上相等，由此可得

$$\frac{\omega_0^2L}{g}=75,\quad 即\ \omega_0=\sqrt{\frac{75g}{L}} \qquad (1分) \tag{5-4}$$

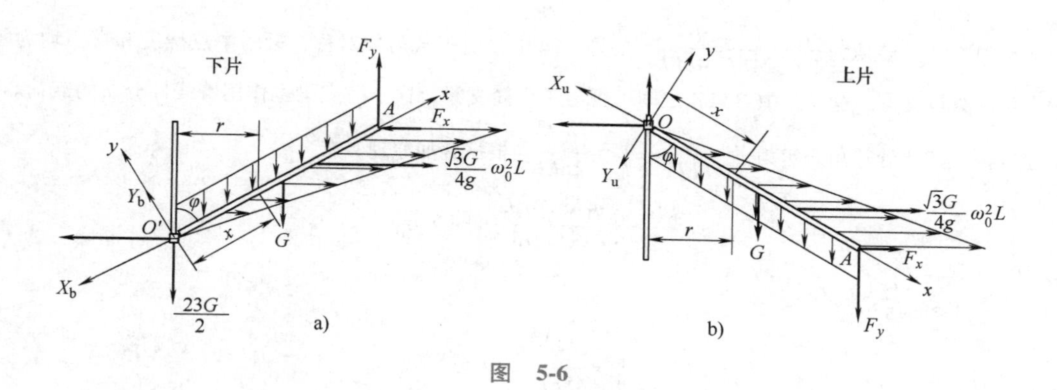

图　5-6

（2）（本小题 9 分）本小题的求解可以采用下述两种方法。

叠加法求角度∠*OAO′*的增量

上下两个金属片所受的离心力和重力在横向上的分量，导致它们产生弯曲变形。上下两个金属片都可以简化为简支梁，其横向力如图 5-7 所示。图中，q_0 为重力的横向分量，q_1 为离心力在 A 处集度的横向分量，且

$$q_1=\frac{1}{2}\cdot\frac{\sqrt{3}G}{2Lg}\omega_0^2 L=\frac{75\sqrt{3}G}{4L}\quad（1 分）\tag{5-5}$$

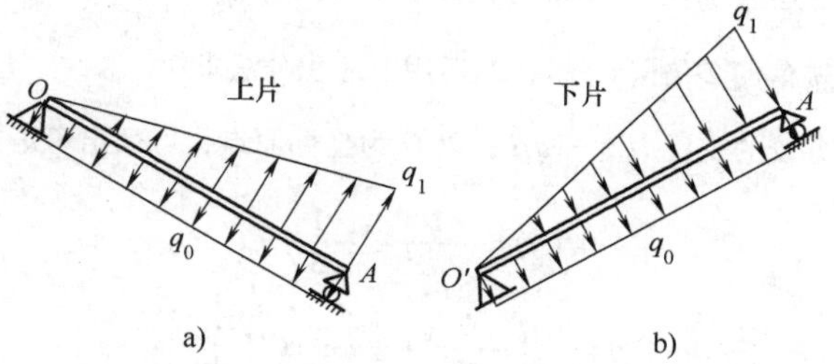

图　5-7

记重力和离心力的横向分量在 A 端引起的转角数值分别为 θ_0 和 θ_1，则上片转角为 $\theta_u=\theta_0-\theta_1$，下片转角为 $\theta_b=\theta_0+\theta_1$，上下两片轴线的相对转角为

$$\theta_b-\theta_u=2\theta_1\tag{5-6}$$

故所求角度的变化量即为图 5-8a 所示简支梁 A 端转角的 2 倍（1 分）。

如果说明了在转速 ω_0 下离心力的作用远大于重力的作用，从而可以忽略重力的影响，同时又有上述两处得分点的结论，此处也算全对。

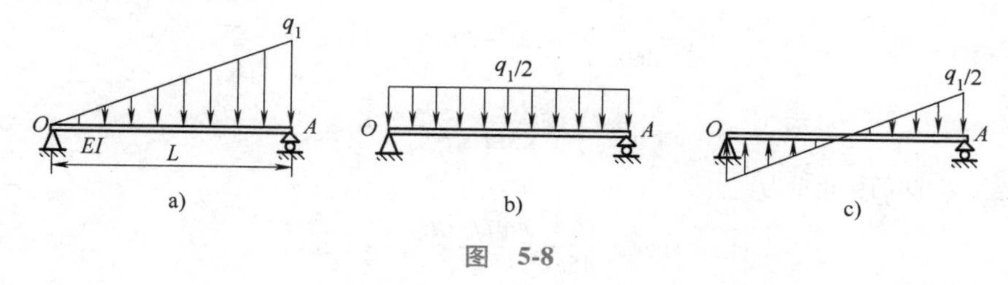

图　5-8

可以一般性地假设，在如同图 5-8a 那样载荷呈线性分布的简支梁中，A 处的转角为$\frac{\xi q_1 L^3}{EI}$，其中 ξ 是一个待定的无量纲常数。图 5-8a 所示的载荷可分解为对称部分和反对称部分之和，分别如图 5-8b、c 所示。

在图 5-8b 中，A 处转角为$\frac{q_1}{2}\cdot\frac{L^3}{24EI}=\frac{q_1L^3}{48EI}$。在图 5-8c 中，由于载荷反对称，梁的中点挠度和弯矩均为零，故中点可视为铰支点。这样，中点与 A 之间可视为一个简支梁，这个简支梁也作用着线性分布的载荷。根据上述假设，其 A 处转角必定为$\frac{q_1}{2}\cdot\frac{\xi}{EI}\left(\frac{L}{2}\right)^3=\frac{\xi q_1L^3}{16EI}$。根据叠加原理，有

$$\frac{\xi q_1L^3}{EI}=\frac{q_1L^3}{48EI}+\frac{\xi q_1L^3}{16EI}\quad（5 分）$$

由上式可算出 $\xi=\frac{1}{45}$，故有

$$\theta_1=\frac{q_1L^3}{45EI}\quad（1 分）\tag{5-7}$$

若从式（5-6）以后没有任何步骤直接得到式（5-7），则只能得结论的 1 分。

这样，所求角度$\angle OAO'$的变化量

$$\Delta\angle OAO'=\frac{2q_1L^3}{45EI}=\frac{10\sqrt{3}\,GL^2}{3Eb^4}\quad（1 分）\tag{5-8}$$

该变化量使原有角度$\frac{\pi}{3}$得以增大。

积分法求角度$\angle OAO'$的增量

第一种积分方案：与上述叠加法中开始的初步分析类似，$q_1=\frac{75\sqrt{3}\,G}{4L}$（1 分），所求角度的变化量即为图 5-8a 所示简支梁 A 端转角的 2 倍（1 分），然后用下述积分法求解。

在图 5-8a 中，易得左方铰的支反力为$\frac{1}{6}q_1L$；以 O 为坐标原点，可列出弯矩方程

$$M(x)=-\frac{1}{6L}q_1x^3+\frac{1}{6}q_1Lx$$

故有

$$\theta=\frac{q_1}{6EI}\left(-\frac{1}{4L}x^4+\frac{1}{2}Lx^2+C'L^3\right)$$

$$w=\frac{q_1}{6EI}\left(-\frac{1}{20L}x^5+\frac{1}{6}Lx^3+C'L^3x+D'L^4\right)$$

或记为

$$w=\frac{q_1}{360EIL}(-3x^5+10L^2x^3+CL^4x+DL^5)\quad（4 分）\tag{5-9}$$

由边界条件可得

$$w(0)=0，D=0;\qquad w(L)=0，C=-7$$

故有

$$\theta=\frac{q_1}{360EIL}(-15x^4+30L^2x^2-7L^4)$$

故

$$\theta_A=\theta(L)=\frac{q_1L^3}{45EI}\quad（2 分）\tag{5-10}$$

所求角度$\angle OAO'$的变化量为

$$\Delta\angle OAO'=\frac{2q_1L^3}{45EI}=\frac{10\sqrt{3}\,GL^2}{3Eb^4}\quad（1 分）$$

第二种积分方案：可由式（5-1）、式（5-2）和式（5-4）得

$$F=\frac{25}{2}G,\qquad R=\frac{\sqrt{3}}{2}G\tag{5-11}$$

如图 5-6b 所示，由平衡方程可得上片中

$$Y_u=\frac{23\sqrt{3}}{8}G \tag{5-12}$$

在坐标为 x 的截面处，离心力集度的横向分量为 $\frac{75\sqrt{3}G}{4L^2}x$，重力集度的横向分量为 $-\frac{\sqrt{3}G}{2L}$，故上片中的弯矩方程为

$$M_u(x)=\frac{75\sqrt{3}G}{24L^2}x^3-\frac{\sqrt{3}G}{4L}x^2-\frac{23\sqrt{3}G}{8}x$$

即

$$M_u=\frac{\sqrt{3}G}{8L^2}(25x^3-2Lx^2-23L^2x)$$

积分可得转角和挠度方程分别为

$$\theta_u=\frac{\sqrt{3}G}{96EIL^2}(75x^4-8Lx^3-138L^2x^2+CL^4)$$

$$w_u=\frac{\sqrt{3}G}{96EIL^2}(15x^5-2Lx^4-46L^2x^3+CL^4x+DL^5)$$

由边界条件 $w(0)=0$ 和 $w(L)=0$ 可得

$$D=0,\quad C=33$$

故有

$$\theta_u=\frac{\sqrt{3}G}{96EIL^2}(75x^4-8Lx^3-138L^2x^2+33L^4)$$

$$\theta_u(L)=-\frac{19\sqrt{3}GL^2}{48EI}\qquad(4\text{分}) \tag{5-13}$$

同样，在下片中，如图 5-6a 所示，由平衡方程可得

$$Y_b=\frac{27\sqrt{3}}{8}G \tag{5-14}$$

故弯矩方程为

$$M_b=-\frac{75\sqrt{3}G}{24L^2}x^3-\frac{\sqrt{3}G}{4L}x^2+\frac{27\sqrt{3}G}{8}x$$

上式同样可整理为

$$M_b=\frac{\sqrt{3}G}{8L^2}(-25x^3-2Lx^2+27L^2x)$$

积分可得转角和挠度方程分别为

$$\theta_b=\frac{\sqrt{3}G}{96EIL^2}(-75x^4-8Lx^3+162L^2x^2+CL^4)$$

$$w_b=\frac{\sqrt{3}G}{96EIL^2}(-15x^5-2Lx^4+54L^2x^3+CL^4x+DL^5)$$

同样由边界条件可得

$$D=0,\ C=-37$$

故有

$$\theta_b=\frac{\sqrt{3}G}{96EIL^2}(-75x^4-8Lx^3+162L^2x^2-37L^4)$$

$$\theta_b(L)=\frac{7\sqrt{3}GL^2}{16EI}\qquad(4\text{分}) \tag{5-15}$$

由式（5-13）、式（5-15）可得 $\angle OAO'$ 的增量为

$$\theta_{\mathrm{b}}(L)-\theta_{\mathrm{u}}(L)=\frac{5\sqrt{3}\,GL^2}{6EI}=\frac{10\sqrt{3}\,GL^2}{3Eb^4} \qquad (1\text{分})$$

第 2 题（25 分）

解法一

（1）（本小题 8 分）在道具滚动的过程中，每根圆杆交替地承受拉力和压力。当道具转动到如图 5-9 所示的位置上时，竖杆中承受了最大的压力，记其轴力为 F_{N1}^{-}。显然这种情况下两斜杆的轴力相等，且为拉力，记其为 F_{N2}^{+}。易得平衡方程

$$F_{\mathrm{N1}}^{-}+2F_{\mathrm{N2}}^{+}\cos 60°=G$$

即

$$F_{\mathrm{N1}}^{-}+F_{\mathrm{N2}}^{+}=G \tag{5-16}$$

记竖杆的压缩量为 δ_1，两斜杆的伸长量均为 δ_2，则有物理方程

$$\delta_1=\frac{F_{\mathrm{N1}}^{-}L}{EA},\delta_2=\frac{F_{\mathrm{N2}}^{+}L}{EA} \tag{5-17a}$$

式中，

$$L=\frac{1}{2}(D_1-D_2)=2D_2=25d \tag{5-17b}$$

$$A=\frac{1}{4}\pi d^2 \tag{5-17c}$$

考虑协调方程，如图 5-10 所示，图中 $R=\dfrac{D_2}{2}$。图 5-10a 中只考虑了竖杆的情况。PP' 为竖杆压缩量。由于竖杆与内芯铰接，因此变形后的内芯圆心应在以 P' 为圆心、以 R 为半径的圆上。考虑竖杆变形的所有可能位置和实际可能性，变形后的内芯圆心则应在图 5-10a 中一系列圆的上包络线 AB 上。再注意到小变形，则这个上包络线可用水平直线代替。其余两杆的变形的情况与竖杆类似。三杆变形的协调如图 5-10b 所示，加载前内芯圆心为 O，加载后为 O'，$OO'=\delta_1$。（没有这段话不扣分。）从该图可看出，尽管存在着内芯，但由于内芯是刚性的，协调条件与不存在内芯的情况相同，即

$$\delta_1=2\delta_2 \tag{5-18}$$

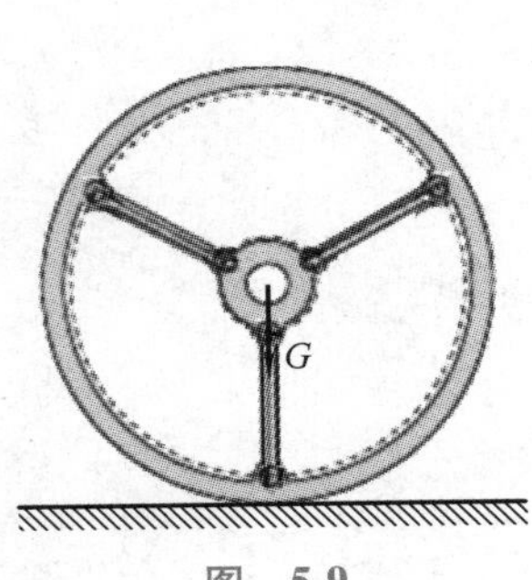

图 5-9

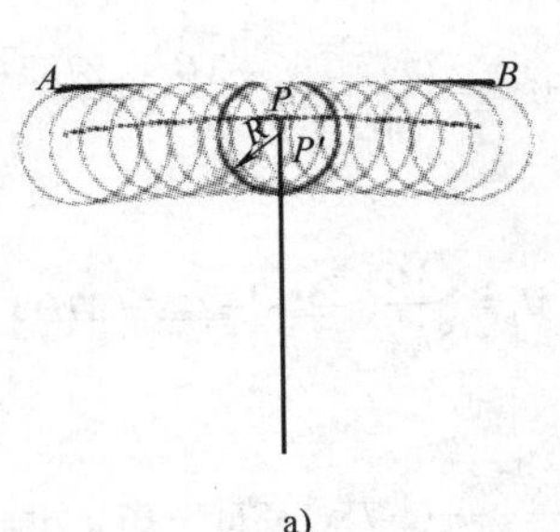

图 5-10

由式（5-16）、式（5-17a）、式（5-18）即可得

$$F_{\mathrm{N1}}^{-}=\frac{2}{3}G,F_{\mathrm{N2}}^{+}=\frac{1}{3}G \qquad (5\text{分}) \tag{5-19}$$

由于竖杆受压，故应考虑竖杆的柔度 λ 以确定压杆的失效形式，注意到式（5-17b），且取 $\mu=1$，可得

$$\lambda=\frac{\mu L}{i}=\frac{4L}{d}=100 \qquad (1\text{分}) \tag{5-20a}$$

同时

$$\lambda_{\mathrm{p}}=\pi\sqrt{\frac{E}{\sigma_{\mathrm{p}}}}=20\pi<\lambda \qquad (1\text{分}) \tag{5-20b}$$

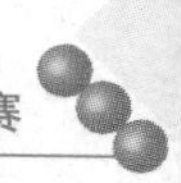

故竖杆为大柔度杆，应采用欧拉公式计算轴力的许用值，即

$$F_{N1}^{-}=\frac{2}{3}G\leqslant\frac{EI\pi^2}{L^2n}$$

由此可得满足稳定性要求的载荷许用值：

$$[G]=\frac{3EI\pi^2}{2L^2n}=\frac{3\pi^3}{200}\left(\frac{\sigma_p d^2}{n}\right)\approx 0.4651\frac{\sigma_p d^2}{n}\quad（1 分）\tag{5-21}$$

在这个结构中，载荷只要满足稳定性要求，就一定满足强度要求。

（2）（本小题 8 分）将 Oxy 坐标系固结于道具的外环上，如图 5-11 所示。不妨设 $t=0$ 时结构的位置为图 5-12a 所示。在任一时刻 t，记 $\varphi=\omega t$，则 G 在 x 和 y 方向上的分量的大小分别为

$$G_x=G\sin\varphi,G_y=G\cos\varphi\quad（1 分）\tag{5-22}$$

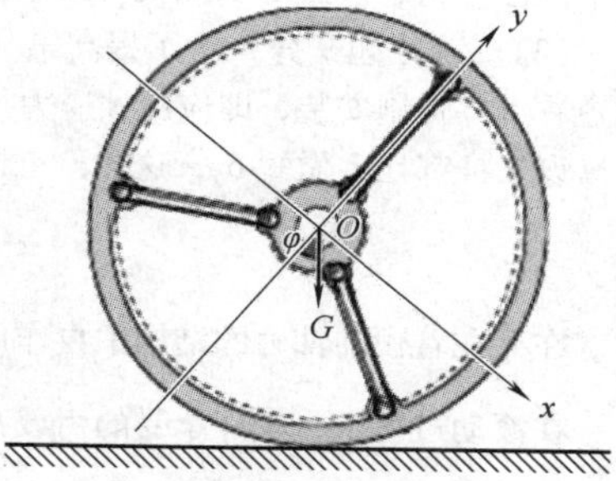

图　5-11

首先考虑 G_y 所引起的内芯圆心在 y 方向上的位移 δ_y。如图 5-12a 所示，这是一个对称结构承受对称载荷的情况，根据上小题的计算可知

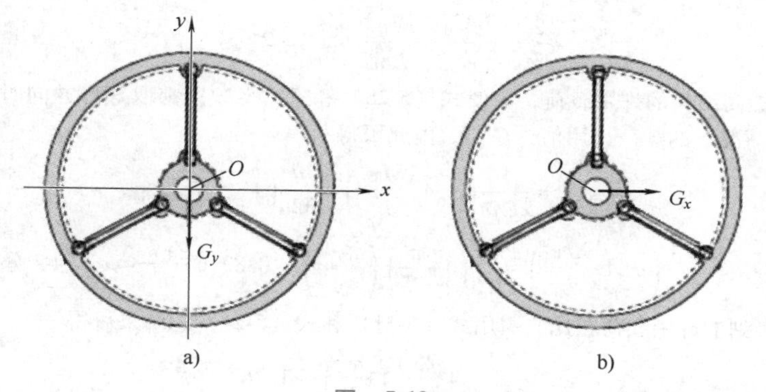

图　5-12

$$\delta_y=\frac{2G_yL}{3EA}=\frac{2GL\cos\varphi}{3EA}\quad（1 分）\tag{5-23}$$

再考虑 G_x 所引起的内芯圆心在 x 方向上的位移 δ_x。如图 5-12b所示，这是一个对称结构承受反对称载荷的情况，故竖杆上的轴力为零。左斜杆的轴力为拉力，右斜杆的轴力为压力，两斜杆轴力数值相等，记为 F_N，如图 5-13a 所示。

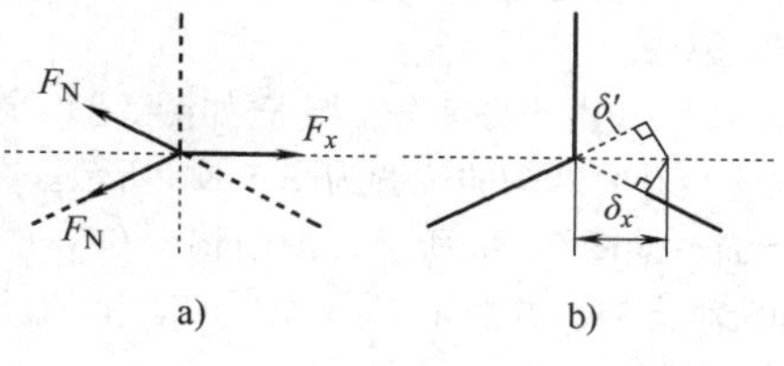

$$2F_N\cos 30°=G_x$$

故有

$$F_N=\frac{\sqrt{3}}{3}G_x\quad（2 分）\tag{5-24}$$

图　5-13

因此两斜杆的变形量均为 $\delta'=\frac{\sqrt{3}G_xL}{3EA}$。由图 5-13b 可知（由于内芯不影响协调条件，故未画出内芯）

$$\delta_x=\frac{\delta'}{\cos 30°}=\frac{2G_xL}{3EA}=\frac{2GL\sin\varphi}{3EA}\quad（2 分）\tag{5-25}$$

由式（5-23）与式（5-25）可得

$$\frac{\delta_x}{\delta_y}=\frac{G_x}{G_y}$$

这说明，总位移δ的方向与G的方向重合。（没有这段话不扣分。）内芯圆心在竖直方向上的位移

$$\delta=\sqrt{\delta_x^2+\delta_y^2}=\frac{2GL}{3EA}=\frac{G}{6\pi\sigma_p d} \qquad (1\text{分}) \tag{5-26}$$

由于该位移为定值而与φ无关，故在滚动过程中，内芯圆心的位置不会产生波动（1分）。

（3）（本小题9分）为了提高第（1）小题得到的许用载荷，可以将三杆的长度做得比原设计长度L稍微短一点并强制安装，即应用预应力技术来提高结构的承载能力。

设三杆都比L做短δ_0，这样，三杆的预加轴力F_{N0}均为拉力，且有

$$F_{N0}=\frac{EA\delta_0}{L} \qquad (2\text{分}) \tag{5-27}$$

在存在着预加轴力的结构中再作用以外载荷G，其轴力为预加轴力和载荷引起的轴力的叠加。

在滚动过程中，杆件承受的由载荷引起的最大拉力显然为$\frac{2}{3}G$，在与预加轴力叠加之后，应该满足拉伸强度条件。对于理想弹塑性材料，屈服极限$\sigma_s=\sigma_p$，故有

$$\frac{2}{3}G+\frac{EA\delta_0}{L}\leqslant\frac{\sigma_p A}{n} \qquad (2\text{分}) \tag{5-28}$$

当杆件承受最大压力时，根据稳定性要求，应有

$$\frac{2}{3}G-\frac{EA\delta_0}{L}\leqslant\frac{EI\pi^2}{L^2 n} \qquad (2\text{分}) \tag{5-29}$$

要最大限度地提高结构的许用载荷，应使式（5-28）和式（5-29）都取等号并同时得到满足，而两式中的G便成为这种情况下的载荷许用值$[G^*]$，由此可得

$$\delta_0=\frac{L}{2EAn}\left(\sigma_p A-\frac{EI\pi^2}{L^2}\right)=\frac{d}{32n}\left(1-\frac{\pi^2}{25}\right) \tag{5-30}$$

$$[G^*]=\frac{3}{4n}\left(\sigma_p A+\frac{EI\pi^2}{L^2}\right)=\frac{3\pi}{16}\left(1+\frac{\pi^2}{25}\right)\left(\frac{\sigma_p d^2}{n}\right)\approx 0.8216\frac{\sigma_p d^2}{n} \qquad (2\text{分}) \tag{5-31}$$

与第（1）小题所得到的许用载荷相比，引用式（5-31）和式（5-21）的结果可得

$$\frac{[G^*]}{[G^-]}=\frac{25}{2\pi^2}\left(1+\frac{\pi^2}{25}\right)\approx 1.767 \tag{5-32}$$

这说明，经这样的预应力处理，许用载荷提高了76.7%（1分）。

若采取的措施是增大D_1或减小D_2，其增大或减小的数值为式（5-30）的两倍，均算正确。若说出预应力（或装配应力）可提高许用载荷的概念，但无具体运算，本小题可得1分。

解法二

（1）（本小题8分）建立如图5-11所示的坐标系。不妨设$t=0$时结构的位置为图5-12a所示。在任一时刻t，记$\varphi=\omega t$，如图5-14a所示（图中将x和y方向分别画为水平和铅垂方向，并假定F_{N1}是拉力F_{N2}和F_{N3}是压力），可列出平衡方程：

$$F_{N1}+\frac{1}{2}F_{N2}+\frac{1}{2}F_{N3}=G\cos\varphi \tag{5-33a}$$

$$\frac{\sqrt{3}}{2}F_{N3}-\frac{\sqrt{3}}{2}F_{N2}=G\sin\varphi \tag{5-33b}$$

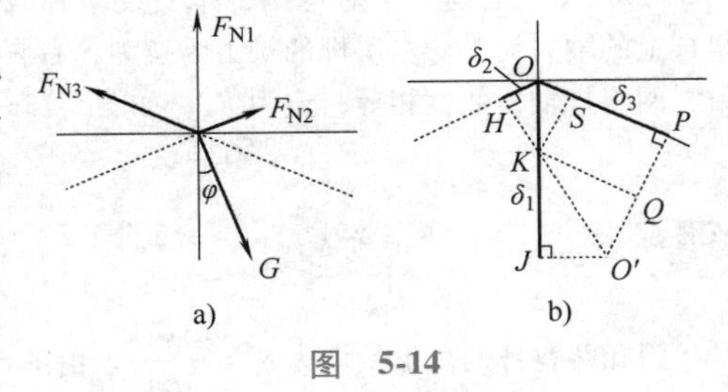

图 5-14

由于刚性的内芯不影响协调条件，协调条件可由图5-14b得到（图中仍未画出内芯）。结点O变形后位于O'，三杆的变形量分别为$\delta_1=OJ$，$\delta_2=OH$，$\delta_3=OP$，则有

$$\delta_1=OJ=OK+KJ=2OH+KQ=2OH+SP=2OH+OP-OS=OH+OP=\delta_2+\delta_3$$

由于各杆的几何尺寸和材料相同，由上式即可得

$$F_{N1}=F_{N2}+F_{N3} \tag{5-33c}$$

将式（5-33）的三式联立，可解得

$$F_{N1}=\frac{2}{3}G\cos\varphi, F_{N2}=\frac{\sqrt{3}}{9}G(-3\sin\varphi+\sqrt{3}\cos\varphi), F_{N3}=\frac{\sqrt{3}}{9}G(3\sin\varphi+\sqrt{3}\cos\varphi) \quad (5\text{分}) \tag{5-34a}$$

由于 F_{N2} 和 F_{N3} 是压力，若将 F_{N2} 和 F_{N3} 表达式的符号改为负号，则上式可改写为

$$F_{N1}=\frac{2}{3}G\cos\varphi, F_{N2}=\frac{2}{3}G\cos\left(\varphi+\frac{4\pi}{3}\right), F_{N3}=\frac{2}{3}G\cos\left(\varphi+\frac{2\pi}{3}\right) \tag{5-34b}$$

由此可见，在转动的过程中，三杆出现的最大拉力 $F^+_{N\max}$ 和最大压力 $F^-_{N\max}$ 的数值均为 $\frac{2}{3}G$。

以下部分与第一种解法相同，并同样得 3 分。

（2）（本小题 8 分）由式（5-34a）可知，三杆的变形量分别为

$$\delta_1=\frac{2GL}{3EA}\cos\varphi, \delta_2=\frac{\sqrt{3}GL}{9EA}(-3\sin\varphi+\sqrt{3}\cos\varphi), \delta_3=\frac{\sqrt{3}GL}{9EA}(3\sin\varphi+\sqrt{3}\cos\varphi) \quad (1\text{分}) \tag{5-35}$$

可由图 5-14b 看出，结点 O 在 x 方向上的位移为

$$\delta_x=JO'=O'Q=\frac{1}{\sqrt{3}}KQ=\frac{1}{\sqrt{3}}(OP-OS)=\frac{1}{\sqrt{3}}(\delta_3-\delta_2) \quad (3\text{分})$$

将式（5-35）的后两式代入上式即可得

$$\delta_x=\frac{GL}{EA}\cdot\frac{2}{3}\sin\varphi \quad (1\text{分})$$

同时，

$$\delta_y=\delta_1=\frac{GL}{EA}\cdot\frac{2}{3}\cos\varphi \quad (1\text{分})$$

以下部分与第一种解法相同，并同样得 2 分。

第（3）小题的求解与第一种解法相同。

第 3 题（25 分）

第（1）小题与第（2）小题共 20 分。

第一种解法：基于最小势能原理

记杆的长度为 $2L=400\text{mm}$，设抛物线方程为

$$x^2=2py \quad (1\text{分}) \tag{5-36}$$

设杆 AB 质心 C 的坐标为（x_C，y_C），杆与水平面的夹角为 α，如图 5-15 所示，则 A 和 B 的坐标分别为

$$\begin{cases}x_A=x_C+L\cos\alpha\\ y_A=y_C+L\sin\alpha\end{cases} \quad 和 \quad \begin{cases}x_B=x_C-L\cos\alpha\\ y_B=y_C-L\sin\alpha\end{cases} \tag{5-37}$$

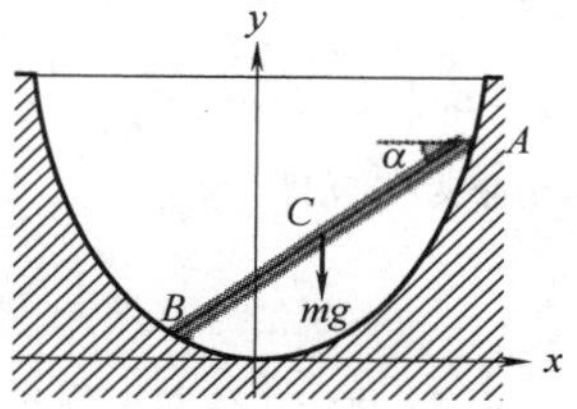

将 A 和 B 的坐标代入抛物线方程 $x^2=2py$ 可得

$$(x_C+L\cos\alpha)^2=2p(y_C+L\sin\alpha) \tag{5-38a}$$

$$(x_C-L\cos\alpha)^2=2p(y_C-L\sin\alpha) \tag{5-38b}$$

图　5-15

式（5-38）的两式分别相加和相减得

$$x_C^2+L^2\cos^2\alpha=2py_C \tag{5-39a}$$

$$x_C=p\tan\alpha \tag{5-39b}$$

将式（5-39b）代入式（5-39a）即可得以 α 为参数所表示的 y_C，即

$$y_C=\frac{p}{2}\tan^2\alpha+\frac{L^2}{2p}\cos^2\alpha \quad (6\text{分}) \tag{5-40}$$

由此可得杆 AB 的势能为

$$U=mg\left(\frac{p}{2}\tan^2\alpha+\frac{L^2}{2p}\cos^2\alpha\right) \tag{5-41}$$

平衡时势能应取极值（3分）。

上式对 α 求导得

$$\frac{\mathrm{d}U}{\mathrm{d}\alpha}=mg\left(\frac{p\sin\alpha}{\cos^3\alpha}-\frac{L^2}{p}\cos\alpha\sin\alpha\right) \tag{5-42a}$$

即有

$$\frac{\mathrm{d}U}{\mathrm{d}\alpha}=\frac{mg}{p}\left(\frac{p^2-L^2\cos^4\alpha}{\cos^3\alpha}\right)\sin\alpha=0 \quad （4分） \tag{5-42b}$$

由上式首先可得 $\sin\alpha=0$，相应的平衡位置为 $\alpha_1=0°$。（1分）这是杆的第一个平衡位置。

为了获得其他的平衡位置，应要求

$$p^2-L^2\cos^4\alpha=0$$

显然，在这种情况下应有附加条件

$$L>p \quad （1分） \tag{5-43}$$

由于物理现象已经表明倾斜状态可以平衡，因此这一条件能够得到满足，由此可导出

$$\cos\alpha=\pm\sqrt{\frac{p}{L}}，即\alpha_2=\arccos\sqrt{\frac{p}{L}} \quad （2分） \tag{5-44}$$

原则上，在余弦函数的一个周期内，$-\alpha_2$ 和 $\pm(\pi-\alpha_2)$ 都是可能的平衡位置的角度。但是可以看出，在杆件中，这些角度或者与 α_2 重合，或者与 α_2 关于 y 轴对称。因此，在限定 $0\leqslant\alpha\leqslant90°$ 的条件下，α_2 事实上确定了除 $\alpha_1=0°$ 以外唯一的平衡角度。

特别地，当 $2L=400\text{mm}$ 时，$\alpha_2=45°$ 确定了除 $\alpha_1=0°$ 以外唯一的平衡角度。同时，有

$$\sqrt{\frac{p}{L}}=\frac{\sqrt{2}}{2}，即 \qquad p=\frac{L}{2}=100\text{mm} \tag{5-45}$$

由此可知抛物线方程为

$$x^2=200y \quad （单位:mm） \quad （2分） \tag{5-46}$$

注：在得到式（5-40）之后，也可用虚位移原理得到下述解答。

考虑处于容器内任意位置上的杆 AB，由于容器内壁是理想约束（光滑接触面），根据虚位移原理，在杆 AB 处于平衡时，重力虚功为零，故有

$$mg\delta y_C=0 \tag{5-47a}$$

即

$$\delta y_C=0 \quad （3分） \tag{5-47b}$$

由式（5-40），即

$$y_C=\frac{p}{2}\tan^2\alpha+\frac{L^2}{2p}\cos^2\alpha$$

取变分为零可得

$$\sin\alpha\left(\frac{p^2}{\cos^3\alpha}-L^2\cos\alpha\right)\delta\alpha=0 \quad （4分） \tag{5-48}$$

由 $\delta\alpha$ 的任意性即可得到与最小势能原理解法相同的结论。

第二种解法：基于刚体静力学

记杆的长度为 $2L=400\text{mm}$，设抛物线方程为

$$x^2=2py \quad （1分）$$

显然，$\alpha_1=0°$ 为杆 AB 的一个平衡位置（1分）。若杆 AB 还有其他平衡位置，则平衡时的受力图如图5-16所示。图形分为2分。

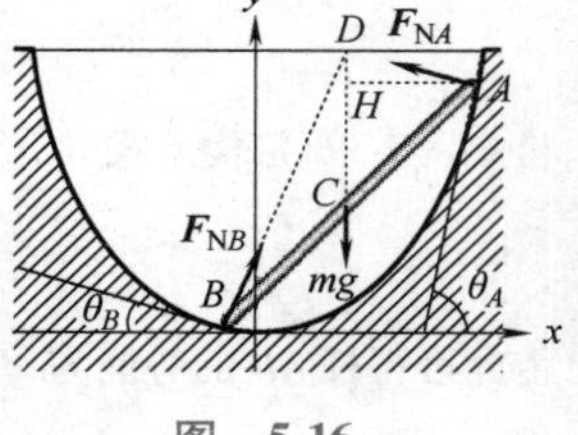

图 5-16

设杆 AB 重力 mg 和 F_{NA}、F_{NB} 的作用线的交点为 D，θ_A 为点 A 处切线与 x 轴正方向的夹角，θ_B 为点 B 处切线与 x 轴负方向的夹角。同时注意到几何关系：

$$\angle ADC=\theta_A， \qquad \angle BDC=\theta_B$$

$$\angle DAC=90°-\theta_A+\alpha， \quad \angle DBC=90°-\theta_B-\alpha$$

由力系对质心 C 的主矩为零可得

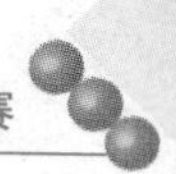

$$F_{NA}L\sin(90°-\theta_A+\alpha)-F_{NB}L\sin(90°-\theta_B-\alpha)=0 \quad (2\text{分}) \tag{5-49}$$

由主矢在 x 方向上的投影为零可得

$$F_{NB}\sin\theta_B-F_{NA}\sin\theta_A=0 \quad (2\text{分}) \tag{5-50}$$

由式（5-49）和式（5-50）可得

$$\frac{\sin(90°-\theta_B-\alpha)}{\sin\theta_B}=\frac{\sin(90°-\theta_A+\alpha)}{\sin\theta_A} \tag{5-51}$$

展开后得

$$\frac{\cos\alpha}{\tan\theta_B}-\sin\alpha=\frac{\cos\alpha}{\tan\theta_A}+\sin\alpha$$

即

$$\tan\alpha=\frac{1}{2}\left(\frac{1}{\tan\theta_B}-\frac{1}{\tan\theta_A}\right) \quad (2\text{分}) \tag{5-52}$$

注意到，一般地，在抛物线 $x^2=2py$ 上某点 K（x_0，y_0）处的切线斜率为$\frac{x_0}{p}$，故 A 和 B 处切线的斜率分别为$\frac{x_A}{p}$和$\frac{x_B}{p}$。同时注意到，如图 5-16 所示，$x_B<0$，但 θ_B 应为锐角，故有

$$\tan\theta_A=\frac{x_A}{p},\tan\theta_B=-\frac{x_B}{p}$$

另一方面，

$$\tan\alpha=\frac{y_A-y_B}{x_A-x_B}=\frac{1}{2p}\left(\frac{x_A^2-x_B^2}{x_A-x_B}\right)=\frac{x_A+x_B}{2p}$$

将以上几何关系式代入式（5-52）即可得

$$\frac{x_A+x_B}{2p}=-\frac{p}{2}\left(\frac{1}{x_B}+\frac{1}{x_A}\right)$$

当 $\alpha\neq0°$时，$x_A+x_B\neq0$，由上式即可得

$$x_Ax_B=-p^2 \quad (3\text{分}) \tag{5-53}$$

上式可以改写为$\left(-\frac{p}{x_A}\right)\left(-\frac{p}{x_B}\right)=-1$，而$-\frac{p}{x_A}$和$-\frac{p}{x_B}$分别是 A 和 B 处壁面法线的斜率，因此，上式表明，若杆 AB 有异于 $\alpha=0°$的平衡位置，则 F_{NA}和 F_{NB}的作用线必垂直。(没有这段话不扣分)

设此时杆 AB 质心 C 的坐标为（x_C，y_C），则 A 和 B 的坐标分别为

$$\begin{cases}x_A=x_C+L\cos\alpha\\y_A=y_C+L\sin\alpha\end{cases} \quad 和 \quad \begin{cases}x_B=x_C-L\cos\alpha\\y_B=y_C-L\sin\alpha\end{cases} \tag{5-54}$$

将 A 和 B 的坐标代入抛物线方程 $x^2=2py$ 可得

$$(x_C+L\cos\alpha)^2=2p(y_C+L\sin\alpha) \tag{5-55a}$$

$$(x_C-L\cos\alpha)^2=2p(y_C-L\sin\alpha) \tag{5-55b}$$

并且

$$x_Ax_B=(x_C+L\cos\alpha)(x_C-L\cos\alpha)=-p^2 \tag{5-55c}$$

将式（5-55）的三式联立求解，可得

$$\cos\alpha=\pm\sqrt{\frac{p}{L}},即\alpha_2=\arccos\sqrt{\frac{p}{L}} \quad (4\text{分}) \tag{5-56}$$

显然，要使杆 AB 在倾斜时仍然保持平衡，则应满足条件

$$L>p \quad (1\text{分}) \tag{5-57}$$

由于物理现象已经表明倾斜状态可以平衡，因此这一条件能够得到满足。

以下部分与第一种解法相同，并同样得 2 分。

注意： 考生可能在试卷中同时采用了不同的方法进行解答，这种情况只能按得分最高的一种解法进行

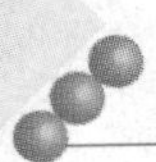

评分。若在第（1）小题中只列出了平衡位置 $\alpha_1=0°$ 和 $\alpha_2=45°$ 而没有推导过程，只能得 1 分。

（3）（本小题 5 分）在这个容器内静止的杆件，当受到扰动之后还能回到初始的平衡角度上，说明平衡是稳定的；不能回到初始的平衡角度上，说明平衡是不稳定的。平衡的稳定性可以通过势能 $U(\alpha)$ 在平衡点的数值性质来确定。当该值为极小值时，平衡是稳定的；为极大值时，平衡是不稳定的。

对式（5-42a）中势能的一阶导数再次求导可得

$$\frac{d^2U}{d\alpha^2}=mg\left[\frac{p(\cos^2\alpha+3\sin^2\alpha)}{\cos^4\alpha}-\frac{L^2}{p}(\cos^2\alpha-\sin^2\alpha)\right] \quad (2分) \tag{5-58}$$

对平衡位置 $\alpha_1=0$，

$$\frac{d^2U}{d\alpha^2}=mg\frac{p^2-L^2}{p} \tag{5-59}$$

若 $L<p$，则 $\frac{d^2U}{d\alpha^2}>0$，这说明，长度小于 200mm 的短杆水平放置是稳定的（1 分），如图 5-17 所示（图中 F 是抛物线的焦点）。

若 $L>p$，则 $\frac{d^2U}{d\alpha^2}<0$，这说明，长度大于 200mm 的长杆水平放置是不稳定的（1 分）。

对平衡位置 $\alpha_2=\arccos\sqrt{\frac{p}{L}}$，由于有

$$\cos^2\alpha_2=\frac{p}{L},\sin^2\alpha_2=\frac{L-p}{L}$$

故式（5-58）可表达为

$$\frac{d^2U}{d\alpha^2}=\frac{4mgL}{p}(L-p) \tag{5-60}$$

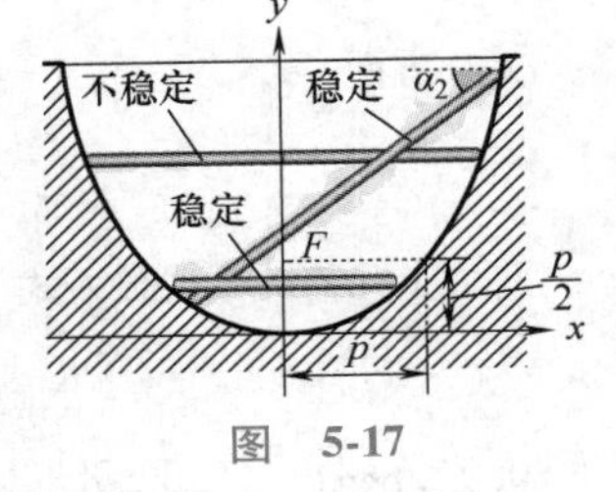

图 5-17

由于在这个平衡位置，必须满足条件 $L>p$，故 $\frac{d^2U}{d\alpha^2}>0$，因此该平衡位置是稳定的（1 分）。

特别地，当杆长为 400mm 时，$\alpha=45°$ 的平衡位置是稳定的。

当 L 从大于 p 一侧趋近于 p 时，易于看出，$\alpha_2\to0°$，即 $\alpha_2\to\alpha_1$，两个平衡状态的角度合二为一。当 $L=p$ 时，杆件的水平位置处于稳定平衡状态。（没有这段话不扣分。）

注意：考生可能没有应用势能的概念，而是借助于平衡稳定时重心最低的概念，在导出式（5-40）之后，进行二次求导运算，这样做也是正确的。

若考生说出了平衡稳定性的概念，但只是根据题目所提供的信息，复述了对于长度为 400mm 的均质杆，$\alpha=0°$ 不稳定，$\alpha=45°$ 稳定而未加以证明，则只能得 1 分。

第 4 题（30 分）

（1）（本小题 17 分）首先，可以由直觉确定，当挂钩位于刚架左边角点 B 处时，A 截面最上点沿轴线方向上的应变为 ε_{max}（3 分）。也可以做如下初步的定性分析：在 AB 区段上，显然作用力位于 B 处时，A 截面有最大的弯矩。而在 BD 区段上，作用点往 D 处移时，G 处的弯矩趋于增加而 A 处的弯矩趋于减小。所以作用点在 B 处时，应变值为极大值。

此处只需说明作用力位于 B 处，无论是否说明理由，无论说明的理由是否充分，均给 3 分。

这样，便可以只研究集中力作用在左边拐角处 B 时的情况。易于看出，这种情况下，长杆的外伸部分 DH 区段没有任何内力，也不对其他部分的内力产生影响，因而可以不予考虑。剩下的部分是一个对称结构，其受力可分解为对称与反对称两部分，分别如图 5-18a 和图 5-18b 所示，并可建立如图所示的坐标系。

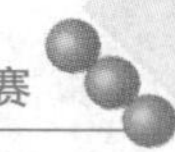

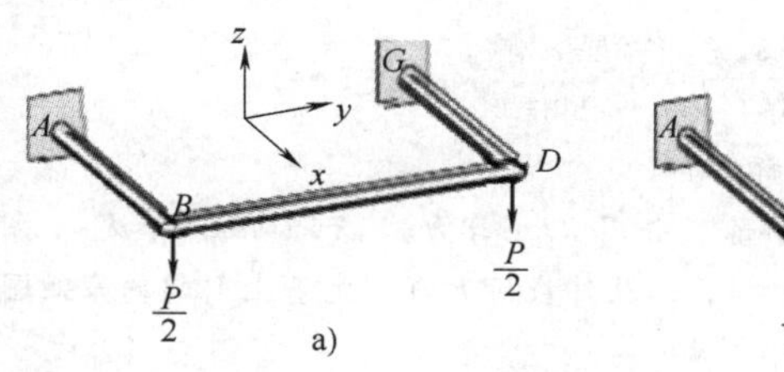

图　5-18

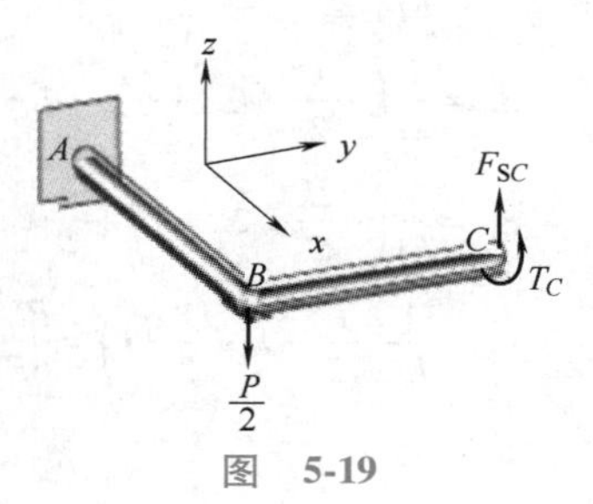

图　5-19

在图 5-18a 中，可以看出，BD 区段中没有内力，A 和 G 截面均有弯矩 $M_{y0}=\frac{1}{2}PL$。（2 分）

在图 5-18b 中，由于载荷反对称，故 BD 杆中点处 C 截面没有弯矩，只有扭矩 T_C 和剪力 F_{SC}。想象从截面 C 处将结构截开，并取其一半考虑，如图 5-19 所示。根据变形的特点可知，C 截面绕 BC 杆轴线的扭转角 θ_y 为零，沿 z 方向的挠度 w_z 为零。

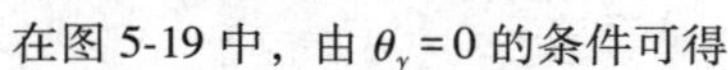

在图 5-19 中，由 $\theta_y=0$ 的条件可得

$$\left(\frac{P}{2}\right)\frac{L^2}{2EI}=\frac{T_CL}{EI}+\frac{T_CL}{GI_P}+\frac{F_{SC}L^2}{2EI}\quad（3 分）\tag{5-61}$$

由 $w_z=0$ 的条件可得

$$\left(\frac{P}{2}\right)\frac{L^3}{3EI}=\frac{T_CL^2}{2EI}+\frac{F_{SC}L^3}{3EI}+\frac{F_{SC}L^3}{GI_P}+\frac{F_{SC}L^3}{3EI}\quad（3 分）\tag{5-62}$$

注意到对于圆杆，有 $I_P=2I$；又有 $v=0.25$，故有

$$GI_P=\frac{4}{5}EI\quad（1 分）$$

利用上式，则式（5-61）和式（5-62）可化简并联立为

$$\begin{cases}9T_C+2LF_{SC}=PL\\6T_C+23LF_{SC}=2PL\end{cases}\tag{5-63}$$

由上式可解得

$$T_C=\frac{19}{195}PL,F_{SC}=\frac{4}{65}P\quad（2 分）\tag{5-64}$$

注： 如果计算中一直未将 $v=0.25$ 代入，那么式（5-63）和式（5-64）应分别表示为

$$\begin{cases}4(2+v)T_C+2LF_{SC}=PL\\3T_C+2(5+3v)LF_{SC}=2PL\end{cases}$$

$$T_C=\frac{(4+3v)PL}{37+44v+12v^2}=\frac{19}{195}PL,F_{SC}=\frac{(5+4v)P}{2(37+44v+12v^2)}=\frac{4}{65}P$$

可以看出，在截面 A 处，剪力 F_{SC} 所引起的弯矩 $M_{y1}=-F_{SC}L$，引起的扭矩 $M_x=F_{SC}L$；扭矩 T_C 引起的弯矩 $M_{y2}=-T_C$；载荷 $\frac{P}{2}$ 引起的弯矩 $M_{y3}=\frac{1}{2}PL$。所以，在截面 A 处，

总弯矩：
$$M_A=M_y=M_{y0}+M_{y1}+M_{y2}+M_{y3}=\frac{164}{195}PL\quad（1 分）\tag{5-65}$$

总扭矩：
$$T_A=M_x=F_{SC}L=\frac{4}{65}PL\quad（1 分）\tag{5-66}$$

这样，截面 A 处最上点沿轴向的应变

$$\varepsilon_{\max}=\frac{M_A}{EW}=\frac{164PL}{195EW}\tag{5-67a}$$

故有
$$P=\frac{195EW\varepsilon_{\max}}{164L}=\frac{195E\pi d^3\varepsilon_{\max}}{5248L}\quad（1分）\tag{5-67b}$$

注： 第（1）小题中超静定问题的力求解法。

如图5-20所示，将右端 G 处全部约束解除，并用 X_1（剪力）、X_2（弯矩）、X_3（扭矩）取代，其中箭头表示矩矢量。分别做出 $X_1=1$、$X_2=1$、$X_3=1$，以及外载荷 F 在静定基上引起的弯矩图和扭矩图。由图乘法（或其他方法）可得以下结果：

$$\delta_{11}=\frac{1}{EI}\left[\frac{L}{2}\cdot L\cdot\frac{2L}{3}+\frac{2L}{2}\cdot 2L\cdot\frac{2(2L)}{3}+\frac{L}{2}\cdot L\cdot\frac{2L}{3}\right]+\frac{1}{GI_{\mathrm{P}}}(L\cdot 2L\cdot L+2L\cdot L\cdot 2L)=\frac{65L^3}{6EI}$$

$$\delta_{12}=\frac{1}{EI}\left(-\frac{L}{2}\cdot L\cdot 1-\frac{L}{2}\cdot L\cdot 1\right)+\frac{1}{GI_{\mathrm{P}}}(-L\cdot 2L\cdot 1)=-\frac{7L^2}{2EI}$$

$$\delta_{13}=\frac{1}{EI}\left(-\frac{2L}{2}\cdot 2L\cdot 1\right)+\frac{1}{GI_{\mathrm{p}}}(-L\cdot 2L\cdot 1)=-\frac{9L^2}{2EI}$$

$$\delta_{1F}=\frac{1}{EI}\left(\frac{L}{2}\cdot L\cdot\frac{1}{3}FL\right)=\frac{PL^3}{6EI}$$

$$\delta_{22}=\frac{1}{EI}(1\cdot L\cdot 1+1\cdot L\cdot 1)+\frac{1}{GI_{\mathrm{P}}}(L\cdot 2L\cdot 1)=\frac{9L}{2EI}$$

$$\delta_{23}=0$$

$$\delta_{2F}=\frac{1}{EI}\left(-1\cdot L\cdot\frac{PL}{2}\right)=-\frac{PL^2}{2EI}$$

$$\delta_{33}=\frac{1}{EI}(1\cdot 2L\cdot 1)+\frac{2}{GI_{\mathrm{P}}}(L\cdot L\cdot 1)=\frac{9L}{2EI}$$

$$\delta_{3F}=0$$

由于在解除约束处各项实际位移为零，故可得正则方程组

$$\begin{cases}\dfrac{65L^3}{6EI}X_1-\dfrac{7L^2}{2EI}X_2-\dfrac{9L^2}{2EI}X_3+\dfrac{PL^3}{6EI}=0\\ -\dfrac{7L^2}{2EI}X_1+\dfrac{9L}{2EI}X_2-\dfrac{FL^2}{2EI}=0\\ -\dfrac{9L^2}{2EI}X_1+\dfrac{9L}{2EI}X_3=0\end{cases}\quad（8分），\quad 即\begin{pmatrix}65L & -21 & -27\\ -7L & 9 & 0\\ -L & 0 & 1\end{pmatrix}\begin{pmatrix}X_1\\ X_2\\ X_3\end{pmatrix}=\begin{pmatrix}PL\\ PL\\ 0\end{pmatrix}$$

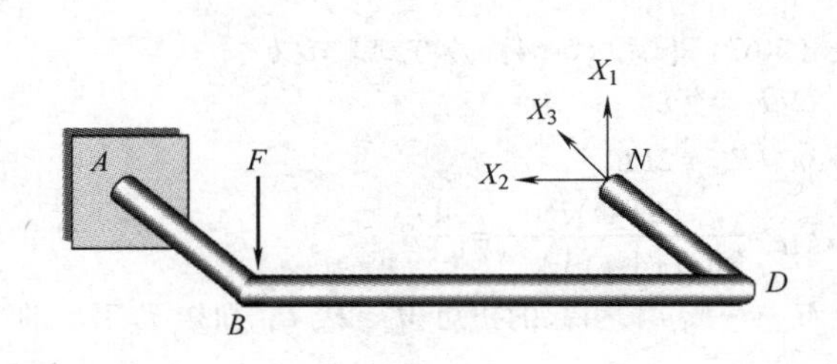

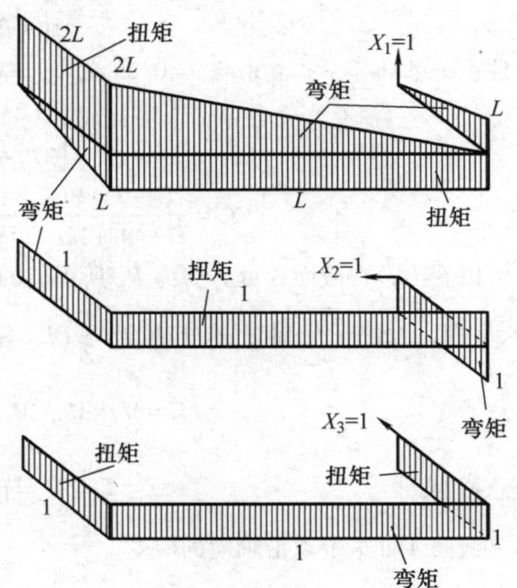

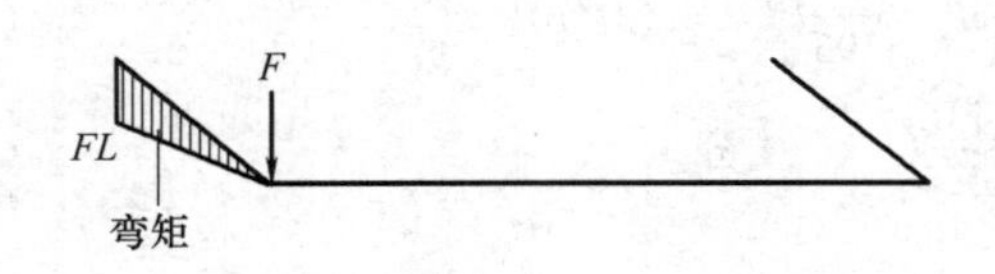

图 5-20

由此可解得

$$X_1=\frac{4P}{65},X_2=\frac{31PL}{195},X_3=\frac{4PL}{65}\quad（3 分）$$

由上述结果即可由平衡条件得 A 截面的弯矩和扭矩分别为

$$M_A=\frac{164}{195}PL\quad（1 分），\quad T_A=\frac{4}{65}PL\quad（1 分）$$

（2）（本小题 3 分）由式（5-65）、式（5-66）和式（5-67）可得

$$M_A=EW\varepsilon_{\max},T_A=\frac{3}{41}EW\varepsilon_{\max}\tag{5-68}$$

故 A 处横截面上危险点的屈服强度准则（第三强度准则和第四强度准则）的相当应力分别为

$$\sigma_{r3}=\frac{1}{W}\sqrt{M_A^2+T_A^2}=E\varepsilon_{\max}\sqrt{1+\left(\frac{3}{41}\right)^2}\approx 1.003E\varepsilon_{\max}\quad（2 分）\tag{5-69a}$$

$$\sigma_{r4}=\frac{1}{W}\sqrt{M_A^2+\frac{3}{4}T_A^2}=E\varepsilon_{\max}\sqrt{1+\frac{3}{4}\left(\frac{3}{41}\right)^2}\approx 1.002E\varepsilon_{\max}\tag{5-69b}$$

此处导出式（5-69a）和式（5-69b）中的任一个即可得 2 分。

上两式的结果都非常接近于 $E\varepsilon_{\max}$。因此，直接将 $E\varepsilon_{\max}$ 作为 A 截面上危险点的屈服强度准则的相当应力是可行的。（1 分）

（3）（本小题 10 分）J 截面上的全部内力包括弯矩 M_J、扭矩 T_J 和剪力 F_{SJ}。除了温度补偿片（没有这句话不扣分），在理论上至少应该贴 3 个应变片（1 分）。

应在 J 截面的上顶点处沿轴向贴一个应变片（1 分）。记该应变片读数为 $\varepsilon_{(1)}$，则有

$$\varepsilon_{(1)}=\frac{\sigma}{E}=\frac{M_J}{EW}$$

故

$$M_J=\frac{1}{32}E\pi d^3\varepsilon_{(1)}\quad（1 分）\tag{5-70}$$

另外两个应变片应该贴在 J 截面水平直径的两端 KK' 处，并沿着与轴线成 45° 的夹角方向上粘贴（1 分），如图 5-21 所示（此处两个 45°都不限正负）。

在 J 截面水平直径的两个端点 K 和 K' 处，只有扭转切应力 τ_T 和弯曲切应力 τ_Q，弯曲正应力为零。在这两个点中，必定有一个点 τ_T 和 τ_Q 同向（不妨记该处应变片数值为 $\varepsilon_{(2)}$），另一个点 τ_T 和 τ_Q 反向（记该处应变片数值为 $\varepsilon_{(3)}$），如图 5-22 所示。K 和 K' 两点均处于纯剪切状态。从结构外平视这两个点，与轴向成 45° 的方向是应力的一个主方向，故有

$$\tau_T\pm\tau_Q=\frac{T_J}{W_P}\pm\frac{4F_{SJ}}{3A}=\frac{16}{\pi d^2}\left(\frac{T_J}{d}\pm\frac{F_{SJ}}{3}\right)\tag{5-71}$$

$$\varepsilon_{(2)}=\frac{1+\nu}{E}(\tau_T+\tau_Q)=\frac{16(1+\nu)}{E\pi d^2}\left(\frac{T_J}{d}+\frac{F_{SJ}}{3}\right)\tag{5-72a}$$

$$\varepsilon_{(3)}=\frac{1+\nu}{E}(\tau_T-\tau_Q)=\frac{16(1+\nu)}{E\pi d^2}\left(\frac{T_J}{d}-\frac{F_{SJ}}{3}\right)\tag{5-72b}$$

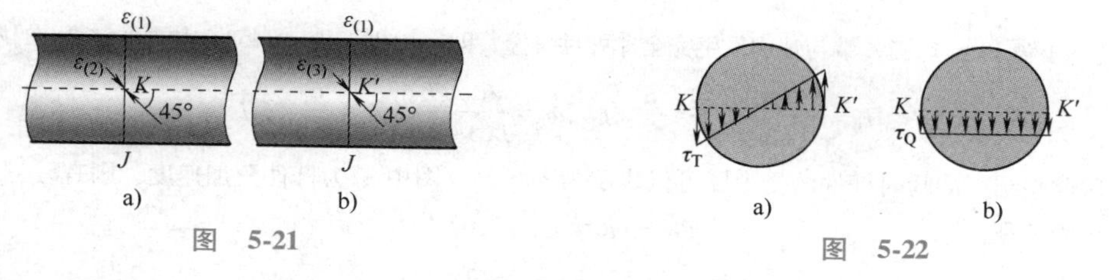

图　5-21　　　　图　5-22

式（5-72）的两式分别相加减即可导出扭矩 T_J 和剪力 F_{SJ} 的数值，即

$$T_J=\frac{E\pi d^3(\varepsilon_{(2)}+\varepsilon_{(3)})}{32(1+\nu)},F_{SJ}=\frac{3E\pi d^2(\varepsilon_{(2)}-\varepsilon_{(3)})}{32(1+\nu)}\quad(6\text{ 分})\tag{5-73a}$$

没有下述一段话不扣分。若导出的不是式（5-73a），而是下面的式（5-73b），同样得 6 分。

在某些情况下，有

$$T_J=\frac{E\pi d^3(\varepsilon_{(2)}-\varepsilon_{(3)})}{32(1+\nu)},F_{SJ}=\frac{3E\pi d^2(\varepsilon_{(2)}+\varepsilon_{(3)})}{32(1+\nu)}\tag{5-73b}$$

是采用式（5-73a）还是采用式（5-73b）进行计算，可根据吊挂位置，以及 K 和 K' 处应变片粘贴的相对方位判定。

应该指出，上述解答是首先满足“应变片要用得尽可能少”的条件在理论上的作法。在实际测量中，则应首先满足“效果要尽可能好”的条件，利用测量电桥的特性另行设计实测方案。

第 5 题（25 分）

（1）（本小题 12 分）杆在自由下落过程中处于平动状态。在碰撞前瞬时的平动速度为

$$v=2\sqrt{gL}\quad(1\text{ 分})\tag{5-74}$$

设杆受到的碰撞冲量为 S，方向向上，如图 5-23 所示。记标的质量为 m，碰撞刚结束的瞬时杆 AB 质心 C 的速度为 v_0，角速度为 ω_0，则有

冲量定理：
$$mv_0-2m\sqrt{gL}=-S\quad(2\text{ 分})\tag{5-75a}$$

冲量矩定理：
$$\frac{mL^2}{3}\omega_0-0=SL\sin\theta=\frac{SL}{2}\quad(2\text{ 分})\tag{5-75b}$$

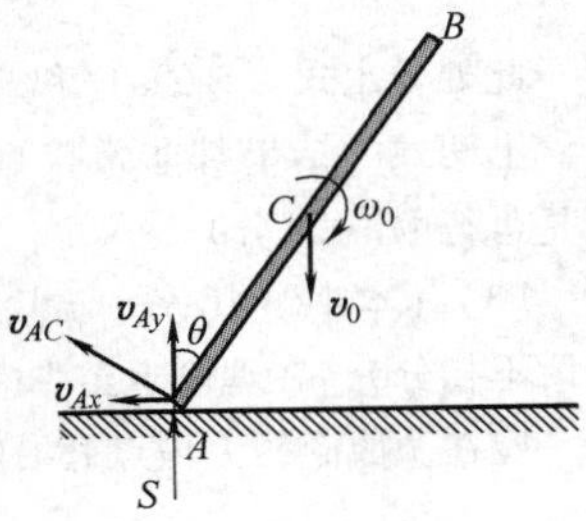

设恢复因数为 e，则点 A 在碰撞刚结束的瞬时的竖向速度

$$v_{Ay}=2e\sqrt{gL}\quad(1\text{ 分})\tag{5-76}$$

图 5-23

以 C 为基点研究点 A 速度，记 v_{AC} 为 A 关于 C 的相对速度，则有

$$v_A=v_0+v_{AC}\tag{5-77a}$$

式中，$v_{AC}=\omega_0 L$。上式投影到竖直方向上，取向上为正，则有

$$v_{Ay}=-v_0+\omega_0 L\sin\theta=-v_0+\frac{1}{2}\omega_0 L\quad(2\text{ 分})\tag{5-77b}$$

将式（5-76）代入式（5-77b），可得运动学关系：

$$\omega_0=\frac{1}{L\sin\theta}(2e\sqrt{gL}+v_0)=\frac{2}{L}(2e\sqrt{gL}+v_0)\tag{5-78}$$

将式（5-75a）、式（5-77b）、式（5-78）联立求解，可得

$$v_0=\frac{2\sqrt{gL}(3\sin^2\theta-e)}{1+3\sin^2\theta}=\frac{2}{7}(3-4e)\sqrt{gL}\quad(2\text{ 分})\tag{5-79a}$$

$$\omega_0=\frac{6\sqrt{gL}(e+1)\sin\theta}{L(1+3\sin^2\theta)}\tag{5-79b}$$

由式（5-79a）可得，要使在碰撞刚结束的瞬时杆 AB 质心 C 的速度为零，应有

$$e=\frac{3}{4}=0.75\quad(2\text{ 分})\tag{5-80}$$

（2）（本小题 13 分）当 A 端与地面发生完全非弹性碰撞，即 $e=0$ 时，取 $\theta=45°$，由式（5-79）的两式可得

$$v_0=\frac{6\sqrt{gL}\sin^2\theta}{1+3\sin^2\theta}=\frac{6}{5}\sqrt{gL},\omega_0=\frac{6\sqrt{gL}\sin\theta}{L(1+3\sin^2\theta)}=\frac{6}{5L}\sqrt{2gL}\tag{5-81}$$

假设碰撞刚结束的瞬时杆件的受力图可以表示为图 5-24，图中 α_0 为杆件角加速度，则有

质心运动定理：
$$ma_C=mg-F_N\quad(2\text{ 分})\tag{5-82a}$$

质心动量矩定理：
$$\frac{1}{3}mL^2\alpha_0=F_N L\sin\theta=\frac{\sqrt{2}}{2}F_N L\quad(2\text{ 分})\tag{5-82b}$$

为补充运动学关系，以 A 为基点研究质心 C 的加速度，记 a_{CA}^{n} 和 a_{CA}^{τ} 分别为 C 对 A 的相对法向加速度和相对切向加速度，则有

$$\boldsymbol{a}_C=\boldsymbol{a}_A+\boldsymbol{a}_{CA}^{n}+\boldsymbol{a}_{CA}^{\tau}$$

将上式投影到竖直方向，取向下为正，可得

$$a_C=a_{CA}^{n}\cos\theta+a_{CA}^{\tau}\sin\theta=L\omega_0^2\cos\theta+L\alpha_0\sin\theta$$

$$=\frac{36g\sin^2\theta\cos\theta}{(1+3\sin^2\theta^2)}+L\alpha_0\sin\theta=\frac{36\sqrt{2}}{25}g+\frac{\sqrt{2}}{2}L\alpha_0 \quad (3\text{ 分}) \qquad (5\text{-}82\text{c})$$

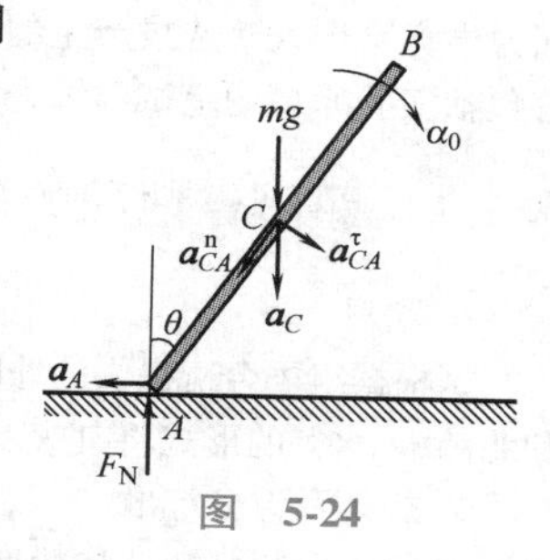

图　5-24

由式（5-82）的三式联立可解出

$$F_N=\frac{mg}{(1+3\sin^2\theta)}\left[1-\frac{36\sin^2\theta\cos\theta}{(1+3\sin^2\theta)^2}\right]=\frac{2mg}{5}\left(1-\frac{36\sqrt{2}}{25}\right) \quad (2\text{ 分}) \quad (5\text{-}83)$$

地面不可能对杆有向下的约束力，故 F_N 的方向只能是向上的，因此在式（5-82）和式（5-83）的各个式子中，应有 $F_N\geqslant 0$。但是，在式（5-83）中，$1-\frac{36\sqrt{2}}{25}<0$，这说明，在碰撞刚结束的瞬时，$A$ 端与地面并无相互作用，即 A 端将会立刻离开地面（1 分）。

此部分分析的目的在于判断在碰撞刚结束的瞬时杆的运动形态，所以必不可少。如果未进行如上分析而猜测出点 A 会离开地面，则只给结论的 1 分。

在此后的一小段时间内，杆将在空中作平面运动，根据式（5-81）可得如下的运动参数。

质心初始速度：$v_0=\frac{6\sqrt{gL}}{5}$（向下） (5-84a)

质心加速度：g（向下） (5-84b)

杆初始角速度：$\omega_0=\frac{6}{5}\sqrt{\frac{2g}{L}}$（顺时针） (5-84c)

杆角加速度：0 (5-84d)

当杆水平时，杆转动了$\frac{\pi}{4}$，所用时间为

$$t=\frac{\pi}{4\omega_0}=\frac{5\pi}{24}\sqrt{\frac{L}{2g}} \quad (1\text{ 分}) \qquad (5\text{-}85)$$

在此段时间内，质心 C 运动的铅垂距离为

$$s=v_0t+\frac{1}{2}gt^2=\frac{5\pi}{24}\sqrt{\frac{L}{2g}}\left(\frac{6\sqrt{gL}}{5}+\frac{1}{2}g\cdot\frac{5\pi}{24}\sqrt{\frac{L}{2g}}\right)$$

$$=\left(\frac{\sqrt{2}\pi}{8}+\frac{25\pi^2}{2304}\right)L\approx 0.6625L<\frac{\sqrt{2}}{2}L \qquad (5\text{-}86)$$

这说明此时杆 AB 仍然在空中，尚未与地面发生第二次碰撞，由此可得质心 C 的速度为

$$v_C=v_0+gt=\frac{6\sqrt{gL}}{5}+g\cdot\frac{5\pi}{24}\sqrt{\frac{L}{2g}}=\left(\frac{6}{5}+\frac{5\sqrt{2}\pi}{48}\right)\sqrt{gL}\approx 1.6628\sqrt{gL} \quad (2\text{ 分}) \qquad (5\text{-}87)$$

5.3 团体赛试题

本次团体比赛采用封闭考查的形式，老师不能进入比赛现场观摩，因此书中本次比赛没有现场资料和照片。

补充说明：第九届全国周培源大学生力学竞赛进行了调整，增加了“基础力学实验”团体赛。本次“基础力学实验”团体赛于 2013 年 8 月 12 日至 14 日在西南交通大学九里校区举行。来自全国各地经过本

届力学竞赛个人赛选拔产生的成绩前 50 名中的 35 所高校代表队共 131 位学生参加了此次团体赛。竞赛内容包括实验原理的笔试与综合实验两场比赛。考虑到篇幅，本书就不介绍“基础力学实验”的内容了。

5.3.1 四川省地图的形状中心

1. 题目

试根据组委会所提供的地图和材料确定地图中四川省区域（图 5-25）的形心位置 C，并以东经×××. ××°和北纬××. ××°的形式将其表示出来。

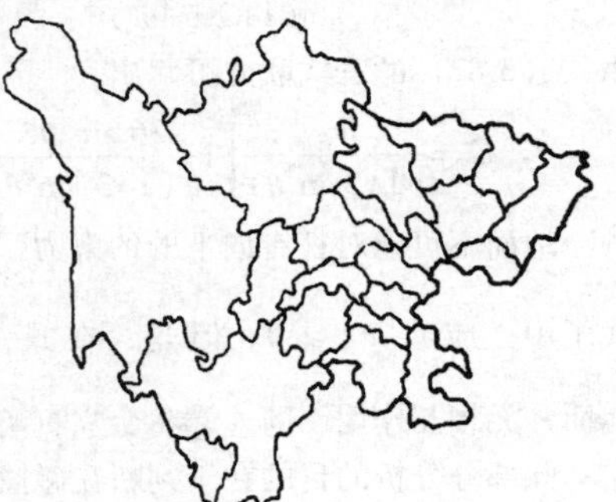

图 5-25 四川省区域

2. 规则及评分标准

（1）所有测量和计算数据必须全部写在赛题文本上。

（2）在得到最后数据（东经 A 和北纬 B）并确认之后，选手应将数据写在赛题文本的末页并将赛题文本交给助理裁判员，助理裁判员立即记录下所用的时间 T 并让选手代表确认并签字。赛题文本交给助理裁判员后选手不得要求更改数据。

（3）从组委会宣布竞赛开始到赛题文本交到助理裁判员处的时间不得超过 150min。超过此时限的小组，本项竞赛为零分。

（4）评分标准分为精度分和速度分两部分：

精度分 P_E：组委会有事先准备好的参考数据（东经 A_0 和北纬 B_0），根据选手交付的结果（东经 A 和北纬 B）按下式计算精度分：

$$P_E=\left[1-0.24\sqrt{(A-A_0)^2+(B-B_0)^2}\right]\times 100$$

若按上式算出为负值，则 P_E 取零。

速度分 P_V 按下式计算：

$$P_V=150-T$$

式中，T 以 min 计，P_V 高于 100 分按 100 分计算。

总分 P 按下面方式计算：

$$P=0.7P_E+0.3P_V$$

3. 发放器材清单

序号	名称	规格	单位	数量	备注
1	四川省地图	比例尺 1：1420000	张	1	
2	塑料细杆	长 1000mm	根	2	
3	电子秤	精度 0.1g	台	1	不允许加工
4	细绳	1000mm	根	1	
5	黏胶带	宽 10mm	卷	1	
6	矿泉水	350mL	瓶	1	
7	钢板尺	500mm	根	1	不允许加工
8	铅笔	B	支	1	
9	签字笔	可用红笔	支	1	
10	木条	长 1500mm	根	1	不允许加工
11	小文具杯	内有若干大头针、回形针、图钉	杯	1	
12	赛题文本		本	1	

5.3.2　谁的小车跑得最远

1. 题目

利用组委会所提供的材料和一瓶未启封的 550mL 矿泉水制作一台滚动装置（小车），并使该装置储备一定的机械能。比赛时小车将矿泉水瓶抛下或使其坠落，从而使小车获得前进的驱动力。小车前进的距离越远，将获得越高的分数。

2. 规则及评分标准

（1）选手所制作出的结构的所有材料都来源于组委会所提供的物品，不得另外添加材料。对于组委会所提供的物品，可以全部采用，也可以只采用其中一部分。

（2）矿泉水瓶应该用指定的包装绳与小车的某处连接，应该保证这根包装绳在剪断后便可使小车向前运动，这是本项目规定的小车启动方式。

（3）小车启动后矿泉水瓶可以留在小车上，也可离开小车。矿泉水瓶的位置变化方式及变化大小不加限制。矿泉水瓶自始至终都保持未启封状态，不允许有液体流出。

（4）从组委会宣布本项竞赛开始到宣布正式测试开始的时间为 210min。在此 210min 内，允许选手对自制的装置进行反复测试与改装。若 210min 内未能制作成可以进行测试的机构，则本项竞赛分数为零。

（5）测试方法：

组委会宣布测试开始后，参赛队员将自制装置的后轮放置在预先划定的起始位置线上，此时选手不得与结构触碰，且结构各部分均处于静止状态，并经助理裁判员和选手共同确认。启动时由助理裁判员将连接矿泉水瓶和小车的包装绳剪断。启动时和启动后选手不得触碰小车。若剪断包装绳后小车没有行走，则本次测试距离为零。

每个参赛小组的正式测试进行三次，每次小车停下后立即测量小车行走的距离，该距离为小车两后轮中点到小车的起始位置线的**铅垂**距离。测量由本组选手和助理裁判员共同进行。助理裁判员在赛题文本的末页记录下小车行走的距离，该距离以 cm 计，精确到个位。

第一次测量结束和第二次测量结束后，选手应立即着手将矿泉水瓶再次用包装绳与小车用同样的方式连接，以便再次起动。在此期间不得修改、重调或重组结构。

三次测量结束后，取其行走的最远距离 L 作为最终成绩并由助理裁判员记录在赛题文本的末页，并让选手代表确认后签字。

（6）评分方法：

以全场出现的最长距离（$L_{\max}$）的小组为 100 分，大于零的最短距离（$L_{\min}$）为 40 分。行走距离为 L 的某组得分为

$$P=40+60\times\left(\frac{L-L_{\min}}{L_{\max}-L_{\min}}\right)$$

若某队在三次测量中小车均未起动，则该队本项竞赛分数为零。

3. 发放器材清单

<table>
<tr><th>序号</th><th>名称</th><th>规格</th><th>单位</th><th>数量</th><th>备注</th></tr>
<tr><td>1</td><td>车轮轴总成</td><td>含两个车轮和一根轮轴</td><td>套</td><td>2</td><td></td></tr>
<tr><td>2</td><td>五层板</td><td>200mm×800mm</td><td>块</td><td>1</td><td></td></tr>
<tr><td>3</td><td>三层板</td><td>200mm×800mm</td><td>块</td><td>1</td><td></td></tr>
<tr><td>4</td><td>木螺钉</td><td>含木螺钉 10 颗</td><td colspan="2" rowspan="4">合并为一杯装</td><td></td></tr>
<tr><td>5</td><td>螺钉螺母</td><td>含螺钉螺母 20 对</td><td></td></tr>
<tr><td>6</td><td>小文具</td><td>含若干大头针、回形针、图钉</td><td></td></tr>
<tr><td>7</td><td>塑料水杯</td><td></td><td></td></tr>
</table>

（续）

序号	名称	规格	单位	数量	备注
8	细绳	2000mm	根	1	
9	塑料包装绳	4000mm	根	1	用作多次剪断
10	橡皮筋		根	10	
11	紧固件	L形带4个通孔	个	8	不允许加工
12	钢板尺	500mm	根	1	不允许加工
13	铅笔	B	支	1	
14	木条	1200mm×30mm×20mm	根	2	
15	矿泉水	550mL，保持原封	瓶	1	不允许加工
16	卷尺	3000mm	个	1	不允许加工
17	粉笔		根	2	助理裁判员用
18	赛题文本		本	1	

5.3.3 触发式定点投射

1. 题目

利用组委会所提供的材料设计制作一个包含触发装置和投射装置的结构。处于静止状态的球 A 自然滚动后撞击到触发装置 B，立即导致投射装置 C 的启动：C 启动时，将球 D 抛射至2m远的一个指定的小桶 E 内，如图5-26所示（该图仅为结构功能示意图，不包含对结构具体形式的限制）。装置的启动和投射要连续地进行10次，顺利抛出并投中小桶内的球越多，得分越高。

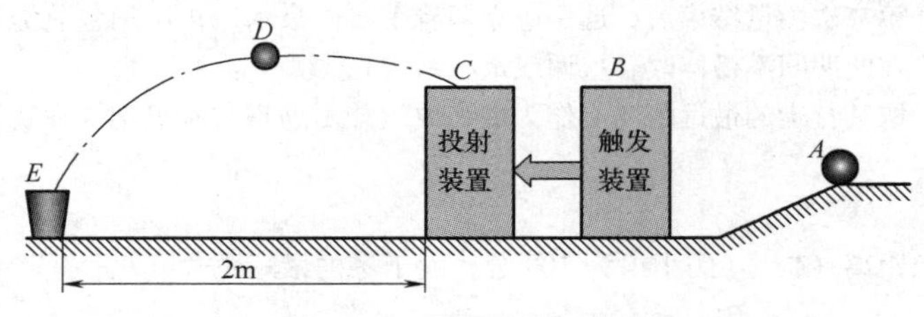

图5-26 装置功能示意图

2. 规则及评分标准

（1）选手所制作出的装置应能自动完成下列动作：质量约40g的启动球 A 在无任何初速情况下仅依靠自身重量滚动、滑动或其他形式的运动，撞击到触发装置的某个部位。触发装置一经撞击，便可启动投射装置。投射装置将质量约8g的投射球 D 弹射出去，并尽可能准确地投掷进2m外的一个小桶之内。整个结构在完成上述动作的过程中，不得有任何人为干预。

（2）选手所制做出的结构的所有材料都来源于组委会所提供的物品，不得另外添加材料。对于组委会所提供的物品，可以全部采用，也可以只采用其中的一部分。

（3）投射装置底部的前沿到小桶边沿的水平距离为2m，如图5-26所示；两者之间的高度差没有限制。

（4）选手应在公布题目之后的210min之内完成全部制作。制作过程中允许反复试投。若210min之内未能完成制作，则本项竞赛计为零分。公布题目后的210min时由组委会统一宣布投掷正式开始。

（5）组委会宣布投掷正式开始后，不得修改、重调或重组结构。每个参赛队有连续十次启动装置和投

掷的机会。

（6）十次正式投掷过程中，若球 A 滚动后未撞击到触发装置，或虽然撞击到触发装置，但并未导致投射装置启动，球 D 并未抛出，则本次投掷结果计为“未抛出”。

（7）小桶内盛有约四分之一容量的水，以防止球 D 从小桶内反弹出来。在盛有水的情况下，若某次投射时仍将球 D 从小桶内反弹出来，则本次投射结果计为“未投中”。

（8）十次正式投掷过程中，投进小桶内的球不允许取出。十次投射结束后，由助理裁判员和选手共同清点成功抛出的球数和投入小桶的球数并记录在赛题文本的末页，选手代表确认后签字。

（9）评分标准：记 m 为已成功抛出的小球数，n 为投中小桶的小球数，则本项竞赛的得分

$$P=4m+6n$$

3. 发放器材清单

<table>
<tr><th>序号</th><th>名称</th><th>规格</th><th>单位</th><th>数量</th><th>备注</th></tr>
<tr><td>1</td><td>细钢丝</td><td>ϕ4mm、长 200mm</td><td>根</td><td>2</td><td></td></tr>
<tr><td>2</td><td>三层板</td><td>200mm×800mm</td><td>块</td><td>1</td><td></td></tr>
<tr><td>3</td><td>五层板</td><td>200mm×800mm</td><td>块</td><td>1</td><td></td></tr>
<tr><td>4</td><td>榉木板</td><td>45mm×4mm×1000mm</td><td>根</td><td>1</td><td></td></tr>
<tr><td>5</td><td>木条</td><td>30mm×20mm×500mm</td><td>根</td><td>1</td><td></td></tr>
<tr><td>6</td><td>螺钉螺母</td><td>含螺钉螺母 20 对</td><td rowspan="4" colspan="2">合并为一杯装</td><td></td></tr>
<tr><td>7</td><td>木螺钉</td><td>含木螺钉 10 颗</td><td></td></tr>
<tr><td>8</td><td>小文具</td><td>含若干大头针、回形针、图钉</td><td></td></tr>
<tr><td>9</td><td>塑料水杯</td><td></td><td></td></tr>
<tr><td>10</td><td>投射球</td><td>外径约 80mm，质量约 8g</td><td>个</td><td>10</td><td>不允许加工</td></tr>
<tr><td>11</td><td>启动球</td><td>外径约 80mm，质量约 40g</td><td>个</td><td>1</td><td>不允许加工</td></tr>
<tr><td>12</td><td>黏胶带</td><td>宽 30mm</td><td>卷</td><td>1</td><td></td></tr>
<tr><td>13</td><td>双面胶</td><td></td><td>卷</td><td>1</td><td></td></tr>
<tr><td>14</td><td>紧固件</td><td>L 形带 4 个通孔</td><td>个</td><td>8</td><td>不允许加工</td></tr>
<tr><td>15</td><td>钢板尺</td><td>500mm</td><td>根</td><td>1</td><td>不允许加工</td></tr>
<tr><td>16</td><td>铅笔</td><td>B</td><td>支</td><td>1</td><td></td></tr>
<tr><td>17</td><td>签字笔</td><td></td><td>支</td><td>1</td><td></td></tr>
<tr><td>18</td><td>橡皮筋</td><td></td><td>根</td><td>20</td><td></td></tr>
<tr><td>19</td><td>弹簧</td><td></td><td>根</td><td>1</td><td></td></tr>
<tr><td>20</td><td>硬白纸</td><td>A3</td><td>张</td><td>2</td><td></td></tr>
<tr><td>21</td><td>细绳</td><td>1000mm</td><td>根</td><td>2</td><td></td></tr>
<tr><td>22</td><td>复合材料薄板</td><td>250mm×250mm</td><td>个</td><td>2</td><td></td></tr>
<tr><td>23</td><td>水桶</td><td></td><td>个</td><td>1</td><td>不允许加工</td></tr>
<tr><td>24</td><td>卷尺</td><td>3000mm</td><td>个</td><td>1</td><td>不允许加工</td></tr>
<tr><td>25</td><td>赛题文本</td><td></td><td>本</td><td>1</td><td></td></tr>
</table>

5.3.4 需要加固的框架

1. 题目

图 5-27 所示的正方形框架由泡沫塑料（聚苯乙烯）加工成型。在本项竞赛规定的悬吊方式和载荷作用下，该框架将发生断裂。要求参赛者利用所提供的复合材料薄板（以环氧树脂为基体，玻璃纤维为增强物）和黏胶带在尽可能短的时间内将框架加固，使其在同样和悬吊方式和载荷作用下不再断裂，同时又要求加固材料用得尽可能少。

2. 规则及评分标准

（1）本项目规定的框架悬吊方式是：处于框架一条对角线两端的圆孔用于把框架悬吊在作为横梁的木条上，处于另一条对角线两端的圆孔各自悬吊了一个装有矿泉水的手袋。这四个圆孔处的绳子或手袋绳必须采用图 5-28 所示的方式与框架相连。绳子、手袋及固定块均由组委会提供。

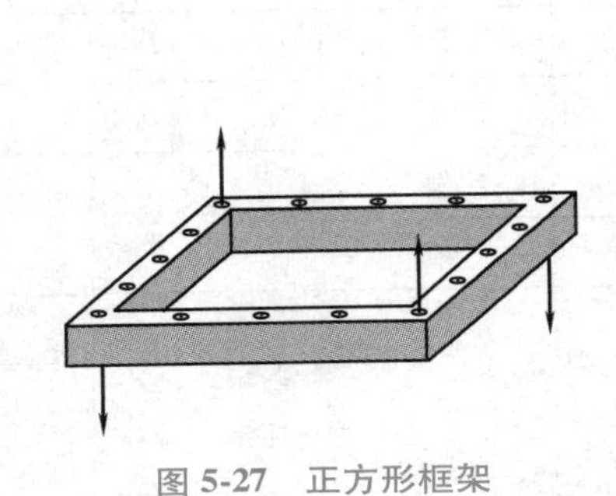

图 5-27 正方形框架

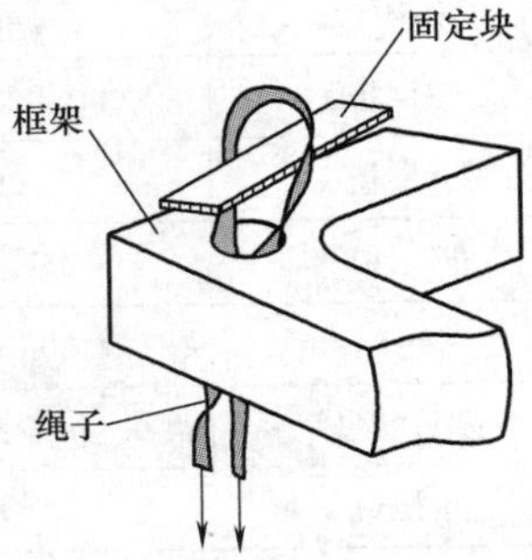

固定块
框架
绳子

图 5-28 指定的连接方式

（2）本项目规定的载荷是：两个手袋内均装有两个 600mL 和两个 550mL 的矿泉水，且矿泉水均未开封。

（3）组委会将为每个参赛队提供 4 件框架，允许选手在加载试验中将其中若干件破坏，但在用以决定成绩的最后一次加载中，框架则不允许在规定的时限内断裂。若竞赛过程中 4 件均发生了断裂，则本项竞赛的质量分 P_M 为零。

（4）除了组委会所提供的材料外，选手不得另外添加材料。框架加固的材料只限于复合材料薄板和黏胶带。本项比赛刚开始，助理裁判员将检查选手自带工具箱中是否有黏胶带（含绝缘胶带、胶水，以及类似粘接物品），若有，则先代为保管并于本项赛事结束后归还。

（5）宣布竞赛开始后，选手应首先仔细检查本组的 4 件框架，若发现有明显的破损现象，可向助理裁判员申请予以更换；框架若存在局部的掉渣一类的瑕疵，则不在更换之列。同时，选手应称量本组各个框架的质量（精确到 0.1g，下同）并将其标注在框架上。由于不可控制的加工误差，各个框架的质量有所差异，选手可自行决定利用哪一件框架进行最后一次加载。

（6）选手将最后制作完成的结构交给助理裁判员，助理裁判员立即在赛题文本的末页记录下所用的时间 T 并让选手代表确认。结构交给助理裁判员后不得再有改动。从计时开始到结束交到助理裁判员处的时间不得超过 120min。超过此时限的小组，本项竞赛的分数为零。

（7）助理裁判员记录了制作时间后，即可由选手在助理裁判员监督下进行决定质量分的最后一次加载。在整个加载过程中，框架应基本处于水平位置。若框架倾斜，允许选手将其扶正，并允许选手用逐渐放松的方式以避免框架承受突加载荷。当选手完全放开后，将持续观察 5min。在此 5min 内不允许选手触碰结构。若结构在此 5min 内断裂，则本项竞赛的质量分 P_M 为零。

（8）加载试验结束后，助理裁判员与选手共同称量结构加固后的质量（含框架、复合材料薄板和黏胶带）。将结构加固后的质量减去原始质量，即得到附加物的质量。助理裁判员在赛题文本的末页记录下这一质量，并让选手代表确认后签字。

（9）评分标准分为质量分和速度分两部分：

质量分 P_M：以全场结构附加材料最少（M_{min}）的参赛队为 100 分，最多的参赛队（M_{max}）为 40 分。附加材料质量为 M 的某组得分为

$$P_M=40+60\times\left(\frac{M_{max}-M}{M_{max}-M_{min}}\right)$$

速度分 P_V 按下式计算：

$$P_V=120-T$$

式中，T 以 min 计，P_V 高于 100 分按 100 分计算。

总分 P 按下面方式计算：

$$P=0.7P_M+0.3P_V$$

3. 发放器材清单

序号	名称	规格	单位	数量	备注
1	泡沫塑料框架	按图纸模压成型	个	4	
2	复合材料薄板	600mm×600mm	片	1	
3	电子秤	精度 0.1g	台	1	不允许加工
4	塑料包装绳	1000mm	根	1	
5	黏胶带	宽 20mm	卷	1	
6	记号笔		支	1	
7	钢板尺	500mm	根	1	不允许加工
8	铅笔	B	支	1	
9	手袋		个	2	不允许加工
10	矿泉水	550mL×4、600mL×4	瓶	8	不允许加工
11	木条	长 1500mm	根	1	不允许加工
12	固定块		个	4	不允许加工
13	赛题文本		本	1	

2011 年第八届全国周培源大学生力学竞赛

2011 年第八届全国周培源大学生力学竞赛（个人赛和团体赛）的出题学校为清华大学，其中个人赛卷面满分为 120 分，时间为 3h。下面介绍这次竞赛的试题、答案和试题点评。

6.1 个人赛试题

1. 看似简单的小试验（30 分）

某学生设计了三个力学试验，其条件和器材很简单：已知光滑半圆盘质量为 m，半径为 r，可在水平面上左右移动，如图 6-1 所示。坐标系 Oxy 与半圆盘固结，其中 O 为圆心，x 轴水平，y 轴铅垂。小球 $P_i(i=1,2,3)$ 的质量均为 m。重力加速度 g 平行于 y 轴向下，不考虑空气阻力和小球尺寸。每次试验初始时刻半圆盘都处于静止状态：

（1）如果她扔出小球 P_1，出手的水平位置 $x_0 \geqslant r$，但高度、速度大小和方向均可调整，问小球 P_1 能否直接击中半圆盘边缘最左侧的 A 点？证明你的结论（6 分）。

（2）如果她把小球 P_2 从半圆盘边缘最高处 B 点静止释放，由于微扰动，小球向右边运动。求小球 P_2 与半圆盘开始分离时的角度 φ（12 分）。

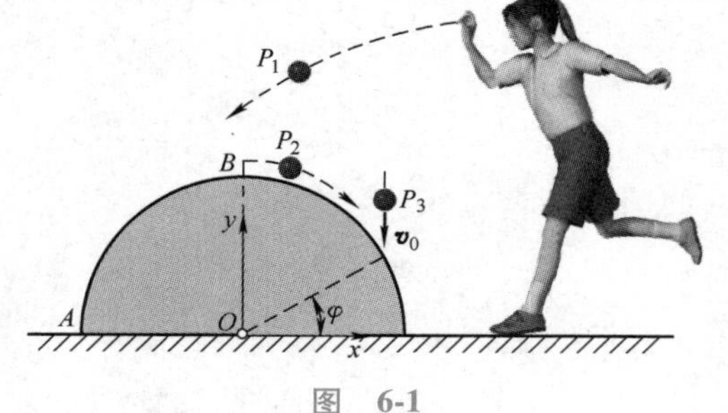

图 6-1

（3）如果她让小球 P_3 铅垂下落，以 $\boldsymbol{v}_0$ 的速度与半圆盘发生完全弹性碰撞（碰撞点在 $\varphi=45°$ 处），求碰撞结束后瞬时小球 P_3 与半圆盘的动能之比（12 分）。

2. 组合变形的圆柱体（20 分）

如图 6-2 所示，圆柱 AB 的自重不计，长为 L，直径为 D，材料弹性模量为 E，泊松比为 ν，剪切屈服应力为 τ_s。其中圆柱 A 端固定，B 端承受引起 50% 剪切屈服应力的扭矩 M_T 作用：

（1）求作用于圆柱上的扭矩 M_T（6 分）。

（2）应用第三强度理论（最大切应力理论），求在圆柱 B 端同时施加多大的轴向拉伸应力而不产生屈服（6 分）。

（3）求上一问题条件下圆柱体体积的改变量（8 分）。

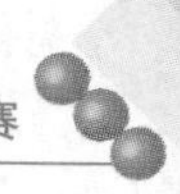

3. 顶部增强的悬臂梁（30 分）

如图 6-3 所示，有一弹性模量为 E_1 的矩形截面悬臂梁 AB，A 端固定，B 端自由。梁长为 L，截面高度为 h_1，宽度为 b。梁上表面粘着弹性模量为 $E_2=2E_1$ 的增强材料层，该层高度 $h_2=0.1h_1$，长度和宽度与梁 AB 相同。工作台面 D 距离 B 端下表面高度为 Δ。在 B 端作用铅垂向下的载荷 F_P。不考虑各部分的自重：

（1）求组合截面中性轴的位置（6 分）。

（2）求使梁 B 端下表面刚好接触 D 台面所需的力 F_P（8 分）。

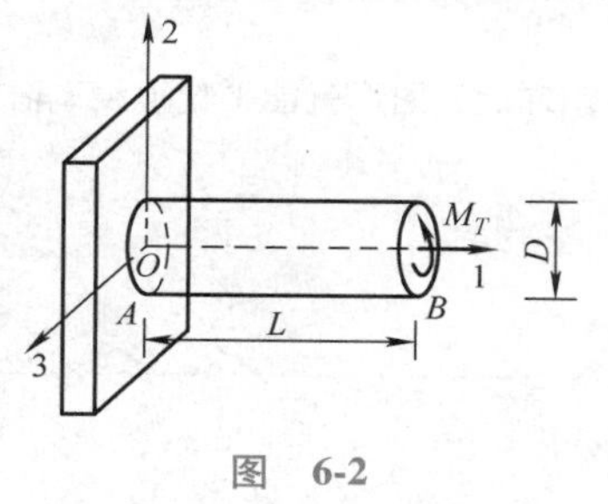

图　6-2

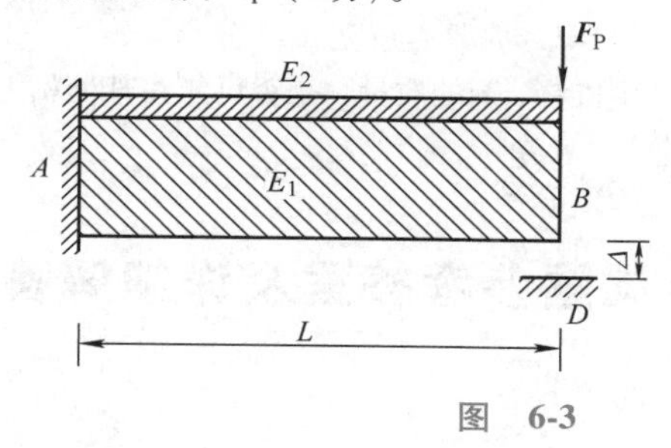

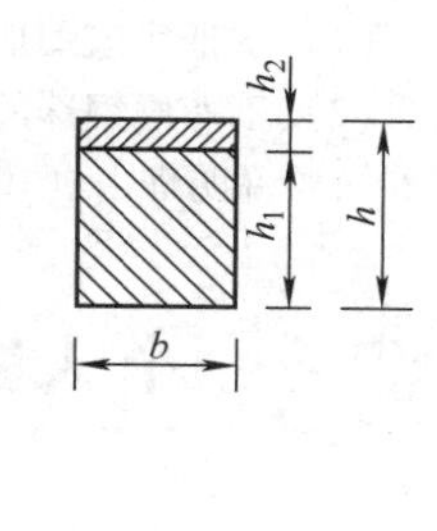

图　6-3

（3）求此时粘接面无相对滑动情况下的剪力（6 分）。

（4）计算梁的切应力值并画出其沿梁截面高度的分布图（10 分）。

4. 令人惊讶的魔术师（20 分）

一根均质细长木条 AB 放在水平桌面上，已知沿着 AB 方向推力为 F_1 时刚好能推动木条。但木条的长度、质量和木条与桌面间的摩擦因数均未知。

魔术师蒙着眼睛，让观众把 N 个轻质光滑小球等间距地靠在木条前并顺序编号（设 N 充分大），然后如图 6-4所示在任意位置慢慢用力推木条，要求推力平行于桌面且垂直于 AB。当小球开始滚动时，观众只要说出运动小球的最小号码 $n_{\min}$ 和最大号码 $n_{\max}$，魔术师就能准确地说出推力的作用线落在某两个相邻的小球之间。

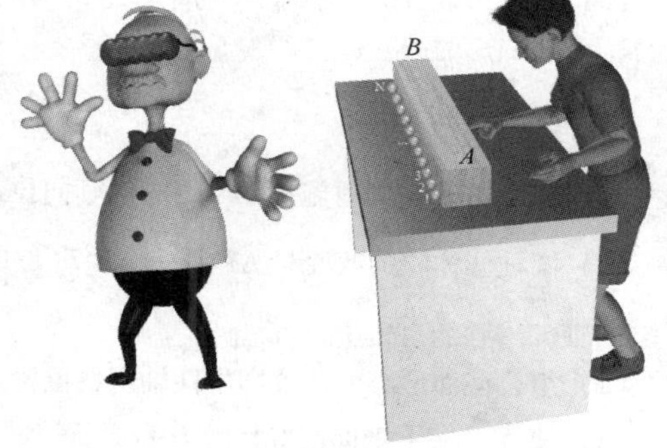

图　6-4

魔术师让观众撤去小球后继续表演，观众以类似前面的方式在任意位置推动木条，只要说出刚好能推动木条时的推力 F_2，魔术师就能准确地指出推力位置：

（1）简单说明该魔术可能涉及的力学原理（4 分）。

（2）如何根据滚动小球的号码知道推力作用在哪两个相邻小球之间（12 分）？

（3）如果观众故意把 F_2 错报为 $F_2/2$，魔术师是否有可能发现（4 分）？

5. 对称破缺的太极图（20 分）

某宇航员在太空飞行的空闲时间，仔细地从一块均质薄圆板上裁出了半个太极图形，并建立了与图形固结的坐标系 Oxz，如图 6-5 所示。

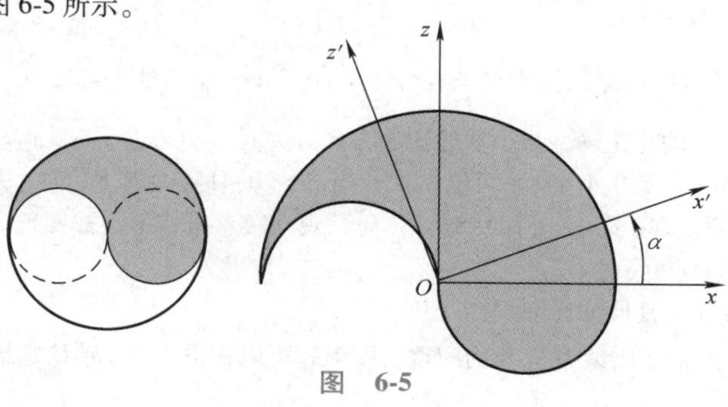

图　6-5

他惊奇地发现：虽然该图形不具有对称性，但仍具有很漂亮的几何性质：惯性矩 $I_x=I_z$。他怀疑上述性质是否具有普遍性，于是随意地将 Oxz 坐标系统 O 点转动 α 角，得到新的坐标系 $Ox'z'$，仍然发现 $I_{x'}=I_{z'}$。

接着他发现该图形在太空失重情况下不可能绕 z 轴平稳地旋转。看到手边正好有一些钢珠，质量分别为 $m_i=\frac{1}{16}mi$（$i=1$，2，⋯，16），其中 m 是半太极图形的质量，他想尝试把钢珠粘在图形上。

（1）试证明该图形 $I_x=I_z=I_{x'}=I_{z'}$ 是否成立（10分）。

（2）不考虑钢珠的尺寸和黏结剂的质量，是否可能在某处粘上一颗钢珠后，图形就能平稳地绕 z 轴旋转？简要说明理由（10分）。

6.2 个人赛试题参考答案及详细解答

6.2.1 参考答案

1. 看似简单的小试验（30分）

（1）小球 P_1 不可能直接击中 A 点，证明见详细解答。

（2）小球 P_2 与半圆盘开始分离时的角度 $\varphi=\arcsin(\sqrt{3}-1)\approx47°$。

（3）碰撞结束后瞬时小球 P_3 与半圆盘的动能之比为 5∶4。

2. 组合变形的圆柱体（20分）

（1）$M_T=\frac{1}{32}\pi D^3\tau_s$。

（2）在圆柱 B 端同时施加 $\sigma=\sqrt{3}\tau_s$ 的轴向拉伸应力不产生屈服。

（3）圆柱体体积的改变量 $\Delta V=\frac{1}{4}\sigma\pi D^2L(1-2\nu)/E$。

3. 顶部增强的悬臂梁（30分）

（1）组合截面形心的位置即中性轴所在位置：$z_C=0$，$y_C=0.592h_1$。

（2）使梁 B 端下表面刚好接触 D 台面所需的铅垂力为 $F_P=0.4E_1bh_1^3\Delta/L^3$。

（3）不使增强材料层下表面与梁上表面相对滑动的剪力为 $F_S^{top}=0.28E_1bh_1^2\Delta/L^2$。

（4）梁的切应力为 $\tau=\frac{3}{2}E_1\Delta(y_C^2-y^2)/L^3$，沿梁截面高度的分布图见详细解答。

4. 令人惊讶的魔术师（20分）

（1）魔术的力学原理：沿不同方向推动木条时，需要的推力大小不同，木条运动的方式也不同。沿 AB 方向推，推力 F_1 最大，木条平动；垂直于 AB 在不同位置推动木条，木条绕不同的点转动，且推力 F_2 的大小、转动位置均与推力位置有关。

（2）根据滚动小球的号码信息，推力位置位于［num，num+1］号小球之间，且 $\mathrm{num}=\frac{2n_{\max}^2-Q^2}{4n_{\max}-2Q}$ 取整（注意 $Q=N$ 或 $N-1$ 或 $N+1$ 均算正确，与小球的摆放方式有关）。

（3）设 $F_2/F_1=\eta$，$\eta\in[0,0.414)$ 不可能出现。当 $\eta\in[0.414,0.828)$ 时，观众如果故意把 F_2 错报为 $F_2/2$，一定会被魔术师发现。若 $\eta\in[0.828,1]$ 时，观众故意报错不会被发现。

5. 对称破缺的太极图（20分）

（1）$I_x=I_z=I_{x'}=I_{z'}$ 成立，其他见详细解答。

（2）在 $x=-r$，$z=0$ 处粘上质量为 $m/4$ 的配重，图形就可以在空中绕 z 轴稳定地转动。

6.2.2 个人赛试题详细解答

第 1 题（30 分）

（1）小球出手后开始做抛物线运动，可以证明，在题目所给条件下，小球击中 A 点之前，一定会和圆盘边缘上其他点碰撞，即小球不可能直接击中 A 点。

证明：如果想求出抛物线与圆的交点表达式，会很复杂。下面采用很简单的方法。

如图 6-6 所示，圆盘的边界轨迹为 $x^2+y^2=r^2$，在 A 点右边的 $x=-r+\Delta x$ 处（设 Δx 为一阶小量），圆盘的高度为 $(-r+\Delta x)^2+y_1^2=r^2$，$y_1^2=2r\Delta x-(\Delta x)^2$，略去高阶小量，即 $y_1\sim\Delta x^{0.5}$；

小球的抛物线轨迹方程一定可以写为 $y=-a(x-b)^2+c$ 的形式（参数与初始条件有关且均为正值）。在 $x=-r+\Delta x$ 处，抛物线的高为 $y_2=-a(-r+\Delta x-b)^2+c$。假设抛物线过 A 点，则有 $0=-a(-r-b)^2+c$。因此有 $y_2=2a(r+b)\Delta x-a(\Delta x)^2$，略去高阶小量，即 $y_2\sim\Delta x$。

即在 A 点之前（$x=-r+\Delta x$ 处），抛物线的高度是一阶小量，而圆盘的高是 0.5 阶小量，所以圆盘比抛物线高。因此小球在击中 A 点前一定会先与圆盘上某点发生碰撞，不可能直接击中 A 点。

（2）如图 6-7 所示，建立惯性坐标系与初始时刻的坐标系 Oxy 重合。

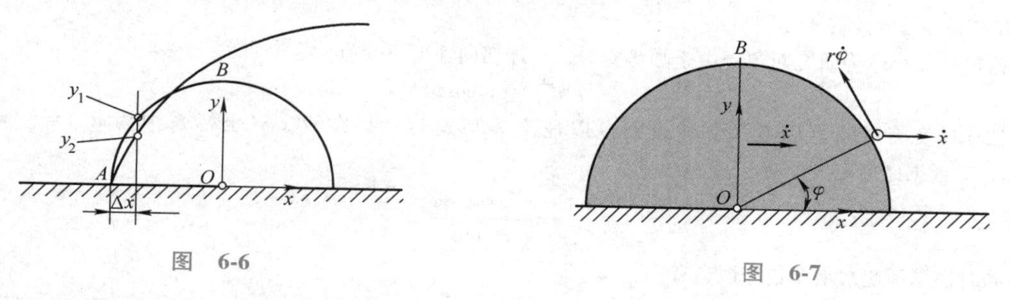

图　6-6　　　　图　6-7

可以用不同的方法求解。系统水平方向动量守恒，有

$$m\dot{x}+m(\dot{x}-r\dot{\varphi}\sin\varphi)=0 \tag{6-1}$$

系统机械能守恒，有

$$\frac{1}{2}m\dot{x}^2+\frac{1}{2}m(\dot{x}^2-2\dot{x}r\dot{\varphi}\sin\varphi+r^2\dot{\varphi}^2)+mgr\sin\varphi=mgr \tag{6-2}$$

拆开系统，对小球而言，由水平方向质心运动定理，有

$$m\ddot{x}=-N\cos\varphi \tag{6-3}$$

由式（6-1）和式（6-2）得到

$$\dot{x}=\frac{1}{2}r\dot{\varphi}\sin\varphi,\quad \dot{\varphi}^2=\frac{4(1-\sin\varphi)g}{(2-\sin^2\varphi)r} \tag{6-4}$$

对式（6-4）中的速度和角速度求导有

$$\ddot{x}=\frac{1}{2}r\ddot{\varphi}\sin\varphi+\frac{1}{2}r\dot{\varphi}^2\cos\varphi,\quad \ddot{\varphi}=-\frac{2\cos\varphi(2+\sin^2\varphi-2\sin\varphi)g}{(2-\sin^2\varphi)^2r} \tag{6-5}$$

把式（6-5）代入式（6-3）有

$$N=-\frac{mg(4+\sin^3\varphi-6\sin\varphi)}{(2-\sin^2\varphi)^2} \tag{6-6}$$

下面求小球正好脱离圆盘的位置，即求 $4+\sin^3\varphi-6\sin\varphi=0$ 的解。设 $x=\sin\varphi$，$y=x^3-6x+4$。一般情况下三次方程的解不好求，但是本题比较好求。把 $x=-3,-2,-1,0,1,2,3$ 代入，可以看出 x 在 $(-3,-2)$ 之间、$(0,1)$ 之间以及 $x=2$ 处有三个解（见图 6-8）。

根据三角函数的特点，$(0,1)$ 之间的解有意义。注意到 $x=2$ 是一个解，所以设 $x^3-6x+4=(x-2)(x^2+\xi x-2)$，容易求出 $\xi=2$，问题变为求 $x^2+2x-2=0$ 在 $(0,1)$ 之间的解，为 $x=\sqrt{3}-1$，因此 $\varphi=\arcsin(\sqrt{3}-1)\approx47°$时，小球

与圆盘压力为零，正好分离。

（3）为了求出碰撞后的速度，可以用不同的方法。以碰撞点 O' 处的法向 n 和切向 τ 为坐标轴构成 x'-y'，如图 6-9 所示。

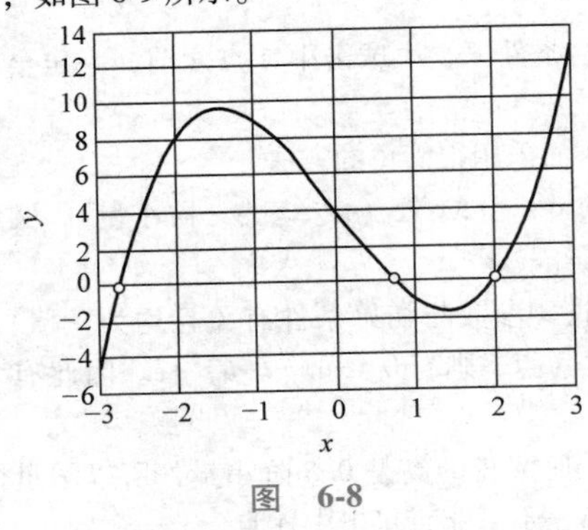

图 6-8

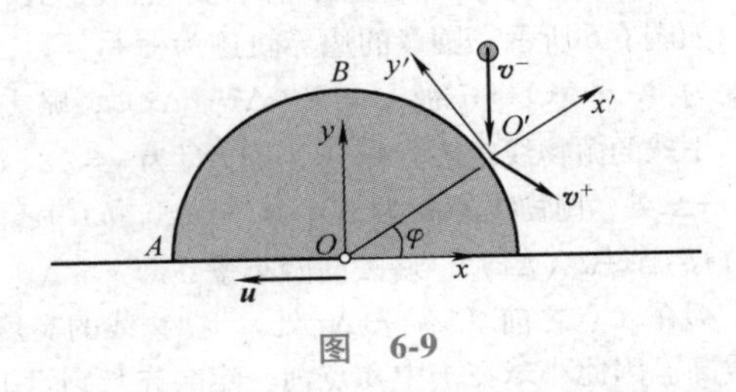

图 6-9

碰撞前小球的绝对速度在 $O'x'y'$ 坐标系中为 $v_{x'y'}^{-}=(-v_0\sin\varphi,\ -v_0\cos\varphi)^{\mathrm{T}}$。设碰撞后小球的绝对速度为 $v_{x'y'}^{+}=(v_{x'y'}^{+\mathrm{n}},\ v_{x'y'}^{+\tau})^{\mathrm{T}}$。

碰撞时以小球为研究对象，由于圆盘光滑，小球切向速度不变有

$$v_{x'y'}^{+\tau}=-v_0\cos\varphi \tag{6-7}$$

法向速度满足恢复因数关系，设圆盘以速度 u 后退运动，在 $O'x'y'$ 坐标系中为 $u_{x'y'}^{+}=(-u\cos\varphi,\ u\sin\varphi)^{\mathrm{T}}$。根据碰撞定义，有

$$e=\frac{v_{x'y'}^{+\mathrm{n}}+u\cos\varphi}{v_0\sin\varphi} \tag{6-8}$$

同时根据系统水平动量守恒，有

$$u=v_{x'y'}^{+\mathrm{n}}\cos\varphi-v_{x'y'}^{+\tau}\sin\varphi \tag{6-9}$$

联立式（6-7）、式（6-8）、式（6-9），解出

$$v_{x'y'}^{+\mathrm{n}}=\frac{v_0\sin\varphi(e-\cos^2\varphi)}{1+\cos^2\varphi},\quad u=\frac{v_0(1+e)\sin\varphi\cos\varphi}{1+\cos^2\varphi} \tag{6-10}$$

小球的动能：$T_1=\frac{1}{2}m(v_{x'y'}^{+\mathrm{n}})^2+\frac{1}{2}m(v_{x'y'}^{+\tau})^2$，半圆盘的动能：$T_2=\frac{1}{2}mu^2$。

代入 $e=1$ 和 $\varphi=45°$，所以碰撞后瞬时小球的动能与半圆盘的动能之比为

$$T_1:T_2=5:4 \tag{6-11}$$

第 2 题（20 分）

（1）在扭矩作用下，圆柱外表面产生最大切应力，其值 50% 是剪切屈服应力。由扭转内力和应力公式计算得到

$$\tau=\frac{M_T}{W_{\mathrm{P}}}=\frac{M_T}{\dfrac{\pi D^3}{16}}=\frac{\tau_{\mathrm{s}}}{2}$$

$$M_T=\frac{\pi D^3}{32}\tau_{\mathrm{s}} \tag{6-12}$$

（2）在圆柱外表面有最大应力，在剪切和轴向拉伸作用下，平面应力状态的主应力表达式为

$$\sigma_1=\frac{\sigma}{2}+\frac{1}{2}\sqrt{\sigma^2+4\tau^2},\ \sigma_2=0,\ \sigma_3=\frac{\sigma}{2}-\frac{1}{2}\sqrt{\sigma^2+4\tau^2}$$

应用第三强度理论（最大切应力强度理论），有

$$\tau_{\max}=\frac{\sigma_1-\sigma_3}{2}=\frac{1}{2}\sqrt{\sigma^2+4\tau^2} \tag{6-13}$$

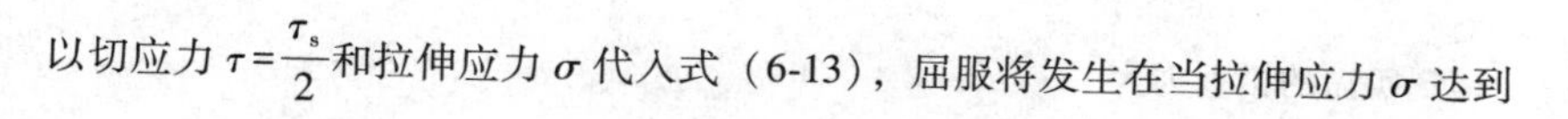

以切应力 $\tau=\frac{\tau_s}{2}$ 和拉伸应力 σ 代入式（6-13），屈服将发生在当拉伸应力 σ 达到

$$\tau_{\max}=\tau_s=\sqrt{\left(\frac{\sigma}{2}\right)^2+\left(\frac{\tau_s}{2}\right)^2} \tag{6-14}$$

时，故

$$\sigma=\sqrt{3}\tau_s \tag{6-15}$$

（3）根据圆柱扭转变形后截面保持平面的假定，扭转作用不引起体积改变。仅考虑轴向拉伸作用下的体积改变量，利用功的互等定理，建立另一均匀压强 p 作用下的圆柱体（考虑小变形）。圆柱轴向拉伸力为 $F=\sigma\pi D^2/4$，与另一圆柱的伸长变形 $\Delta L(p)$ 功共轭，由功的互等关系，有

$$F\cdot\Delta L(p)=-p\Delta V(F) \tag{6-16}$$

式中，$\Delta L(p)=\varepsilon_1 L$。均匀压强 p 作用下的圆柱体，三个主应力均为

$$\sigma_1=\sigma_2=\sigma_3=-p$$

轴向伸长应变为

$$\varepsilon_1=\frac{1}{E}[\sigma_1-\nu(\sigma_2+\sigma_3)]=-\frac{p}{E}(1-2\nu) \tag{6-17}$$

代入式（6-16），有

$$-\frac{FpL}{E}(1-2\nu)=-p\Delta V(F)$$

从而得到体积改变量

$$\Delta V(F)=\frac{FL}{E}(1-2\nu)=\frac{\sigma\pi D^2L}{4E}(1-2\nu) \tag{6-18}$$

第 3 题（30 分）

（1）建立如图 6-10 所示坐标系（如果坐标系不同，只要结论正确，不扣分）。

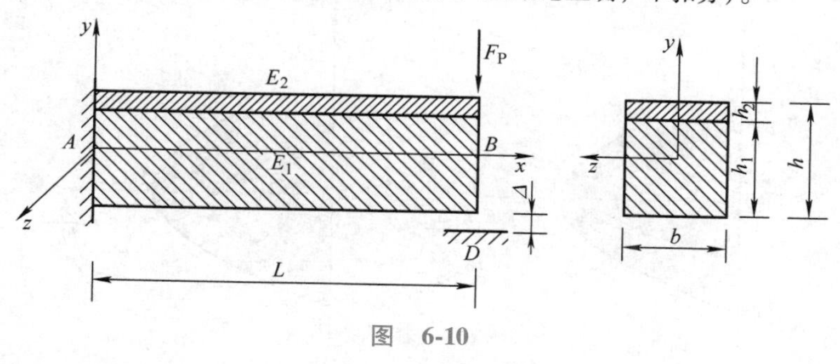

图　6-10

先计算折算面积和截面几何性质，换算为同样弹性模量 E_1 材料的 T 形截面，求截面形心的位置，由于截面对称，故 $z_C=0$，仅求 y_C。

$$y_C=\frac{\frac{h_1^2b}{2}+2bh_2\left(h_1+\frac{h_2}{2}\right)}{h_1b+2bh_2}=\frac{0.71h_1}{1.2}=0.592h_1 \tag{6-19}$$

（2）叠合梁粘接共同工作，先计算折算面积和截面几何性质，换算为同样弹性模量 E_1 材料的 T 形截面，有

$$\begin{aligned}I_z&=\frac{bh_1^3}{12}+bh_1[(0.592-0.5)h_1]^2+\frac{2bh_2^3}{12}+2bh_2[(1-0.592)h_1+0.5h_2]^2\\&=(0.083+0.008)bh_1^3+0.167b(0.1)^3h_1^3+0.2bh_1^3(0.458)^2\\&=(0.091+0.0+0.042)bh_1^3=0.133bh_1^3\end{aligned} \tag{6-20}$$

由梁端位移计算：$\Delta=\dfrac{F_P L^3}{3E_1 I_z}$，得到所需的铅垂力为

$$F_P=\frac{3E_1 I_z \Delta}{L^3}=\frac{0.4E_1 b h_1^3 \Delta}{L^3} \tag{6-21}$$

（3）求此时不使增强材料层下表面与梁上表面相对滑动的剪力。

由沿梁长度方向的剪力为常数，有 $F_S=F_P$，得到梁上表面的切应力为

$$\begin{aligned}\tau^{\text{top}}&=\frac{F_S S}{bI_z}=\frac{\dfrac{3E_1 I_z\Delta}{L^3}S}{bI_z}=\frac{3E_1\Delta}{bL^3}2bh_2\left[(h_1-y_C)+\frac{1}{2}h_2\right]\\&=\frac{3E_1\Delta}{L^3}0.2h_1(0.408h_1+0.05h_1)=0.28\frac{E_1h_1^2\Delta}{L^3}\end{aligned} \tag{6-22}$$

乘以梁上表面的面积，即为剪力值：

$$F_S^{\text{top}}=\tau^{\text{top}}bL=\frac{0.28E_1bh_1^2\Delta}{L^2} \tag{6-23}$$

（4）计算切应力的分布公式：

$$\begin{aligned}\tau&=\frac{F_S S}{bI_z}=\frac{F_S}{bI_z}\left[b(y_C-y)\left(y+\frac{1}{2}(y_C-y)\right)\right]\\&=\frac{F_S}{bI_z}\left[\frac{b}{2}(y_C-y)(y_C+y)\right]=\frac{F_S}{2I_z}(y_C^2-y^2)\\&=\frac{3E_1\Delta}{2L^3}(y_C^2-y^2)=\frac{3E_1\Delta}{2L^3}[(0.592h_1)^2-y^2]\end{aligned} \tag{6-24}$$

获得切应力为二次曲线分布，如图 6-11 所示讨论：

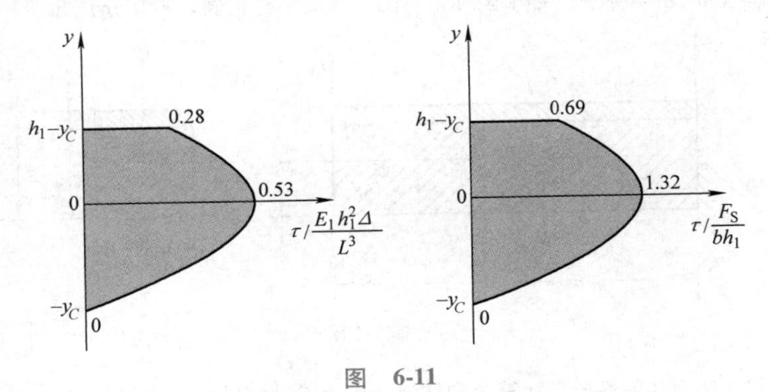

图 6-11

在梁的下表面，即 $y=-y_C$，有

$$\tau=0$$

在梁的中性轴处有最大切应力，即 $y=0$，有

$$\tau_{\max}=\frac{F_S(0.592h_1)^2}{2\times0.133bh_1^3}=1.32\frac{F_S}{bh_1}\text{或}\ \tau_{\max}=0.53\frac{E_1h_1^2\Delta}{L^3} \tag{6-25}$$

在梁的上表面，即 $y=h_1-y_C$，有

$$\begin{aligned}\tau&=\frac{F_S}{2I_z}[y_C^2-(h_1-y_C)^2]=\frac{F_S}{2I_z}(2h_1y_C-h_1^2)\\&=\frac{F_S(2\times0.592-1)h_1^2}{2\times0.133bh_1^3}=0.69\frac{F_S}{bh_1}\text{或}\ \tau=0.28\frac{E_1h_1^2\Delta}{L^3}\end{aligned} \tag{6-26}$$

第 4 题（20 分）

（1）魔术的力学原理：沿不同方向推动木条时，需要的推力大小不同，木条运动的方式也不同。沿 AB 方向推，推力 F_1 最大，木条平动；垂直于 AB 在不同位置推动木条，木条绕不同的点转动，且推力 F_2 的大小、转动位置均与推力位置有关。

（2）设木条质量为 M，长度为 L，与桌子摩擦因数为 f。若沿 AB 推，木条平动（图 6-12），临界推力为

$$F_1 = fMg \tag{6-27}$$

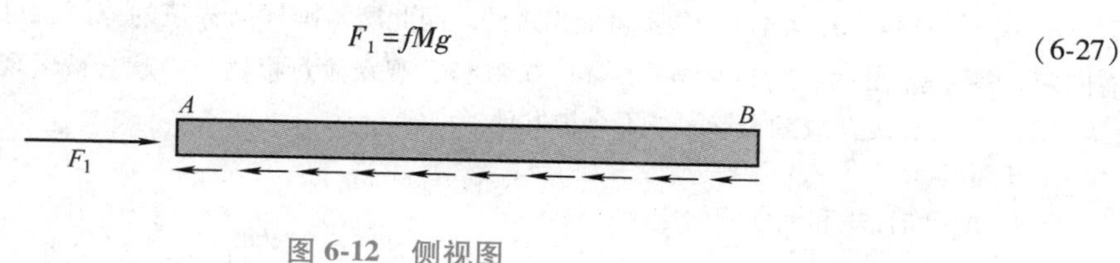

图 6-12　侧视图

建立坐标系 Axy，设垂直推 AB 的力 F_2 与 A 端距离为 a（由对称性，设推力在左半部分，如图 6-13 所示），杆绕 C 点转动，AC 距离为 ξ。

对均质杆，对桌面压力分布为 $q(x)=\dfrac{Mg}{L}$，垂直于杆推时，由 y 方向力的平衡和对 D 点的力矩平衡关系，有

$$F_2 - \int_0^{\xi} q(x) f\mathrm{d}x + \int_{\xi}^{L} q(x) f\mathrm{d}x = 0 \quad \text{（本问不需要，下一问需要）} \tag{6-28}$$

$$(qf\xi)\left(\frac{1}{2}\xi - a\right) = qf(L-\xi)\left[\xi - a + \frac{1}{2}(L-\xi)\right] \tag{6-29}$$

从式（6-29）解出

$$\xi = a + \frac{\sqrt{2(L-a)^2 + 2a^2}}{2} = a + \frac{\sqrt{2L^2 - 4La + 4a^2}}{2} \text{或} \; a = \frac{2\xi^2 - L^2}{2(2\xi - L)} \tag{6-30}$$

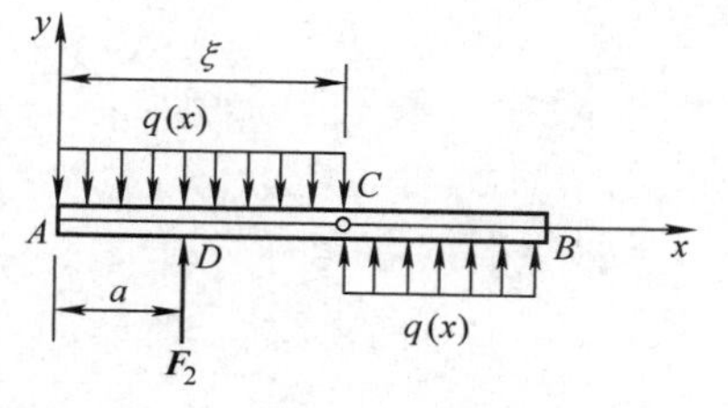

图 6-13　俯视图

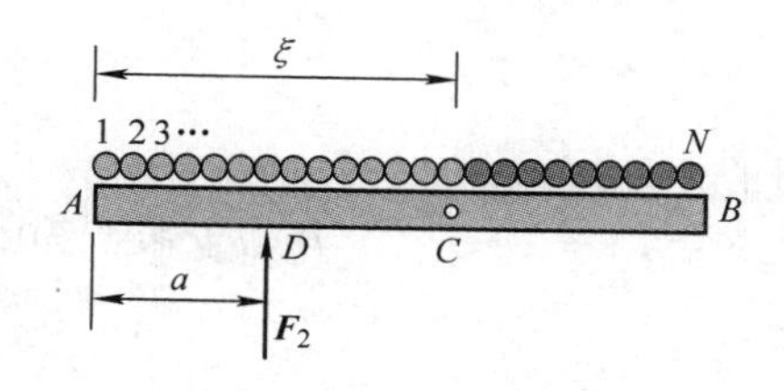

图　6-14

以已知 N 个小球平均分配在长度为 L 的区间上（不一定相互紧挨着），分为 Q 段。如图 6-14 所示，木条绕 C 点运动时，AC 部分小球运动，CB 部分小球不动。如果 $n_{\min}=1$，$n_{\max}<N$，则表示作用力在左边；如果 $n_{\min}>1$，$n_{\max}=N$，则表示作用力在右边；如果 $n_{\min}=1$，$n_{\max}=N$，则表示作用力在中间。

设作用力在左边，则 $n_{\min}=1$，杆转动后 AC 部分 n 个小球运动，有

$$n = (n_{\max} - n_{\min} + 1) = n_{\max} \tag{6-31}$$

则 AC 长度 $\xi = nL/Q$，把 ξ 和 n 代入式（6-30），得

$$\text{num} = \frac{2n_{\max}^2 - Q^2}{4n_{\max} - 2Q} \quad (Q = N \text{ 或 } N-1 \text{ 或 } N+1)$$

注：有不同分法，如图 6-15 所示，4 个小球可以把直线段平均分为 3 份或 5 份。

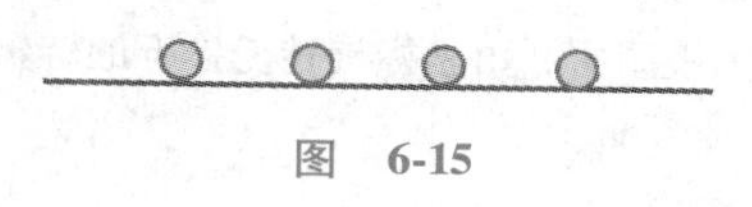

图　6-15

由于小球运动的号码是整数，所以上式还需要取整数。最后得到作用力的位置在［num，num+1］号码的小球之间。

（3）沿 AB 方向的推力 $F_1 = fMg$；垂直于 AB 推时，从式（6-28）和式（6-29）中还可以解出

$$F_2=\frac{fMg\left[-(L-2a)+\sqrt{(L-2a)^2+L^2}\right]}{L} \tag{6-32}$$

把 F_1 与 F_2 的比值算出来，设 $\frac{F_2}{F_1}=\frac{\sqrt{(L-2a)^2+L^2}-(L-2a)}{L}=\eta$，可以得到

$$\eta\in\left[\sqrt{2}-1,\ 1\right]=\left[0.414,\ 1\right] \tag{6-33}$$

即 $\eta\in[0,\ \sqrt{2}-1)=[0,\ 0.414)$ 是不可能出现的。因此魔术师根据 η 值的范围就可以估计观众的数据是否有问题。若 $\eta\in[\sqrt{2}-1,\ 2\sqrt{2}-2)=[0.414,\ 0.828)$，观众故意报错一半就会被发现。若 $\eta\in[2\sqrt{2}-2,\ 1]=[0.828,\ 1]$ 时，观众故意报错一半不会被发现。

第 5 题（20 分）

（1）由于惯性矩和惯性积的定义：

$$I_z=\int_A x^2\mathrm{d}A,\ I_x=\int_A z^2\mathrm{d}A,\ I_{xz}=\int_A x\cdot z\mathrm{d}A \tag{6-34}$$

直接积分不方便，下面采用简便的方法处理。为便于后面的分析，可以认为半太极图是这样得到的：把半圆裁成Ⅰ、Ⅱ两部分，再把Ⅰ旋转后当作Ⅲ与Ⅱ拼接，如图 6-16 所示。

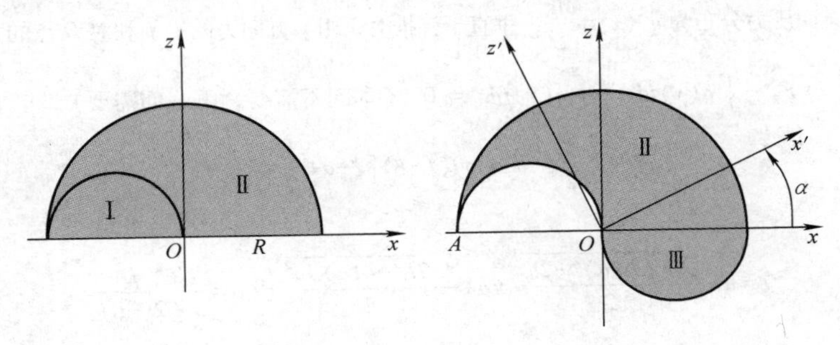

图　6-16

对半圆，因 z 轴为半圆的对称轴，故有

$$I_{xz}=I_{xz}^{(\mathrm{I})}+I_{xz}^{(\mathrm{II})}=0,\ I_x=I_x^{(\mathrm{I})}+I_x^{(\mathrm{II})},\ I_z=I_z^{(\mathrm{I})}=I_z^{(\mathrm{II})} \tag{6-35}$$

且易知

$$I_x=I_z\text{（半圆）} \tag{6-36}$$

式中，$I_x^{(i)}$，$I_z^{(i)}$，$I_{xz}^{(i)}$（$i=\mathrm{I},\mathrm{II}$）类似式（6-35）中的定义，只是积分的区域分别为 A_{I} 和 A_{II}。

从半圆到半太极图的变换，是将Ⅰ中的点 $(x,\ z)^{(\mathrm{I})}$ 变为Ⅲ中的 $(-x,\ -z)^{(\mathrm{III})}$，由于变换前后 $x\cdot z$，x^2，z^2 的符号均保持不变，于是有

$$I_x^{(\mathrm{III})}=I_x^{(\mathrm{I})},\ I_z^{(\mathrm{III})}=I_z^{(\mathrm{I})},\ I_{xz}^{(\mathrm{III})}=I_{xz}^{(\mathrm{I})} \tag{6-37}$$

因此有

$$\begin{gathered}I_{xz}=I_{xz}^{(\mathrm{III})}+I_{xz}^{(\mathrm{II})}=I_{xz}^{(\mathrm{I})}+I_{xz}^{(\mathrm{II})}\equiv 0\quad\text{（半太极图）}\\ I_x=I_x^{(\mathrm{III})}+I_x^{(\mathrm{II})}=I_x^{(\mathrm{I})}+I_x^{(\mathrm{II})}\\ I_z=I_z^{(\mathrm{III})}+I_z^{(\mathrm{II})}=I_z^{(\mathrm{I})}+I_z^{(\mathrm{II})}\end{gathered} \tag{6-38}$$

且有

$$I_x=I_z\text{（半太极图）}$$

在太极图中，由坐标旋转变换下的转轴公式

$$\begin{cases}I_{x'}=\dfrac{I_x+I_z}{2}+\dfrac{I_x-I_z}{2}\cos2\alpha-I_{xz}\sin2\alpha\\ I_{z'}=\dfrac{I_x+I_z}{2}-\dfrac{I_x-I_z}{2}\cos2\alpha+I_{xz}\sin2\alpha\end{cases}$$

知

$$I_{x'}=I_{z'}=I_x=I_z$$

（2）图形能够绕 z 轴稳定旋转的前提：z 轴过质心，且为主轴。

解法一（简单的解法）：假设图形粘上钢珠后可以绕 z 轴转动，考虑惯性力的平衡，把对称部分去掉后，只留下钢珠和右边的小圆，且小圆的直径为 r，质量为 $0.5m$，如图 6-17 所示。钢珠与小圆之间的连接为不计质量的杆。

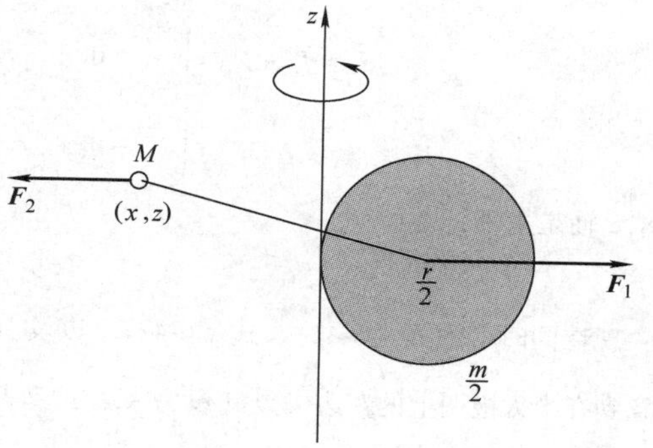

很明显，惯性力与 z 轴垂直，由惯性力矩平衡可知，钢珠必在 x 轴上，即

$$z=0$$

图　6-17

由惯性力平衡有

$$F_1+F_2=0$$

$$F_1=\frac{1}{2}m\left(\frac{1}{2}r\right)\omega^2, F_2=Mx\omega^2$$

即 $Mx=-mr/4$，考虑到在 AO 之间没有地方可以粘钢珠，只有在尖点处（$x=-r$），粘上 $M=m/4$ 的钢珠，可以绕 z 轴稳定地转动。

注： 如果已经得到 $Mx=-mr/4$，但是最后答案不同，如 $x=r/2$，$M=m/2$，因为这时没有办法用胶水把钢珠粘在这个空档位置，扣 2 分。

解法二（重新计算分数）：在不加配重时，对均质半圆有 $r_C=4r/(3\pi)$。采用面积法求重心。

对Ⅰ部分，质量为 $m_{\text{Ⅰ}}=-\frac{1}{4}m$，质心坐标为 $r_{C\text{Ⅰ}}=\left(-\frac{1}{2}r,\ 0,\ \frac{2}{3}r/\pi\right)^{\mathrm{T}}$；

对Ⅰ+Ⅱ部分，质量为 $m_{\text{Ⅰ+Ⅱ}}=m$，质心坐标为 $r_{C\text{Ⅰ+Ⅱ}}=\left(0,\ 0,\ \frac{4}{3}r/\pi\right)^{\mathrm{T}}$；

对Ⅲ部分，质量为 $m_{\text{Ⅲ}}=\frac{1}{4}m$，质心坐标为 $r_{C\text{Ⅰ}}=\left(\frac{1}{2}r,\ 0,\ -\frac{2}{3}r/\pi\right)^{\mathrm{T}}$；

因此图形的质心为

$$r_C=\frac{m_{\text{Ⅰ}}r_{C\text{Ⅰ}}+m_{\text{Ⅰ+Ⅱ}}r_{C\text{Ⅰ+Ⅱ}}+m_{\text{Ⅲ}}r_{C\text{Ⅲ}}}{m}=\left(\frac{1}{4}r,\ 0,\ r/\pi\right)^{\mathrm{T}} \tag{6-39}$$

设配重质量为 M，位置为$(x,\ 0,\ z)^{\mathrm{T}}$，则图形加配重后新的质心为

$$r_C=\left(\frac{mr+4My}{4\ (m+M)},\ 0,\ \frac{mr+\pi Mz}{\pi\ (m+M)}\right)^{\mathrm{T}} \tag{6-40}$$

根据 z 轴过质心的要求，有

$$mr+4Mx=0 \tag{6-41}$$

类似前面惯性矩的计算方法，太极图形与配重的转动惯量分别为

$$\boldsymbol{J}_{O1}=\begin{pmatrix}\frac{1}{4}mr^2 & 0 & 0\\ 0 & \frac{1}{2}mr^2 & 0\\ 0 & 0 & \frac{1}{4}mr^2\end{pmatrix},\ \boldsymbol{J}_{O2}=\begin{pmatrix}Mz^2 & 0 & -Mxz\\ 0 & M\ (x^2+z^2) & 0\\ -Mxz & 0 & Mx^2\end{pmatrix}$$

图形加上配重后，则

$$J_O=J_{O1}+J_{O2}=\begin{pmatrix}\frac{1}{4}mr^2+Mz^2 & 0 & -Mxz\\ 0 & \frac{1}{2}mr^2+M(x^2+z^2) & 0\\ -Mxz & 0 & \frac{1}{4}mr^2+Mx^2\end{pmatrix}$$

要求 z 轴是主轴，则

$$xz=0 \tag{6-42}$$

现在同时考虑式（6-41）、式（6-42），以及 $M=m_i=\frac{1}{16}mi$（$i=1, 2, \cdots, 16$），可以得出 $z=0$，$x=-\frac{4r}{i}$。注意到在半太极图上的左边尖点（设为 A 点）到 O 点之间都没有地方可以加配重，因此只能在 $z=0$，$x=-r$（尖点处）加配重，且配重的质量是 $M=m_4=\frac{1}{4}m$ 时，可以绕 z 轴稳定地转动。

6.3 个人赛试题点评及出题思路

6.3.1 理论力学试题点评

第八届全国周培源大学生力学竞赛个人赛已经顺利结束了。这次竞赛的试题共有 5 道大题，满分 120 分。其中理论力学 2 道大题，材料力学 2 道大题，理论力学与材料力学综合 1 道大题。理论力学与材料力学的分数各占 60 分。

第 1 题“看似简单的小试验”、第 4 题“令人惊讶的魔术师”以及第 5 题“对称破缺的太极图”第（2）小题，均是理论力学题目。下面介绍这些题目的设计理念和相关的问题。

1. 第 1 题“看似简单的小试验”

从题目中就能看出来，这些试验看似很简单，分析起来需要一些技巧和清楚的概念。在设计题目时，我们一方面希望覆盖的范围广些，另一方面专门进行了参数调整，使得最后的答案能比较地方便计算出来。

在第（1）小题中，判断小球是否可以直接击中半圆盘左边的 A 点。该小题涉及质点运动学的轨迹概念，但是在运用此概念时可以很灵活。注意到小球出手后做抛物线运动，如果想求出抛物线与圆的交点表达式，或者分析抛物线的曲率半径，都会很复杂，因为出手的位置、速度都是参变量。

比较简单的处理方法是，假设抛物线过 A 点，则容易证明：圆盘在 A 点之前的 $x=-r+\Delta x$ 处（设 Δx 为一阶小量）的高度为 0.5 阶小量，而抛物线的高度为一阶小量。从而说明，小球沿抛物线运动碰到 A 点前，一定会和圆盘上其他点碰撞。

在第（2）小题中，求小球与半圆盘分离的角度。这是比较普通的一个问题，涉及质点的动量定理、动能定理、受力分析等概念。本小题的动力学方程应该比较容易列出来，但是在求解时需要一些技巧，否则会花费很多时间。具体来说，已知 $\dot{\varphi}^2=f(\varphi)$ 后如何求 $\ddot{\varphi}$，如果把 $\dot{\varphi}^2$ 开方后再求导，就会比较复杂，而直接求导有 $2\dot{\varphi}\ddot{\varphi}=\frac{\mathrm{d}f(\varphi)}{\mathrm{d}\varphi}\dot{\varphi}$，则很简单。虽然这只是很小的技巧，但是在竞赛时既节省时间也不容易出错。

另外，在得到压力结果后，判断分离的条件就是压力为零，为此需要求解 $4+\sin^3\varphi-6\sin\varphi=0$ 的解，而一般情况下三次方程的解不好求。这里的一种技巧是：画出函数的大致曲线，可以比较容易找出一个解，从而把原方程降为二次方程，最后求出 $\varphi=\arcsin(\sqrt{3}-1)\approx 47°$。很明显，如果参数不经过专门的设计，可能就要解一般的三次方程，学生很可能都求不出来。

在第（3）小题中，求小球与圆盘碰撞后瞬时动能之比。这里涉及碰撞、恢复因数、动能、动量守恒等概念。其中特别要注意的是：动力学方程（动能、动量）要在惯性坐标系中列写，而补充的恢复因数关系式要在动坐标系中列写，且要注意是沿法向方向相对接近和相对分离的速度。这需要很清楚的概念，否则很容易出错。

值得指出的是，在完全弹性碰撞的情况下，系统碰撞前后的能量没有损失。有兴趣的读者不妨取不同的参数，自己验证一下。

2. 第 4 题“令人惊讶的魔术师”

这是关于摩擦方面的逆问题。逆问题需要学生具备发散性思维，能反映学生思维的广度以及寻找各种知识关系的能力。学生们平时的作业绝大部分需要的是集中性思维，很容易有思路，剩下的只是补充细节。但发散性思维的问题往往让学生不容易找到思路，需要在各种可能的方案中试探比较。

本届竞赛的魔术师在第六届竞赛中出现过，那次他表演的是让水晶球停留在明显倾斜的水晶板上（都是透明的，阳光下的魔术），当年曾让很多学生无从下笔。这次他蒙着眼睛就能知道推力的位置，相信也会让很多学生为难。虽然解答很简单，但是学生要在短时间内想清楚要点，并不容易。

该魔术的力学原理是：沿不同方向推动木条时，需要的推力大小不同，木条运动的方式也不同。沿 AB 方向推，推力 F_1 最大，木条平动；垂直于 AB 在不同位置推动木条，木条绕不同的点转动，且推力 F_2 的大小、转动位置 ξ 均与推力位置 a 有关。

第（2）小题涉及摩擦、力的平衡、力矩的平衡等概念，当然还需要一些逆向思维能力。虽然题目中关于木条的很多参数都不知道，但是最后的结论与这些参数无关，这可能有些出人意料。

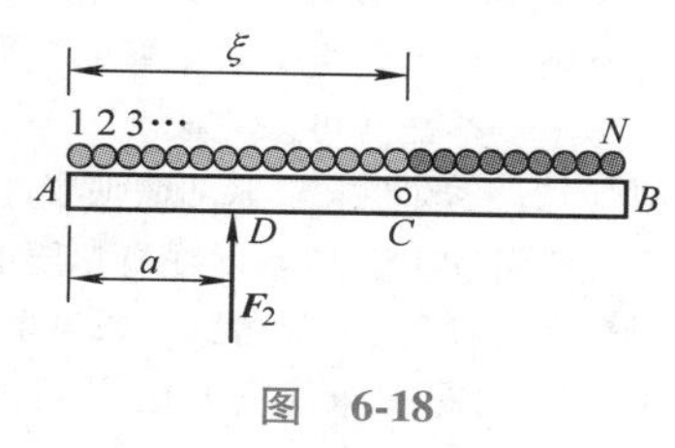

图　6-18

根据前面的说明，推力位置 a 给定后，木条转动位置 ξ 是确定的，这就会导致 AC 区间的小球运动，也就是说推力位置 a 与运动小球的号码是一一对应的，有了这个思路，可以很快找出运动小球的号码与推力位置的关系（见图 6-18）。

为了看学生是否真正理解结论与木条的参数无关，特意设计了第（3）小题：观众故意把 F_2 错报为 $F_2/2$，魔术师是否有可能发现？这里需要考虑 F_1 与 F_2 的比值，设 $F_2/F_1=\eta$，可以得到 $\eta\in[\sqrt{2}-1,\ 1]=[0.414,\ 1]$。因此魔术师根据 η 值的范围就可以估计观众的数据是否有问题。若 $\eta\in[\sqrt{2}-1,\ 2\sqrt{2}-2)=[0.414,\ 0.828)$，观众故意报错一半就会被发现。若 $\eta\in[2\sqrt{2}-2,\ 1]=[0.828,\ 1]$，观众故意报错一般不会被发现。

3. 第 5 题“对称破缺的太极图”

第（2）小题是理论力学问题，可以从不同的角度进行分析。涉及平衡、稳定、定轴转动、惯性力、转动惯量、质心等概念。

图形能够绕 z 轴稳定旋转的前提：z 轴过质心，且为主轴。比较简单的解法是：假设图形粘上钢珠后可以绕 z 轴转动，考虑惯性力的平衡，把对称部分去掉后，只留下钢珠和右边的小圆，且小圆的直径为 r，质量为 $m/2$。钢珠与小圆之间的连接为不计质量的杆。

很明显，惯性力与 z 轴垂直，由惯性力矩平衡，钢珠必在 x 轴上，再由惯性力平衡，得出结论：只有在尖点处粘上 $M=m/4$ 的钢珠，图形才可以绕 z 轴稳定地转动。

如果学生受第（1）小题的影响，容易写出转动惯量矩阵，这样也可以得到结果，但是工作量会大些。

有兴趣的读者不妨试试：如果不加钢珠，图形能绕哪根轴平稳地转动？你会发现这个问题的难度大一些。

6.3.2　材料力学试题点评

第 2 题“组合变形的圆柱体”、第 3 题“顶部增强的悬臂梁”以及第 5 题“对称破缺的太极图”的第（1）小题是材料力学题目。第 2 题涉及拉扭组合变形、应力分析、强度理论与功的互等定理，第 3 题考查应用梁弯曲理论分析复合梁的能力。下面介绍这些题目的设计理念和相关的问题。

1. 第 2 题“组合变形的圆柱体”

悬臂圆轴受到扭转和拉伸作用，几何图形看似简单，但是问题的设计却令人颇费心机。参赛的学生基

本没有学过塑性力学和极限分析，考试大纲规定不出现塑性力学问题，因此只能在低于屈服应力水平的前提条件下出题，即圆柱边缘处的最大应力（轴向拉伸正应力和扭转切应力的组合）满足强度准则。

第（1）小题学生要理解圆柱体 B 端承受引起50%剪切屈服应力的扭矩 M_T 作用。

第（2）小题首先要考虑到扭转引起的最大切应力已达到50%剪切屈服应力，再考虑轴向拉伸使圆柱边缘的组合应力水平满足第三强度理论（最大切应力理论）准则。

第（3）小题前提是在第（2）小题的拉伸与扭转组合受力下，求圆柱体的体积改变量。要根据圆柱扭转变形后横截面保持平面的假定，明确扭转作用不引起体积改变的概念，将注意力集中在考虑轴向拉伸作用下的体积改变量。这时，一种解法是利用虚功互等定理，建立轴向拉伸的圆柱体1和另一均匀压力作用下的圆柱体2（考虑小变形）；另一种解法直接应用广义胡克定律计算轴向拉伸时圆柱体的体积应变（单位体积的体积改变量），从而得到体积改变量。

这道题汇集了材料力学中圆柱体扭转和拉伸的组合受力、一点应力状态、广义胡克定律和强度理论，以及考虑虚功原理的综合应用问题。虽然计算量小，但是能够考查学生对材料力学基本概念的理解和对主要内容的综合掌握能力。

2. 第3题“顶部增强的悬臂梁”

这道题主要考查学生对梁弯曲变形和受力的综合掌握能力，虽然是带上部增强层的组合梁，但是题目直观，一步步推证就可以完成。

第（1）小题是求带上部增强层的梁的组合或者叠合截面的形心位置，其知识点是梁截面的几何性质。由于梁的模量和上面粘着增强材料层的模量不同，可以采用换算截面的方法求截面形心位置。例如换算为同样模量 E_1 材料的T形截面，求截面形心的位置。

第（2）小题是求使梁 B 端下表面刚好接触 D 台面所需的铅垂力 F_P，其知识点是梁的位移（挠度）计算。

第（3）小题是求此时不使增强材料层下表面与梁上表面相对滑动的剪力。回答这个问题需要先求出梁端横截面的切应力，利用切应力互等，得到梁顶部沿轴向分布的切应力，即为增强材料层下表面与梁上表面无相对滑动的粘接切应力。

第（4）小题计算梁的切应力值并画出其沿梁截面高度的分布。通过将对第（1）小题求出的组合截面形心设为中性轴，计算得到二次曲线分布的切应力，然后给予讨论和绘图。

这道题汇集了梁的截面几何性质、弯曲变形、内力和应力分布的主要内容，以及组合截面的概念，能够考查学生对材料力学中梁弯曲概念的理解和对主要内容的综合掌握能力。

3. 第5题“对称破缺的太极图”

这个题目是一道试图从传统文化探寻力学美的竞赛题。更深层次的探讨是：在这样优雅的坐标旋转时惯性矩守恒的性质，究竟是神秘的太极图（图6-19）的独特性质，还是任意平面图形的普遍性质？它能不能为太极图中的神秘动感和韵律美研究提供一个新的力学视角？

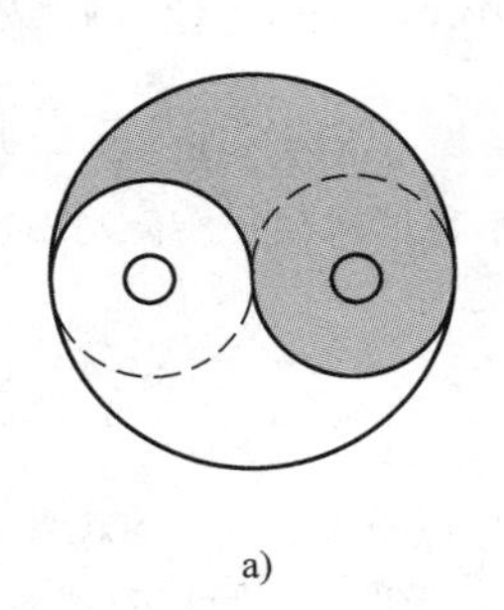
a)

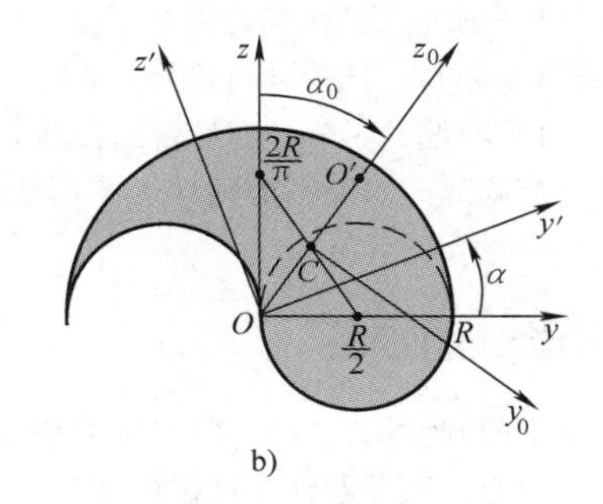

b)

图　6-19

a）阴阳鱼太极图　b）太极图图形

为了回答第一个问题，研究图 6-20 所示面积为 A 的任意形状的平面图形。

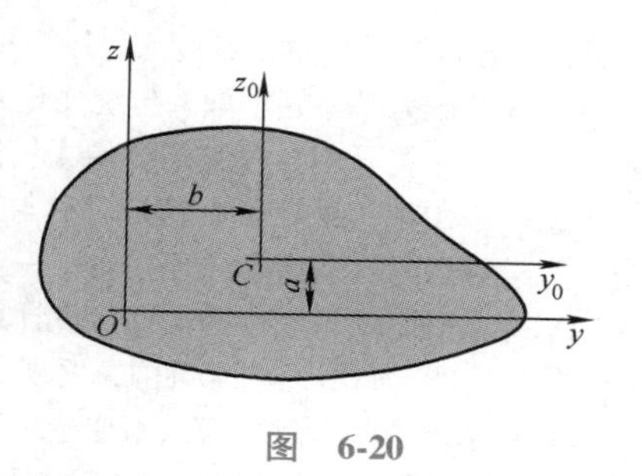

图　6-20

根据材料力学，存在主形心坐标系 Cy_0z_0，图形对主形心轴 y_0 和 z_0 的惯性积为零：

$$I_{y_0z_0}=0 \tag{6-43}$$

一般情形下，图形对两个主形心轴的惯性矩不相等。不失一般性，设对 z_0 轴的惯性矩较大：

$$I_{z_0}>I_{y_0} \tag{6-44}$$

考虑坐标系平移，根据平行移轴定理，有

$$I_y=I_{y_0}+a^2A,\ I_z=I_{z_0}+b^2A,\ I_{yz}=I_{y_0z_0}+abA \tag{6-45}$$

式中，a 和 b 分别是形心在新坐标系 Oyz 的坐标。坐标系 Oyz 旋转时图形惯性矩守恒的条件是

$$I_{yz}=0,\ I_y=I_z \tag{6-46}$$

注意到式（6-43）和式（6-45）的第三式，条件（6-46）的第一个方程要求 a 和 b 至少有一个为零，即坐标系 Oyz 的原点 O 必须位于 Cy_0 轴或 Cz_0 轴。

注意到式（6-44）和式（6-45）的第一和第二式，条件（4）的第二个方程有两个解：

$$a=\pm\sqrt{(I_{z_0}-I_{y_0})\ /A},\ b=0 \tag{6-47}$$

当 $I_{z_0}=I_{y_0}$ 时，解答（6-47）成为

$$a=0,\ b=0 \tag{6-48}$$

我们将式（6-47）表示的两个坐标点称为平面图形的“惯性矩旋心”，得出以下结论：

任意平面图形都有两个“惯性矩旋心”，它们位于惯性矩较大的主形心轴上，且与形心等距。以惯性矩旋心为原点的坐标轴旋转时，截面的惯性矩守恒。特殊情形下，两个惯性矩旋心与形心三心重合。

根据上述研究，图 6-19b 所示的太极图还有一个惯性矩旋心。事实上，应用负面积法，不难确定太极鱼的形心位于坐标点 C（$R/4$，R/π），连接 OC 并延长一倍，即得到另一个惯性矩旋心坐标 O'（$R/2$，$2R/\pi$）。

利用惯性矩旋心的概念，能够简捷确定某些实际重要的主形心惯性轴的位置。例如，图 6-19b 所示太极图的惯性矩较大的主形心惯性轴 Cz_0 沿旋心与形心的连线 OC，Cz_0 与 Cz 轴的夹角 α_0 容易计算：

$$\tan(\alpha_0)=\pi/4,\ \alpha_0=38.15° \tag{6-49}$$

另一主形心轴 Cy_0 与 Cz_0 垂直。

上述研究结果完美回答了第一个问题，并发现了一个有趣的截面几何性质：惯性矩旋心。下面研究：太极图中的神秘动感和韵律美与惯性矩旋心有关吗？

如图 6-19a 所示，太极图中心 O 是阴鱼和阳鱼的一个公共旋心。阴阳轮转，图 6-19a 所示阴鱼的阳鱼眼生长，鱼眼半径 r 从 0 变大，最大可以达到 $R/2$；完全对称地，阳鱼的阴鱼眼的半径 r 也从 0 变化到$R/2$。容易证明，在变化过程中，阴阳两部分图形都始终有一个惯性矩旋心位于太极图中心 O，同时阴阳两部分图形的惯性矩始终不变。可见太极中心 O 是变化中的阴阳两图形共同的不动旋心，赋予太极图守恒之美。

再看图 6-19b 所示阴图的另一个旋心 O'。当阴鱼的阳鱼眼的半径为 r 时，阴图的旋心 O' 的坐标为 $\left(\frac{R^2-8r^2}{2R},\ \frac{2R}{\pi}\right)$。这表明当阴鱼的阳鱼眼半径 r 从 0 连续变化到 $R/2$ 时，旋心 O'的坐标从（$R/2$，$2R/\pi$）连续移动到（$-R/2$，$2R/\pi$）。在（$-R/2$，$2R/\pi$）的极限情形，阴鱼的头全部转化为阳，头部变成尾，阳鱼的头全部化为阴并与阴鱼结合，成为阴鱼的头，如图 6-19a 所示虚线。阳鱼也同时掉头，并且阳图的动旋心始终位于阴图动旋心 O'的中心对称位置。可见太极图阴阳轮转时，阴阳两图的动旋心对称律动，赋予太极图变化律动之美。

从力学视角，静旋心的守恒之美与动旋心的变化律动之美相辅相成，赋予太极图“藏宇宙万物演化玄机”的神秘美。科学不仅自身能给予我们美的享受，也有助于我们更深层次和更完整地领略人文艺术之美。

另外，在设计“对称破缺的太极图”时，还有以下诸方面的考虑：

（1）在基础力学考题中融入传统文化元素。我国传统文化中，太极图是标志性的几何图案。在世界古老文明的文化符号中，很少能够像太极图那样蕴含如此丰富的含义：阴阳互补，相生相克，循环往复，生生不息……用现代语言说，就是对称与对称性破缺，对立与统一，相辅相成，和谐圆满……历史已经证明：力学进展与文明进化密不可分。一道小小的考题，反映力学与文化的联系，这是我们的一种尝试。

（2）在基础力学考题中融入现代设计思想。现代建筑结构中，立柱的设计不仅要具有支撑功能，而且要具有装饰功能，营造出艺术氛围，展现出美学效果。

（3）在基础力学考题中融入不变量、不变性和对称性思想。不变量、不变性和对称性思想，是主导近代科学的核心思想之一。其中，变换下的不变性，是该思想的主要表现形式之一。

（4）在基础力学考题中展现力学与几何的统一。力学与几何是一个硬币的两面。我们在几何空间中发展力学，刻画力学；我们时常借助几何量来度量力学量。以材料力学为例，在梁的横截面上，我们用面积度量拉伸正应力，用轴惯性矩度量弯曲正应力，用极惯性矩度量扭转切应力。因此，我们在理解力学量时，不能忽视了几何量；我们在讲授力学和学习力学时，不能忽视了几何。我们设计本题的初衷之一，就是凸现力学与几何的统一性。

（5）在基础力学考题中揭示理论力学与材料力学的内在联系。理论力学和材料力学，是基础力学中相对独立的两个组成部分，但二者的不少概念是相通的，如转动惯量与惯性矩。因此，惯性矩在变换下的不变性质，同时也是转动惯量在变换下的不变性质。于是，在研究半太极图变换下不变性的同时，我们设计了太空飞行的失重情景，引入了图形平稳地绕 z 轴旋转的内容。借助该题目，我们想传递这样的信息：基础力学是一个有机整体，不论是讲授还是学习基础力学，都要善于融会贯通。

6.4 团体赛试题

根据参赛学校的建议，本届团体赛的比赛规则作了一些调整：①没有淘汰赛，各队参加所有的比赛，最后计算总成绩；②统一提供材料，具体材料的分配由各队自己决定。

6.4.1 第1轮比赛：超载检测（比赛时间为40min）

1. 内容

某边远检查站得到线报：近期有卡车司机可能把贵重金属藏在木盒中过境。由于条件限制，不能开箱检查。专业仪器运到之前，在这里实习的大学生提出：设计制作一个简单装置，当卡车开上装置时，根据装置的变形，判断木盒中是否藏有贵重金属。

为了验证这一设想是否可行，他们开始了模拟试验：用遥控汽车代替卡车，用螺母代替贵重金属，用激光笔来放大装置的变形。

2. 要求

（1）设计制作时间为3.5h。

（2）根据自己的需要，从统一提供的材料中选取适当的材料，可以使用自己带的工具。

3. 规则及说明

（1）利用泡沫板和透明胶带，做一个外部尺寸是70mm×80mm×25mm的长方体盒子（误差不超过2mm），该盒子正好能放在遥控汽车的电池板下面且不妨碍汽车运动。

（2）在盒子内部放置若干个螺母（0~4个，每个螺母均用双面胶与泡沫板固定。注意502胶会腐蚀泡沫板），用石膏粉填充空隙（不加水，晃动），填满后把盒子盖好。

（3）比赛前抽签两两分组。甲队和乙队把自己的盒子用胶带贴在对方遥控汽车的电池板下面，固定好。各队遥控自己的汽车开上自己的装置（这时不能再用手接触汽车，如果电池没电了，可以用线拖着走）。过程中可以为激光笔换电池。

（4）选手可以根据装置的变形信息，对盒子的质量、螺母数目进行判断。

（5）比赛时选手没有秤。比赛结束后裁判给盒子称重，打开木盒验证螺母数目。

4. 成绩确定（满分 120 分）

（1）己方盒子尺寸符合要求，且石膏粉明显填充饱满，得 20 分。每项 10 分。

（2）假设盒子总质量大于或等于 250g 为超载。判断对方盒子是否超载，判断正确得 10 分，判断错误得 0 分。

（3）判断对方盒子的总质量，设误差为 w（以 g 为单位），得分（$60-0.3w$）分，四舍五入后取整。

（4）判断对方盒子中螺母的数目。数目正确得 20 分。误差每增加 1 个，扣 5 分。

（5）如果利用了材料的变形信息，得 10 分。

6.4.2　第 2 轮比赛：定时下落（比赛时间为 30min）

1. 内容

某玩具厂商对一些技巧性强的玩具很感兴趣。他询问厂里新来的大学生，能否设计制作一个装置，该装置的特点是：可以一直静止停留在立杆上；如果启动装置内部的“开关”，装置就只能在立杆上停留指定的时间，然后自动滑落下来，刺向气球（图 6-21）。

这里的“开关”，是指某种力学现象或机制，不能使用火烧、腐蚀等非力学机制。

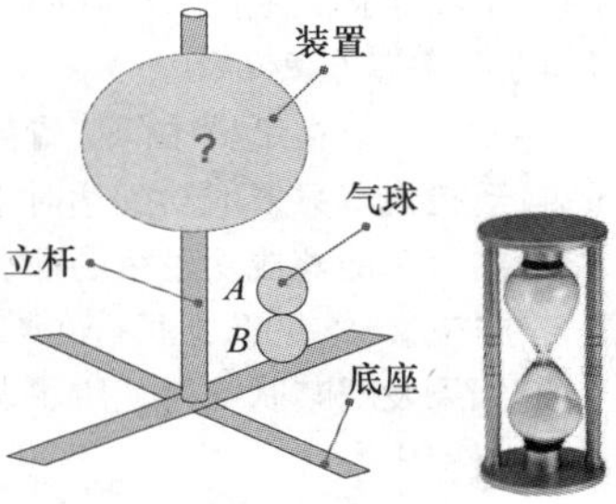

图　6-21

2. 要求

（1）设计制作时间为 3h。

（2）根据自己的需要，从统一提供的材料中选取适当的材料，可以使用自己带的工具。

3. 规则及说明

（1）立杆用钢管、底座用木条做成（也可以把钢管的底部盘成圆，不用木条）。

（2）队员在立杆上用笔标出释放位置，并在其下 1cm、30cm 处做出标记。两个气球一上一下放置（粘在立柱上）。装置静止时与气球 A 的最近距离大于 30cm。气球直径约 10cm。

（3）不启动开关时，装置可以在立杆上停留。

（4）启动开关后，队员不再接触装置，装置可以静止 60s，然后自己下落。

（5）启动开关后有两次机会，取其中好的一次为比赛成绩。

4. 成绩确定（满分 120 分）

（1）不启动开关时，装置在 10s 内可以完全静止在释放位置，得 20 分。如果装置在 10s 内移动距离超过 1cm，得 0 分；如果移动不超过 1cm，得 10 分。这一环节不放气球。

（2）选手放好装置，启动开关并告诉裁判，裁判开始计时。当装置开始滑动时停止计时，设为时间 t（以 s 为单位，四舍五入取整），则误差为 $w=|60-t|$，得分为 $70-2w$。如得分小于 0，取为 0 分。这一环节放气球。

（3）装置落下时，如果气球一爆破一完整，得 30 分。如果两气球都爆破，得 15 分；如果两气球都完整，得 0 分。如果某气球只是刺破而没有爆破，在得分中扣 5 分。

6.4.3　第 3 轮比赛：纸桥过车（比赛时间为 30min）

1. 内容

某纸厂为了宣传自己的纸张质量很好，提出了“纸桥过车”的设想。为了突出纸的特点，厂长给实习的大学生们提出了特别的要求：桥本身全部由纸组成，是一个整体，桥身没有胶水、胶带、棉线等其他材料。桥的形状、宽度不限制，没有桥墩。纸张可以任意裁剪。

2. 要求

（1）设计制作时间为2.5h。

（2）以两张桌子为两岸，平行放置，最近距离100cm。纸桥架在其间。

（3）纸桥直接放在桌子上，没有胶水、胶带、棉线等。

（4）指定材料：A4纸一包，遥控汽车一辆，弹簧秤一个，钳子一把。加工过程中可以利用自己带的工具。

3. 规则及说明

（1）比赛开始后，遥控汽车在A桌上，需要通过纸桥到达B桌。选手自己控制汽车。桌下可以放保护装置，但是保护装置不与桥接触。

（2）如果汽车在运动过程中落下纸桥，可以重新开始，每队共有5次机会。如果某队的纸桥被破坏，该队停止比赛。

（3）在规定时间和次数内，如果遥控汽车可以成功通过纸桥，裁判对纸桥进行称重。

（4）本项比赛成绩前10名的队，如果遇有疑问，该队可以在裁判的监督下拆开纸桥。

4. 成绩确定（满分80分）

（1）钳子可以在纸桥中间位置停留10s，得10分。

（2）遥控汽车只要成功到达对岸，得10分。

（3）在汽车能够成功过桥的前提下，比较整个纸桥的质量（以g为单位，四舍五入取整），从轻到重排列，对排在第i名的队，得分为$62-2i$分。

（4）如果发现某队纸桥使用了非A4纸材料，该队本轮比赛成绩为0分。其他队的成绩不调整。

6.4.4 第4轮比赛：图形变换（比赛时间为30min）

1. 内容

一群大学生被分配到测绘局，领导为了锻炼他们，交给他们一个任务：设计制作一个机构，利用该机构，可以把原始图形在x方向放大一倍，在y方向收缩为原始图形的一半，如图6-22所示。

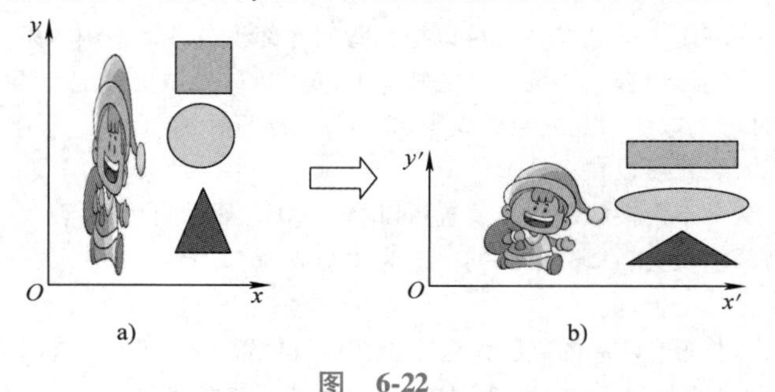

图 6-22

a）原始图形 b）变形后的图形

比赛时现场提供一个带有坐标系的原始图形（为方便测量，图形边界某些点标有序号A、B、C、…）。各队在机构中放置两支笔，让其中一支笔沿着原始图形的外部边界运动，另一支笔画出变形后的图形。在规定时间内，如果认为效果不好，可以重画。

2. 要求

（1）设计制作时间为3h。

（2）根据自己的需要，从统一提供的材料中选取适当的材料，可以使用自己带的工具。

3. 规则及说明

（1）原始图和变形图均可以画在一张A4纸内。原始图比赛开始后再提供。

（2）要利用机构而不是直接用手画图，画图时不提供尺子。画完后，把原始图中尖点对应的序号在变形图中也标出。

（3）25min 后，裁判收回原始图，公布需要测量某些点之间的距离，并提供尺子。各队在 5min 内进行测量并把结果写在变形图旁边（以 mm 为单位，四舍五入取整）。例如，测出 B 点和 D 点之间的距离为 12.4mm，就写出 $BD=12$mm。

（4）如果某队未画完图形，缺少需要测量的点，选手可以自己补上所缺的点再测量。

4. 成绩确定（满分 80 分）

（1）能够全部用机构完成画图，20 分；如果少部分区域直接用手画，或需要补上所缺的点，10 分；如果大部分区域直接用手画，0 分。

（2）测量距离与标准值进行比较，设每段误差（绝对值）之和为 s（以 mm 为单位，四舍五入取整），得分为 $60-2s$，如得分小于零，则取为 0 分。

6.4.5　团体赛统一提供的工具和材料清单

8 月 16 日晚领队会议，分发如下材料：

（1）遥控汽车 1 辆（包括充电器和电池）

（2）9V 电池 1 节

（3）石膏粉 1 袋（用于尝试，比赛另有 2 袋）

（4）快干粉 1 袋（用于尝试，比赛另有 1 袋）

（5）小件材料和工具包 1 份

小件材料和工具包中的清单：

（1）钳子 1 把

（2）裁纸刀 1 把

（3）锯子 1 把

（4）小电子秤 1 个（量程为 10g~20kg）

（5）激光笔 3 个

（6）大头针 1 盒

（7）大图钉 1 盒

（8）铅笔 1 支

（9）签字笔 1 支

（10）窄胶带 1 个

（11）双面胶 1 个

（12）螺母 4 个

（13）砂纸 2 张

（14）钢珠 2 颗

（15）棉线 1 束

（16）尺子 1 把

8 月 17 日直接放到比赛教室的材料：

（1）泡沫板 1 张

（2）石膏粉 2 袋，快干粉 1 袋

（3）502 胶 1 瓶

（4）铁丝 1 卷

（5）细木条 1 根（长约 1.2m）

（6）宽木条 5 根（长约 1.5m）

（7）A4 纸 1 包

（8）塑料杯子 5 个

（9）软管 2 根（粗者长 20cm，细者长约 45cm）

（10）钢管1根（长1m）

（11）气球和打气筒

6.5 团体赛试题分析及点评

本届团体竞赛的要求是：面对实际问题，团队成员相互协作，利用有关力学知识设计制作出有效的装置以实现特定的目标。本次比赛共有4项比赛项目：两项以理论力学内容为主，两项以材料力学内容为主。组委会统一提供比赛中的所有材料，并统一提供基本工具，且允许各队自带工具箱和电钻。比赛采用封闭形式，各队有独立的教室作为制作场地。选手不能携带手机、计算机进入制作场地。计算器和参考书籍不限制。在每个制作单元时间内，选手只能看到本单元的比赛题目。

参考了以往比赛中指导教师的建议，本次比赛采用积分赛制，各队均可以参加所有项目的比赛。

本次比赛有以下几个特点。第一，设定了特定的情景：如假设一群学生去某地实习，碰到某个实际问题；或刚毕业的学生，面临领导交给的某项任务。第二，提供了足够的材料，让各队有多种选择的可能。本次比赛提供的材料十分丰富，其中遥控汽车既是比赛中的道具，又是奖品。第三，各比赛题目更强调创意，好的创意可以弥补制作中的精度不足和操作中失误等因素，而不太好的创意则会带来各种意想不到的麻烦。第四，每个题目都有一定的基础分，然后再根据比赛中的表现给出相应的分数。第五，评分标准是客观的，没有主观因素。在制订评分标准时，既有绝对分数（只与自己队的水平有关），也有相对分数（与比赛时的排名有关），这样复合的评分标准更能体现各队的水平。

本次比赛的不足之处是：忽略了遥控汽车的相互干扰，使得原计划同时举行的比赛，临时改变为只能一个队一个队依次举行，导致没有时间完成第五项比赛。另外遗憾的是比赛场地稍微有些狭窄，不方便各队的指导教师观摩，老师们只好到楼上观摩比赛。

下面简单分析各题的特点。

6.5.1 第1轮比赛：超载检测

这一题是要利用材料的变形来确定遥控小车中载荷的质量。为了增加对抗性，采用抽签的方式两两分组，各队需要检测的载荷大小由对方来控制。根据评分的标准，载荷的大小是有讲究的：在某些值附近容易使对方丢分，在另一些值附近容易使对方得分。在紧张比赛的时候，如果注意到这一特点，也会给本队取得好成绩增加一点点筹码。

本题的关键是如何准确地标定变形与载荷的关系。需要考虑的因素有：①如何把变形尽可能放大，除了利用激光笔，是否还有什么其他的考虑？大部分队直接利用木条的变形，有两个队有自己的特色：一个队做了杠杆，把木条的微小变形进一步放大；另一个队把激光反射，对变形更敏感。②变形与载荷是否呈线性关系？这里要面对一些矛盾：变形小是线性关系，但是变形小不好测量；变形大好测量，但可能是非线性关系。③是否要考虑遥控汽车左右轮变形不等的问题？是左右轮取平均值，还是分别测量？

总之选手要考虑多种因素，并想好应对之策，才可能取得好成绩。本题满分是120分，比赛结果的最高分是120分，最低分只有70分。

6.5.2 第2轮比赛：定时下落

这一题是让装置能在直杆上停留特定的时间，然后自己落下来。因此关键是要精确控制装置内的某种运动。其原理与上次竞赛中的“单向自锁”类似：在图6-23中，圆环套在绳索上，设圆环与绳索在A、B处接触，C为两接触处摩擦角的交点。根据受力分析，很容易看出

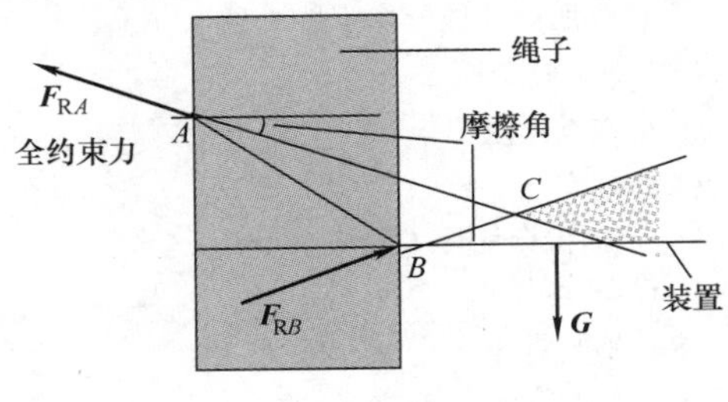

图 6-23

C 点是装置平衡的临界点：只要装置的重心在 C 点的右侧，装置就可以自锁平衡；装置的重心在 C 点的左侧，装置就不能自锁而下滑，如图 6-23 所示。利用这一原理，开始时让杯子中注满水，重心在 C 点右侧；水流出来后重心在 C 点的左侧，就是可能的解答。具体比赛中可以利用水的流动，也可以利用钢珠的滚动。

比赛时需要根据时间控制水的流量，这个比较容易，其他像气球爆破的问题都很简单。但是本问题可能还需要一点经验：如果用橡皮筋绕在直杆上，由于橡皮筋的蠕变，时间不容易控制。某队就在这里吃了很大的亏，他们在这一单项比赛中得了最低分。本题满分是 120 分，最高分是 120 分，最低分只有 35 分。

6.5.3　第 3 轮比赛：纸桥过车

这一题是让遥控汽车通过纸桥，注意没有任何胶水、胶带、棉线等材料。本题的关键是纸张如何连接。此外当然要考虑材料的效率。

大部分参赛队首先把纸卷成纸筒，然后把纸搓成细绳来绑纸筒。其实还有很多可能的方案：如在纸筒上用电钻打孔，再把更细的纸筒当作销子插进去；或者把纸筒的两头向内折，形成不会散开的套筒，再把稍微细点的套筒套进去。

比赛中，有的队只需要 100 多 g 纸（每张 A4 纸 4~5g）就可以完成任务，但是也有的队需要 700 多 g，由此可以看出各队的差距还是很大的。本题满分是 80 分，最高分是 80 分，最低分只有 12 分（除某队违规得 0 分）。

6.5.4　第 4 轮比赛：图形变换

这一题是用装置把原始图形转化为变形的图形。其实质是：装置中存在两点，若一点的坐标是 (x, y)，则另一点的坐标始终为 $(2x, y/2)$。这是运动学的问题，需要灵机一动的创意。

在一些理论力学的教科书或习题中，有这样的放大装置（见图 6-24）：若 E 点的坐标是 (x, y)，则 B 点的坐标为 $(2x, 2y)$。利用这一放大装置的原理，稍加改进，就可以实现题目的要求：图 6-25 所示的 B 点和 E 点是放大 2 倍的关系，E 点和 F 点也是放大 2 倍的关系，因此利用滑槽和套筒就可以让 G 点和 E 点符合要求。

另一种思路是利用菱形的中点平分对角线，因此利用两个菱形就可以实现要求。例如图 6-26 所示的 A 点和 B 点也满足要求。本题是开放型的，还有其他的思路。

当然在具体制作时用薄木片制作滑槽和套筒还需要一些小小的技巧。

本题满分是 80 分，最高分是 58 分，最低分只有 0 分（变形后的图形误差太大）。

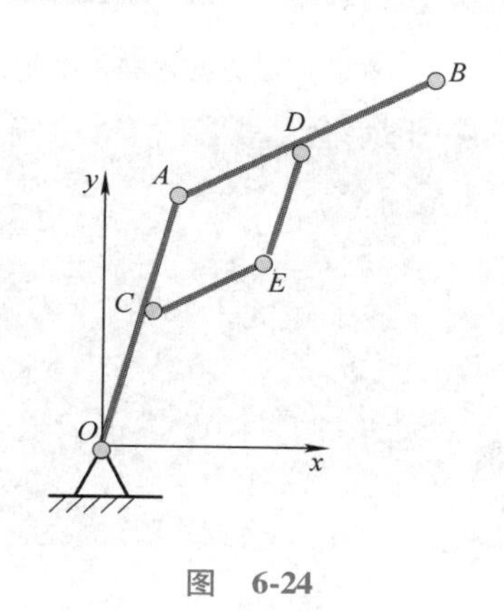

图　6-24

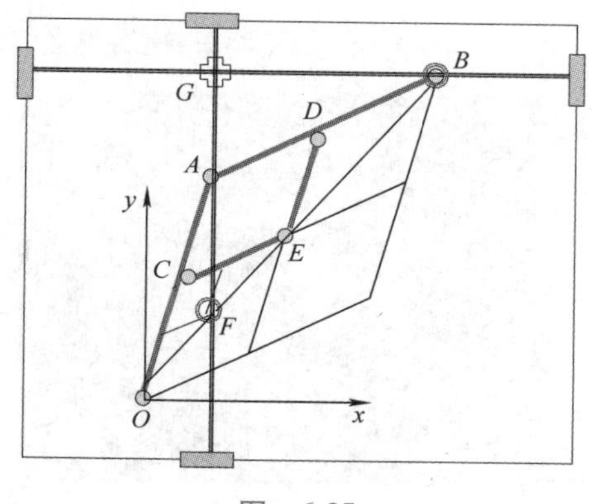

图　6-25

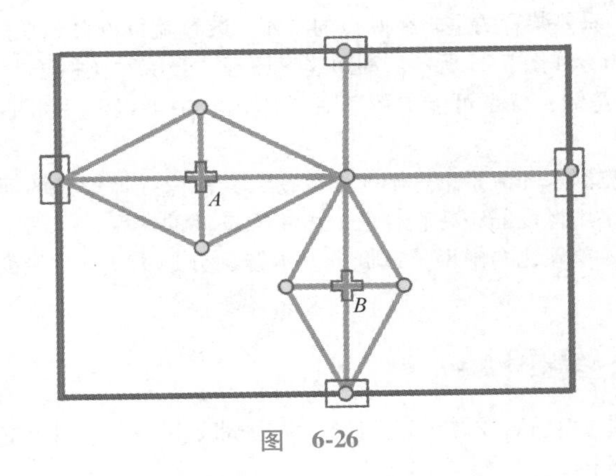

图 6-26

6.6 团体赛花絮及照片

2011 年 8 月 17—19 日，来自全国 30 所高校的 150 多名学生和 30 多名指导教师齐聚清华大学，参加第八届全国周培源大学生力学竞赛团体赛。

在“超载检测”比赛中，队员首先要讨论方案（见图 6-27），同时考虑如何从众多的材料中选出最合适的材料。这次比赛的材料十分丰富，有很大的选择空间。最后绝大部分参赛队利用木条的变形来测量质量，同时利用激光笔放大变形（见图 6-28、图 6-29）。只有一个队选择利用泡沫板的变形来测量（见图 6-30）。

图 6-27　队员们在讨论测量小车质量的方案

图 6-28　队员们在利用激光把木条的变形放大

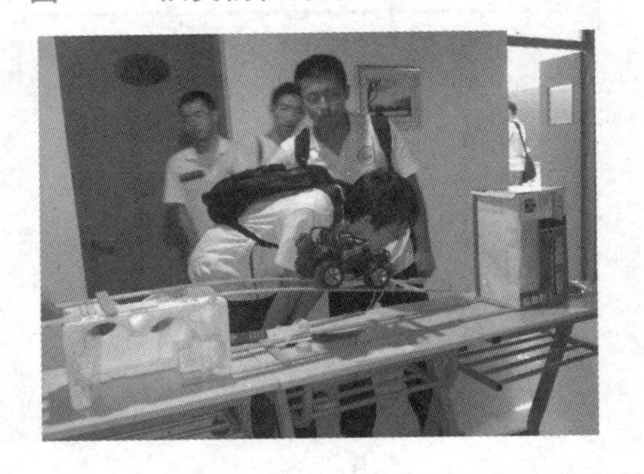

图 6-29　比赛时队员在仔细查看激光点的位置

图 6-30　该队的装置与众不同

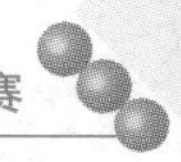

考虑到木条的变形不大，有的队还专门设计了杠杆，把小变形进一步放大（图 6-31），这一思路值得借鉴；也有一队把激光反射，也是很好的思路。总而言之，如何把小位移放大，有多种可能的形式，在这一比赛中，放大倍数越大，精度越有保障。

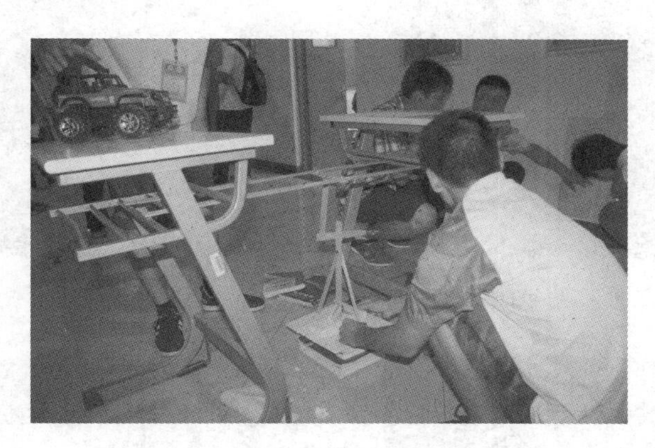

图 6-31　利用杠杆原理把变形进一步放大

该比赛的另一关键是如何放置重物。根据比赛规则，每队在盒子内部放置若干个螺母（0~4 个），再用石膏粉填充空隙，填满后把盒子盖好交给对方。因此这里面有个策略问题：放多少个螺母最容易让对方不容易分辨，同时自己事先也要测量各种可能的情况。

由于石膏粉填充的密实程度会影响分辨的结果，要充分考虑石膏粉既填满但又有不同密实程度的可能性，否则容易判断出错。

在“纸桥过车”的比赛中，最大的困难是桥只能用纸来制作，因此纸的连接是一个问题。另外比赛要考虑纸桥载重的效率，这就需要做很多试验，既要能通过小车，又要尽可能轻。可以看到，很粗放的设计需要很多纸（见图 6-32），而精打细算的设计所需的纸就少很多（见图 6-33）。

图 6-32　这一个队的纸桥用纸较多

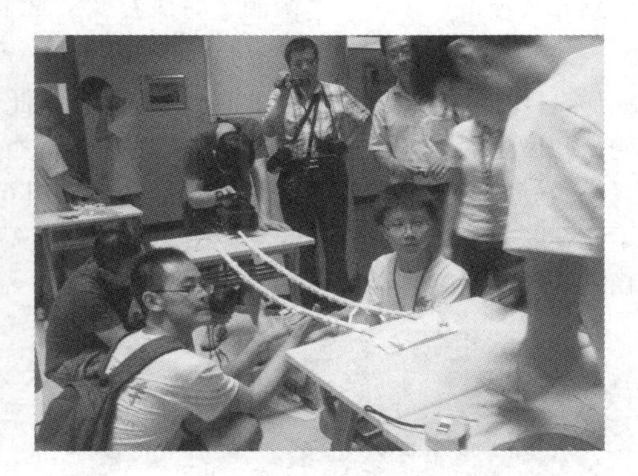

图 6-33　该队的纸桥很纤细

比赛中有的队考虑小车的轮子容易从纸筒上落下，就铺上了路面（见图 6-34），这个思路很好，但是明显浪费比较多。比较而言，把两根纸筒绑在一起（见图 6-35），可能在质量和稳定性方面都比较合适。考虑到纸筒的强度，设计成拱桥也很有创意（见图 6-36），当然其代价就是增加了质量。

在设计制作过程中，比较好的策略是先卷出不同直径的纸筒，通过试验检验其强度和变形量，然后再设计桥的形式。一开始就固定纸筒的直径可能不是最佳选择。

在“定时下落”比赛中，要充分考虑摩擦和重心位置的关系，利用所给的材料，选择简单可靠的方案。利用流水改变重心的位置，是大部分队的选择（见图 6-37）。

图 6-34　在纸桥上铺 W 形纸防止小车落下

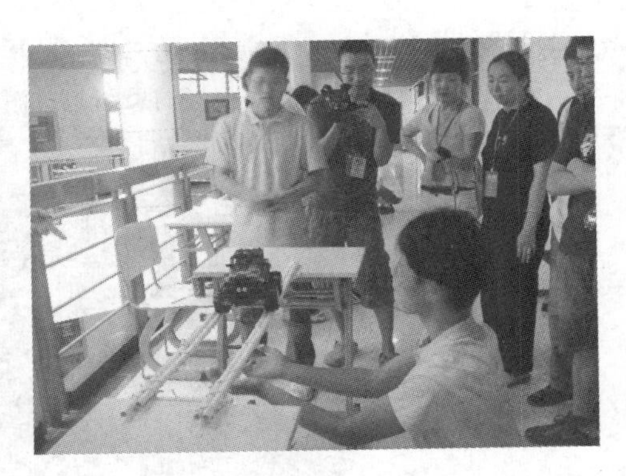

图 6-35　小车过纸桥的过程还是很令人紧张的

图 6-36　小车顺利通过拱桥

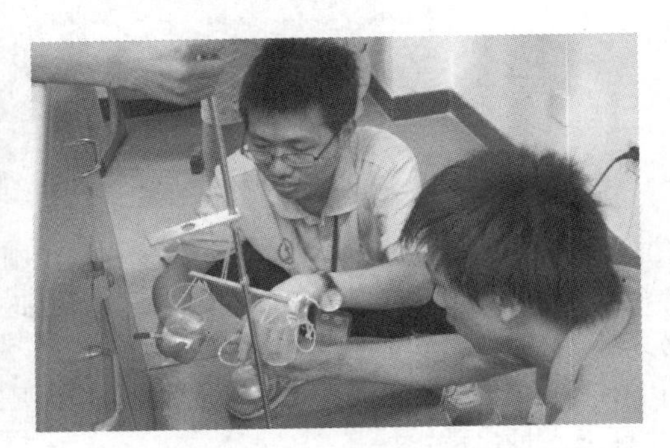

图 6-37　队员们在研究水杯下落的问题

这一题原理很简单，关键是如何实现。有一个队很有意思，在黑板上写满了密密麻麻的公式，但是最后的成绩并不理想。这个例子表明，团体赛并不是直接考学生的力学知识，而是考学生运用力学知识的能力。

如何设计才能实现目标，其实是个逆问题，因此设计的过程就是研究与思考的过程。有了初步想法后，面对匆忙间做出的装置，总会有各种各样的问题，如何改进，的确需要好好思考（见图 6-38）。

最终做好的装置，还需要经过多次尝试（见图 6-39、图 6-40），验证其可靠性，并进行多次微调。甚至到了比赛时，装置还需要调试（见图 6-41），这说明装置的设计还有改进的空间，好的设计应该在比赛时很稳定，不需要临时调整。

图 6-38　面对水杯的思考

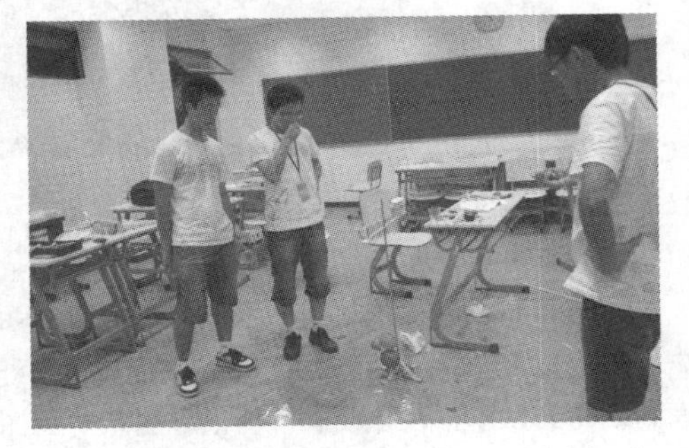

图 6-39　队员们在等待水杯落下刺破气球

最后的“图形变换”比赛是难度最大的比赛。在赛前就有领队老师说，别的题目看起来就能猜测出大概的内容，但是这个题目猜不出。的确，这是新出现的几何运动学问题，通过装置，把一个图案映射到另一个图案。这个题目更为开放，可以采用的方案也比较多。由于是最后一个比赛，剩下的材料比较多，各队有很大的选择余地：有的队用木条做出了菱形装置（见图 6-42），有的队则用泡沫板制作装置（见图 6-43），有的队完全用铁丝制作装置（见图 6-44）。

图 6-40　气球被刺破的瞬间

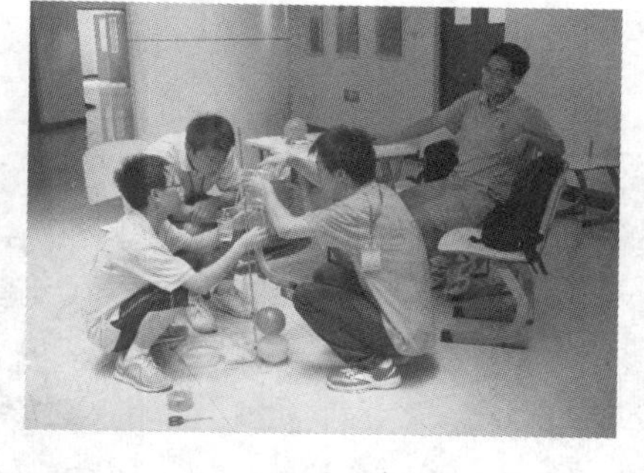

图 6-41　比赛中队员仍在调整装置

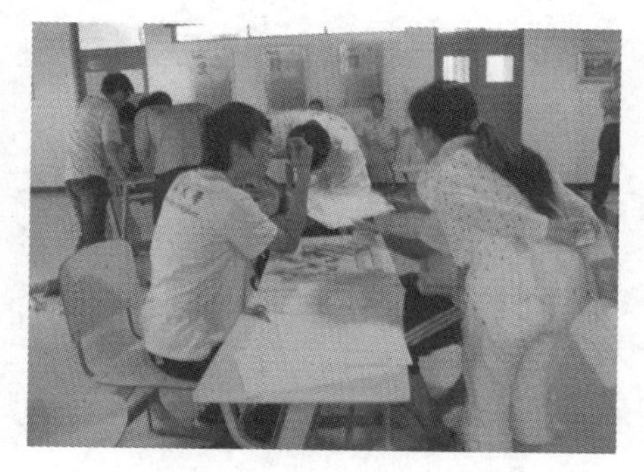

图 6-42　队员用木条制作菱形装置画变形图

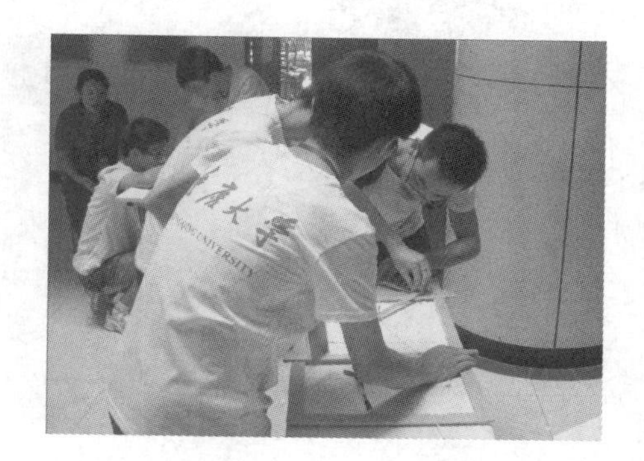

图 6-43　这一队用泡沫板制作变形装置

做好装置后，还需要队员们密切配合，一人按着边框和图案，一人扶着装置，一人沿着原始图案画图（见图 6-45）。这一题目难度很大，不过面对挑战，也有同学很享受这一过程（见图 6-46）。

图 6-44　用铁丝制作变形装置也是一种选择

图 6-45　比赛中需要队员们密切配合才能完成任务

出乎大家的意料，比赛中给出的原始图案不是规则的圆或方形，而是一条复杂的龙（见图 6-47）！这令大部分队员手忙脚乱，同时明显对自己画出的变形图案不太满意。

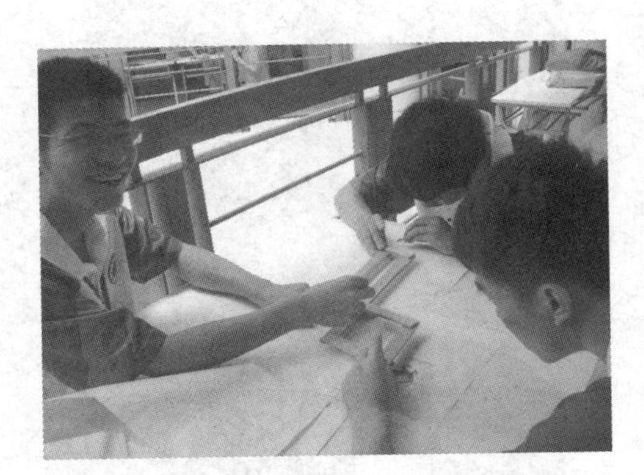

图 6-46　面对挑战也是一种享受

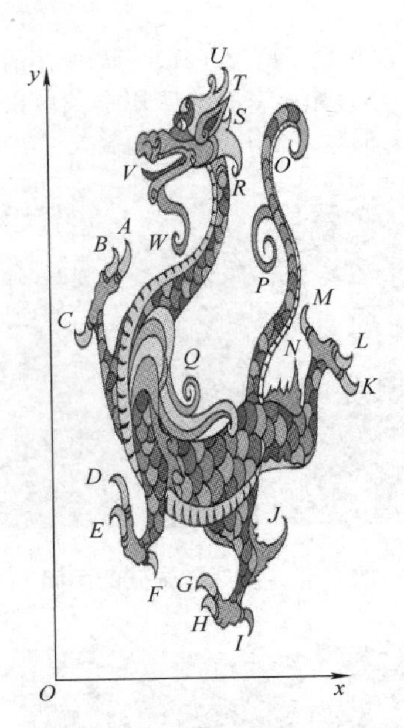

图 6-47　比赛中的原始图案

注：字母 A 到 W，逆时针排列，从龙的前爪开始，所有字母均表示附近距离最近的尖点。

第7章

2009年第七届全国周培源大学生力学竞赛

2009年第七届全国周培源大学生力学竞赛（个人赛和团体赛）的出题学校为西北工业大学，其中个人赛卷面满分为120分，时间为3h。下面介绍这次竞赛的题目、答案和试题点评。

7.1 个人赛试题

1. 小球在高脚玻璃杯中的运动（20分）

如图7-1所示，一半球形高脚玻璃杯，半径 $r=5\text{cm}$，其质量 $m_1=0.3\text{kg}$，杯底座半径$R=5\text{cm}$，厚度不计，杯脚高度 $h=10\text{cm}$。如果有一个质量$m_2=0.1\text{kg}$ 的光滑小球自杯子的边缘由静止释放后沿杯的内侧滑下，小球的半径忽略不计。已知杯子底座与水平面之间的静摩擦因数$f_s=0.5$。试分析小球在运动过程中：

（1）高脚玻璃杯会不会滑动？

（2）高脚玻璃杯会不会侧倾（即一侧翘起）？

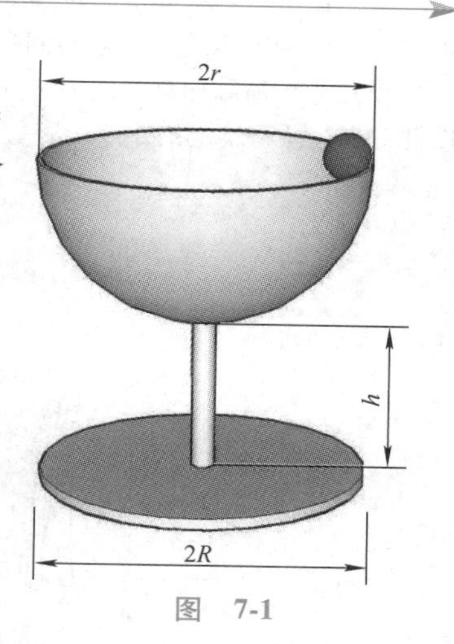

图 7-1

2. 杂耍圆环（40分）

（1）杂技演员将一个刚性圆环沿水平地面滚出，起始圆环一跳一跳地向前滚动，随后不离开地面向前滚动，为什么？

（2）杂技演员拿出一个均质圆环，沿粗糙的水平地面向前抛出，不久圆环又自动返回到演员跟前，如图7-2a所示。设圆环与地面接触瞬时圆环中心 O 点的速度大小为 v_0，圆环的角速度为 ω_0，圆环半径为 r，质量为 m，圆环与地面间的静摩擦因数为f_s，不计滚动摩阻，试问：

① 圆环能自己滚回来的条件是什么？

② 圆环开始向回滚动直到无滑动地滚动，在此运动过程中，圆环所走过的距离是多少？

③ 当圆环在水平地面上无滑动地滚动时，其中心的速度大小为 v_1，圆环平面保持在铅垂平面内。试分析圆环碰到高为 $h\left(h<\frac{1}{2}r\right)$ 的无弹性台阶后，能不脱离接触地爬上该台阶所应满足的条件。

（3）演员又用细铁棍推动（2）中均质圆环在水平地面上匀速纯滚动，假设圆环保持在铅垂平面内滚

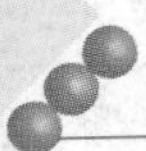

动，如图 7-2b 所示。又知铁棍与圆环之间的静摩擦因数为 f_1，圆环与地面间的滚动摩阻系数为 δ。试求为使铁棍的推力（铁棍对圆环的作用力）最小，圆环上与铁棍的接触点的位置。

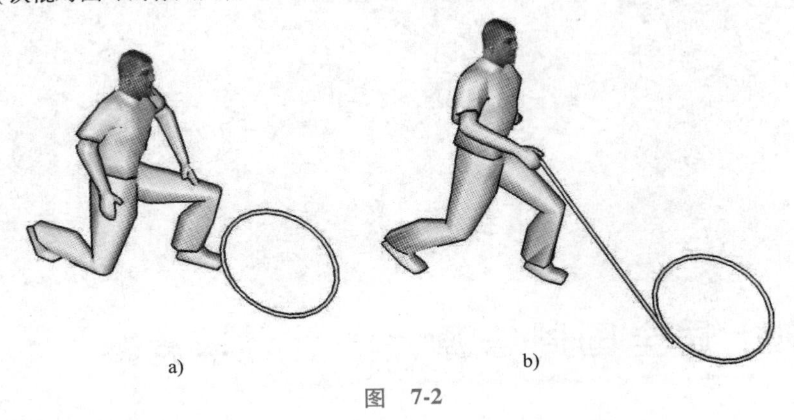

图 7-2

3. 趣味单杠（30 分）

单杠运动是奥运会、世界体操锦标赛、世界杯体操比赛中男子体操比赛项目之一。单杠是体操比赛中最具观赏性的项目之一，也是人们最喜欢的运动之一，在学校和健身场所拥有众多的爱好者，小李和小张就是其中之一。一天，他们准备在单杠上进行大回环比赛。假设单杠的横杆和立柱均为直径 $D=28\text{mm}$ 的钢杆，弹性模量 $E=200\text{GPa}$，许用应力 $[\sigma]=160\text{MPa}$，横杆长 $L=2.4\text{m}$，立柱高 $H=2.6\text{m}$，如图 7-3a 所示。立柱与地面、横杆与立柱之间均为固定连接。假设两人旋转到单杠所在平面内时的惯性载荷均为 $F=1000\text{N}$，不计人的自重：

（1）试分析两人同步旋转到单杠所在平面内时（图 7-3a），结构中的最大应力。

（2）若两人相差 180°旋转到单杠所在平面内（图 7-3b），对结构中的最大应力有什么影响。

（3）为提高结构承载能力，有人提出在单杠距地面 0.6m 处增加一个直径 20mm 的拉杆。试定性分析该杆对上述两种情况的影响。

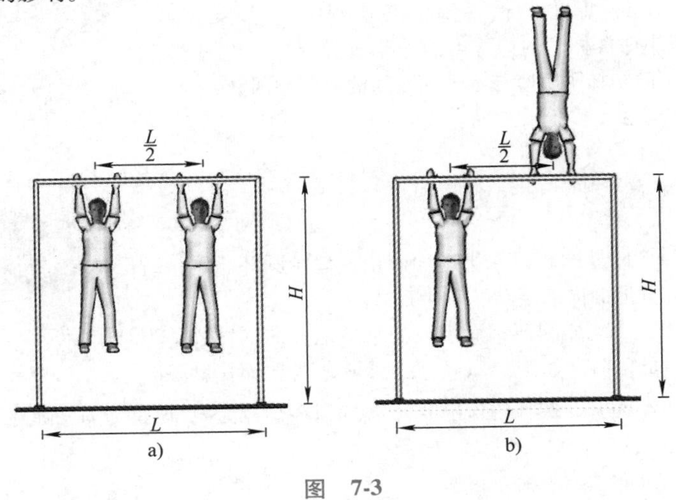

图 7-3

4. 跳板跳水（30 分）

举世瞩目的第 29 届北京奥林匹克运动会上，具有“梦之队”之称的中国跳水队获得了跳水比赛 8 枚金牌中的 7 枚，囊括了 3m 跳板跳水的 4 枚金牌。Duraflex 的 Maxiflex Model B 跳水板是奥林匹克跳水比赛和国际级跳水比赛唯一指定使用的产品，它的具体尺寸如图 7-4 所示，其中横截面尺寸为 $b=0.5\text{m}$，$h=0.05\text{m}$，跳板的弹性模量 $E=70\text{GPa}$，单位体积的重量 $\gamma=25\text{kN/m}^3$，$a=3.2\text{m}$，$l=1.6\text{m}$。运动员从跳板上跃

起至最高点后落至跳板端点 C，再从跳板上弹起至空中，并在下落过程中完成动作后落水。若运动员体重 $G=700\text{N}$，最大弹跳高度 $H=0.6\text{m}$，取 $g=9.8\text{m/s}^2$：

（1）根据所学知识，建立相应的力学分析模型。

（2）为保证运动员落水安全，运动员从空中落入水中时，在跳板所在平面处，运动员质心距跳板 C 端最小距离 s 应大于 0.5m。试求运动员从跳板上跃起时所需最小水平速度。（假设水平方向为匀速运动）

（3）不计跳板质量，并将运动员视为刚体，在运动员冲击跳板时，跳板中的最大动应力为多少？

（4）如将运动员视为弹性体，定性说明在冲击时跳板中的最大动应力增大还是减小。

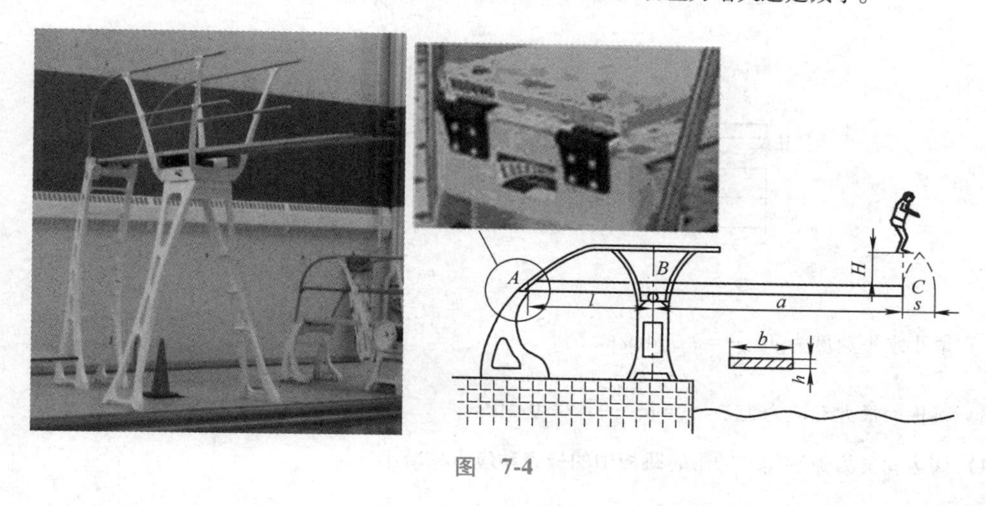

图　7-4

7.2　个人赛试题参考答案及详细解答

7.2.1　参考答案

1. 小球在高脚玻璃杯中的运动（20分）

（1）杯子不滑动。

（2）当小球自杯子的边缘由静止释放后沿杯子的内侧滑下到与铅垂方向夹角 $\varphi\approx63.4°$时，高脚玻璃杯侧倾（即一侧翘起）。

2. 杂耍圆环（40分）

（1）圆环不是均质的，质心不在圆环的中心。开始滚动时角速度大，圆环一跳一跳地向前滚动；随后角速度减小，所以圆环不离开地面向前滚动。

（2）① 圆环自己滚回的条件为 $\omega_0>\dfrac{v_0}{r}$。

② 圆环所走过的距离 $s=\dfrac{1}{2}gf_s(t_1-t_2)^2=\dfrac{(r\omega_0-v_0)^2}{8gf_s}$。

③ 圆环能不脱离接触地爬上台阶的条件为 $4r^2hg<v_1^2(2r-h)^2<4r^2(r-h)g$。

（3）$\tan(\alpha+\varphi_m)=r/\delta$ 时取极值。其中，α 为细铁棍与水平面的夹角，$\varphi_m=\arctan f_t$。

3. 趣味单杠（30分）

（1）结构中的最大应力 $\sigma_{\max}=\dfrac{M_{\max}}{W}=143\text{MPa}<[\sigma]$。

（2）结构中的最大应力 $\sigma_{\max}=\dfrac{M_{\max}}{W}=132.2\text{MPa}<[\sigma]$。

（3）在结构中增加拉杆后，（2）中为反对称结构，在对称面上只有反对称内力，故 AB 杆轴力为零，无影响；（1）中为对称结构，在对称面上只有对称内力，故 AB 杆轴力不为零，有影响。

4. 跳板跳水（30 分）

（1）根据跳板的受力情况，可以将其简化为图 7-5 所示外伸梁。

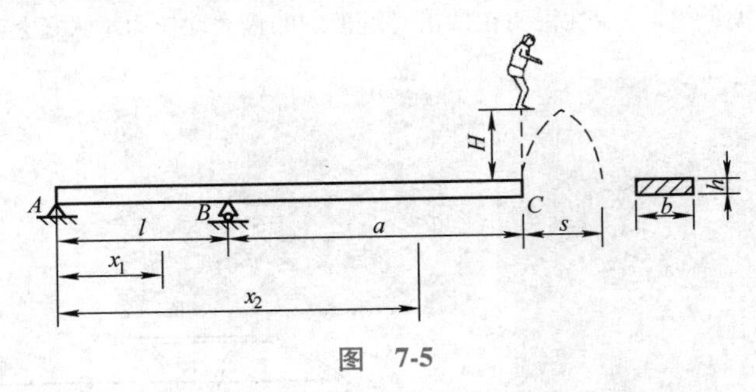

图　7-5

（2）最小水平速度为 $v=\dfrac{s}{2t}=0.714\text{m/s}$。

（3）跳板的最大动应力为 $\sigma_{\text{d,max}}=K_{\text{d}}\dfrac{M_B}{W}=78.02\text{MPa}$。

（4）如运动员为弹性体，冲击时跳板中的最大动应力将减小。

7.2.2　详细解答

第 1 题（20 分）

（1）分析杯子滑动情况（共 12 分）

设杯子不动，小球在杯子未运动前不脱离杯子。取小球为研究对象，受力如图 7-6 所示，应用动能定理有

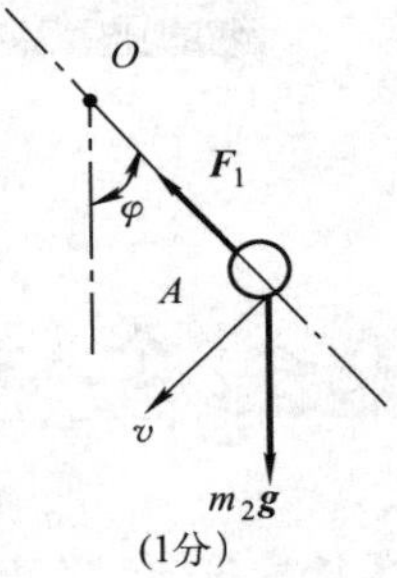

$$\frac{1}{2}m_2v^2-0=m_2gr\cos\varphi \text{（2 分）}$$

(1分)

图　7-6

即

$$v^2=2gr\cos\varphi$$

由牛顿运动定理有

$$m_2\frac{v^2}{r}=F_1-m_2gr\cos\varphi \text{（2 分）}$$

解得

$$F_1=3m_2gr\cos\varphi \text{（1 分）}$$

取杯子为研究对象，受力如图 7-7 所示，有

$$\sum F_x=0,\quad F_1'\sin\varphi-F=0 \text{（1 分）}$$

$$\sum F_y=0,\quad F_{\text{N}}-m_1g-F_1'\cos\varphi=0 \text{（1 分）}$$

解得

$$F=\frac{3}{2}m_2g\sin2\varphi$$

$$F_{\text{N}}=m_1g+3m_2g\cos^2\varphi \text{（1 分）}$$

最大静滑动摩擦力 $F_{\max}=f_sF_{\text{N}}$，而

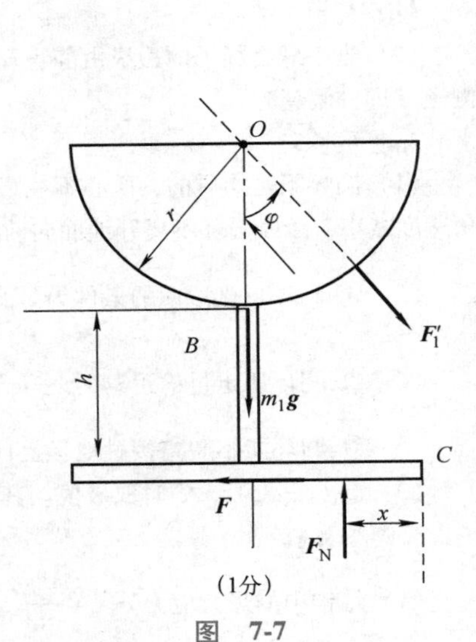

(1分)

图　7-7

$$F_{\max}-F=1.5m_2g(1+\cos^2\varphi-\sin2\varphi)$$

因为 $1+\cos^2\varphi\geqslant1$，而 $\sin2\varphi\leqslant1$，所以 $F_{\max}-F\geqslant0$，所以杯子不滑动。(2 分)

(2) 分析杯子侧倾（即一侧翘起）情况（共 8 分）

杯子处于侧倾的临界平衡状态时，$x=0$

$$\sum M_C=0$$

$$m_1gR-F_1'\sin\varphi(h+r-r\cos\varphi)+F_1'\cos\varphi(R-r\sin\varphi)=0\ \text{(3 分)}$$

解得

$$1+\cos^2\varphi-3\sin\varphi\cos\varphi=0\ \text{(2 分)}$$

即

$$1+\cos^2\varphi-3\sin\varphi\cos\varphi=\sin^2\varphi+2\cos^2\varphi-3\sin\varphi\cos\varphi=(\sin\varphi-\cos\varphi)(\sin\varphi-2\cos\varphi)=0$$

解得 $\tan\varphi=2$，$\varphi\approx63.4°$；$\tan\varphi=1$，$\varphi=45°$。

小球先经过 $\varphi\approx63.4°$ 的位置，即 $\varphi\approx63.4°$ 或 $\varphi=\arctan2$ 时，杯子侧倾（即一侧翘起）。(3 分)

注：①两图各 1 分。②如果采用其他方法，请在本赛区内统一标准并酌情给分。③如果角度从其他位置开始，只要与解答等价，不扣分。④如果有学生考虑杯子侧倾后是否打滑，不论对错，不给分也不扣分。

第 2 题（40 分）

(1) 圆环不是均质的，质心不在圆环的中心。开始滚动时角速度大，圆环一跳一跳地向前滚动；随后角速度减小，所以圆环不离开地面向前滚动。(4 分)

注：如果有其他答案，且关键词中有：地面是弹性的，给 1 分。

(2) ① 圆环能自己滚回的条件（共 10 分）

圆环初瞬时环心速度为 v_0，角速度大小为 ω_0（见图 7-8），以后为 v 和 ω。圆环与地面接触点的速度大小为

$$u=v+r\omega\ \text{(1 分)} \tag{7-1}$$

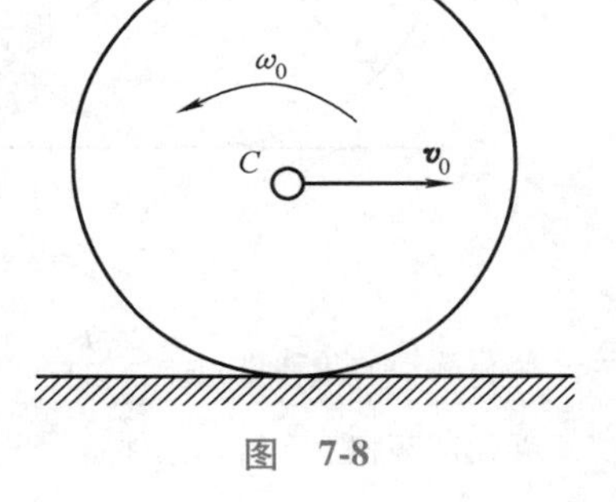

图　7-8

第一阶段，$u>0$，圆环与地面有相对滑动，摩擦力 $F=f_sF_N$，式中，$F_N=mg$。

由质心运动定理　$ma=-mgf_s$（或 $m\dfrac{dv}{dt}=-mgf_s$）　(7-2)

解出　$v=v_0-f_sgt$　(2 分)　(7-3)

由　$mr^2\dfrac{d\omega}{dt}=-mgf_sr$　(7-4)

解得

$$\omega=\omega_0-f_sgt/r\ \text{(2 分)} \tag{7-5}$$

由于摩擦力存在，v 和 ω 都随时间而减小。

第二阶段，由式 (7-1)、式 (7-3)、式 (7-5) 解得

$$u=v_0+r\omega_0-2f_sgt\ \text{(1 分)}$$

当 $u=0$ 时刻，开始摩擦力为零，有

$$t_1=\frac{v_0+r\omega_0}{2gf_s}\ \text{(2 分)} \tag{7-6}$$

此时，质心速度大小为 $v_1=v_0-f_sgt_1$。要使得圆环返回，则 $v_1<0$，因此圆环自己滚回的条件为

$$\omega_0>\frac{v_0}{r}\text{，方向如图 7-8 所示。(2 分)}$$

注：如果直接得到 $\omega_0>\dfrac{v_0}{r}$ 而没有中间过程，给 5 分。

② 离最远处开始无滑动地滚动的距离（共 5 分）

圆环到达最远距离时，$v=0$，时间为 $t_2=\dfrac{v_0}{f_sg}$；(2 分)

当 $u=0$ 时，开始无滑动滚动，有 $t_1=\dfrac{v_0+r\omega_0}{2gf_s}$；

在此过程中，加速度的大小为 $a=f_sg$；

所求距离：
$$s=\frac{1}{2}gf_s(t_1-t_2)^2=\frac{(r\omega_0-v_0)^2}{8gf_s}\ （3 分）$$

③ 圆环能不脱离接触地爬上台阶所应满足的条件（共 14 分）

因为圆环只滚不滑，$v_1=r\omega_1$，塑性碰撞后，环绕 O 定轴转动，环心速度 $u_C=r\omega_2$（见图7-9）。碰前对 O 点的动量矩
$$L_{O1}=mv_1(r-h)+J_C\omega_1$$
碰后（见图 7-10）对 O 点的动量矩
$$L_{O2}=J_O\omega_2$$
式中，$J_O=2mr^2$。

由于碰撞时对 O 点动量矩守恒，则 $L_{O1}=L_{O2}$，即
$$J_O\omega_2=mv_1(r-h)+J_C\omega_1\ （2 分）$$

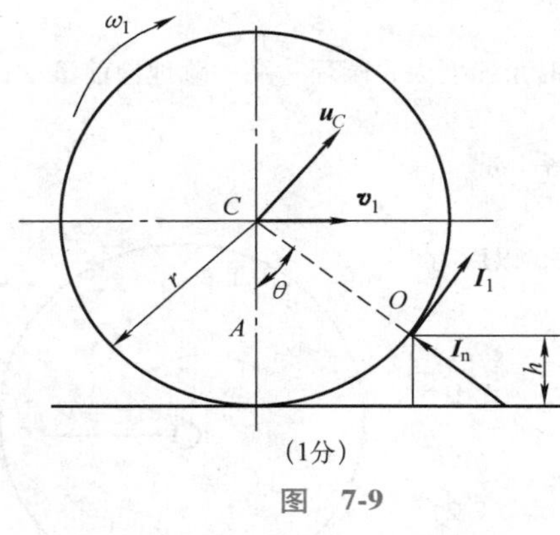

(1分)

图 7-9

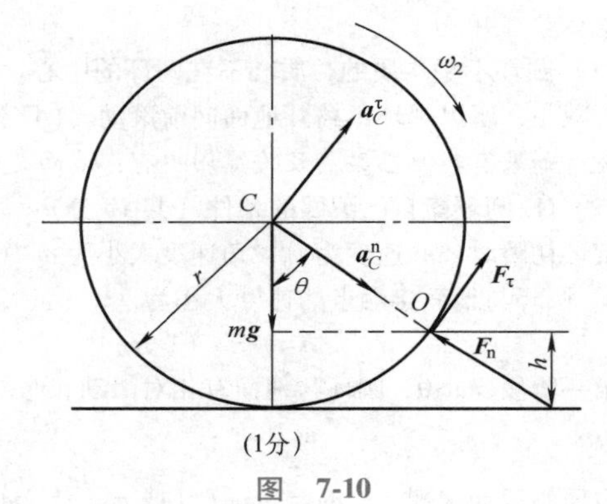

(1分)

图 7-10

解得碰撞后角速度 $\omega_2=\dfrac{2r-h}{2r^2}v_1$。（1 分）

要使圆环爬上台阶的条件是：当重心上升到最高位置时，还有剩余动能。由动能定理得
$$\frac{1}{2}J_O\omega_3^2-\frac{1}{2}J_O\omega_2^2=-mgh\ （2 分）$$
式中，ω_3 是重心上升到最高位置时圆环的角速度，即
$$\frac{1}{2}J_O\omega_2^2-mgh=\frac{1}{2}J_O\omega_3^2>0\ （1 分）$$
将 ω_2 代入整理得圆环爬上台阶的条件
$$4r^2hg<v_1^2(2r-h)^2\ （1 分）$$

碰撞结束后，由动能定理，有 $\dfrac{1}{2}J_O\Omega^2+mg(h+r\cos\theta-r)=\dfrac{1}{2}J_O\omega_2^2$。（1 分）

式中，Ω 是圆环在爬升过程中的角速度。

由质心运动定理有 $mr\Omega^2=mg\cos\theta-F_N$，即 $F_N=mg\cos\theta-mr\Omega^2$。（1 分）

圆环不跳起，应有 $F_N>0$，即 $mg\cos\theta-mr\Omega^2>0$。（1 分）

将 Ω、ω_2 和 $\cos\theta_{max}=(r-h)/r$ 代入整理得圆环不跳起的条件为
$$v_1^2(2r-h)^2<4r^2(r-h)g\ （1 分）$$
圆环能不脱离接触地爬上台阶的条件为
$$4r^2hg<v_1^2(2r-h)^2<4r^2(r-h)g\ （1 分）$$

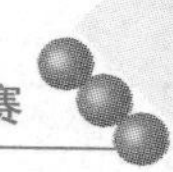

(3) 确定推动力 F 为最小值时的接触点 A（共 7 分）

设半径 CA 与铅垂线间的夹角为 α。A、B 两点处的摩擦角分别为 $\varphi_m=\arctan f_t$ 和 $\varphi_1=\arctan f_s$。F_R 为摩擦力的全约束力，滚动摩阻力偶矩为 M_f。由于 A 点处圆环相对细铁棍运动，所以该处是动摩擦，角度为 φ_m（见图 7-11）。

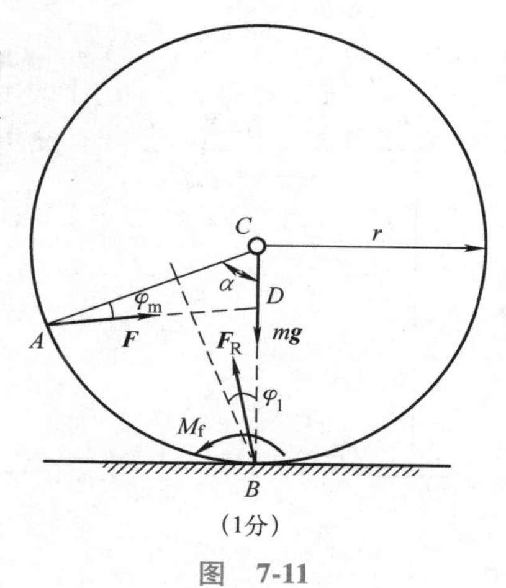

图　7-11

在△ACD 中，根据余弦定理，有

$$CD=\frac{r\sin\varphi_m}{\sin(\alpha+\varphi_m)}$$

根据铅垂方向的质心运动定理、对 B 点的动量矩定理，有

$$\begin{cases}mg=F_N+F\cos(\alpha+\varphi_m)\\ M_f=F(r-CD)\sin(\alpha+\varphi_m)=Fr[\sin(\alpha+\varphi_m)-\sin\varphi_m]\end{cases}\quad (2\text{ 分})$$

补充滚动摩阻的方程 $M_f=\delta F_N$。(1 分)

在推力增加的过程中，如果推力很小，滚动摩阻可以阻止圆环运动，只有当推力大到一定的时候，圆环才能运动起来，所以这时滚动摩阻为最大值。

根据这三个方程，有

$$F=\frac{mg\delta}{r[\sin(\alpha+\varphi_m)-\sin\varphi_m+\delta\cos(\alpha+\varphi_m)/r]}\quad (1\text{ 分})$$

则 $\tan(\alpha+\varphi_m)=r/\delta$ 时取极值（2 分）。

注：①考虑部分受力图给分。②最后一问如果考虑 $r\gg\delta$，有 $\alpha+\varphi_m=\frac{\pi}{2}$，该结果给 1 分。

第 3 题（30 分）

(1) 两人同步旋转，单杠对称受力，取单杠一半研究，如图 7-12a 所示，对称截面 D 上未知弯矩和轴力不为零。

BD 和 BA 两段的弯矩方程分别为

$$M(x_1)=\begin{cases}M, & 0\leqslant x_1\leqslant\frac{L}{4}\\ -Fx_1+M+\frac{1}{4}FL, & \frac{L}{4}\leqslant x_1\leqslant\frac{L}{2}\end{cases}$$

$$M(x_2)=-F_Nx_2+M-\frac{1}{4}FL,0\leqslant x_2\leqslant H$$

如图 7-12b、c 所示分别配置单位力和单位力偶系统，弯矩方程分别为

$$\overline{M}_1(x_1)=0,\qquad \overline{M}_1(x_2)=-x_2$$

$$\overline{M}_2(x_1)=1,\qquad \overline{M}_2(x_2)=1$$

由单位载荷法计算 D 点的水平位移 Δ_D 和转角 θ_D：

$$\Delta_D=\int_0^H\frac{M(x_2)\overline{M}_1(x_2)}{EI}dx_2$$

$$\theta_D=\int_0^{\frac{L}{2}}\frac{M(x_1)\overline{M}_2(x_1)}{EI}dx_1+\int_0^H\frac{M(x_2)\overline{M}_2(x_2)}{EI}dx_2$$

代入变形协调条件 $\Delta_D=0$，$\theta_D=0$，积分并整理得

$$\begin{cases}-\frac{3}{H}F_N-\frac{1}{2}M+\frac{L}{8}F=0\\ \left(\frac{L}{2}+H\right)M-\frac{H^2}{2}F_N-\left(\frac{L^2}{32}+\frac{HL}{4}\right)F=0\end{cases}$$

求解该二元一次方程组得

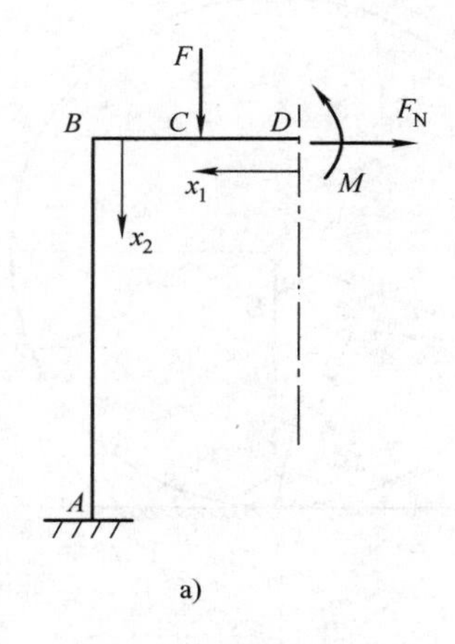
F
B
C
D
F_N
x_1
M
x_2
A
a)

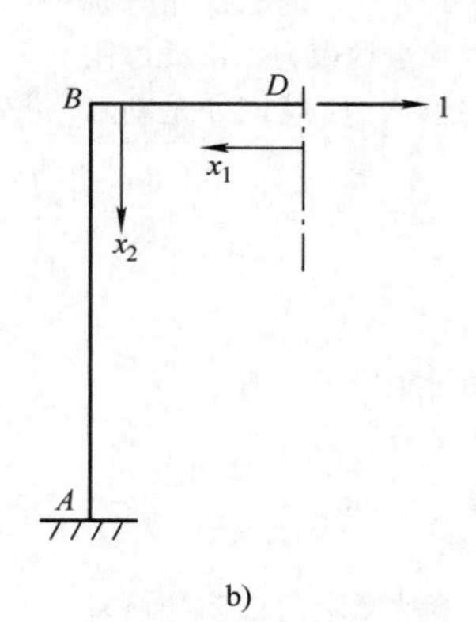
B
D
1
x_1
x_2
A
b)

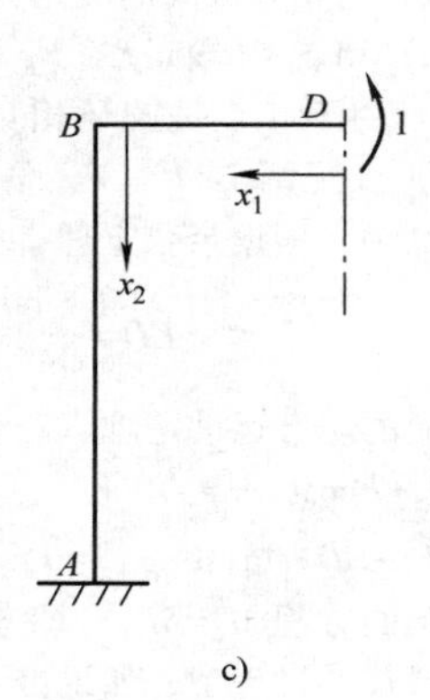
B
D
1
x_1
x_2
A
c)

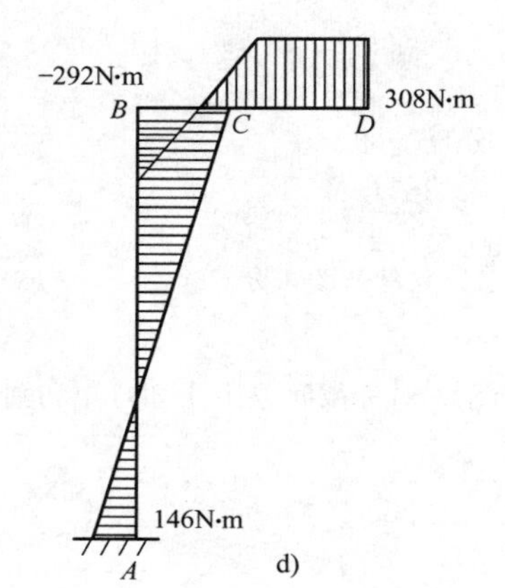
−292N·m
B
C
308N·m
D
146N·m
A
d)

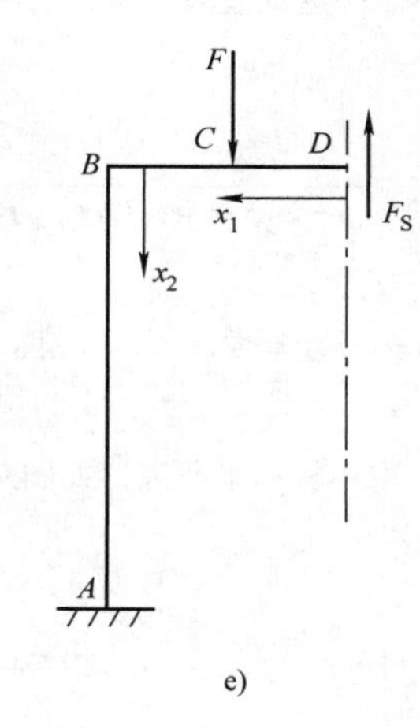
F
C
D
B
x_1
F_S
x_2
A
e)

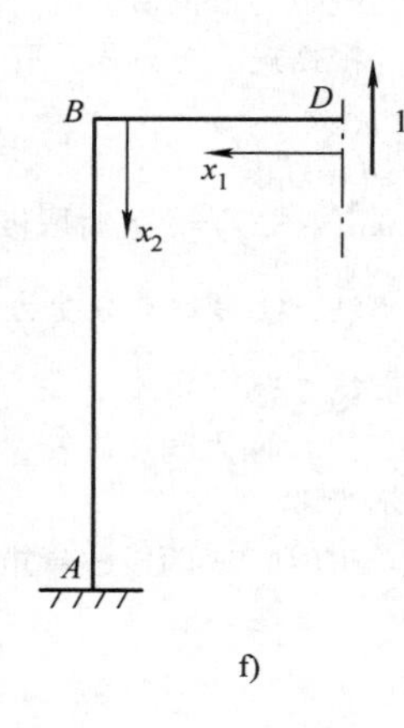
B
D
1
x_1
x_2
A
f)

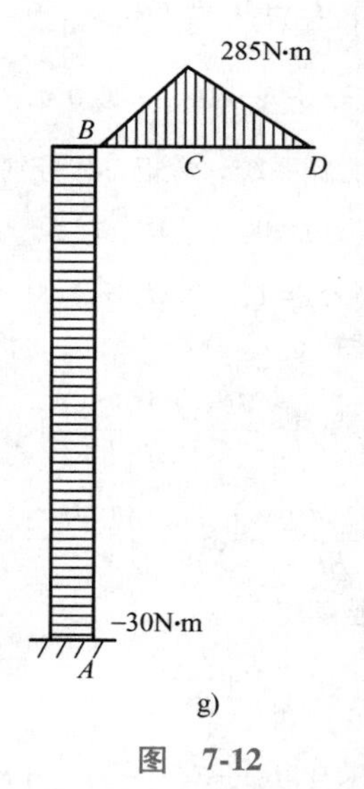
285N·m
B
C
D
−30N·m
A
g)

图 7-12

$$\begin{cases} M=\dfrac{L(L+2H)}{8(2L+H)}F=308.1\text{N}\cdot\text{m} \\ F_{\text{N}}=-\dfrac{9L^2}{16H(2L+H)}F=-168.4\text{N} \end{cases}$$

如弯矩图 7-12d 所示，最大弯矩出现在 CD 段，即

$$M_{\max}=308.1\text{N}\cdot\text{m}$$

最大应力

$$\sigma_{\max}=\frac{M_{\max}}{W}=\frac{32M_{\max}}{\pi D^3}=143\text{MPa}<[\sigma]$$

所以结构安全。

（2）两人相差 180°旋转，单杠反对称受力。如图 7-12e 所示，取单杠一半研究，沿对称轴的截面 D 上只有剪力 F_{S} 不为零。

如图 7-12e 所示，弯矩方程为

$$M(x_1)=\begin{cases} F_{\text{S}}x_1, & 0\leqslant x_1\leqslant\dfrac{L}{4} \\ (F_{\text{S}}-F)x_1+\dfrac{L}{4}F, & \dfrac{L}{4}\leqslant x_1\leqslant\dfrac{L}{2} \end{cases}$$

$$M(x_2)=\frac{L}{4}(2F_{\text{S}}-F),\quad 0\leqslant x_2\leqslant H$$

如图 7-12f 所示配置单位载荷系统，弯矩方程为

$$\overline{M}(x_1)=x_1,\qquad \overline{M}(x_2)=\frac{L}{2}$$

由单位载荷法计算 D 点的铅垂位移 Δ_D：

$$\Delta_D=\int_0^{\frac{L}{2}}\frac{M(x_1)\overline{M}(x_1)}{EI}\text{d}x_1+\int_0^H\frac{M(x_2)\overline{M}(x_2)}{EI}\text{d}x_2$$

代入变形协调条件 $\Delta_D=0$，积分并整理得

$$\left(\frac{L}{24}+\frac{H}{4}\right)F_{\text{S}}-\left(\frac{H}{8}+\frac{5L}{384}\right)F=0$$

由此

$$F_{\text{S}}=\frac{48H+5L}{16(L+6H)}F=475\text{N}$$

最大弯矩出现在载荷作用点 C，如图 7-12g 所示，为

$$M_{\max}=285\text{N}\cdot\text{m}$$

最大应力为

$$\sigma_{\max}=\frac{M_{\max}}{W}=\frac{32M_{\max}}{\pi D^3}=132.2\text{MPa}<[\sigma]$$

结构同样是安全的。

（3）在结构中增加横杆后，两人相差 180°旋转时，单杠反对称受力，在对称面上只存在反对称内力，不存在对称内力，故横杆轴力为零，对结构受力无影响。两人同步旋转，单杠对称受力，在对称面上存在对称内力，故横杆轴力不为零，对结构受力有影响。

第 4 题（30 分）

（1）根据跳板的受力情况，A 端支座抽象为固定铰支座，计算简图为图 7-13 所示的外伸梁。

（2）运动员从最高处落到跳板 C 点，所需的时间 $t=\sqrt{2H/g}=0.35\text{s}$，运动员从 C 点跳起，又降落到同一高度时，所需的时间为 $2t$，所以最小水平速度为

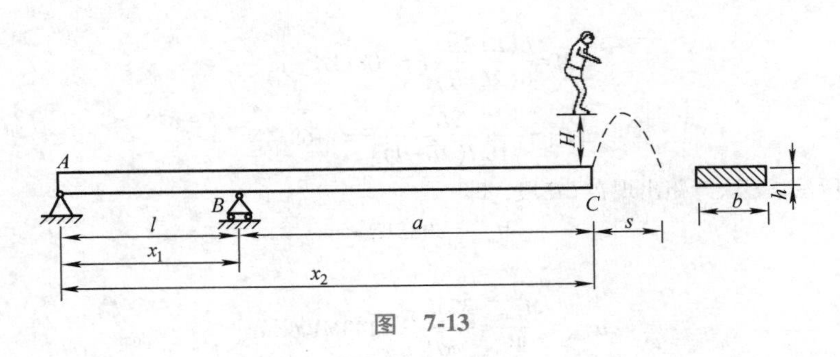

图 7-13

$$v=\frac{s}{2t}=0.714\text{m/s}$$

(3) 将运动员看作刚体时，冲击时的动载荷因数为 $K_d=1+\sqrt{1+\frac{2H}{\Delta_{C,st}}}$，式中，静挠度 $\Delta_{C,st}=\frac{Ga^3}{3EI}+\frac{Ga^2l}{3EI}=0.03146\text{m}$，故

$$K_d=7.2565$$

跳板的最大静弯矩为

$$M_B=Ga=2240\text{N}\cdot\text{m}$$

最大动应力为

$$\sigma_{d,max}=K_d\frac{M_B}{W}=78.02\text{MPa}$$

(4) 如将运动员视为弹性体，在冲击时跳板中的最大动应力将减小。

注： *A 端抽象为固支端也认为正确，超静定梁的计算稍复杂，相应结果如下：*

$$v=\frac{s}{2t}=0.714\text{m/s}$$

$$K_d=1+\sqrt{1+\frac{2H}{\Delta_{C,st}}}$$

解除 B 点约束，求得静约束力

$$F_B=-\frac{2l+3a}{2l}G=-2800\text{N}$$

静挠度

$$\Delta_{C,st}=\frac{G(l+a)^3}{3EI}-\frac{F_Bl^2}{6EI}[3(l+a)-l]=0.02884\text{m}(\downarrow)$$

故 $K_d=7.5276$。

跳板的最大静弯矩为 $M_B=Ga$，所以最大动应力为

$$\sigma_{dmax}=K_d\frac{M_B}{W}=K_d\frac{6Ga}{bh^2}=80.94\text{MPa}$$

7.3 个人赛试题点评及出题思路

7.3.1 理论力学试题点评

总地看来，本次个人赛的理论力学题目难度适中，均与摩擦有关，需要考虑多种情况。根据评估，整个试卷的理论力学部分难度系数为 4.76（详见附录 A）。

第 1 题可以按照平时作业的思路，一步步做下去，没有特别需要说明的地方，也不需要什么技巧。第 2 题虽然有很多小问，但是每一小问都可以在相关教科书上找到类似的题目，对学生来说，需要考虑一些情况，如求圆环能不脱离接触地爬上该台阶所应满足的条件，不仅需要考虑“爬上该台阶”，还需要考虑“不脱离接触”，这在考试时很容易被忽略。

下面是对各具体题目的点评。

第 1 题第（1）问考查学生对质点动力学方程、受力分析、摩擦理论的熟悉程度。在摩擦问题中，判断物体是否打滑，归根到底，是要分析接触处的摩擦力是否达到最大静摩擦力。该题目把动力学与静力学融为一体，动中有静、静中有动，覆盖面广，作为第（1）问，难度不大，比较合适。

第 1 题第（2）问利用上一问中的受力分析图，在临界平衡条件下，加上人为判断可能倾倒的方向，就可以利用力矩平衡方程得到结果。从解题的角度看，比第（1）问还简单。不过在分析时，会得到两个解，需要判断小球会先经过哪个解。题目中小球先经过较大的角度 $\varphi\approx63.4°$，后经过较小的角度 $\varphi=45°$，这是因为小球的初始释放角度为 $\varphi=90°$。

第 2 题第（1）问是逆问题，给出现象分析原因。这个问题属于定性分析，稍有一定难度，不过由于分数不多，对总成绩影响不大。

第 2 题第（2）问包括两个独立的内容，分别是一些理论力学教科书中的例题，虽然步数较多，只要概念清楚，一步一步做，就能得到正确答案。

第 2 题第（3）问是多点接触的摩擦问题，要判断是否打滑，同时还要考虑滚动摩阻，有一定的难度。

7.3.2　材料力学试题点评

本次个人赛的两个材料力学赛题全源自于体育器械。

第 3 题从趣味单杠引出超静定结构的力学问题。单杠看上去简单，但是完全的空间承载分析需要解 6 次超静定问题，计算量很大。注意到单杠是对称的平面结构，运动员竞技时的载荷总可以分解为面内与面外、对称与反对称载荷，对每一组解耦的载荷仅有一个或两个未知力，问题就大为简化了。工程结构通常是对称的，载荷总是可以这样分解，因此本题的求解方法具有普遍的工程意义。

第 4 题从跳板跳水引出冲击载荷问题。由于冲击问题的复杂性，材料力学对冲击问题做了很大的简化：冲击物为刚体，冲击与被冲击物接触后不再分开，被冲击物惯性不计，冲击过程中能量损失不计。因此分析冲击问题的材料力学方法是一个非常粗略的工程方法。跳板 A 端的约束抽象为铰支较为合理。考虑到具体情况及各赛区预评的意见，经研究确定抽象为固支端也认为正确。有趣的是，对于这种长高比很大的梁，抽象为铰支和固支对结果的影响并不大。

7.4　团体赛试题

7.4.1　第 1 轮第 1 场比赛：单向运动开关

1. 内容

利用组委会提供的工具和材料，设计制作一个装置，该装置沿着绳索可以单向运动。

2. 要求

（1）制作时间：12h（用于完成第 1 轮的 3 场比赛设计制作，时间自行分配）。赛前各队装置称重并记录。

（2）绳索 AB 可以悬挂起来，且悬挂起来后绳索完全悬空。绳索未经过特殊处理，如没有在某处打结，没有在某处加润滑油等。

（3）装置的尺寸：在装置上存在两点，其距离至少大于 5cm。

（4）各队自行以某种方式将绳索与装置相接触（如绑住、从孔中穿过等，图 7-14 所示为装置示意图，具体形状构造由各队自行设计），比赛开始后，选手不能再改变装置的构造，也不改变接触方式。

（5）把绳子 A 端悬挂时，装置在绳索的中间位置静止释放后会停留在原处且能维持 10s。

（6）把绳子 B 端悬挂时，装置在绳索的中间位置静止释放后会沿绳子滑下。

（7）比赛时各组用公共的绳索，该绳索与发给各队的绳索相同。

（8）比赛分 3 组，每组 10 队。比赛时 10 队同时进行。每队时间限制为 10min（包括调试和比赛）。超

时未完成者只计算完成部分的分数。裁判事先要准备好悬挂点、绳索。每组需要10个悬挂点和10根绳索。

3. 工具和材料

每组公共的工具：绳索1m、天平秤、弹簧秤、秒表。

各队的工具和材料：钳子1把、锯子1把、裁纸刀1把、铁丝1m、绳索0.5m、钉子10个、橡皮筋2个、薄木板1块。以上工具材料可以全部使用，也可只用一部分。

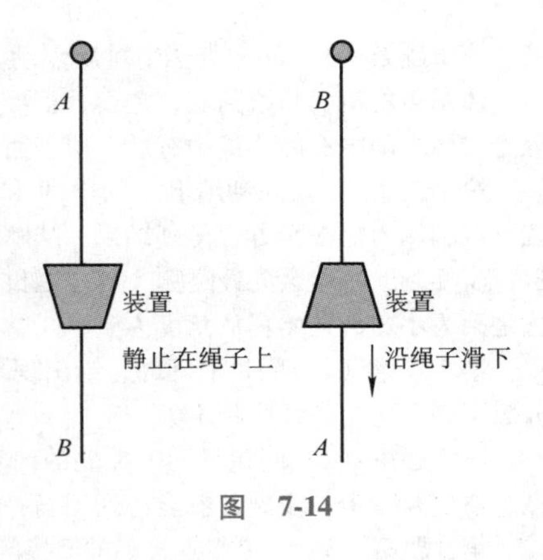

图 7-14

4. 计时方法

（1）首先由裁判统一发号开始计时，各队由1人操作装置。

（2）各队开始调试，先将装置静止。当某选手认为装置已经静止时告诉裁判，裁判认为符合要求后，选手才能继续操作。如果裁判认为不符合要求，要具体说明原因（如装置在绳索上打滑、不能停留10s等），选手要重新调试。

（3）完成了装置静止的选手，继续装置滑动比赛。当装置滑出绳索时，该队计时结束。

5. 成绩确定（满分100分）

（1）在规定时间内，如果把A端悬挂时，装置静止释放后会停留在绳索上（停留10s）：20分。

（2）在规定时间内，如果把B端悬挂时，装置静止释放后会滑下：20分。

（3）如果前两项同时满足，比较完成比赛的速度（以min为单位）：在1min内完成，得30分，每增加1min，减3分，直至0分。

（4）如果前两项同时满足，比较装置的质量：把所有队的装置质量从轻到重排列，最轻者30分，后面排名每增加1位减2分，直至0分。

补充说明：

（1）如果比赛中有争议，首先由本组的裁判解决，如还有问题，由竞赛仲裁委员会裁定，且为最终裁定结果。某队有争议时，其他队继续比赛。

（2）比赛结束后，裁判和各队队长在比赛记录上签字。

（3）如果存在并列排名，如两队并列第一，紧接的一队为第三名，其余类推。

（4）本补充说明对全部比赛都适用。

7.4.2 第1轮第2场比赛：载荷保险丝

1. 内容

利用组委会提供的工具和材料，设计制作一个装置，该装置的功能类似电路熔丝：当载荷大于某个数值时会断掉。

2. 要求

（1）制作时间：12h（用于完成第1轮的3场比赛设计制作，时间自行分配）。

（2）按图7-15a制作“拉伸试件”，两头是竹筷，中间是纸张。试件的尺寸要求：长度a大于10cm，两端处宽度b小于6cm，中部最窄处宽度c为2cm，允许误差1mm。如果在中部最窄处横向截开试件，只有一层纸。竹筷与纸的连接可以用胶水，也可以用胶带，但都要距离中部最窄处3cm以上。为避免操作失误，每队制作2个试件，用于比赛。

（3）加载方式如图7-15b所示，其悬挂起来后要求至少可以承受3.2kg。比赛时选手直接把该质量的物体挂在试件的筷子上。

（4）在上述试件中部区域（图7-15a两虚线之间的位置，虚线距离筷子至少1cm）内任意裁剪，然后重新加载，逐渐增加质量，要求在$x$kg时（比赛时公布）试件断裂。

（5）比赛前各队的最后的结果都由高精度的弹簧秤测量。最后称重包括容器、重物、用于连接的铁丝细绳。比赛结束后，取两次最好的成绩进行比较。

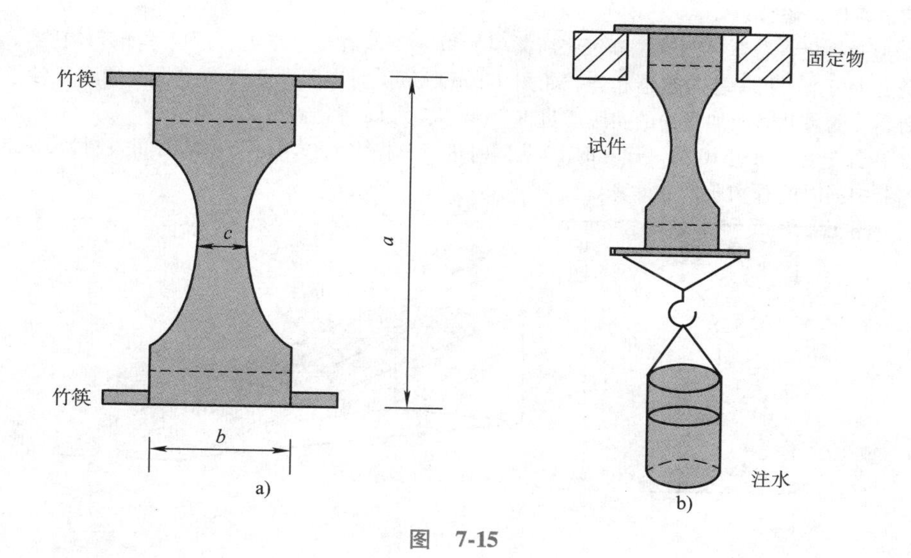

图　7-15

（6）比赛分 3 组，每组 10 队。比赛时 10 队同时进行，操作人数不限。每队时间限制为 30min。超时试件未断者，最大承重按 3.2kg 计算。

3. 工具和材料

公共的工具：天平或弹簧秤。

各队的工具和材料：钳子 1 把、裁纸刀 1 把、剪刀 1 把、竹筷 5 双、A4 纸 10 张、普通胶水 1 瓶、弹簧秤 1 个、容器 1 个（可加水或沙子等重物）、铁丝和细绳各 1m（仅限于连接，如图 7-15b 所示把竹筷与容器相连）、窄透明胶带 1 个。

4. 成绩确定（满分 100 分）

（1）如果可以承受 3.2kg 的质量，20 分。

（2）试件裁剪后如果最大承重不大于 $x$kg 质量（比赛时公布），20 分。

（3）如果前两项都能满足，比较误差精度：把各队试件断裂时的质量与 $x$kg（比赛时公布）期望值的误差（以 g 为单位）顺序排列，误差小于等于 10g，得 60 分；误差每增加 10g 减少 5 分，直至 0 分。不足 1g，四舍五入。

（4）各队取两次成绩中最好的成绩。

7.4.3　第 1 轮第 3 场比赛：预测极限载荷

1. 内容

利用组委会提供的工具和材料，设计制作有关的装置，测出摩擦因数和纸张的强度常数，然后预测拉断纸条的临界载荷。

2. 要求

（1）制作时间：12h（用于完成第 1 轮的 3 场比赛设计制作，时间自行分配）。比赛总时间 70min。

（2）按图 7-16a 制作“拉伸试件”，两头是竹筷，中间是纸张。试件的尺寸要求：长度 a 大于 10cm，两端宽度 b 小于 6cm，中间最窄处 c 宽度为 1～2cm。其他尺寸参数不限制。如在中间截开试件，只有一层纸。

（3）试件只由竹筷与纸张组成，不能用胶水，也不用绳子进行连接。

（4）提前自行测量 A4 纸的抗拉强度，测量容器与木板的摩擦因数。

（5）比赛时木板与地面的角度临时确定（各队相同，为 40°～80°）。赛前裁判检查各队装置，如不符

合要求，需要重做或修改。

（6）知道角度后，各队把预测拉断纸张所需要的质量 W 写在记录纸上，然后才能开始比赛。比赛时试件一头固定在木板上，另一头与容器相连，如图 7-16b 所示。向容器中逐渐加重物（如水或沙子等重物），直至试件断裂。测量此时所加重物的实际质量 W'（W'大于 1kg 才能有效）。

（7）比赛分 3 组，每组 10 队。比赛时 10 队同时进行，操作人数不限。每队时间限制为 20min。超时未完成者以容器中当时的重物质量来计算。

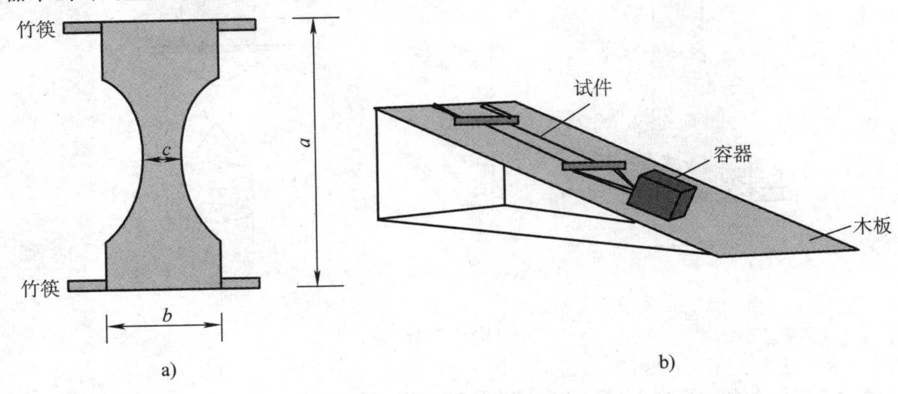

图 7-16

3. 工具和材料

公共的工具：秤 1 个、容器、沙子、尺子。

各队的工具和材料：钳子 1 个、裁纸刀 1 把、剪刀 1 把、绳子 1m、A4 纸 10 张、沙子 1 袋、弹簧秤 1 个、木地板 3 块、钉子 10 个、量角器 1 个、直尺 1 把、竹筷 5 双、容器 1 个、铁丝和细绳各 1m（仅限于连接，如图 7-16b 所示把竹筷与容器相连）。

4. 成绩确定（满分 100 分）

设预测值 W，实际值为 W'，误差为 $|W'-W|$。误差小于等于 10g，得 100 分；误差每增加 10g 减少 5 分，直至 0 分。如果 W'小于 1kg，无成绩。

7.4.4 第 2 轮比赛：承重木塔

1. 内容

利用组委会提供的工具和材料，设计制作一个木塔，可以在顶部承受载荷。

2. 要求

（1）木塔底部为四边形，边长最长为筷子的长度，高为 60cm，误差不超过 1cm。

（2）木塔构型自行设计。筷子间的连接只能利用大头针。

（3）木塔顶部应该可以放置容器，容器中将装沙子等重物。

（4）沙子装在塑料袋中，每放入一个塑料袋，如在 10s 内木塔未损坏，再加入另一袋。

（5）如放上第 N 袋后木塔损坏，则以（$N-1$）袋的质量为承重成绩。

（6）比赛分为 2 组进行。每队操作人数不限，时间限制为 30min。超时未完成者以容器中当时的重物质量来计算。

（7）制作比赛时间：制作时间 3h。赛前各队装置测量尺寸、质量并记录。

3. 工具和材料

公共的工具：秤 1 个、容器 1 个、沙子若干。

各队的工具和材料：电钻 1 个、钳子 1 个、裁纸刀 1 把、大头钉 1 盒、木筷 100 双、塑料袋 20 个、弹簧秤 1 个。

4. 成绩确定（满分100分）

（1）木塔尺寸符合要求：20分；误差每超过1cm，扣5分，直至0分。在加载过程中，高度方向最大位移不能超过2cm，超过者本项为0分。

（2）木塔承重量：把各队承重量从大到小排列，最大者30分，排名每增加1位减少2分，直至0分。

（3）效率比：设木塔重为W，承重为W'，则按W'/W从大到小排列，最大者50分，排名每增加1位减少3分。

补充说明：

（1）木塔由木筷组成，连接处用大头钉，不能用胶水。

（2）木塔的破坏包括：倒塌、失稳、部件断裂、连接处脱落等，底部和高度的变形大于5cm也算破坏。

（3）加重物时，手不能接触木塔和容器。如果容器落下而木塔未坏，允许容器重放上去。

7.4.5 第3轮比赛：机械跳动装置

1. 内容

利用组委会提供的工具和材料，现场设计制作一个装置，该装置放在粗糙斜面上，扰动一下，它就会开始摇摆（类似一个不倒翁）。在装置上再加上某些物体（或机构），然后再放在一个角度适当的斜面上，从后面轻轻一推，它就可以沿着斜面一蹦一跳地向下运动。

2. 要求

（1）自行调整斜面的角度，装置静止放在斜面上，轻轻推动时不会向下滑动。

（2）比赛开始后，在释放区域内释放的装置可以连续运动至到达区域。

（3）装置运动时，将沿斜面产生向下的周期性跳动。接触斜面部分应周期性离开斜面，不允许不跳动直接滑下斜面。

（4）当装置开始运动时，在参赛人员不能接触装置情况下，运动距离至少为80cm。

（5）不能使用任何动力装置。各个部件转动角度不得超过180°。

（6）外部可以有装饰。尺寸至少有一个方向超过10cm，质量不限。

（7）制作完成后，通知裁判员记录制作时间。比赛开始时，释放装置前队员要通知裁判员，裁判员认可后，成绩才有效。

（8）为了方便，各队可事先在斜面上画出起跑线（释放区域），并在80cm远处画出终点线（到达区域）。裁判员比赛前要进行测量，距离不合格者要修改。

（9）制作时间：比赛总时间3h（制作时间2h 40min，比赛时间20min）。赛前各队测量装置尺寸并记录。

3. 工具和材料

钳子1个、锯子1把、砂纸1张、裁纸刀1把、胶1份、钉子大小各10个、细铁丝1m、粗铁丝1m、木板2块、木地板2块、橡皮泥1盒。

4. 成绩确定（满分100分）

（1）装置如果能来回摆动：20分。

（2）装置开始运动后，在满足要求情况下，可以连续不停向下运动80cm以上：60分；每少10cm（不足10cm按10cm计算），扣10分，直至0分。

（3）在20min内可以比赛两次，以成绩较好的一次为准（注意，如果第1次运动超过80cm，不必进行第2次运动；如果第1次运动距离不到80cm，允许进行第2次）；如果得分相同，第一次完成者排序在前。

（4）比赛的总时间快慢：制作时间+比赛时间。

某队制作完成后立即进行比赛，此时记录制作时间。比赛时间不得超过20min。运动距离超过80cm的队（称为A类队）按用时单独排名，比赛的总时间最短者得20分；后面排名每增加1位减10分。运动距离不超过80cm的队（称为B类队）按用时单独排名，不管实际用时如何，规定B类第一名接在A类最后一名的后面。

7.5 团体赛试题分析及点评

团体赛共有五个题目：①单向运动开关；②载荷保险丝；③预测极限载荷；④承重木塔；⑤机械跳动装置。

其中的“单向运动开关”和“机械跳动装置”属于理论力学的问题，技巧性较强；“载荷保险丝”和“预测极限载荷”属于材料力学的问题，需要数据处理的技巧，更与临场发挥有关；“承重木塔”属于材料力学的问题，但是给出了冲突的指标，各队要在承重量与效率比之间统筹考虑。

“载荷保险丝”和“预测极限载荷”的题目有较多的随机性，从大部分队的反映看，评分的标准太高，而试验的次数太少。特别是“预测极限载荷”中，只有一次机会，而要求绝对误差小于200g，相对误差小于5%，否则就为零分。这导致了大部分队在这一比赛中得零分。如果能把相对误差定为10%，有3次机会，可能会更好地反映出各队的水平。

“承重木塔”是一个能比较全面考查学生的材料力学知识、动手能力、团队合作、临场决策的题目。参赛选手首先要讨论木塔的整体结构、可能破坏的形式。在这里需要考虑结构的局部强度、整体强度、刚度、稳定性等多方面的因素，少考虑某个因素会导致装置很快被破坏。这一题目的工作量比较大，如何快速在木筷上打孔是个难题，需要各队选手分工合作，快速实现设计的目标。此外，各队还应考虑是做结实些还是轻巧些，这对最后的结果都有很大的影响。

总体来说，本次团体赛的题目设计得很好。首先，这些题目给选手们留下了发挥潜力的巨大空间。例如，在“单向运动开关”比赛中，最后满足条件的装置有十多种类型，质量从几克到上百克；又如，在“承重木塔”比赛中，看上去差不多的装置，载重量却从几千克到几十千克。这些比赛内容可以成为基础力学教学的课外补充素材，可以让更多的学生从中体会力学的巧妙。其次，这些题目都是很容易推广的，不需要特别的仪器设备，没有危险性。各大学很容易参考比赛题目，举一反三，进行课外训练和比赛。最后，这些题目的客观性和直观性都很好：胜负一眼就能看出，不会存在什么争议，可以排除人为的主观因素。

7.5.1 第1轮第1场比赛：单向运动开关

本场竞赛涉及的知识点有摩擦、摩擦自锁和解锁。比赛的关键是对受力、摩擦、摩擦自锁等知识的理解和巧妙运用。相关的知识很容易从书本上获得，但是如何“巧妙”地运用这些知识，就不是那么容易的事情了。

这是一个极为开放的问题，来自29所大学的学生们在比赛中发挥奇想，设计出了十多种不同类型的装置，都符合比赛的要求。

下面介绍几种不同类型的方案，有兴趣的读者可以看看自己能想出多少种不同的方案。在介绍原理时暂时不用考虑材料的限制，在明白了原理后，自然可以根据材料做出需要的零部件。

方案一　小球方案

如图7-17所示，用铁丝做个圆环套在绳子中，圆环两边用铁丝各挂一个小圆球，注意铁丝不经过小球的球心。为了看清楚圆环放置的方向，在圆环上固定一个小箭头。当箭头朝下时，两小圆球不会接触，一松手装置就会掉下去。如果把装置倒过来装置，这时箭头向上，而两小球会碰到一起并挤压绳子，松手时装置可以停留在绳子上。在这一方案中，两小球就像一双手，手不握绳子就会滑下，手握住绳子就可能不滑下。当然要考虑圆环的尺寸、小球的尺寸等参数，不过这是很容易调节的。

方案二　滑块方案

如图7-18所示，做两个滑槽成一定的角度与圆环安装在一起，两边滑槽内各有重物可以滑动。当把圆环在上方套在绳子中，滑槽中的重物分开不接触绳子，装置会下滑。当把圆环在下方套在绳子中，滑槽中的重物会接触并挤压绳子，装置不会下滑。

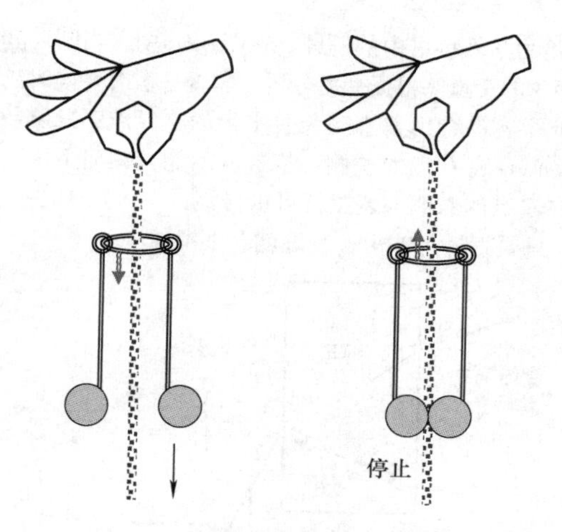

图 7-17　单向自锁的小球方案

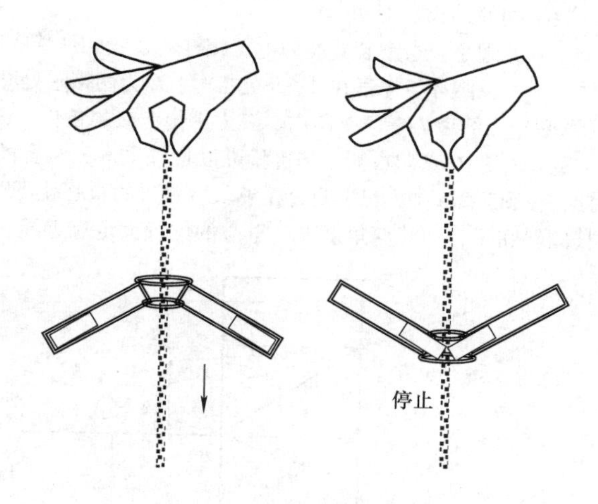

图 7-18　单向自锁的滑块方案

方案三　圆环加直杆方案

这种方案更简洁，就是一个圆环加一段直杆，用铁丝很容易弯出这样的形状（见图 7-19）。

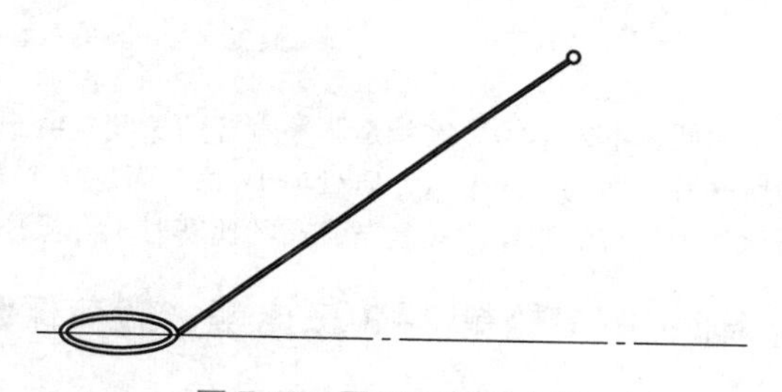

图 7-19　圆环加直杆方案

下面看看该装置在绳子上不同的放置方式对重心会有什么影响。为了看出区别，假想在装置的直杆贴上剪纸以便看出装置怎么放置。当剪纸人物头朝上放置时，装置的直杆基本水平，松手后装置可以停留在绳子上（见图7-20a）。当装置调个方向，剪纸人物头朝下，装置的直杆斜着朝下，松手后装置会从绳子上滑下（见图 7-20b）。

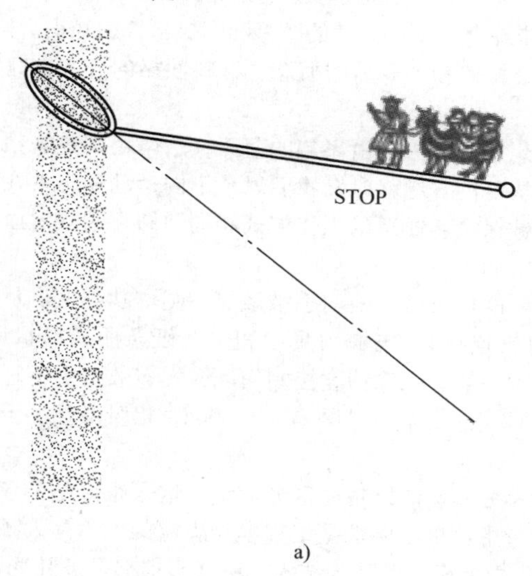

a)

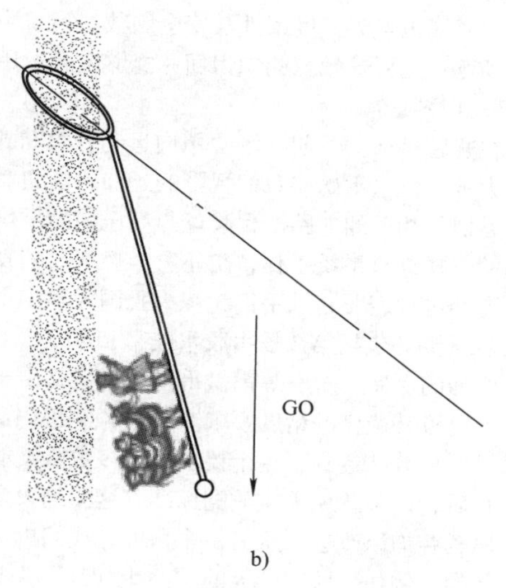

b)

图　7-20

a）标志朝上　b）标志朝下

注意这个装置以不同方向套在绳子上时，圆环与绳子的倾斜角度不变，但是直杆与绳子的夹角不同并

导致不同的结果。

其原理是：这个装置类似电工爬杆的装置，是某些理论力学教科书中的例题。在图7-21a中，当圆环套在绳索中，设圆环与绳索在A、B处接触，C为两接触处摩擦角的交点。根据受力分析，装置平衡时要同时满足（摩擦）全约束力在摩擦角内、三力平衡汇交的条件。因此很容易看出C点是装置平衡的临界点：只要装置的重心G在C点的右侧，装置就可以自锁平衡；装置的重心G在C点的左侧，装置就不能自锁而下滑。因此，在图7-21a中，只要直杆足够长，装置的重心就可以在C点的右侧，装置就可以自锁；在图7-21b中，直杆倾斜朝下，从几何角度看，重心的位置肯定靠近绳子，只要直杆足够短，装置就会下滑。

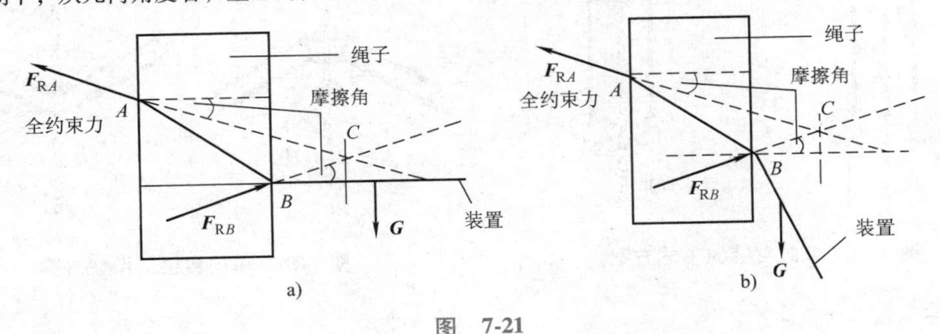

图 7-21

a）装置保持静止的示意图　b）装置下滑的示意图

因此，本方案的关键就是调整直杆的长度，由于只有一个参数，可以很快得到满意的结果。在比赛中，采用这种方案的有3个队，质量为1~2g。而且这个方案的优点是操作简单，可靠性好。其他的方案有的质量比较大，有的制作比较复杂，有的比赛时不好操作，不能100%保证成功。

7.5.2 第1轮第2~3场比赛：载荷保险丝及预测极限载荷

这两场比赛有很多共同点，因此放在一起介绍。

这两场竞赛的“试件”都是A4纸，以材料力学知识为主。除了要求实验动手能力外，第2场竞赛涉及的主要知识点为强度条件与安全因数，第3场则进一步综合了理论力学的摩擦和摩擦自锁的知识。同时，这两场竞赛还要求较宽的知识面并能够实际运用，像偏心拉伸和动载荷的概念，材料性能的分散性、实验误差及其控制等。

在赛题风格上，前一场“单向运动开关”比赛是思想和创造力自由飞翔的蓝天，这两场则是需精耕细作的大地。但它不妨碍我们视野的延伸，像“载荷保险丝”的赛题就启发我们思考不同运动形态内在的联系：看似不相关的电路的保险丝与高压锅的易熔片（机械保险装置）的工作方式相同，即在超载时以自身破坏的方式终止系统工作，防止灾难性事故的发生。

竞赛过程表明，选手们无愧为我国大学生中万里挑一的佼佼者，他们思维敏捷，基本功扎实。从筷子与纸的连接（包括第2场由胶水胶带和第3场由摩擦自锁连接）、与应力集中相关的纸条曲线形状设计、载荷施加的次序、对心等都做得很好。但是由于力学教学一般不强调精度控制问题，大多数选手不适应这两个赛题极其严格的精度要求。以“预测极限载荷”为例，它要求绝对误差小于200g，相对误差小于5%，结果只有少数队达到了这个要求，大多数队没能得分。

赛后，许多队认为应放宽标准，这样绝大多数队能得分，又能以精度区分成绩。这是很好的建议，将在下届竞赛加以改进。从另一个角度，我们也可以这样考虑：精度要求是工程本身决定的，不是人拍脑袋说了算的。例如，航空航天的“空中加油”“飞船对接”“星箭分离”等技术，精度要求都是极其严格的，达不到标准就是灾难性事故，还能得分吗？

分析一下清华大学队在这两场竞赛过程中的经验教训，或许对大家会有帮助：

他们第一轮第1场竞赛得了高分98分（满分100分），对第2场竞赛准备也十分充分。考虑到第2场竞赛纸条裁剪后承重超过1000g或低于880g，均不得分，符合这个范围则按与1000g的误差计分，他

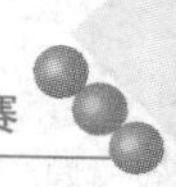

们对纸条强度的分散性进行了反复实验，确定了合理的安全因数。由于有两次机会，他们安排第一次保成功率，第二次冲击高分。然而百密难免一疏，他们没想到纸承载时间长了会产生蠕变，强度降低。竞赛时由于取沙子不方便而导致加载时间拉长，纸条在 700g 载荷时蠕变断裂。第一次操作的失败打乱了赛前计划，第二次也在 800g 断裂，这一环节的 60 分连一分也没得，一下子把他们推到了被淘汰的悬崖上。

好在选手们临危不慌，第 3 场打了一个漂亮的翻身仗，有惊无险地进入了下一轮。观看他们的第 3 场竞赛，与其说是幸运之神在关照他们，不如说“机遇总是眷顾有准备的人”。纸条断裂时重物的质量值与纸条强度、斜面摩擦力、操作等复杂因素相关，确定它们的综合影响的最好方式还是试验。由于斜面的倾角按规定在竞赛开始时才给出，这样就需要大量试验。他们发现制约试验速度是纸条的制备，于是设计了一个纸条制作模版，这个小小的工具不仅加快了速度，还节省试验用纸。

科学的道路上一定会遇到困难，成功之果属于那些在失败与挫折面前百折不挠、不懈努力的人。

7.5.3　第 2 轮比赛：承重木塔

一方面，结构的强度竞赛题见于许多科技竞赛活动，因此本轮竞赛得分很容易。另一方面，由于既要求（绝对）承重大，又要求效率高（结构单位质量的承重大），因此得高分难，甄别度大。总结取得好成绩的代表队的经验，主要有以下三点：

1. 团队合作

本赛题是材料力学知识的综合应用，工作量也较大，既需要集大家的智慧，做好设计方案；又需要迅速统一思想，分工合作，齐心协力完成。团队合作精神和合作能力是获胜的前提条件。从获本轮前四名的队看，清华大学队从赛前训练的模拟竞赛中推选了队长，队员们都很信任他，顺利时互相鼓励，困难时互相打气，做到了全队一条心。国防科技大学代表队更选派了一位懂指挥的同学任队长，该民主讨论时民主讨论，该集中决策时集中决策，安排得井井有条。大连理工大学队和南京航空航天大学队也展现了团队合作的力量。反过来，从第 1 轮到第 2 轮，有些队虽然选手个人能力不错，但出现意见分歧时协调不好，延误了时间，结果成绩不理想。

2. 全局观

木塔的承重能力和效率涉及大量复杂的因素：整体的强度、刚度和稳定性，各杆（筷子）局部的强度、刚度和稳定性，杆件连接处的强度等。有的队全局观不好，结果顾此失彼，或是某根杆局部早早失稳了，或是木塔对称性不好，载荷不大时就歪斜失效了，成绩不理想。

对于涉及复杂因素的优化设计，我们要提到所谓“木桶理论”，即决定木桶盛水能力不是最长的板有多长，而是那块最短的板有多长。相应地，在材料力学中，我们有“工程等强度设计原则”。这个原则的详细介绍请参见 1992 年材料力学试题 1、2 和 7 的点评。

南京航空航天大学队就很好地遵循了“工程等强度设计原则”，他们由实验观测发现，这类结构的破坏往往是由压杆局部失稳引起的，于是重点加强了 4 根立柱，如图 7-22a 所示，同时去除了木塔其他部分的“赘肉”。图 7-22b 所示是竞赛实况图，纤细的木塔稳稳地支撑了沉重的沙袋。事实上，直至最后，木塔也没有损坏，而是沙袋顶面形成了斜面，再放沙袋就滑落。根据“木桶理论”，他们补齐了原来的“短板”，沙袋的堆放转而成了新的“短板”，如果再加强这块短板，承载能力会更上一层楼。

3. 理论知识的实际应用

在材料力学课程中，拉压杆载荷过杆轴线是一个简单的基本概念，偏心则会引起附加弯矩，另外应力集中也会降低强度。但要在实践中用好这些概念并不容易。

如图 7-23 所示为选手们的三种连接方式，如图 7-23a 的连接显然就不符合材料力学理论，上下杆载荷传递不可能过轴线，肯定产生附加弯矩，同时大头钉传载还会产生严重的应力集中。事实上，这样的作品承载能力低，很快就会被淘汰出局。如图 7-23b 所示的连接方式就很好，载荷能过轴线，钉主要起连接作用，在理想情况下不承载，不引起应力集中。如图 7-23c 所示的连接方式同时还有提高失稳临界载荷的作用。

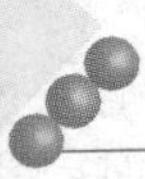

图 7-22 南航队的木塔

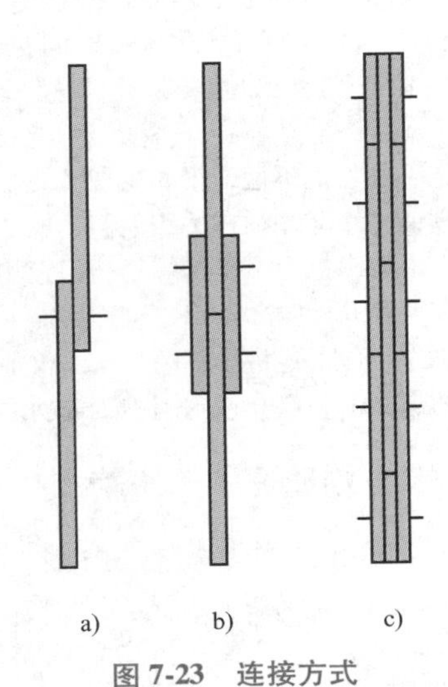

图 7-23 连接方式

如果我们走出从竞赛场地，将目光投向广阔的工程和自然界，就会发现，符合力学优化原则的图 7-23c 所示的连接方式应用非常广泛。例如，砖墙就是这样的交错堆叠，不过连接物由大头针换成了石灰或水泥浆。而软体动物的贝壳更为神奇，如图 7-24 所示，它的 95%是交错堆叠的文石晶片，由 5%的有机质胶结，其强度和断裂韧性比化学成分相近的人工合成材料高出三个数量级。生物在漫长进化过程中不断优化的大量力学奥秘，还等待着我们去探索。

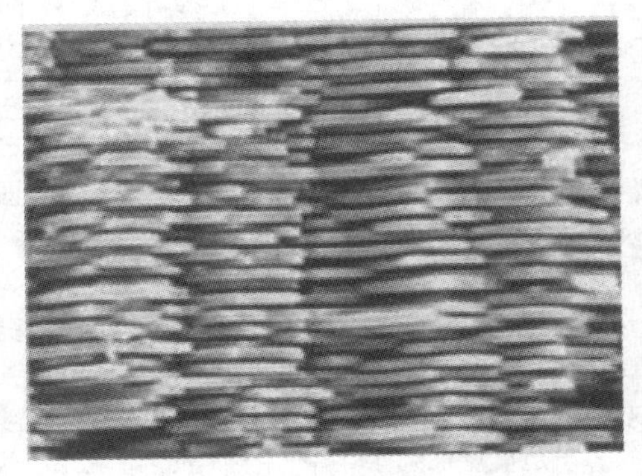

图 7-24 珍珠母材料断口微结构

7.5.4 第 3 轮比赛：机械跳动装置

本场比赛难度极大，适合大学生在一周内进行研究制作。它的难度主要不在装置的制作上，而是在对原理的理解上。如果不清楚原理，根本没法制作；另外，该装置实现稳定行走的参数范围很窄，如何找到这些参数需要平时的动手经验。

本题的难点是如何理解“装置沿着斜面一蹦一跳地向下运动”，并且没有动力。常规情况下，物体沿斜面可以滚动，也可以滑动下来。本题则要求装置“沿斜面产生向下的周期性跳动，接触斜面部分应周期性离开斜面，各个部件转动角度不得超过 180°”。

首先容易想到工地上的“蛤蟆夯”，它可以“蹦起、前进、落下”而循环，它的核心是内部有相对高速转动的偏心转子。但是比赛中没有动力装置，而利用重力难以产生高速转动，且各个部件转动角度不得超过 180°，因此需要另辟蹊径。

根据题目要求：首先装置类似不倒翁，正常不倒翁摆动时，曲面总是接触地面，现在要周期性离开地面，就要在“离开地面”上做文章。

根据常识，一个运动的圆盘如果突然碰到障碍物，有可能会弹起来。那么反过来，如果圆盘上有个突起，也会有弹起来的效果。如果圆盘与突起是固定的，可以满足弹起的条件，但是弹起来后很可能继续滚动，转动的角度会超过 180°。因此考虑圆盘与突起不是固定的情况。

图 7-25 所示为一种可能的装置模型，它分为两部分：半圆形木板做主体，铁丝做行走的腿。

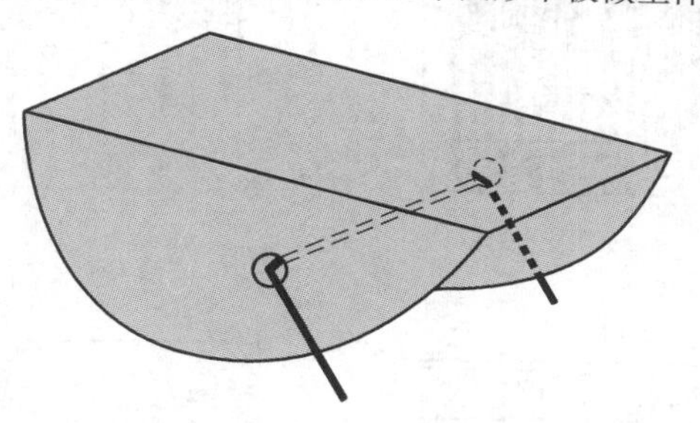

图 7-25　可能的装置模型

它的特点是：在木板上的偏心位置打孔，铁丝从孔中穿过并弯作腿。偏心的位置和腿的长度很有讲究：在一些位置铁丝可以超出圆盘的边缘，在另一些位置则不超出。这样就可能使得一会儿是铁丝接触斜面，一会儿是木板接触斜面，从而实现“接触斜面部分应周期性离开斜面”的要求。

它在斜面上的运动可以认为是这样“走下来”的，其每一步可以分解为图 7-26 所示的 5 个步骤。从步骤 1 圆盘纯滚动开始，经历杆碰到斜面、圆盘跳起、圆盘落下碰到斜面等，到步骤 5 后，圆盘再滚动一定的角度后，又回到步骤 1。

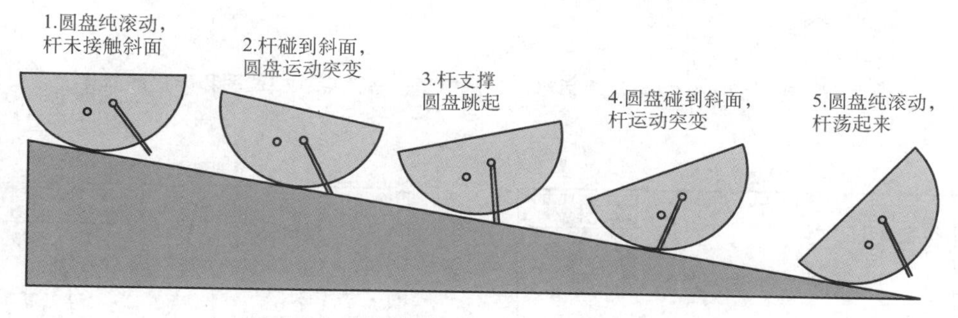

图 7-26　装置行走时一个完整的步骤示意图

以上只是运动学上的分析，要真正实现题目的要求还要考虑动力学分析。本问题虽然只有两个刚体，自由度数目不多（注意在不同阶段自由度数目不同），但是其动力学行为却很复杂。试验及计算结果均表明，该装置对初始参数很敏感。图 7-27 中的图表说明了装置可以成功行走的情况，这时各种运动曲线都呈现出比较有规律的变化，特别是装置的相位图很接近极限环（如果出现极限环，就表示可以一直走下去）。图 7-28 则是把图 7-27 中的参数稍微变化一点，装置的各种运动曲线就很不规则（实际上表示翻滚起来）。计算还表明，由于存在碰撞，系统的机械能是在不断下降的，但是在两次碰撞之间，机械能又是守恒的，因此能量曲线出现了台阶状的变化规律。

由于装置可以正常行走的参数范围很窄，比赛中在短时间内（2~3h）要完成制作并调整好参数，是极其困难的，有兴趣的读者不妨挑战自己：能否能在一周的时间内完成装置，并具备题目的要求。

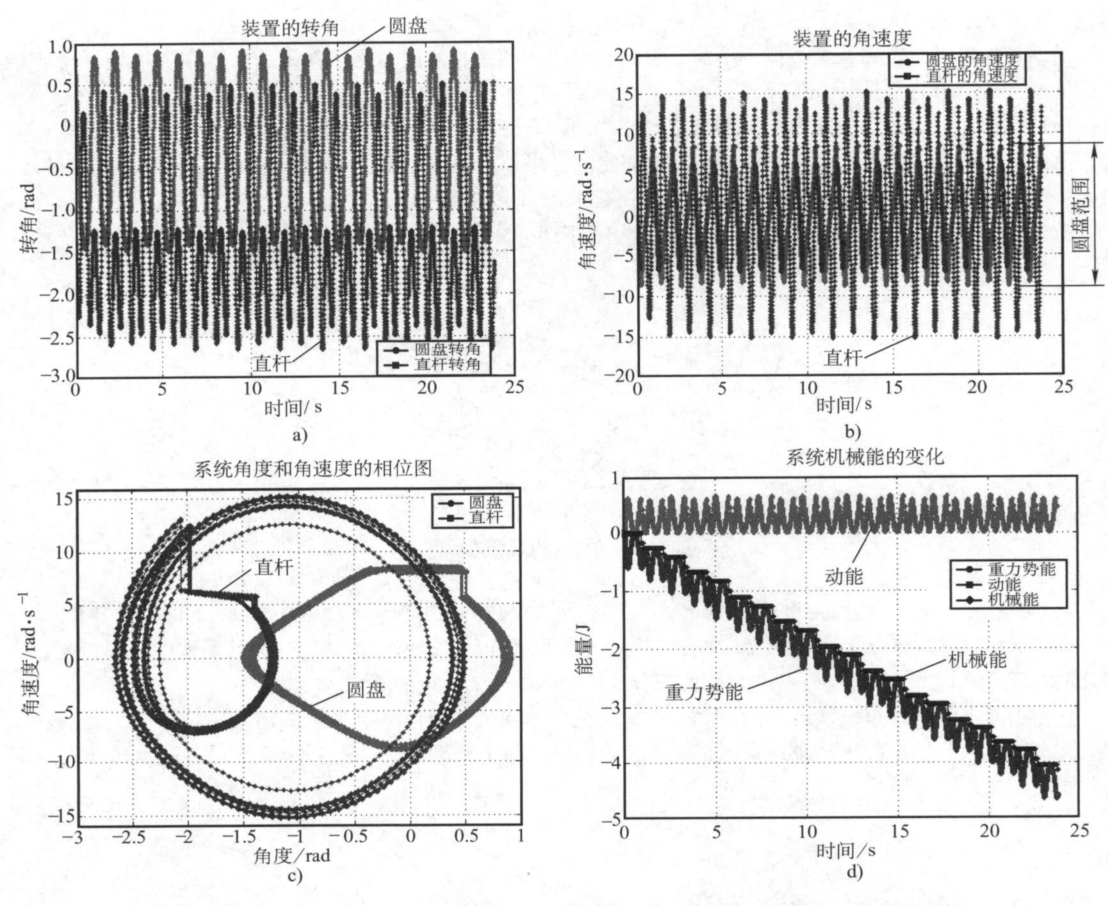

图 7-27　当装置初始参数比较适当时，其转角、角速度、相位图和能量的变化

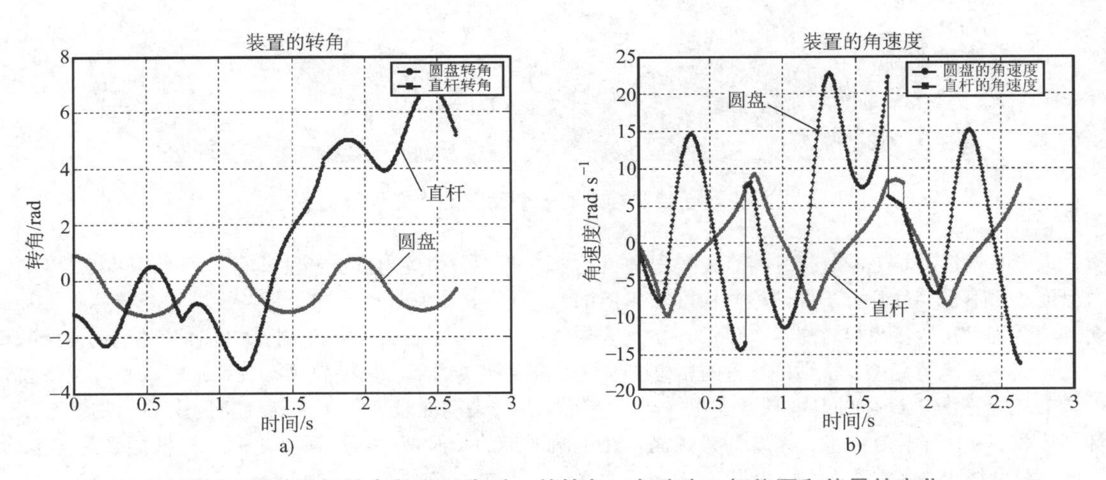

图 7-28　当装置初始参数不适当时，其转角、角速度、相位图和能量的变化

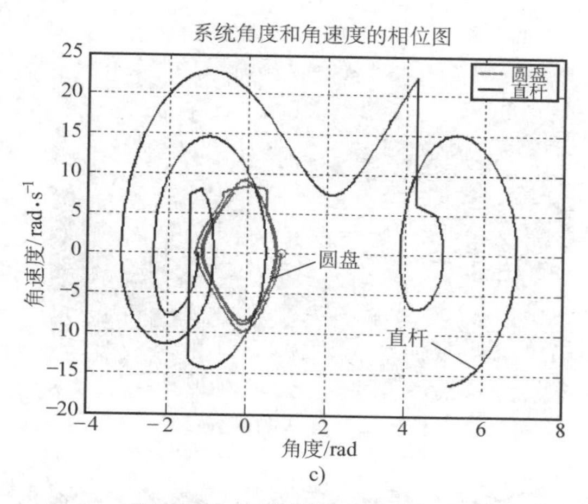

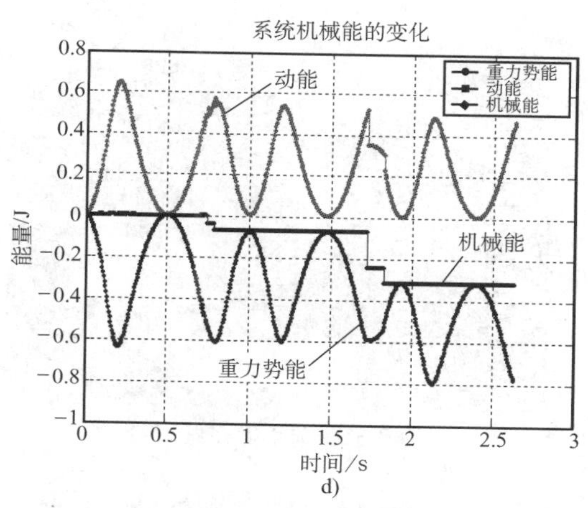

图 7-28　当装置初始参数不适当时，其转角、角速度、相位图和能量的变化（续）

7.6　团体赛花絮及照片

第七届周培源全国大学生力学竞赛团体赛在西北工业大学举办。中央电视台《异想天开》栏目进行了拍摄并已经在《大师挑战赛》中播出。有兴趣的读者可以在网上找到比赛的视频，如在百度中输入“CCTV 异想天开”，就可以进入有关《异想天开》的网址。

比赛时给每个队的工具和材料如图 7-29 所示，这些工具和材料是做前三个题目用的，因此需要考虑如何分配材料。这些题目如果事先不告诉原理，还是有一定的难度的。选手拿到题目后陷入思考（见图 7-30），要知道他们可都是经过专门培训的。

关于单向自锁的问题，经过一段时间的思考和研究，各队都完成了任务。如图 7-31 所示为选手们正在调试自己的装置。比赛中各大学队的装置从原理上说是五花八门，29 个队有十多种方案，如图 7-32～图 7-40 所示。这说明本题是个完全开放的题目，有兴趣的读者不妨自己试试，看看能有多少设计方案。

清华大学队的设计方案很简单，用铁丝绕个圆环，直径比绳索略粗，然后再伸出一截，注意伸出的部分不在圆环平面内，见前面的介绍。这一方案的关键就是调整伸出部分的长度，由于只有一个参数，可以很快得到满意的结果。不过比赛时提供的不是普通的棉绳而是很粗糙的麻绳，有很多伸出的细麻，装置还要有一定的质量才能滑下绳子。在比赛中，采用这种方案的有 3 个队，装置的质量为 1～2g。这个方案的优点是操作简单，可靠性好。其他队的装置可以看出有的比较大（上百克），有的比较复杂，有的装置在比赛时不好操作，不能 100%保证成功。

图 7-29　比赛中提供的工具和材料

图 7-30　选手陷入思考

图 7-31　选手们在做试验

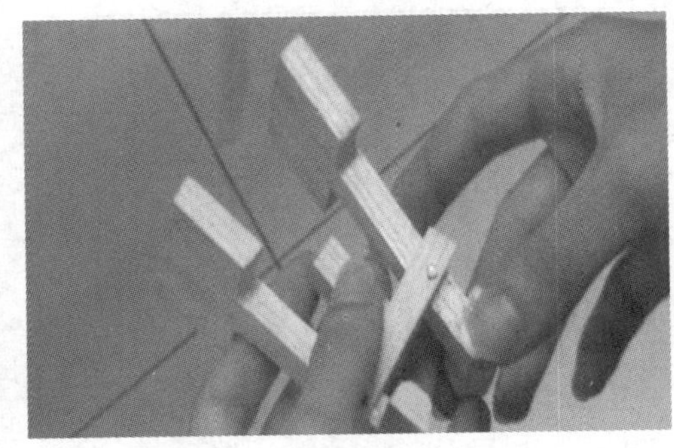

图 7-32　某队的装置 1

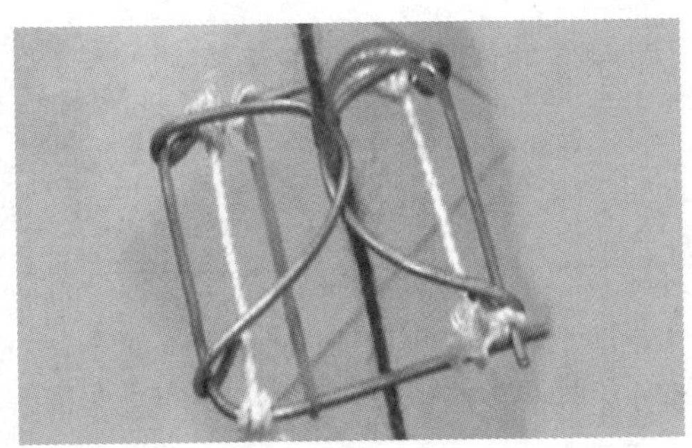

图 7-33　某队的装置 2

图 7-34　某队的装置 3

图 7-35　某队的装置 4

图 7-36　某队的装置 5

图 7-37　某队的装置 6

图 7-38　某队的装置 7

图 7-39　某队的装置 8

图 7-40　某队的装置 9

比赛总是很紧张，这个比赛与设计思路有关，应该没有任何偶然因素，但是仍然有的选手在比赛时双手一直颤抖，总不能把绳子穿进他们的装置，临时只好换选手。

在第 1 轮的第 2、3 场比赛中（见图 7-41、图 7-42），大家的思路和方法差别不大，主要看选手的临场发挥和心理素质。

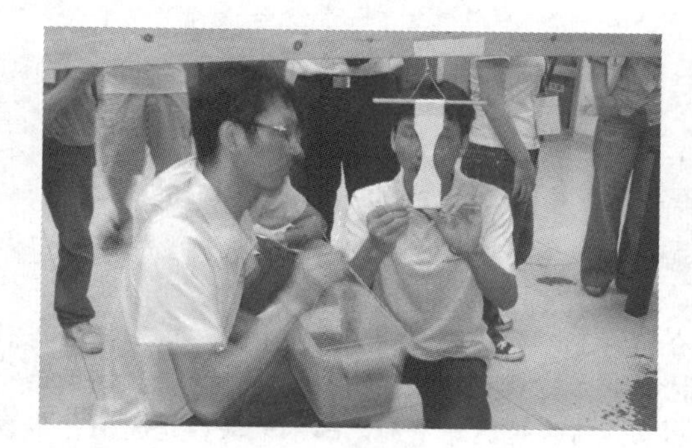

图 7-41　第 2 场比赛

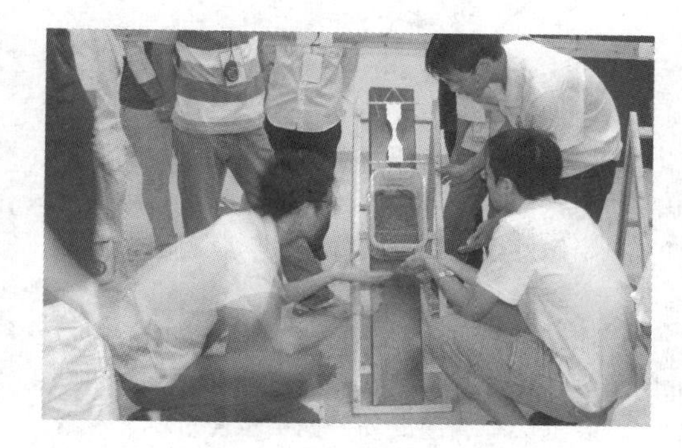

图 7-42　第 3 场比赛

有的队在做好纸条试件后，考虑要放置一夜，担心纸条晚上会受潮，就夹在书中。

不过另一个小小的细节更容易疏忽：纸条在受拉伸时，其蠕变现象很明显。清华大学队就由于在这方面的忽视，差点被淘汰。原来在比赛时，选手从地上抓沙子放入塑料桶中，随着地上沙子越来越少，抓沙子用的时间越来越长，结果纸条在 700 多 g 时由于蠕变而断裂。第 2 次本该把纸条的宽度放宽些，但是选手裁纸时与第一次宽度相同，甚至看上去还窄了。虽然这次抓沙子用时少，但是纸条在 800 多 g 时还是断了。这样一来，清华队在这一个比赛中只得了基本分 40 分（满分为 100 分），大部分队都得了 70 分、80 分，有的队还得了 100 分！

虽然大部分参赛队都认为指标太高，但是毕竟有的队能得到 100 分，这说明指标还是完全有可能达到的，每个队的失分总能找出各种原因，还有改进和提高的余地。

在木塔承重比赛中，要求考虑承重量和效率两个因素。这一问题需要考虑两个矛盾的指标，同时需要从整体考虑装置可能的破坏形式，如强度、稳定性、刚度等多方面的因素。这一比赛要用很细的钻头在筷子上打孔，组委会买了一些钻头，有些队自己也去买了，最后竟然把西北工业大学附近五金店的钻头都买来了。

在比赛前，清华大学队的每位选手都练习了如何使用电钻：在矿泉水瓶盖上画 3 个小圆圈，要求钻的孔不能出圆圈。通过练习，大家使用电钻的水平明显提高了。不过，清华大学队在比赛中发现钻头并不好用，后来就直接用大头针当钻头了（用钳子把尖端稍处理一下），效果反而不错。

最后比赛成绩比较悬殊，效果好的队加几十千克的沙木塔都没问题（见图 7-43），效果不好的队加几千克的沙就压坏了木塔。对大部分参赛队而言，木塔承重的很多细节还值得研究，它的极限值到底是多少，

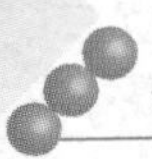

也可能超出了很多读者的想象（见图 7-44）。

图 7-43　小心放沙袋

图 7-44　不可思议的承重量

最后的比赛是设计制作一个装置，使其可以在斜面上“一蹦一蹦”地运动。（在短时间内）这是一个很难的问题，进入决赛的另两个队都没有思路，只有清华大学队做出的装置符合要求。

在制作过程中，开始清华大学队有两个方案，但是提供的材料不够，时间也有限，队长就决定集中力量做一个。他们遇到了很多技术难点，都一一想办法解决了。例如，橡皮泥配重不够分量，他们就把部分铁丝当作配重；橡皮泥的黏性不够，他们就先把铁丝钉在装置上，然后把橡皮泥缠在上面。这一装置与斜面的角度和释放的初始状态有密切关系，在角度正好的情况下，装置可以“一蹦一蹦”的运动，如果角度过大，装置会翻倒而滑动，如果角度过小，装置会停止运动。特别是比赛中提供的木地板特别光滑，装置极易滑动，调整起来很费时间（见图 7-45）。

如果时间充足，选手们可以通过多次调试取得满意的结果。但是在规定的时间内，他们意识到怎么调整也不能保证 100%成功，于是做出了正确的决定：不追求完美，首先保证取得有效的成绩。当第一次正式释放后，装置沿直线走了 60cm，他们就决定不再进行第二次释放，节省了比赛的时间（时间也是成绩的一部分）。

参加决赛的另两个队做出的装置只能在斜面上滑动，因为他们的装置中没有能实现“一蹦一蹦”运动的机制，这样，清华大学队就以大比分赢得了最后比赛的胜利，并获得了团体赛的特等奖（见图 7-46）。

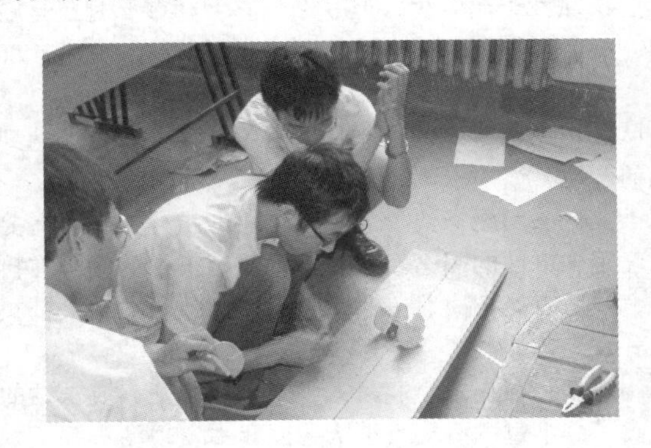

图 7-45　清华大学队在调试装置

图 7-46　清华大学队获得特等奖

第 8 章 2007 年第六届全国周培源大学生力学竞赛

2007 年第六届全国周培源大学生力学竞赛（个人赛和团体赛）的出题学校为清华大学，其中个人赛卷面满分为 120 分，时间为 3h。下面介绍这次竞赛的试题、参考答案和试题点评。

8.1 个人赛试题

1. 声东击西的射击手（30 分）

射击的最高境界，不仅是指哪儿打哪儿，还要知道往哪儿指。欢迎来到这个与众不同的射击场。在这里，共有 10 个小球 P_i（$i=0$，1，2，…，9），你需要把某个小球放在圆弧的适当位置上，然后静止释放小球即可。

假设系统在同一铅垂平面内（见图 8-1），不考虑摩擦。圆弧 AB 的半径为 R，B 点距地面的高度为 H。均质细杆 CD 的质量为 m'，长为 $L=0.5H$，悬挂点 C 与 B 处于同一水平位置，BC 距离为 s。小球 P_i 质量均为 m，不计半径，小球 P_i 与 CD 杆或地面碰撞的恢复因数均为 e_i，且满足 $e_i=\sqrt{i/9}$（$i=0$，1，2，…，9）。

（1）为使小球 P_1 击中杆上 D 点，试确定静止释放时的 θ，距离 s 有何限制？

（2）假设某小球击中 CD 杆上的 E 点，为使 E 点尽可能远离 D 点，试确定该小球的号码及静止释放时的 θ，此时 CE 的距离是多少？

（3）假设某小球击中 CD 杆上的 E 点，为使悬挂点 C 处的冲量尽可能小，试确定该小球的号码及静止释放时的 θ，此时 CE 的距离是多少？冲量有多大？

2. 骄傲自满的大力士（35 分）

有位大力士总是自命不凡，他的夫人决定找机会教训他一下。正好附近足球场的球门坏了一半，剩下的半边球门如图 8-2 所示：立柱 OA 垂直固定于水平地面上，沿 x 轴方向，高为 $H=2.4\text{m}$，横梁 AB 平行于地面，沿 z 轴负方向，长为 $L=H$。立柱和横梁均为实心圆柱，直径均为 $D=0.06\text{m}$。夫人经过计算后想出了主意：和丈夫比赛，看谁能把球门拉倒。比赛规则是：通过系在横梁 B 端中点的绳索，只能用静力拉球门；绳索上有且只有 B 点系在与地面固定的物体上。绳索的质量不计，长度不限。球门不计自重，采用第三强度理论，材料的屈服应力 $\sigma_s=57\text{MPa}$。

大力士认为自己肯定不会输，因为他知道两人鞋底与地面摩擦因数都是 $f=0.5$，自己重量为 $G_1=700\text{N}$，夫人重量为 $G_2=510\text{N}$。为了显示自己的大度，他允许夫人享受一点点优惠条件。于是，夫人以 B 在地面的

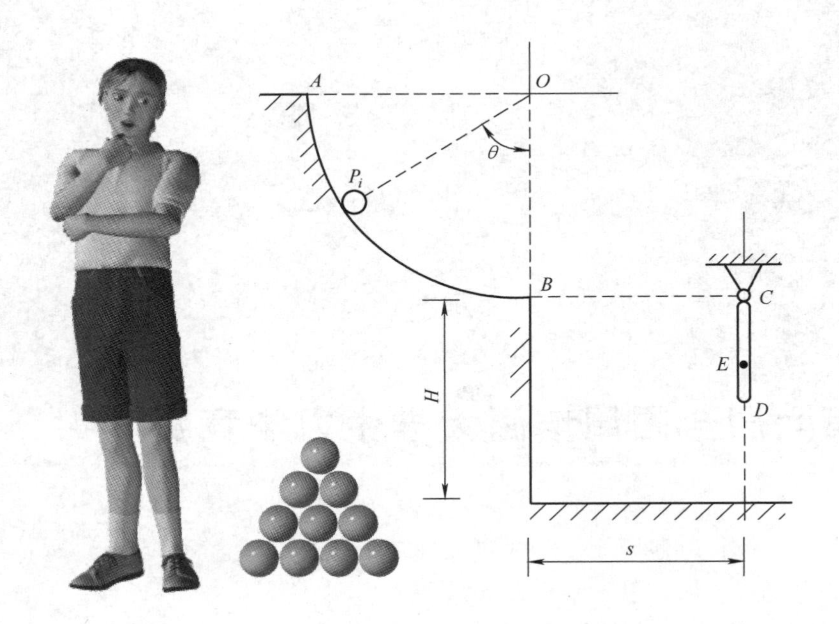

图 8-1

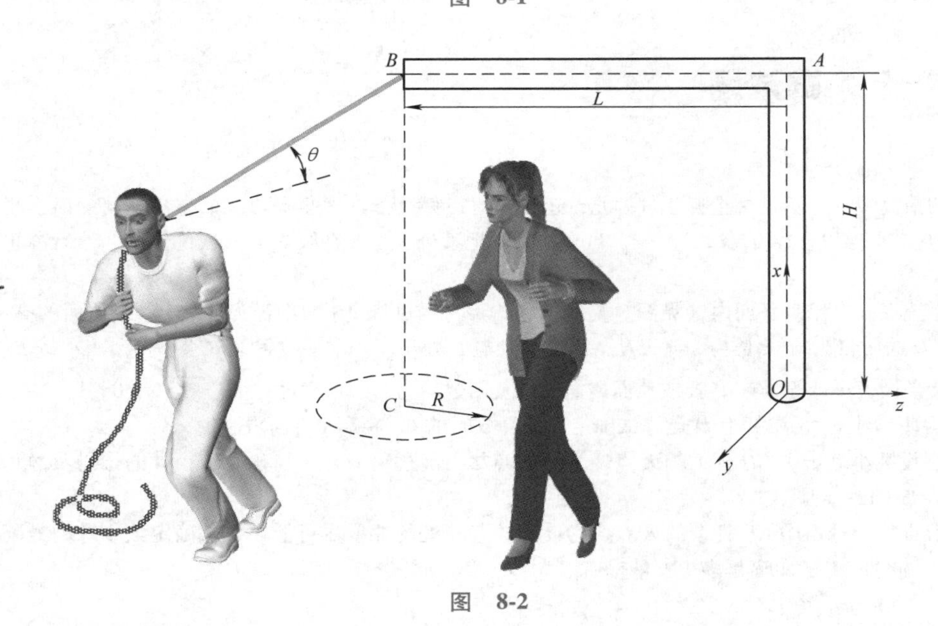

图 8-2

投影 C 为圆心，在地面上画了一个半径 $R=0.8\text{m}$ 的圆圈，要求丈夫身体在地面的投影不能进该圆圈，但她自己不受限制。大力士认为这么个小圆圈没什么了不起，就同意了。

大力士抽签先上场，他决定让绳索与 xOy 平面平行，但绳索与地面的夹角 θ 不知多大为好，于是他在不同的角度试了多次，尽管每次都用了最大力气，但是球门依然纹丝不动，也看不出有明显的变形。而夫人上场后一用力就把球门拉倒了。

（1）当大力士让绳索与地面成 θ 角度时，绳索中的拉力最大为多大？该最大拉力与大力士拉绳的姿势有无关系？

（2）当大力士让绳索与地面成 θ 角度时，球门中最危险点的坐标值是多少？

（3）在限制条件下，θ 角为多少时大力士最接近把球门拉倒？夫人可能采用什么方式把球门拉倒？

3. 顾此失彼的挑战者（30 分）

魔术正式开始前，魔术师邀请观众上台了解道具，并体验如何让水晶球在板上平衡，有位观众自告奋勇要挑战魔术师的问题。

魔术师首先介绍道具，如图 8-3 所示，两个透明的水晶圆球 O_1 和 O_2；一个滚轴 D；一块透明的水晶平板 AB，A 端水平固定在墙中，不考虑自重，AB 板与水平面平行。在表演时，滚轴 D 可以根据需要安装在 AB 板下的任意位置，且 A 与 D 总在同一高度。假设水晶板是均质等截面板，长度为 l，单位长度重量为 q，抗弯刚度为 EI。两均质水晶圆球的半径均为 r，重量均为 $W=ql$。

图　8-3

假设表演中板的挠度和转角都是小量，球与板之间有滑动摩擦，但不考虑球与板的接触变形和滚动摩擦。观众发现，水晶板由于自重而微微弯曲，如果不安装滚轴 D，水晶球在板上可以摆放的任意位置都不能平衡。

魔术师的问题如下：

（1）如果把滚轴 D 安装在 AB 板的 B 处，此时 AB 板由于自重所导致的最大挠度在何处？

（2）如果把滚轴 D 安装在 AB 板之间的某处，有可能使水晶球 O_1 在板上静止，且球与板的接触点恰好是 B 点。如果不需要具体计算，如何说明滚轴 D 是更靠近 A 点还是更靠近 B 点？定性画出此时 AB 板挠度的示意图。

（3）如果把滚轴 D 安装在 AB 板的中点，能否让水晶球 O_1 在 AD 之间某位置平衡，接触点为 C_1；同时，让水晶球 O_2 在 DB 之间某位置平衡，接触点为 C_2。观众试着摆弄了很久，总是顾此失彼，最终也没有成功。如果你认为本问题有解，AC_1 和 AC_2 的水平距离是多少？如果没有解，如何证明？

4. 技高一筹的魔术师（25 分）

如图 8-4 所示，魔术正式开始，仍用上一题中的道具（板和球的具体参数见第 3 题）。

魔术师首先撤去了滚轴 D，观众看到两个水晶球在板上任意位置静止释放，都会从板的 B 端掉下去。但是细心的观众发现，即使两水晶球放在板的相同位置，掉下去所需时间却明显不同。

魔术师解释说，虽然两水晶球的尺寸和重量完全相同，但有一个水晶球的表面涂了透明的新型材料，很光滑。说完在后落下的水晶球 O_1 表面贴上了小纸片以示区别（假设小纸片的尺寸和重量相对水晶球均是小量）。

只见魔术师对两个水晶球吹了吹，声称已经把魔力注入了其中，然后小心地把贴有纸片的 O_1 球静止放在板上（接触点为 B 点），同时让纸片远离接触位置，松手后水晶球 O_1 竟然真的可以一直稳稳地停留在板上 B 点。

在观众的掌声中，魔术师撤走了 O_1 球，把 O_2 球拿了起来。“这个水晶球不太听话，我的魔力只能管1min。”魔术师说完把 O_2 球转了转，然后更加小心地把 O_2 球也放在板上（接触点为 B 点）。观众发现，O_2 球在 B 点停留了大约1min，然后在没有外界干扰的情况下突然从板上 B 端掉了下来。

（1）根据题目叙述，试判断哪个水晶球涂了新型材料？

（2）水晶球 O_1 可在 B 点一直稳稳地停留，简要叙述其原理，分析其中所涉及的关键参数，以及各参数应满足的必要条件或关系。

（3）水晶球 O_2 只能在 B 点停留很短的时间，简要叙述其原理，分析其中所涉及的关键参数，以及各参数应满足的必要条件或关系。

注：本题解答可能不唯一，但解答中的物体或参数都应在第3、4题中提及过。

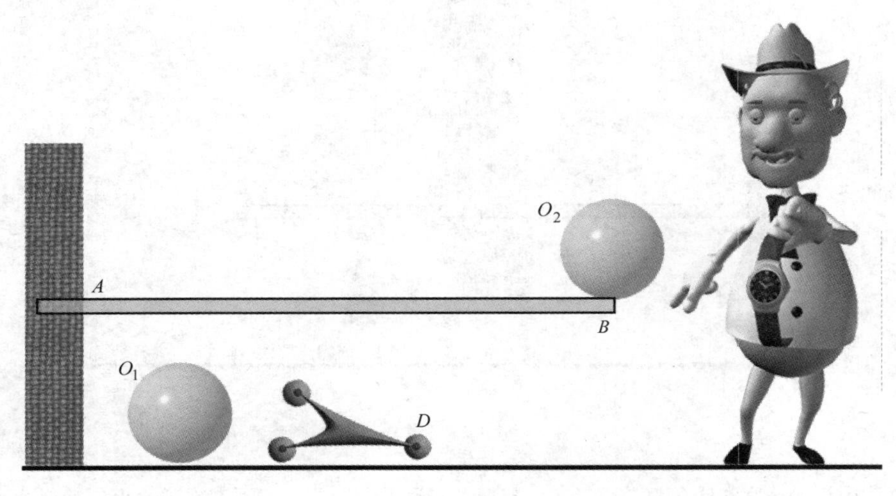

图 8-4

8.2 个人赛试题参考答案及详细解答

8.2.1 参考答案

1. 声东击西的射击手（30分）

（1）$\theta=\arccos\left(1-\dfrac{s^2}{2HR}\right)$；$s$ 的限制为 $s\leqslant\sqrt{2HR}$。

（2）$e_9=1$（号码为9）；$CE=0$；$\theta=\arccos\left(1-\dfrac{s^2}{16N^2HR}\right)$，式中 N 为与地面的碰撞次数。

（3）$e_6=\sqrt{\dfrac{6}{9}}$（号码为6）；$CE=\dfrac{1}{3}H$；$I_C=0$；$\theta=\arccos\left[1-\dfrac{s^2}{4(1+e_6)^2HR}\right]$。

2. 骄傲自满的大力士（35分）

（1）$F_{\mathrm{T}}=\dfrac{fG_1}{\cos\theta+f\sin\theta}$；大力士拉绳的姿势不影响绳中最大拉力的大小。

（2）危险点坐标$\left(0,\ \frac{1}{2}D\cos\theta,\ -\frac{1}{2}D\sin\theta\right)$。

（3）大力士在 $\theta=0$ 时最接近拉坏球门：$\sigma_1-\sigma_3=56.0\text{MPa}$；夫人进入圆圈内，$\theta=90°$时可以有 $\sigma_1-\sigma_3=57.9\text{MPa}$。

3. 顾此失彼的挑战者（30 分）

（1）最大挠度处：$x=\frac{15-\sqrt{33}}{16}l\approx0.58l$。

（2）滚轴 D 更靠近 B 点；挠度示意图如图 8-5 所示。

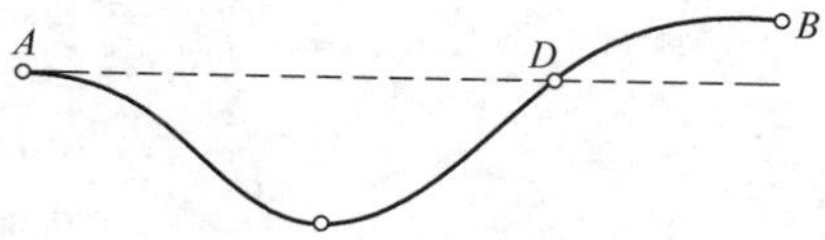

图 8-5

（3）解不存在，证明见解题过程。

4. 技高一筹的魔术师（25 分）

（1）水晶球 O_2 涂了新型材料。

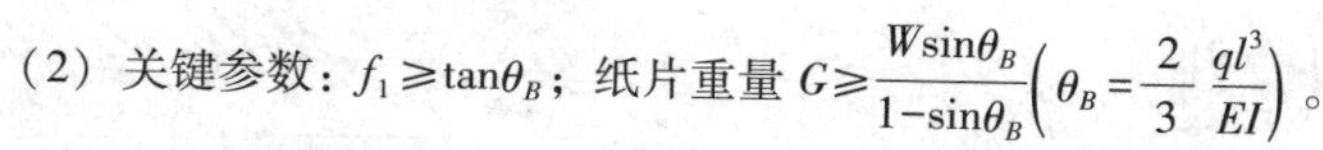

（2）关键参数：$f_1\geqslant\tan\theta_B$；纸片重量 $G\geqslant\frac{W\sin\theta_B}{1-\sin\theta_B}\left(\theta_B=\frac{2}{3}\frac{ql^3}{EI}\right)$。

（3）关键参数：$f_2=\tan\theta_B$；初始角速度 $\omega_0\approx\frac{150g\sin\theta_B}{r}\approx\frac{100g}{r}\frac{ql^3}{EI}$。

8.2.2　详细解答

第 1 题（30 分）

（1）小球从初始位置运动到 B 点时，铅垂速度为零，水平速度为

$$mgR(1-\cos\theta)=\frac{1}{2}mv_B^2,v_B=\sqrt{2gR(1-\cos\theta)}$$

小球离开 B 点后做平抛运动，以 B 正下方的地面为坐标系原点，有

$$\begin{cases}\ddot{x}=0\\\ddot{y}=-g\end{cases},\begin{cases}\dot{x}=v_B\\\dot{y}=-gt\end{cases},\begin{cases}x=v_Bt\\y=H-\frac{1}{2}gt^2\end{cases}$$

把参数代入小球的位移表达式，有

$$\begin{cases}s=\sqrt{2gR(1-\cos\theta)}\,t\\\frac{1}{2}H=H-\frac{1}{2}gt^2\end{cases}$$

$$\theta=\arccos\left(1-\frac{s^2}{2HR}\right)$$

s 的限制为 $s\leqslant\sqrt{2HR}$。

（2）直观上看，当 $e_9=1$（小球的号码为 9）时反弹得最高，有可能击中 C 点。此时 E 点离 D 点最远，距离为 $CE=0$。

根据运动方程，在铅垂方向，小球离开 B 点后与地面碰撞的时间为

$$t=\sqrt{\frac{2H}{g}}$$

当 $e=1$ 时，根据落下与反弹的轨迹对称性，设小球与地面碰撞 N 次（见图 8-6），于是有

$$\theta=\arccos\left(1-\frac{s^2}{16N^2HR}\right)$$

$$s=2Nv_Bt=2N\sqrt{2gR(1-\cos\theta)}\sqrt{\frac{2H}{g}}$$

（3）如图 8-7 所示，根据碰撞的理论，当冲量 I_E 与杆垂直，且

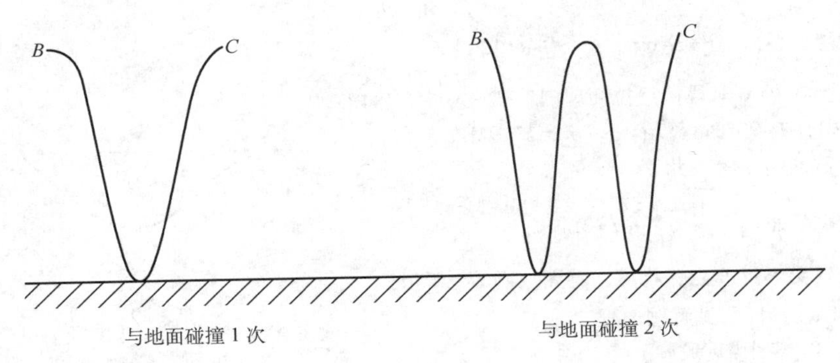

图 8-6

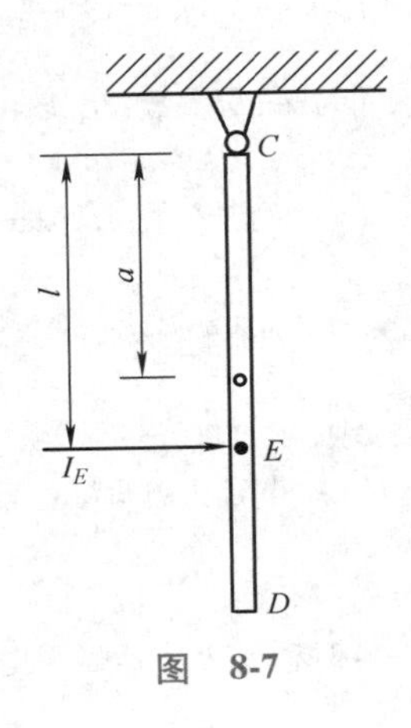

图 8-7

$$CE=l=\frac{J}{ma}=\frac{\frac{1}{3}m\left(\frac{1}{2}H\right)^2}{m\left(\frac{1}{4}H\right)}=\frac{1}{3}H$$

时，C 点的碰撞冲量 $I_C=0$。

上述结论可以表示为：小球要在反弹最高点碰撞，且碰撞点与地面的高度为$\frac{2}{3}H$。

由于水平方向速度与铅垂方向速度独立，下面只考虑铅垂方向：

$$\frac{1}{2}mv_y^2=mgH$$

小球落地时速度大小为 $v_y=\sqrt{2Hg}$。碰撞后 y 方向上的速度大小为 $v_y'=e_i\sqrt{2Hg}$，再利用上式，得反弹的最大高度为 e_i^2H。所以

$$e_i^2H=\frac{2}{3}H,e_i=\sqrt{\frac{2}{3}}=\sqrt{\frac{6}{9}}=e_6(\text{小球的号码为 }6)$$

由于落下的时间 $t_1=\sqrt{2H/g}$，上升的时间为 $t_2=e_i\sqrt{2H/g}$，同时水平方向匀速度运动，所以

$$s=v_B(t_1+t_2),s=(1+e_i)\sqrt{2gR(1-\cos\theta)}\sqrt{\frac{2H}{g}}$$

$$\theta=\arccos\left[1-\frac{s^2}{4(1+e_6)^2HR}\right]$$

第 2 题（35 分）

（1）如图 8-8 所示，大力士使出最大力时，其受力方程为

$$\begin{cases}F_T\cos\theta=F\\G_1=F_N+F_T\sin\theta\\F=fF_N\end{cases}$$

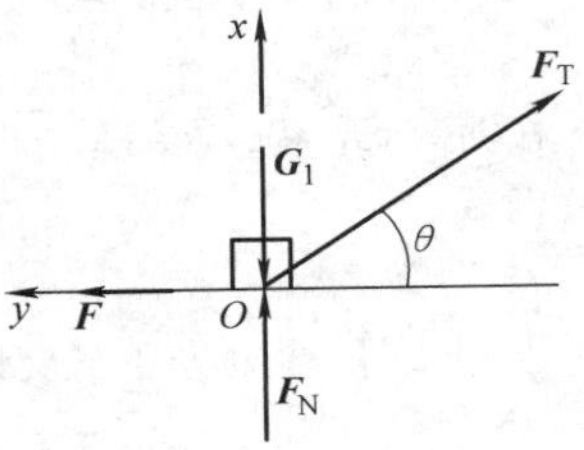

解出

$$F_T=\frac{fG_1}{\cos\theta+f\sin\theta}$$

图 8-8

如果把大力士处理为刚体，可以发现力的平衡方程不变（因此绳中的张力不变），这时多一个力矩的平衡方程可以求出身体相对地面倾斜的角度。因此，拉绳的姿势不影响绳中最大拉力的大小。

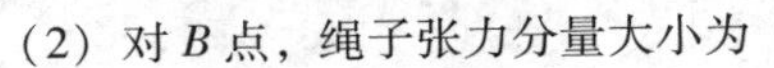
（2）对 B 点，绳子张力分量大小为

$$F_{\mathrm{T}x}=\frac{fG_1\sin\theta}{\cos\theta+f\sin\theta},F_{\mathrm{T}y}=\frac{fG_1\cos\theta}{\cos\theta+f\sin\theta}$$

绳中张力对 O 点的力矩为

$$\boldsymbol{M}_O=\boldsymbol{r}_{OB}\times\boldsymbol{F}_{\mathrm{T}}=(H\boldsymbol{i}-L\boldsymbol{k})\times(-F_{\mathrm{T}x}\boldsymbol{i}+F_{\mathrm{T}y}\boldsymbol{j})$$

$$\boldsymbol{M}_O=F_{\mathrm{T}y}L\boldsymbol{i}+F_{\mathrm{T}x}L\boldsymbol{j}+F_{\mathrm{T}y}H\boldsymbol{k}$$

弯矩 $\boldsymbol{M}_y=F_{\mathrm{T}x}L\boldsymbol{j}$，$\boldsymbol{M}_z=F_{\mathrm{T}y}H\boldsymbol{k}$，合弯矩 M_{yz} 与 z 轴角度（见图 8-9）为

$$\tan\varphi=\frac{M_y}{M_z}=\tan\theta$$

扭转应力在边缘最大，因此最危险点可能在与合弯矩 M_{yz} 垂直的 D_1（压）和 D_2 点（拉）。考虑到压力的影响，D_1 点最危险，所以最危险点坐标为$\left(0,\ \frac{1}{2}D\cos\theta,\ -\frac{1}{2}D\sin\theta\right)$。

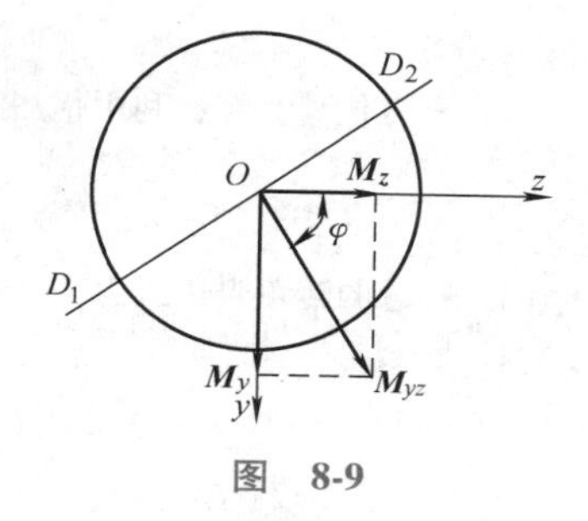

图　8-9

（3）根据前面分析，在立柱的 D_1 点处，压力产生的应力为

$$\sigma=\frac{F_{\mathrm{T}x}}{A}=\frac{fG_1\sin\theta}{(\cos\theta+f\sin\theta)A}$$

弯曲力矩为

$$M_{yz}=\sqrt{M_y^2+M_z^2}=\frac{fG_1L}{\cos\theta+f\sin\theta}$$

弯矩产生的最大应力为

$$\sigma=\frac{M}{W}=\frac{fG_1L}{(\cos\theta+f\sin\theta)W}$$

扭矩大小为 $F_{\mathrm{T}y}L$，扭矩产生的最大应力为

$$\tau=\frac{F_{\mathrm{T}y}L}{W_{\mathrm{P}}}=\frac{fG_1\cos\theta L}{(\cos\theta+f\sin\theta)W_{\mathrm{P}}},\ W_{\mathrm{P}}=2W$$

因此，总的应力有

$$\sigma'=\frac{fG_1}{(\cos\theta+f\sin\theta)}\left(\frac{L}{W}+\frac{\sin\theta}{A}\right),\ \tau'=\frac{fG_1}{(\cos\theta+f\sin\theta)}\ \frac{L\cos\theta}{2W}$$

$$\sigma_1-\sigma_3=\sqrt{\sigma'^2+4\tau'^2}=\frac{fG_1}{(\cos\theta+f\sin\theta)}\sqrt{\left(\frac{L}{W}+\frac{\sin\theta}{A}\right)^2+\left(\frac{L\cos\theta}{W}\right)^2}$$

下面的关键是判断极值。

注意到 $L/W\approx113180$，$1/A\approx354$，即 $L/W>1/A$，因此近似有

$$\sigma_{\mathrm{r}3}(\theta)=\sigma_1-\sigma_3\approx\frac{fG_1L}{(\cos\theta+f\sin\theta)W}\sqrt{1+\cos^2\theta}$$

$$\frac{\mathrm{d}\sigma_{\mathrm{r}3}}{\mathrm{d}\theta}=\frac{fG_1L}{(\cos\theta+f\sin\theta)^2\sqrt{1+\cos^2\theta}W}(\sin\theta-2f\cos\theta)$$

当 $\theta>\pi/4$ 时，$\sigma_{\mathrm{r}3}(\theta)$ 是增函数；当 $\theta<\pi/4$ 时，$\sigma_{\mathrm{r}3}(\theta)$ 是减函数。因此，$\sigma_{\mathrm{r}3}(\theta)$ 的极大值只可能在边界点（$\theta=0$ 或 $\tan\theta=3$）取得。

当 $\theta=0$ 时，　$\sigma_1-\sigma_3=\dfrac{\sqrt{50}G_1L}{10W}=56.0\mathrm{MPa}<\sigma_s$

当 $\theta=\arctan3$ 时，　$\sigma_1-\sigma_3=\dfrac{\sqrt{44}G_1L}{10W}=52.7\mathrm{MPa}<\sigma_s$

即 $\theta=0$ 时大力士最接近拉坏球门。

夫人进入圆圈内，这时用类似大力士的方法，但是令 $\theta=90°$，有

$$\sigma_1-\sigma_3=G_2\left(\frac{L}{W}+\frac{1}{A}\right)=57.9\text{MPa}>\sigma_s$$

第 3 题（30 分）

（1）板的自重影响为

$$w(x)=\frac{qx^2(x^2+6l^2-4lx)}{24EI},\ \theta(x)=\frac{qx(x^2+3l^2-3lx)}{6EI}$$

约束的影响为

$$w_2(x)=-\frac{F_{ND}x^2(3l-x)}{6EI},\ \theta_2(x)=-\frac{F_{ND}x(2l-x)}{2EI}$$

由于 B 点位移为零，利用叠加法有

$$\frac{ql^4}{8EI}-\frac{F_{ND}l^3}{3EI}=0,\ F_{ND}=\frac{3ql}{8}$$

因此，总的转角表达式为

$$\theta(x)=\frac{qx(8x^2+6l^2-15lx)}{48EI}$$

令 $\theta(x)=0$，解出

$$x=\frac{15-\sqrt{33}}{16}l\approx 0.58l$$

（2）先暂时把水晶球处理为力，不考虑其滚动。根据下面两种特殊情况可以判断：

如果滚轴 D 在中点，B 处向下弯；如果滚轴 D 在 B 点，力不起作用，B 处向上弯。根据连续性条件，当滚轴 D 在上述两种情况之间时，B 处一定存在 $\theta=0$ 的解，即滚轴 D 更靠近 B 点（见图 8-10）。

AB 板的挠度示意图如图 8-11 所示。

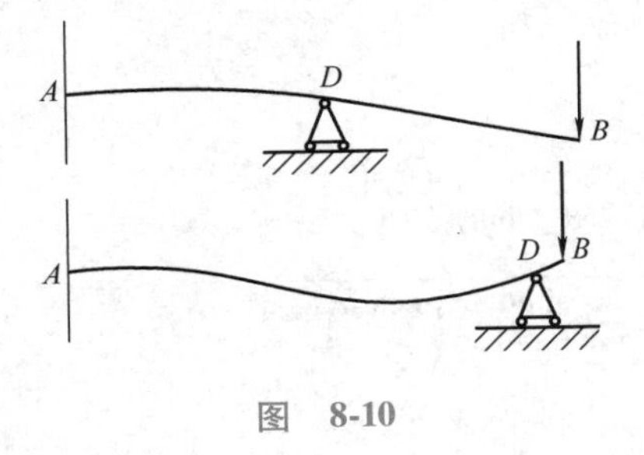

图 8-10

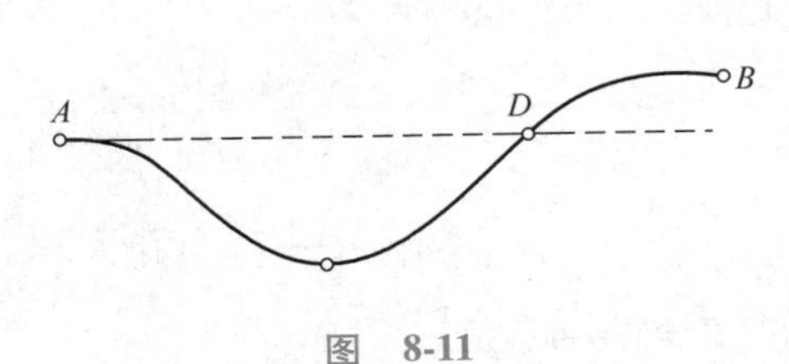

图 8-11

（3）板的自重影响见前面：约束及水晶球的影响表达式相同，统一写为

$$\begin{cases}w_i(x)=W_i\dfrac{x^2(3\xi_i-x)}{6EI},x\leqslant\xi_i,\\[2mm]\theta_i(x)=W_i\dfrac{x(2\xi_i-x)}{2EI},\end{cases}\quad\begin{cases}w_i(x)=W_i\dfrac{\xi_i^3}{3EI}+(x-\xi_i)W_i\dfrac{\xi_i^2}{2EI},\ x>\xi_i,\\[2mm]\theta_i(x)=W_i\dfrac{\xi_i^2}{2EI}\end{cases}$$

式中，$i=1$ 时，$W_1=ql$，$\xi_1=a<0.5l$；$i=2$ 时，$W_2=ql$，$\xi_2=b>0.5l$；$i=3$ 时，$W_3=-F_{ND}$，$\xi_3=l/2$。

约束条件有

$$w(l/2)=0,\ \theta(a)=0,\ \theta(b)=0$$

$$(r<a<0.5l,\ 0.5l<b\leqslant l,\ b-a\geqslant 2r)$$

$$\theta(b)=0\Rightarrow 4qb^3+12ql^2b-3F_{ND}l^2+12qla^2=0$$

$$w(l/2)=0\Rightarrow\frac{9ql^3}{8}-2F_{ND}l^2-8qa^3+12qla^2+6ql^2b=0$$

消去约束力，得到

$$\frac{27ql^3}{8}-24qa^3+12qla^2=8qb^3+6ql^2b \tag{8-1}$$

方程左侧为

$$f(a)=\frac{27ql^3}{8}-24qa^3+12qla^2$$

方程右侧为

$$f(b)=8qb^3+6ql^2b$$

容易看出右侧是增函数，$f(b)_{\min}=f(0.5l)=4ql^3$

而左侧令 $\frac{\mathrm{d}f(a)}{\mathrm{d}a}=0\Rightarrow a=1/3$ 时 $f(a)$ 最大，为

$$f(a)_{\max}=825/216ql^3<4ql^3=f(b)_{\min}$$

所以方程（8-1）没有实数解，AC_1、AC_2 的长度无意义（见图 8-12）。

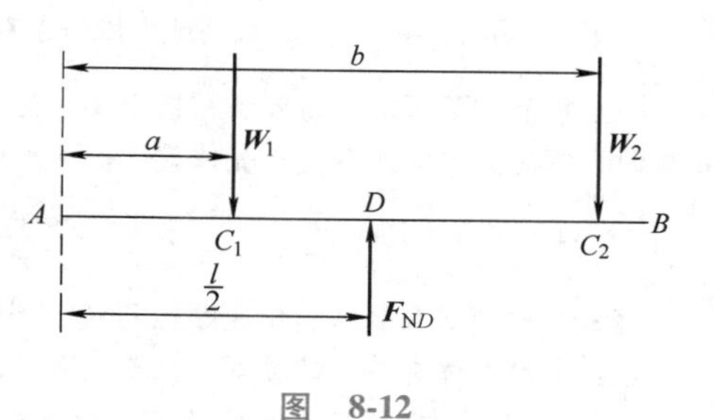

图　8-12

第 4 题（25 分）

（1）水晶球 O_2 涂了新型材料，光滑，先落下。

（2）纸片的重量虽是小量，但是由于板的弯曲也是小量，因此纸片对平衡有重要影响。由于纸片有重量，所示只要球与纸的重心位置在接触点的上方，并且只要接触点板处的转角小于摩擦角，水晶球就可以平衡。

如图 8-13 所示，在板自重和水晶球的作用下，B 处的转角为

$$\theta_B=\frac{ql^3}{6EI}+ql\frac{l^2}{2EI}=\frac{2}{3}\frac{ql^3}{EI}$$

因此，摩擦角 θ_f 要满足 $\theta_f\geqslant\theta_B$，即

$$f_1=\tan\theta_f\geqslant\tan\frac{2ql^3}{3EI}$$

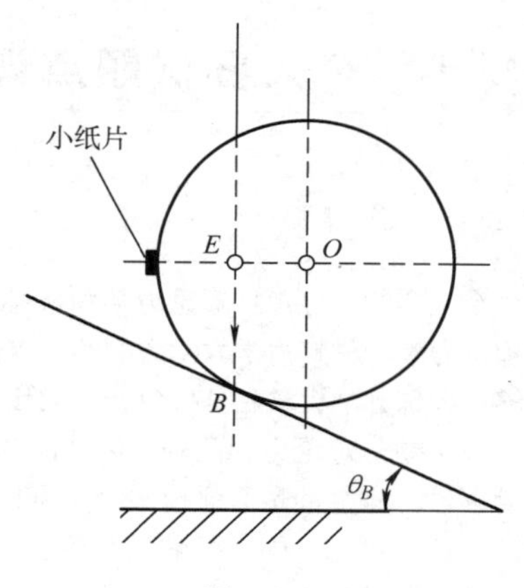

图　8-13

水晶球与纸片的重心 E 必须在过接触点 B 的垂线上。设小纸片的重量为 G，临界情况有

$$|EO|=\frac{W\cdot 0+G\cdot r}{W+G}=\frac{G\cdot r}{W+G}$$

由几何关系，有

$$\frac{G\cdot r}{W+G}=r\sin\theta_B,\quad G=\frac{W\sin\theta_B}{1-\sin\theta_B}\approx W\theta_B$$

所以小纸片的重量 $G\geqslant\frac{W\sin\theta_B}{1-\sin\theta_B}$，如取等号，小纸片的位置与球心连线平行于水平面；如果取大于号，连线不平行，但是要让重心在过接触点 B 的垂线上。

（3）没有贴纸片的水晶球是动力学平衡问题。O_2 应该可以在板上打滑，在一段时间内球心速度为零，从而实现动态平衡（见图 8-14）。在一段时间后，小球的球心速度不为零，就会掉下来。

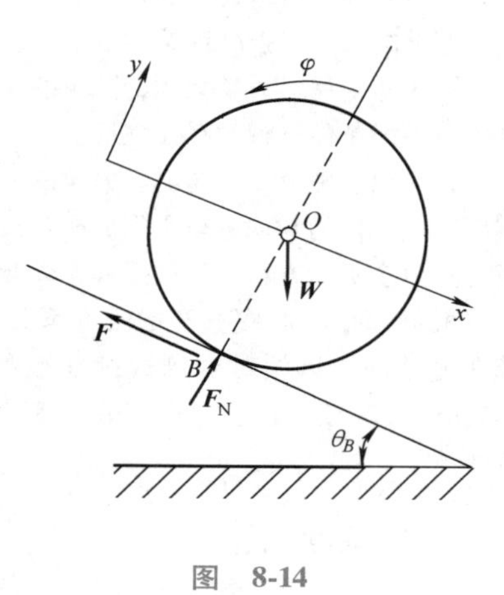

图　8-14

在动力学情况下，有

$$\begin{cases}m\ddot{x}=mg\sin\theta_B-F\\0=mg\cos\theta_B-F_N\\\frac{2}{5}mr^2\ddot{\varphi}=-Fr\end{cases}$$

打滑补充方程 $F=f_2F_N$，解出

$$\begin{cases}\ddot{x}=g(\sin\theta_B-f_2\cos\theta_B),\\ \dot{x}=g(\sin\theta_B-f_2\cos\theta_B)t,\\ x=\dfrac{1}{2}g(\sin\theta_B-f_2\cos\theta_B)t^2,\end{cases}\quad \begin{cases}\ddot{\varphi}=-5gf_2\cos\theta_B/(2r),\\ \dot{\varphi}=\omega_0-5gf_2\cos\theta_B t/(2r),\\ \varphi=\omega_0 t-5gf_2\cos\theta_B t^2/(4r)\end{cases}$$

如果 $f_2=\tan\theta_B=\tan\dfrac{2ql^3}{3EI}$，水晶球可以停留在板上。

但是水晶球不可能一直停留在板上，因为其角速度变化将导致摩擦力方向变化：当角速度从正号变为负号时，摩擦力方向改变，水晶球就会掉下来。题目中大约停留 1min，则

$$\omega_0\approx\frac{150gf_2\cos\theta_B}{r}=\frac{150g\sin\theta_B}{r}\approx\frac{100g}{r}\frac{ql^3}{EI}$$

魔术师悄悄把水晶球的角速度转到 ω_0，然后放到板上。

注： 本题也许有不同的答案，只要能解释清楚，并且所需要的物体或条件在题目中都有交代，也可以给分。如果解答涉及的某些条件没有出现在题目中，如考虑浮力、透明的绳子悬挂、在 B 处挖一个凹槽等，算错误。

8.3 个人赛试题点评及出题思路

8.3.1 竞赛及试题简介

个人赛的内容包括理论力学和材料力学，两个科目的内容和分数基本上各占一半。竞赛范围采用中等学时理论力学和材料力学教学大纲的要求。试题共有四题，每个试题都设置了三个问题，每问从易到难，希望能够让大部分学生拿到基础分，也能让少数学生可以脱颖而出。

第 1 题是理论力学问题，涉及的知识点有：动能定理、质点动力学微分方程、点的运动轨迹、碰撞的恢复因数、碰撞冲量、碰撞中心、刚体的受力（冲量）分析、刚体平面运动等。当然，采用不同的思路涉及的知识点可能不同，好的思路可以跳过很多细节直接得出结果，后面各题也都是这样。

第 2 题是理论力学与材料力学的混合问题，偏材料力学。首先需要利用理论力学的知识求出绳子上的拉力，然后利用材料力学的知识进行应力分析。涉及的知识点有：摩擦、受力分析、力对点之矩、拉压弯扭状态下的应力、强度理论、函数的极值等。

第 3 题是材料力学问题，涉及的知识点有：梁在分布力和集中力作用下的弯曲变形、位移的叠加性、刚体的平衡条件、解的存在性等。

第 4 题是理论力学与材料力学的混合问题，偏理论力学。首先利用材料力学的知识求梁的变形，然后利用理论力学的知识进行平衡分析。可能涉及的知识点有：梁的弯曲变形、位移的叠加性、摩擦、受力分析、静力学平衡方程，刚体平面运动微分方程等。

根据评估，本次竞赛的难度系数在历次竞赛中最大，达 6.33（详见附录 A），这也导致了竞赛成绩普遍不高。以相对全国成绩比较好的北京考区为例，实际参加考试有 315 人，平均分为 40.2 分（满分为 120 分）。卷面最高分为 87 分，最低分为 3 分，甚至还有 1 人交了白卷。可见本次试卷的难度很大。

8.3.2 竞赛目的

竞赛是为了考查学生某些方面的知识或能力。知识是有关概念、公式、原理和方法的集合，而能力则是处理问题的方法和技巧的集合。知识是能力的基础，能力是知识的运用。

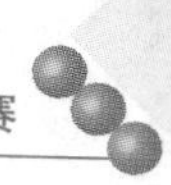

本次竞赛以考查能力为主，希望通过竞赛了解学生的基础知识是否扎实、解题技巧是否灵活、观察能力是否敏锐。此外，还特别要考查学生的建模能力，以及面对复杂问题时能否抓住问题核心、直接洞察问题实质的能力。

因此，作者在设计试题时，尝试把学生所熟悉的力学问题改写为未经加工提炼的状态，这样学生看到的是“问题”或“现象”，而不再是熟悉的“习题”了。

例如，第 1 题故意给出了与答案无关的部分参数（如小球和杆的质量）。如果学生不经过提炼直接做题，这些参数都会出现在公式中，增加工作量和难度。如果经过思考，采用较好的方法，就可避免这些参数的出现。

第 4 题有意识地用生活语言进行描述，并把一些有用的信息故意隐藏在叙述之中。相信每个学生都知道这是力学问题，但绝大部分学生不清楚是哪方面的力学问题，有劲使不出。试想，当学生毕业后面对更复杂的实际问题或现象时，会不会也是纵有满腹经纶，但却无从下手呢？

希望通过这次竞赛，使大家认识到：在教学中除了让学生会做习题，还要让他们学会提炼问题、处理问题。

8.3.3 试题风格

竞赛中的试题以故事的形式出现，通过一些简单情节引出问题，已知条件分散在叙述之间，解答可能不存在，并借用魔术表演提出逆问题（反问题）等，这些都是本次竞赛与众不同之处，其突出的特点是“趣味性、灵活性、发散性”。

1. 趣味性

兴趣是最好的老师。作者希望学生看到试题后，不管是否会做，首先会对题目产生兴趣，因为每个题目都有简单的故事情节，有些还有奇怪的现象。学生在分析过程中可以发现：

（1）试卷中有些问题是未经提炼的力学问题，已知、求解不是那么明显，如何提炼和处理这些问题更富有挑战性。

（2）力学问题可以表现得丰富多彩，甚至还可以融入富有哲理的内涵。

（3）那些奇怪现象的背后就是某些力学原理在起作用。

竞赛试题有些也被设计成了看似矛盾的问题，例如，为什么大力士拉不倒球门柱而其夫人却可以？为什么魔术师能让水晶球停留在明显倾斜的水晶板上？

这样的问题本身就充满趣味，甚至在竞赛之后还给学生留下了继续思考的空间。

2. 灵活性

如果说趣味性是为了吸引学生对力学的兴趣，灵活性则是为了考查学生力学素养的高低。力学素养好的学生，应该是力学概念清楚，能够领悟问题的实质，了解处理问题的方法和思路，有时可以不经过复杂分析就能看出或猜出一部分答案。

当老师希望学生们能灵活地处理问题时，也许学生们更希望老师设计出能施展他们灵活性的问题。正是基于这一想法，考虑到参加竞赛的学生大部分都经过选拔和培训，处理常规问题估计都是得心应手，很难区分水平。因此，作者设计了比较灵活的问题，希望学生能灵巧简捷地解决问题，而不是费力费时却得到错误的答案。在设计问题时，作者有意识地使部分结论有可能被看出或猜出，从而大大降低问题的难度，同时明显减少了求解的工作量。相反，如果学生按常规方法或顺序去做，将花费大量时间，而且十有八九会做错（改卷时可以明显发现这一点）。

以第 1 题第（2）小题为例，求碰撞点与杆上 D 点距离的极大值。这一小题的关键在于可以直接看出部分答案：采用 9 号（完全弹性）小球有可能得到最优解，因为其他小球都不能反弹到平抛时的初始高度。看出这一结论并不很难，没有超出一般学生的知识范围，也符合直观的经验。第（3）小题是要求悬挂点冲量的极小值，这一问的关键是要有明确的“碰撞中心”的概念。如果前一小题需要学生“看出”部分答案，这一小题则需要学生“猜出”部分答案：最小值是否可以为零？这样的猜想自然会引出碰撞中心的概念，从而顺利求解。但考试中绝大部分学生是按正常顺序做的，即小球从某位置释放、平抛落下、反弹、与杆碰撞、求极值。如果这样做，估计没有人能在 1h 内准确做出答案，因为要联立大量复杂的公式，

还要对两个变量（其中一个是连续的角度变量，一个是离散的号码变量）求极值！

这里顺便说一下：出题时参数的选择很重要。例如，第1题中的小球的碰撞恢复因数为

$$e_i=\sqrt{i/9}\quad(i=0,1,\cdots,9)$$

这样的参数可以同时满足本题3个小题的需求，又不留痕迹：明白其中奥妙的学生可以很快找到自己需要的小球，而不明白的学生会奇怪为什么有这么多小球。“无巧不成书”——如果这一题参数不满足一些特定的条件，如不存在完全弹性的小球，也不存在碰撞中心，大家都只能按部就班去做，没有什么技巧可言，作为竞赛题就逊色很多了。因此在设计题目时，某些参数可能需要精心考虑。

再以第3题第（3）小题为例，挑战者为什么总是顾此失彼？该问题如果有解，必将联立众多的高阶方程；如果没有解，只需要证明某一个方程无解就可以。可以看出两种思路所导致的工作量完全不同。在时间有限、不能肯定解是否存在的情况下，应该先考虑解存在还是解不存在呢？

3. 发散性

发散性思维是思维训练的一种好方式，能反映学生思维的广度以及寻找各种知识关联的能力。平时的作业绝大部分是集中性思维，很容易有思路，剩下的只是补充细节。但发散性思维的问题往往让学生不容易找到思路，需要在各种可能的方法中试探比较。一个设计得很好的发散性思维问题可以激发学生思考的积极性，同时也让学生在思考过程中把所学过的知识进行分类、组合、过滤，提高学生处理问题的能力。

试题中最明显的发散性思维问题是所谓的“魔术”，魔术是否不可思议，取决于对魔术的原理是否了解。魔术师能让水晶球停留在明显倾斜的水晶板上，需要学生从各种可能的角度去解释这看似不可能的现象。魔术师看似不经意贴的小纸片对水晶球的平衡有重要影响。这的确是很难的问题，不过如果观察能力强，在读题时反复看到“纸片”多处出现，应该想想为什么，这样可能就容易想到纸片的作用。最后一小题的要点是动力学平衡，当然难度更大些。如果知道可以用刚体平面运动微分方程来解释，相信很多学生可能会惊讶为什么当时想不到竟然会这么简单。

因此，设计发散性思维问题，除了增加难度，还希望让学生体会从不同角度提出问题对思维方式的影响，学会自己提出问题。

8.3.4 不足之处及说明

作者在设计这些全新的试题时，没有先例可供参考借鉴，因此试题中不可避免存在一些不足。其中有些问题是由于作者水平有限所致，也有些问题可能是认识不同所致。

有的教师反映试题太长，质疑是考力学还是考语文。篇幅长其实是有意为之，因为把题目改写成故事，叙述自然要长些，同时把已知条件和暗示融入叙述之中，这样对学生的阅读能力、观察能力也是一种锻炼。

有教师认为试题太少，涉及面也小。实际上作者尽可能让每个题目涉及更多的知识点，同时也尝试把理论力学与材料力学融合在某些题目中。重要的是这次竞赛注重考查能力，因此题目不在于多而在于启发性，知识点不在多而在于交叉性，如何解决问题才是本次竞赛的重点。

8.4 团体赛试题

团体比赛中要求入围的各队选派三位选手，在规定时间内，利用简单的工具和材料，设计完成某项任务。为了避免偶然的失误，比赛采用多轮淘汰赛的形式。

作为第一次在力学竞赛中举办这种风格的团体赛，或许有些疑问需要说明。例如，在个人赛后为什么要进行团体赛？为什么要在团体赛中引入动手环节？为什么动手环节没有采用与教学实验类似的力学实验？

如果把各校个人赛的前几名成绩相加，也能反映该校的团体水平，但我们认为这是一种静态的叠加，每个选手之间缺乏交流。我们更希望看到一个团队在处理问题的过程中，选手们的思想相互碰撞，产生新的火花。

在团体赛中引入动手环节，能全面地考查学生多方面的能力。我们认为学生在团体赛中可能要经历总

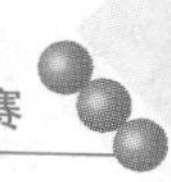

体论证、具体理论分析、初步设计、试验及反馈、修改设计等环节，需要学生理论联系实际，还要有很好的分工协作、动手制作的能力，相信团体赛将会给学生很好的全面锻炼的机会，提高学生的动手能力和创新能力，培养学生的团队协作精神。而这也正是以往的力学竞赛所缺乏的。更重要的是我们希望通过全国性的大赛，逐渐引导学生能够用所学的知识去解决实际问题。

至于为什么动手环节没有采用与教学实验类似的力学实验，也没有采用实验室专用设备，而是采用游戏型的动手实践环节，我们是基于这样的考虑：

（1）传统的力学实验围绕某些力学的原理而设置，重点是利用机器进行某些操作或演示，选手自由发挥的空间小；而新型动手实践环节要求选手用尽可能简单的材料和工具去解决问题，主体是选手，处理问题过程中自由发挥的空间更大。

（2）各学校的教学大纲、学时不尽相同，某些教学实验可能在一些学校有条件开展，在另一些学校没条件开展；而新型动手实践环节淡化了专业要求，人人都可以参与，这为今后扩大规模和影响打下了基础。

（3）某些实验需要专门的设备，主办方要准备很多套设备可能有困难；而新型动手实践环节需要的工具和材料很简单，费用很少，比赛的工具还可以作为奖品发给学生。

（4）某些力学实验具有一定的危险性，如转子动平衡实验，若操作失误可能会损坏设备甚至或造成人员伤亡，一旦出现这种情况就会影响整个比赛；而新型动手实践环节在设计时已经避免了这种可能的危险。

（5）最后，由于本届力学竞赛有电视台参与拍摄，因此比赛活动要富于娱乐性和动感。

8.4.1　第 1 轮比赛：攻防对抗赛

第一轮比赛是攻防对抗赛，共有 20 个队参加，分为 10 组进行比赛。每组都要制作发射装置和保护装置，相互攻防。根据比赛结果，前 12 名将直接进入第三轮的“摇摆的不倒翁”比赛，后 8 名需要进入第二轮的“纸条拉力赛”争夺继续比赛的权利。

1. 内容

在一些描写古代战争的电影中，常可见到一方用抛石机抛掷石头攻击对方城堡的场面。进攻者当然希望抛石机威力巨大，而防守者自然希望城堡固若金汤。

本次竞赛各队既要做出“抛石机”，又要造出“城堡”。然后，各队之间相互比较谁的“抛石机”威力大，谁的“城堡”更结实。

2. 要求

（1）发射装置由各队事先准备好，应能由一名队员不借助工具搬动，且最大尺寸不超过 2m。

（2）发射装置的动力方式不限，不限制发射物初始释放的速度，但不能由人直接投掷，可以用手扶住发射装置以保持稳定。

（3）先确定一点为靶心，画一系列同心圆，半径每次增加 20cm。最里面的圆标为 100 分，向外依次标为 80 分、60 分、40 分、20 分、0 分。

（4）发射装置的出口距地面不超过 1m（误差不超过 10cm）。

（5）在距离靶心 2.5m（误差不超过 10cm）处有一横线，发射装置出口的铅垂投影不能超过该横线，最多可后退 0.5m（限制最大发射距离不超过 3m，以保证安全）。

（6）利用组委会统一发放的工具和材料（牙签、棉签、木筷、胶水、纸张）设计制造保护装置，以防止鸡蛋被对方击碎。每个保护装置内部要能放置 1 枚生鸡蛋。保护装置加鸡蛋的总质量不超过 250g。每队设计制作 3 个保护装置用于比赛，并标明队名和号码。

（7）组委会将在熙园宾馆 110 房间放置高精度天平，各队可在 8 月 17 日中午后测量一些材料的质量。

（8）为了拍摄的需要，各队还可以多准备两个保护装置，对质量和防护性不做要求，仅用于补拍镜头，不计入比赛成绩。

（9）所发射重物由哑铃的圆盘组成，每次发射的质量限制在 2~4kg 之间，允许误差为 0.1kg。

（10）发射时圆盘的具体数目可自行决定。多个圆盘可以绑在一起发射，如果发射时脱落导致多个落点，精度取成绩最差的一个，但是任意一片圆盘打碎鸡蛋均有效。

（11）直接击碎鸡蛋与落地后滚动击碎鸡蛋同样计分。

（12）障碍物基本处于保护装置与横线的中间位置，高约 0.8m。

（13）某队发射时，操作者 1~3 人均可，其余人员应在发射口的后面。

8.4.2 第 2 轮比赛：纸条拉力赛

第二轮比赛是纸条拉力赛，由第一轮比赛成绩靠后的 8 个队参加。本轮比赛的前 4 名进入第三轮的“摇摆的不倒翁”比赛，后 4 名被淘汰退出比赛，获纪念奖。

1. 内容

生活中我们经常可以看到，很多塑料包装袋上有个小切口，它可以方便撕开包装袋；但是如果手提袋上已经有了小切口，有什么办法尽量避免手提袋破坏呢？

下面就让参加比赛的队来回答吧。用纸作为试件进行拉伸试验，但是试件上有缺陷。

2. 要求

（1）试件只能由 A4 纸、两根筷子和胶水制作而成。如图 8-15a 所示，各队用一张 A4 纸，沿长边裁剪出 3cm 宽的纸条（允许误差为 1mm），然后在纸条两头用胶水与竹筷（非木筷）相连。两筷子之间纸条长度至少为 15cm，且不能涂胶水。

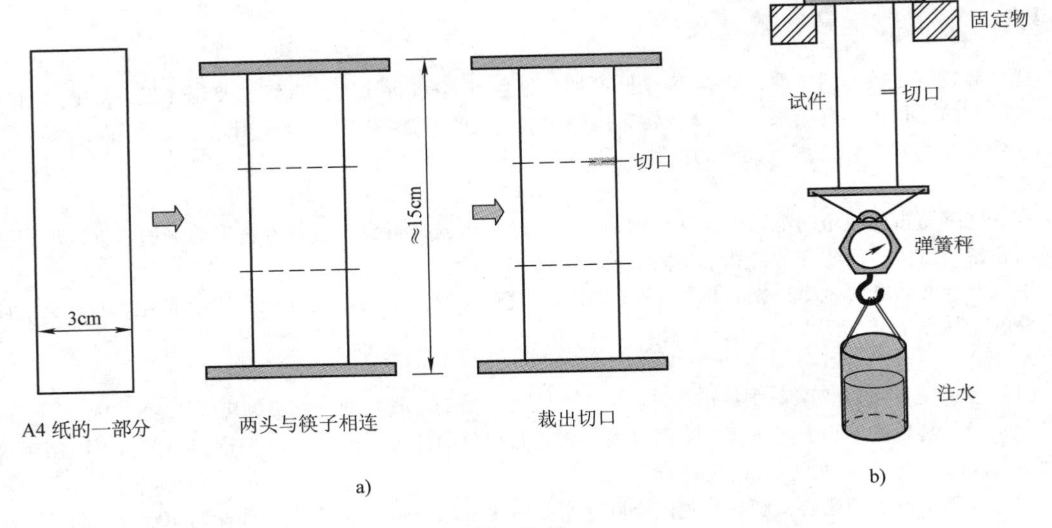

图 8-15

a）纸条拉力赛试件制作示意图 b）纸条拉力赛加载示意图

（2）将两筷子之间的纸张分为三等份，在中间一份的任意位置用裁纸刀划出垂直于纸条的一个切口（切口可以完全在纸中间，也可以一端与边接触），切口长度不小于 1cm。

（3）试件做好后交给裁判检查是否符合要求，符合要求的试件才能进行比赛。参加本轮比赛的各队可多做几个试件备用，但比赛时只需要两个合格的试件。

（4）对于允许参加比赛的试件，各队不能再在试件上增加物质，但可以减少物质。例如不能用胶水把切口再粘起来，但是可以挖去试件上适当的部分以降低应力集中。两个试件处理方式可以不同。

（5）拉力试验如图 8-15b 所示：某队把试件的一端筷子放在固定物（如桌子）上，用胶带粘好。把弹簧秤悬挂在试件的另一端筷子上，弹簧秤下端挂容器，逐渐向容器中注水或沙子。在纸片断裂前弹簧秤的最大读数为该队的成绩。

（6）如弹簧接近最大值而试件未破坏，可在弹簧秤与筷子之间增加重物（如哑铃）。

8.4.3　第 3 轮比赛：摇摆的不倒翁

各队将在此轮比赛中争夺前三等奖。有 16 个队参加，根据这项比赛的成绩，前 4 名进入最后一轮的比赛争夺一等奖，第 5~10 名获第三等奖，后 6 名的队获纪念奖。

1. 内容

设计制作一个不倒翁，要求其摇摆的频率尽量接近给定值。

2. 要求

（1）利用组委会提供的工具和材料或者自行购买部分材料，设计制作一个装置，类似不倒翁可以往复运动。

（2）最大尺寸要超过 10cm，质量不限。外部可以有装饰。

（3）能在 10 次摆动后仍能明显看出较大的摆幅。

（4）尽量让摆动周期接近 3s（比赛中将测 10 次摆动周期）。

（5）不倒翁上允许有移动装置用于调节摆动周期。

8.4.4　第 4 轮比赛：姜太公钓鱼

这是最后一轮比赛，只有进入本轮比赛的队伍，才有可能问鼎冠军。有 4 个队参加，根据比赛成绩，第 1 名获一等奖，第 2~4 名获二等奖。

1. 内容

姜太公钓鱼的故事人人皆知。我们今天就来学学姜太公，看看谁能钓到最多的鱼。

今天的“鱼”就是空啤酒瓶，而候选“姜太公”有四位，但谁才是真正的姜太公呢？

2. 要求

（1）利用组委会提供的工具和材料，制作一个钓鱼台，同时制作钩钓装置。

（2）钓鱼台的形状不限制，但台面应高于 1m。钓鱼台与地面接触处应在半径为 1m 的圆周内（该圆称为本队的得分区），其他部分的投影不限制是否一定要在圆周之内。

（3）钓鱼台的台面上至少能容纳 1 名队员，各队自行决定上钓鱼台的人数。

（4）鱼竿及具体的垂钓装置的尺寸和质量不限制。

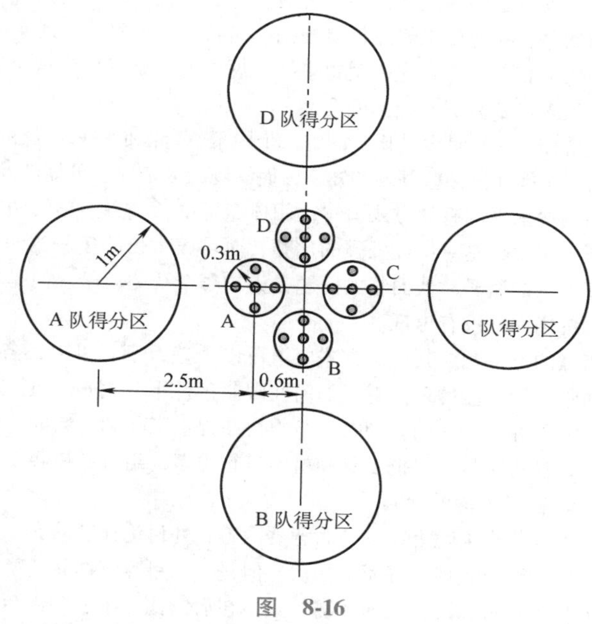

图　8-16

（5）5 个空啤酒瓶在另一半径为 0.3m 的圆周内（该圆称为本队的钓鱼区），如图 8-16 所示。

（6）在各队钓鱼区的中间为公共钓鱼区，放 10 个瓶子。

（7）某队可以开始垂钓的必要条件是：钓鱼台能承受至少一位队员的重量，且要经过裁判同意。裁判如认为尺寸不合要求，有义务指出。

（8）某队首先在本队的钓鱼区内钓鱼，并放在自己的得分区。如果本钓鱼区已无鱼可钓，可到公共钓鱼区中钓。如果本钓鱼区和公共钓鱼区已无鱼，可到其他队的钓鱼区中去钓（但不能去其他队的得分区中钓）。

8.5 团体赛试题分析及点评

本次团体竞赛分为四个环节，每个环节都要设计制作不同的装置，完成指定的要求，每个环节均涉及理论力学和材料力学的一些基本知识。

1. 竞赛题的总体设计思路

团体赛的风格是面向任务的设计与制作问题，参赛各队首先需要把问题中的力学因素提炼出来，在理论层面上提出解决的办法和方案，然后再根据现有的工具和材料去实现。

在这一过程中，理论与实践的重要性基本上是同等重要的：理论分析是基础，而实践能力是保障。如果理论分析不到位，将会使具体的制作过程费时费力，并且使得实践过程处于一种“试凑”的状态。如果实践能力不强，虽然有好的设计和好的方法，但是不能实现。

因此，本次团体竞赛强调理论与实践并重。虽然对具体某个人来说，不容易做到理论与实践能力都很强，但是作为一个团体，通过适当的组合，应该做到两方面都比较强，这样在竞赛中，乃至在今后的工作中，才可能取得更好的成绩。

具体来说，比赛中的攻防对抗赛，虽然赛前就公开了大部分内容，但是发射物的具体重量、形状都没有公布。在这种情况下，好的设计就需要考虑发射物的参数是可调的，并在制作发射装置时留有可调整的余地，这对参赛各队都是一个挑战。有的队就设计得很好，基本不用改动装置就可用；有的队则要进行较多的调试，甚至要求修改比赛规则。对纸条拉力赛这一题目，存在一个最优解，但是在比赛中可以看到各队的成绩相差巨大，这表明很多队在理论上并没有得到这个最优解。因此，从理论水平和实践能力两方面看，很多参赛队仍有提高的余地。

合作与对抗是设计比赛的另一个因素。合作是一种广泛的趋势。现代社会的发展使得分工越来越细，每个人只可能掌握某些领域的知识，而问题的复杂性有可能涉及多方面的知识，因此合作不可避免。对抗则是提高竞赛水平的有效方式。本次团体竞赛中，一头一尾的两个比赛就是互动的比赛，具有对抗性：攻防对抗赛不用说，是对抗性极强的比赛，而“姜太公钓鱼”这一场比赛也存在着对抗性：在比赛中领先者可以钓其他队的瓶子，他面临的问题是先钓哪个队的瓶子。但是在实际比赛中由于成绩悬殊较大，这种设计中的对抗场面并没有出现。

好的竞赛题，其解决方式应该可以千差万别，可以让各队有充分发挥的余地。对于参赛的各队来说，在面临多种可能的选择时，如何在限制条件下（时间、工具和材料都有某种限制）发挥出自己队的特长，也是需要好好考虑的。同时，组委会在提供工具和材料时，应该考虑每一工具、每一材料都可以有多种用途，让参赛队员可以把工具和材料进行更多的组合，更容易有新的想法。

2. 充满悬念的比赛

报到的当天晚上统一公布竞赛内容，并讨论比赛规则。当时多次强调：比赛采用多轮淘汰制，不会因为一次失误或表现不好而被淘汰。但是，如果连续两轮比赛成绩不佳就有可能被淘汰。在最极端的情况下，如果某队不参加第一轮的比赛，只要在后续比赛中表现出色，还是有机会获得冠军。

为什么要采用这种赛制，一是为了制作电视节目的需要，更容易产生悬念；另一个重要原因是要降低第一轮比赛的权重，因为第一轮比赛很早就公开了，很难衡量指导老师在设计制作中起了多大的作用，而后续的现场比赛更能反映参赛学生的水平。

比赛果然充满悬念：没有人能猜出谁下一轮能获胜，更不必说冠军是谁了。电视台重点跟踪拍摄的三个队都没能进入最后的决赛，谁都没想到冠军队在第一轮比赛中就被淘汰了，但在第二轮复活赛中又起死回生，并在后续的比赛中均发挥出了水平。也许只有冠军队的成员才更能体会“置之死地而后生”的感觉吧。

3. 比赛规则的得失

本次团体赛是要学生进行设计制作，这在力学竞赛的历史上还是第一次，因此不可避免有很多不足

之处。

比赛的内容和规则总体上没有大的缺陷，考虑得还是比较细致的，对比赛题目及说明、日程安排、裁判员的职责和操作流程、比赛装置的要求、评分规则、可能出现问题的处理方式等，都给出了很详细的说明。参赛各队对整个比赛都给出了很多正面的评价。

当然，比赛规则还有很多改进的余地，虽然在报到的当天晚上大家讨论过了比赛规则，但是在比赛中，还是发现有不足之处。

（1）在攻防对抗赛中，要求保护装置放在半径是 20cm 的圆圈内。现在看来，这个半径偏大，如改为 10cm 更好些。当然，也可以考虑要求鸡蛋能被看见。这样就迫使防守方（从力学角度）在保护装置上动脑筋，而不是仅仅把鸡蛋藏起来。

（2）在纸条拉力赛中，对有缺陷的纸条，存在一个简单的最优解：从头到尾把整个缺陷剪掉。当然这不是题目的原意，为了避免这种情况，可以增加一个条件：裁去的任意部分应限制在纸条的中间部分。如果增加这个条件，就更接近工程实际中的问题，也使得竞赛更有挑战性。这个问题是比赛中临时发现的，实际上很多队并没有采用这个最优解。

（3）在不倒翁比赛中，有些队采用单摆。开始时设定的周期过长，后来经过讨论后改短了一些，使得采用单摆成为可能。关于这个比赛，原打算设计一个周期可调的装置，一个周期较长，一个周期较短。后来考虑比赛时间紧张的关系，就改为固定周期了。

8.6　团体赛花絮及照片

在攻防比赛中，如何保护鸡蛋是一个重要的环节。按出题的本意，是要求各队设计制作结实的保护装置，使得对方即使击中也能使鸡蛋不破。

参赛各队各显其能，在规则允许的条件下，从不同的角度进行保护。有的保护装置是圆球状的，“炮弹”击中时很容易跑掉；有的是悬挂式的，“炮弹”击中时很容易摆动起来。

有趣的是还有两种截然相反的设计思路：一种是把保护装置做得尽可能小，减小被击中的概率，当然鸡蛋一旦被击中就“魂飞魄散”了；另一种是把保护装置做得尽可能大，把鸡蛋藏在其中，虽然对方可以轻易击中保护装置，但鸡蛋完好无损的概率很大。

如图 8-17 所示，比赛中，某队（A）的发射装置做得很专业，试验时命中率很高。但比赛时他们发现对方（B）把鸡蛋藏在很大的纸盒中，无法瞄准，急得要掀开纸盒，对方自然不同意。裁判员让 B 队重新放置鸡蛋，B 队队员把手伸进纸盒，把鸡蛋放下后，手还故意左右摆动，迷惑 A 队；A 队则尽量从顶部和底部看鸡蛋到底放在什么位置，当然什么也没有看到，也许他们会暗中生气：敌人太狡猾了！

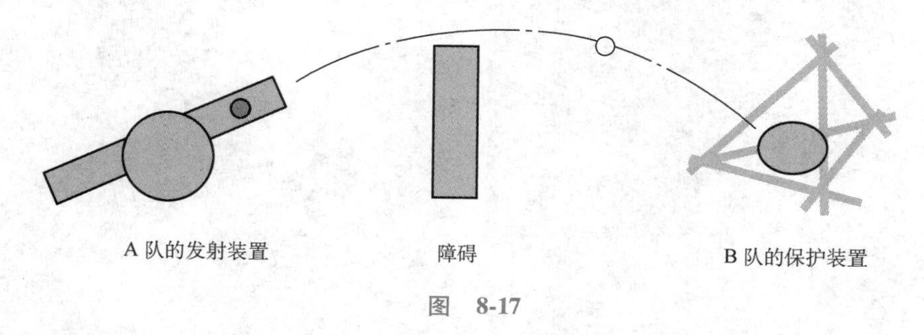

图　8-17

攻防比赛时为了安全，要求发射距离小于 3m（这也是全体参赛队的领队老师讨论后的结果）。

但是某队要求允许后退几米，最好从 6m 远发射。这本不是什么问题，关键是在之前的比赛规则讨论会上，该队没有明确提出这一问题，现在规则定好了再改变，其他的队可能会有意见。

通常如果要求增加发射距离是不容易的事情，减少发射距离应该比较容易。但是该队的设计装置几乎

没有改动的余地，也可能是该队不想进行改动。

在多次交换意见后，最后达成折中方案：允许该队后退一些，但是不能后退太多，而该队也应修改发射装置以减小射程。

这就形成了射击比赛中奇怪的一幕：通常大家都希望距离越近越好，但是该队却舍近求远。后来该队在射击比赛中取得了满分的好成绩，该队的老师感慨万千，之前他甚至因为这事要退出比赛呢！

图 8-18~图 8-21 是比赛中的部分照片。

图 8-18　各队在调整自己的发射装置，某队准备发射杠铃片去摧毁对方的鸡蛋

图 8-19　这是发射时的场面，大部分发射装置都比较准确，能直接命中目标

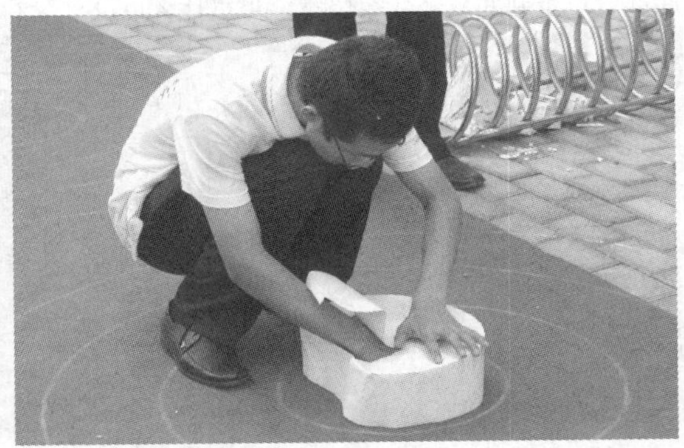

图 8-20　即使击中了保护装置，但是鸡蛋会不会破呢？特别是在保护装置很大的情况下

在纸条称重比赛中，裁判员使用的电子弹簧秤有两种刻度单位：kg 与 lb（选中某种刻度后会在不同的

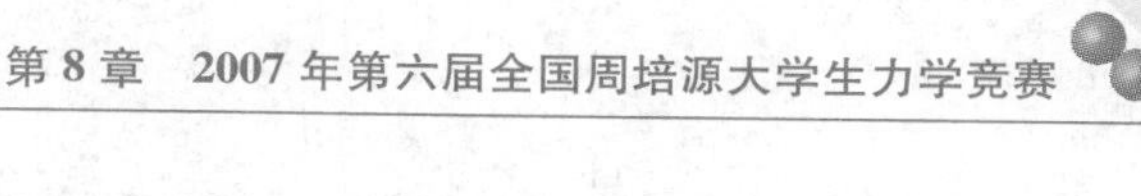

图 8-21　这是部分鸡蛋的保护装置

位置显示）。这一点在裁判员培训时曾经强调过，但是比赛现场有位裁判一时疏忽，把刻度设在磅上了，因此他负责的队成绩明显偏高。比赛结束后，裁判员意识到错误，要把成绩改过来，但是选手不同意，说这成绩是经过裁判员和参赛队员签字的，不能改。

他们找到总裁判调解，通过回放录像带终于发现：弹簧秤的刻度单位设在“lb”上了，虽然对焦不是很清楚，但是位置是很明确的，于是队员心服口服同意按实际的成绩进行记录。

在规定摆动周期的比赛中，由于摆动周期比较长，通常把装置做成复摆，最典型的就是不倒翁的样式，但是表现形式各异（见图 8-22）。比赛中只有一个队做成单摆形式，导致尺寸很大，比赛时除了不方便，也显得不专业。

图 8-22　规定周期的不倒翁比赛，各队的装置外形差异很大，从西瓜到米老鼠都有

在“姜太公钓鱼”的比赛中，有两个关键，一是做出稳定的钓鱼台，二是设计钓酒瓶的装置。在有的队还在努力锯木板时，某队“咔咔”手脚并用，把木板踩断了，速度很快，但是参差的木板很不安全。比赛中有的选手站着，有的选手趴着，场面还是很热闹的（见图 8-23）。

图 8-23　选手们在搭建钓鱼台，并用自己独特的方法开始钓酒瓶

2004 年第五届全国周培源大学生力学竞赛

9.1 理论力学试题

1. （5 分）半径为 R 的刚性圆板受到两根无质量刚性杆的约束，如图 9-1 所示，$\boldsymbol{F}_1$ 作用在圆盘的边缘沿水平方向，$\boldsymbol{F}_2$ 沿铅垂方向，若使系统平衡，$\boldsymbol{F}_1$ 与 $\boldsymbol{F}_2$ 大小的关系为________。

2. （5 分）平面结构如图 9-2 所示，AB 在 A 点固支，并与等腰直角三角板 BCD 在 B 点铰接，D 点吊起一重为 W 的物块，在作用力 $\boldsymbol{F}$ 的作用下平衡。已知力 $\boldsymbol{F}$ 沿 DC 方向，各构件自重不计，则 A 处的约束力偶矩 M_A =________。

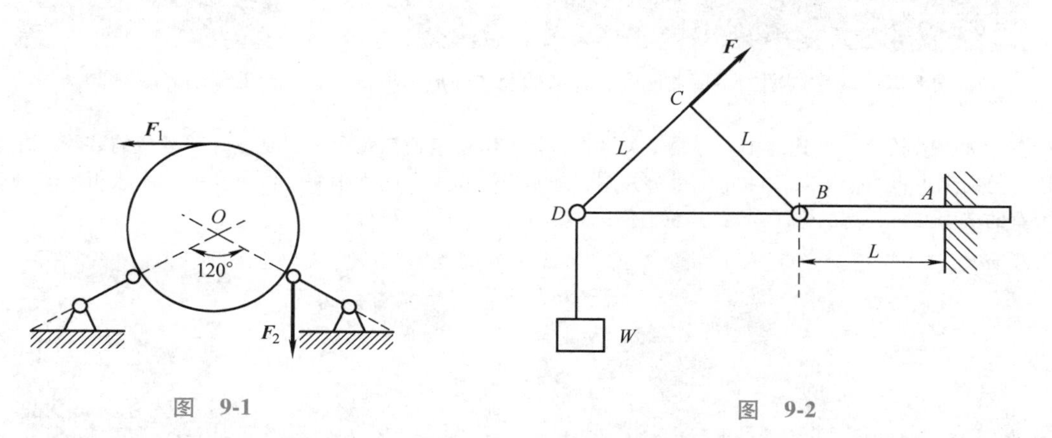

图 9-1

图 9-2

3. （6 分）4 根等长的杆质量忽略不计，用铰链连接成如图 9-3 所示机构，在 $\boldsymbol{F}_1$、$\boldsymbol{F}_2$ 和 $\boldsymbol{F}_3$ 的作用下，在图示位置保持平衡。若不计各处摩擦，则各力之间的关系为________。

4. （10 分）如图 9-4 所示，沿长方体的不相交且不平行的棱边作用三个大小相等的力，则边长 a、b、c 满足________条件时，该力系才能简化为一个力。

5. （6 分）如图 9-5 所示，半径为 R=0.6m，质量 m=800kg 的滚子顶在坚硬的障碍物上。障碍物的高

度 h 可以是各不相同的。现在假设 h 是按高斯分布的随机变量，而且它的数学期望是 $m_h=0.1\text{m}$，均方差是 $\sigma_h=0.02\text{m}$。求：当水平力 $F=5880\text{N}$ 时，能克服障碍物的概率 α 是________。(取 $g=9.8\text{m/s}^2$)

提示：设 u 是随机变量，已知它的数学期望（均值）m_u 和均方差 σ_u，于是 u 满足 $u<\alpha$ 的概率 α 由下式确定：

$$\alpha=P\{u<\alpha\}=F(\xi)$$

$$\xi=\frac{\alpha-m_u}{\sigma_u}$$

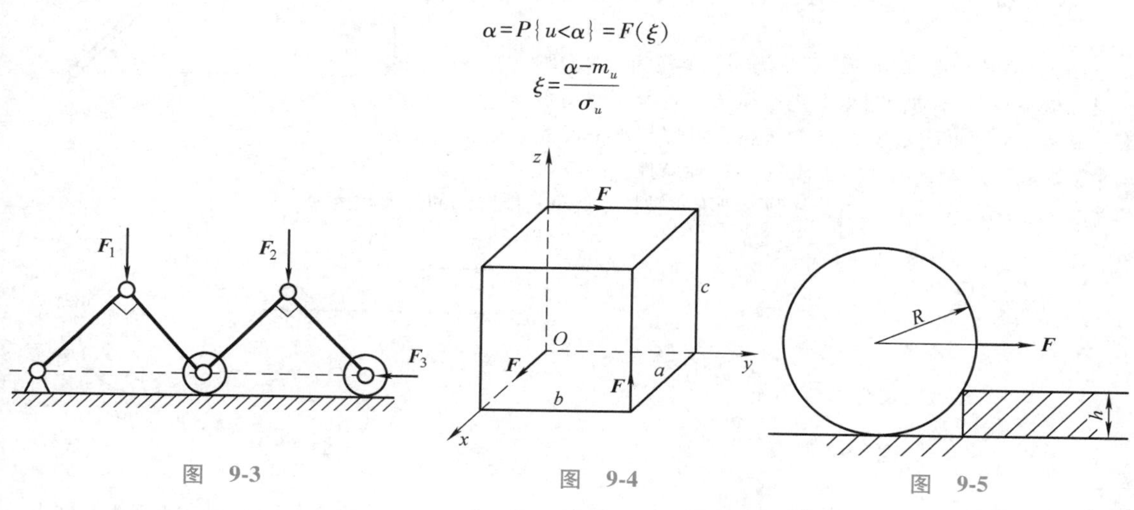

图　9-3　　图　9-4　　图　9-5

并且 $F(\xi)$ 是一特定的分布函数，对于高斯分布，$F(\xi)$ 列在下表中。

ξ	-1.5	-1.0	-0.5	0	0.5	1.0	1.5
$F(\xi)$	0.067	0.159	0.309	0.500	0.691	0.841	0.933

6. (6 分) 如图 9-6 所示三条平行直线Ⅰ、Ⅱ、Ⅲ之间距离分别为 m 和 n。今有两动点 A 和 B 以反向速度 $\boldsymbol{v}_1$ 和 $\boldsymbol{v}_2$ 分别沿直线Ⅰ和直线Ⅱ做匀速直线运动。另有第三动点 C 沿直线Ⅲ运动。欲使在运动中任一瞬时三点均在一直线上，则该第三点的速度 $v_3=$________。

7. (6 分) 如图 9-7 所示，试列出平面图形沿轴 Ox 滚动而不滑动的条件。

提示：用基点 A 的坐标 x、y 及其导数，图形转角 θ 及其导数，以及接触点 K 在 $A\xi\eta$ 中的坐标 ξ_K、η_K 表出，其中 $A\xi\eta$ 固连于图形上。

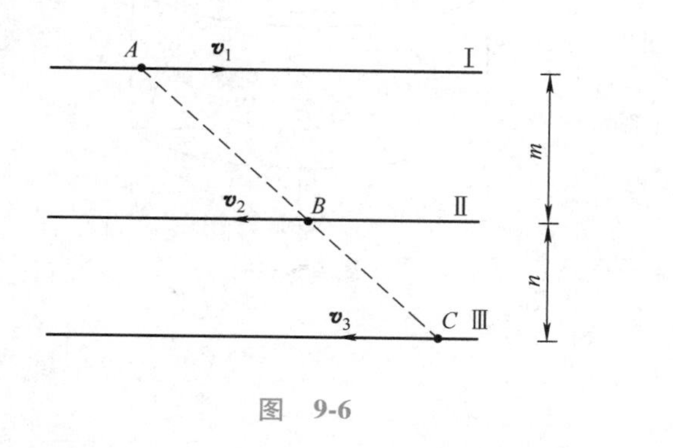

图　9-6

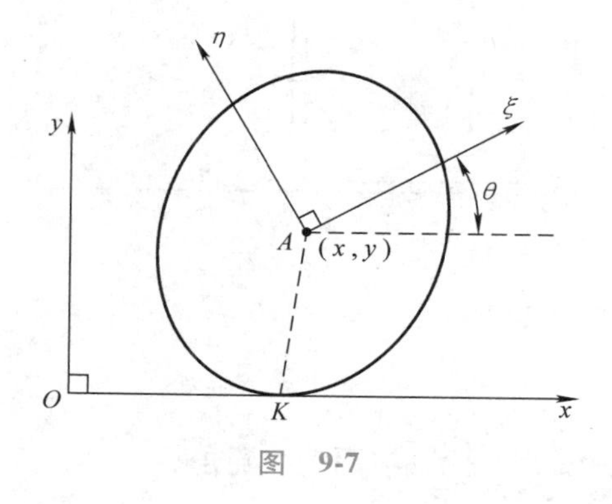

图　9-7

8. (15 分) 图 9-8 所示的机构中，杆 AC 可在套筒中滑动，杆 $O'B$ 长 l，杆 OA 长 $\sqrt{2}l$，OO' 距离 $2l$。在图示瞬时，$\angle O'OA=45°$，$\angle OO'B=90°$，杆 OA 角速度 $\omega_{OA}=\omega$，逆时针向，角加速度 $\alpha_{OA}=0$；杆 $O'B$ 角速度 $\omega_{O'B}=\omega$，顺时针向，角加速度 $\alpha_{O'A}=0$。则该瞬时 AC 杆的角速度 $\omega_{AC}=$________，方向________；角加速度

α_{AC}=________，方向________。

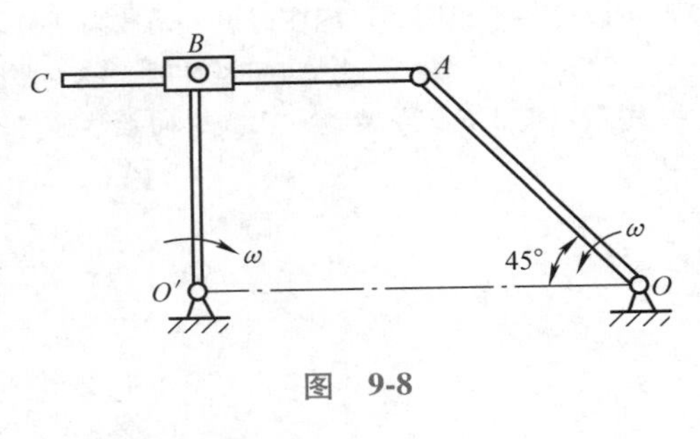

图 9-8

9. （6分）AB、BC为无质量细杆，铰接于B点，如图9-9所示。质量为m的质点固连于C点，从图示位置由静止开始运动。若不计各处摩擦，此瞬时C点的加速度为________。

10. （10分）图9-10所示质量为m、半径为r的均质圆盘绕盘心O轴转动，圆盘上绕有绳子，绳子的一端系有一置于水平面上质量也为m的重物，重物与水平面的动摩擦因数为0.25，不计绳子质量及O轴摩擦。圆盘以角速度ω_0转动，绳子初始时为松弛，则绳子被拉紧后重物能移动的最大距离为________。

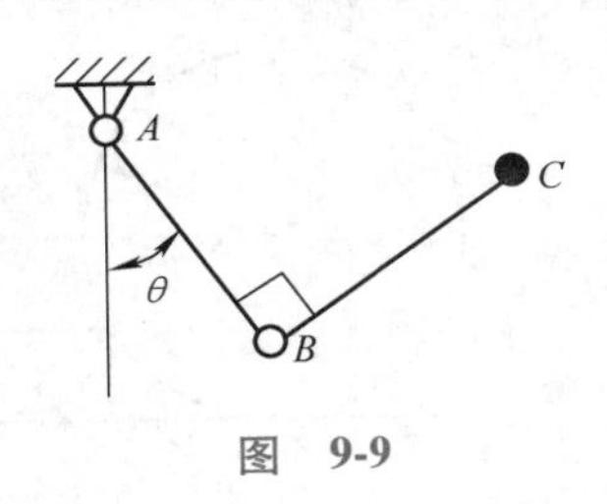

图 9-9

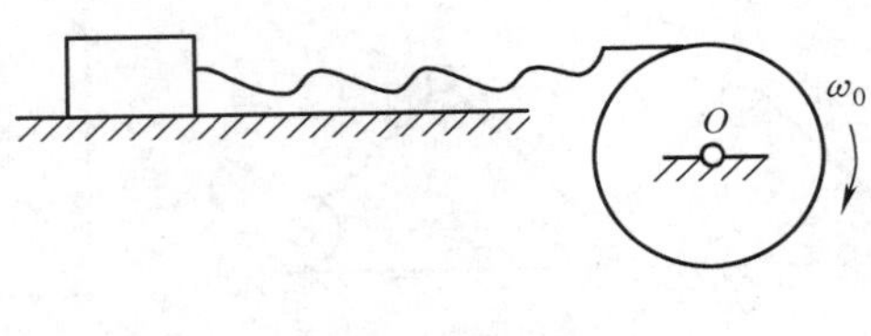

图 9-10

11. （15分）两相同的均质细长杆，长为l，质量为m，在A处光滑铰接。AC杆放在光滑水平面上，AB杆铅垂，开始时静止。稍受扰动后AB杆沿顺时针方向倒下，如图9-11所示。则当AB杆水平，在接触地面前瞬时，AC杆的加速度为________。地面对AC杆作用力合力的作用线位置距A点距离为________。

12. （10分）如图9-12所示，绕铅垂轴以等角速度ω缓慢旋转的封闭圆舱中，站在舱底盘的实验者感受不到自己的运动，但抛出的小球的运动却不服从牛顿运动定律。设实验者站立处A距底盘旋转中心O的距离为r，请你替他设计一个抛球的初速度（大小v_0，方向与AO的夹角为α），使得球抛出后能返回来打到实验者身上。试写出v_0、α应满足的条件，画出小球相对轨迹示意图。（不考虑小球在铅垂方向的运动，例如，认为小球在光滑的舱底盘上运动。）

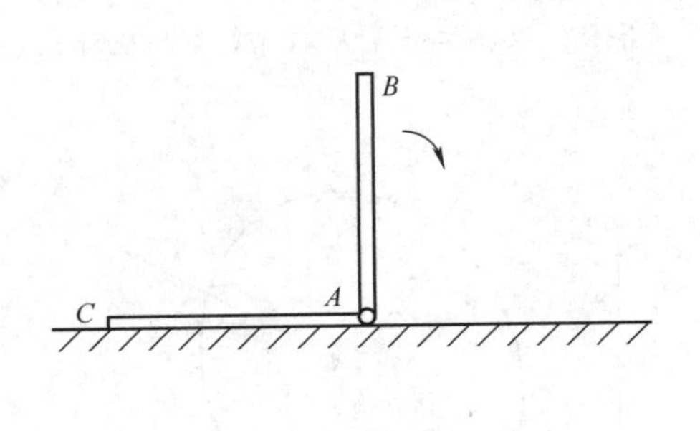

图 9-11

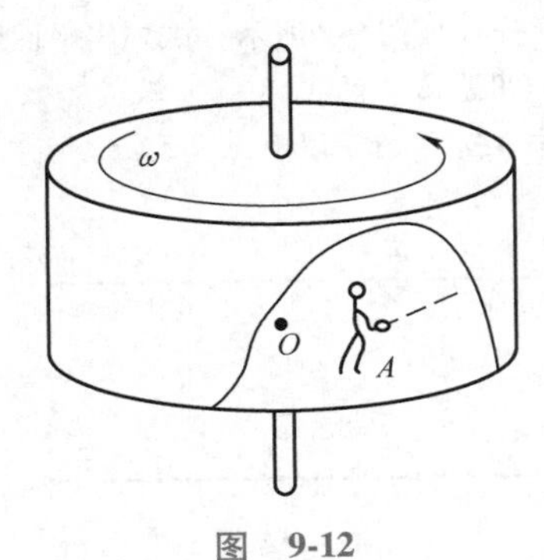

图 9-12

9.2 材料力学试题

1. （10分）如图9-13所示，一根足够长的钢筋，放置在水平刚性平台上。钢筋单位长度的重量为q，抗弯刚度为EI。钢筋的一端伸出桌面边缘B的长度为a，试在下列两种情况下计算钢筋自由端A的挠度w_A：

（1）载荷 $F=0$。

（2）载荷 $F=qa$。

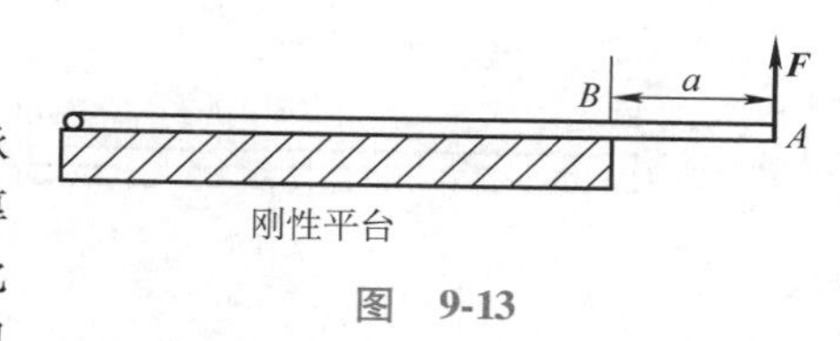

图　9-13

2.（10 分）一变厚度薄壁圆管如图 9-14 所示，在两端承受扭力偶矩 M 作用。已知管长为 l，平均半径为 R_0，最小壁厚为 δ_1，最大壁厚为 δ_2，壁厚 δ 随 θ（$0\leqslant\theta\leqslant\pi$）呈线性变化（上下对称），管材料的切变模量为 G。试求方位角为 θ 处的扭转切应力 $\tau(\theta)$ 与圆管两端相对转角 φ。

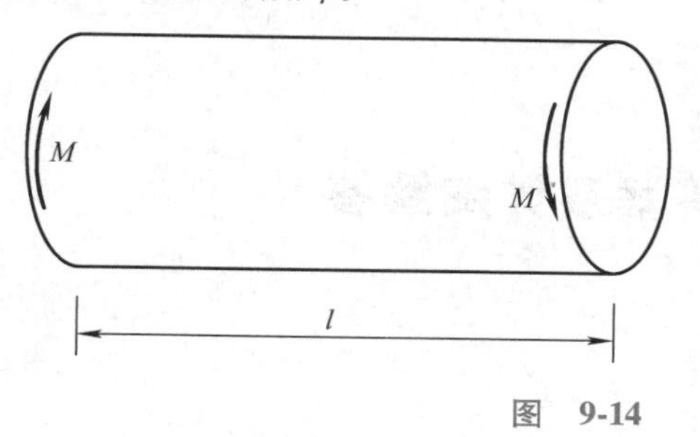

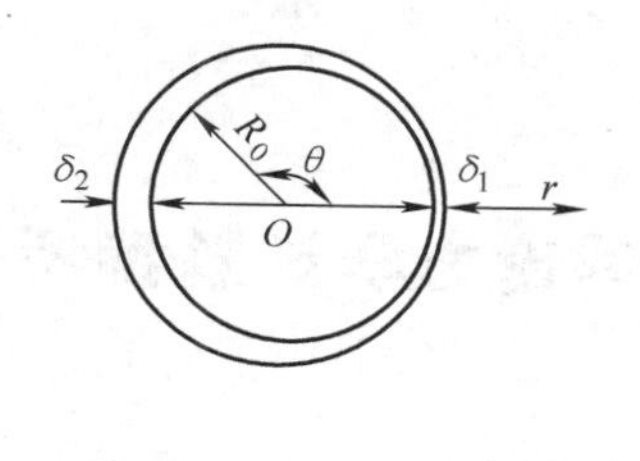

图　9-14

3.（15 分）如图 9-15 所示矩形截面等直杆，常温时安装在支座上。若杆底面与顶面温度分别升高 T_1 与 T_2，且 $T_2<T_1$ 并沿截面高度线性变化，试用能量法求横截面 B 的转角。设横截面的高度与宽度分别为 h 与 b，材料的线膨胀系数为 α。

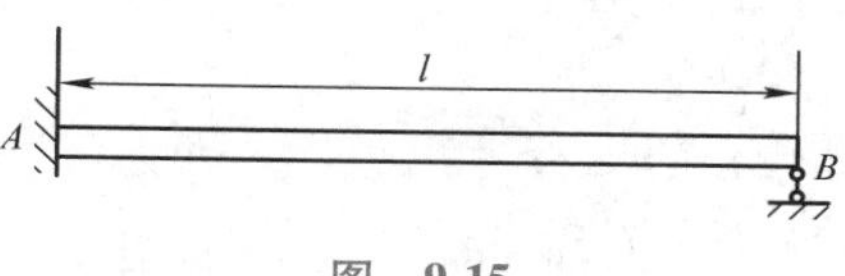

图　9-15

4.（15 分）图 9-16 所示结构，已知小曲率圆环的抗弯刚度为 EI，铰接于圆环内侧的直杆 CD 的抗拉刚度为 EA，承受均布切向载荷 q 和力偶矩 M_e 作用，且 $M_e=2\pi R^2q$。试确定杆 CD 的轴力与截面 A 的内力。

5.（15 分）图 9-17 所示放置在弹性基础上的细长杆，长为 l，两端铰支，承受轴向压力 F。试建立临界载荷 F_{cr} 应满足的方程。设基础约束力的集度与梁挠度成正比并与挠度方向相反，比例系数为 k，杆的抗弯刚度为 EI。

6.（15 分）图 9-18 所示均质等截面直梁 AB，由高 H 处水平自由坠落在刚性支座 D 上，梁仍处于弹性变形阶段。设梁长为 $2l$，梁单位长重量为 q，梁的抗弯刚度为 EI。试求梁的最大弯矩。

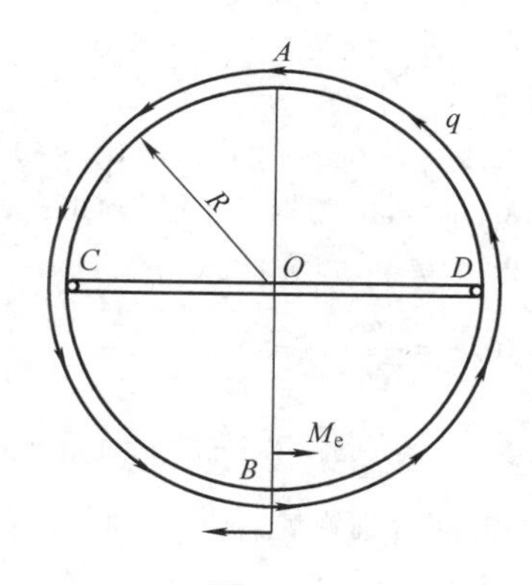

图　9-16

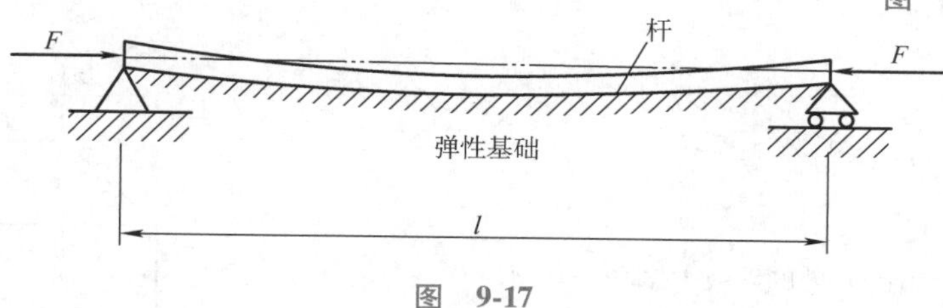

图　9-17

7.（20 分）如图 9-19 所示传感器，AB 和 CD 为铜片，其厚度为 h，宽度为 b，长度为 l，材料弹性模量为 E。它们的自由端与刚性杆 BD 刚性连接：

（1）试求截面 E-E 的轴力与弯矩。

（2）如采用电测法测量截面 E-E 的轴力与弯矩，试确定贴片与接线方案（选择测量精度较高的方案），并建立由测试应变计算相应内力的表达式。

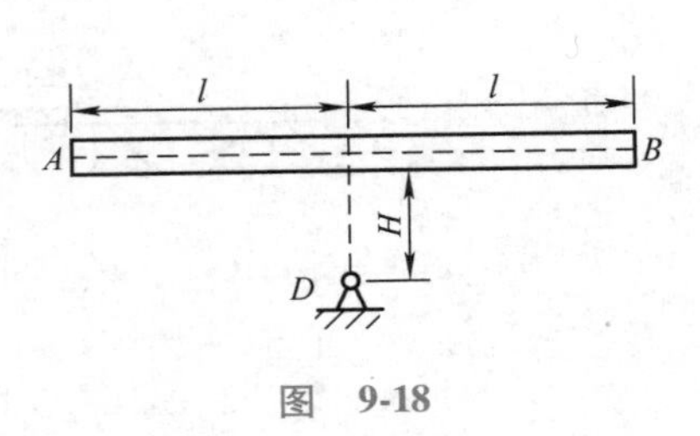

图 9-18

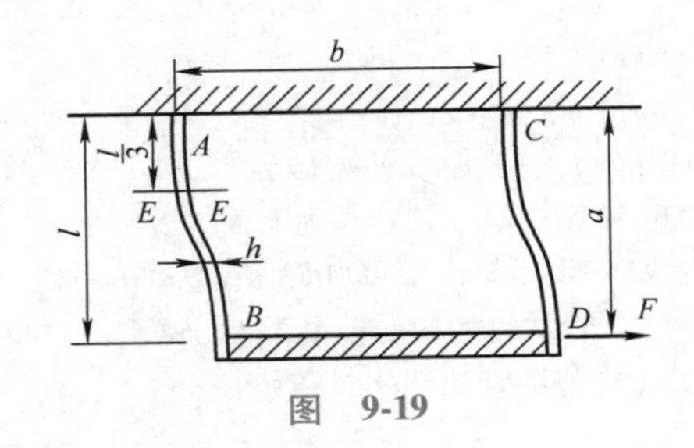

图 9-19

9.3 理论力学试题参考答案及详细解答

9.3.1 参考答案

1. $F_1=\frac{\sqrt{3}}{2}F_2$。
2. 0。
3. $F_1=F_2=2F_3$。
4. $b-c-a=0$。
5. $h\leqslant 0.12\text{m}$，$\alpha=F(1)=0.841$。
6. $v_3=v_2+\frac{n}{m}(v_2+v_1)$。
7. $\dot{x}-\dot{\theta}(\xi_K\sin\theta+\eta_K\cos\theta)=0$，$\dot{y}+\dot{\theta}(\xi_K\cos\theta-\eta_K\sin\theta)=0$。
8. $\omega_{AC}=\omega$；顺时针；$\alpha_{AC}=4\omega^2$；顺时针。
9. $a=g$。
10. $x=\frac{r^2\omega_0^2}{12fg}$。
11. $a_C=\frac{3}{4}g$；$d=\frac{2}{5}l$。
12. 见详细答案。

9.3.2 详细解答

第 1 题

对 O 点取矩，有 $F_1=\frac{\sqrt{3}}{2}F_2$。

第 2 题

BCD 三力汇集，因此 B 处的约束力水平，有 $M_A=0$。

第 3 题

利用虚位移原理，有 $F_1=F_2=2F_3$。

第 4 题

如图 9-20 所示，将力系向 O 点简化：

主矢：$\boldsymbol{F}'_{\mathrm{R}}=F\boldsymbol{i}+F\boldsymbol{j}+F\boldsymbol{k}$

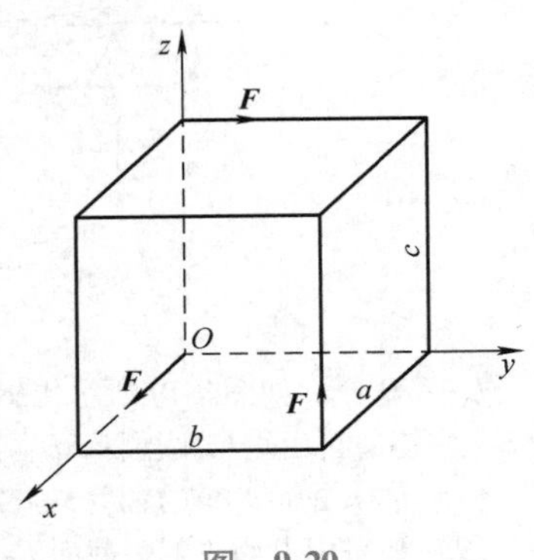

图 9-20

主矩：$\boldsymbol{M}_O=(bF-cF)\boldsymbol{i}-aF\boldsymbol{j}$

所以当 $\boldsymbol{F}'_{\mathrm{R}}\cdot\boldsymbol{M}_O=0$ 时才能合成为力，应有

$$F^2(b-c)-aF^2=0$$

即当 $b-c-a=0$ 时，力系才能合成为一个力。

第 5 题

如图 9-21 所示，克服障碍条件为

$$FR\cos\beta-mgR\sin\beta\geqslant 0$$

$$\frac{F^2}{m^2g^2}\geqslant\tan^2\beta=\frac{R^2}{(R-h)^2}-1$$

代入数据，求解，得 $h\leqslant 0.12\text{m}$。

$$\xi=\frac{h-m_h}{\sigma_h}=\frac{0.12-0.1}{0.05}=1$$

查表得

$$\alpha=F(1)=0.841$$

第 6 题

如图 9-22 所示，建立平移动系与点 A 固结，则点 B、C 的相对速度为

$$v_{Br}=v_2+v_1,\quad v_{Cr}=v_3+v_1$$

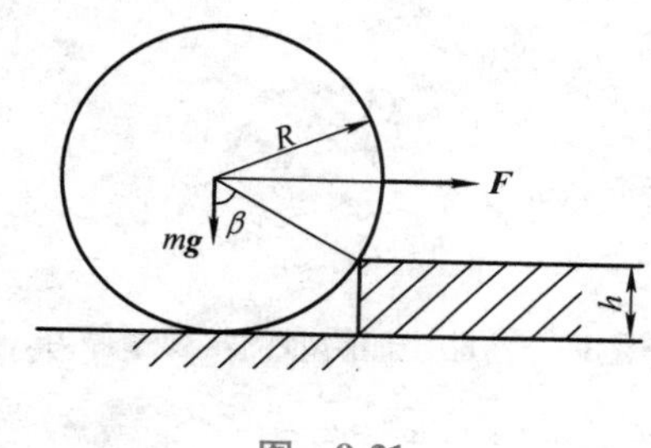

图　9-21

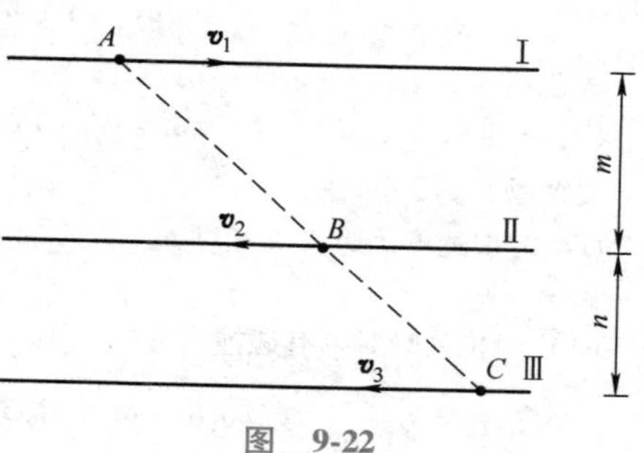

图　9-22

为使 A、B、C 三点始终共线，应有

$$\frac{v_{Br}}{m}=\frac{v_{Cr}}{m+n}$$

$$(m+n)(v_2+v_1)=m(v_3+v_1)$$

所以

$$v_3=v_2+\frac{n}{m}(v_2+v_1)$$

第 7 题

$\boldsymbol{v}_K=\boldsymbol{v}_A+\boldsymbol{\omega}\times\overrightarrow{AK}=\boldsymbol{0}$。

$\boldsymbol{v}_A=\dot{x}\boldsymbol{i}+\dot{y}\boldsymbol{j}$，$\boldsymbol{\omega}=\dot{\theta}\boldsymbol{k}$，$\overrightarrow{AK}=\xi_K\boldsymbol{i}'+\eta_K\boldsymbol{j}'$，$\boldsymbol{i}'=\boldsymbol{i}\cos\theta+\boldsymbol{j}\sin\theta$，$\boldsymbol{j}'=\boldsymbol{j}\cos\theta-\boldsymbol{i}\sin\theta$

$\Rightarrow\dot{x}-\dot{\theta}(\xi_K\sin\theta+\eta_K\cos\theta)=0$

$\dot{y}+\dot{\theta}(\xi_K\cos\theta-\eta_K\sin\theta)=0$。

第 8 题

选点 B 为动点，动系与杆 AC 固结。

（1）速度分析（见图 9-23a）

$$\boldsymbol{v}_B=\boldsymbol{v}_{\mathrm{e}}+\boldsymbol{v}_{\mathrm{r}}=\boldsymbol{v}_{\mathrm{e1}}+\boldsymbol{v}_{\mathrm{e2}}+\boldsymbol{v}_{\mathrm{r}}$$

$$v_B=l\omega,\quad v_{\mathrm{e1}}=v_A=\sqrt{2}l\omega,\quad v_{\mathrm{e2}}=e\omega_{AC}$$

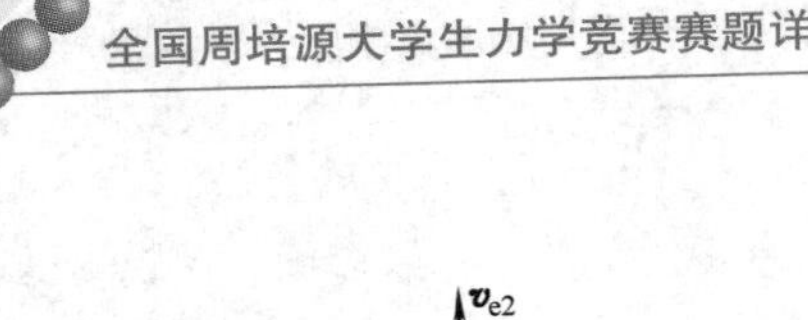

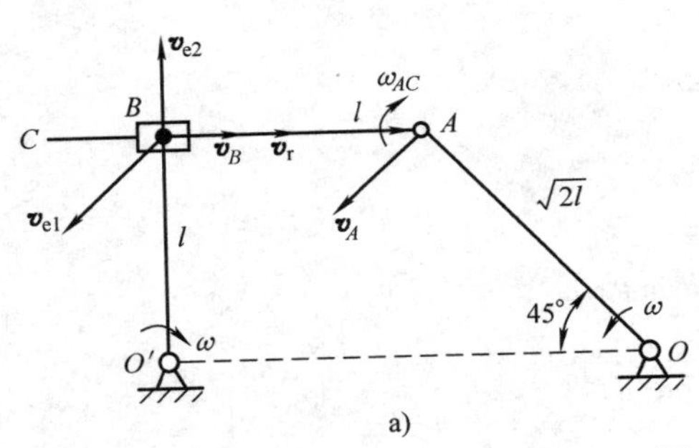

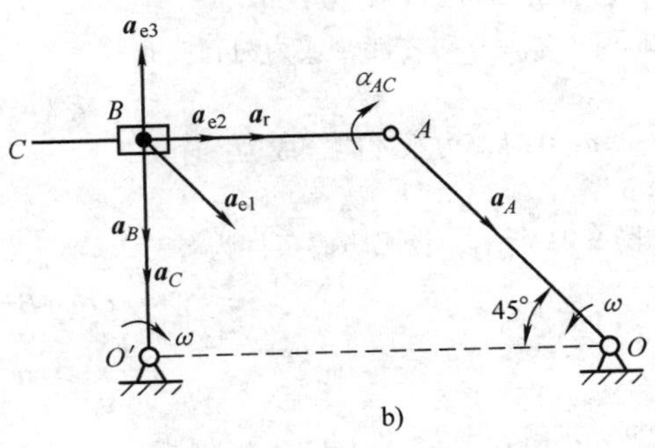

图 9-23

y 轴：

$$0=-\sqrt{2}l\omega\cos45°+lw_{AC}, \quad \omega_{AC}=\omega(\curvearrowleft)$$

x 轴：

$$l\omega=-\sqrt{2}l\omega\sin45°+v_r, \quad v_r=2l\omega$$

（2）加速度分析（见图 9-23b）

$$\boldsymbol{a}_B=\boldsymbol{a}_e+\boldsymbol{a}_r+\boldsymbol{a}_C=\boldsymbol{a}_{e1}+\boldsymbol{a}_{e2}+\boldsymbol{a}_{e3}+\boldsymbol{a}_r+\boldsymbol{a}_C$$

$$a_B=l\omega^2, \quad a_{e1}=a_A=\sqrt{2}l\omega^2, \quad a_{e2}=lw_{AC}^2=l\omega^2$$

$$a_{e3}=l\alpha_{AC}, \quad a_C=2\omega_{AC}v_r=4l\omega^2$$

（3）y 轴：

$$-l\omega^2=-\sqrt{2}l\omega^2\cos45°+l\alpha_{AC}-4l\omega^2 \quad \alpha_{AC}=4\omega^2 (\curvearrowleft)$$

第 9 题

C 点的加速度为重力加速度 g。

第 10 题

（1）绳拉紧瞬时，有碰撞因素能量不守恒。用动量矩定理，忽略碰撞瞬时的常规摩擦力，有

$$(J_0\omega_1+mvr)-J_0\omega_0=0, \quad J_0=\frac{1}{2}mr^2, \quad v=\omega_1 r, \quad \omega_1=\frac{1}{3}\omega_0$$

（2）求从绳拉紧到移动最大距离 x，用动能定理有

$$0-\left(\frac{1}{2}J_0\omega_1^2+\frac{1}{2}mv^2\right)=-mgfx, \quad x=\frac{r^2\omega_0^2}{12fg}$$

第 11 题

如图 9-24 所示。

（1）先求 AB 杆落至水平时的 ω 及 AC 杆的 v_C（见图 9-24a）。

由动量定理得，$2mv_C=0\Rightarrow v_C=0$

由动能定理得，

$$\frac{1}{2}\times\frac{1}{3}ml^2\omega^2-0=mg\frac{l}{2}\Rightarrow\omega=\sqrt{3\frac{g}{l}}$$

（2）再求加速度 a_C 及受力：

考虑整个系统用动量定理（见图 9-24b、c）

$$ma_C+m\left(a_G-\frac{l}{2}\omega^2\right)=0\Rightarrow a_C=\frac{3}{4}g$$

考虑 AB 杆

$$-m\left(\frac{l}{2}\alpha\right)=F_{Ay}-mg$$

$$\frac{1}{12}ml^2\alpha=F_{Ay}\frac{l}{2}\Rightarrow\alpha=\frac{3g}{2l}, \quad F_{Ay}=\frac{1}{4}mg$$

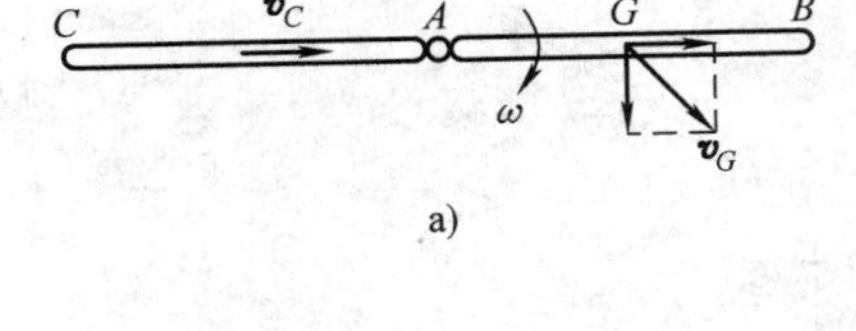

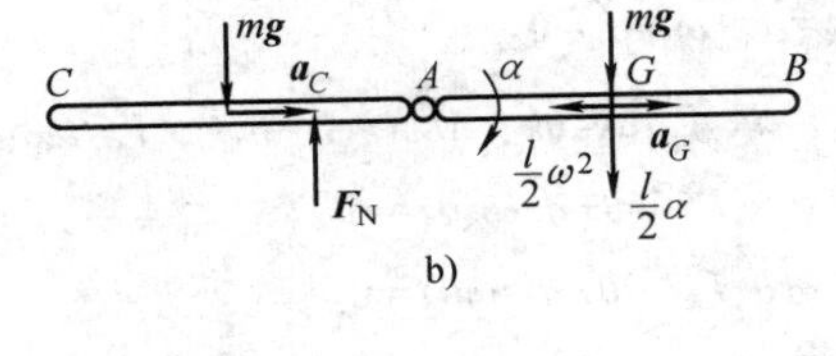

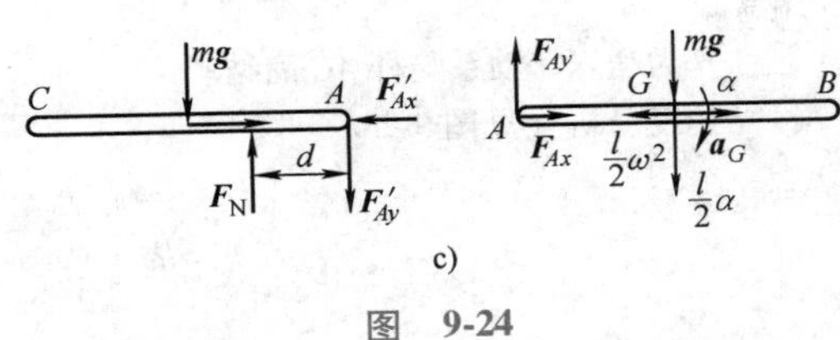

图 9-24

考虑 AC 杆

$$F_N=\frac{5}{4}mg,\ F_N\left(\frac{l}{2}-d\right)-F_{Ay}\frac{l}{2}=0\Rightarrow d=\frac{2}{5}l$$

第 12 题

（1）在定坐标系中考虑问题。小球以绝对速度 v 沿直线 AB 运动，如果小球到达 B 时，实验者也随底盘沿 $\widehat{AB}$ 弧线到达 B，则小球打在实验者身上。

（2）条件为

$$v=\frac{\overline{AB}}{t}=\frac{2r\sin\theta}{2\theta/\omega}=\frac{r\omega\sin\theta}{\theta}<r\omega$$

给定 θ，即可求出 v，即问题有多解。当给定 v、θ 时，可用速度合成定理求相对速度 v_0 及方向 α：

$$v_0^2=v^2+r^2\omega^2-2r\omega v\cos\theta,\ \tan\alpha=\frac{r\omega-v\cos\theta}{v\sin\theta}$$

（3）小球相对轨迹示意如图 9-25b 所示。

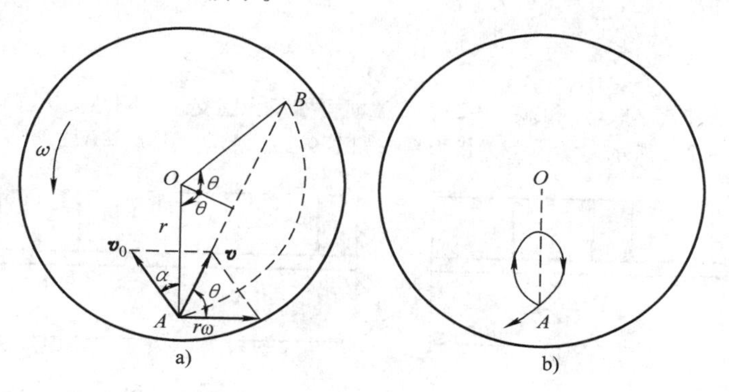

图　9-25

9.4　材料力学试题参考答案及详细解答

9.4.1　参考答案

1.（1）$w_A=-\frac{(2\sqrt{2}+3)qa^4}{24EI}$（↓）；（2）$w_A=\frac{2qa^4}{3EI}$（↑）。

2. $\tau(\theta)=\frac{M}{2\pi R_0^2\left(\delta_1+\frac{\delta_2-\delta_1}{\pi}\theta\right)}$，$\varphi=\frac{Ml}{2G\pi R_0^3(\delta_2-\delta_1)}\ln\frac{\delta_2}{\delta_1}$。

3. $\theta_B=\frac{\alpha(T_1-T_2)l}{4h}$。

4. $F_N=0$，$F_{SA}=qR$。

5. $(\alpha_1-\alpha_2)\sin\sqrt{\alpha_1}l\sin\sqrt{\alpha_2}l=0$，

$$\alpha_1=\frac{1}{2}\left[\frac{F}{EI}+\sqrt{\left(\frac{F}{EI}\right)^2-4\frac{k}{EI}}\right],\ \alpha_2=\frac{1}{2}\left[\frac{F}{EI}-\sqrt{\left(\frac{F}{EI}\right)^2-4\frac{k}{EI}}\right]。$$

6. 解答 1：由挠曲线近似微分方程，得 $|M_d|_{max}=\frac{1}{2}q_d l^2$，$q_d=q+\sqrt{q^2+\frac{40EIH}{l^4}q}$。

解答 2：忽略本身重量引起的应力，得$|M_{\mathrm{d}}|_{\max}=\dfrac{\sqrt{10EIqH}}{l}$。

7.（1）$M_E=\dfrac{Fl}{12}$，$F_{\mathrm{NE}}=\dfrac{F(2a-l)}{2b}$。

（2）见详细解答。

9.4.2 详细解答

第 1 题

（1）在外伸段 AB 自重作用下，钢筋在刚性平台上有一段拱起，设拱起长度为 b，在拱起与接触交界截面 C 的挠度与转角为零，即

$$w_C=0 \tag{9-1}$$

$$\theta_C=0 \tag{9-2}$$

又因截面 C 左侧曲率半径 ρ_{C^-}为无穷大，故

$$M_C=\frac{EI}{\rho_{C^-}}=0 \tag{9-3}$$

解法一　由边界条件式（9-1）和式（9-2），C 截面可抽象为固支端，刚性桌边缘可抽象为活动铰，钢筋 ABC 段可抽象为图 9-26a 所示力学模型，相当系统如图 9-26b 所示。由 $w_B=0$ 有

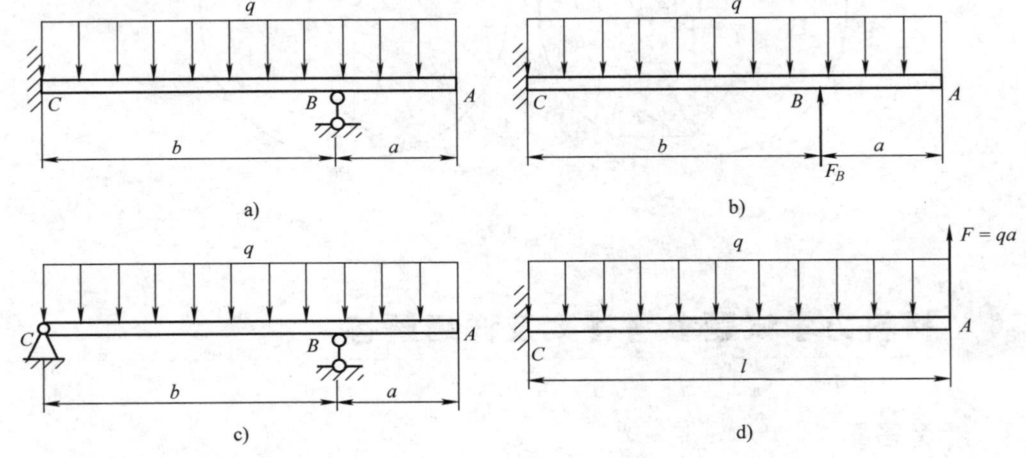

图　9-26

$$\frac{(F_B-qa)b^3}{3EI}-\frac{\frac{1}{2}qa^2b^2}{2EI}-\frac{qb^4}{8EI}=0 \tag{9-4}$$

由梁对 C 点的力矩平衡条件，并注意到式（9-3），可知

$$F_Bb-\frac{1}{2}q(a+b)^2=0 \tag{9-5}$$

方程（9-4）和方程（9-5）联立求解有

$$b=\sqrt{2}a，F_B=\frac{q(a+b)^2}{2b}$$

$$w_A=\frac{q(a+b)^4}{8EI}-\frac{F_Bb^3}{3EI}-\frac{F_Bb^2a}{2EI}=-\frac{(2\sqrt{2}+3)qa^4}{24EI}(\downarrow)$$

解法二　由式（9-1）和式（9-3），C 截面又可抽象为铰支端，ABC 段的力学模型为图9-26c所示外伸

梁，由条件（2）有

$$\frac{\frac{1}{2}qa^2b}{6EI}-\frac{qb^3}{24EI}=0$$

$$b=\sqrt{2}a$$

$$w_A=-\frac{qa^4}{8EI}-\frac{\frac{1}{2}qa^2ba}{3EI}+\frac{qb^3a}{24EI}=-\frac{(2\sqrt{2}+3)qa^4}{24EI}\ (\downarrow)$$

与第一种解法结果相同，但求解简化了不少。

（2）由于 $F=qa$ 的作用，外伸段对 B 截面的作用是顺时针力偶，B 截面被抬起，梁拱起部分连同外伸段的力学模型为如图 9-26d 所示悬臂梁。由平衡条件［注意到式（9-3）］有

$$qal-\frac{1}{2}ql^2=0$$

$$l=2a$$

$$w_A=\frac{qal^3}{3EI}-\frac{ql^4}{8EI}=\frac{2qa^4}{3EI}\ (\uparrow)$$

第 2 题

由 $\delta(\theta)=\delta_1+\frac{\delta_2-\delta_1}{\pi}\theta$，得

$$\tau(\theta)=\frac{T}{2\pi R_0^2\delta(\theta)}=\frac{M}{2\pi R_0^2\left(\delta_1+\frac{\delta_2-\delta_1}{\pi}\theta\right)}$$

据 $V_\varepsilon=\frac{\tau^2}{2G}$，有

$$\mathrm{d}V_\varepsilon=\frac{1}{2G}\left[\frac{M}{2\pi R_0^2\left(\delta_1+\frac{\delta_2-\delta_1}{\pi}\theta\right)}\right]^2 l\delta(\theta)R_0\mathrm{d}\theta$$

$$=\frac{M^2l}{8G\pi^2R_0^3\left(\delta_1+\frac{\delta_2-\delta_1}{\pi}\theta\right)}\mathrm{d}\theta$$

及

$$V_\varepsilon=\int_V\mathrm{d}V_\varepsilon=\frac{2M^2l}{8G\pi^2R_0^3}\int_0^\pi\frac{1}{\left(\delta_1+\frac{\delta_2-\delta_1}{\pi}\theta\right)}\mathrm{d}\theta$$

$$=\frac{M^2l}{4G\pi R_0^3(\delta_2-\delta_1)}\ln\frac{\delta_2}{\delta_1}$$

据 $W=\frac{1}{2}M\varphi=V_\varepsilon$ 得

$$\varphi=\frac{Ml}{2G\pi R_0^3(\delta_2-\delta_1)}\ln\frac{\delta_2}{\delta_1}$$

第 3 题

一般公式

$$\Delta=\int_l\overline{M}(x)\,\mathrm{d}\theta$$

$$\Delta = \frac{\alpha}{h}\int_l \overline{M}(x)(T_1 - T_2)\mathrm{d}x + \frac{1}{EI}\int_l \overline{M}(x)M(x)\mathrm{d}x$$

求解超静定（见图 9-27a）。

$$w_B = \frac{\alpha}{h}\int_0^l x(T_1 - T_2)\mathrm{d}x + \frac{1}{EI}\int_0^l x \cdot F_{By}x\mathrm{d}x = \frac{\alpha(T_1 - T_2)l^2}{2h} + \frac{F_{By}l^3}{3EI} = 0$$

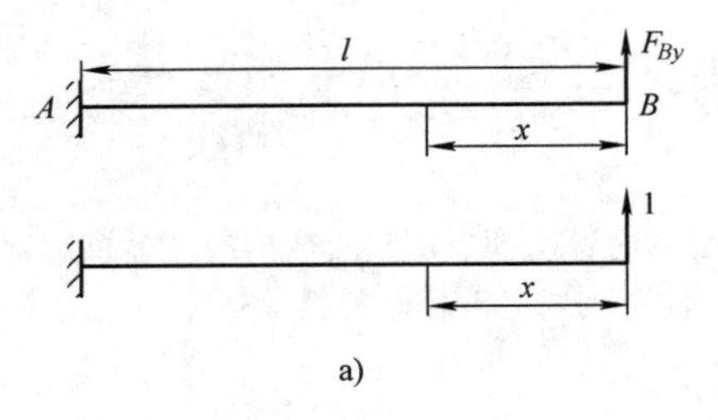

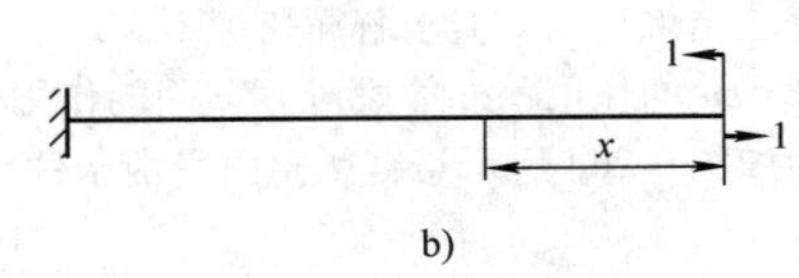

图 9-27

$$F_{By} = \frac{3EI}{2lh}(T_2 - T_1)$$

求转角 θ_B（见图 9-27b）。

$$\theta_B = \frac{\alpha}{h}\int_0^l 1 \cdot (T_1 - T_2)\mathrm{d}x + \frac{1}{EI}\int_0^l 1 \cdot F_{By}x\mathrm{d}x = \frac{\alpha(T_1 - T_2)l}{4h} \quad (\circlearrowright)$$

第 **4** 题

（1）杆 CD 的轴力 $F_N = 0$；解时可在该杆中间截面处“切开”，因为是反对称面，而 F_N 为对称内力，故为零。

（2）截面 A 为反对称面，其上的对称内力 F_{NA} 和 M_A 均为零；而 F_{SA} 可由 A 处（被切开）左、右截面上、下相对错动位移 $\Delta_{A/A'} = 0$ 的协调条件来确定。

求 $\Delta_{A/A'}$ 的载荷状态及单位状态如图 9-28a、b 所示，其弯矩方程分别为

$$M(\varphi) = qR^2(\varphi - \sin\varphi) - F_{SA}R\sin\varphi$$

$$\overline{M}(\varphi) = -R\sin\varphi$$

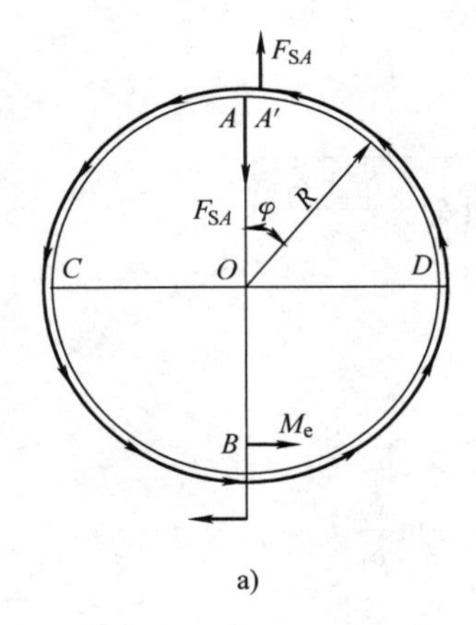

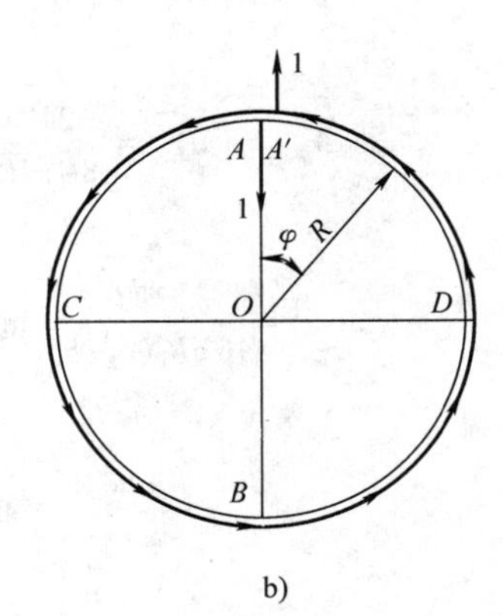

图 9-28

将其代入

$$\Delta_{A/A'}=\frac{2}{EI}\int_0^{\pi}\overline{M}(\varphi)M(\varphi)R\mathrm{d}\varphi$$

$$=\frac{2}{EI}\int_0^{\pi}(-qR^3\varphi\sin\varphi+qR^3\sin^2\varphi+F_SAR^2\sin^2\varphi)R\mathrm{d}\varphi$$

$$=\frac{2R^3}{EI}\left(-\pi qR+\frac{\pi}{2}qR+\frac{\pi}{2}F_{SA}\right)=0$$

由此得到

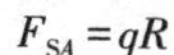

$$F_{SA}=qR$$

第 5 题

解答的详细过程如图 9-29 所示。

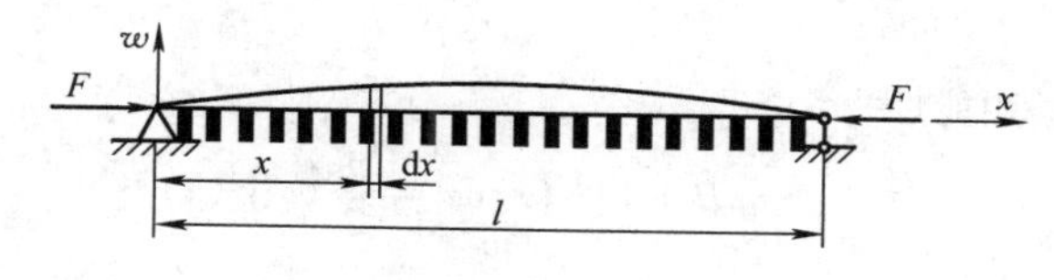

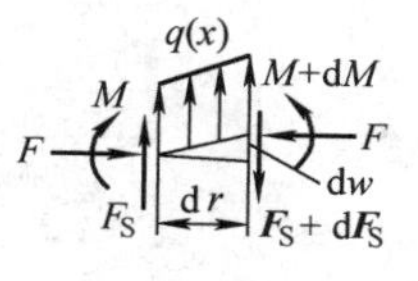

图　9-29

（1）压杆的挠曲轴微分方程

杆微段的平衡方程为

$$M+\mathrm{d}M+F\mathrm{d}w-F_S\mathrm{d}x-M=0$$

得

$$\frac{\mathrm{d}M}{\mathrm{d}x}=F_S-F\frac{\mathrm{d}w}{\mathrm{d}x}$$

或

$$\frac{\mathrm{d}^2M}{\mathrm{d}x^2}=\frac{\mathrm{d}F_S}{\mathrm{d}x}-F\frac{\mathrm{d}^2w}{\mathrm{d}x^2}$$

$$\frac{\mathrm{d}^2M}{\mathrm{d}x^2}=-kw-F\frac{\mathrm{d}^2w}{\mathrm{d}x^2}$$

由此得压杆的挠曲轴微分方程为

$$EI\frac{\mathrm{d}^4w}{\mathrm{d}x^4}+F\frac{\mathrm{d}^2w}{\mathrm{d}x^2}+kw=0 \tag{9-6}$$

（2）压杆的临界载荷

微分方程（9-6）的通解为

$$w=C_1\sin\sqrt{\alpha_1}x+C_2\sin\sqrt{\alpha_2}x+C_3\cos\sqrt{\alpha_1}x+C_4\cos\sqrt{\alpha_2}x \tag{9-7}$$

式中

$$\alpha_1=\frac{1}{2}\left[\frac{F}{EI}+\sqrt{\left(\frac{F}{EI}\right)^2-4\frac{k}{EI}}\right]$$

$$\alpha_2=\frac{1}{2}\left[\frac{F}{EI}-\sqrt{\left(\frac{F}{EI}\right)^2-4\frac{k}{EI}}\right]$$

压杆的边界条件为

$$w(0)=0,w''(0)=0,w(l)=0,w''(l)=0$$

由式（9-7）与上述边界条件，得 C_1、C_2、C_3 与 C_4 的非零解条件为

$$\begin{vmatrix} 0 & 0 & 1 & 1 \\ 0 & 0 & \alpha_1 & \alpha_2 \\ \sin\sqrt{\alpha_1}l & \sin\sqrt{\alpha_2}l & \cos\sqrt{\alpha_1}l & \cos\sqrt{\alpha_2}l \\ \alpha_1\sin\sqrt{\alpha_1}l & \alpha_2\sin\sqrt{\alpha_2}l & \alpha_1\cos\sqrt{\alpha_1}l & \alpha_2\cos\sqrt{\alpha_2}l \end{vmatrix}=0$$

由此得临界载荷 F_{cr} 应满足的方程为

$$(\alpha_1-\alpha_2)\sin\sqrt{\alpha_1}l\sin\sqrt{\alpha_2}l=0$$

第 6 题

梁 AB 受自重，可视为受均布静载荷 q，由冲击和梁变形的对称性，可取 AB 的一半受均布动载荷 q_d 作

用在悬臂梁DB上，如图9-30a所示。

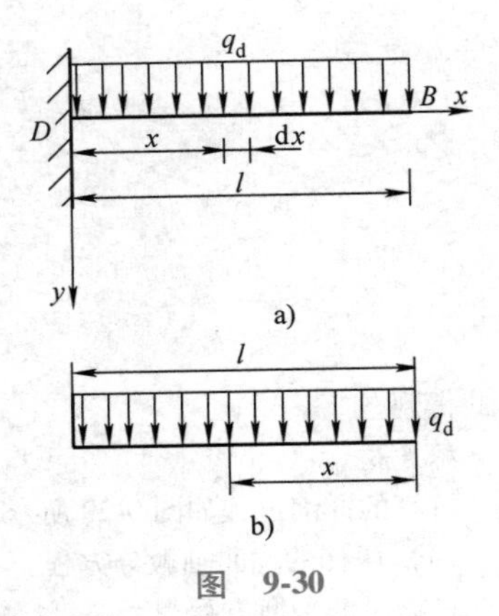

图 9-30

解法一　由挠曲线近似微分方程

$$EIy''_d = -M(x) = \frac{q_d}{2}(l^2 - 2lx + x^2)$$

$$EIy'_d = \frac{q_d}{2}\left(l^2x - lx^2 + \frac{x^3}{3}\right) + C$$

$$EIy_d = \frac{q_d}{24}x^2(6l^2 - 4lx + x^2) + Cx + D$$

$$C = D = 0$$

由能量关系

$$qlH + \int_l qy_d(x)\,dx = \frac{1}{2}\int_l q_d y_d(x)\,dx$$

$$q_d^2 - 2qq_d - \frac{40EIH}{l^4}q = 0$$

$$q_d = q + \sqrt{q^2 + \frac{40EIH}{l^4}q}$$

$$|M_d|_{\max} = \frac{1}{2}q_d l^2$$

解法二　忽略本身重量引起的应力（该解法满分为12分）（图9-30b）

$$M_d(x) = -\frac{q_d}{2}x^2$$

$$U = \frac{2}{2EI}\int_0^l M_d^2(x)\,dx = \frac{q_d^2 l^5}{20EI}$$

$$2qlH = \frac{q_d^2 l^5}{20EI}$$

$$q_d = \frac{2\sqrt{10EIqH}}{l^2}$$

$$|M_d|_{\max} = \frac{\sqrt{10EIqH}}{l}$$

第7题

（1）求解超静定（图9-31a）

$$\theta_B = \frac{\frac{F}{2}l^2}{2EI} - \frac{M_B l}{EI} = 0 \Rightarrow M_B = \frac{Fl}{4}$$

截面E-E的轴力与弯矩

$$M_E = \frac{F}{2}\,\frac{2l}{3} - \frac{Fl}{4} = \frac{Fl}{12}$$

$$M_A = \frac{F}{2}l - \frac{Fl}{4} = \frac{Fl}{4}$$

$$Fa = 2M_A + F_{Ay}b$$

$$F_{NE} = F_{Ay} = \frac{Fa - 2M_A}{b} = \frac{F(2a-l)}{2b}$$

（2）轴力测量（图9-31b、c）

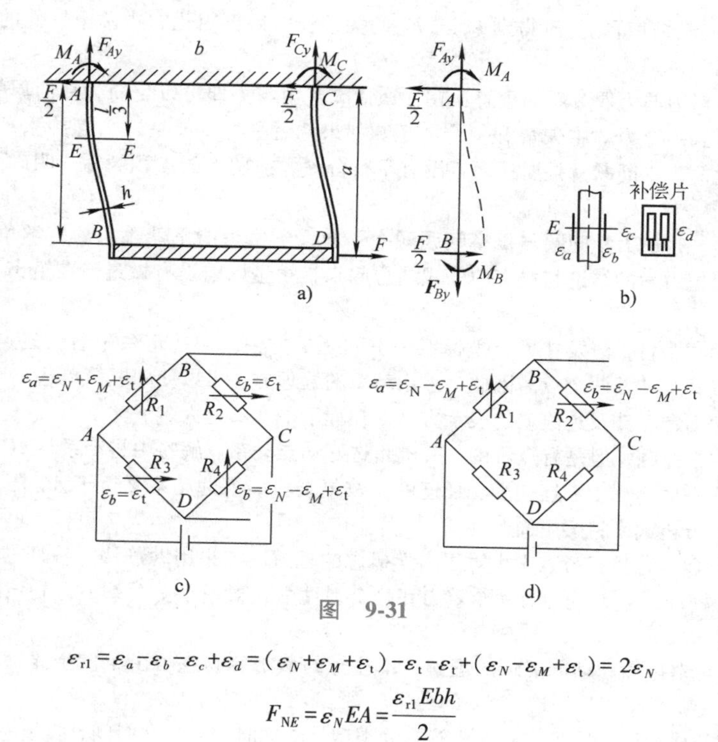

图 9-31

$$\varepsilon_{r1}=\varepsilon_a-\varepsilon_b-\varepsilon_c+\varepsilon_d=(\varepsilon_N+\varepsilon_M+\varepsilon_t)-\varepsilon_t-\varepsilon_t+(\varepsilon_N-\varepsilon_M+\varepsilon_t)=2\varepsilon_N$$

$$F_{NE}=\varepsilon_N EA=\frac{\varepsilon_{r1}Ebh}{2}$$

弯矩测量（图 9-31b、d）

$$\varepsilon_{r2}=(\varepsilon_N+\varepsilon_M+\varepsilon_t)-(\varepsilon_N-\varepsilon_M+\varepsilon_t)=2\varepsilon_M$$

$$M_E=\varepsilon_M EW=\frac{\varepsilon_{r2}Ebh^2}{12}$$

9.5 试题点评

9.5.1 理论力学试题点评

总的看来，本次竞赛的理论力学题目覆盖面广，只有个别题目学生可能不太熟悉，其余一大半题目是常规的作业题，但是属于难度较大的作业题。根据评估，整个试卷的难度系数为 5.13（详见附录 A）。

第 3、9、12 题可能有不同的解法，其他题目基本上没有选择余地，只有一种解法。对学生而言，第 9、10 题可能是容易出错的题目。第 5 题是有新意的题目，但是在提示后难度也不大。

下面是对各具体题目的点评。

第 1 题考查学生对受力分析和列写力矩平衡方程的熟悉程度。如果明确“无质量刚性杆”是二力构件，受力方向只能沿杆方向，马上可以对两杆的交点取矩，得到答案。因此，本题的要点是明确受力特点，选取适当的取矩点让不需要的未知量不出现。

第 2 题考查学生对汇交力系的熟练运用程度。根据三角形构件 BCD 的受力特点，由三力汇交得到 B 点受力只能沿 AB 方向，因此 A 点的力偶矩为零。用其他方法也能得到答案，但可能就需要计算了。

第 3 题考查学生对多自由度机构平衡问题的处理。通常机构平衡问题用虚位移方法处理最好，但是对多自由度的虚位移问题，关键是如何给出适当的虚位移。要充分利用各个虚位移“独立”的条件。例如，在本问题中，先固化左边两个杆件的角度（虚位移为零），右边两杆件可以运动（虚位移不为零），这样

F_1 不做功，通过虚位移原理可以立刻得到 F_2 与 F_3 的关系；然后再固化右边两个杆件的角度，让 F_2 不做功，得到 F_1 与 F_3 的关系。

第 4 题考查学生对力与力偶关系的理解：在什么情况下力与力偶可以化简为最简单的结果。通常系统载荷向某点简化，得到一个力的主矢量和一个主矩。如果两者平行，就是“力螺旋”，不能再化简了；其他情况都可以继续化简。本问题就是要让两者没有平行分量，或两者的点积为零。明确了这一点，计算便很简单。

第 5 题比较有趣，是把力学问题与概率问题融在一起，学生可能不熟悉。从力学角度看是碰撞问题，比较容易。关键是要把力学的结论与概率的公式结合起来，学生以前没有做过。在给出了提示后，这题难度并不大。

第 6 题是运动学的题目，涉及在哪个坐标系中看问题更方便。如在定系中看，三点共线涉及三个点，而在动系中看，三点共线涉及两个点。因此，采用动系的处理方法可以使问题简单些。

第 7 题是运动学问题，涉及纯滚动的表示方法，在提示下，不是太难。

第 8 题是典型的作业题，但是有点难度。关键是选好动点动系。解答中将动系与 AC 杆固连，其实很麻烦，因为这时动系作平面运动，牵连速度、加速度比较复杂。如果选动系平行于 AC 杆，原点在 O' 点，这样动系作定轴转动，分析起来将会更简单些。

第 9 题是个很有趣的题目，考查学生对于力学概念的理解。如果用动静法，各杆的角速度为零，只有角加速度，对于 BC 杆加 C 点，受力有一个重力和两个惯性力，根据平衡关系，得到该瞬时质点 C 做自由落体运动。

第 10 题考查学生对碰撞和动能定理的理解。不注意的话很容易忽略由于发生碰撞所导致的机械能损失。一旦注意到这一点，本题还是比较容易的。

第 11 题是常规的作业题，属于作业中比较难的类型，解题时需要一些时间，需要考虑列什么方程及解题的顺序，没有什么特别的技巧。

第 12 题有一定的难度，需要有好的方法。解答是在固定坐标系中求解的，很简单。如果在动系中求解，就很复杂。因此，本题的关键是选择适当的坐标系。

9.5.2 材料力学试题点评

继《面向 21 世纪高等教育教学内容和教学体系改革计划》和国家工科力学基础学科教学基地建设之后，教育部又于 2003 年开始建设和评审国家级精品课程。根据高等教育发展的新形势，本届材料力学竞赛试题加强了对分析和解决问题能力的考查。

力学建模是不可或缺的基本能力之一，也是材料力学教学中相对薄弱的环节。力学建模要求对实际问题的力学机制有深刻理解，要求有把握全局的定性分析能力。从不同的角度切入，同一工程问题的力学模型可能具有多样性。它们可能复杂程度不同，但是结果相同，如本届第 1 题第（1）小题；也可能因对关键因素的提炼有不同见解，造成结果有所差别，但这只是精度之差，而非正确与错误之别，如第 6 题。为了有所区分，组委会和评卷小组决定第 6 题的两种模型解答的满分分别为 15 分和 12 分。本届试题注重了考查推导公式的能力，而不是仅仅会套用公式就行。命题思想好，但做起来难。试题偏难，竞赛选手得分偏低。最后组委会决定将材料力学科目的成绩乘以系数 1.25 后再计入总分，使之与理论力学成绩的权重相当。

第 1 题知识点：梁变形、超静定问题、力学建模。第（1）、（2）两小题仅仅由于一个外力的大小不同，就要求建立不同的力学模型，是考查建模能力的好题。为了深入理解这一点，设钢筋端点 A 向上的拉力 $F=\alpha qa$，其中 α 为表示力 F 大小变化的无量纲参数。当 α 较小时，刚性桌面边缘与钢筋接触，对钢筋的约束可抽象为活动铰链。采用第（1）小题第二种解法的力学模型，由平衡条件可求得拱起段长度 b：

$$\frac{\frac{1}{2}qa^2-\alpha qa^2 b}{6EI}-\frac{qb^3}{24EI}=0$$

$$b=\sqrt{2(1-2\alpha)\alpha}$$

当 $\alpha=0.5$ 时，钢筋拱起段长度 $b=0$，即已经与桌面全接触。当 α 略微超过 0.5 时，钢筋外伸段对桌内段 B 截面的作用是一个向下的集中力 F 和一个顺时针力偶 M。假设 CB 段的模型为被提起的悬臂梁，提起段长 l，则 B 截面挠度

$$w_B=\frac{Ml^2}{2EI}(\uparrow)-\frac{Fl^3}{3EI}(\downarrow)-\frac{ql^4}{8EI}(\downarrow)$$

显然，一定能找到一个 l_0，当 $l<l_0$ 时，w_B 向上。它表明，钢筋被向上提起离开桌面边缘 B 的悬臂梁模型假设成立。当 $\alpha>0.5$ 时，B 点不再存在约束。

再看钢筋与刚性桌面接触与分离的分界点 C，由分析，钢筋在这个截面的位移、转角和弯矩均为零，对于第（1）小题，C 端约束既可以抽象为固定端，得出图 9-26a 的力学模型，又可抽象为固定铰支座，得出图 9-26c 的力学模型。两个力学模型得出完全相同的结果，但计算工作量有差别。对于第（2）小题，C 端约束只能抽象为固定端，如抽象为铰支端，则力学模型将成为可动机构而不是结构。

最后指出，在钢筋 C 点出现集中力是由于经典梁理论的简化假设造成的，与实际情况不符。请参阅对第一届第 7 题的点评。

第 2 题知识点：闭口薄壁圆管扭转切应力、相对扭转角、能量法。求 $\tau(\theta)$ 是套用公式的基本知识题，求 φ 必须用能量法求解。

第 3 题知识点：热变形、超静定梁、单位载荷法。单位载荷法的适用范围很广，不仅适用于线性弹性杆或杆系，也适用于非线性弹性杆或杆系；不仅适用于求应力所引起的位移，也适用于求热或装配误差所引起的位移。试举出求装配误差所引起的位移一例：图 9-32a 所示杆 1 有制造误差 $\delta>0$，求 B 点铅垂位移 f_B。

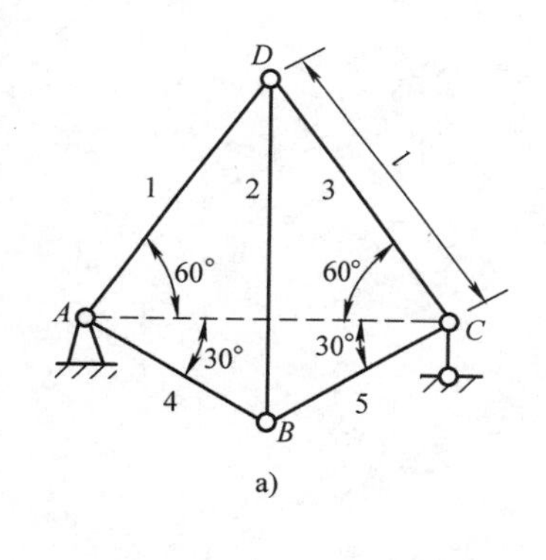

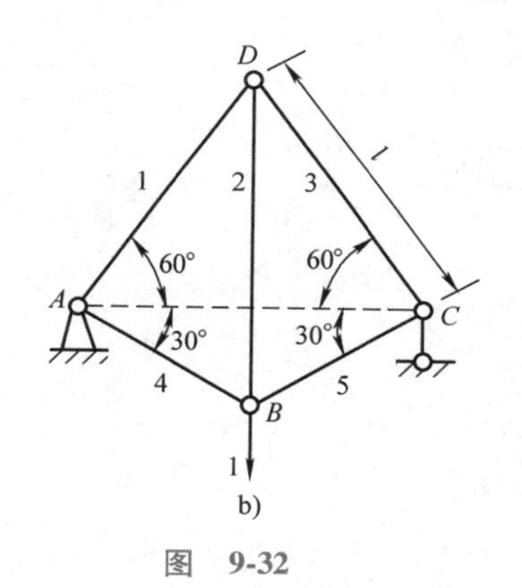

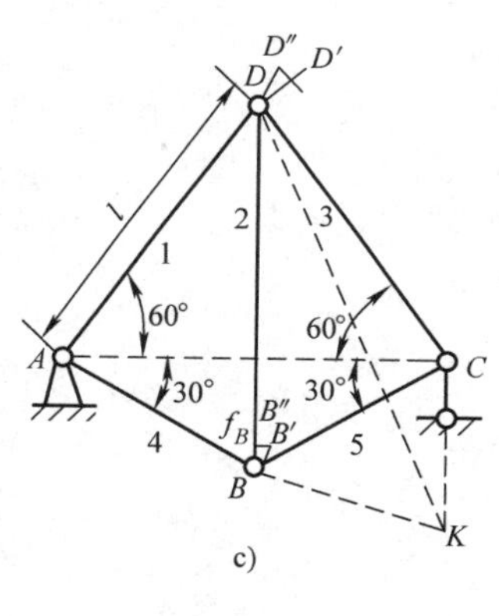

图　9-32

原结构各杆长度变化

$$\Delta l_1=\delta,\Delta l_2=\cdots=\Delta l_5=0$$

图 9-32b 所示在 B 点加单位力

$$\overline{F}_{N1}=-\frac{\sqrt{3}}{4}$$

故

$$f_B=\overline{F}_{N1}\Delta l_1=-\frac{\sqrt{3}}{4}\delta$$

表明方向铅垂向上。

这个问题也可以利用理论力学瞬心的概念求解。注意到 $\triangle BCD$ 微小刚体运动的瞬心位于 K，杆 1 伸长 $DD''=\delta$ 后，D 点移动到 D' 点，B 点移动到 B' 点。虽然处理几何关系会复杂一点，但更直观。同一问题可以用两门课程的似乎完全不同的方法求解，启发我们思考不同知识之间的内在联系。

第 4 题知识点：超静定问题、对称与反对称性质。根据载荷的反对称性质，可以确定小曲率圆环对称轴上的对称内力（即轴力和弯矩）为零，还可以确定杆 *CD* 的轴力为零。这样自由度为 4 的超静定问题就只剩下一个待求内力了。题目的零力杆 *CD* 设计得很好，有助于加深对对称与反对称性质的理解。每届竞赛都有对称与反对称问题的题目，如第一届 3、6、8 题，第二届 2、5、10 题，第三届 1、4 题，第四届 2 题，第五届 2、4、5、6 题。

工程结构和机械往往具有对称性，工程载荷一般不具有对称性。载荷可以分解解耦。以对称的平面桁架作用一般空间载荷为例，首先将载荷分解为面内与面外问题，两个问题解耦，未知量减少一半；然后将面内与面外载荷各自再分解为对称与反对称载荷，每个问题的未知量大致只有原问题的四分之一。

第 5 题知识点：弹性基础上的压杆稳定性。试题设计的出发点是为了考查在没有公式直接可套的情况下，独立分析与解决问题的能力。由于参赛同学大都对这类问题不熟悉，加之又要综合多方面的知识，因此得分率普遍偏低。

第 6 题知识点：冲击应力、能量法。本题不能套用材料力学教材中关于冲击应力的公式，必须运用能量法自行推导，于是就有考虑和忽略自身重量引起的应力的两种力学模型。这不是正确与错误的区别，但有精度的不同。本题满分为 15 分，经命题阅卷组讨论研究，确定忽略自身重量引起的应力的模型在后面分析计算正确的情况下给 12 分。应当指出，即使考虑了自身重量引起的应力，也只是一个工程近似模型。材料力学对冲击问题的工程近似假设可参见有关教材。

第 7 题知识点：超静定结构、电测法。这是一道较难的超静定题目。

第10章

2000年第四届全国周培源大学生力学竞赛

10.1 理论力学试题

1.（10分）

立方体的边长为a，作用有力系如图10-1所示。其中三个力的大小均为F，两个力偶的力偶矩大小均为$M=Fa$，方向如图。若欲使该立方体平衡，只需在某处加一个力即可，则在$Oxyz$坐标系中：

（1）所加的力为________。

（2）在图中画出该力的示意图。

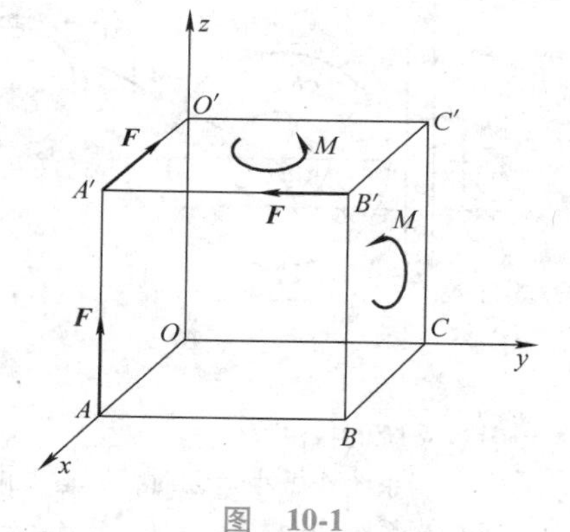

图　10-1

2.（10分）

A、B两物块质量均为m，静止如图10-2所示叠放，设各接触处的摩擦因数均为f，则：

（1）若用手慢慢地去拉B块，其运动现象为________。

（2）若用手突然快速拉B块，其运动现象为________。

（3）在上述两种情况下，A所能获得的最大水平加速度为________。

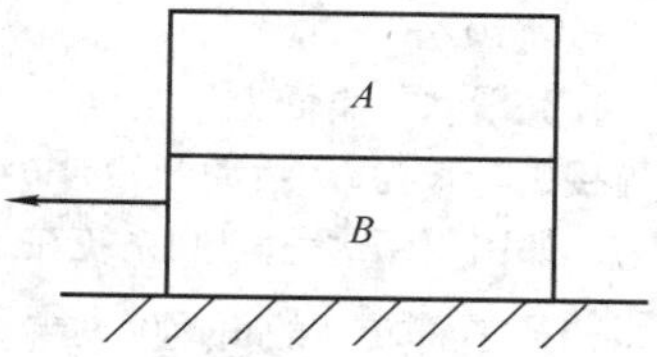

图　10-2

3.（10分）

设均质圆盘齿轮A与一大齿轮内接，齿轮A的质量为m，半径为r，OA杆长为L，坐标系$Oxyz$与杆OA固结。若OA杆以角速度ω、角加速度α转动，方向如图10-3所示。在图示位置，将齿轮A的惯性力系向O点简化，则在坐标系$Oxyz$中：

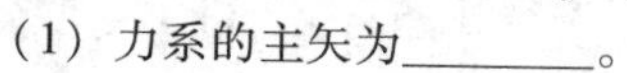

（1）力系的主矢为________。

（2）主矩为________。

4.（10分）

均质细杆AB，长为L，重量为P，由绳索水平静止悬挂，如图10-4所示。在突然剪断右端绳索

的瞬时：

（1）若忽略绳索的变形，则 A 端绳索的约束力大小为________，AB 杆的角加速度大小为________。

（2）若考虑绳索的弹性变形，则 A 端绳索的约束力大小为________，AB 杆的角加速度大小为________。

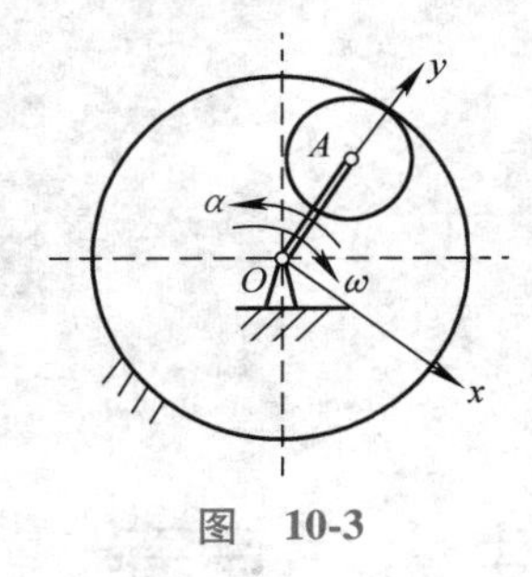

图 10-3

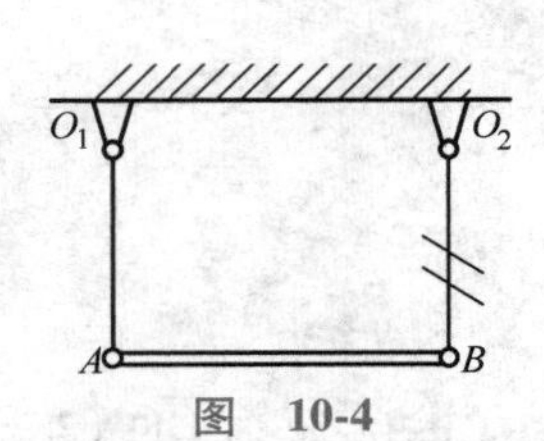

图 10-4

5.（10 分）

如图 10-5 所示，AB 杆的 A 端沿圆槽 O 运动，B 端与轮轴铰接。轮轴沿直线轨道只滚不滑。圆槽 O 半径为 R，轮轴内外半径分别为 R_1、R_2，AB 长为 L。图示瞬时，已知 A 点速度 $\boldsymbol{v}_A$，AB 杆中点 M 的切向加速度为零。则此瞬时：

（1）P 点的速度 v_P 大小为________。

（2）M 点的加速度大小为________。

6.（15 分）

图 10-6 所示系统在铅垂面内运动，刚性杆 1、2、3、4 长度均为 a，质量不计。均质刚杆 AB 质量为 m'，长为 L。C、D 两质点的质量均为 m，且 $m'=2m$。则：

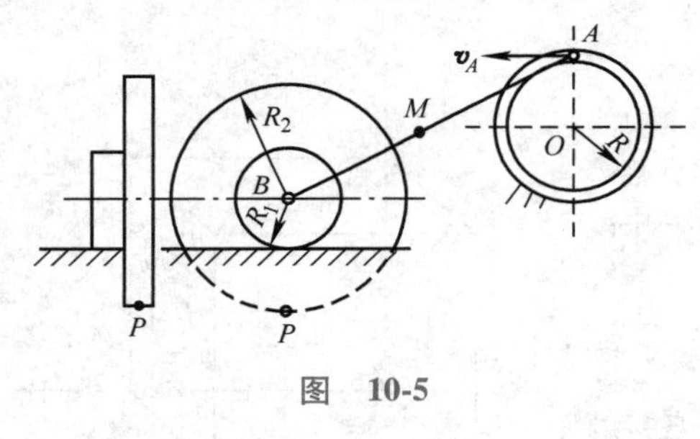

图 10-5

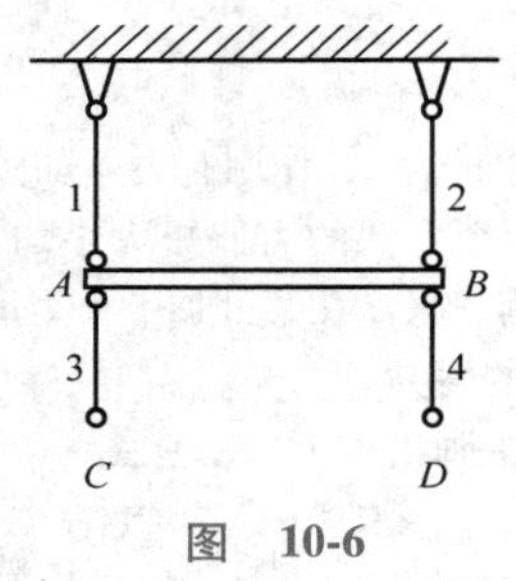

图 10-6

（1）系统的自由度为________。

（2）当系统作微小运动时，其运动微分方程为________。

（3）当系统作微小运动时，杆 3 与杆 4 的相对运动规律为________。

7.（10 分）

在光滑水平桌面上，质点 A、B 的质量均为 m，由一不计质量的刚性直杆连接，杆长为 l。运动开始时 $\theta=0$，A 点在坐标原点，速度为零，B 点速度为 $v\boldsymbol{j}$，如图 10-7 所示。则系统在运动过程中：

（1）直杆转动的角速度 $\dot{\theta}=$________。

（2）A 点的运动轨迹是________，B 点的运动轨迹是________。

（3）直杆的内力 $F_{\mathrm{T}}=$________。

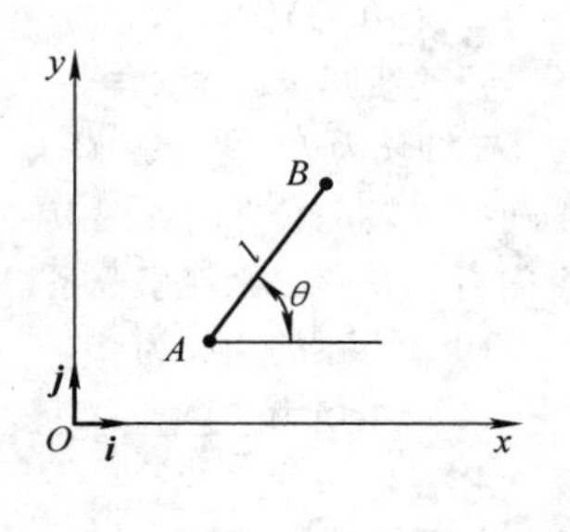

图 10-7

8.（15 分）

图 10-8 所示为一个简单的“不倒翁”模型，由空壳 $ADBE$ 和配重 C 组成。不计空壳质量，其底部轮廓线 ADB 是半径为 R 的圆弧，且充分粗糙。配重 C 在空壳内的 y 轴上，质量为 m。若要求“不倒翁”直立时平衡且稳

定，则：

（1）配重 C 的质量 m________。

（a）越大越好；（b）越小越好；（c）可为任意值；（d）条件不够不能确定。

（2）配重 C 的位置范围________。

（3）若已知 m、R，$\overline{OC}=d$，则模型微摆动的周期为________。

9.（10 分）

如图 10-9 所示，设 $Oxyz$ 为参考坐标系，矩形板（三角形为其上的标志）可绕 O 点作定点运动。为了使矩形板从状态 1（yOz 平面内）运动到状态 2（xOy 平面内），根据欧拉转动定理，该转动可绕某根轴的一次转动实现，则在 $Oxyz$ 坐标系中：

（1）该转轴的单位矢量为________。

（2）转角为________。

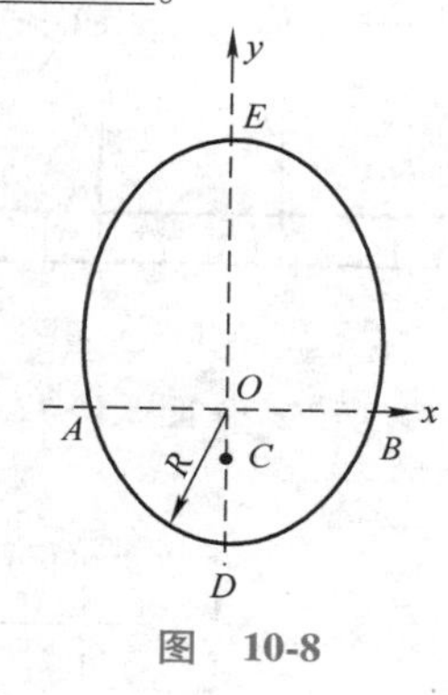

图　10-8

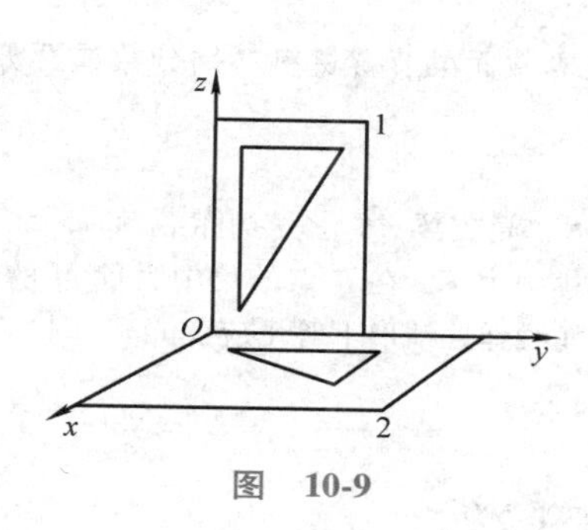

图　10-9

10.2　材料力学试题

1.（25 分）

如图 10-10 所示，狭长矩形截面直杆单侧作用有轴向均布剪切载荷，其单位长度上的大小为 q。

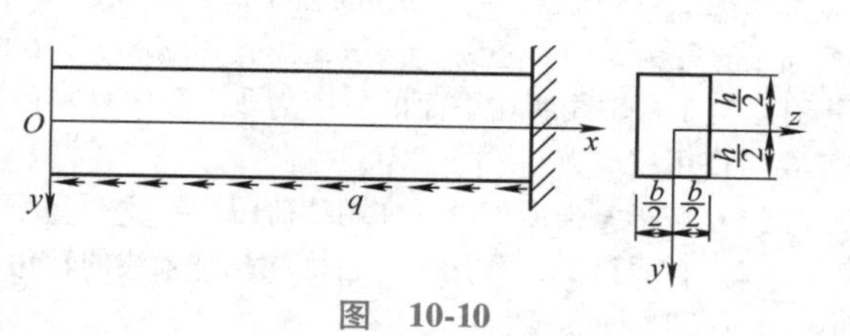

图　10-10

（1）任意截面上的轴力 $F_N(x)=$________，弯矩 $M(x)=$________。

（2）如果平面假设与胡克定律成立，则任意横截面上正应力 $\sigma(x,\ y)=$________。

（3）q、F_N 与 M 之间的平衡微分关系为________。

（4）任意横截面上切应力 $\tau(x,\ y)=$________。

2.（20 分）

今有两个相同的 L 形元件，用螺栓连接，以传递拉力 F。几何尺寸如图 10-11 所示。L 形元件是刚体，螺栓是线弹性体，其拉压弹性模量为 E，许用正应力为 $[\sigma]$。

设两个 L 形元件间无初始间隙，也无预紧力，并设在变形过程中两个螺母与 L 形元件始终贴合，螺栓与 L 形元件在孔壁间无相互作用力，则：

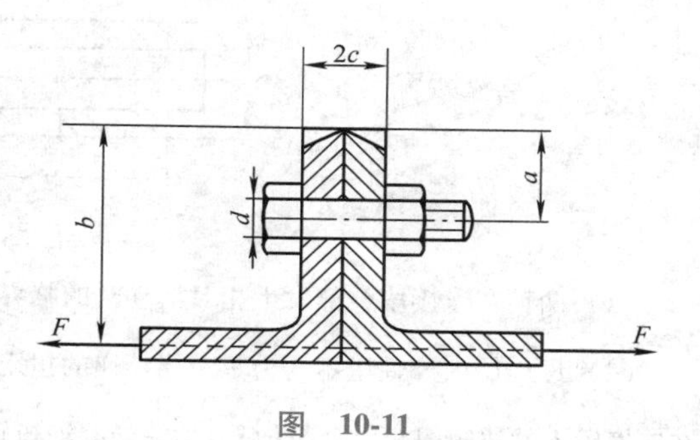

图　10-11

（1）在 L 形元件孔内一段螺栓的轴力 $F_N=$

________。

（2）在 L 形元件孔内一段螺栓的弯矩 M=________。

（3）两个 L 形元件相对转角 $\Delta\theta$=________。

（4）许用拉力[F]=________。

3.（20 分）

矩形等截面悬臂梁高 h，宽 b，长 l。重 P 的重物从高 $H=\dfrac{60Pl^3}{EI}$ 处落到自由端并附着于它。梁的质量不计，E 为材料的弹性模量，I 为截面轴惯性矩。

（1）梁内最大冲击正应力 $\sigma_{\mathrm{d,max}}$=________。

将梁设计成两段等长的阶梯梁$\left(两段各长\dfrac{l}{2}\right)$，梁高 h 保持不变，各段梁宽度可按要求设计。在梁内最大冲击正应力不变的条件下，按最省材料原则，阶梯梁在靠自由端一段宽 b_1，靠固定端一段宽 b_2，则

（2）b_1/b_2=________。

（3）阶梯梁比等截面梁节省材料（用分数或百分数表示）________。

4.（15 分）

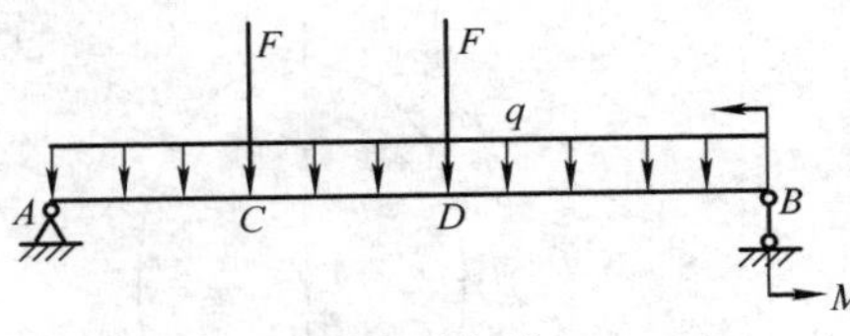

图 10-12

如图 10-12 所示，简支梁 AB 承受均布载荷 q，在 C、D 两点的两个相等的集中力 F，在 B 点的集中力偶 M 的作用。U 是梁的应变余能（线弹性情形下等于应变能），则：

（1）$\dfrac{\partial U}{\partial M}$的几何意义为________。

（2）$\dfrac{\partial U}{\partial F}$的几何意义为________。

（3）$\dfrac{\partial U}{\partial q}$的几何意义为________。

5.（20 分）

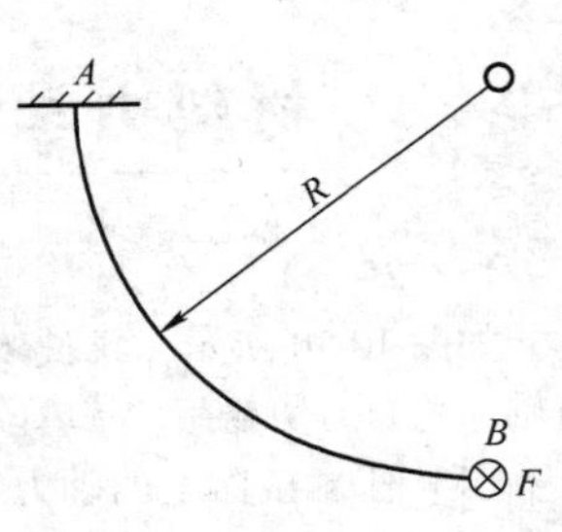

图 10-13

如图 10-13 所示，曲杆 AB 的轴线是半径为 R 的四分之一圆弧，杆的横截面是直径为 d 的实心圆，$d \ll R$，杆的 A 端固定，B 端自由，并在 B 端作用有垂直于杆轴线所在平面的集中力 F。已知材料的弹性模量 E、切变模量 G 与许用拉应力［σ］。

（1）按第三强度理论，许用载荷[F]=________。

（2）在载荷 F 的作用下，自由端绕杆轴线的转角 θ_B=________。

6.（20 分）

如图 10-14 所示，为传递扭矩 T，将一实心圆轴与一空心圆轴以紧配合的方式连接在一起。设两轴间均匀分布的配合压强 p、摩擦因数 f、实心轴直径 d、空心轴外径 D 及连接段长度 L 均为已知。两轴材料相同。

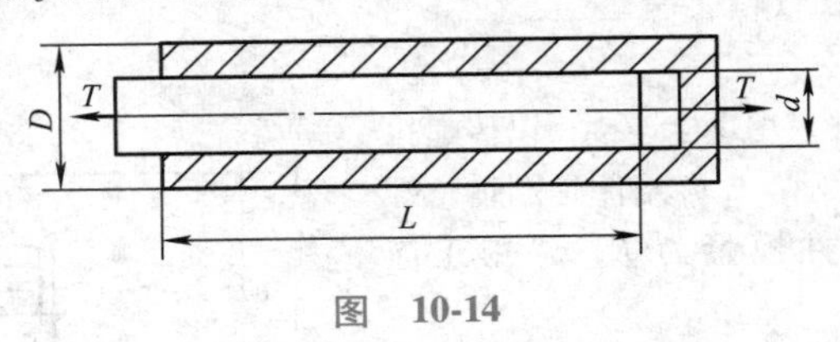

图 10-14

（1）两轴在连接段全部发生相对滑动时的临界扭矩值为________。

（2）设初始内外轴扭矩均为零，当传递的扭矩从 0 增加到 $T=\dfrac{2}{3}T_{\mathrm{cr}}$ 时（无卸载过程），绘制实心内轴在连接段 L 的扭矩图。（假定材料力学关于圆轴扭转的公式全部成立）

10.3 理论力学试题参考答案及详细解答

10.3.1 参考答案

1. (1) $\boldsymbol{F}_B=F(\boldsymbol{i}+\boldsymbol{j}-\boldsymbol{k})$。

(2) 力的作用线沿 $O'B$ 连线，方向由 O' 指向 B。

2. (1) A、B 块同时向左运动，无相对运动。

(2) B 块向左运动，A 块跟不上 B 的运动而落下。

(3) $a_{\max}=fg$。

3. (1) $\boldsymbol{F}_{10}=mL(\alpha\boldsymbol{i}+\omega^2\boldsymbol{j})$。

(2) $\boldsymbol{M}_{10}=mL\alpha\left(\dfrac{1}{2}r-L\right)\boldsymbol{k}$（顺时针）。

4. (1) $F_{\mathrm{T}}=\dfrac{1}{4}P$；$\alpha=\dfrac{3g}{2L}$。

(2) $F_{\mathrm{T}}=\dfrac{1}{2}P$；$\alpha=\dfrac{3g}{L}$。

5. (1) $v_P=\dfrac{v_A(R_2-R_1)}{R_1}$。

(2) $a_M=\dfrac{v_A^2}{2R}$。

6. (1) 3。

(2) $\begin{cases}4\ddot{\theta}_1+\ddot{\theta}_2+\ddot{\theta}_3+4g\theta_1/a=0,\\ \ddot{\theta}_1+\ddot{\theta}_2+g\theta_2/a=0,\\ \ddot{\theta}_1+\ddot{\theta}_3+g\theta_3/a=0,\end{cases}$　其中 θ_i 表示第 i 根杆的转角。

(3) $\theta_r=\theta_2-\theta_3=A\sin\left(\sqrt{\dfrac{g}{a}}t+\varphi\right)$，$A$、$\varphi$ 为常数（或简谐运动）。

7. (1) $\dfrac{v}{l}$。

(2) A、B 的运动轨迹均为圆滚线（或旋轮线、摆线）。

(3) $\dfrac{mv^2}{2l}$。

8. (1) (c)。

(2) C 在 OD 之间，含 D 不含 O。

(3) $2\pi\sqrt{\dfrac{(R-d)^2}{gd}}$。

9. (1) $\boldsymbol{n}=\dfrac{\sqrt{3}}{3}(\boldsymbol{i}+\boldsymbol{j}+\boldsymbol{k})$。(如果把矩形换为正方形，不影响结果，但容易计算。此时转轴就是立方体的对角线。)

(2) 120°，转向与 $\boldsymbol{n}$ 相反。(在立方体中易看出该转角相当于等边三角形的一个顶点绕中心转到另一

个顶点。)

10.3.2 详细解答

第 1 题

力系向 O' 点简化，有主矢量 $\boldsymbol{F}_{O'}=F(-\boldsymbol{i}-\boldsymbol{j}+\boldsymbol{k})$，主矩 $\boldsymbol{M}_{O'}=M(\boldsymbol{j}+\boldsymbol{k})-Fa\boldsymbol{k}-Fa\boldsymbol{j}$，如图 10-15 所示。因为 $M=Fa$，所以 $\boldsymbol{M}_{O'}=\boldsymbol{0}$。因此为了平衡，可以加一个力 $\boldsymbol{F}_B=-\boldsymbol{F}_{O'}$，作用线为 $O'B$。

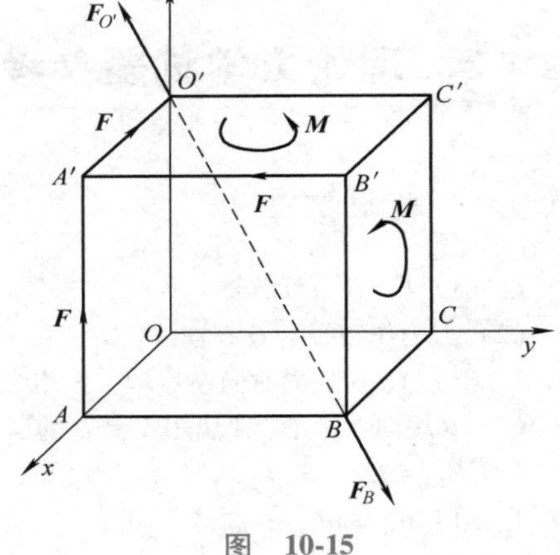

图 10-15

注： 如果力系向其他点简化，则还要多一些步骤来确定作用线的位置。

第 2 题

(1) A、B 块同时向左运动，无相对运动。

(2) B 块向左运动，A 块跟不上 B 的运动而落下。

(3) 如图 10-16 所示，以 A 块为研究对象，有

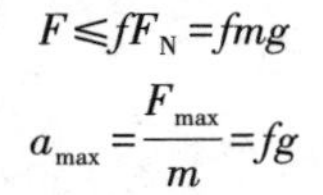

$$F\leqslant fF_{\mathrm{N}}=fmg$$

$$a_{\max}=\frac{F_{\max}}{m}=fg$$

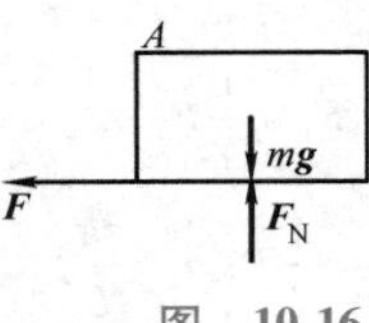

图 10-16

这也解释了前一问：A 存在最大加速度，而 B 的加速度可以随着主动力的增加而增加。

第 3 题

如图 10-17a 所示，由 OA 杆的运动可以求出 A 点的速度和加速度，也可求出齿轮 A 的角速度和角加速度分别为

$$\omega_A=\frac{v_A}{r}=\frac{L\omega}{r},\quad \alpha_A=\frac{a_{A\tau}}{r}=\frac{L\alpha}{r}$$

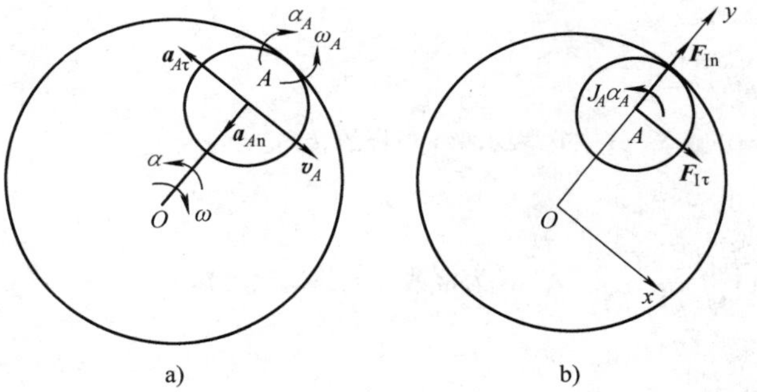

a)　　b)

图 10-17

加惯性力和惯性力矩，如图 10-17b 所示，有

$$F_{\mathrm{I}\tau}=mL\alpha,\ F_{\mathrm{In}}=mL\omega^2,\ M_{\mathrm{I}A}=J_A\alpha_A=\frac{1}{2}mLr\alpha$$

向 O 点简化，有

$$\boldsymbol{F}_{\mathrm{I}O}=\boldsymbol{F}_{\mathrm{I}}=F_{\mathrm{I}\tau}\boldsymbol{i}+F_{\mathrm{In}}\boldsymbol{j}=mL(\alpha\boldsymbol{i}+\omega^2\boldsymbol{j})$$

$$\boldsymbol{M}_O=\boldsymbol{M}_{\mathrm{I}O}=\boldsymbol{M}_{\mathrm{I}A}+\boldsymbol{r}\times\boldsymbol{F}_{\mathrm{I}\tau}=mL\alpha\left(\frac{1}{2}r-L\right)\boldsymbol{k}$$

第 4 题

如图 10-18a 所示，若绳不可伸长，对 AB 杆，由 $J_C\alpha=\sum M_C$ 得

$$\frac{1}{12}mL^2\alpha=\frac{1}{2}F_{\mathrm{T}}L \tag{10-1}$$

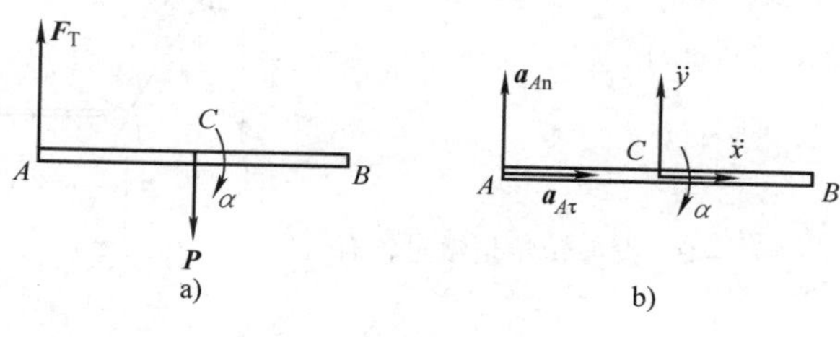

图　10-18

如图 10-18b 所示，由 A 点加速度分析，此瞬时 $a_{An}=0$，因此有

$$\ddot{y}+\frac{1}{2}L\alpha=0 \tag{10-2}$$

利用铅垂方向的动量定理，有

$$m\ddot{y}=F_{\mathrm{T}}-P \tag{10-3}$$

联立式（10-1）、式（10-2）、式（10-3），解出 $F_{\mathrm{T}}=\frac{1}{4}P$，$\alpha=\frac{3g}{2L}$。

如果绳子可伸长，在剪断右绳的瞬时，左绳还没有来得及变形，因此约束力未变，有

$$F_{\mathrm{T}}=F_{\mathrm{T0}}=\frac{1}{2}P$$

根据式（10-1），有 $\alpha=\frac{3g}{L}$。

第 5 题

如图 10-19 所示，AB 杆作瞬时平动，因此 $v_B=v_A$。对圆轮 B 有 $\omega_B=\frac{v_B}{R_1}$，所以有

$$v_P=\omega_B(R_2-R_1)=\frac{v_A(R_2-R_1)}{R_1}$$

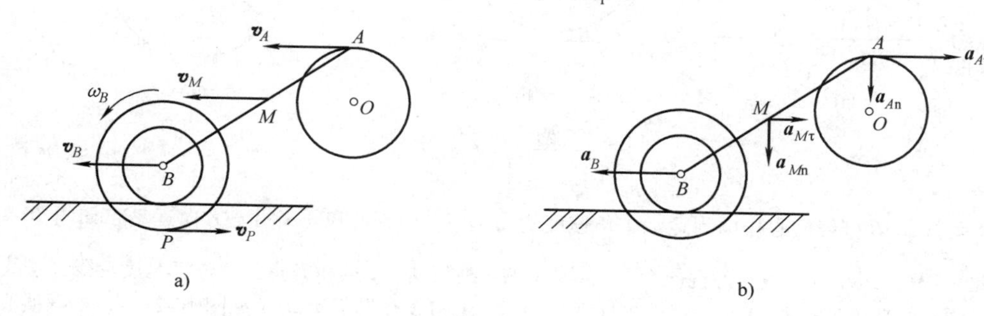

图　10-19

A 点作圆周运动，向心加速度为 $a_{An}=\frac{v_A^2}{R}$。注意 M 点切向加速度 $a_{M\tau}$ 应沿 M 点速度方向，根据题意有 $a_{M\tau}=0$，即 $\boldsymbol{a}_M=\boldsymbol{a}_{Mn}$。由于 M 点是 AB 杆的中点，有 $\boldsymbol{a}_M=\frac{1}{2}(\boldsymbol{a}_A+\boldsymbol{a}_B)$，因此有 $a_M=\frac{1}{2}a_{An}=\frac{v_A^2}{2R}$。

第 6 题

如图 10-20 所示，系统自由度为 3，广义坐标选转角 θ_1、θ_2、θ_3。

利用拉格朗日方程，系统动能和势能分别为

$$T=\frac{1}{2}M(a\dot{\theta}_1)^2+\frac{1}{2}ma^2(\dot{\theta}_1^2+\dot{\theta}_2^2+2\dot{\theta}_1\dot{\theta}_2\cos(\theta_1-\theta_2))+$$
$$\frac{1}{2}ma^2(\dot{\theta}_1^2+\dot{\theta}_3^2+2\dot{\theta}_1\dot{\theta}_3\cos(\theta_1-\theta_3))$$
$$V=-Mga\cos\theta_1-mga(\cos\theta_1+\cos\theta_2)-$$
$$mga(\cos\theta_1+\cos\theta_3)$$

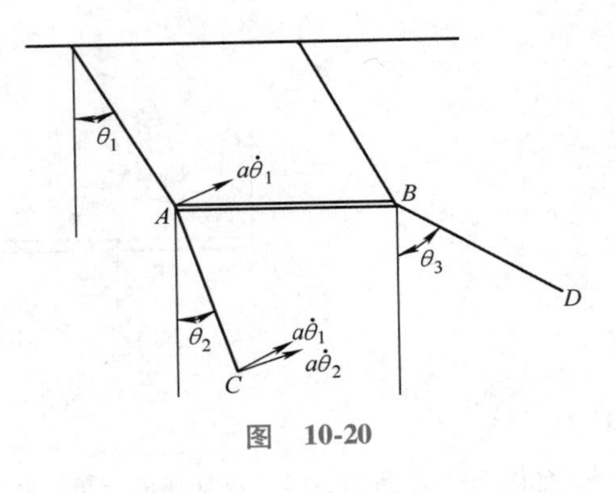

图 10-20

根据 $L=T-V$，代入 $\frac{\mathrm{d}}{\mathrm{d}t}\frac{\partial L}{\partial\dot{\theta}_i}-\frac{\partial L}{\partial\theta_i}=0$，设各转角是微量，有

$$\begin{cases}4\ddot{\theta}_1+\ddot{\theta}_2+\ddot{\theta}_3+4g\theta_1/a=0\\ \ddot{\theta}_1+\ddot{\theta}_2+g\theta_2/a=0\\ \ddot{\theta}_1+\ddot{\theta}_3+g\theta_3/a=0\end{cases}$$

设 $\theta_r=\theta_2-\theta_3$，则由上式相减得到

$$\ddot{\theta}_r+g\theta_r/a=0$$

第 7 题

如图 10-21a 所示，设 AB 杆的质心为 C。在初始时刻，AB 杆上 A 点为速度瞬心，因此 $\omega_0=v/l$，$v_{C0}=\frac{1}{2}v$。

在 AB 杆的运动过程中，水平面内光滑，因此 AB 杆的动量守恒，对其质心 C 的动量矩也守恒。根据动量守恒得到 AB 杆质心以 $\frac{1}{2}v$ 沿 y 方向运动；根据动量矩定理，有 $J_C\omega=J_C\omega_0$，因此 $\dot{\theta}=\omega=v/l$。

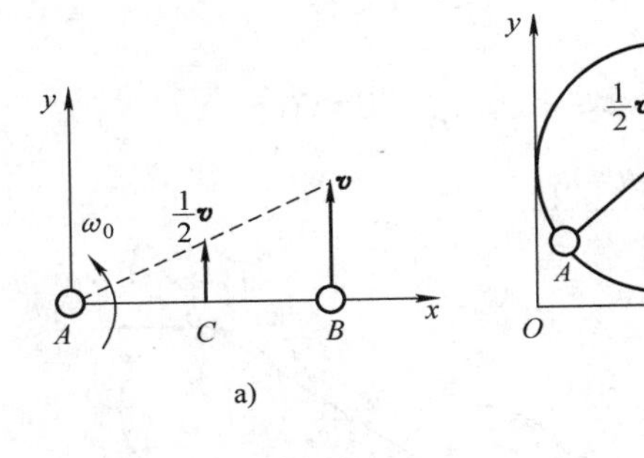

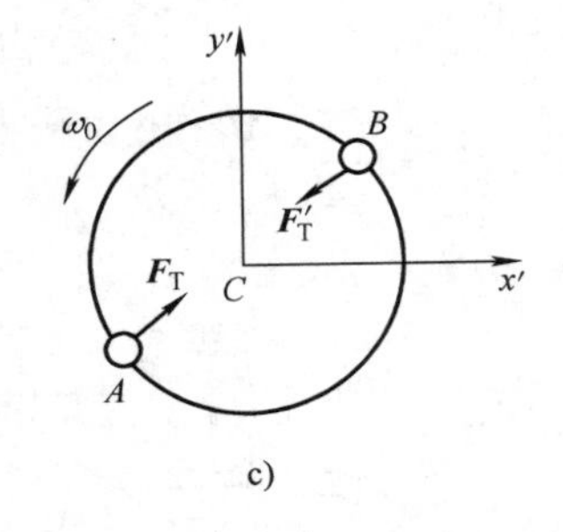

图 10-21

综上可知，AB 杆绕质心作圆周运动，角速度为 $\omega=v/l$，而圆心以 $\frac{1}{2}v$ 沿 y 方向运动，如图 10-21b 所示。因此 AB 杆的运动可以等效为直径为 l 的圆沿 y 轴作纯滚动，A 点和 B 点的轨迹都是旋轮线（摆线）。

在过质心的平动坐标系 $Cx'y'$（惯性坐标系）中看，A 和 B 作圆周运动（见图 10-21c），根据质心运动定理，有 $F_T=ma_n=\frac{1}{2}ml\omega^2=\frac{mv^2}{2l}$。

第 8 题

如图 10-22 所示，以 θ 为广义坐标，有 $\omega=\dot{\theta}$，$v_O=R\dot{\theta}$。以 O 为基点，C 点运动为 $\boldsymbol{v}_C=\boldsymbol{v}_O+\boldsymbol{v}_r$，其中 $v_r=d\dot{\theta}$。

$$T=\frac{1}{2}mv_C^2=\frac{1}{2}m\left(R^2\dot{\theta}^2+d^2\dot{\theta}^2-2Rd\dot{\theta}^2\cos\theta\right)$$
$$V=-mgd\cos\theta$$

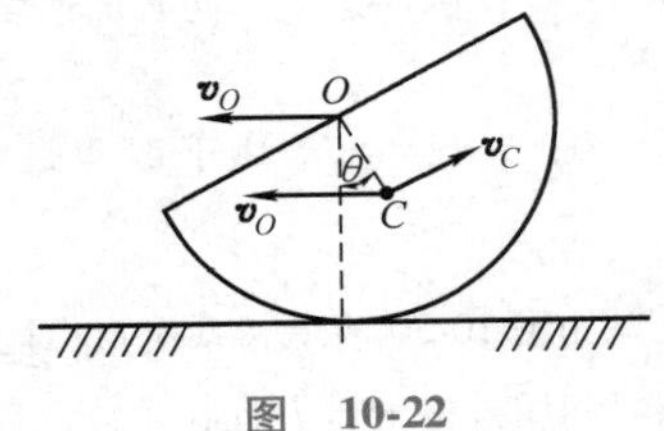

图 10-22

根据拉格朗日方程有

$m(R^2+d^2-2Rd\cos\theta)\ddot{\theta}-mRd\sin\theta\,\dot{\theta}^2+mgd\sin\theta=0$

微振动线性化后有

$$(R-d)^2\ddot{\theta}+gd\theta=0$$

周期为 $2\pi\sqrt{\dfrac{(R-d)^2}{gd}}$。

第 9 题

注意到转轴和转角的大小与矩形板尺寸无关，因此用正方形进行分析就更简单。

首先找转轴。如图 10-23a 所示，从状态 1 转到状态 2 时，可以看出 C'点转到了 B 点，C 点转到了 A 点。作 BC'的中垂面 $A'B'CO$，则转轴在 $A'B'CO$ 面内。作 AC 的中垂面 $O'B'BO$，则转轴在 $O'B'BO$ 面内。因此两中垂面的交线就是真正的转轴。可以看出 OB'为转轴，有

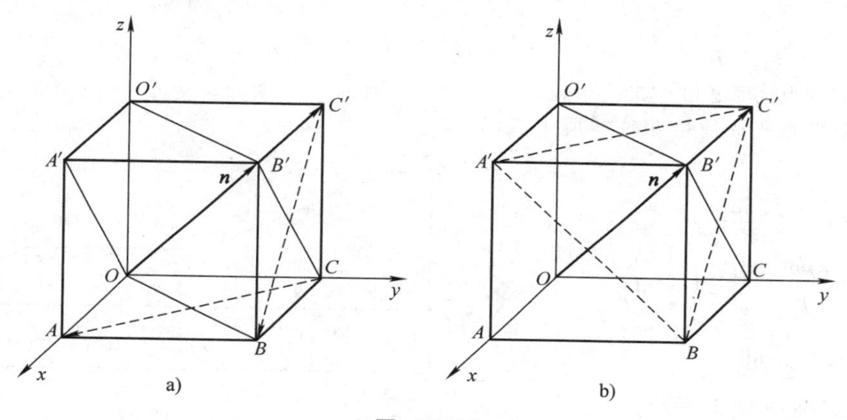

图　10-23

$$\boldsymbol{n}=\frac{\sqrt{3}}{3}(\boldsymbol{i}+\boldsymbol{j}+\boldsymbol{k})$$

再求转角。如图 10-23b 所示，OB'在 BC'的中垂面内，因此 $BC'\perp OB'$；同理 $AC\perp OB'$。$AC/\!/A'C'$，因此 $A'C'\perp OB'$，所以 $OB'\perp\triangle A'BC'$。即本题转动问题等价于以 OB'为转轴，在$\triangle A'BC'$内，C'点转到了 B 点。考虑到这样转三次，C'点回到原始状态，因此每次转动$2\pi/3$，即转角为 120°。

10.4　材料力学试题参考答案及详细解答

10.4.1　参考答案

1.（1）$F_N(x)=qx$；$M(x)=\dfrac{1}{2}qhx$。

（2）$\sigma(x,y)=\dfrac{qx}{bh}+\dfrac{6qxy}{bh^2}$。

（3）$\dfrac{dF_N}{dx}=q$，$\dfrac{dM}{dx}=\dfrac{1}{2}qh$。

（4）$\tau(x,y)=\dfrac{1}{4bh^2}(h^2-4hy-12y^2)q$。

2. （1）$F_N=\dfrac{16Fab}{16a^2+d^2}$。

（2）$M=\dfrac{Fbd^2}{16a^2+d^2}$。

（3）$\Delta\theta=\dfrac{128Fbc}{\pi Ed^2\ (16a^2+d^2)}$。

（4）$[F]=\dfrac{\pi d^2(16a^2+d^2)[\sigma]}{32b(2a+d)}$。

3. （1）$\sigma_{d,\max}=\dfrac{120Pl}{bh^2}$。

（2）$b_1/b_2=0.5$。

（3）$\dfrac{13}{40}=32.5\%$。

4. （1）B 点的转角 θ_B。

（2）C、D 两点挠度之和，即 w_C+w_D。

（3）由梁弯曲变形前后两轴线所围成的面积。

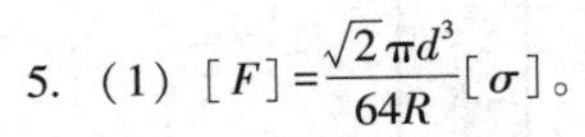

5. （1）$[F]=\dfrac{\sqrt{2}\pi d^3}{64R}[\sigma]$。

（2）$\theta_B=\dfrac{16FR^2}{Ed^4}+\dfrac{32FR^2}{Gd^4\pi}\left(\dfrac{\pi}{4}-1\right)$。

6. （1）$T_{cr}=\dfrac{1}{2}\pi d^2 fpL$。

（2）扭矩图如图 10-24 所示。

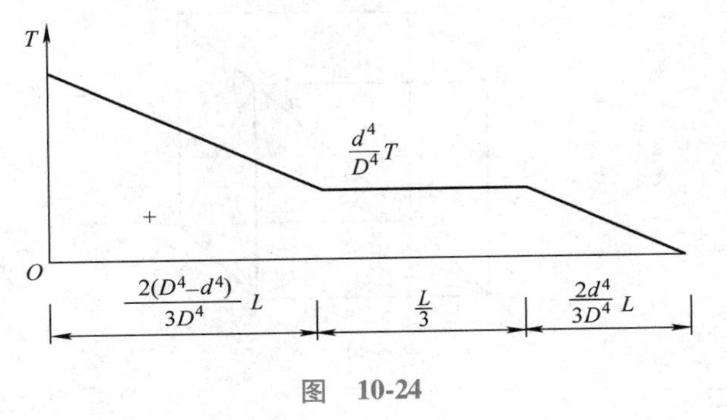

图　10-24

10.4.2　详细解答

第 1 题

（1）在任意位置 x 将杆截开，保留左边部分，如图 10-25 所示，由平衡条件

$$F_N(x)=qx,\ M(x)=\frac{1}{2}qhx$$

（2）$\sigma(x,y)=\dfrac{F_N}{A}+\dfrac{My}{I}=\dfrac{qx}{bh}+\dfrac{1}{2}qhxy/\left(\dfrac{1}{12}bh^3\right)=\dfrac{qx}{bh}+\dfrac{6qxy}{bh^2}$

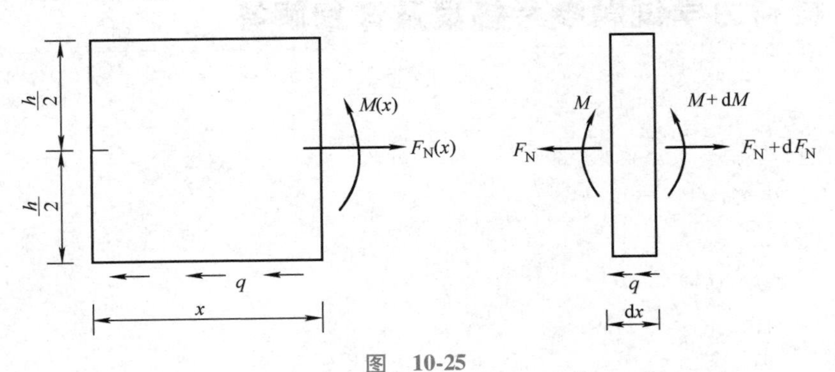

图　10-25

（3）在任意位置 x 截取 dx 微段，注意到任意截面上合剪力 F_S 为零，由微段平衡

$$F_N+dF_N-F_N-q dx=0, \quad \frac{dF_N}{dx}=q$$

$$M+dM-M-q dx\frac{h}{2}=0, \quad \frac{dM}{dx}=\frac{1}{2}qh$$

（4）从 dx 微段中再截取一微段如图 10-26 所示，所截横截面面积为 ω。根据平衡条件

$$\tau(x, y)b dx=F_2-F_1-q dx$$

其中

$$F_1=\int_\omega \sigma d\omega=\frac{N}{A}\int_\omega d\omega+\frac{M}{I}\int_\omega y d\omega=\frac{b\left(\frac{h}{2}-y\right)}{bh}F_N+\frac{\frac{b}{2}\left(\frac{h^2}{4}-y^2\right)}{\frac{1}{12}bh^3}M$$

$$F_2-F_1=\frac{h-2y}{2h}dF_N+\frac{3h^2-12y^2}{2h^3}dM$$

$$\tau(x, y)=\frac{F_2-F}{b dx}-\frac{q}{b}=\frac{h-2y}{2bh}\frac{dF_N}{dx}+\frac{3h^2-12y^2}{2bh^3}\frac{dM}{dx}-\frac{q}{b}$$

$$=\frac{h-2y}{2bh}q+\frac{3h^2-12y^2}{2bh^3}\cdot\frac{1}{2}qh-\frac{q}{b}=\frac{h^2-4hy-12y^2}{4bh^2}q$$

图　10-26

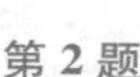

第 2 题

研究 L 形元件孔内一段螺栓（见图 10-27a）。

轴线伸长

$$\Delta l=\frac{F_N\cdot 2c}{EA}=\frac{8c}{\pi Ed^2}F_N \tag{10-4}$$

两端面相对转角

$$\Delta\theta'=\frac{2c}{\rho}=\frac{M\cdot 2c}{EI_z}=\frac{128c}{\pi Ed^4}M \tag{10-5}$$

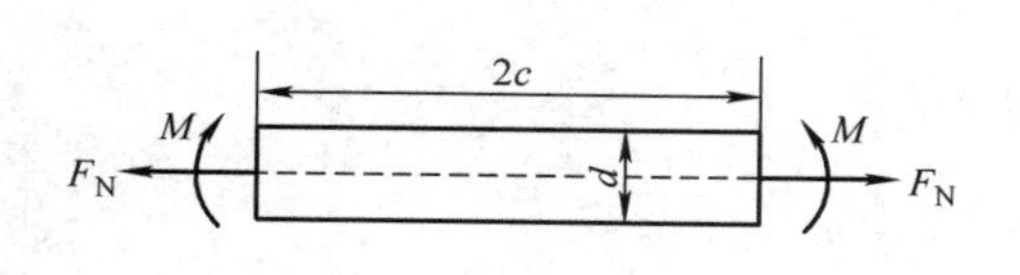

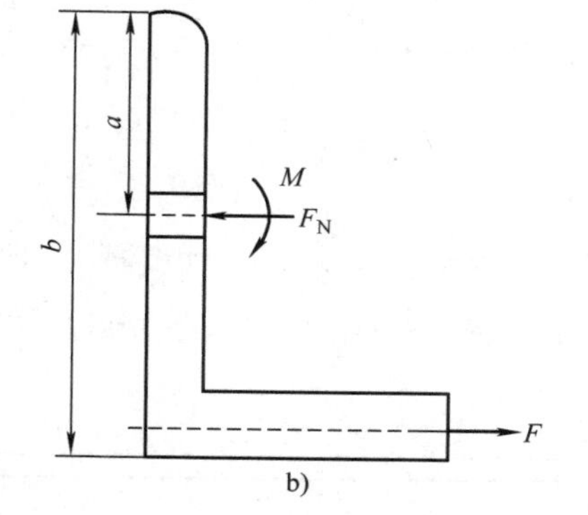

图　10-27

两 L 形元件相对转角

$$\Delta\theta=\frac{\Delta l}{a}=\frac{8c}{\pi Ead^2}F_N \tag{10-6}$$

由 $\Delta\theta=\Delta\theta'$ 得

$$F_N=\frac{16}{d^2}Ma \tag{10-7}$$

如图 10-27b 所示，由一个 L 形元件的平衡

$$\sum F_A=0,\quad F_Na+M-Fb=0 \tag{10-8}$$

联立式（10-7）和式（10-8），解得

$$F_N=\frac{16Fab}{16a^2+d^2},\quad M=\frac{Fbd^2}{16a^2+d^2} \tag{10-9}$$

由式（10-6）

$$\Delta\theta=\frac{128Fbc}{\pi Ed^2(16a^2+d^2)} \tag{10-10}$$

根据强度条件

$$\frac{M}{W_z}+\frac{F_N}{A}\leqslant[\sigma]$$

$$\frac{[F]bd^2}{16a^2+d^2}\cdot\frac{32}{\pi d^3}+\frac{16[F]ab}{16a^2+d^2}\cdot\frac{4}{\pi d^2}=[\sigma]$$

$$[F]=\frac{\pi d^2(16a^2+d^2)[\sigma]}{32b(2a+d)} \tag{10-11}$$

第 3 题

（1）相应静载荷的自由端挠度为

$$\Delta_{st}=\frac{Pl^3}{3EI}$$

最大冲击载荷

$$P_d=P\left(1+\sqrt{1+\frac{2H}{\Delta_{st}}}\right)=20P$$

最大冲击应力发生在固定端

$$\sigma_{d,max}=\frac{M_{d,max}}{W}=\frac{20Pl}{W}=\frac{120Pl}{bh^2}$$

（2）设阶梯梁冲击载荷为 P'_d，则有

$$\frac{1}{2}P'_d\frac{l}{\left(\frac{1}{6}b_1h^2\right)}=P'_d\frac{l}{\left(\frac{1}{6}b_2h^2\right)}$$

$$\frac{b_1}{b_2}=0.5$$

（3）设 $b_2=\alpha b$，其中 α 是小于等于 1 的正因数，则 $b_1=\frac{1}{2}\alpha b$。

先求静载荷 P 作用于自由端静挠度（图 10-28）。

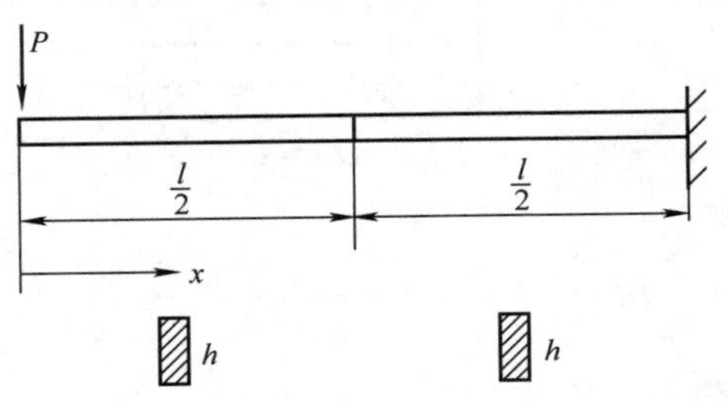

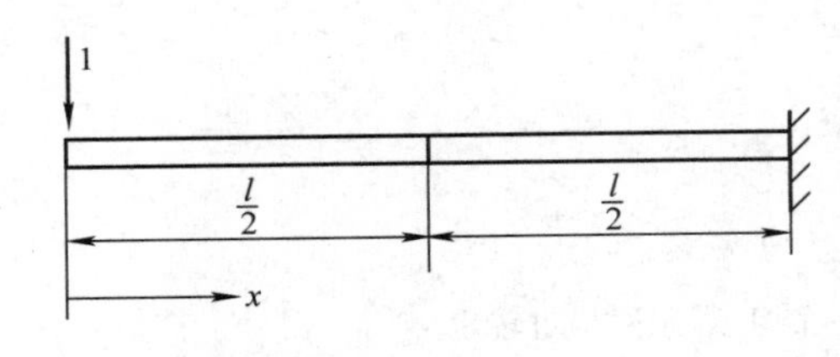

图 10-28

在静载荷 P 作用下　$M(x)=Px$

在单位力作用下　$\overline{M}(x)=x$

对于靠自由端一段梁 $I_1=\frac{1}{2}\alpha I$，$W_1=\frac{1}{2}\alpha W$，其中 $W=\frac{bh^2}{6}$是等截面梁的抗弯截面系数。对于靠固定端一段梁，$I_2=\alpha I$，$W_2=\alpha W$，

$$
\begin{aligned}
\Delta'_{\mathrm{st}} &= \frac{1}{EI_1}\int_0^{l/2} M(x)\overline{M}(x)\,\mathrm{d}x + \frac{1}{EI_2}\int_{l/2}^{l} M(x)\overline{M}(x)\,\mathrm{d}x \\
&= \frac{2}{\alpha EI}\int_0^{l/2} Px^2\,\mathrm{d}x + \frac{1}{\alpha EI}\int_{l/2}^{l} Px^2\,\mathrm{d}x \\
&= \frac{3Pl^3}{8\alpha EI}
\end{aligned}
$$

由阶梯梁和等截面梁在固定端最大动应力相等，有

$$\frac{Pl\left(1+\sqrt{1+\frac{2H}{\Delta'_{\mathrm{st}}}}\right)}{\alpha W}=\frac{20Pl}{W}$$

$$\frac{1+\sqrt{1+320\alpha}}{\alpha}=20$$

$$\alpha=\frac{9}{10}$$

节省材料

$$\frac{\left(bhl-\frac{1}{2}\alpha bh\,\frac{l}{2}-\alpha bh\,\frac{l}{2}\right)}{bhl}=\frac{13}{40}=32.5\%$$

第 4 题

本题应用卡氏定理。

（1）$\frac{\partial U}{\partial M}=\theta_B$，$\theta_B$ 为梁 B 端转角。

（2）如图 10-29 所示，设 $F_C=F$，$F_D=F$，则

$$\frac{\partial U}{\partial F}=\frac{\partial U}{\partial F_C}\frac{\partial F_C}{\partial F}+\frac{\partial U}{\partial F_D}\frac{\partial F_D}{\partial F}$$

因为

$$\frac{\partial F_C}{\partial F}=\frac{\partial F_D}{\partial F}=1$$

所以

$$\frac{\partial U}{\partial F}=w_C+w_D$$

式中，w_C 和 w_D 分别为 C 和 D 点的挠度。

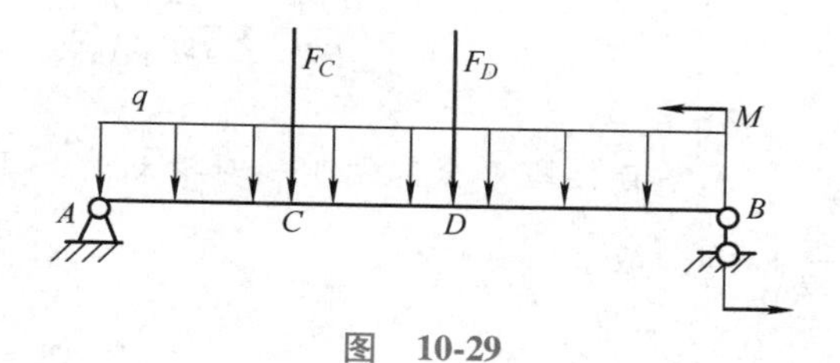

图　10-29

（3）$\frac{\partial U}{\partial q}$的几何意义是均布载荷 q 对应的广义位移，即梁弯曲变形前后两轴线所围成的面积。

第 5 题

（1）如图 10-30a 所示，杆的弯矩和扭矩方程分别为

$$M(\varphi)=FR\sin\varphi$$

$$T(\varphi)=-FR(1-\cos\varphi)$$

$$\sigma_{\mathrm{eq},3}=\frac{\sqrt{T_2+M_2}}{W}=\frac{\sqrt{2}FR}{W}\sqrt{1-\cos\varphi}$$

最大应力发生在 $\varphi=\frac{\pi}{2}$，即固定端 A

$$\sigma_{eq,3,max}=\frac{\sqrt{2}FR}{W}$$

$$\frac{\sqrt{2}[F]R}{W}=[\sigma]$$

$$[F]=\frac{W[\sigma]}{\sqrt{2}R}=\frac{\sqrt{2}\pi d^3}{64R}[\sigma]$$

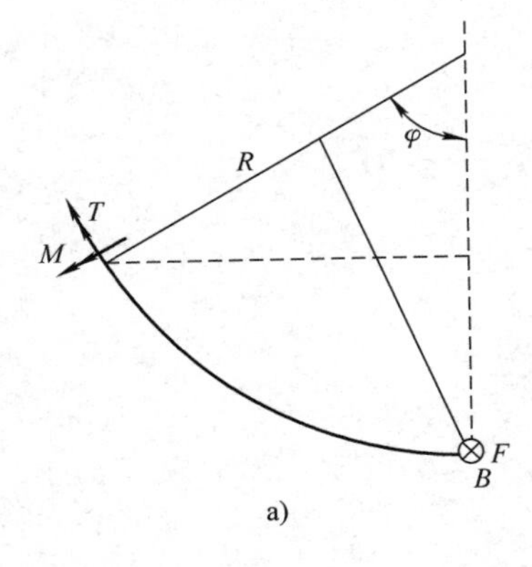

a)

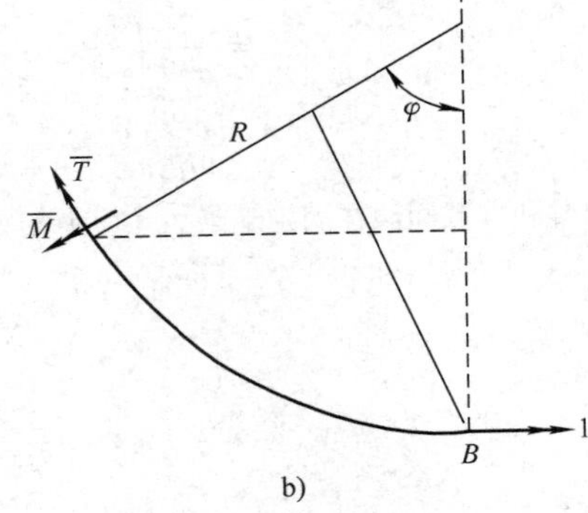

b)

图 10-30

（2）在 B 端加单位力偶（图 10-30b）

$$\overline{M}(\varphi)=\sin\varphi$$

$$\overline{T}(\varphi)=\cos\varphi$$

$$\begin{aligned}\theta_B &= \frac{1}{EI}\int_0^{\frac{\pi}{2}}FR\sin^2\varphi R\mathrm{d}\varphi+\frac{1}{GI_P}\int_0^{\frac{\pi}{2}}(-FR)\ (\cos\varphi-\cos^2\varphi)\ R\mathrm{d}\varphi\\ &= \frac{FR^2\pi}{4I}\left(\frac{1}{E}+\frac{1}{2G}\right)-\frac{FR^2}{2GI}\\ &= \frac{16FR^2}{Ed^4}+\frac{32FR^2}{Gd^4\pi}\left(\frac{\pi}{4}-1\right)\end{aligned}$$

第 6 题

(1) 在连接段 L 全部发生相对滑动时，两轴之间存在均布切向力 fp，内轴承受均布扭矩 $\frac{1}{2}\pi d^2 fp$，故

$$T_{cr}=\frac{1}{2}\pi d^2 fpL$$

（2）此时，两轴两端各一段相对滑动，中间一段无滑动。在中间无滑动段，两轴扭转角变化率为

$$\frac{\mathrm{d}\varphi}{\mathrm{d}x}=\frac{T}{GI_{P合}}\quad（G\text{ 为材料切变模量}）$$

内实心轴扭矩在中间无滑动段大小为

$$T_{内中}=GI_{P内}\cdot\frac{\mathrm{d}\varphi}{\mathrm{d}x}=\frac{I_{P内}}{I_{P合}}T=\frac{d^4}{D^4}T$$

如图 10-31 所示，内实心轴在左端扭矩为 T，右端为 0，中间一段为常量$\frac{d^4}{D^4}T$，左和右两段扭矩斜率为

$$\frac{-T_{cr}}{L}=-\frac{1}{2}\pi d^2 fp$$

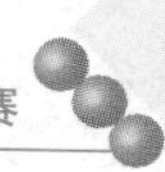

其中左端滑动段长度为

$$\frac{T-\frac{d^4}{D^4}T}{T_{cr}/L}=\frac{\left(1-\frac{d^4}{D^4}\right)TL}{\frac{3}{2}T}=\frac{2(D^4-d^4)}{3D^4}L$$

右端滑动段长度为

$$\frac{\frac{d^4}{D^4}T}{T_{cr}/L}=\frac{2d^4}{3D^4}L$$

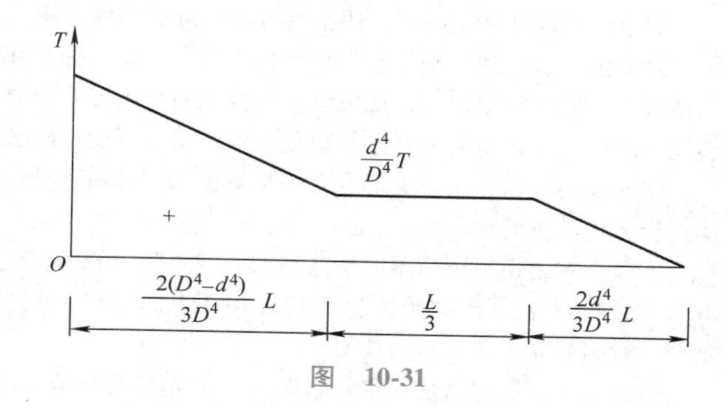

图　10-31

10.5 试题点评

10.5.1 理论力学试题点评

本次理论力学竞赛的难度不大，只有个别题目需要注意。

第 1 题是力系平衡与简化的问题，是逆问题。原则上可以任意找一点进行力系简化，得到一个力的主矢量和主矩，然后再进一步简化为一个力。当然能否简化为一个力是有条件的，而且也不是所有学生很容易找到该力的作用位置。

实际上如果把力系向 O' 点简化，直接得到力的主矢量为 $\boldsymbol{F}_{O'}=F(-\boldsymbol{i}-\boldsymbol{j}+\boldsymbol{k})$，主矩为$\boldsymbol{M}_{O'}=\boldsymbol{0}$，从而可以加一个力 $\boldsymbol{F}_B=-\boldsymbol{F}_{O'}$，方向沿 $O'B$ 即可平衡。

第 2 题是摩擦问题，也与生活经验有关。在第（2）小题中 A 的加速度小于 B，会落下。因为 A 的最大加速度为 $a_{max}=fg$，而 B 的加速度可以由于主动力增加而增加。

第 3 题是动静法的问题，加上惯性力和惯性力矩后，直接简化就可以。这里只需要注意角速度与角加速度是反向的，同时在加惯性力时，不要漏了惯性力矩。整个计算很容易。

第 4 题是个典型的概念问题。第（1）小题中绳子不可伸长，利用刚体平面运动微分方程，补充 A 点加速度与质心加速度的运动学关系后，可以得到答案。第（2）小题中绳子可以伸长，更简单，A 处的绳子在另一侧绳子剪断的瞬时来不及变形，拉力不变。

第 5 题是刚体平面运动问题，属于常规的作业题。在解题时有两个地方要注意：一是 M 点的"切向加速度"是什么方向？不注意容易错。二是在分析 M 点加速度时，如果利用了 $\boldsymbol{a}_M=\frac{1}{2}(\boldsymbol{a}_A+\boldsymbol{a}_B)$就会使计算很简单，该式由$\boldsymbol{r}_M=\frac{1}{2}(\boldsymbol{r}_A+\boldsymbol{r}_B)$求导得到，可以直接应用。

第 6 题是分析力学的问题，不过自由度为 3，比平时作业多些。具体的分析是按部就班地列动能、势能、拉格朗日函数等。需要注意的地方：1、2 两杆始终平行，只有 1 个自由度；3、4 两杆的相对运动规律不需要求解整个系统的动力学方程，只需要把某两个动力学方程相减，就可以得到结果。

第 7 题是点的运动学问题，可以用动量定理和动量矩定理的积分形式，也可以用微分形式。采用积分形式更简便些。由于系统质心平动，相对质心转动，因此，AB 的运动等效于直径为 l 的圆沿 y 轴作纯滚动，两点的轨迹均是旋轮线。在过质心的平动坐标系中，B 作匀速圆周运动，易得出绳子的张力。因此，本题从几何的观点分析更简单，而用微分形式的方法要积分，不直观。

第 8 题是振动方程的周期与稳定性问题。配重的质量不是越大越好，而是可以任意。这与通常的经验不符合，原因是其他部分的空壳不考虑质量。具体的处理方法有很多，关键是得到系统的振动微分方程，在线性化后为$\ddot{\theta}+\frac{gd}{(R-d)^2}\theta=0$，即只要 $R>d>0$，振动方程就不会发散，且周期为 $2\pi\frac{\sqrt{gd}}{R-d}$。

第 9 题是刚体转动问题，用常规方法处理有难度，用几何的方法则可以直接看出结果。

常规的方法是建立坐标系与矩形板固结，根据坐标系在转动前后的位置，可以得到坐标转换矩阵，然后通过求矩阵的特征值和特征矢量，寻找在两个坐标系中具有相同分量的矢量，该矢量就是转轴，而坐标转换矩阵的迹与转角有关。这是很复杂的方法，可能超出了基本要求。

解答采用几何方法。关键点之一是意识到：转轴和转角的大小与矩形板尺寸无关，这样一来，用正方形进行分析就更简单。

实际上本题还有更简单的做法：如果把原图中的标志线画在 $O'C$，转动一次后到 CA，再转动一次后到 AO'，再转动一次回到初始位置（见图 10-32）。因此知道三次转动为一周，每次转动就为 120°，而转轴也很容易看出是立方体的对角线 OB'。

也就是说，概念清楚、空间想象力好的学生可能在几秒钟内得到答案，而按常规方法可能需要半个小时。

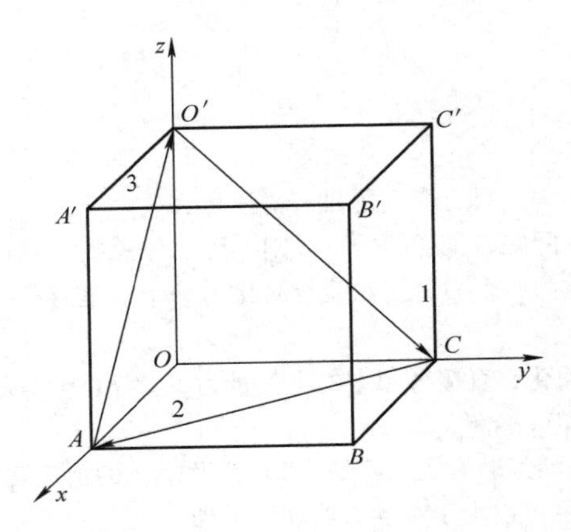

图 10-32

10.5.2 材料力学试题点评

第四届全国周培源大学生力学竞赛于世纪之交举行。为了迎接新世纪，国家教育委员会（现教育部）颁布了《面向 21 世纪高等工程教育教学内容和课程体系改革计划》。为了配合教学改革，第四届竞赛材料力学试题注意了考查相关课程知识的融会贯通、逆向思维方式和工程建模能力。

第 1 题知识点：偏心拉伸的内力与应力、载荷集度与轴力和弯矩之间的微分关系。第（1）和第（2）小题为基本概念和方法题。考查轴力、弯矩和正应力计算。第（3）和第（4）小题考查截取微段建立平衡微分方程和进行应力分析的能力。

材料力学教材已经给出梁的剪力 F_S、弯矩 M、挠度 w 与载荷集度 q 之间的微分关系

$$\frac{\mathrm{d}F_S}{\mathrm{d}x}=q,\ \frac{\mathrm{d}M}{\mathrm{d}x}=F_S,\ \frac{\mathrm{d}^2M}{\mathrm{d}x^2}=q,\ \frac{\mathrm{d}^2w}{\mathrm{d}x^2}=\frac{M}{EI}$$

按相同的方式，容易推出杆的轴力 F_N、轴向位移 u 与轴向载荷集度 q 之间的微分关系

$$\frac{\mathrm{d}F_N}{\mathrm{d}x}=-q,\ \frac{\mathrm{d}^2u}{\mathrm{d}x^2}=-\frac{q}{EA}$$

以及轴的扭矩 T、扭转角 φ 和外扭力偶集度 m 之间的微分关系

$$\frac{\mathrm{d}T}{\mathrm{d}x}=-m,\qquad \frac{\mathrm{d}^2\varphi}{\mathrm{d}x^2}=-\frac{m}{GI_P}$$

了解这些微分关系及其应用，对后续课程弹性力学的学习以及进一步的科研与工程研究都有筑基的意义。

第 2 题知识点：杆件的拉弯组合。考查对工程问题的简化和建模，进行力学分析的能力。

第 3 题知识点：冲击应力的工程分析方法。本题有助于逆向思维方式的培养。常规思维是加强结构（增加材料）能提高承载能力。但是对于承受冲击载荷的构件，通过合理强度设计，有可能通过瘦身（减重）来提高承载能力。对比承受静载荷的构件，减小重量的合理强度设计一般只能做到不降低承载能力，不能提高承载能力。

第 4 题知识点：卡氏第二定理。力学学习中要用到数学工具，材料力学课程要求深入理解数学方程与公式所对应的物理意义，这也是构成工程师的能力与素质的要素之一。广义力所对应的广义位移是需要掌握的基本知识。

第 5 题知识点：曲杆的弯扭组合变形、强度理论，单位载荷法。

第 6 题知识点：扭转超静定问题、摩擦。本题非常难。难点之一在于理解内外轴扭力偶传递的方式。扭矩是通过滑移区的摩擦力传递的。非滑移区内外轴不传递扭矩。难点之二是理解滑移区扩大的过程是从两个端部逐渐向内发展。

第11章 1996年第三届全国周培源大学生力学竞赛

11.1 理论力学试题

1. 是非题（共5题，每题3分，请在答案纸的相应题号括弧内填“是”或“非”）

（1）一空间力系，若各力作用线与某一固定直线相平行，则其独立的平衡方程只有5个。（　　）

（2）牵连运动为定轴转动时，不一定有科氏加速度。（　　）

（3）平动刚体各点的动量对一轴的动量矩之和可以用作用于质心的刚体动量对该轴的动量矩表示。（　　）

（4）平面运动刚体上惯性力系的合力必作用在刚体的质心上。（　　）

（5）第二类拉格朗日方程的适用范围是完整、理想约束，而动力学普遍方程则没有这些限制。（　　）

2. 选择题（共5题，每题5分，请将答案的序号填入答案纸的相应题号括弧内）

（1）已知一正方体，如图11-1所示，各边长为a，沿对角线BH作用一个力$\boldsymbol{F}$，则该力在x_1轴上的投影为（　　）。

① 0；　② $F/\sqrt{2}$；　③ $F/\sqrt{6}$；　④ $-F/\sqrt{3}$。

（2）如图11-2所示，三角形楔块B置于楔块A的斜面上，若A块以$v_A=3\text{m/s}$的速度向左运动，$\alpha=30°$，则B块的速度$v_B=$（　　）m/s。

① $\sqrt{3}$；　② 2/3；　③ 3；　④ $\sqrt{3}/3$。

（3）在图11-3所示系统中，滑块A以匀速度$v_A=1\text{m/s}$向下运动，杆CD长1m，当$\alpha=45°$且杆CD水平时，AB杆的角速度$\omega_{AB}=$（　　）rad/s，CD杆的角速度$\omega_{CD}=$（　　）rad/s。

① 0；　② 0.5；　③ 1.0；　④ $\sqrt{2}$。

（4）一刚度系数为k的弹簧下挂一质量为m的物体，如图11-4所示。若物体从静平衡位置（设静伸长为δ）下降Δ距离，则弹性力所做的功为（　　）。

① $\dfrac{1}{2}k\Delta^2$；　② $\dfrac{1}{2}k(\delta+\Delta)^2$；

③ $\frac{1}{2}k[(\Delta+\delta)^2-\delta^2]$；　　　　　　④ $\frac{1}{2}k[\delta^2-(\Delta+\delta)^2]$。

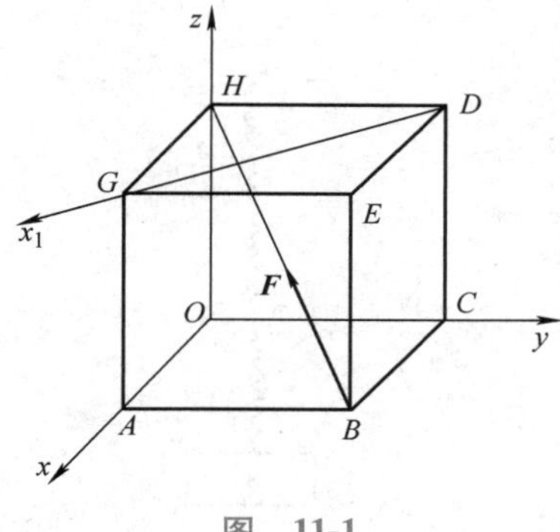

图　11-1

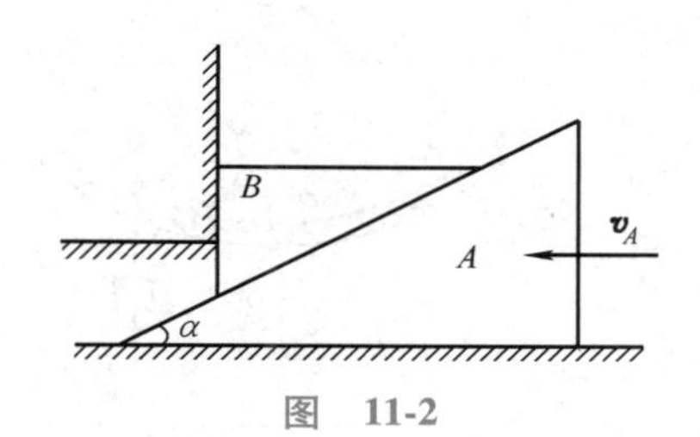

图　11-2

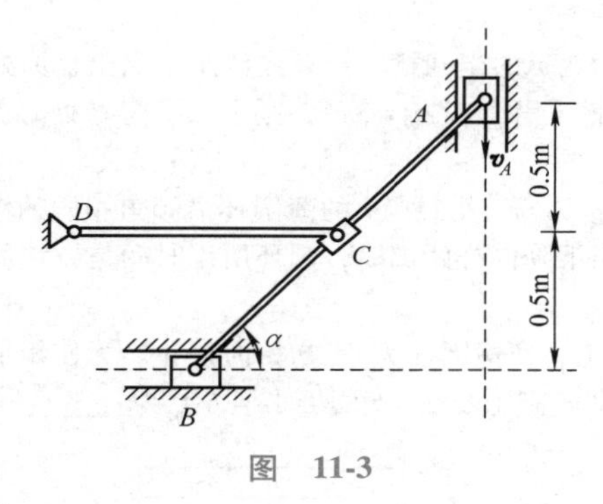

图　11-3

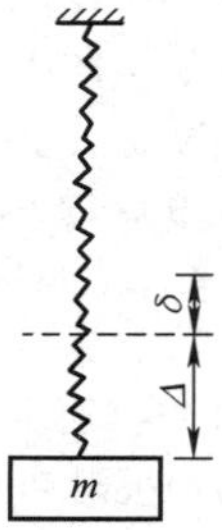

图　11-4

（5）图 11-5 所示系统中主动力作用点 C、D、B 的虚位移大小的比值为（　　）。

① 1∶1∶1；　　　　　　② 1∶1∶2；

③ 1∶2∶2；　　　　　　④ 1∶2∶1。

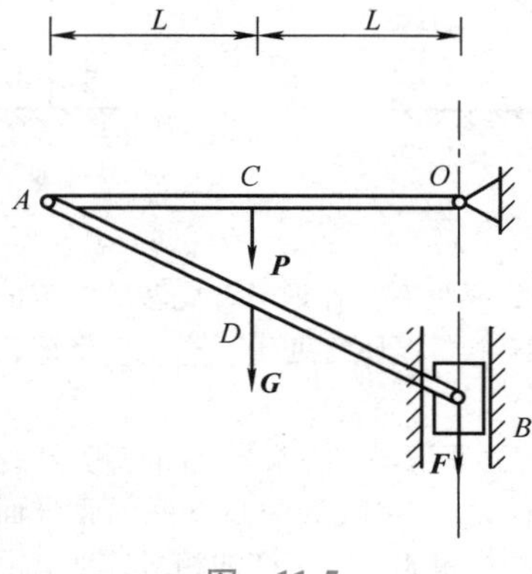

图　11-5

3. 填空题［共 6 题，第（1）~（4）题每题 5 分，第（5）、（6）题每题 10 分。请将答案填入答案纸的相应位置］

（1）如图 11-6 所示，半径为 r，重为 W 的均质圆柱体置于半径为 R 的圆槽底部，接触面间的摩擦因数为 f。在圆柱体边缘缠绕一不计重量的柔绳，端部悬挂重量为 P 的物体，则平衡时圆柱体的中心可以升高，

OC 连线的最大偏角 θ 可达________。

（2）重物 A 的质量为 m，悬挂在刚度系数为 K 的铅垂弹簧上，如图 11-7 所示。若将弹簧截去一半，则系统的固有频率为________。

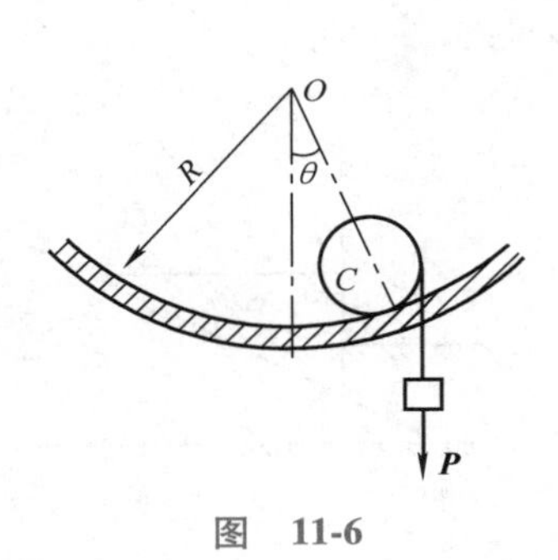

图 11-6

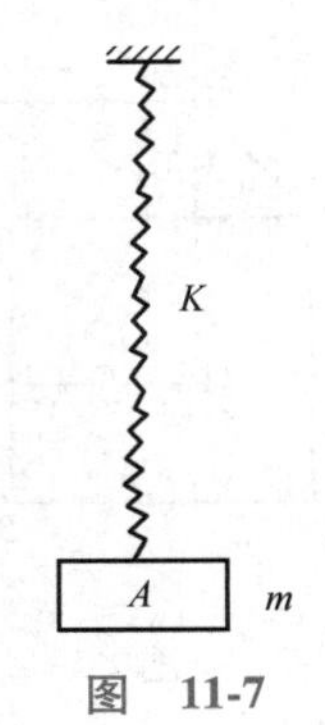

图 11-7

（3）如图 11-8 所示，质量为 m_1 的物体上刻有半径为 r 的半圆槽，放在光滑水平面上，原处于静止状态，有一质量为 m_2 的小球自 A 处无初速地沿光滑半圆槽下滑，若 $m_1 = 3m_2$，则小球滑至 B 处时，小球相对于物体的速度为________。

（4）质量为 m 的方块沿倾斜的光滑斜面滑下，质量为 m，半径为 r 的薄圆环沿倾角相同的粗糙斜面无滑动地滚下。若二者从同一高度由静止同时出发，则当下降同样距离时，圆环所用时间是方块所用时间的________倍。

（5）如图 11-9 所示，均质矩形块置于粗糙的地板上，摩擦因数为 f，初始时静止。为使矩形块在水平力 $\boldsymbol{F}$ 作用下沿地板滑动而不倾倒，作用点不能太高，即 h 应比较小。h 的极小值 $h_{\min}$ 为________。

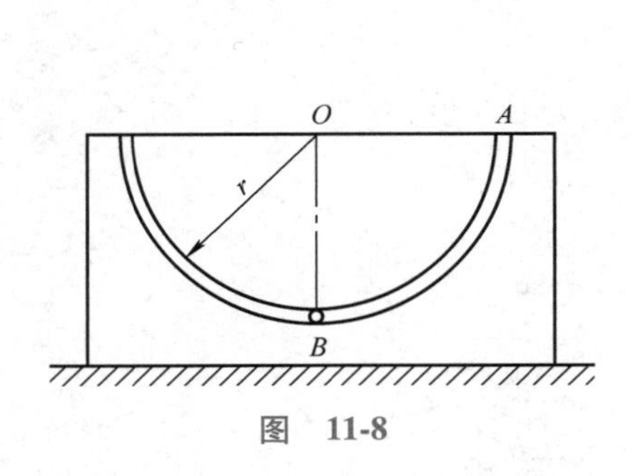

图 11-8

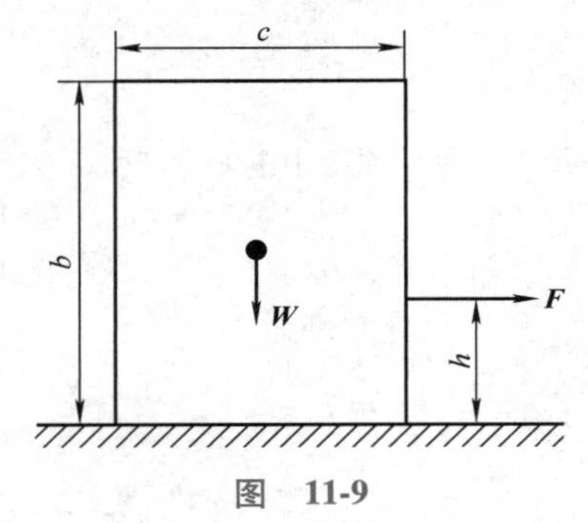

图 11-9

（6）从载人飞船上观察到地球海洋某处有一作逆时针旋转的稳定的海洋环流，旋转周期是 16h。可以确定，这个海洋环流处于________半球，纬度为________度。

4. 综合分析题（A）（每题 5 分，答案请写在答案纸上相应题号的括弧内）

如图 11-10 所示，均质圆盘的半径为 r，可绕其中心 O 在铅垂平面内自由转动，转动惯量为 J。一质量为 m 的甲虫 M，以不变的相对速度 u 沿此圆盘的边缘运动。初瞬时，圆盘静止不动，甲虫 M 位于圆盘的最底部，且已有相对速度 u。

（1）圆盘的运动微分方程式（以转角 φ 表示）是（　　）。

（2）甲虫 M 的绝对运动微分方程式（以 OM 连线的转角 θ 表示）是（　　）。

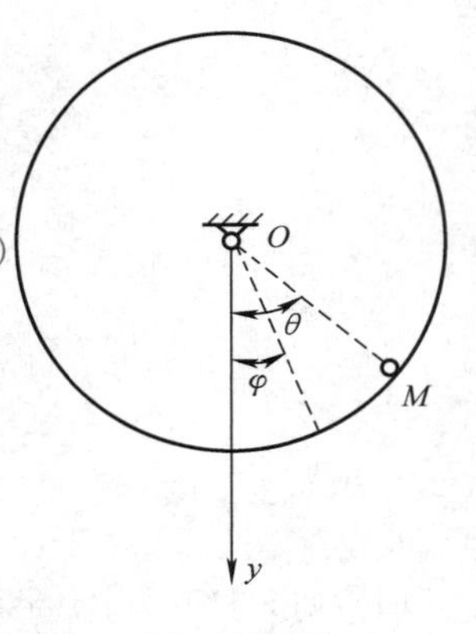

图 11-10

（3）圆盘沿切线方向给甲虫的作用力是（　　）。

（4）甲虫能升高到与 O 点相同高度的条件是（　　）。

5. 综合分析题（B）（每题 6 分，答案请写在答案纸上相应的题号括弧内）

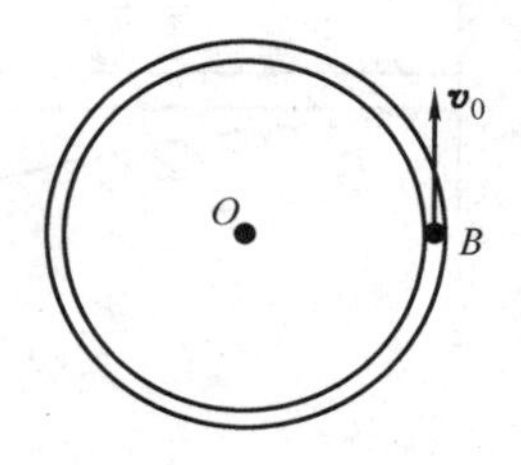

图　11-11

质量为 m' 的薄方盘上有一半径为 R 的光滑圆槽，方盘的质心在圆心 O 点，方盘对 O 的回转半径为 ρ。在圆槽内有一质量为 m 的小球 B。将该系统静止地放置在光滑的水平面上。现给小球 B 一沿圆周切线方向的冲击，使小球突然有一沿圆周切线方向的初速度 $\boldsymbol{v}_0$（见图 11-11），试求此后系统的运动。

（1）系统的自由度数是（　　）。

（2）系统质心作（　　）运动，其速度大小为（　　）。

（3）在随系统质心运动的平动坐标系中观察，方盘作（　　）运动，其质心 O 的轨迹是（　　），速度大小为（　　）。

（4）在上述平动坐标系中观察，小球 B 作（　　）运动，速度大小为（　　）。

（5）方盘对小球的作用力大小为（　　），方向（　　）。

11.2 材料力学试题

1.（10 分）

如图 11-12 所示结构，各杆的抗拉（压）刚度均为 EA，杆 BG、DG、GE、CE 长度均为 l，在 E 处作用力 F。求各杆的轴力 $F_{Ni}(i=1,2,3,4)$。

2.（10 分）

一结构如图 11-13 所示，AB 轴的抗扭刚度 GI_P、杆 CD 和 FG 的抗拉刚度 EA、尺寸 a 及外力偶 M 皆已知。圆轴与横梁牢固结合，垂直相交，立杆与横梁铰接，也垂直相交，横梁可视为刚体。试求杆的轴力 F_N 及圆轴所受的扭矩 T。

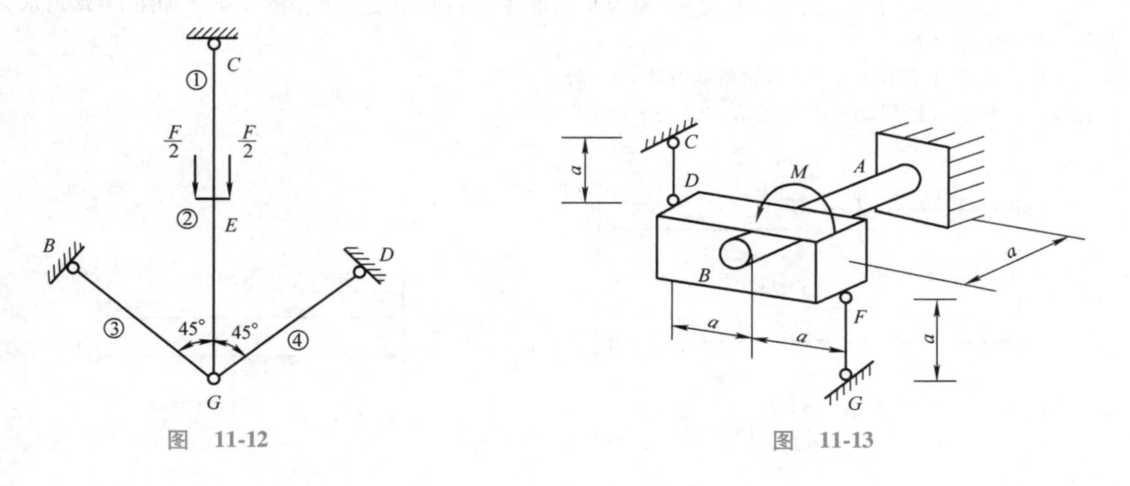

图　11-12　　　　图　11-13

3.（10 分）

如图 11-14 所示，等截面悬臂梁抗弯刚度 EI 已知，梁下有一曲面，方程为 $y=-Ax^3$。欲使梁变形后与该曲面密合（曲面不受力），问梁的自由端应施加什么载荷，即求力 F 与力矩 M 的值。

4.（10 分）

图 11-15 所示刚性杆，由弹簧支持，弹簧刚度系数为 K，试导出它的临界载荷 F_{cr}。

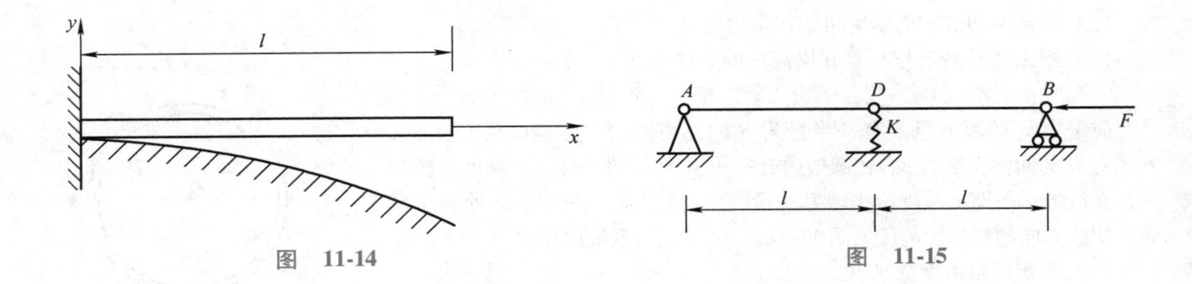

图 11-14　　　　图 11-15

5. （10 分）

图 11-16 所示圆杆，$d=200\text{mm}$，$F=200\pi\text{kN}$，$E=200\times10^3\text{MPa}$，$\mu=0.3$，$[\sigma]=170\text{MPa}$，在杆表面上 K 点处的 $\varepsilon_{45^\circ}=-3\times10^{-4}$。用第四强度理论校核强度。

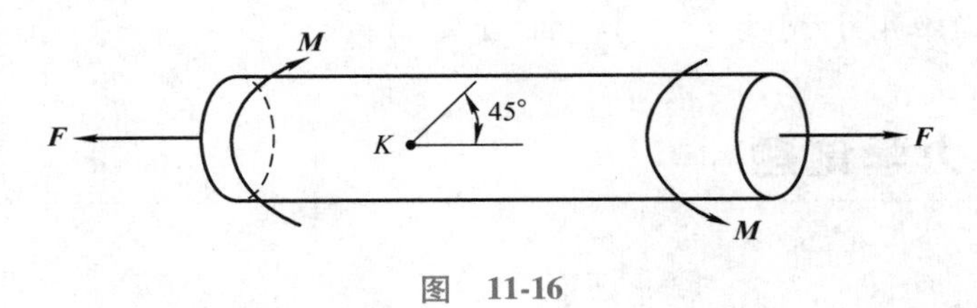

图 11-16

6. （10 分）

图 11-17 所示两相同梁 AB、CD，自由端间距 $\delta=\dfrac{Wl^3}{3EI}$。当重为 W 的物体突然加于 AB 梁的 B 点时，求 CD 梁 C 点的挠度 w。

7. （10 分）

长为 l 的悬臂梁，在距固定端 s 处放一重量为 W 的重物，重物与梁之间有摩擦因数 f，如图 11-18 所示。在自由端处作用力 F。

（1）什么条件下不加力 F，重物就能滑动。（5 分）

（2）需加 F 才能滑动时求 F 的值。（5 分）

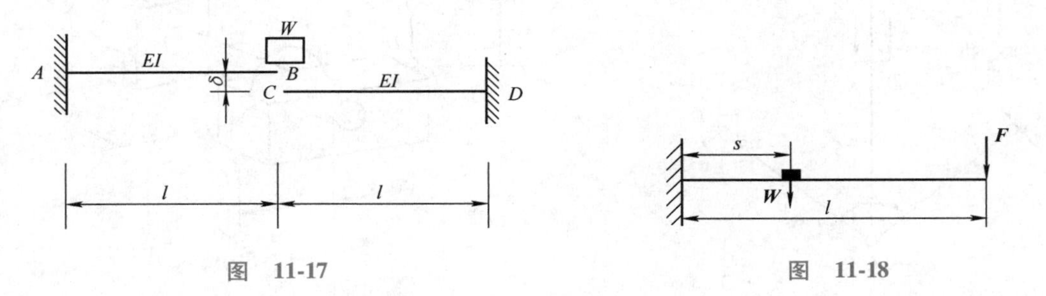

图 11-17　　　　图 11-18

8. （10 分）

图 11-19 所示带铰的梁，在铰 C 处允许梁的转角不连续，试求转角间断值 $\Delta\theta$。梁的抗弯刚度为 EI。

9. （10 分）

如图 11-20 所示，一半径为 a、长 l 的弹性圆轴（弹性模量为 E、泊松比为 μ），套在一刚性厚管内，轴和管之间有初始间隙 δ，设轴受集中轴力 F 作用，当 $F=F_1$ 时轴和刚性壁接触，求 F_1 值。（4 分）

当 $F>F_1$ 后，壁和轴之间有压力，记 f 为摩擦因数，这时轴能靠摩擦力来承受扭矩，当扭矩规定为 T 时，求对应的 F 值。（6 分）

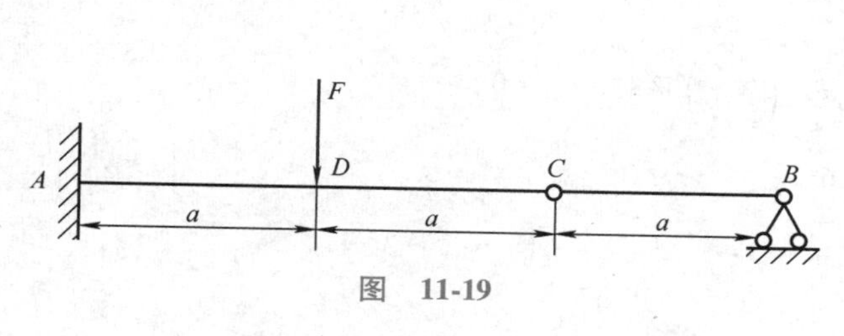

图　11-19

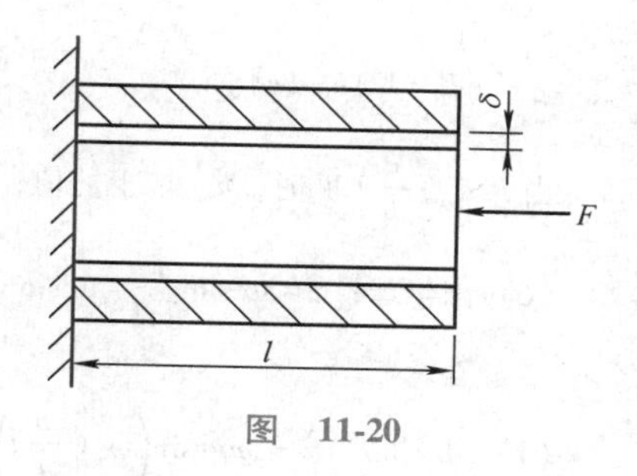

图　11-20

10.（10 分）

相互夹角为 120°的三片应变花，应变片 1、2、3 按逆时针编号，今测出 ε_1、ε_2、ε_3，并发现 $\varepsilon_2=\varepsilon_3$，试给出主应变 ε_{I}、$\varepsilon_{\mathrm{II}}$。

11.（10 分）

如图 11-21 所示，高为 h 的直立圆柱只受自重作用，单位长度的重量为 γ，若将其上、下端固定且保持柱的原长 h 不变，且柱材料抗拉弹性模量 E_1 不等于抗压弹性模量 E_2，当 $\sigma=0$ 时，$z=c$，试确定 c 值。

12.（10 分）

图 11-22 所示的外伸梁受两个集中力 $F_1=F$ 及 $F_2=F$ 作用。F_1 只允许作用在延伸段，$(0\leqslant x_1\leqslant l/4)$，而 F_2 允许在支座间移动 $(0\leqslant x_2\leqslant l)$。要使 F_2 在支座间任意位置时，梁的弯矩都不超过许用弯矩 $[M]$，并使 F 取最大值，求 F_1 作用点的最佳位置 x_1 及对应的最大 F 值。

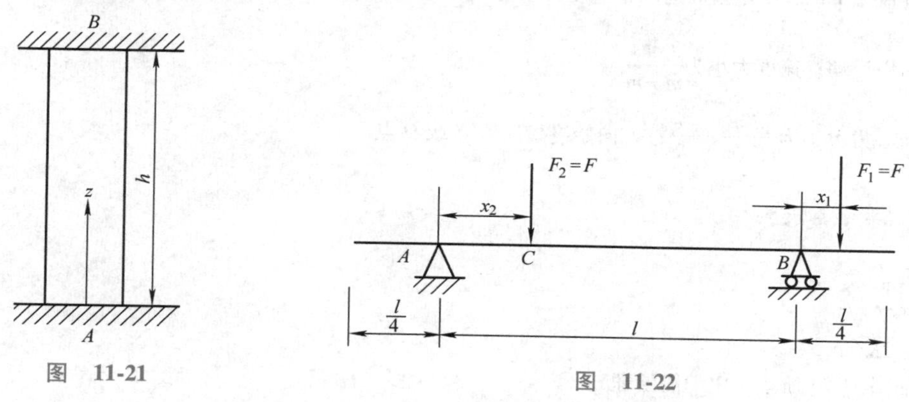

图　11-21

图　11-22

11.3　理论力学试题参考答案及详细解答

11.3.1　参考答案

1. 是非题

(1) 非；(2) 是；(3) 是；(4) 非；(5) 非。

2. 选择题

(1) ①；(2) ①；(3) ③；①；(4) ④；(5) ③。

3. 填空题

(1) $\arctan f$；(2) $\sqrt{2K/m}$；(3) $v_{\mathrm{r}}=\dfrac{2\sqrt{6}}{3}\sqrt{gr}$；(4) $\sqrt{2}$（即 $t_2=\sqrt{2}\,t_1$）；(5) $h_{\min}=\dfrac{b}{2}-\dfrac{W}{2F}(fb+c)$ 或

$h_{\min}=\frac{1}{2F}[(F-fW)b-Wc]$。

当 $F>\left(f+\frac{c}{b}\right)W$ 时，$h_{\min}$ 取上述值；当 $fW<F\leqslant\left(f+\frac{c}{b}\right)W$ 时，$h_{\min}=0$。

（6）南半球；$\varphi=\arcsin\frac{\pi}{T\Omega}=\arcsin\frac{3}{4}=48.6°$。

4. 综合分析题（A）

（1）$(J+mr^2)\ddot{\varphi}+mgr\sin\left(\varphi+\frac{u}{r}t\right)=0$。

（2）$(J+mr^2)\ddot{\theta}+mgr\sin\theta=0$。

（3）$F=mg\sin\theta-\frac{mr^2}{J+mr^2}mg\sin\theta=\frac{J}{J+mr^2}mg\sin\theta$。

（4）$u\geqslant\sqrt{2mgr^3/(J+mr^2)}$。

5. 综合分析题（B）

（1）系统自由度数 3+1=4。

（2）系统动量守恒，系统质心 C 作等速直线运动；速度大小为 $\frac{mv_0}{m'+m}$。

（3）方盘作平动；O 作圆周运动；速度大小为 $\frac{mv_0}{m'+m}$。

（4）圆周运动；速度大小为 $\frac{m'v_0}{m'+m}$。

（5）向心力大小为 $\frac{m'm}{m'+m}\cdot\frac{v_0^2}{R}$；方向始终指向 C 点或 O 点。

11.3.2 详细解答

第 3 题

（1）$\arctan f$；

（2）$\sqrt{2K/m}$；

（3）如图 11-23 所示，由动能定理

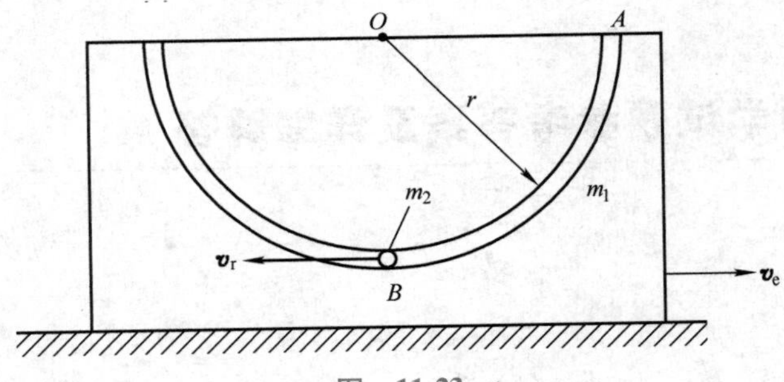

图 11-23

$$\frac{1}{2}m_1v_e^2+\frac{1}{2}m_2(v_e-v_r)^2-0=m_2gr$$

动量定理

$$m_1v_e+m_2(v_e-v_r)=0$$

$$(m_1+m_2)v_e=m_2v_r$$

已知 $m_1=3m_2$，得 $v_r=4v_e$。

代入动能定理

$$3v_e^2+9v_e^2=2gr$$

得

$$v_e=\sqrt{\frac{1}{6}gr}\,,\ v_r=\frac{2\sqrt{6}}{3}\sqrt{gr}$$

（4）由动能定理

方块下滑
$$\frac{1}{2}mv_1^2=mgs\sin\theta$$

得
$$mv_1a_1=mgv_1\sin\theta,\ a_1=g\sin\theta$$

圆环下滚
$$\frac{1}{2}mv_2^2+\frac{1}{2}mr^2\left(\frac{v_2}{r}\right)^2=mgs\sin\theta$$

得
$$2mv_2a_2=mgv_2\sin\theta,\ a_2=\frac{1}{2}g\sin\theta$$

但
$$s=\frac{1}{2}a_1t_1^2=\frac{1}{2}a_2t_2^2$$

故
$$t_2=\sqrt{2}\,t_1$$

（5）如图 11-24 所示，在矩形块运动的情况下，若 h 过小，矩形块可能绕 A 点向后倾倒。利用动静法，设 F_I 为惯性力，考虑临界情况，有

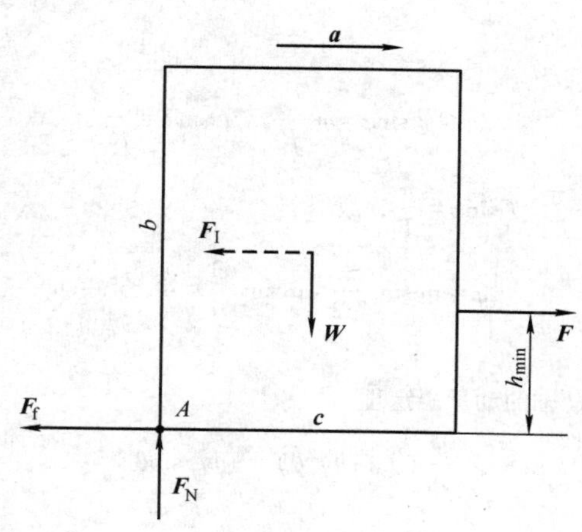

图　11-24

$$F=F_I+F_f$$

$$Fh_{min}+W\frac{c}{2}=F_I\frac{b}{2}$$

$$F_N=W$$

$$F_f=fF_N$$

得

$$Fh_{min}+W\frac{c}{2}=(F-fW)\frac{b}{2}$$

$$h_{min}=\frac{b}{2}-\frac{W}{2F}(fb+c)\quad 或\quad h_{min}=\frac{1}{2F}[(F-fW)b-Wc]$$

当 $F>\left(f+\dfrac{c}{b}\right)W$ 时，$h_{\min}$ 取上述值；当 $fW<F\leqslant\left(f+\dfrac{c}{b}\right)W$ 时，$h_{\min}=0$。

（6）如图 11-25、图 11-26 所示，此海洋环流由科氏惯性力引起

$$\boldsymbol{F}_{\mathrm{C}}=-m\boldsymbol{a}_{\mathrm{C}}=-m(2\boldsymbol{\Omega}\times\boldsymbol{v}_{\mathrm{r}})$$

逆时针转动，在南半球

$$F_{\mathrm{C}}=2m\Omega\, v_{\mathrm{r}}\sin\varphi$$

圆周运动 $F_{\mathrm{C}}=m\dfrac{v_{\mathrm{r}}^{2}}{R}$，所以

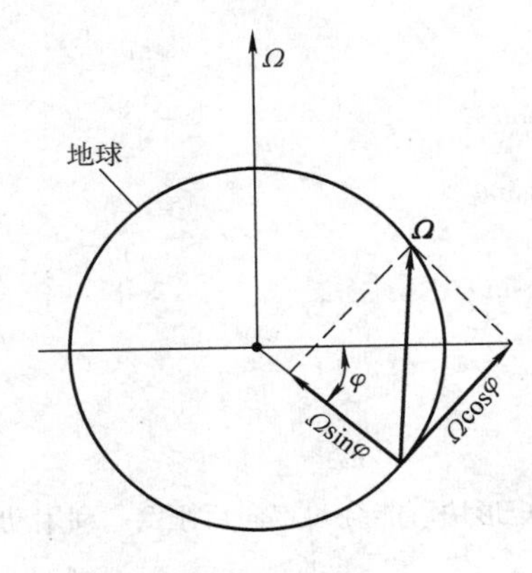

图 11-25

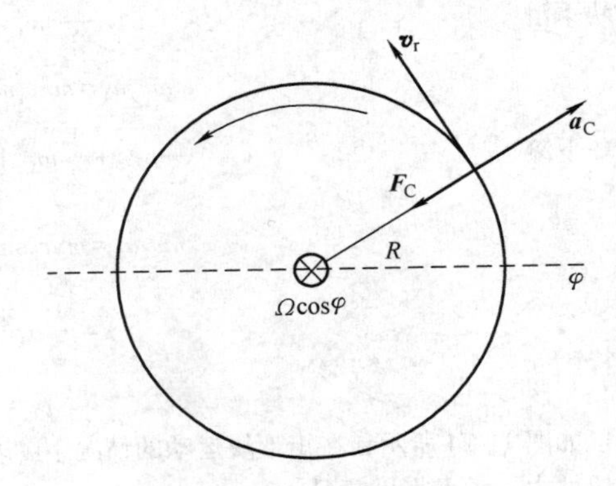

图 11-26

$$2m\Omega\, v_{\mathrm{r}}\sin\varphi=m\frac{v_{\mathrm{r}}^{2}}{R},\ 2\Omega\sin\varphi=\frac{v_{\mathrm{r}}}{R}$$

又周期为 $T=\dfrac{2\pi R}{v_{\mathrm{r}}}$，得 $\dfrac{v_{\mathrm{r}}}{R}=\dfrac{2\pi}{T}$，$\Omega\sin\varphi=\dfrac{\pi}{T}$，故

$$\varphi=\arcsin\frac{\pi}{T\Omega}=\arcsin\frac{3}{4}=48.6^{\circ}$$

第 4 题

（1）如图 11-27 所示，对 O 轴的动量矩定理

$$\frac{\mathrm{d}}{\mathrm{d}t}(J\dot{\varphi}+mr^{2}\dot{\theta})=-mgr\sin\theta$$

$$\theta=\varphi+\frac{u}{r}t,\dot{\theta}=\dot{\varphi}+\frac{u}{r},\ddot{\theta}=\ddot{\varphi}$$

所以

$$\frac{\mathrm{d}}{\mathrm{d}t}\left[J\dot{\varphi}+mr^{2}\left(\dot{\varphi}+\frac{u}{r}\right)\right]=-mgr\sin\left(\varphi+\frac{u}{r}t\right)$$

$$(J+mr^{2})\ddot{\varphi}+mgr\sin\left(\varphi+\frac{u}{r}t\right)=0$$

（2）$(J+mr^{2})\ddot{\theta}+mgr\sin\theta=0$

（3）如图 11-28 所示，有

$$F-mg\sin\theta=mr\ddot{\theta}$$

得

$$F=mg\sin\theta-\frac{mr^{2}}{J+mr^{2}}mg\sin\theta=\frac{J}{J+mr^{2}}mg\sin\theta$$

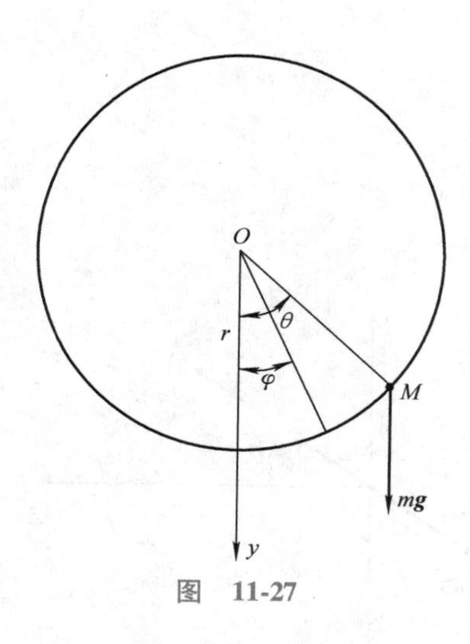

图　11-27

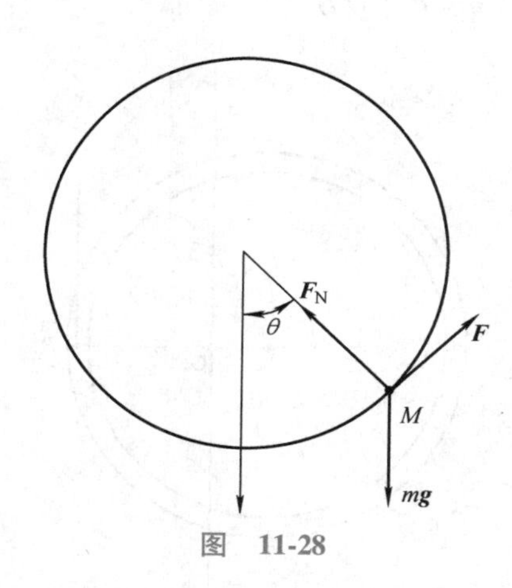

图　11-28

（4）$(J+mr^2)\dot{\theta}\,\mathrm{d}\theta=-mgr\sin\theta\mathrm{d}\theta$

$$(J+mr^2)\int_{u/r}^{0}\dot{\theta}\mathrm{d}\theta=-mgr\int_{0}^{\pi/2}\sin\theta\mathrm{d}\theta$$

$$u^2=\frac{2mgr^3}{(J+mr^2)}$$

条件为

$$u\geqslant\sqrt{2mgr^3/(J+mr^2)}$$

第 5 题

（1）系统自由度数 3+1=4。

（2）如图 11-29 所示，系统动量守恒，系统质心 C 做匀速直线运动

$$v_C=\frac{m'\cdot 0+mv_0}{m'+m}=\frac{m}{m'+m}v_0$$

（3）方盘运动过程中只受小球 B 的作用力，此力通过方盘质心 O，故方盘做平动，在随质心运动平动坐标系 Cxy 中观察，有 $\overline{OC}=\dfrac{m}{m'+m}R=\text{const}$，故 O 做圆周运动。

如图 11-30 所示，质系动量矩守恒，用相对质心动量矩定理，有

$$\left[m'\left(\frac{mR}{m'+m}\right)^2+m\left(\frac{m'R}{m'+m}\right)^2\right]\dot{\theta}=mv_0\frac{m'R}{m'+m}$$

所以 $\dot{\theta}=\dfrac{v_0}{R}$。

方盘质心 O 的速度为

$$\overline{OC}\cdot\dot{\theta}=\frac{mR}{m'+m}\cdot\frac{v_0}{R}=\frac{mv_0}{m'+m}$$

（4）小球相对平动坐标系的运动

$$\overline{BC}=\frac{m'R}{m'+m}=\text{const.}$$

故为圆周运动。其运动速度为

$$\overline{BC}\cdot\dot{\theta}=\frac{m'v_0}{m'+m}$$

（5）小球作匀速圆周运动，所受向心力大小为

$$m\,\overline{BC}\cdot\dot{\theta}^2=m\frac{m'R}{m'+m}\cdot\frac{v_0^2}{R^2}=\frac{m'm}{m'+m}\cdot\frac{v_0^2}{R}$$

方向始终指向 C 点或 O 点。

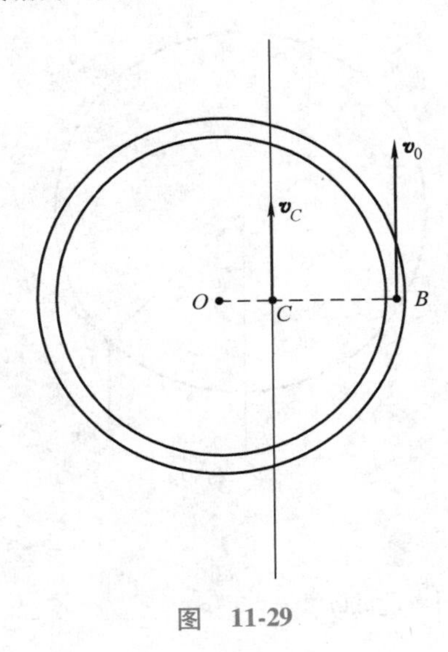

图 11-29

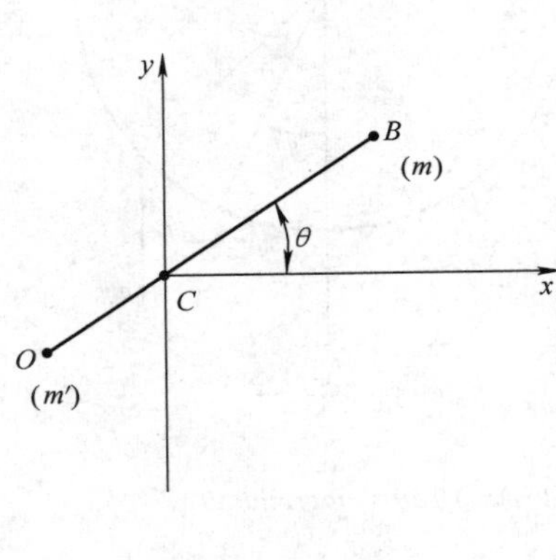

图 11-30

11.4 材料力学试题参考答案及详细解答

11.4.1 参考答案

1. $F_{N1}=\dfrac{2}{3}F$，$F_{N2}=-\dfrac{1}{3}F$，$F_{N3}=F_{N4}=\dfrac{\sqrt{2}}{6}F$。

2. $F_N=\dfrac{MaEA}{GI_P+2a^2EA}$，$T=\dfrac{GI_PF_N}{aEA}$。

3. $F=6AEI$（向上），$M=6EAIl$（顺时针）。

4. $F_{cr}=Kl/2$。

5. $\sigma_x=\dfrac{4F}{\pi d^2}=20\text{MPa}$，$\tau=51.5\text{MPa}$，$\sigma_{r4}=\sqrt{\sigma^2+3\tau^2}=91.5\text{MPa}<[\sigma]$。

6. $w=\dfrac{\delta}{\sqrt{2}}$。

7.（1）当 $2EIf\leqslant Ws^2$ 时，不需加力重物就能滑动。（2）加力 $F=\dfrac{2EIf-Ws^2}{s(2l-s)}$才能滑动。

8. $\Delta\theta=\dfrac{4Fa^2}{3EI}$。

9.（1）$F=F_1=\dfrac{\pi aE\delta}{\mu}$。（2）$F>F_1$ 后，$F=F_1+\Delta F=F_1+\dfrac{(1-\mu)T}{2lf\mu}$。

10. 两种答案：

当 $\varepsilon_2=\varepsilon_3<\varepsilon_1$ 时，$\varepsilon_{\mathrm{I}}=\varepsilon_1$，$\varepsilon_{\mathrm{II}}=\dfrac{1}{3}(4\varepsilon_2-\varepsilon_1)$

或当 $\varepsilon_2=\varepsilon_3>\varepsilon_1$ 时，$\varepsilon_{\mathrm{I}}=\dfrac{1}{3}(4\varepsilon_2-\varepsilon_1)$，$\varepsilon_{\mathrm{II}}=\varepsilon_1$。

11. $c=\dfrac{\sqrt{E_1E_2}-E_2}{E_1-E_2}h=\dfrac{h}{1+\sqrt{\dfrac{E_1}{E_2}}}$；如 $E_1=E_2$，则 $c=\dfrac{h}{2}$。

12. $x_1=(3-2\sqrt{2})l=0.172l<l/4$，$F=[M]/x_1$。

11.4.2　详细解答

第 1 题

由对称性

$$F_{N3}=F_{N4}$$

由载荷作用点 E 处微段的平衡

$$F_{N1}-F_{N2}=F$$

由节点 G 的平衡

$$\sqrt{2}F_{N3}+F_{N2}=0$$

协调条件

$$\varepsilon_1+\varepsilon_2=\sqrt{2}\varepsilon_3$$

因各杆长度相同得

$$F_{N1}+F_{N2}=\sqrt{2}F_{N3}$$

由此解出

$$F_{N1}=\frac{2}{3}F,\ F_{N2}=-\frac{1}{3}F,\ F_{N3}=F_{N4}=\frac{\sqrt{2}}{6}F$$

第 2 题

对轴，力矩平衡

$$T=M-2F_Na \tag{11-1}$$

对轴

$$\varphi=\frac{Ta}{GI_P}$$

对杆

$$\Delta l=\frac{F_Na}{EA}$$

协调条件

$$\varphi a=\Delta l$$

即

$$\frac{Ta^2}{GI_P}=\frac{F_Na}{EA} \tag{11-2}$$

由式（11-1）、式（11-2）解出

$$F_N=\frac{MaEA}{GI_P+2a^2EA},\ T=\frac{GI_PF_N}{aEA}$$

第 3 题

$$w_1=\frac{Fx^2(3l-x)}{6EI}$$

$$w_2=-\frac{Mx^2}{2EI}$$

$$w=w_1+w_2=-Ax^3$$

比较之求得 $F=6AEI$（向上，图 11-31），$M=6EAIl$（顺时针，图 11-31）。

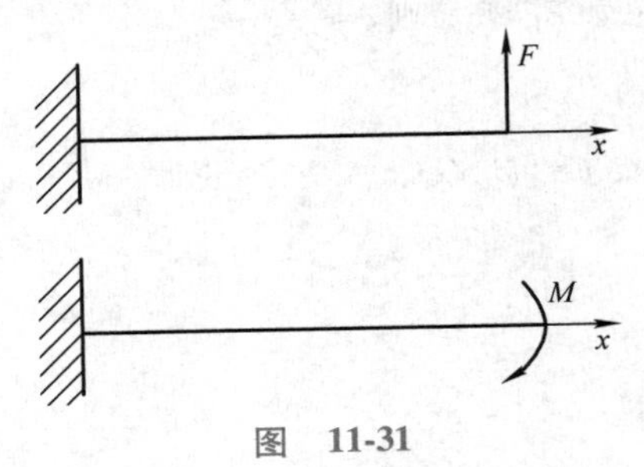

图 11-31

第 4 题

如图 11-32 所示，往上移动 δ 后有力 $F_1=K\delta$，约束力为 $\frac{F_1}{2}$。当出现力矩不平衡，$F\delta \geqslant \frac{Q}{2}l$ 时即为失稳，故求得$F_{cr}=Kl/2$。

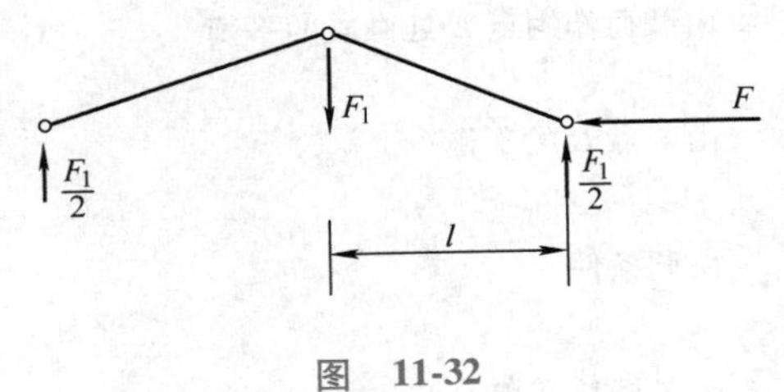

图 11-32

第 5 题

由应变转轴公式

$$\varepsilon_{\alpha}=\frac{\varepsilon_x+\varepsilon_y}{2}+\frac{\varepsilon_x-\varepsilon_y}{2}\cos 2\alpha-\frac{\gamma_{xy}}{2}\sin 2\alpha$$

代入 $\alpha=45°$，$\varepsilon_y=-\mu\varepsilon_x$，整理得

$$\gamma_{xy}=\varepsilon_x(1-\mu)-2\varepsilon_{45°}$$

根据胡克定律

$$\gamma_{xy}=\tau/G$$

$$\varepsilon_x=\frac{1}{E}[\sigma_x-\mu(\sigma_y+\sigma_z)]=\frac{1}{E}\sigma_x=\frac{F}{EA}$$

故

$$\sigma_x=\frac{F}{A}=\frac{200\pi\times10^3}{\frac{\pi}{4}(200\times10^{-3})^2}\mathrm{Pa}=20\mathrm{MPa}$$

$$\tau=G\gamma_{xy}=\frac{E}{2(1+\mu)}[\varepsilon_x(1-\mu)-2\varepsilon_{45°}]=\frac{E}{2(1+\mu)}\left[\frac{F}{EA}(1-\mu)-2\varepsilon_{45°}\right]$$

$$=\frac{200\times10^9}{2(1+0.3)}\left[\frac{200\pi\times10^3}{200\times10^9\times\frac{\pi}{4}(200\times10^{-3})^2}(1-0.3)+2\times3\times10^{-4}\right]\mathrm{MPa}$$

$$=51.5\mathrm{MPa}$$

$$\sigma_{r4}=\sqrt{\sigma^2+3\tau^2}=91.5\mathrm{MPa}<[\sigma]$$

第 6 题

重物降下的位能 $V=W(w+\delta)$ 变成两杆的应变能。

杆 1

$$W_1=\frac{1}{2}\frac{(w+\delta)^2}{c}$$

杆 2

$$W_2=\frac{1}{2}\frac{w^2}{c},\ c=\frac{l^3}{3EI}$$

即

$$W(w+\delta)=\frac{1}{2c}[(w+\delta)^2+w^2]$$

由题 $\delta=Wc$，代入后得

$$2\delta(w+\delta)=2w^2+2w\delta+\delta^2$$

即

$$w=\frac{\delta}{\sqrt{2}}$$

第 7 题

在 $0\leqslant x\leqslant s$ 段

$$y=\frac{1}{6EI}[Wx^2(3s-x)+Fx^2(3l-x)]$$

$$y'=\frac{1}{2EI}[Wx(2s-x)+Fx(2l-x)]$$

$$\theta_s=y'|_{x=s}=\frac{1}{2EI}[Ws^2+Fs(2l-s)]$$

开始滑动条件为

$$\tan|\theta_s|\approx|\theta_s|\geqslant f$$

即

$$Ws^2+Fs(2l-s)\geqslant 2EIf$$
$$Fs(2l-s)\geqslant 2EIf-Ws^2$$

当 $2EIf\leqslant Ws^2$ 时，不需加力，上式就成立，否则就加力 $F=\dfrac{2EIf-Ws^2}{s(2l-s)}$。

第 8 题

研究组合梁 CB，可知 CB 段不受力，ADC 段为悬臂梁如图 11-33 所示。

其端部位移

$$w_C=\frac{5Fa^3}{6EI},\ \theta_{C^-}=\frac{-Fa^2}{2EI}$$

BC 段作刚体转动，有

$$\theta_{C^+}=\frac{w_C}{a}=\frac{5Fa^2}{6EI},\ \Delta\theta=(\theta_{C^+}-\theta_{C^-})=\frac{4Fa^2}{3EI}$$

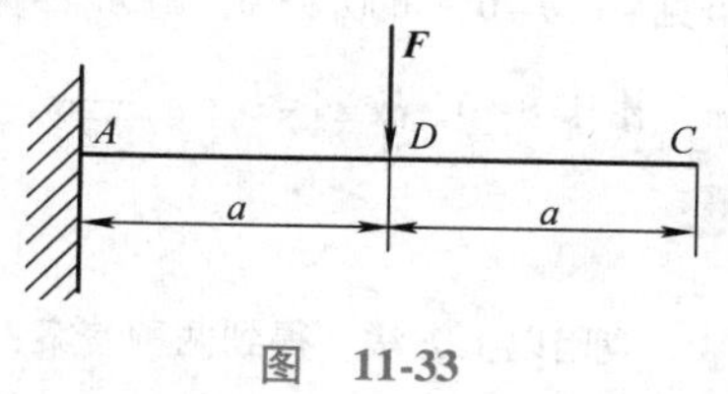

图 11-33

第 9 题

（1）$\varepsilon_z=-\dfrac{F}{\pi a^2E}$，$\varepsilon_r=-\mu\varepsilon_z=-\dfrac{\mu F}{\pi a^2E}=\dfrac{u}{a}$

$u=\delta$ 时，轴和壁相碰得 $F=F_1=\dfrac{\pi aE\delta}{\mu}$。

（2）$F>F_1$ 后，记 $\Delta F=F-F_1$

$$\Delta\sigma=\frac{\Delta F}{\pi a^2}$$

由于壁是刚性的，故

$$\Delta\varepsilon_r=\Delta\varepsilon_\theta=0$$

$$\Delta\varepsilon_r=\frac{1}{E}[\Delta\sigma_r-\mu(\Delta\sigma_\theta+\Delta\sigma_z)]=0$$

同理

$$\Delta\varepsilon_\theta=\frac{1}{E}[\Delta\sigma_\theta-\mu(\Delta\sigma_z+\Delta\sigma_r)]=0$$

可求出

$$\Delta\sigma_r=\Delta\sigma_\theta=\frac{\mu}{1-\mu}\Delta\sigma_z=\frac{\mu}{1-\mu}\cdot\frac{\Delta F}{\pi a^2}$$

$$T=2l\pi af\Delta\sigma_r\cdot a=\frac{2lf\mu\Delta F}{1-\mu}$$

即

$$\Delta F=\frac{(1-\mu)T}{2lf\mu}$$

而

$$F=F_1+\Delta F=F_1+\frac{(1-\mu)T}{2lf\mu}$$

第 10 题

设最大主应变 ε_1 方向按逆时针转过 θ 角后为 ε_1 的方向，由应变莫尔圆则有

$\varepsilon_1=\varepsilon_0+r\cos2\theta$（$\varepsilon_0$ 为圆心坐标，r 为半径）

再由 ε_1 按逆时针转 120°、240°到 ε_2、ε_3，故有

$$\varepsilon_2=\varepsilon_0+r\cos\left(2\theta+\frac{4}{3}\pi\right)$$

$$\varepsilon_3=\varepsilon_0+r\cos\left(2\theta+\frac{8}{3}\pi\right)=\varepsilon_0+r\cos\left(2\theta+\frac{2}{3}\pi\right)$$

由题意 $\varepsilon_2=\varepsilon_3$，则应有

$$-\frac{1}{2}\cos(2\theta)+\frac{\sqrt{3}}{2}\sin2\theta=-\frac{1}{2}\cos2\theta-\frac{\sqrt{3}}{2}\sin2\theta$$

可见 $\sin2\theta=0$，可取 $\theta=0$，则 ε_1 即为最大主应变 $\varepsilon_{\mathrm{I}}=\varepsilon_0+r$，另一主应变为 $\varepsilon_{\mathrm{II}}=\varepsilon_0-r$。

由于 $\theta=0$，故 $\varepsilon_2=\varepsilon_3=\varepsilon_0-\frac{1}{2}r$，解出

$$\varepsilon_{\mathrm{II}}=\frac{1}{3}(4\varepsilon_2-\varepsilon_1)$$

应用以上方法，得到两种答案：

当 $\varepsilon_2=\varepsilon_3<\varepsilon_1$ 时，$\varepsilon_{\mathrm{I}}=\varepsilon_1$，$\varepsilon_{\mathrm{II}}=\frac{1}{3}(4\varepsilon_2-\varepsilon_1)$。

或当 $\varepsilon_2=\varepsilon_3>\varepsilon_1$ 时，$\varepsilon_{\mathrm{I}}=\frac{1}{3}(4\varepsilon_2-\varepsilon_1)$，$\varepsilon_{\mathrm{II}}=\varepsilon_1$。

第 11 题

设顶部应力为 σ_B，则应力分布为

$$\sigma(z)=\sigma_B-\gamma(h-z)$$

由 $\sigma(c)=0$，得

$$\sigma_B=\gamma(h-c)\tag{11-3}$$

整个柱不伸长，则有 $\Delta L=0$，即

$$\frac{1}{E_2}\int_0^c\sigma(z)\,\mathrm{d}z+\frac{1}{E_1}\int_c^h\sigma(z)\,\mathrm{d}z=0$$

积分得

$$\frac{1}{E_2}\left[\sigma_Bc+\frac{1}{2}\gamma(h-c)^2-\frac{1}{2}\gamma h^2\right]+\frac{1}{E_1}\left[\sigma_B(h-c)-\frac{1}{2}\gamma(h-c)^2\right]=0$$

由式（11-3）有$(h-c)=\dfrac{\sigma_B}{\gamma}$，代入上式并整理后可得

$$(E_1-E_2)\left(\frac{\sigma_B}{\gamma}\right)^2-2E_1h\left(\frac{\sigma_B}{\gamma}\right)+E_1h^2=0$$

取与式（11-3）一致（即 $c<h$）的根

$$\frac{\sigma_B}{\gamma}=\frac{h}{E_1-E_2}(E_1-\sqrt{E_1E_2})$$

而由式（11-3）

$$\frac{\sigma_B}{\gamma}=h-c$$

可解出

$$c=\frac{\sqrt{E_1E_2}-E_2}{E_1-E_2}h=\frac{h}{1+\sqrt{\dfrac{E_1}{E_2}}}$$

如 $E_1=E_2$，则 $c=\dfrac{h}{2}$。

第 12 题

这是静定梁。最大弯矩只可能出现在 B 点和 C 点。

$$M_B=-Fx_1, M_C=\frac{F}{l}(l-x_1-x_2)x_2$$

由于 x_1给定后，x_2可以变，求 x_2变时最大的 M_C，即

$$\frac{\partial M_C}{\partial x_2}=0，得\ x_2=\frac{l-x_1}{2}$$

代入 M_C得

$$M_{C\max}=\frac{F(l-x_1)^2}{4l}\leqslant[M] \tag{11-4}$$

$$Fx_1\leqslant[M] \tag{11-5}$$

从式（11-4）、式（11-5）两式求 x_1使 F 最大（但 x_1不得超过 $l/4$），可令两式相等时达到，即

$$(l-x_1)^2=4x_1l$$

解得

$$x_1=(3-2\sqrt{2})l=0.172l<l/4$$

满足要求，由式（11-5）可得

$$F=[M]/x_1$$

11.5 试题点评

从第三届起，竞赛改名为全国周培源大学生力学竞赛，以纪念我国著名力学家周培源先生。

竞赛发展的历史告诉我们，不应当局限于竞赛自身来看待发展，因为它与所处的时代的科技发展水平与需求相关，同时也与当时的教育理念与教育形势紧密相关。第三届竞赛的时间正值教育部基础力学课程教学指导分委员会组织完成考试题库建设，根据有关方面建议，有 50%的竞赛题选自题库。这在配合教育部基础力学课程指导分委员会的工作，宣传和应用试题库方面发挥了积极的作用。另一方面，大学生科技活动和竞赛的灵魂是创新，只有从当代科技前沿、国家建设重大和关键技术问题，从常规工程和日常生活细微之处提炼基础力学问题，才能保持竞赛的活力，不断发展，真正起到配合高校力学教育和校园文化建

设的作用。

11.5.1 理论力学试题点评

总体来看，本次竞赛试题难度是历届最低的一次，特别是和第一届相比难度有大幅度的下降，基本没有难题，更注重基本概念和基本方法。

是非题考查学生对基本概念的理解。

选择题在考查概念的同时，需要少量的计算，当概念清楚时很可能不通过计算就能看出答案。

填空题实际上是计算题，第（4）、（5）、（6）小题有一定的计算量。最容易出错的是第（5）小题，题目意思也最可能被理解错。

综合分析题以质点动力学为主，解题时没有特别需要注意的地方，是常规的作业题。

下面具体分析各题的特点。

是非题考查基本概念，基本上是课本上的概念。

选择题需要简单的计算，第（1）小题中 x_1 垂直于 BHE 平面，所以 x_1 垂直于 $\boldsymbol{F}$。第（2）小题利用运动的分解很简单得到结果。第（3）小题中找 AB 杆瞬心，很快可以得到结果，在第 2 问中，以 AB 杆为动系，C 点为动点，则牵连速度和相对速度都沿 AB 杆方向，但绝对速度又要垂直于 CD 杆，只能是速度为零，不需要计算。第（4）小题要注意弹簧力做的功等于前后两位置的弹性势能差，同时要从原长处开始计算弹性势能。第（5）小题注意 AB 杆作瞬时平动就能看出答案。

填空题也需要简单的计算。其中第（1）小题是平衡与摩擦角的问题，需注意平衡时圆柱体的受力为三个平行力，其中两圆接触处的力在临界状态下，沿摩擦角的边缘，因此有 $\arctan\mu$。第（2）小题考查弹簧的串并联关系，在相同的载荷下，弹簧截去一半后变形也只有一半，因此短弹簧的刚度系数为原弹簧的两倍。第（3）小题利用动能定理和动量定理，即可得到结果。需要注意的是，本题的动能和动量都与绝对速度有关。第（4）小题有两种方法求解：一种是利用动能定理列出系统动能和重力做的功，求导后得到加速度。另一种是对圆环利用动量和动量矩求加速度，对方块直接进行受力分析得出加速度。两种方法的工作量差不多。第（5）小题容易“欺骗”学生，因为通常人们认为向前加力，会使物体向前倒下，其实这是不自觉地假设作用力的位置比较高。要注意，当作用力的位置比较低时，因为惯性力的作用，物体是向后倒下的。因此，本题是动力学问题而不是静力学问题。如果考虑到这一点，本题做起来并不难，否则还会以为题目出错了呢！第（6）小题是非惯性系问题，只要概念清楚，计算量并不大。

综合分析题（A）涉及动量矩、质心运动定理，还要进行积分。本题的几个小问题环环相扣，难度不大，但解题时仍要格外小心。第（1）小题直接利用动量矩定理，第（2）小题不必另外做，只需要对（1）小题的结果作参数变换。第（3）小题直接利用质心运动定理，并把第（2）小题的关系式代入。第（4）小题是对第（2）小题的结果进行积分，积分时常用的一个技巧是利用 $\ddot{\theta}=\mathrm{d}\dot{\theta}/\mathrm{d}t=\dot{\theta}\,\mathrm{d}\dot{\theta}/\mathrm{d}\theta$ 进行变量分离。积分的上下限分别为 $\theta=0$ 和 $\theta=\pi/2$ 时对应的角速度。

综合分析题（B）难度不大。第（3）小题求 OB 连线的角速度可以有不同的方法。在方盘上看，小球 B 的作用力与速度垂直，因此速度大小不变，OB 连线的角速度就是 $\dot{\theta}=\dfrac{v_0}{R}$。在明确方盘作平动后，该角速度就是绝对角速度。

11.5.2 材料力学试题点评

对材料力学试题库中常规题的点评将从简。

第 1 题知识点：拉压超静定问题。

第 2 题知识点：拉压与扭转综合超静定问题。

第 3 题知识点：梁变形。

第 4 题知识点：刚杆弹簧系统失稳。

第 5 题知识点：应变的坐标变换、广义胡克定律、强度理论。

第 6 题知识点：冲击应力与应变。冲击问题是一个复杂的问题，材料力学对它作了很大的简化，因而只能称为工程简化方法。

第 7 题知识点：梁变形、摩擦。材料力学与理论力学的综合问题。

第 8 题知识点：梁变形。

第 9 题知识点：拉压应力与变形、圆轴扭转、摩擦、超静定问题。本题第（1）问是基本问题，第（2）问需要知识的综合运用。如果能理清思路就不难：先求轴向应力，然后用广义胡克定律和变形协调条件求轴和壁之间的均布压力。利用摩擦因数求得能承受的切应力并合成为传递的扭矩，导出轴力和扭矩之间的关系。

题目没有说明外扭力偶怎样作用。参见第四届竞赛第 7 题点评（详见第 4 章），克服摩擦的两相套的轴的相对滑动是从端部逐渐向内扩展的，而本题所附的解答是整个轴即将开始滑动的临界状态。

第 10 题知识点：应变坐标变换、主应变。

第 11 题知识点：拉压超静定问题、拉压弹性模量不等材料。此题难点在于需由式（11-3）确定杆端约束应力与拉压分界截面位置之间的关系。

第 12 题知识点：梁的内力、工程等强度设计原则。由于有两个移动载荷，本题比第二届第 2 题难，但求解思路是相似的。

附录 A 竞赛（理论力学）试卷难度系数评估

为了方便读者了解自己掌握理论力学的水平，作者给历届力学竞赛的试题进行了难度系数评估。

首先我们定义了难度系数从 1 到 10，分值越高表示难度越大。具体分值所代表的难度见下表：

难度系数分值	具体描述
1，2	特别容易。通常是常识性的问题，或者直接根据概念能得出结果。估计 90%以上的学生会处理
3，4	比较容易。常规作业的难度，计算量不大，不需特别的技巧。估计 80%的学生会处理
5，6	中等难度。需要一些技巧，或计算量比较大，或比较容易出错。估计 50%的学生会处理
7，8	比较难。需要技巧，概念要清楚，通常很容易出错。估计 20%的学生会处理
9，10	很难。没有一定的处理方法，需要理解题目的本质。大部分学生往往不知道如何列出方程。估计不到 5%的学生会处理

在上述难度系数定义的基础上，作者把历届的试题放在一起进行综合比较后，参考平时教学中学生掌握和理解的程度，得到了每题的难度分值，然后根据各题的分数加权后，得到整个试卷的难度值。这些估计值仅供参考：

1988（综合难度 5.94），1992（综合难度 3.93），1996（综合难度 3.71），

2000（综合难度 4.24），2004（综合难度 5.13），2007（综合难度 6.33），

2009（综合难度 4.76），2011（综合难度 6.20），2013（综合难度 5.89）。

如果有读者对竞赛试题感兴趣，建议（理论力学）先做 1996 年的题目，然后做 2000 年、2009 年和 2004 年的题目，最后做 2007 年、2011 年和 2013 年的题目。这样可以逐步建立信心。

具体各题的难度系数如下：

1. 1988 年试卷难度分析

题号	1	2		3				4	5	6	7			8	9	10	
分数	10	5	5	2	3	2	3	10	10	10	3	3	4	10	10	5	5
难度	3	2	4	3	5	3	5	7	8	5	2	7	10	10	9	3	4

整体试卷难度为 5.94。

2. 1992 年试卷难度分析

题号	1 (1)	1 (2)	1 (3)	1 (4)	1 (5)	2 (1)	2 (2)	2 (3)	2 (4)	2 (5)
分数	3	3	3	3	3	3	3	3	3	3
难度	1	1	6	4	5	2	3	5	6	5
题号	2 (6)	2 (7)	2 (8)	2 (9)	2 (10)	2 (11)	3 (1)	3 (2)	3 (3)	3 (4)
分数	3	3	3	3	3	3	4	4	4	4
难度	4	2	6	6	4	7	3	3	3	5
题号	3 (5)	4 (1)	4 (2)	4 (3)	4 (4)	4 (5)	4 (6)	4 (7)	4 (8)	
分数	4	4	4	4	4	4	4	4	4	
难度	4	3	3	3	3	5	5	4	4	

整体试卷难度为 3.93。

3. 1996 年试卷难度分析

题号	1 (1)	1 (2)	1 (3)	1 (4)	1 (5)	2 (1)	2 (2)	2 (3)	4 (4)	2 (5)
分数	3	3	3	3	3	3	3	3	3	3
难度	2	2	3	3	4	2	2	3	2	2
题号	3 (1)	3 (2)	3 (3)	3 (4)	3 (5)	3 (6)	4 (1)	4 (2)	4 (3)	4 (4)
分数	5	5	5	5	10	10	5	5	5	5
难度	3	3	4	4	8	5	3	3	4	6
题号	5 (1)	5 (2)	5 (3)	5 (4)	5 (5)					
分数	6	6	6	6	6					
难度	1	2	4	4	4					

整体试卷难度为 3.71。

4. 2000 年试卷难度分析

题号	1 (1)	1 (2)	2 (1)	2 (2)	2 (3)	3 (1)	3 (2)	4 (1)	4 (2)	5 (1)
分数	5	5	3	3	4	5	5	5	5	5
难度	2	5	2	2	3	3	4	4	3	5
题号	5 (2)	6 (1)	6 (2)	6 (3)	7 (1)	7 (2)	7 (3)	8 (1)	8 (2)	8 (3)
分数	5	5	5	5	3	4	3	5	5	5
难度	6	2	4	5	4	4	4	5	5	5
题号	9 (1)	9 (2)								
分数	5	5								
难度	7	7								

整体试卷难度为4.24。

5. 2004年试卷难度分析

题号	1	2	3	4	5	6	7	8	9	10	11	12
分数	5	5	6	10	6	6	6	15	6	10	15	10
难度	2	4	5	4	6	4	4	5	4	6	6	8

整体试卷难度为5.13。

6. 2007年试卷难度分析

题号	1（1）	1（2）	1（3）	2（1）	2（2）	2（3）	3（1）	3（2）	3（3）	4（1）	4（2）	4（3）
分数	9	9	12	10	10	15	9	11	10	5	10	10
难度	3	6	9	3	5	8	4	5	9	2	8	10

整体试卷难度为6.33。

7. 2009年试卷难度分析

题号	1		2				
	（1）	（2）	（1）	（2）			（3）
				①	②	③	
分数	12	8	4	10	5	14	7
难度	4	4	6	5	4	5	6

整体试卷难度为4.76。

8. 2011年试卷难度分析

题号	1			4			5
	（1）	（2）	（3）	（1）	（2）	（3）	（2）
分数	6	12	12	4	12	4	10
难度	5	6	7	4	7	9	5

整体试卷难度为6.20。

9. 2013年试卷难度分析

题号	1	3			5	
小题	（1）	（1）	（2）	（3）	（1）	（2）
分数	6	10	10	5	12	13
难度	4	6	5	7	6	7

整体试卷难度为5.89。

附录 B 纸桥过车

B.1 背景介绍

2003 年国庆节期间，清华大学理论力学开放试验室和中央电视台《异想天开》栏目合作，举办了“纸桥过车”比赛。要求参赛的队伍在整个国庆假期期间，利用废报纸设计制作一座纸桥，能让一辆真正的吉普车顺利通过。这是一个真正异想天开的比赛，在《异想天开》栏目里出现还真是很合适。

在该节目论证时，作者利用一些力学知识估算需要 2t 报纸。导演为了保险，给每队提供 6t 报纸。最后确定的题目是：利用 6t 废报纸，能否在 10 天时间内，设计制作出一个长 6m、离地面高 2m 的纸桥，使之能让真正的吉普车通过？辅助材料只有白乳胶，工具则不限制。允许把报纸变成纸浆做成纸砖之类的方案，关键是整个纸桥要由纸做成。

如图 B-1 所示，这些堆积成山的报纸其实还不到 1t，由此可以想象 6t 报纸的分量。

图 B-1

经过筛选，最终清华队与网友队报名参加这一角逐。清华队由清华大学机械系十名二年级的学生组成，作者当时正在教他们理论力学这门课。网友队则由四名发明协会的网友组成。这两个队首先面临的一个挑战性的问题就是：如何确定设计方案？

B.2 清华队的设计方案

清华队考虑到报纸几乎不能承受弯矩，因此决定把报纸卷成圆筒。设计纸筒桥，重点提高纸张的抗弯刚度。

开始时学生们打算自己卷纸筒，后来由于各种原因（见 B.5 节中的后记），就在规则允许的条件下，决定找造纸厂把报纸加工成纸浆，再做成纸筒。当然工厂加工需要很高的费用，学生们根据设计的方案，经过计算后明确只需要 1t 多的纸，然后就把其余的报纸都卖给了纸厂作为加工费。

下面就是清华队的学生们在造桥过程中的部分照片（见图 B-2~图 B-11）。

在造桥时，清华队考虑了比较多的因素，例如，桥身各部件的主要作用如下：纵梁是主要的受力构件，是纸桥的核心；桥墩是为了防止纵梁的变形过大；横梁是为了把汽车的重量均匀分配到纵梁上；垫纸是为了减少汽车过桥时的振动（见图 B-12）。清华队做了大量的试验和理论计算，从理论上计算出 1.5t 的汽车过纸筒桥时，最大变形不超过 1cm。因此清华队是充满信心参加比赛的。比赛结果并不出乎意料，在现场几乎看不出清华队的桥有什么变形。清华队挑战成功。

比赛结束，大家合影留念，导演意犹未尽，让现场的观众全部登上清华队的纸桥（见图 B-13）。后来更是拆了两边的两个桥墩，发现吉普车还是可以安全通过。

图 B-2　兵马未动，粮草先行。报纸还未到，学生们已经在网上查资料、打电话联系车辆、进行设计等

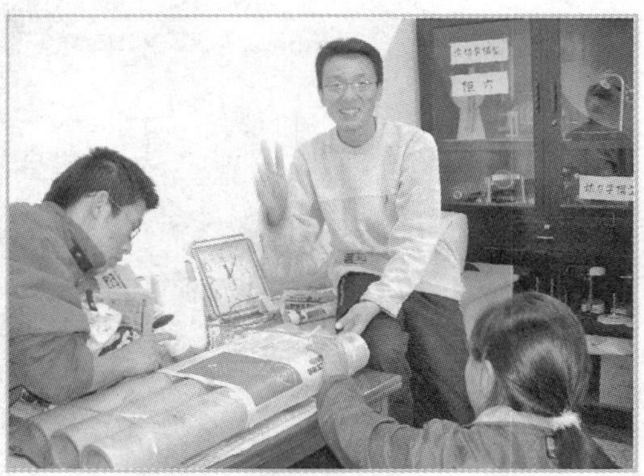

图 B-3　理论分析与初步试验同时进行。学生们找了几个纸筒，看看如何捆绑才能结实

图 B-4　做纸带已经成为熟练工种：根据设计，需要用纸带缠绕纸筒。
学生们开始整理报纸、裁切、粘贴、烘干，已经成流水线作业了

图 B-5 几百米长的纸带就那么赶制出来了

图 B-6 纸筒千呼万唤始出来。但开始时纸筒只能存放在露天的平台上，防火、防雨都是十分重要的问题，后来才移到比赛场地附近的厂房

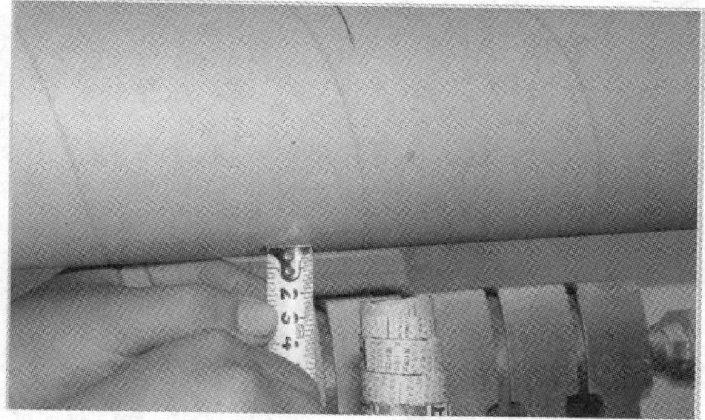

图 B-7 因陋就简，利用自己的体重做纸筒的弯曲试验，这将为理论计算提供重要的材料参数。学生们设计了一个可以收缩的纸卷，人坐上纸筒后，纸筒弯曲使纸卷高度降低，从而可以方便测出纸筒的变形量。这里最能反映作者所提倡的理念：用尽可能简单的工具和材料解决问题。学生们只用一把钢尺就测出了纸筒的抗弯刚度

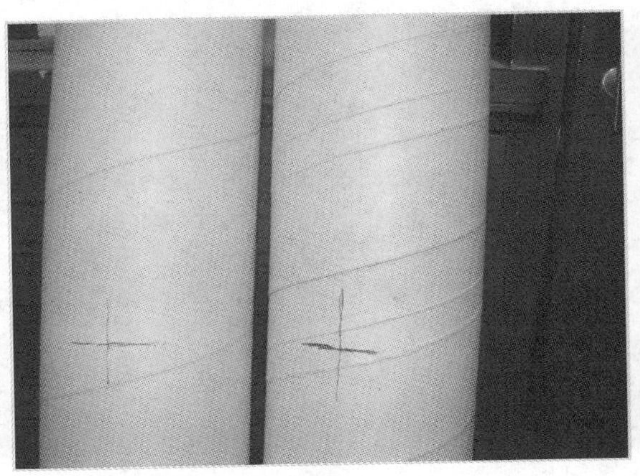

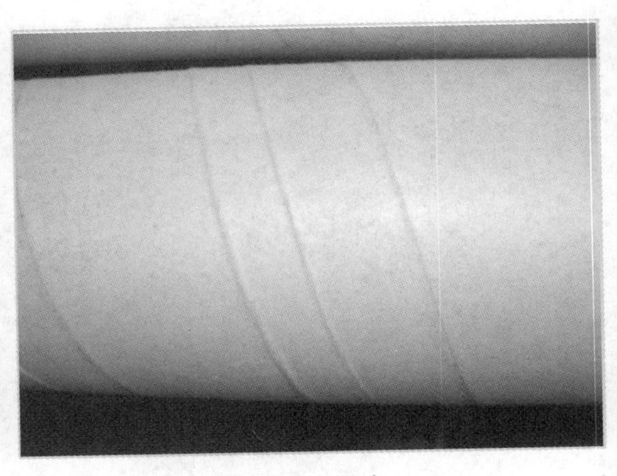

图 B-8　纸筒弯曲的比较。从照片上可以看出纸筒变形后增加了褶纹

图 B-9　开始制作桥墩。如何使桥墩既平稳又有效地支撑桥面，这里面的技巧可多着呢，也有很多道工序

图 B-10　做一个桥墩需要很多人的配合。做好桥墩后，在颇为壮观的纸筒“八卦阵”中留个影作纪念

图 B-11　时间已经不够了，连夜加班架桥。由于一直下雨，就在帐篷下工作。在最后一天天亮的时候，雨过天晴，清华队的纸桥也终于做好了

图　B-12

图 B-13

B.3 网友队的设计方案

网友队考虑到报纸只能承受拉力，因此决定把报纸卷成纸绳，设计纸索桥，重点提高纸张的抗拉强度。他们还发明了专门卷纸的简单机械，不愧是网上发明协会的成员。

网友队用三根钢管焊成了图 B-14 所示的装置，可以把三股细纸绳搓成一根粗纸绳，差不多有拳头那么粗。做好后的纸绳铺在地上，蔚为壮观（见图 B-15）。

图 B-14

图 B-15

网友队的纸桥两端用麻绳及铁钩与引桥连接，桥身用约 30 根粗纸绳组成一个“网”（见图 B-16）。据称粗绳每边用 9 个人才能拉断！但网友队的设计在理论上存在一些隐患。网友队所设计桥由于采用斜拉的方案，纸绳中的受力会很大，导致变形也会很大。根据生活经验，在一根绷紧的铁丝上，即使挂上很轻的衣服，铁丝也会有明显的变形。假设铁丝变形后形成的角度为 10°，则铁丝中的张力将是拉力的 10 倍多。

由于纸绳中受到的拉力超过汽车重量的好几倍，因此肯定会有较大的变形。假设汽车轮距为 2m，绳长为 6m，变形以 10%计算，通过估算，桥面将下降接近 1m！这从图 B-17 所示照片中可以看出：引桥高 2m，现在车轮已经处在引桥高度一半的位置了。

不知网友队事先是否做过这方面的计算，这么大的变形将使纸桥像网一样兜住汽车，也将使汽车难

图　B-16

以开上对面的引桥。比赛中，当1t多的汽车前轮刚压上纸桥时，绳索中巨大的张力使得引桥（据工作人员说有数吨重）移动了约20cm，桥面下降最大处约达1.4m，此时汽车将要爬45°左右的斜坡，那肯定上不去（见图B-18）。同时由于底盘触到引桥，网友队的吉普车进退两难，功亏一篑。最终，网友队挑战失败。

图　B-17

图　B-18

B.4　点评

两个队的总体设计方案几乎从一开始就决定了比赛的胜负。

清华队考虑设计纸筒桥，重点提高纸张的抗弯刚度。网友队考虑设计纸索桥，重点提高纸张的抗拉强度问题。在这一问题中抗弯刚度和抗拉强度都应该考虑，但是还要考虑优先的顺序和可能带来的问题。

清华队的纸桥由纸筒做成，同时考虑了变形和受力两个因素。从受力的角度看，他们想了各种办法分散载荷，如在纵梁上铺横梁，在横梁上铺垫纸，都是为了分散汽车的载荷。从变形的角度看，单独的一根纸筒并不结实，主持人在现场演示时，纸筒一踩就瘪了。如果把若干根纸筒紧紧捆在一起，纸筒之间的作用力会限制每根纸筒的变形，所以他们的纸筒都是三根一组捆绑的。再加上桥墩，从理论上计算桥梁的最大变形不超过1cm。

清华队还考虑了可能的破坏情况：纸筒出现局部破坏、多层纸筒失稳、捆绑的纸带松开等，并采取了应对措施。此外，还考虑了一些细节，如在桥面上画了黄线，让驾驶员能看到方向；计算每个桥墩的距离保证吉普车的前后轮不会同时进入同一跨度之间等。

最后比赛的结果证明清华队的设计偏保守，后来去掉了两个桥墩，汽车照样能开过去。

网友队设计的桥看上去就比较悬，专家们在赛前就认为纸桥可能会像“网兜”一样兜住汽车。比赛时，汽车的重量导致纸绳产生明显变形，纸桥真成了网兜。

有人认为如果引桥不移动，汽车就能开上去。但经过计算，即使引桥不移动，桥面也会下降1.2m，汽车要爬38°的斜坡，并且这个斜坡的特点是，后轮越向前开斜坡的角度越大，一定会出现前轮悬空、底盘与引桥接触的情况。

比赛现场网友队的汽车前轮已经悬空，后轮在桥面上开始打滑，并把桥表面的报纸磨破，纸屑纷纷扬了起来。再不停车，就会磨断纸绳了，导演于是赶紧叫停。

网友队的方案没有进行充分的理论论证，这才是他们失利的重要原因。他们认为纸绳足够粗，不会被拉断。试验中一根粗绳每边用9个人才能拉断，所以强度没有问题。但是大变形会导致坡度增大，而通常汽车都有最大爬坡角度的限制，也许他们没有考虑到这一因素。

B.5　后记

回想整个造桥的历程，每位参赛的学生，在短暂而难忘的十多天中，经历的困难之多，心情起伏之大，应该说远远超出了他们最初的设想。经历过这次活动，他们应该有很多感想、体会。

作为学生们的带队老师，作者从心情、能力、技术三个方面进行简要总结。

1. 心情跌宕

在造桥的过程中，大家的心情一直在变化着，大体上经历了这样的过程：激动、兴奋、吃惊、沮丧、失望、麻木、平静、充满希望、自信、喜悦。

在报纸运到之前，每名队员都很激动，感到有机会做一件“大事”，准备大显身手。在几次讨论会上，大家拿出了各种方案，进行了初步分工，并准备制订详细的工作计划。

报纸运到后，看到满满两卡车报纸（约6t）被装卸工人用脚踢下来并逐渐堆成了小山，大家都很吃惊：怎么会这样？这些报纸都堆成了垃圾山！10个人根本处理不了这么多报纸！因为大家事先都以为报纸是一捆捆的，体积没多大。

其实困难才刚刚开始。报纸还未完全卸完，天阴沉沉的快要下雨，学生们赶紧去买塑料布。这时，因为防火安全问题，报纸不能运进系馆（本来事先已联系过，系里同意放在系馆内，但现场的报纸太像垃圾堆了，系里不同意了），大家没有了工作场所。没办法只好连夜把卸下的报纸重装上汽车，想办法找地方。在接下来的几天里，在什么地方能放这些报纸，就成了头等重要的事情。中间的曲折就太多了：包括联系多个场地失败；两辆汽车由于超载，长时间一直停在那里，车胎先后压爆等。

经过一系列联系场地、等待答复、无法解决、再联系……一直到校办出面，报纸才放到清华垃圾场附近。在这几天中，没有一件事情符合事先的预计，各种情况都不顺利，而且听说别的队已经顺利开展工作，我们连报纸放在何处都没着落，大家的心情都很沮丧。

由于没有场地无法开展工作，时间也浪费了几天，大家提出了化纸浆卷纸筒的方案（原计划是自己卷）。随后的几天联系附近的所有造纸厂，有的休假，有的倒闭。当时真是有一点信息就当成救命的稻草。中间还发生了很有趣的插曲：有的小纸厂看到有摄像人员跟着拍摄，以为是要曝光自己的产品……

就在大家要绝望的时候，终于找到了一家工厂可以把报纸化为纸浆，可这时又面临巨大的资金缺口。大家临时决定把多余的报纸卖给造纸厂，为此又仔细计算了一遍需要多少纸，并与导演反复磋商并获得同意。当这一切都解决后，大家才松了一口气。

等纸筒做出来后，大家又为存放场地、防火安全等问题奔波，但已开始产生希望了。而随着完成摩擦试验、弯曲试验、稳定性试验、破坏试验和获得具体理论计算结果，大家越来越有信心。

最后一天进行比赛，虽然我们预料一定会成功，但是现场的气氛还是很紧张，毕竟以前从没有真正的汽车从纸桥上开过。当现场主持说“清华队挑战成功”的话音还在耳边时，场下的同学们已经飞跑上场，相互拥抱。他们太兴奋了，以至有的学生嘴唇都碰破了，镜片都撞飞了……

在整个比赛过程中，学生们突然置身于数量众多而巨大的困难中，在大部分时间内伴随着失望和绝望，终于赢来了最后的成功和喜悦。如果不是亲身经历这些心情和体验，是难以说清楚的，这些都将成为学生们成长过程中一个重要环节。

2. 能力培养

从培养学生能力的角度看，这一活动涉及组织、分工、协作、理论分析、试验、制作等多方面，学生们为此自己推选了队长、发言人、工程师、会计等。

虽然开始时制订了工作日程，但自从报纸运来后，几乎是立刻发现情况随时变化，计划赶不上变化。即使这样，每名队员基本上还是知道自己在某一阶段主要该做什么。下面是他们做过的部分工作：寻找桥梁的计算软件、学习软件的使用、自学材料力学内容、讨论桥的方案、进行理论计算、做摩擦试验、做弯曲试验、做稳定性试验、做破坏试验、上网查有关信息、打电话联系厂家、写合同、给电视台报账、做纸带、联系外地工厂、计算如何节省经费、做桥墩、做桥身等。

在这一过程中，他们学会了如何快速、简捷地抓住问题的实质，大刀阔斧地处理问题。以力学分析为例，当需要知道纸筒的各种力学参数时，在没有任何正规仪器和工具的条件下（国庆期间实验室都关门了），他们利用各种简单而巧妙的方法获得了这些参数。

在这一过程中，除了学识方面的进步，学生们的其他各种能力也得到了充分锻炼。特别是面对不断出现的巨大困难时，学生们学会了如何面对困难，如何与不同的人打交道，这些都是平时在学校中不易碰到的。

当困难一个接一个出现，眼前没有任何希望的时候，最能考验人的毅力，也最能发挥人的潜力，磨炼人的心理素质。而当队员们解决了所有的问题后，他们的自信心、处理问题的能力、协作精神等都得到了充分的锻炼。最重要的是，在他们个人能力得到锻炼的同时，这次活动也能使他们认识到：只有发挥每个人的作用，通力合作，才能做好一件复杂的事情。

3. 技术分析

相比较而言，造桥过程中的技术问题，应该是比较单纯的理论问题。就整个活动而言，从始至终，只有理论分析的结果没有出乎队员们的意料。

从技术角度看，学生们最终完满地完成了任务。这座桥的设计是比较成功的。首先是设计方案比较好，采用纸筒作为基本构件，极大提高了纸的抗弯能力。同时学生们做了比较充分的试验和计算，尽可能考虑了各种情况，包括应力大小、最大变形量、振动问题、汽车轮距、桥墩设置、力的平均分摊、与引桥的连接等。因此，学生们是充满信心参加比赛的，他们在比赛前就很自信地对记者说，桥的最大变形不会超过1cm。实际情况证明了这一点。其次，为了保证至少有一个队能成功，作者建议在理论计算中采取较大的安全因数，因此在正式比赛结束后，撤去两个桥墩汽车也能安全通过。

通过这次活动，学生们认识到，理论与实际还是有差别的，但是理论的作用是巨大的，它是人们认识自然、改造自然的有力武器。通过与对手的比较，学生们明白了这样的道理：我们的成功是建立在可靠的理论分析基础上的，虽然对手可能比我们更辛苦，付出的代价更大，但是好的设计方案是决定性的。

这次活动锻炼了学生，也使其他同学的学习兴趣更高了，不少人开始主动进行课外研究项目。

因此，教师在教学中除了教授书本知识，引导学生如何应用这些知识也是一个重要环节。这次大型的活动应该是一次关于“实践教育”的有益尝试。

附录C　弹簧秤称大象

C.1　背景介绍

曹冲称象的故事家喻户晓：他让大象站在船上，记下水面相对于船的位置，然后牵走大象，把沙子运上船，等水面再次到达相同的位置时，就认为大象的重量等于沙子的重量。而沙子是可以分散称量的。

如果你也有机会去称大象，但是要求与曹冲的方法不同，而且测量的工具只有普通5kg量程的弹簧秤，

你是否有信心完成这个任务？

2006年1月中旬，中央电视台《异想天开》栏目组在云南昆明开展了一次“弹簧秤称大象”的竞赛活动，要求各参赛队伍在3~4天时间内，用有限的经费，自己设计、制造相关的工具或装置，最终能够称出一头真正大象的重量，其中特别注明与重量有关的测量工具只有弹簧秤。参赛的队伍有昆明理工大学、昆明艺术学院、清华大学、网上发明协会队和来自深圳的家庭队等。

大象重量有几吨重，其“标准”重量在比赛现场用一台起重机称出（已知起重机的量程误差为50kg）。如何用5kg量程的弹簧秤称出几吨重的大象，这是真正的挑战性问题。

下面是比赛中要称重的大象（见图C-1），它的名字叫“阿莲”，会表演杂技，还会用鼻子汲水为自己洗澡。

图 C-1

C.2 热身赛——称人比赛

进入决赛之前，要求各队先设计制作一个装置来称量工作人员的重量。下面就选取有代表性的三个队来说明。

1. 昆明艺术学院队

该队的方案是：让两个身强力壮的小伙子用肩扛着扁担箩筐，让工作人员坐在一个箩筐中，在另一个箩筐中用香蕉进行配平（见图C-2）。配平后，用弹簧秤称香蕉。

图 C-2

2. 家庭队

该队设计了一个木头秤（见图 C-3），利用杠杆原理来称人的重量。由于加工不结实，木秤在称人时断裂，幸好工作人员及时跳下，没有受到伤害。

图　C-3

3. 清华大学队

该队采用了一个很独特的方法：把自行车的传动系统变成了力的放大系统。经过计算，放大的倍数还不够大，然后又在后轮绑上一木棍增加力臂，同时拿一块砖头为配重。比赛时让人站在自行车的踏脚上，根据读出的弹簧秤读数，代入事先准备好的公式中得出人的重量（见图 C-4）。

图　C-4

C.3 决赛——称大象比赛

前面只是热身赛，真正的挑战是测量大象的重量。各队在短短的几天时间内，八仙过海，各显其能，竟然没有一个队的方案相同。下面以当时出场的顺序简要介绍各队的方案。

1. 昆明艺术学院队

该队由三位昆明艺术学院的学生组成，她们被称为“美女队”。比赛时她们穿着具有当地民族特色的艳丽服装，活跃比赛气氛。下面的照片（见图 C-5）就是“美女队”其中的一位成员。

图 C-5

她们制造了一把巨大的秤，现场的人们都开玩笑说，如果她们的巨秤能成功称出大象的重量，就可以去申请吉尼斯世界纪录了。

巨秤全长 6m 多，用从建筑工地借来的钢管做成。可能是没有经验，她们找了一根实心的钢管，而不是常见的空心钢管。如图 C-6 所示，巨秤头部 A 处 S 形套环与装大象的铁笼相连，B 处有套环可挂在吊车上，C 处挂配重。配重是事先准备好的两箱纯净水（每瓶纯净水的重量可以用弹簧秤称出）。巨秤的尺寸是：$AB=5\text{cm}$，$BC=600\text{cm}$。

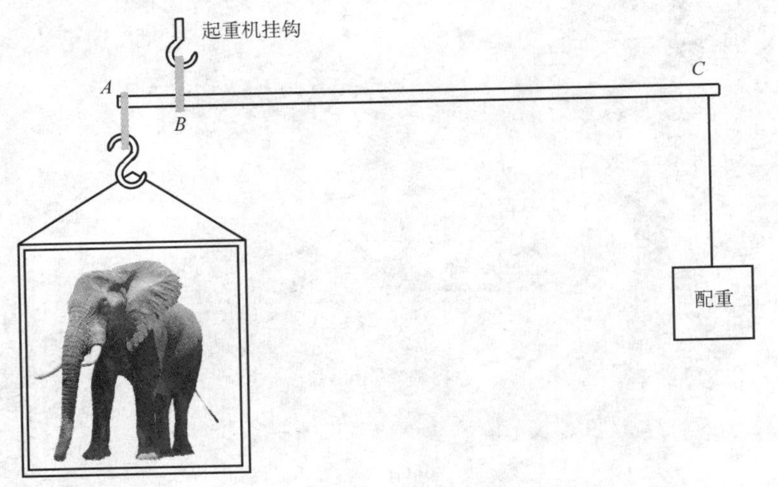

图 C-6

她们计划在配重箱中加纯净水使巨秤保持平衡，最后一瓶可能还要倒些水出来。最后把水的重量放大 120 倍，就可以得到大象的重量。

比赛时为了安全，作者建议让她们先称一下空铁笼的重量，结果起重机还未完全把空铁笼吊离地面，

巨秤 B 处的套环就弯曲变形了，而 A 处与铁笼相连的 S 形挂钩由于弯曲处的应力集中断了，该方案失败。

2. 昆明理工大学队

该队由昆明理工大学力学系的学生组成。他们的方案很专业，利用近水楼台的便利条件，把力学系实验室的压电传感器用来测重。

该装置在不同拉力作用下有不同的电压读数。他们把传感器装在起重机挂钩与重物之间，如图 C-7 所示，先读出大象的读数，然后读出 50kg 沙袋的读数，根据线性比例关系，就可以很快算出大象的重量。

3. 清华大学 A 队

该队由清华大学机械系和热能系的学生组成。他们在本次活动前一周刚结束理论力学期末考试，对于力的放大原理很熟悉，但是动手能力较弱。因此，他们的方案就是努力使装置简单，原理复杂没关系，最终他们选择了力的分解与摩擦平衡的综合方案。

该队的方案是用绳 AB 把起重机与铁笼相连，如图 C-8 所示，绳 BC 使铁笼偏离原位置一个小角度 θ，然后绳 BC 绕 C 处的圆钢管若干圈后再与弹簧秤相连。比赛场地边有大树和铁栏杆，学生们决定因地制宜，利用这些条件。

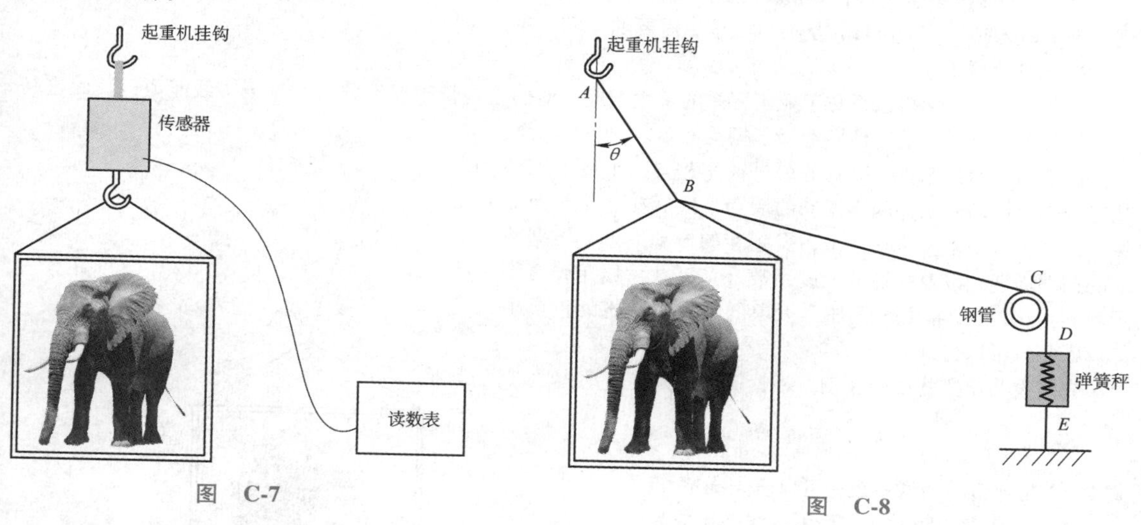

图　C-7

图　C-8

这样设计的原理是：只要偏角 θ 是小量，就可以让 BC 段绳子中张力比大象重量小一个数量级；而绳子在缠绕圆柱后，BC 段绳中的张力可以比 DE 段大数百倍，因为在临界平衡情况下，各段绳中的张力满足摩擦的欧拉公式。

该方案的分析及计算如下：如图 C-9 所示，假设 G 是大象与铁笼的重量，F_{TAB}、F_{TBC}、F_{TDE} 是各段绳子中的张力。首先求 BC 绳中的张力，有

$$F_{TBC}=\frac{G\sin\theta}{\cos(\theta+\alpha)}$$

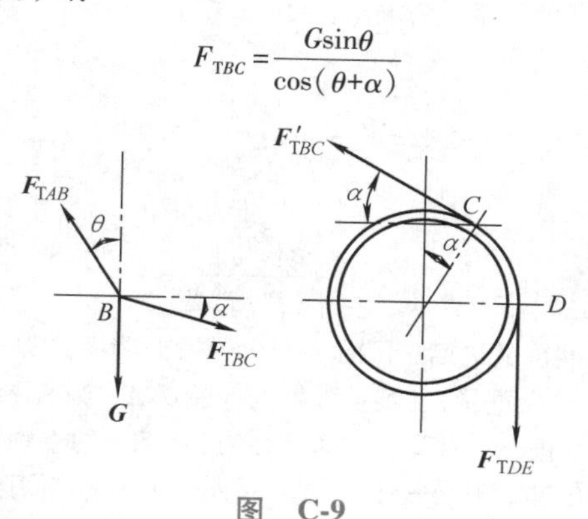

图　C-9

由于θ是小量，所以F_{TBC}比G小很多。再求F_{TBC}与F_{TDE}的关系。设绳子绕圆柱有n圈多一点，则由几何关系，绳子绕圆柱的张角为$\beta=2n\pi+\left(\frac{\pi}{2}-\alpha\right)$，根据摩擦平衡，有

$$\frac{F_{TBC}}{F_{TDE}}\leqslant e^{f\beta}$$

式中，f是绳子与圆柱的摩擦因数。在临界平衡的条件下，该公式取等号，因此有

$$G=F_{TDE}\frac{\cos(\theta+\alpha)}{\sin\theta}e^{f\beta}$$

F_{TDE}就是弹簧秤的读数，因此据此式就可以获得大象的重量。当然该方案要在现场测量角度θ和α，此外还需要提前测量摩擦因数f。

在实际操作中，开始时$\theta=0$，BC绳中没有作用力。然后先让绳BC绷紧，让弹簧秤的读数取某一确定值F_{TDE}，再让吊车慢慢旋转以增加θ值。根据摩擦理论，在θ较小时，BC绳中的张力虽然在增加，但是F_{TBC}与F_{TDE}的比值不会超过临界值，因此弹簧秤的读数一直不会变。在某一时刻弹簧秤的读数发生变化，则记录下该瞬时相关的位移，从而可以求出需要的角度θ和α。

4. 清华大学B队

该队由清华大学机械系和工业工程系的学生组成。他们也是长于理论分析而短于实践能力，因此也是努力使装置简单些，最终他们选择了振动方案。

该队的方案是用绳AB把吊车与铁笼相连，如图C-10所示，让笼子小幅振动起来，测出振动的周期；然后在笼子侧面加上弹簧，让系统再小幅度振动起来，得到新的振动周期。根据两个不同的振动周期，以及弹簧的劲度系数（该系数可以用弹簧秤和尺子得到），就可以算出铁笼加上大象的重量。铁笼的重量事先已知，因此就可以得到大象的重量。

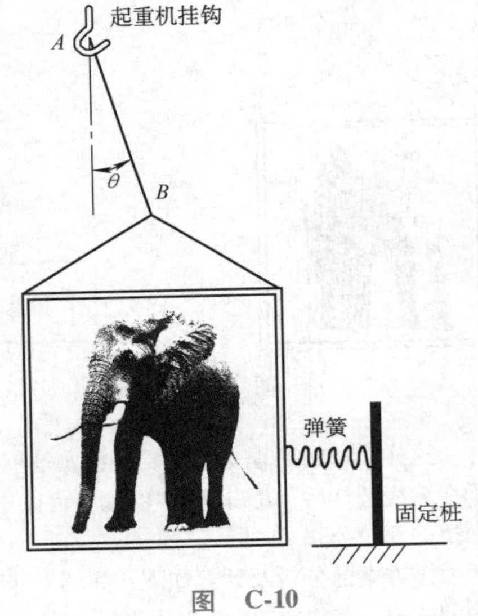

图 C-10

先假设为单摆的微幅振动，根据振动理论，有动力学方程

$$\frac{G}{g}l^2\ddot{\theta}=-Gl\sin\theta-kl\sin\theta\cdot l\cos\theta$$

式中，k是弹簧的劲度系数，可以事先确定。

当系统作微振动时，方程可以线性化，为

$$\frac{G}{g}l^2\ddot{\theta}+(Gl+kl^2)\theta=0$$

周期为

$$T_1=2\pi\sqrt{\frac{Gl^2}{(Gl+kl^2)g}}$$

根据这一公式可以求出G和l的关系。为求出长度l，考虑系统不加弹簧时周期为

$$T_2=2\pi\sqrt{\frac{l}{g}}$$

联立两个周期的表达式，有

$$G=\frac{kgT_1^2T_2^2}{4\pi^2(T_2^2-T_1^2)}$$

在实际操作中，需要测量出两次的周期，同时要测出弹簧的刚度系数。其中刚度系数可以这样测：让弹簧挂一重物W（可以用弹簧秤称出重量），测量弹簧的伸长量Δ，则有$k=W/\Delta$。

大家不要以为弹簧的刚度系数很小，以普通的弹簧秤为例，5kg的重物可以使弹簧伸长1cm左右，其劲度系数为5000N/m。如果大象有2t重，则公式中G与kl是同一量级的，因此两次振动的周期会明显不同。

下面的照片（见图 C-11）是学生们在现场手拿弹簧考虑如何将其固定在地面上。

图　C-11

5. 家庭队

该队由来自深圳的一家三口组成，其中父亲是网上发明协会的成员，他为了搞好发明，曾经自学过很多大学课程，另外也有很强的动手能力。

他们的方案是利用二级杠杆放大原理，设计、制造都比较简单巧妙。

图 C-12 所示是该装置的原理图：*ABC* 是第一级杠杆，放大 10 多倍；*CDE* 是第二级杠杆，也可以放大 10 多倍。合在一起在理论上可以放大 160 倍。为了缩短装置的长度，两个杠杆实际上是垂直安装的，最后整个装置封装在一个小小的平台中，平台的大小可以让大象站在上面。

称重时，家庭队希望让大象的一只脚站在托盘上，测出读数；然后再让大象转身把另一只脚站在托盘上，测出另一个读数。两次读数加在一起就是半只大象的重量。实际测量时，第一次让大象的右前腿站在托盘上，第二次让大象的左后腿站在托盘上，两次测量的读数相加，乘上 2，再乘上放大倍数，就是大象的重量。

这种测量方法是否有道理？假设大象静止站立时，四条腿对地面的压力分别为 F_i（$i=1$，2，3，4），如图 C-13 所示，大象的总重量就是 $G=\sum_{i=1}^{4}F_i$。严格地说，四条腿上的作用力都不相等，但是在正常情况下，认为大象左右基本对称，近似有 $F_1\approx F_2$，$F_3\approx F_4$。因此比赛中测出了 F_2（右前腿）和 F_3（左后腿）后，有 $G\approx 2(F_2+F_3)$。因此，这种测量方法是有道理的。

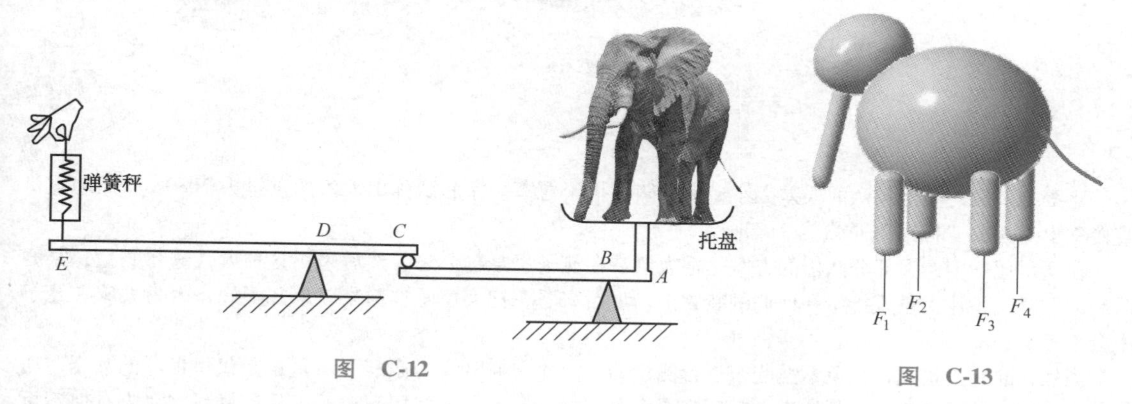

图　C-12

图　C-13

下面左边的照片（见图 C-14）是家庭队在展示他们的测量装置，右边的照片（见图 C-15）是家庭队正在称量大象。

图 C-14

图 C-15

6. 网友队

该队由网上发明协会的成员组成，其特长是动手能力强，同时有较多的创意。他们提出了一些出人意料的方案，例如，让汽车拉着大象跑上 10^4m，然后根据油耗（可以用弹簧秤称出）与载重的关系，算出大象的重量；或制造沼气池，利用压强相等的原理用小重物与大象平衡等。最后综合考虑可行性及费用问题，他们的方案是让汽车轮胎充水，让大象踩上去，根据从细管中喷出水的多少折算出大象的重量。

开始他们希望大象站在由四个轮胎垫着的独木桥上，让四个轮胎同时喷水，但是大象始终不愿意站上独木桥，后来就改为大象用前后腿两次站在同一个轮胎上。

他们把充满水的轮胎与细管相连（见图 C-16），轮胎在外力作用下会从细管喷水。喷水的多少与作用力的大小和时间有关，同时还与轮胎中剩余的水量有关。也就是说大象重量与喷水量不是简单的关系。

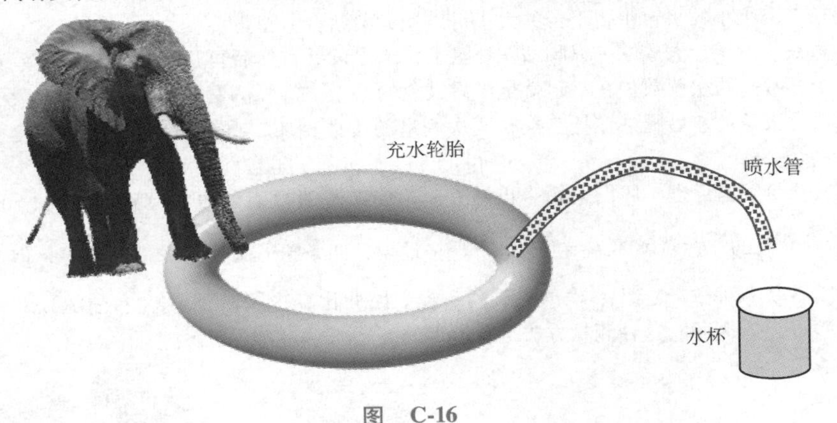

图 C-16

C.4 点评

比赛结束后，根据各队的误差大小，家庭队获得了冠军。家庭队称出大象的重量为 2080kg，而起重机直接称出的大象“标准”重量为 2100kg。

在这次比赛中，大部分队伍的方案是把大象装在笼子里悬挂起来，然后采用各种方式进行测量；家庭队和网友队则是让大象直接站在他们的装置上。事后来看，把大象悬挂起来效果并不好，因为大象在笼子中会不停地晃动。

当然，起重机也是把大象悬挂起来进行测量的，因此它测出的“标准”重量也是仅供参考的数据。通过这次比赛，重要的不是真的知道大象到底有多重，而是展示了如何用简单的工具和材料，完成看似不可能完成的任务。同时各队的方案各不相同，也表明处理问题的方法和思路可以是多种多样的。当然不同的方案导致了测量误差和操作简便程度的差异，这也正是值得我们比较、借鉴的地方。

下面简单对各队的方案进行点评，着重说明不足之处。

1. 昆明艺术学院队

该方案的特点是简单直观，是普通杆秤的放大。从力学角度看，原理没有问题，但是在具体操作时有很多不足之处：

采用空心钢管比实心钢管好。巨秤用实心钢管做成，自身较重，悬挂起来后不加配重变形就十分明显（估计有 0.5m）。

即使不考虑巨秤的变形，其 *BC* 段的自身重量可能就超过了两箱纯净水的重量，因此误差会很大。普通杆秤（见图 C-17）通常由木头制成，自身重量的影响很小。另外如果观察仔细，会发现杆身并不是均匀粗细，而是悬挂处较粗，杆身逐渐变细。这既符合等强度梁的理论，也基本上让杆秤的重心靠近悬挂点。

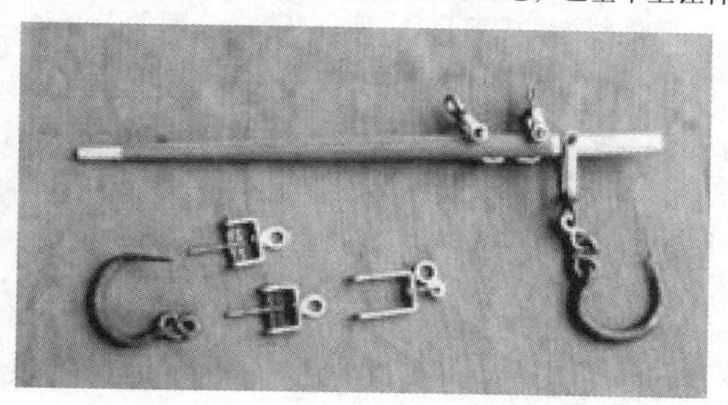

图　C-17

另外 S 形挂钩由较粗的钢筋弯成，弯曲处有明显的裂纹。物体弯曲时外表会发生变形，直径越粗变形越严重，因此要在加热的情况下进行加工，否则就会出现裂纹。可能限于加工条件，或者他们没有注意这个问题，所以做出的 S 形挂钩表面有裂纹，导致加载中途断裂。

总之，该方案有很多细节可以改进。考虑到他们是艺术学院的学生，在短短几天中做到这个程度，还是不容易的。

2. 昆明理工大学队

该队的方案是利用专业的设备。对于该队的方案，现场其他队有些不同的看法：他们利用了实验室的专业仪器，与《异想天开》栏目自己动手的宗旨有些不符合；另外也不符合本次活动的专门规定：凡是涉及重量的读数都应该由弹簧秤读出。经过商量，本着广泛参与的精神，他们的方案得到允许。

他们的仪器是所有队伍中最专业的，但是他们测出的大象重量准不准呢？不准。原因很简单，大象在笼中不停地晃动，他们的方案不适合测量动态变化的量，如果换成测静态的物体（如汽车）就应该很准确。

3. 清华大学 A 队

该队的方案是力的分解与摩擦平衡原理，装置很简单，只需买些绳子，再租一根工地上的圆钢管就可以了。

理论上是很好的方案，但问题是该方案需要在现场测出位移、偏角等多个参数（摩擦因数倒是可以事先测好），所以计算及测量参数工作很复杂。

除了测量参数时会有误差，判断读数开始变化的临界值时也会有误差，但是最大的问题是大象在笼子中不停地晃动，他们要测量的是动态载荷，这是事先没有想到的。因为在比赛前，学生在与大象的接触过程中发现大象比较安静，没想到大象进笼子悬空后一直想逃出来，笼子晃动得很厉害。

4. 清华大学 B 队

该队的方案是利用振动测周期，根据振动的周期求出大象的重量。这个方案的装置也很简单，只需买几个弹簧。

理论上也是很巧妙的方法，现场只需要测量时间，操作起来很简单。

但是由于各种原因，他们把弹簧固定在地面上后，另一端与笼子固定得不好，变成只受压不受拉，弹簧只在振动的一半周期内产生了作用。

不加弹簧时利用单摆计算出系统的等效绳长是个很好的想法，但是在计算中不能把系统当成单摆，而是要作为复摆。其理论推导、计算工作比较复杂。如果采用复摆，有兴趣的读者不妨自己推导试试。

该队最后的结果也因为大象在笼中不停地晃动而误差较大。

5. 家庭队

该方案的设计很巧妙，采用二级放大装置，加工水平很高。另外通过两次测量得出半只大象重量的方法，也很有创意。但是大象站上测量平台后，踩在托盘上的腿是否自然用力就全凭运气了。

在细节上，把两个杠杆垂直安装，而不是一字排开，放大效果不变，但是节省了空间便于运输。

与其他队不同的是，测量时大象不在笼子中，而是直接站在测量平台上，而平台的高度大约只有20cm，大象站在上面不会害怕，比较安静，这是该队最后取得成功的重要保证。

6. 网友队

他们的方案也很简单，让大象站在充水的轮胎上，根据出水量计算大象的重量。不过他们在比赛中没有计算公式（其他队都有相应的计算公式），只有他们自己拟合的一段出水量与重量关系的曲线，在比赛中还需要对该曲线进行外推插值，因此该队的方案在理论上是不可靠的。

比赛时大象站在轮胎上前后喷了两次水，其喷水时间与出水量明显不合理。主持人发现了这一问题，他们就只好勉强用其中一次出水量进行了“计算”。

总之，比较探讨各队的方案，还可以从多方面加以说明，限于篇幅，就留给读者思考吧。

附录 D 纸船载人

D.1 背景介绍

在完成了“纸桥过车”后不久，中央电视台《异想天开》栏目又组织了“纸船载人”比赛。

比赛要求是：给每个队提供200kg旧报纸、两根长纸筒，还有几桶白乳胶、防水剂、清漆。要求各队在10天内设计制造一艘纸船，进行速度和载重比赛。

赛前导演曾经咨询过很多专家，大部分都说不可能成功。但作者坚持完全有可能成功，并且提出进行速度和载重两种比赛，要让学生兼顾考虑两种比赛对船只的要求：速度赛要求船只尽可能瘦小，载重赛要求船只尽可能宽大。

北京和天津共有6支中学生队伍报名参加了比赛。经过10天苦战，各队均顺利造好了纸船。这些参赛队伍和他们的纸船分别是：天津实验中学的“醒狮1号”和“醒狮2号”、北京大兴第二职业中学的“三A号”、北京水利水电学校的“壶人号”，北京西城区外国语学校的“彩虹6号”，以及良乡电业中学的“闪电号”。

比赛最后在北京某游泳馆内进行。比赛分两场，第一场比速度，第二场比载重。

D.2 速度比赛

首先进行速度比赛，各队选派两名选手，看哪个队能先划到50m远的游泳池对岸。

速度比赛分两组进行，每组3艘船进行比赛。下面介绍各队比赛情况。

1. 天津实验中学的“醒狮1号”和“醒狮2号”

“醒狮1号”分在第一组。该纸船特别瘦小，看上去像龙舟。该队的想法是放弃载重比赛，争取在速度比赛中获得好成绩。由于他们用的材料少，所以制造了两艘纸船，并把纸筒做成了纸船的龙骨，在船身上还写上了“创新”的口号（见图D-1）。

比赛开始前，该队的选手登船时发现“醒狮1号”左摇右晃，随时都可能翻船，坐在船尾的女同学吓

得双手伸开，岸上的多位同学紧握着她的双手帮助平衡船只（见图 D-2）。选手们在船上晃悠了几分钟不敢出发。这时，令人惊讶的事情发生了，队员们在他们老师的指导下，把船侧翻到水中（见图 D-3），向船里装入了约 20cm 深的水，把船的重心压低后勉强可以坐稳了，这才开始比赛。

图　D-1

图　D-2

图　D-3

可以想象坐在船中但泡在水里划船的滋味，从照片中可以看到该队的女生是闭着眼睛在划船（见图 D-4）。更糟糕的是，划到半程时纸船看上去将要翻了（见图 D-5），他们急中生智，把船靠在游泳池的浮标上，用手拉着浮标到了对岸，成绩当然不理想，好在没有落水。

“醒狮 2 号”分在第二组。它的选手们更不幸，几分钟内竟两次落水。选手们刚坐上去就发现纸船明显不平衡，岸上同学还来不及帮忙，纸船就翻了（见图 D-6、图 D-7）。

这两名队员毫不气馁，在大家的帮助下再次坐到了纸船中，重新开始比赛。由于设计有问题，也要加水压低重心，可能这次加水过多，划着划着，眼看纸船要沉了，两位选手急了，决定加快划水频率，希望能在纸船沉没之前划到对岸。但是他们大幅度划水激起的水浪加剧了纸船进水的速度，结果纸船划到半程时就横着沉入水里（见图 D-8、图 D-9）。

看到“醒狮 2 号”沉没，该队的很多队员和老师都哭了。

图　D-4

图　D-5

图　D-6

图　D-7

图　D-8

图　D-9

2. 北京大兴第二职业中学的“三 A 号”

“三 A 号”分在第一组。该船是个“复制船”，外形看上去和真船一样。据该队队长介绍，他们仅用了6天时间制造这条船，材料只用了总量的三分之一。为做这艘船，他们特意从大兴康庄公园借了一条游船，先把游船翻过来，再以游船为模子在外层用胶糊报纸，糊一层烘干一层，糊了 50 多层后再揭下来就是纸船的雏形，然后再用纸管做横挡，做得和真船一模一样。同学们还在纸船的边缘做了很多纸鹤为自己祝福（见图 D-10）。

图　D-10

他们的比赛毫无悬念，刚一出发，“三 A 号”就领先其他对手，整个比赛过程中它一直处于领先位置。它的两位对手，宽大的“壶人号”由于阻力比较大，速度不快；瘦小的“醒狮 1 号”由于重心不稳苦苦支撑。因此“三 A 号”纸船仅用了 50. 22s 就划到 50m 水道的尽头，获得了速度比赛的冠军。

下面是他们出发和到达终点时的照片（见图 D-11、图 D-12），可以看出他们优势不小。

图　D-11

图　D-12

3. 北京水利水电学校的“壶人号”

“壶人号”分在第一组。该船的外形看上去像水壶，仔细看看后面还有壶把手呢（见图D-13）。它的名字使人想起美国 NBA 篮球赛的“洛杉矶湖人队”，那是很有名的篮球队，算是借此为自己加油吧。

图 D-13

该队在设计时就直奔载重量最大的目标，不考虑在速度赛中有什么表现。因此他们把纸船做得尽可能方方正正，好让纸船有最大的装载空间。由于体积巨大，很有分量，需要 10 位学生才能抬得动它。

下面是“壶人号”下水的照片（见图 D-14），它的速度比不过“三 A 号”，但是当它靠岸时，“醒狮 1 号”还在水中挣扎着（见图 D-15）。

图 D-14

图 D-15

4. 良乡电业中学的“闪电号”和北京西城区外国语学校的“彩虹 6 号”

“闪电号”基本上是方方正正的纸船，阻力应该比较大，看来也希望以载重量取胜。选手们在船后挂上了奔马图，写上了“马到成功”的口号为自己加油（见图 D-16）。

“彩虹 6 号”比较窄些，船身是由报纸搓成的纸绳做成，外面再铺上几层报纸（见图D-17）。

比赛中“闪电号”与“彩虹 6 号”你追我赶，都没有明显优势，一直咬得很紧（见图 D-18）。从照片上看，当“醒狮 2 号”翻船时，“闪电号”与“彩虹 6 号”两船几乎同时到达终点（见图 D-19）。

图　D-16

图　D-17

图　D-18

图　D-19

D.3　载重比赛

速度比赛结束后，休息了一会儿进行载重比赛。载重比赛只有四个队参加。出场顺序为："彩虹 6 号""三 A 号""闪电号" 和 "壶人号"。比赛时每个队的选手称量体重后走到纸船中，直到纸船的承载极限。

比赛结果："彩虹 6 号" 坐上了 10 个人；"三 A 号" 可以挤上 12 个人，学生们的校长很高兴，也坐了上去；"闪电号" 看起来应能坐更多些人，可是上了 7、8 个学生后，纸船开始倾斜，学生们拼命倒向另一侧以保持平衡，结果虽然纸船一侧露出水面很多，但另一侧低的地方已经接近水面了；"壶人号" 是所有这些纸船中的 "巨无霸"，长 3.2m，宽 1.3m，高 80cm，按照选手们的预算，此船能承重 800kg，结果整条船站上 15 个人还有富余（照片中船上已经有 8 人，但是离极限还很远）。

下面是各队载重比赛时的照片（见图 D-20~图 D-23）。

图　D-20

图　D-21

图 D-22

图 D-23

D.4 点评

速度比赛的冠军是“三 A 号”，载重比赛的冠军是“壶人号”。按综合排名看，全场总冠军是“三 A 号”，它在速度比赛中获第一，在载重比赛中获第二。

用纸造船，需要考虑的因素有很多，下面是几个需要考虑的问题：

1. 目标定位

各队需要制订自己的奋斗目标，是争取速度比赛第一，还是争取载重比赛第一，或是综合起来第一。不同的定位会导致不同的总体设计思路，比赛中可以看到有三类不同的总体设计思路：

一类是把纸船做得尽可能细长，宽度窄到只能坐一人。这类设计明显是想减少阻力，希望像龙舟一样速度快。另一类是把纸船做得尽可能宽大，甚至差不多像个立方体了，这类设计不考虑速度，只希望载重量尽可能大。最后一类是综合考虑速度和载重的要求，希望能获得好的综合成绩。

2. 重心、平衡及稳定

这是造船的重要技术问题，当船体比较宽大时，重心、平衡和稳定都不成为大问题；但是当船体比较瘦长时，重心、平衡和稳定都将成为很重要的问题。

当船体细长时，为了获得足够的浮力，就要增加吃水高度。例如，“醒狮号”的高度要大于其宽度，这样一来，其重心位置就比较高，选手坐上去后，会出现总重心在浮心之上的情况，这时船就不稳定，很容易翻倒。

“醒狮 1 号”为了解决重心过高的问题，临时决定向船中加水以降低重心，虽然勉强可以划动，但是中途仍出现船身不稳的状况。“醒狮 2 号”还未出发就翻船，也是设计的问题。后来为降低重心加水太多，最终导致沉船的结局。

其他船只的平衡问题没有这么严重，但是“闪电号”在载重比赛中，也是在平衡方面出现了问题。这时它的平衡问题不仅仅是结构设计导致的，也有人为的因素。在载重比赛中，应该事先安排好哪些选手上船、上船的顺序、上船后坐在什么位置等。而载重比赛中“闪电号”选手没有控制好船的平衡，浪费了船的承载潜力。

3. 防水问题

这次比赛由于时间不长，因此防水方面都没有出现问题。如果要在水中泡几天再比赛，可能又会有另外的结局了。

4. 结构强度和外形设计

各队比较重视强度问题，没有出现船只严重变形或解体的现象。在外形设计上，各队贯彻了各自的意图，有的细长像龙舟，有的宽大如茶壶，还有的比较接近真实的船。

值得一提的是“三 A 号”，它是完全按照真正的游船外形做的，结果获得综合比赛第一。这应该不是偶然的，因为真实的船只经过千百年的演化，其外形设计是有一定道理的。正如“仿生学”认为的那

样：很多动、植物经过长期进化，其器官和功能都达到了最优状态，人类可以根据其原理进行仿制。因此，善于向自然学习，借鉴自然界中一些现象和特点，也是处理问题很好的方法之一。这也许是“他山之石，可以攻玉”的另外一种解释吧。

5. 选手配合

对于多人参与比赛，选手的配合是个重要问题。在速度比赛中，选手划船动作的频率、幅度如何配合？如果船走偏了，如何纠偏？如果重心偏了，如何调整？这都要求选手进行配合训练，如果事先没有条件进行训练，也要讨论这些问题，让选手们心中有数。

从原理上说，“醒狮号”应该可以在速度比赛中取得更好的成绩，如果它的选手能像龙舟选手那样进行配合，重心及稳定性的问题就可以克服。正如一般人骑自行车可以比跑步快，但如果是初学者，那就另当别论了。现实的情况是选手们可能没有进行过多的配合训练，这就反过来要求在总体设计时应考虑这一因素，设计出符合选手特点的方案。

附录 E 大师挑战赛

E.1 节目背景

创新能力是民族进步的灵魂、经济竞争的核心。当今社会的竞争，与其说是人才的竞争，不如说是人才创造力的竞争。创新能力主要包括创新意识、创新基础、创新智能（包括观察能力、思维能力、想象能力、操作能力）、创新方法和创新环境等。

青少年时期是创新意识形成与创新能力培养的最佳时期，但是目前我国青少年创新能力弱是公认的事实。如何让全社会都来关注青少年创新能力的培养？如何给青少年提供一个表现自己创新能力的平台？

中央电视台《异想天开》栏目于 2008 年底开播了“大师挑战赛”，正是希望通过一系列既动脑又动手的竞技环节，全面考验当今青少年的创新能力，展示他们的聪明智慧，为青少年营造一种崇尚创新、自己动手、解决实际问题的良好氛围，配合创新型国家的建设。

由于多年的合作关系，作者给《异想天开》栏目提供了很多题目。这些题目有着一个共同的特点：用尽可能简单的工具和材料，利用自己的知识和经验，设计并制作一些装置，灵活巧妙地解决问题，同时解决问题的方案可以是多种多样的。

下面选取作者设计的部分题目进行介绍。首先介绍每个题目的内容、说明和要求；然后简单介绍选手的方案、比赛的花絮和结果；再对该题目进行点评，指出为了完成该任务可能需要注意的要点；最后给读者提出与该题目相关的思考问题，让有兴趣的读者进一步思考或亲自实践。

由于选手是中学生，他们第一次接触这类问题，比赛中手忙脚乱，结果并不是很理想。但重要的是这些题目给他们带来了挑战和机会，引导他们要善于用自己的知识和双手，解决面对的问题。

另外，这些题目看似简单，大中小学生都可以参与。实际上作者在设计时已经融入了丰富的力学内涵，即使让大学生去做，如果他没有真正领悟其中的奥秘，也不一定会比中学生做得更好。

E.2 旋转水杯

1. 任务

将水杯放在旋转的石头上，尽量让水不洒出来。

2. 说明与要求

剧组提供一些石头（如篮球大小），抽签后分给每位选手。选手每人发两个纸杯，两瓶矿泉水，细绳若干，胶带一个，502 胶水一瓶。比赛时间限制为 60min。

要求选手用橡皮筋把石头悬挂起来（如挂在树上、单杠上），如图E-1所示，从悬挂点到石头的距离为 30cm。两个水杯可以被固定在石头的任意位置上。从静止开始，选手让石头旋转 20 圈，给水杯注满水后再

松手。等石头停止转动后，把杯中水倒在容器中，这样做三次后容器中水多者获胜。

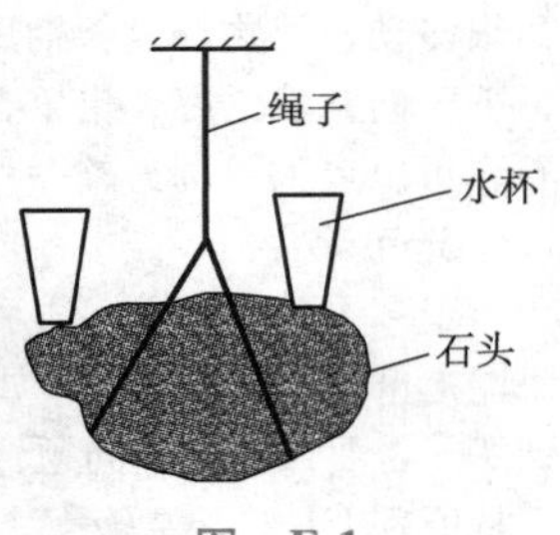

图 E-1

3. 比赛介绍

比赛中，有位选手为了把石头悬挂起来，就花了 0.5h，可见平时基本不做家务活，没有生活经验。大部分选手只用几分钟就把石头悬挂起来。这里有个细节：是先把绳子绑在单杆上，再去绑石头，还是先绑好石头再挂在单杆上？这两种方案所花费的体力和时间可不一样。

按比赛现场的说法，选手们做的装置更像“洒水机”，有的甚至洒到 1m 远，吓得摄像师扛着机器赶紧逃远些。比赛中有位选手发现：对于他的装置，如果开始时水杯不加满水，最后剩下的水更多。有位选手的石头很不规则，他把石头横着、竖着试了很多次，转起来总是晃动得很厉害。另一位选手抽签得到了比较规则的石头，但是最后该选手的成绩并不是最好的。

比赛中还有一个细节：当石头停止转动后，如何把杯中水倒入容器？有的选手在倒一个杯子中的水时，另一个杯子中的水洒出来不少；也有的选手在设计时考虑了杯子可以取下来，就不会在倒水时洒出来。

比赛结果：效果比较好的选手可以剩三分之二的水，效果不好的剩不到三分之一。

4. 点评

这是个看似简单的问题，但是涉及的因素很多，如平衡、稳定、液体晃动等。选手们在设计方案时，有很多细节需要考虑，如：

（1）如何悬挂石头？若随意放置石头，石头旋转时肯定会晃动起来。因此，需要做试验找到晃动最小的位置。对于中学生，没有很多力学的概念，主要靠他们的经验了。如果是大学生，有转动惯量的概念，就是要找到“惯性主轴”。同时，还要让悬挂绳子的延长线经过系统的质心，也就是说让旋转轴成为“中心惯性主轴”，这当然有一定的难度，需要利用水杯进行调试。

（2）如何放置水杯？水杯是靠绳子近一些还是远一些好？水杯开始时是加满好还是不加满好，答案可不是那么直观就能得到。另外，题目提供两个水杯，也有用于配平的意图。

（3）如何抑制晃动？即使找到了惯性主轴，还需要考虑稳定性的问题，是找最大惯性主轴还是找最小惯性主轴，这里面还是大有文章的。

除了这些问题，还有很多细节需要考虑，如有一个很小的问题：在其他条件相同的情况下，悬挂石头的绳子是一根好还是两根好？图 E-2a 所示用一根绳子悬挂，石头转起来后容易晃动。图 E-2b 所示用两根绳子悬挂，石头转起来后晃动会小吗？不一定。因为采用图 E-2b 所示的悬挂模式，当石头旋转时，两根悬挂绳会相互缠绕导致石头重心升高，放手后石头的重力势能要转化为动能，石头会转得更快，可能更不稳定。所以很多问题不是想当然那么容易的。

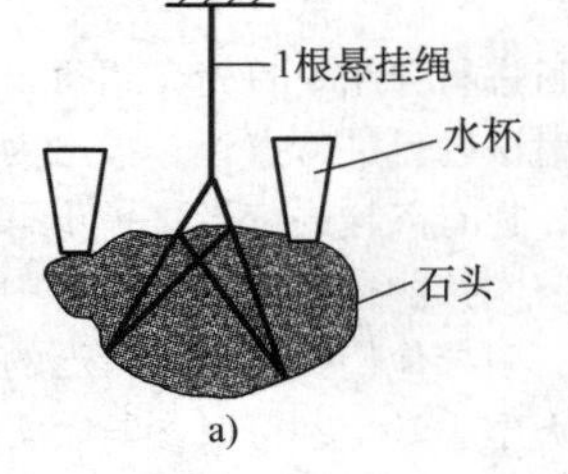

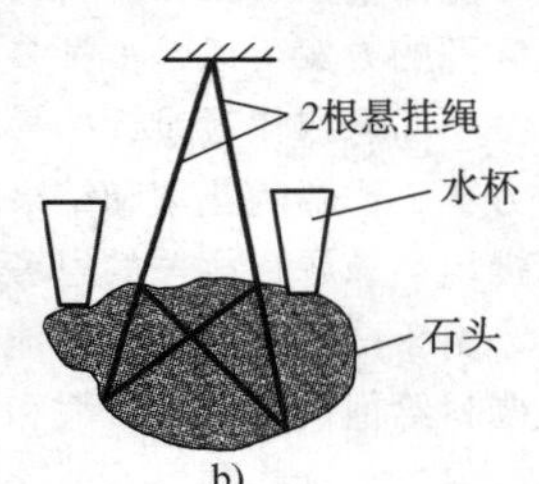

图 E-2

当然中学生、甚至大学生可能不知道这个问题背后的很多奥秘，所以在比赛中专家要适当地给出说明或解释。另外，这个问题没有标准答案，甚至连参考答案也没有，只有解决问题的几个原则，一切需要选手根据现场情况灵活处理。

5. 思考

有兴趣的读者请继续思考下面的问题：

（1）如何判断刚体的主轴？

（2）如何判断最大轴、中间轴和最小轴？

（3）理论上刚体绕中间轴的转动是不稳定的，能否设计一个演示实验进行验证？

（4）通常单自旋卫星为什么需要绕最大主轴旋转？本题与此有何关联？

E.3 平移水杯

1. 任务

设计制作一个装置，可以把一杯水从斜面顶部静止释放后，平稳地运到斜面底部，尽量让水不洒出来。

2. 说明与要求

给选手的材料有粗铁丝和细铁丝若干，工具只有老虎钳。已知斜面由木板做成，长2m，宽30cm，斜面与地面的夹角不超过30°，如图E-3所示。水杯在斜面上的运动时间不超过1min。比赛时间限制为60min。

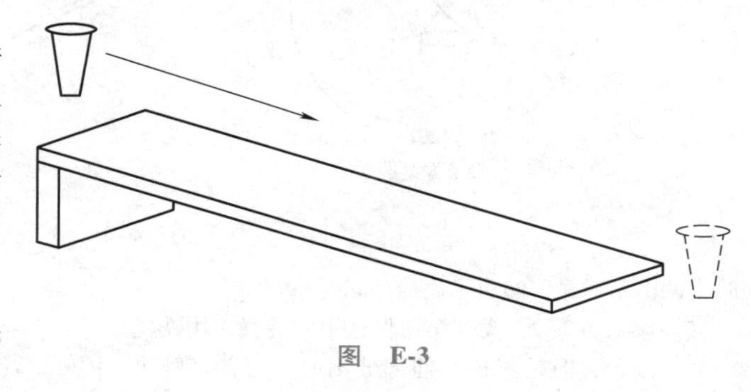

图　E-3

3. 比赛介绍

这个题目希望考查选手思考问题是否全面、能否灵活处理综合问题的能力。

所有选手的装置如图E-4所示。

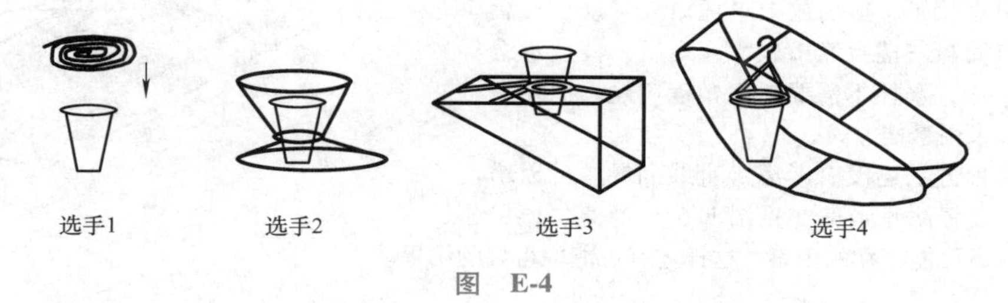

图　E-4

（1）第一位选手有个奇怪的想法：把铁丝像蚊香一样盘起来，希望用铁丝做个盖子，盖在杯子上不让水流出来。这位选手可能生活经验不足，忘记了“竹篮打水一场空”这句话。后来意识到可能不行，临时就把盖子当作底盘了。

（2）第二位选手做了几个圆环，把杯子套在里面。如果只是为了把杯子套在里面，做成其他形状都是一样的效果，没有必要做复杂的圆环。这个装置放在斜面上，杯中的水就会流出来一些，有很大的改进空间。

（3）第三位选手做了一个三棱台，放在斜面上时杯子正好可以水平。但是如果它能顺利到达底部，杯子就会倾斜了，所以这个装置也有改进的余地。

（4）第四位选手做了一个弧形的装置（像是老式的坦克），这样在接触地面时会有些缓冲。同时考虑把杯子悬挂在装置的横梁上，不论在斜面上还是在地面上都可以保证水杯保持水平。这个装置是所有选手中考虑因素最多的。

实际上这些装置都存在缺陷。比赛时所有的选手（包括他们的老师）做出的装置放在斜面顶部时都不能移动，需要施加推力甚至是很大的推力才能运动。所有的选手都没有考虑摩擦这一因素，他们甚至没有想到先在斜面上试试他们的装置能否滑动。

4. 点评

这是一个看似简单的问题，但是如果考虑不周全，就会出现各种问题。需要考虑的因素很多，如做成什么装置才能在斜面上运动？如何保证装置走直线而不会中途落下？当装置运动到地面时如何避免突然的撞击？

这一题的参考方案也有很多，都考虑了克服摩擦、防碰撞等因素，如图E-5所示。

（1）参考方案1：用铁丝做两个圆环组成一个轮子，把杯子悬挂在过轮心的横梁上。轮子在斜面上肯定会滚动，因此解决了运动的问题；采用悬挂方式，解决了杯子倾斜问题；圆轮本身在从斜面运动到水平

参考方案1

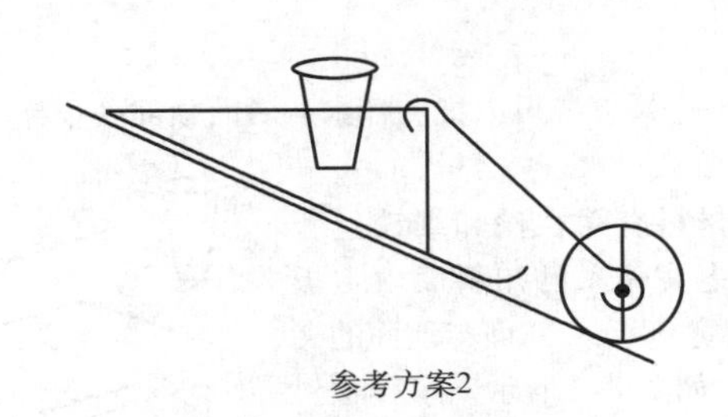

参考方案2

图 E-5

面时，冲击不明显，解决了碰撞问题。

（2）参考方案2：类似第三位选手的装置，用铁丝做一个三棱台，但是三棱台前部伸出向上弯曲，解决碰撞问题；为了让三棱台能运动起来，用铁丝做两个圆环组成一个小轮子，里面放上老虎钳以带动三棱台运动。由于斜面与三棱台摩擦较大，最后三棱台不会全部进入水平面，水杯不需要考虑角度问题。如要考虑角度，可以采用悬挂方式。

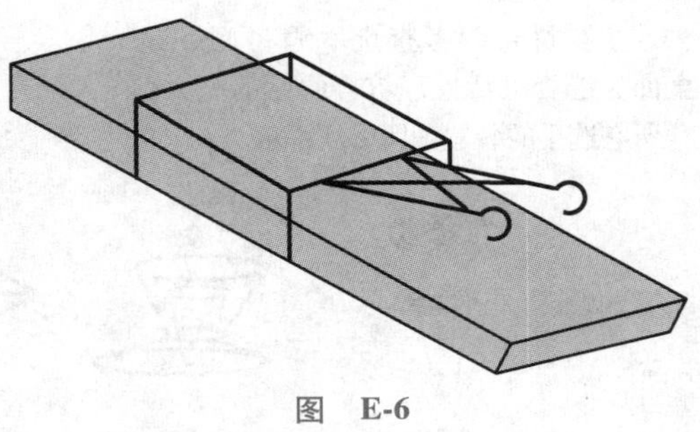

图 E-6

当然这两种方案还没有考虑走直线问题。可以增加下面的辅助装置防止走偏（见图 E-6）。总之，要尽可能全面地考虑可能存在的困难，这样才有可能取得好的结果。

5. 思考

请有兴趣的读者思考下面的问题：

（1）为什么滚动很容易而滑动不容易？

（2）如何快速估算铁丝与木板间的摩擦因数？如何判断装置会不会滑下来？

（3）干燥木板与湿润木板相比，铁丝在哪个上面摩擦因数更大？如果把木板换成玻璃，结论如何？

（4）纸杯采用悬挂方式可以解决杯口水平的问题，但可能引起晃动，如何抑制？

E.4 无处藏身

1. 任务

把一根铜棒藏在圆盘状的泡沫中，只利用绳子，是否能找出它的位置（见图 E-7）？

2. 说明与要求

专家事先把铜棒藏在两片圆盘形的薄泡沫塑料中，边缘用胶带封好。要求选手不破坏装置，想办法找出铜棒藏在圆盘中的位置，并在圆盘表面上画出来。工具只有一根细绳，比赛时间限制为30min。

比赛结束后，评委将沿选手画的线切开圆盘，根据切面与铜棒的远近和角度来定胜负。

为了降低难度，告诉选手如下条件：①铜棒的重量远远大于泡沫塑料的重量；②铜棒的中垂线过圆盘的圆心。

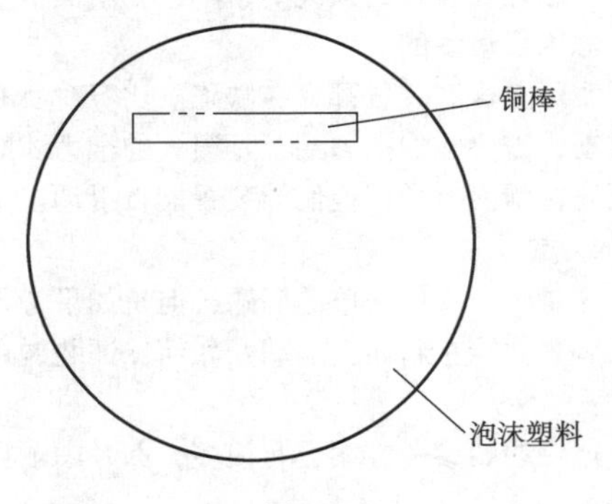

图 E-7

3. 比赛介绍

这个比赛需要的工具最少，只有一根绳子。

在比赛中，有的选手 5min 就完成了任务，也有的选手到最后也不得要领。这个比赛涉及重心、平衡与稳定的概念，或者直接根据生活经验也可以处理。

选手们都是采用悬挂法得到系统的重心，但是判断铜棒的方位就有点为难了。

比赛结束后，主持人像切蛋糕一样开始切开泡沫塑料圆盘。有的切开后正好露出铜棒，有的切开后不见铜棒，最惨的是有的圆盘切到一半，发现铜棒横在那里挡住了刀片的去路。

最后发现各位选手判断的重心位置误差都不太大，但是角度误差就比较大了，从几度到几十度都有。有位选手说太紧张，记错了公式，结果角度误差达九十多度。

4. 点评

这个题目考查选手能否灵活运用重心的概念以及生活中的经验。提供给选手的工具和材料只有绳子，真正符合“用尽可能少的工具和材料解决问题”的宗旨。选手可以分为两个步骤处理：一是找出重心位置，二是找出铜棒的角度。下面是参考方案。

由于铜棒比泡沫塑料圆盘重很多，因此整个装置的重心基本上就在铜棒的重心附近。找到装置的重心就找到铜棒的重心了。

找重心的方法：把圆盘挂起来，重心一定在悬挂线的延长线上。换个位置再重复一次，两次延长线的交点就是重心位置（见图 E-8a）。

找角度的方法更简单：把圆盘放在地面上，根据平衡及稳定的概念，系统平衡时重心只会在圆心的下方，这时铜棒就在过重心的水平线上（见图 E-8b）。

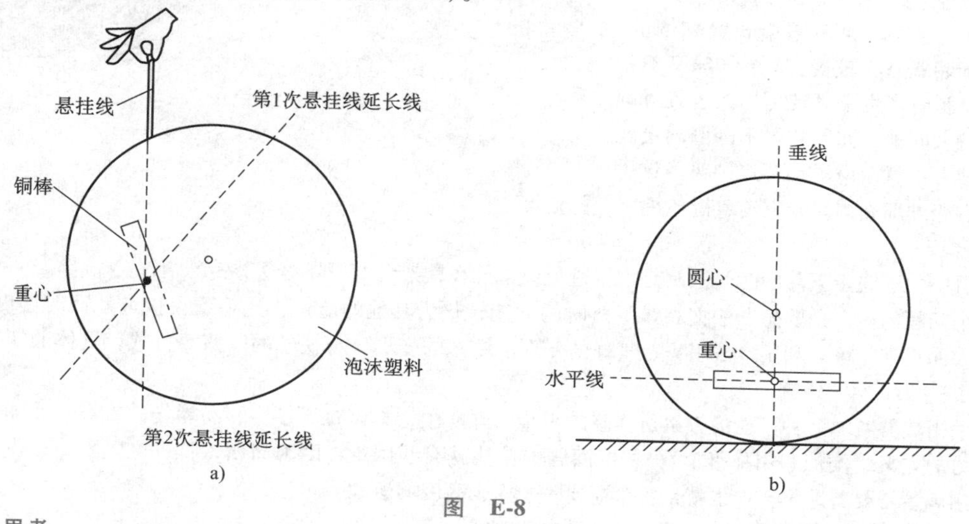

图　E-8

5. 思考

请读者们思考：

（1）如果不用悬挂的方法找重心，还有什么方法能找出重心？

（2）为了降低难度，题目给出了两个限制条件，如果取消某个条件（如铜棒的中垂线不过圆盘的圆心），那么参考方案有什么问题？你是否有解决的方法？

（3）如果把薄圆盘换成正方形，该如何处理？

（4）如果把薄圆盘换成圆球，该如何处理？

E.5　空降鸡蛋

1. 任务

鸡蛋本身不加保护而从高处落下，如何才能不破碎？

2. 说明与要求

设计制作一种装置，让鸡蛋从铁架台顶部（约 1m 高）的位置静止落下，要求鸡蛋在 1min 内降落并要

求鸡蛋壳要着地，以鸡蛋破碎少者获胜利，数目相同时以花费时间少者获胜。注意鸡蛋本身不加保护装置，不能把鸡蛋包裹起来。给选手提供的材料有铁丝和气球，工具有铁架台、老虎钳。比赛时间限制为60min。

3. 比赛介绍

比赛中材料本来只提供铁丝，后来为了增加花样，临时提供了气球。这样一来所有选手的思路都集中到如何利用气球上了。有的选手要用气球做成降落伞，有的要用气球做成反推力装置，有的要用气球做成保护垫。

比赛中一个有趣的细节是：没有细绳，如何用铁丝绑气球？很多选手都刺破了好几个气球。

当然由于时间限制和平时缺乏动手训练，大部分选手的想法都没有实现。比如说，有位选手想把气球做成反推力装置，想法很好，但是选手把气球绑在铁丝上时，用铁丝围绕着气球的中间部位（最大直径处），比赛时气球放气后直径变小，气球就与铁丝脱开了，导致鸡蛋直接落在地上摔碎了（为方便打扫，地上垫有薄塑料）。有位选手设计的装置不具备重复使用的功能，把第一个鸡蛋降到地面后，再装第二个鸡蛋又要花费很长时间。有位选手想用气球做成保护垫，希望把三个气球绑在一起，但总是绑不好，好不容易绑好了，降落鸡蛋时又瞄得不准。

有位选手用三个气球做成缓冲装置（见图E-9a），鸡蛋通过铁丝绑在3个气球的上方。释放后3个气球先着地，然后又弹起来翻倒，鸡蛋着地时没有破（见图E-9b）。他原本是不希望装置翻倒的，但是由于装置重心较高，3个气球又不一样大，反弹时产生了翻转力矩，装置就翻了。主持人问他：如果装置不翻倒鸡蛋就不会着地，不就违反了比赛规则嘛。选手说他没有想到那么多。专家笑着说他是“歪打正着”。

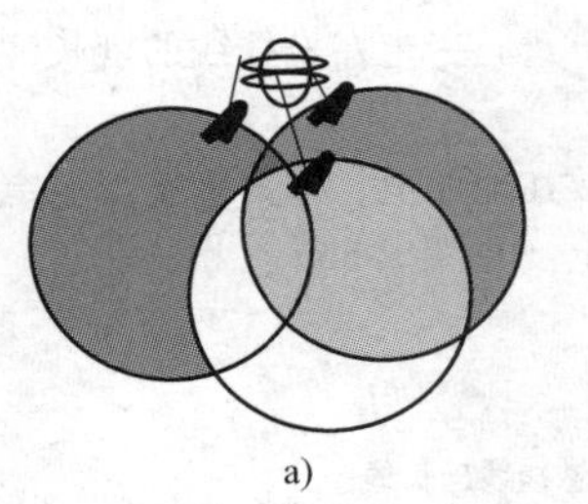

a)

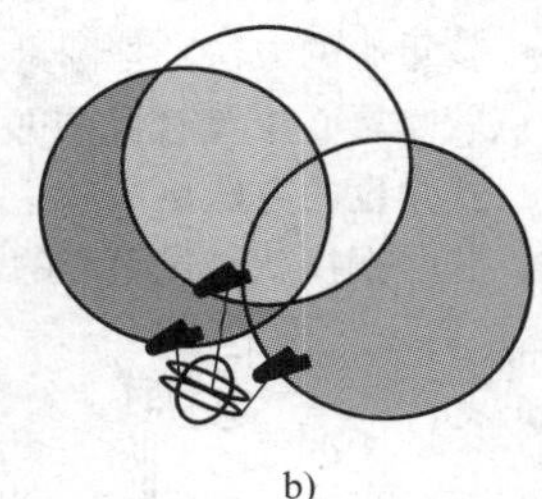

b)

图 E-9

4. 点评

题目中关于鸡蛋下落的时间限制是为了避免鸡蛋挂在铁架台上不降落这类特殊情况。

这个问题的核心是要想办法把鸡蛋下落时的动能转化为其他的能量，让鸡蛋在接近地面时速度较小。在这个大前提下，可以利用空气阻力、气球的变形、铁丝的变形、与铁丝的摩擦等方式，具体的实现方式就很多了。

选手当然要考虑多种可能的方案所面临的困难，并从中选择困难不多、容易操作的方案。比如说利用空气阻力的方案（类似利用降落伞），在本问题中可能就有些困难：因为高度太低，空气阻力还没有起多大的作用鸡蛋就要着地了，这也就是跳伞需要一个安全高度的道理。

在满足题目的条件下，这个问题有很多种参考方案。

（1）参考方案1：先用铁丝做个鸡蛋套环（见图E-10a），可以套住2个鸡蛋。然后把铁丝弯成某种曲线（见图E-10b），弯曲的铁丝上端固定在铁架台上。铁丝套环与弯曲的铁丝接触，利用摩擦和铁丝的变形吸收能量，因此鸡蛋在下降过程中会减速。在测试时调整铁丝弯曲的程度，让鸡蛋到地面时速度尽可能小。

（2）参考方案2：把铁丝绕铁架台转很多圈做成弹簧状，下端与铁架台固定（见图E-10c）。让鸡蛋从弹簧状铁丝上面旋转下降，由于摩擦，鸡蛋的速度不会很大。通过拉伸或压缩铁丝，调整弹簧每圈的倾角（相当于改变斜面的角度），既要防止鸡蛋不下落（摩擦自锁），同时又要控制最后着地的速度。

（3）参考方案3：用铁丝做一个篮筐固定在铁架台上（见图E-10d）。气球吹大后直径比篮筐大，下面用铁丝吊一个鸡蛋。当气球卡在篮筐上时，铁丝的长度能让鸡蛋几乎挨着地面。释放气球前，用铁丝在气球上扎一个很小的孔（漏气很慢）。气球碰到篮筐时鸡蛋没有挨地，气球漏气后直径渐渐减小，鸡蛋高度会慢慢下降，最后鸡蛋接触地面而不破。

（4）参考方案4：用铁丝做成两个圆环，做成轮子可以在地面上滚动（见图E-10e）。圆环直径等于铁架台的高度。把鸡蛋固定在两圆环之间，稍凸出圆环一点点。当圆环滚动时，鸡蛋会接触地面，且不会破。

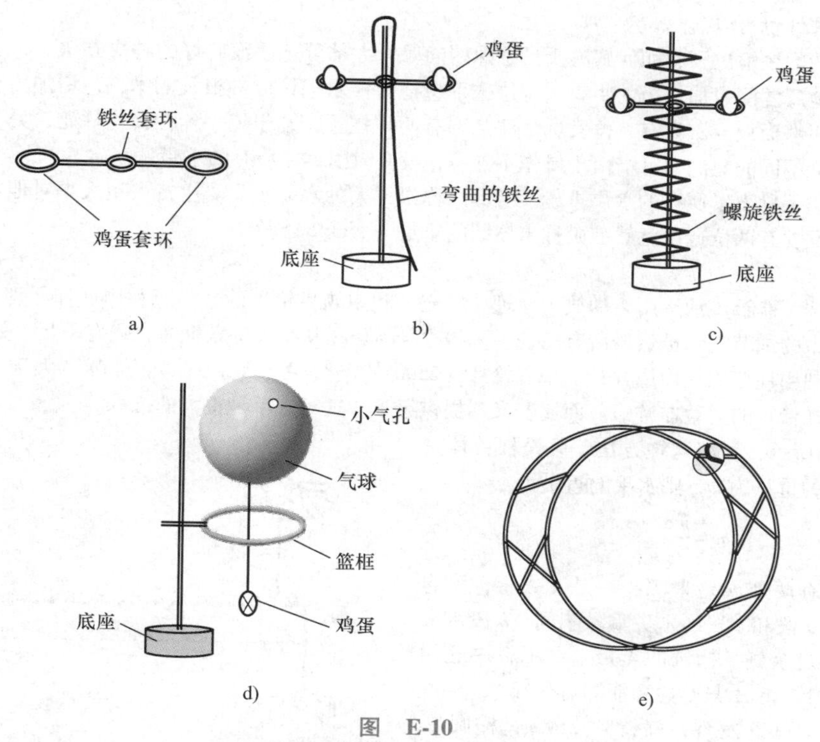

图 E-10

a）鸡蛋套环 b）参考方案 1 c）参考方案 2 d）参考方案 3 e）参考方案 4

这是节目主持人想出的方法，符合题目要求，不拘一格，很有创意。

5. 思考

请有兴趣的读者们思考：

（1）对于吹得比较大的气球，扎它的什么部位容易爆？什么部位不容易爆？

（2）如果要把气球做成反推力装置，如何绑气球，如何控制反推力的方向？

（3）能否设计一种方案，只需要几个气球，不需要铁丝和铁架台？

（4）在参考方案 1 中，如果知道铁丝间的摩擦因数和必要的参数（如鸡蛋的重量、降落的高度等），铁丝弯曲的最佳形状是什么？

E. 6 以大称小

1. 任务

如何用大杠铃片称出水果和洋葱的重量？

2. 说明与要求

给每位选手两片杠铃片，已知每片杠铃重 2. 5kg，设计制作有关的装置能称出洋葱、苹果、金桔和桂圆的重量，误差在 10%之内为有效。材料有两根细木条（约 50cm 长），细线若干，大图钉、大头针若干。工具有铁架台、老虎钳和裁纸刀。注意不提供尺子。比赛时间限制为 60min。

在有效称出的水果中，重量轻者获胜；如果有多位选手都有效地称出同一水果的重量，则以误差小者获胜。

3. 比赛介绍

所有的选手很快就想到了杠杆，关键的困难有两个：一是物体重量太悬殊，二是没有尺子。选手们开始充分利用身边的工具或材料，有的选手取某段短绳子作为单位长度，有的选手把裁纸刀上的刻痕变为尺子（原刻痕是为了方便掰断磨损的小刀片）。如果长度不足 1 单位长度时，可以利用裁纸刀的厚度，或者

利用很细的大头针也可以。

测量长度的问题解决了，如何解决重量悬殊的问题？大部分选手没有好的解决办法，只能硬着头皮做秤了，很仔细地反复测量那短短的距离。有位选手想把两根木棍接成一根长的木棍，增加力臂的距离，由于连接处强度不够而放弃。只有一位女选手注意到有两片杠铃，她想把一片杠铃作秤砣，另一片杠铃作托盘。这是个与众不同的想法，可惜由于操作不熟练，没有时间称完所有的水果。

最后有的选手称出了所有的水果重量，有的只称出了大的水果重量。主持人用天平对他们的水果重量进行了复查，发现有两位选手竟然准确称出桂圆的重量（大于5g）。

4. 点评

本题考查选手能否灵活运用力的放大原理，并充分利用题目给出的条件。利用杠杆原理当然不错，但是如何设计其中的细节呢？虽然最后有的选手称得很准，但是从操作的角度看，仍有不足之处。

如果直接利用杠杆原理做成秤，由于杠铃片（2500g）与金橘（大于10g）、桂圆（大于5g）的重量太悬殊，会导致杠铃片的力臂非常短。而比赛又不提供尺子，这对选手是很大的挑战。

如图 E-11 所示，利用这种方法，假设杠铃片重量为 W，水果的重量为 w，则水果的重量为

$$w=\frac{Wa}{b}$$

这种方法有两处误差来源：一是 a 太短，不容易测准；二是 a 段和 b 段的木头重量不同，b 段木头的重量可能超过金橘、桂圆的重量。在不解决这两个问题的情况下，选手只是碰巧能测得很准。

估算一下，可以发现，杠铃片 2500g，桂圆 5g 多，则 $a\approx0.1\text{cm}$，$b\approx50\text{cm}$。可是悬挂绳子的直径就超过了 a，尺子的最小刻度也超过了 a，因此 a 在实际中很难测准。

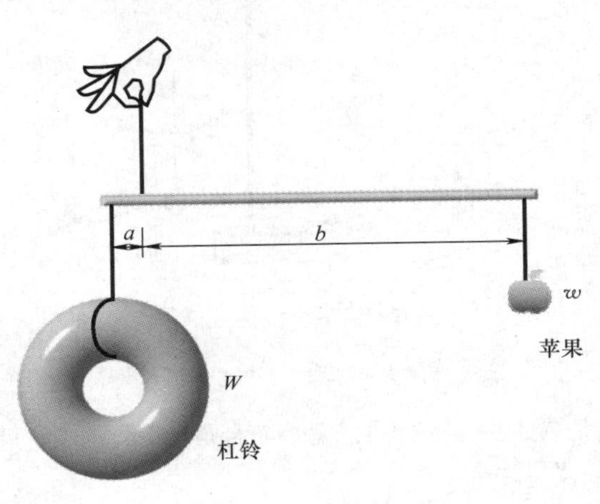

图 E-11

有什么方法可以避免上述误差？为什么比赛要提供两片杠铃片？铁架台是否可以利用？下面是参考方案。

（1）参考方案1：把大图钉钉在木棍的中间做成天平（利用绳子对折很容易找到木棍中点），然后放在铁架台的圆柱上。这样的设计避免了两边木头重量不等的误差。再把杠铃片挂在木棍的两边，如图 E-12 所示。这样水果的重量为

$$w=\frac{W(a-c)}{b}$$

由于这时 a、b、c 都是较大的量，测量比较容易。

（2）参考方案2：还有一种“两级放大”的设计方案，类似“弹簧秤称大象”活动中家庭队的方案。考虑到时间限制和动手能力，可以用经过改进的“两次放大”方案：先用杠铃片称出老虎钳的重量，再用老虎钳称出水果的重量。在这样两次称重过程中，重量比都不再悬殊，尺寸测量带来的误差就会减少。

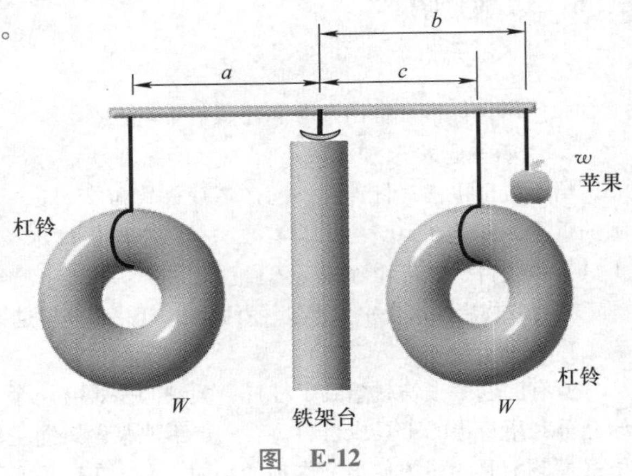

图 E-12

5. 思考

有兴趣的读者请思考：

（1）利用杠杆原理可得到水果的重量，如绝对测量误差的最大值给定，则相对误差是多少？

（2）是否有更好的方案，可以尽可能减少测量误差？

（3）如果两片杠铃片的重量本身有误差，如何知道误差有多少？

（4）能否设计一种简单易行的“两级放大”装置？与直接放大相比，其误差是否也是“两级放大”？

E.7　鸡蛋不能承受之轻

这是复活赛中的题目，根据导演的要求，可以轻松活跃些，不需要太复杂的操作。

1. 任务

选手站在鸡蛋上，不断搬砖头到自己身边，怎样才能多拿砖头而保持脚下的鸡蛋不碎？

2. 说明与要求

每位选手自己拿 3 个鸡蛋，放在底部木板的任意位置上，再铺上另一块木板。允许在鸡蛋与木板之间垫很少的纸片。比赛开始后选手首先坐上秋千，脚不挨着木板，身体通过绳子与另一端的砖头配平。然后选手把砖头搬到自己这边，直到脚下的鸡蛋破碎。最后以搬运砖头多者获胜。没有工具(见图 E-13)。

3. 比赛介绍

当选手与砖头平衡后，选手把砖头拿到自己这边时，平衡被打破，选手将会下降，脚会落到鸡蛋上。选手需要考虑把脚放在木板的什么位置，把砖头放在什么位置。由于选手在木板上要做动作，因此鸡蛋上面承受的是动载荷。

比赛时有的选手比较紧张，在脚接触木板时一用力，鸡蛋就破了。大家都觉得这位选手有点冤枉。奇怪的是，原本阴沉的天空这时开始飘起了雪花，漫天的雪花很快就把大地覆盖了，这在当地也是多年难见的雪景了。后面的选手冒着雪花继续比赛。

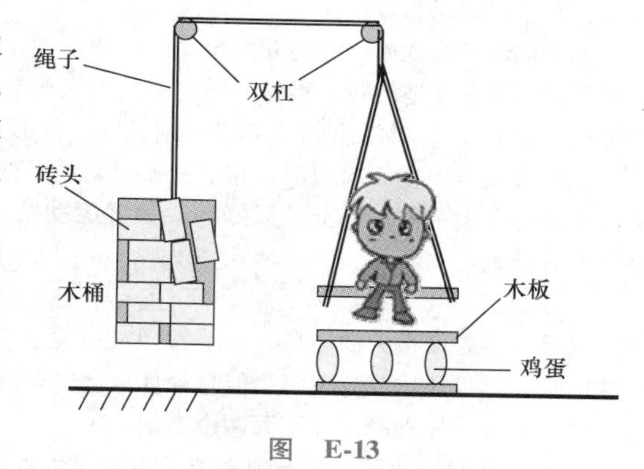

图　E-13

结果成绩最好的选手可以拿 3 块砖头，最差的是 1 块都没拿。

如果直接把砖头放在木板上，经过测试，可以放 8 块砖头。

4. 点评

这是个轻松的比赛，选手们只需要一点经验和运气。如果深究，里面也有很多力学问题。这个比赛有几个要点需要注意：

（1）鸡蛋放置的位置。鸡蛋应尽可能放置在正三角形的顶点上，且相距尽可能远。这样木板不易向某一方向倾斜，各鸡蛋受力也比较均衡。

（2）脚接触木板时应放置的位置。在放置脚的位置时，需要考虑鸡蛋的位置，应尽可能把脚放在由鸡蛋构成的三角形的中心位置，以保证鸡蛋受力均衡。

（3）动态载荷问题。选手要记住自己的动作会影响鸡蛋的受力，应尽可能平稳地运动。特别是从木桶中拿起砖头时要小心，因为那边砖头减轻这边鸡蛋就要增加双倍的重量。

5. 思考

有几个问题留给读者思考：

（1）选手参赛前没有称体重，这样比赛公平吗？

（2）如果不考虑摩擦，选手每拿过来 1 块砖头，鸡蛋上面增加的重量是多少？

（3）实际比赛中使用了滑轮，如果考虑绳子与滑轮间的摩擦，是重量轻的选手占便宜，还是相反？

（4）如果直接把砖头轻轻放在木板上，你对每块砖头放在何处是否有规划还是随意？不同的放置方式对最后结果有多大的影响？

E.8 机械爬虫

1. 任务

把一些零散的部件组装出一个可以运动的装置。

2. 说明与要求

给每位选手提供一些电子元件，包括（手机中的）偏心电动机、电池、电线、开关、电路板，还有细铁丝、毛刷，要求设计制作出一个能沿直线运动的装置。工具有老虎钳、裁纸刀、锯子。时间限制为60min。

3. 比赛介绍

所有的选手面对这些材料都有些发愣。如果是语文考试，找出一组词中与众不同的词，那就是“毛刷”，因为其他的词语都有一个共同的特点：可以成为电路的一部分。有的选手开始钻牛角尖，把小小的开关拆了看看里面有什么。过了0.5h，没有一位选手摸着门路，于是导演把大家召集在一起，让专家给选手们讲解原理，并拿出了一个事先设计好的装置来演示，再让选手去仿制。

图E-14所示就是做好的装置示意图，结构很简单，按下开关，它就可以沿直线前进。

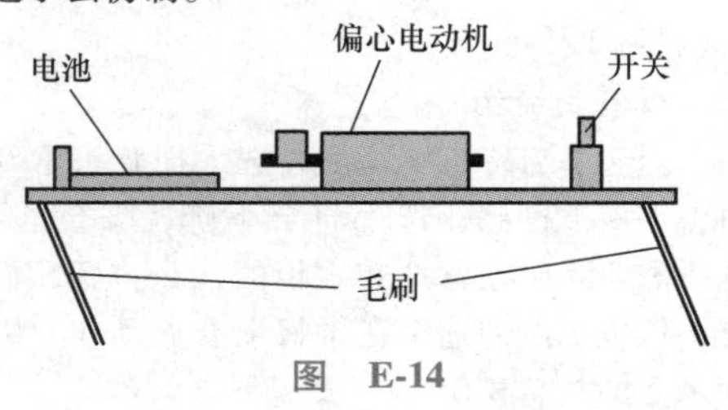

图　E-14

选手们看了实物后，纷纷开始行动，很快就做出了能运动的装置，不过它总是打转，很难调整为走直线。另外，所有选手都没有用上开关，每次演示时都要临时接线，很不方便。

最后大家集中在一起演示，除了专家的装置走直线，选手们的装置都在走圆圈。因此，只好比较装置运动轨迹的半径，半径大者获胜。

4. 点评

这是一个难度很大的题目。选手发现没有轮子，怎么才能做一个没有轮子却能运动的装置呢？还有，这些电子元器件还比较好理解，但是为什么会出现一把毛刷？难到要用它来刷电路板吗？

这个装置的原理隐藏在下面两个事实之中：

（1）只要我们留意，会发现人类发明的运动装置主要靠轮子驱动，而生物的运动都不用轮子而是靠摆动。人靠摆动双腿、鱼靠摆动尾部、蛇靠摆动身体而前进。

（2）如果我们把手机设置为振动状态放在桌上，当有来电时，手机会在桌上转动起来。

结合上述事实，本问题的核心就是：如果没有轮子，则可以利用摆动前进；而摆动的动力是电动机的振动。因此，可以考虑用毛刷做成腿，利用电动机的振动使毛刷摆动起来。

上面的分析应该算是总体层面的分析，真正要完成任务，还有很多技术层面的细节需要分析：电动机的振动如何导致毛刷的运动？如何避免整个装置在原地打转？

如果从力学角度看，最关键的因素是电动机的振动导致毛刷产生周期性的弹性变形，而毛刷与地面的倾角是个重要因素，它保证了整体只能朝一个方向运动而不是往复运动。

见图E-15所示是该装置在电动机转子转动的一个周期内向前运动的原理图：

（1）当偏心电动机的惯性力向下时，毛刷变形弯曲。这时毛刷与地面接触处由于压力大因而摩擦力很大而不打滑，电路板向前向下运动（见图E-15a）。

（2）当偏心电动机的惯性力向上时，毛刷与地面的接触力压力变小甚至为零，这时毛刷恢复变直，整体向上运动，同时毛刷因与地面的摩擦力变小而产生相对滑动。从t_0到t_2，装置就前进了一步（见图E-15b）。

当然，装置做好后要调试，一般情况下装置很容易在原地打转，这时需要把毛刷某侧稍剪短些就可以了。

5. 思考

好了，装置可以运动了，像不像爬行的蜈蚣？比赛中各选手的装置有的直行，有的打转。在它们四处爬行时，请读者们继续思考：

（1）惯性力在空间旋转，为什么装置会前进，而不会“横行”？

（2）如果装置出现顺时针旋转，应该剪短哪一侧的毛刷？

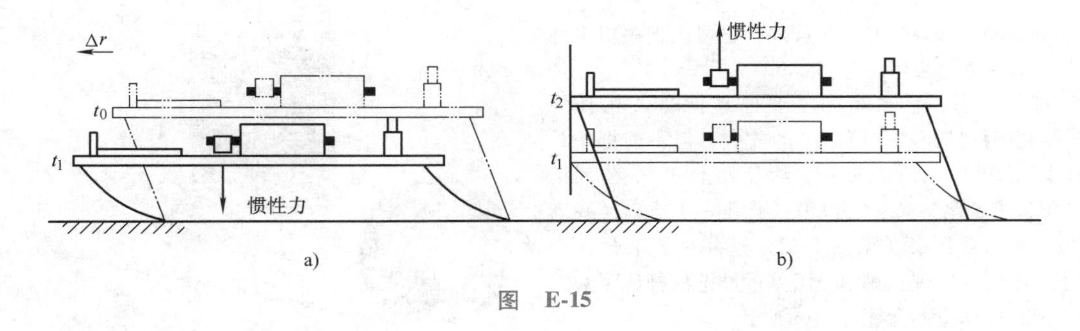

图 E-15

（3）毛刷与电路板的安装角度多大会走得更快？

（4）如果电动机安装偏了，可能会有什么效果？

附录 F 手机吊冰箱

F.1 背景介绍

2010 年 11 月中旬，我[㊀]和学生用一部诺基亚 N8 手机提供的动力吊起了重达 60kg 的冰箱。这个视频在网上迅速蹿红，无数网友在看过之后大呼“不可思议”，但也有网友质疑“实验太假了”“不可能做到”，并由此引发了各路网友的猜想和揭秘。这段视频在主要门户的微博平台、开心网、人人网，包括天涯、猫扑等各大论坛被广泛传播，不到两周时间其播放量就超过了两百万次。

把诺基亚 N8 手机改造成的一台小型起重机，成功吊起 60kg 的冰箱，这听起来似乎只有国外的视频作品中出现的事，今天却由我们实现了。事后，多家报纸和电视台都进行了采访。

F.2 试验的目的

清华大学理论力学开放试验室成立后，与中央电视台《异想天开》栏目合作，策划设计了很多“异想天开”的活动。例如，“纸桥过车”——用几吨废报纸做成 6m 长的纸桥，让真正的汽车安全通过；“弹簧秤称大象”——用 5kg 量程的弹簧秤把几吨重的大象称出来，且误差只有 20kg；“纸船载人”——用 200kg 的报纸做成纸船，进行速度和载重比赛。这次策划的则是“手机吊冰箱”——利用手机中小转子的动力，把 60kg 的冰箱吊起来。

这些活动的目的是启发学生：如何利用很简单的工具和材料，完成一些“看上去不可能完成的任务”。以后如果碰到一些很困难的事情，也许通过巧妙的设计就可以完成，而不要轻易放弃。

这个试验涉及的原理很简单，但是真正要实现，就会遇到各种各样的困难。如何利用简单的工具和材料去实现，里面有很多技巧和诀窍。

作为这次试验的策划和实施者，下面介绍本次试验的目的、过程和困难之处。

F.3 试验原理

拆开手机，可以找到里面的小转子，手机的振动就全靠它了，吊冰箱的牵引力也来自它。该转子很小，大约只有 1 颗花生米的四分之一大小。

要让手机转子持续转动，同时不影响手机的其他功能，还需要自己开发一个专门的应用程序，来控制

㊀ “我”指本文作者之一高云峰。

转子的转动。如果没有这个程序，也可以把手机电池直接引线到转子上。

有了动力，吊冰箱的主要原理就是“杠杆原理”。利用杠杆原理，可以把力放大，但不能把功放大。阿基米德（Archimedes，约公元前 287—公元前 212 年，古希腊）曾经夸口说：给我一个支点，我就可以把地球撬起来（见图 F-1）。这句话当然过于夸张了，不可能实现：哪怕是阿基米德把杠杆压下数万亿千米，地球也不会翘起 1μm！

图 F-1

而“手机吊冰箱”不但从科学原理上可行，从技术层面上也是可行的。当然如果直接利用杠杆，杠杆的尺寸将会特别巨大，在技术上不好实现。

根据功的定义，可以得出功率也不能放大。因此可以考虑，如何降低速度增加拉力。我们通过试验发现，在没有减速器的情况下，手机小转子只能吊起一根吸管（约 1g），吊不起一把小钥匙（见图 F-2）。因此，要吊起 60kg 的冰箱，考虑能量、功率的损失，至少要把手机中小转子的微小拉力放大 10 万倍。

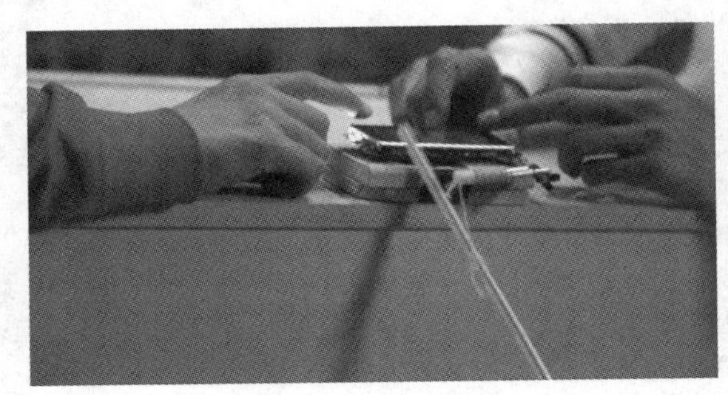

图 F-2

F.4 试验步骤

整个试验的重点就是设计制造“超级减速器”，把转速降低为原来的十万分之一。我们面临的问题是：没有现成的减速器产品可以利用，一般工业齿轮中的减速器最低为百分之一。工厂也不愿意定做一套十万分之一的减速器，即使多付费也不行。因此我们只能东拼西凑，最终把工业变速器和玩具变速器接在一起，做出了十万分之一的超级减速器。

超级减速器的关键是（见图 F-3）：①把手机转子的偏心块去掉；②把手机转子与自己加工的连接件 1 套好，再把玩具减速器上的小齿轮套在手机转子上；③与玩具减速器 1 连接；④再利用自己加工的连接件 2，与玩具减速器 2 连接；⑤把工业电动机的轴拆下来，在一端钻孔装销钉，以便把玩具减速器 2 的轴插入；⑥工业电动机的轴与工业减速器相连。

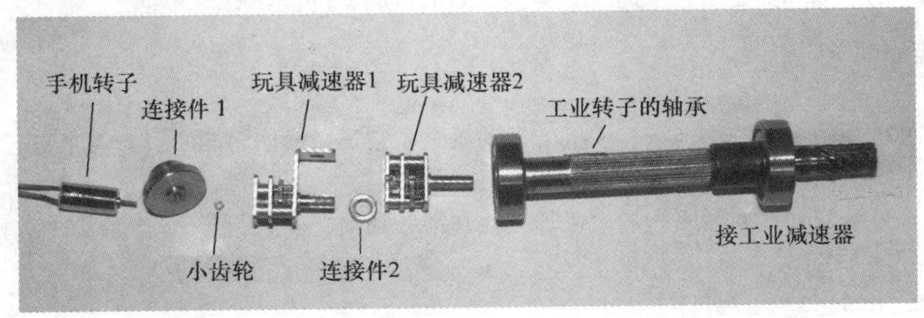

图 F-3

在这些环节中，第②步很困难，因为小齿轮与手机转子的轴尺寸不匹配，但是尺寸又很小。如何把它们装配在一起是个难题，我们进行了多种尝试，最终找到了解决方法：自己加工连接件，把手机转子与减速器上的小齿轮套在一起。

看到十万分之一减速器不到两个手机的尺寸（见图 F-4），让很多人感到惊讶。

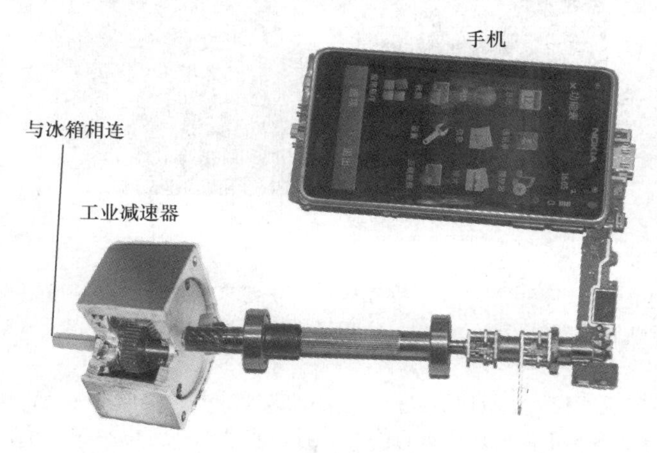

图　F-4

通过试验我们发现，手机转子上的偏心质量块对转动的影响很大，开始我们设计了多种连接方案，包括焊接、脆性胶粘接、弹性胶粘接，但是都很难解决轴的对心问题，旋转起来效果都不好。我们甚至设计了简单的对心装置，即使对心很好，但是转起来后晃动仍很严重，带不动多重的物体。最后我们设法去掉了转子上的偏心质量块，设计了特殊的连接件，才使得整个装置变得可行了。

F. 5　吊冰箱的过程

第一次用手机吊冰箱的过程历时 1. 5h。冰箱用绳子和钢丝绑着放在台秤上，要完全吊起来，需要克服绳子的变形。冰箱通过绳子绑在工业齿轮的轴上，约 10min 才转一圈（约提升 4cm）。因此一个多小时的时间大部分是用于克服绳子的变形，直到绳子完全绷紧后，台秤的读数才会为零。然后冰箱再开始上升。

当时我们还准备了干冰给手机转子降温（见图 F-5）。干冰温度很低，用手短时间拿一下没有什么问题，但是长时间会冻坏皮肤。

图　F-5

第一次试验时，冰箱通过房顶的定滑轮与工业减速器的轴相连，而整个减速器通过铁丝固定在桌子上，桌子则绑上了杠铃片和巨大的金属部件（见图 F-6）。手机转子转动时，可以看到磅秤上的读数在迅速地减小。读数到零时，把冰箱底下的磅秤撤走，让冰箱悬在空中，手机仍然在转动，冰箱仍在慢慢上升。

最妙的是，吊完冰箱后，手机仍可以组装起来打电话。

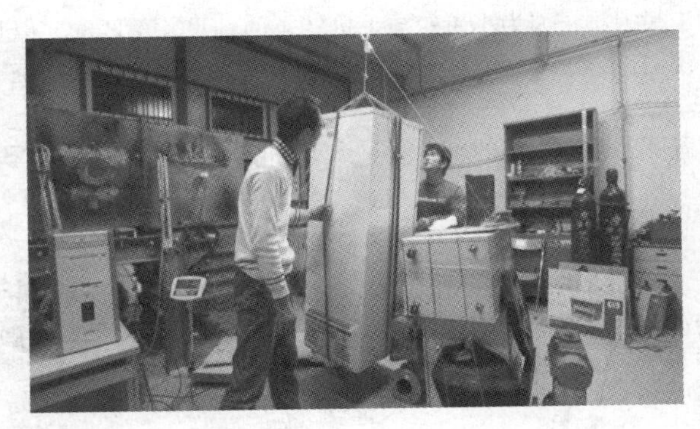

图 F-6

视频播出后，在网上引起了网民的争论。多家媒体也纷纷来采访。其中湖南卫视来探秘，让两位主持人在我们的指导下，重新制作完成了整个装置，在现场大家的注视下顺利吊起了冰箱，两位主持人完全相信了科学的力量。

第二次吊冰箱有了经验，我们把减速器进行了小小的改动，并用钢丝捆冰箱，钢丝的变形小，因此不到 0. 5h 就可以吊起冰箱，并且不需要干冰进行降温。后来北京电视台也来拍了手机吊冰箱的过程，还把 70 多 kg 的主持人吊了起来。

F. 6　后续

在我们成功用手机吊起冰箱之后，中山大学附属中学的学生在第七届科技节中也要挑战这一活动。他们的主题是“支点的想象”，我则客串主持人（见图 F-7）。

学生们分为五组，一组挑战用大的玩具电动机把 60 多 kg 的学生吊起，一组挑战用遥控小车转动吊起 100 多 kg 的摩托车，一组挑战用仓鼠为动力吊起 20kg 的杠铃片，还有两组挑战用手机吊冰箱。

第 1 组学生们设计了一套装置，用 7 节电池带动玩具电动机，然后通过减速器让轴缓慢地转动（见图 F-8）。在图 F-8 所示的局部放大图中可以看到：玩具电动机是用橡皮筋绑在钉子上的，而玩具减速器与工业减速器则通过橡皮塞来连接。这是很聪明的想法。如果把电动机完全固定，稍微一点偏心就不能转动了。而采用弹性固定即使有偏心也可以转动，只是损失一些能量。

图 F-7

图 F-8　学生们准备用于吊人的装置

他们把钢丝连在转轴上，通过铁架上的两个定滑轮后，与座椅相连。为了吊起较重的学生，两位女生还要踩在装置上当配重呢（见图 F-9），最后成功吊起了学生（见图 F-10）。

第 2 组学生想利用仓鼠为动力吊起杠铃片（见图 F-11）。它不太听话，同学们想出了一些办法让它跑，如学猫叫、用水蒸气熏、用食物引诱等。但是仓鼠一会儿顺着跑，一会儿逆着跑。好在学生们主意多，设计了一个小钩子，可以防止笼子倒着转。

另一个困难是把鼠笼与减速器相连（见图 F-12）。他们的鼠笼总是晃晃悠悠的，损失了很多能量。比赛时仓鼠又不听指挥，没有持续地朝一个方向奔跑，结果不能吊起重物（见图 F-13）。

第 3 组准备吊摩托车，他们让遥控小车在圆形的跑道中运动，然后带动减速器转动（见图 F-14）。

他们遇到的一个问题是：电池太重，汽车不容易带得动。后来他们想出了一个好办法：把电池绑在转动的横杆上，通过电线与汽车相连。把电池移到横杆上后，遥控汽车马力十足，居然会冲出跑道！学生们只好又去找了砝码当配重。

图 F-9 女生当配重踩在装置上

图 F-10 椅子已经离地

图 F-11 小仓鼠

图 F-12 学生把仓鼠笼与减速器相连

图 F-13 仓鼠不听话，杠铃片没有被吊起

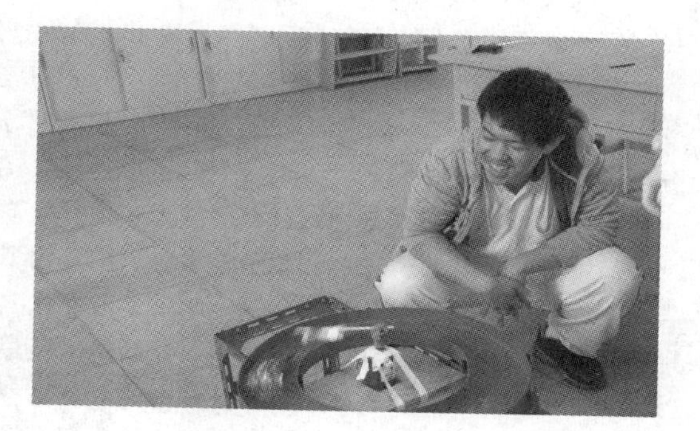

图 F-14 学生在测试遥控小车的运动

这组学生没有什么悬念，很快就把摩托车吊了起来（见图 F-15）。

各组学生都是要把力放大，因此关键是看放大倍数。前面几组学生的装置放大倍数都只有几千倍，且

动力都很充足，所以难度倒不是太大。当放大倍数大到一定的程度且动力很小时，难度就大了。

在手机吊冰箱的问题中，难点就是：面对所有的齿轮，如何把它们连接起来成为一个整体？例如能否用胶水粘、用焊锡焊？或者借鉴第1组的方法，用橡皮塞连接？不过由于手机转子的轴特别细，粘的面积太小，胶水粘不住。而如果用焊锡，你会发现手机转子的轴经过抛光处理，焊锡根本附着不上去。就算你粘上了，手机转子与玩具减速器的轴是否对准也没有保证。至于用橡皮塞，如果动力很充足没有问题，但是手机小小的动力经过橡皮塞后还要损失一些，根本就转不动了。

虽然学生们有齿轮和参考说明，他们只需要找车工加工两个连接件。但最后还是没有成功。因为学生们想研究工业减速器的原理，就把它拆开了，还不小心在机油里混入了铜丝和木屑（见图 F-16），这样再装回去后转动就不灵活了。虽然反复清洗，直到比赛时也没有解决这个问题。另一个队也犯了同样的错误，功亏一篑！

图 F-15　摩托车快被吊起了

图 F-16　拆开的工业减速器

通过这个活动，同学们深有感触：看起来很容易的事情，做起来才发现不容易啊！

附录 G　逆行风车

G.1　背景介绍

卡魅（CAME——Computer Aided Manufacturing for Education）是一种全新的教育理念，经过两年时间，我㊀已经把相关技术整合在一起，并形成了一套完整的教育实践体系。

卡魅的核心是把计算机辅助制造技术（AutoCAD）和设备（激光切割机）富有创造性地应用于教育，服务于教育。卡魅以学生为主体，结合科学原理与艺术知识，利用数字化设计思想，实现“所想即所得”的教育模式，让学生自由发挥想象力，激发其创造潜能，帮助每个学生释放创意并形成作品，达到教学目的。

利用卡魅技术在几分钟内就可以做出实物，如下面的桌椅（见图 G-1）和艺术图案（见图 G-2）。

借助最新的计算机设计和制造技术，卡魅开创了全新的以设计为中心的课堂交互模式。学生不再是浅尝辄止地使用半成品组装方式来探究学习，取而代之的是“自己动手设计+自己动手制作/组装+自己动手探究”三大模块，真正让学生学得深、学得透。其最有特色的“自己动手设计”需要学生在计算机上绘制可直接加工的作品图样，学生像设计师一样预先思考可能遇到的所有问题，培养了学生的创新思维能力。

如果前面展示的还是入门级的静态作品，那么经过一段时间训练，学生完全可以利用卡魅技术，设计制作出具有历史典故的指南车（见图 G-3）、具有科幻色彩的月球车（见图 G-4）这类神奇的装置。

㊀ “我”指本文作者之一高云峰。

图 G-1

图 G-2

图 G-3

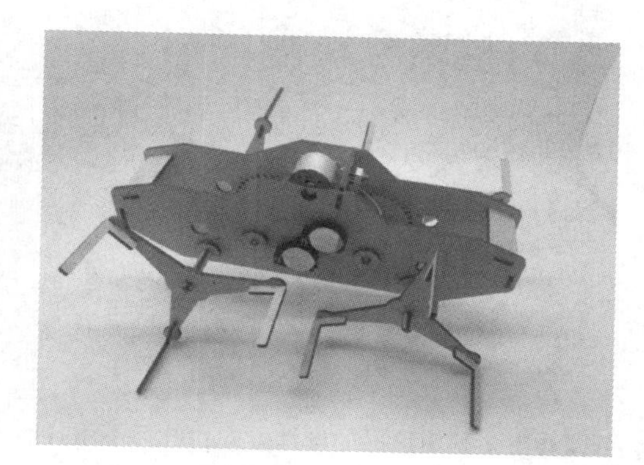

图 G-4

卡魅的应用很广泛：在《我爱发明》《走进科学》的节目中，我可以自己设计制作节目中的道具；在理论力学课程教学过程中，很多道具也是我自己设计制作的；连太空授课中的部分道具原型，也是我利用卡魅技术在极短的时间内设计制作出来的。

下面，就介绍逆行风车的设计：如何从一块木板，变出一辆可以逆着风前进的小车。

G. 2 用平板做螺旋桨

因为要利用风力前进，因此螺旋桨是首先需要考虑的。如何用平面的木板做出螺旋桨，是一个具有挑战性的问题。

一种方式是用砂纸或锉刀把厚的木板打磨成具有一定角度的斜面，如图 G-5 所示。但是这种方法比较费时，也没有充分利用“数字化设计与制作”的优势。

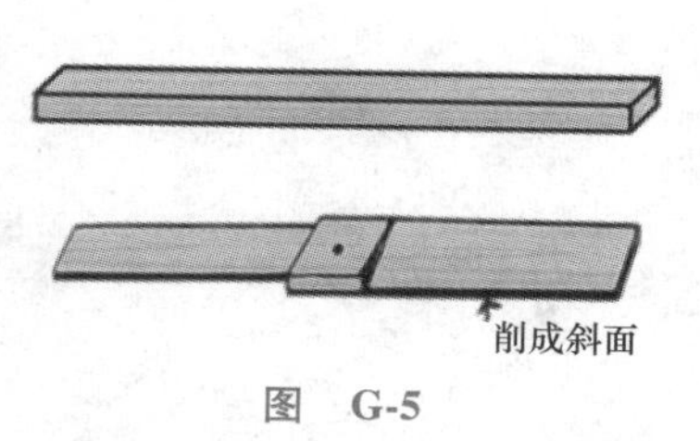

图 G-5

另一种方式是用大头针与薄木片穿起来，其优点是木片的角度可以方便调整，但缺点是连接处不结实，即使涂上 502 胶水（见图 G-6）。

有没有什么方法把前面的两种方式的优点结合起来，且避免可能的缺点？

有多种解决方案，其中一种是：先设计出单个桨叶的形状，特别在根部开两个凹槽，再与两个斜的凹槽相配（见图 G-7）。这样相互插在一起（见图 G-8），就可以得到很牢固的螺旋桨（见图 G-9）。

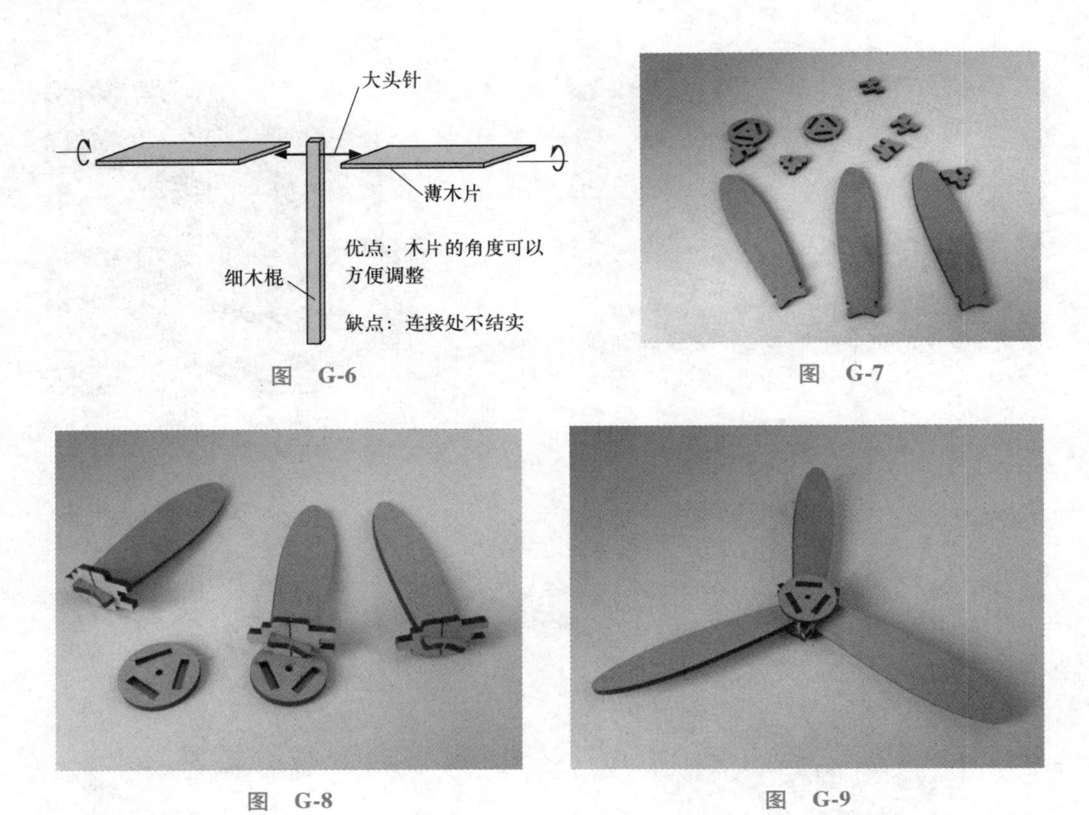

图 G-6

图 G-7

图 G-8

图 G-9

可以看出，利用这样的设计方式，叶片不用打磨了，叶片倾斜的角度可以自己设计，而叶片根部的凹槽也保证了螺旋桨在旋转时不会被甩出去。因此，这种设计巧妙地利用了激光切割的特点，扬长避短，值得读者在其他设计中借鉴。

G.3 考虑动力的传输方式

有了螺旋桨，动力的问题就解决了，但是新的问题来了：小车要迎着风前进，螺旋桨的转动方向和车轮的转动方向要垂直，这就需要解决转动方向的改变问题。

在工程实际中，有以下几种方式可以解决转动方向的改变：

（1）锥齿轮可以改变转动的方向（见图 G-10），如果两个锥齿轮都是 45°角的锥度，就可以让转动方向改变 90°。

（2）万向联轴器可以改变转动的方向（见图 G-11）。

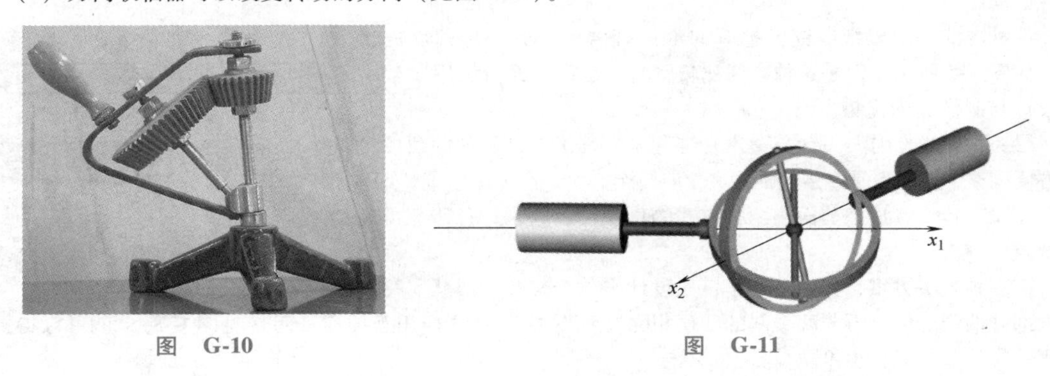

图 G-10

图 G-11

然而我们面临的挑战是：如何用平板来实现转动方向的改变？一种可能的解决方案是：设计如图G-12中所示的装置，它类似齿轮，但是齿比正常的齿轮要长些，这样就可以相互垂直转动起来。当然这种装置在高速转动时撞击会很厉害，但是在转速不太高时，是很好的选择。

图　G-12

G. 4　力的放大

有了螺旋桨，也有了转向齿轮，好像还有问题：在风力作用下，小车为什么能逆风前进呢？一个粗略的想法是：风力带动螺旋桨转动，螺旋桨带动车轮转动，车轮转动起来，小车自然会迎着风前进。

但问题是：风既是动力（对螺旋桨而言）又是阻力（对小车前进而言）。风力使螺旋桨转动带动主动轮转动，主动轮上的摩擦力是前进的动力，如图 G-13 所示。但是阻力和动力哪个更大？这就需要我们的设计了。

螺旋桨直接带动主动轮，很容易看出不行：动力太小了。当然如果这么容易就成功，那也就没有什么挑战性了。

我们还需要利用一些力学原理把主动力放大，才可以解决问题。而力的放大在“手机吊冰箱”中已经介绍了，因此需要降低主动轮的转速，提高驱动力！

所以我们要做的就是降低车轮的转速。而改变速度的常见方式是利用齿轮组。利用齿轮传动的关系，我们可以降低车轮的转动速度。假如我们想把动力增加 10 倍，就需要做 2 个半径是 1∶10 的齿轮。但是考虑到小齿轮的尺寸限制，如考虑中间要穿孔的尺寸，考虑强度要求等，可能小齿轮的半径有 1cm，则大齿轮的半径要 10cm，好像太大了，影响整个车的尺寸。

利用多个齿轮是解决这一问题的方案。多组齿轮串在一起，怎么算放大倍数呢？要用乘法。在图G-14中，如果一组齿轮的放大倍数为 2，则两组这样的齿轮放大倍数为 $2\times2=4$，三组这样的齿轮放大倍数为 $2\times2\times2=8$。因此 10 倍的关系可以分解为 $10=2\times2\times2.5$。

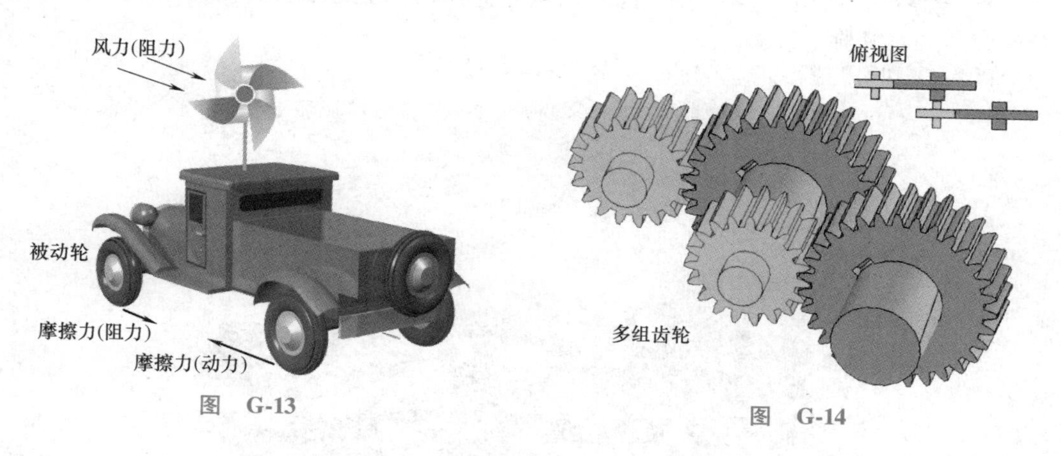

图　G-13

图　G-14

G. 5　具体尺寸的设计

现在，所有的主要困难都解决了，下面开始具体的设计。

第一步，设计出齿轮（可以用 CAXA 软件自动生成齿轮），注意齿轮的齿数和半径成反比。

做好的齿轮如图 G-15 所示，这样连接可以节省空间。

第二步，考虑齿轮啮合时齿轮圆心的距离，在车身上打好孔。注意考虑各部件之间装配的协调性，避免冲突，例如前一齿轮与后一齿轮啮合，间隙是否合适，是否共面等（见图 G-16）。然后考虑多组齿轮的位置安排（见图 G-17）。

图 G-15

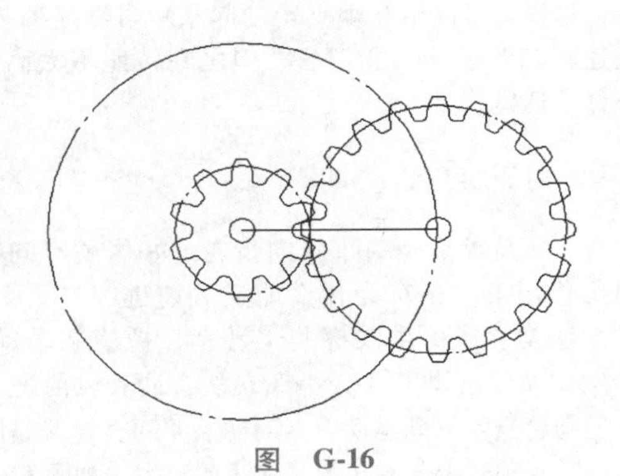

图 G-16

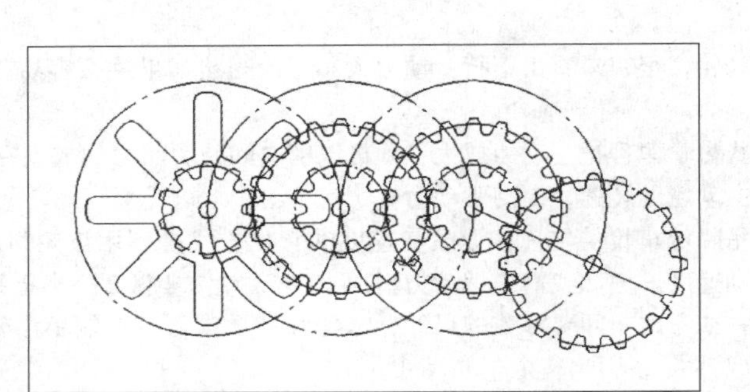

图 G-17

第三步，考虑车轮的大小，要能接触地面，前后轮本身不冲突，且与齿轮轴不冲突。

第四步，考虑叶片的尺寸。

最后利用激光切割机进行切割，并拼出小车（见图 G-18）。

图 G-18

逆行小车设计好后，可能还要进行调试。你也许难以相信：它真的很灵敏，你吹口气，它就会向你靠近（见图 G-19）！注意：它是纯木的，图 G-20 所示则是纯亚克力的。

利用逆行风车，可以举行很多比赛，如比速度、比灵敏性等。

图　G-19

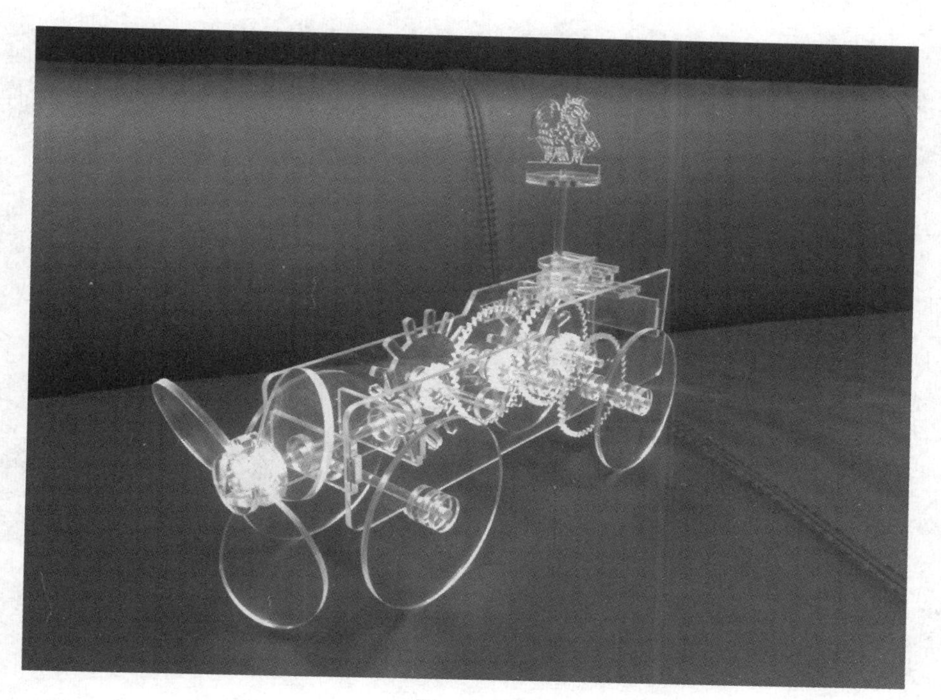

图　G-20

图 G-21、图 G-22 所示是学生们在拼逆行风车。

图　G-21

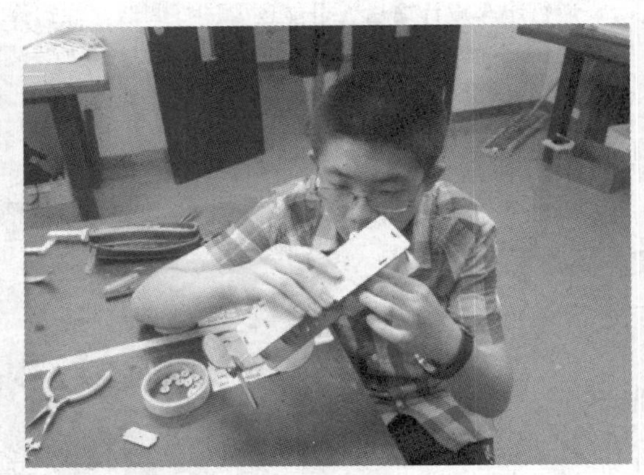

图　G-22

如果还要改进，可以设计一个跟随风向变化的逆行风车，有兴趣的读者请考虑一下吧。